절삭기계

조정기 | 김종주 공저

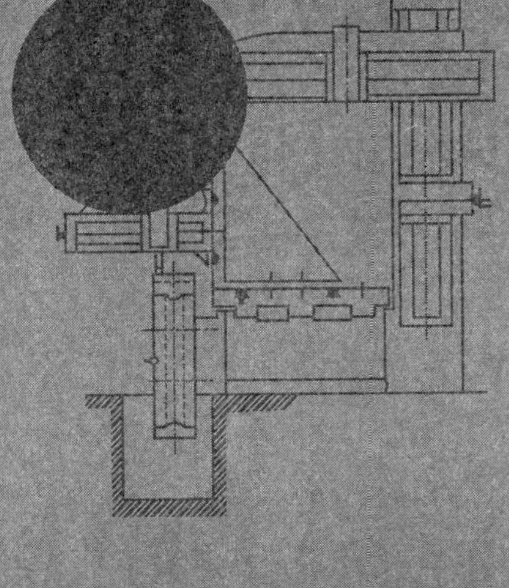
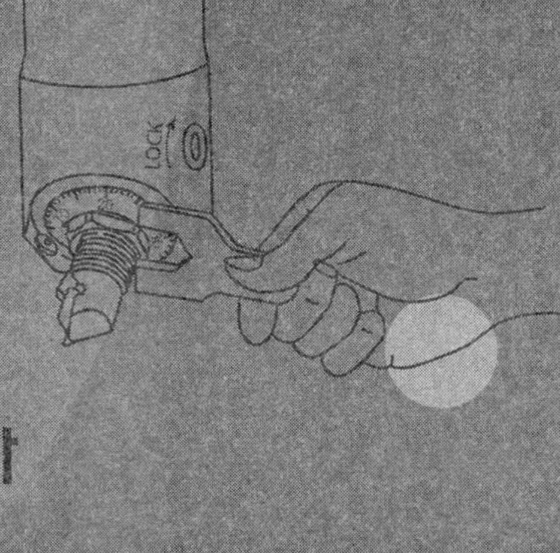

기전연구사

머리말

기계 공업은 생산산업의 모체로서 원동력이 되고, 산업 사회의 급속한 기술변화와 신기술 개발로 생산성 향상이 추진되고 있으며, 공작기계 분야도 점차 발달하여 초정밀화 및 자동화로 발전되어 가고 있다.

기계 공업 분야에서 기계공작법의 학문은 매우 중요하고 그 범위가 넓으므로 본 교재에서는 절삭기계에 필요한 기본적인 이론과 공작기계의 구조, 원리, 가공법 및 실험자료, 예제 등을 이해하기 쉽게 설명되도록 노력하였으므로 대학 교재 및 산업 현장의 참고서로 활용하는데 적합할 것으로 사료된다.

또한 독자 여러분의 충고와 지도로 부족한 점들을 보완, 수정할 것을 약속드리며, 이 책이 출판되도록 적극적으로 협조해 주신 기전연구사 여러분들께 깊은 감사를 드린다.

저자 올림

차 례

제1장 기계 공작법의 개요

제2장 절삭 이론

제3장 선반(Lathe)

제4장 밀링머신(Milling Machaine)

제5장 연삭기(Grinding Machine)

제6장 드릴링과 보링머신(Drilling & Boring Machine)

제7장 형삭기와 평삭기(shaper & planer)

제8장 기어(Gear)가공

제9장 정밀입자 가공

제10장 특수 가공법

제11장 CNC 공작기계

제1절 CNC PROGRAM 개요

제2절 OPERATION

제1장 기계 공작법의 개요

1-1 기계 공작의 정의 및 분류

1-1-1 기계 공작의 정의

기계 공작법은 재료를 가공 및 성형하여 우리의 일상 생활에 유용한 기계, 기구, 장치 등을 만드는 과학 기술 중에서 주로 기계적 방법으로 금속 재료에 변형을 일으키게 하는 것을 기계 공작(mechanical technology)이라 하고, 절삭가공과 비절삭가공 방법이 있다. 절삭가공은 절삭 공구를 사용하여 칩(chip)을 발생시키면서 필요로 하는 모양으로 가공하는 방법이며, 절삭가공의 목적에 사용되는 기계를 공작 기계(machine)라 하고, 비절삭가공은 소재와 제품의 형태는 변하여도 체적이 심하게 변하지 않은 가공을 좁은 의미에서 소성가공(Plastic Working)이라고 부르며, 비절삭가공의 목적에 사용되는 기계를 금속 가공기계라고 부른다.

- 기계 공작
  - 절삭가공
    - 공구에 의한 절삭
      - 고정 공구 : 선삭, 평삭, 형삭, 슬로터, 브로칭 등
      - 회전 공구 : 밀링, 드릴링, 보링, 태핑, 호빙 등
    - 입자에 의한 절삭
      - 고정 입자 : 연삭, 호닝, 슈퍼 피니싱, 버핑 등
      - 분말 입자 : 래핑, 액체호닝, 배럴 등
  - 비절삭가공
    - 주 조 : 목형, 주형, 주조, 특수 주조 등
    - 소성가공 : 단조, 압연, 인발, 전조, 압출, 판금, 프레스 등
    - 용 접 : 납땜, 경납땜, 단접, 용접(가스, 전기 특수 등)
  - 특수가공
    - 물리적 가공
      - 전기에너지 : 방전, 전자빔, 이온, 플라즈마 가공 등
      - 광 에너지 : 레이저 가공
      - 음향에너지 : 초음파 가공
    - 화학적 가공
      - 전기 화학적 가공 : 전해 가공, 전해 연마, 전해 연삭
      - 화학 가공 : 화학 연삭, 포토에칭 등

1-1-2 절삭 운동에 의한 분류

(1) 절삭 공구에 절삭 운동을 주는 것

드릴링 머신(Drilling machine), 밀링 머신(Milling machine), 연삭기(Grinding machine), 브로칭 머신(Broaching machine) 등이 있다.

(2) 공작물에 절삭 운동을 주는 것

선반(lathe), 플레이너(planer) 등이다.

(3) 절삭 공구 및 공작물 절삭 운동을 주는 것

연삭기, 호빙(Hobbing) 머신, 래핑(Lapping) 머신 등이다.

1-1-3 사용 목적에 의한 분류

(1) 일반 공작 기계

절삭 속도, 이송의 범위가 크고 부속 장치를 사용하여 더욱 많은 종류의 가공을 할 수 있다. 여러 가지 소량 생산에 적합하지만, 부품을 양산하는 데에는 적당하지 않다. 선반, 레이디얼 드릴링 머신, 수평 밀링 머신, 수직 밀링 머신, 만능 연삭기 등의 종류가 있다.

(2) 단능 공작 기계

간단한 공정이나 한 가지의 작업만을 하는데 쓰이는 것으로서, 공구를 바꿔 붙여 여러 가지 작업을 할 수 없다. 바이트 연삭용 양두 연삭기, 센터링 머신 등은 대표적인 단능 공작 기계이다.

(3) 전용 공작 기계

특정한 모양, 치수의 제품을 양산하기에 적합하도록 만든 공작 기계이다. 따라서 사용 범위가 좁고 여러 가지 소량 생산에는 적합하지 않다. 전용 공작 기계에는 모방 선반, 자동 선반, 생산 밀링 머신 등이 있어서 기계 공작에 큰 역할을 하고 있다.

(4) 만능 공작 기계

여러 가지 작업을 1대의 공작 기계로 할 수 있도록 선반, 드릴링 머신, 밀링 머신 등의 공작 기계를 조합하여 만든 것이다. 일반 생산 공장에서는 잘 쓰이지 않으며, 장소가 좁고 많은 작업을 하지 않으며 보수 작업을 주로 하는 선박이나 발전소의 수리 공장에서 많이 쓰인다.

1-1-4 절삭날에 의한 가공

(1) 단인공구에 의한 가공 : 선삭, 형삭, 평삭 등

(a) 선삭 (b) 평삭

그림 1-1

(2) 다인공구에 의한 가공 : 밀링, 드릴링, 호빙 등

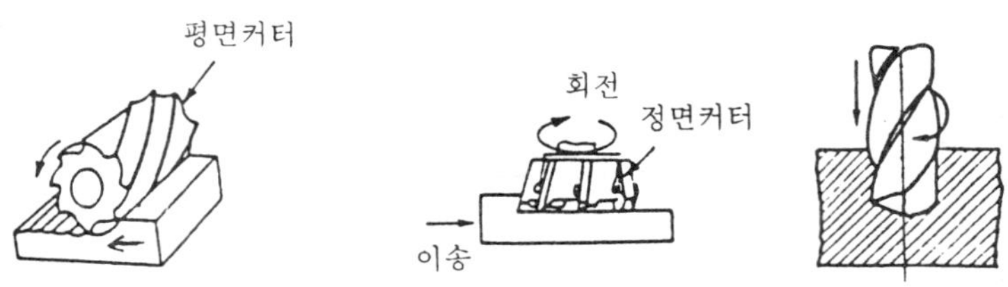

(a) 수평 밀링 (b) 수직 밀링

그림 1-2

(3) 입자에 의한 가공 : 연삭, 호닝, 래핑 등

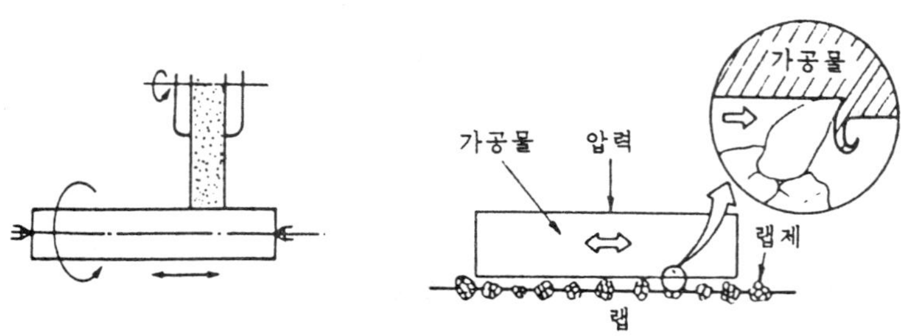

(a) 연삭 (b) 래핑

그림 1-3

1-2 공작기계의 발전

산업혁명의 직접 원인이 된 것은 1796년 제임스 와트(James Watt)의 증기기관(蒸氣機關: steam engine)의 발명이며, 이것을 계기로 하여 '실린더' 가공 및 기관 제작에 필요한 각종 공작기계등이 출현하였다.

1-2-1 공작기계의 발명

각종 공작기계들이 발명 또는 제작된 연혁(沿革)은 아래와 같다.

(1) 보오링 머신(Boring Machine)

증기기관(steam engine)의 실린더 가공용으로 1769년에 영국인 John Smeaton이 보오링 머신(boring machine)을 발명하고, 그 후 1775년에 영국인 J. Wilkinson이 개량하여 실용화시켰다.

(2) 선반(Lathe)

1792년 영국인 Henry Maudslay는 선반에 왕복대를 붙여 외경 절삭에 성공하고, 1797년에는 나사 깎는(serew cutting) 기구를 발명하여 근대식 선반으로 완성하였다. 이것이 공작기계 발전에 크게 공헌하였다.

(3) 플레이너(Planer)

1793년에는 Benthan이 쌍주식 플레이너(close type planer)를 발명하고, 1839년에는 영국인 J.C. Bodmer가 만든 단주식(單柱式) 플레이너(open side planer)가 등장하였다.

(4) 밀링 머신(Milling Machine)

1862년에 미국인 J.R. Brown이 만능 밀링 머신(universal milling machine)을 발명하였고, 1876년에는 실용화 되었다. 미국의 Brown & Sharpe Co.에서 드릴(drill) 홈을 가공할 목적으로 처음 발명하였고, 1881년 Eli Whitney가 개량하였다.

(5) 셰이퍼 및 슬로터(Shaper 및 Slotter)

형삭기(Shaper)는 1836년 영국인 Namyth가 그리고 슬로터(Slotter)는 1839년에 제작되었다.

(6) 연삭기(Grinding Machine)

1864년에는 외경 연삭기, 1876년에는 만능 연삭기(萬能 硏削機 : universal grinding machine)를 Brown & Sharpe Co.에서 제작하였다.

(7) 기어 절삭기(Gear Cutting Machine)

1887년에 평기어(平齒車)를 깎는 호빙 머신(Hobing machine)이 출현하였고, 1897년에는 자동기어절삭기(自動齒車切削機)가 Brown Sharpe Co에서 제작되었으며, 1896년에는 Fellow's gear shaper, 그리고 1913년에는 스파이럴(spiral)용의 베벨 기어 플레이너(Bevel gear planer)가 제작되었다.

(8) 자동 공작기계(Auto Cutting Machine)

1835년에는 자동나사 절삭기계(Automatic screw cutting machine) 그리고 1872년에는 단축자동공작기계(短縮自動工作機械)등이 완성되었다.

(9) 입자가공 공작기계(粒子加工 工作機械)

1919년에 미국의 Pratt and Whitney Co.에서 lapping machine을 제작하였고, 1925년에 Barness Drill Co.에서 호우닝 머신 연구에 착수하여 1930년에 출현하였다.

(10) 기타 공작기계와 관련 사항

1930년에는 Fine boring machine이 그리고 1935년 미국에서 슈퍼 피니싱 머신(super finishing machine)이, 또한 1937년에는 액체 호닝(liquid honing)이 제작되었다.

1-3 기계 제작과정

설계가 끝난 다음 제작도면에 의거 기계를 다음과 같은 가공방법으로 공작하게 된다.

1-3-1 비절삭과 절삭가공

(1) 주조작업

목재, 금속 등으로 제작된 실물모양의 모형과 주물사로 주형을 만들고 여기에 용해로에서 용해된 용융금속을 주입하여 냉각된 다음 주물을 얻는 작업을 말하는 것으로 일반주조법과 특수 주조법이 있다.

표 1-1 기계공작의 발전

서기(西紀) 연 대	성명 또는 명칭(名稱)	관계사항
1761～1860	～	산업혁명(産業革命)
1769	Smeaton(英)	보오링 머신 발명(Watt 증기기관 가공용)
1775	Wilkinson(英)	보오링 머신 완성(현재 보오링 머신의 원조)
1793	Bentham(英)	플레이너(planer)
1797	Maudslay(英)	선반(lathe)을 완성
1798	Whitney(美)	상호교환성(相互交換性) 공작법을 고안
1817	Robert(英)	플레이너를 제작
1818	Eli Whitney(美)	밀링 머신을 제작
1824	Bodmer(英)	밀링 머신을 완성
1836	Nasmyth(英)	셰이퍼(shaper)를 제작
1839	Bodmer(英)	슬로터(Slotter)를 제작
1841	Whitworth(英)	표준 나사를 제정(制定)
1855	Brown(美)	만능식 밀링 머신을 제작
1861	Brown(美)	치차절삭기(齒車切削機) 원리 발명
1876	Brown(美)	만능식 연삭기(研削機)를 제작
1872	Brown Sharpe 社(美)	단축자동선반(單軸自動旋盤) 제작
1882	Pratt and Whitney Co.(美)	Limit gauge 방식(方式)을 고안
1896	Fellows 社(美)	Fellow gear shaper 제작
1898	Taylor(英)	고속도강(高速道鋼)을 발명
1901	Norton 社(美)	외경절삭기(外徑切削機)를 제작
1907	Haynes(美)	Stellite를 발명
1911	Johansson(스웨덴)	block gauge를 발표
1919	Pratt & Whitney Co.(美)	래핑 머신(lapping machine)
1925	Barness drill Co.(美)	호닝(honing) 머신을 제작
1926	Krupp 社(獨)	비디아(widia)를 발명
1930	Automatic(美)	fine boring machine 제작
1930	Jacqut	전해연마(電解研磨) 방식 발명
1935	Wallace(Krysler Co.)(美)	superfinshing machine 제작
1937	A,H, Epple(美)	liqid honing machine 제작
1941	Krupp Co.(獨)	고온절삭방식(高溫切削方式)을 개시하였다.
1943	Lazarenko(소련)	방전가공(放電加工)을 금속가공에 이용
1949	Parson(美)	NC(數値制御)방식을 제안하였다.
1950	plasma 加工出現	plasma jet를 이용한 가공시작
1950	Steigerwald	전자 빔(electron beam)을 금속 천공에 사용
1951	Voloskivich(소련)	electro-slag 용접 개발
1952	MIT(工大)(美)	3 차원 NC 밀링(milling)미신을 발표
1958	Anocct(美)	실용적인 전해가공기(電解加工機) 발표
1960	Maiman	레이저(laser) 가공에 성공
1960 이후	각종 NC공작기계 및 머신 센터	진동절삭가공, 각종 트랜스퍼 머신 및 computer 이용 가공 방식

(2) 소성가공

금속에 일정 크기 이상의 외력을 가하면 변형이 발생되나 가해진 외력을 제저하면 변형이 소멸되는 것을 탄성이라 하고, 반대로 변형이 그대로 잔류되는 것을 소성이라 하는데, 이것을 이용한 가공을 소성가공이라 하며, 열간과 냉간가공으로 분류되고 단조, 압연, 압출, 인발, 전조, 프레스 가공 등이 있다.

(3) 용접작업

금속의 가융성과 친화력을 이용하여 금속을 접합시키는 가공법으로 가스용접, 전기용접, 특수용접, 압접, 납땜 등이 있다.

(4) 특수 절삭가공

물리적 가공(방전, 레이저, 초음파)과 화학적 가공(전해가공, 전해연마, 화학연삭) 등의 전기적인 특수가공법이 있다.

(5) 절삭공구에 의한 가공

금속의 절삭성을 이용하여 바이트(bite), 드릴(drill) 등과 같은 절삭공구에 의하여 가공되는 방법으로 고정공구에 의한 가공(선삭, 평삭, 형삭 등)과 회전공구에 의한 가공(밀링, 드릴링, 보링 등)이 있다.

(6) 연삭공구에 의한 가공

금속의 연삭성을 이용하여 연삭숫돌로 가공하는 방법(Grinding, Honing, Superfinishing 등)과 분말로 가공하는 방법(Lapping, Liquid Honing 등)이 있다.

1-3-2 기계 제작의 공정

기계를 제작하는 가장 기본적인 공정은 다음과 같다.

첫째는 제품의 용도에 맞는 재료를 선정하고 제품의 형태와 치수, 가공방법 등을 표시한 도면을 작성하며, 둘째는 도면에 따라 가장 적합한 방법을 선택하여 가공해야 한다(주조, 소성가공, 용접, 절삭가공 등). 셋째는 가공된 부품을 검사한 다음 필요에 따라 2차가공 및 각종 후처리하고(절삭가공, 열처리, 기타 가공 등), 넷째는 최종적으로 이상 유무를 확인한 다음 부품을 조립하여 기계가 제작 완성된다.

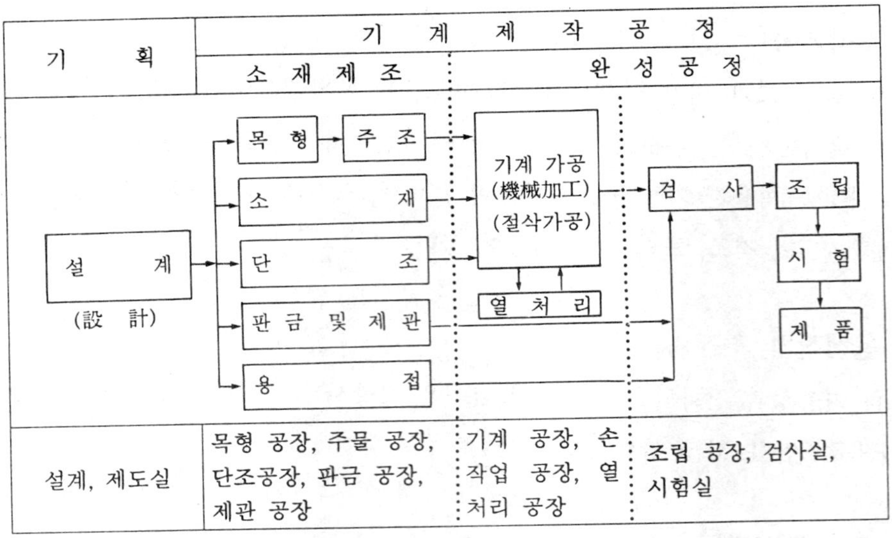

그림 1-4 기계제작의 공정

1-4 공작기계의 특성과 구비조건

1-4-1 공작기계의 특성

일반적으로 공작기계는 단일 작업(單一作業)에도 사용되나 대부분은 다양성 있는 작업을 하게 되므로

공작기계의 특성으로서

① 제품의 공작정밀도(工作精密度, accuracy)가 높고,

② 가공능률(加工能率, efficiency)이 우수해야 하며,

③ 융통성(融通性, felxibility)이 풍부해야 하고,

④ 안전성(安全性, safety)이 있어야 한다.

이 4대 특성이 구비됨으로써 어떠한 물품도 가공할 수 있고, 신뢰성(信賴性)을 가질 수 있게 된다. 전술한 공작기계에 요망되는 4대 특성을 전부 100% 구비된 공작기계를 실현시킨다는 것은 곤란한 것이다. 그러므로 현 단계에서는 주로 공작정밀도에 중점을 둔 공작기계, 주로 생산능력(生産能力)을 중요시한 공작기계 및 융통성(融通性)을 주관으로 한 공작기계 등으로 구분되어 각각의 특성을 중점적으로 설계하는 일이 많다.

1-4-2 공작기계의 구비조건

공작기계에 요망되는 사항은 고정밀도와 고능률이며 이것을 목표로 발전되어 왔으며 2가지 조건을 만족하기 위해서는 공작기계로서 몇 가지의 조건을 구비하도록 설계제작되어야 한다.

(1) 고정밀도에 대한 구비조건

① 기계자체의 정밀도가 높을 것

공작기계는 기계를 만드는 기계이므로 공작기계 자체의 정밀도를 높임으로써 이 기계로 가공된 제품의 정밀도를 높일 수 있다. 기계자체에 대한 정밀도의 기준을 KS에 규정하고 있으나 요는 가공된 제품의 정밀도를 높일 수 있는 일차적인 조건이 기계자체의 정밀도이며 실제 가공된 제품의 정밀도로서 한 기계의 양부를 판정할 수 있다.

② 강성이 높은 기계일 것

기계 자체의 정밀도가 높다고 해서 가공된 제품의 정밀도가 반드시 높다고 할 수 없다. 공작기계 정밀도 검사규격은 정적인 무부하 정지상태에서의 규격이며 어떤 하중하에서 운전될 때는 진동, 기계의 변형 또는 미끄럼면에 흔들림이 발생하던가 하여 가공물정밀도에 영향을 미친다. 따라서 이러한 일들이 일어나지 않게 각부의 구조가 설계제작되어야 한다. 현대에는 강력고속절삭이 이루어지고 있어 강도만으로 부적당하며 높은 강성이 요구된다.

③ 내구성이 있을 것

기계자체의 정밀도가 높더라도 장기간 유지할 수 있는 내구성이 있어야 한다. 초기의 정밀도를 상실하는 기계는 실용가치가 없다. 내구성이 떨어지는 원인은 다음과 같다.

ⓐ 길이가 긴 공작기계는 설치방법에 의한 것, 또는 실온의 변화에도 기인한다.

ⓑ 구성재료의 경년변화에 의한 변형이며 공작기계의 구성재료는 주로 주철이며 부품으로서는 베드, 칼럼, 주축대이다.

ⓒ 기계의 마멸에 의한 것이다. 기계운전 중 금속이 서로 마찰하게 되면 크든 작든 마멸이 일어나고 또 금속의 미분, 먼지 등이 활동면에 혼입하여 기계의 마멸에 촉진하고 정밀도를 저하시킨다.

(2) 고능률에 대한 구비조건

① 조작성능이 양호할 것

작업자에 대하여 편리하고 피로를 느끼지 않도록 해야 할 것이며 작업자의 숙련도와 관계 없이 공작물의 모양, 치수정도 및 표면거칠기 등을 허용범위내로 가공할 수 있는 구조이어야 한다.

② 생산능률을 높일 것

공작기계는 칩 제조공장을 위하여 만들어진 것이 아니고 기계제조공장을 위하여 만들어진 것이다. 따라서 단위시간에 소요의 형상, 치수의 부품을 경제적으로 생산하기 위한 것이다. 이 결과 칩의 다량 배출이 동반되며 이것이 가공경제성의 문제가 된다.

③ 칩의 처리가 쉬울 것

높은 생산능률로 작업이 이루어지면 다량의 칩이 배출되고 칩의 온도가 높아져서 그 열이 기계각부에 전달되어 기계의 정밀도를 저해하는 결과가 된다.

④ 안전장치를 구비와 동력 손실이 적을 것

기계의 모든 구동요소의 최대저항허용치 이상의 하중이 작용하면 기계가 파손하기 전 운동이 정지되어야 한다.

이상과 같이 공작기계는 고정밀도, 고능률을 목표로 발전하여 왔으나 최근에는 융통성이 중요시하게 되었다.

(3) 가공에 이용되는 금속의 성질

금속재료를 가공할 때는 그 금속이 가지고 있는 물리적인 여러 가지 성질을 최대로 이용하여 보다 경제적이고 효과적인 가공방법을 선택하여야 한다.

가공에 이용되는 금속의 성질은 아래와 같다.

① 가용성(fusibility)

금속이 높은 온도의 열을 받으면 녹아서 액체상태로 되는 성질을 말하며 이 성질을 이용한 가공법에는 주조(casting), 용접(welding) 등이 있다.

② 접합성(weldability)

금속이 외부의 가열 또는 금속간 마찰에 의하여 높은 온도로 되었을 때 친화력이 증대되어 타금속 원자와 접합이 가능해지는 성질을 말하며, 이러한 성질을 이용한 가공법에는 용접(welding), 단접(forge welding), 리베팅(riveting), 전성 등이 있다.

③ 전연성(malleability)

금속에 타격력(打擊力) 또는 압력을 가하였을 때 옆으로 퍼지는 성질을 전성(展性)이라 하고 길이 방향으로 늘어나는 성질을 연성(延性)이라 하는데 이것을 묶어서 전연성이라 한다.

소성가공에 이용되는 것으로서 가공법에는 압연(rolling), 압출(extrusion), 인발(drawing), 단조(forging) 등이 있다.

④ **절삭성**(machinability)

절삭가공시 재료의 가공 난이도를 말하는 경우도 있으나 여기서는 금속이 절삭가공에 의하여 깎여지는 성질을 말한다. 가공법에는 선삭, 밀링 평삭 등이 있다.

⑤ **연삭성**(grinding ability)

고정숫돌 또는 분말입자에 의하여 연삭되는 성질을 말하며 가공법에는 연삭(grinding), 래핑(lapping) 등이 있다.

1-5 공작기계의 기본운동

공작기계가 목적하는 절삭 가공을 수행하기 위해서 절삭 운동, 이송 운동 및 위치 조정운동 등의 3개 기본운동(基本運動)을 한다.

1-5-1 절삭운동(cutting motion)

절삭할 때 칩의 길이 방향으로 공구가 움직이는 주운동(主運動 : principle motion) 이라고도 한다. 공작기계의 운전 동력의 대부분을 절삭 운동에 소비된다. 절삭 운동 중에는

① 공구는 일정 위치에 고정하고 가공물을 운동시키는 절삭 운동에는 선반, 플레이너 등이 있다.

② 가공물은 일정 위치에 고정하고 공구를 운동시키는 절삭 운동에 세이퍼, 드릴링, 밀링, 브로칭 머신 등이 있다.

이 중에서 선바, 드릴링 머신, 밀링 머신, 호빙 머신 등은 회전절삭운동(回轉切削運動)을 하고, 플레이너, 세이퍼, 브로칭 머신 등은 직선절삭운동(直線切削運動)을 한다. 그리고 절삭공구와 가공물의 운동 속도의 차, 즉 상대 속도를 절삭속도(cutting speed)라고 하며 보통 m/min 또는 ft/min로 표시한다.

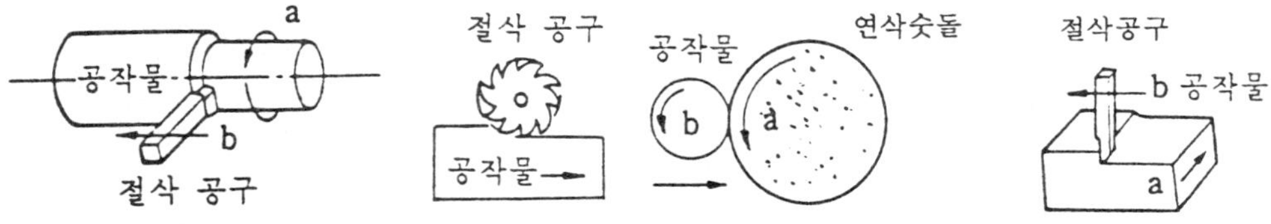

(a) 회전운동과 직선운동 (b) 직선운동과 회전운동 (c) 회전운동과 회전운동 (d) 직선운동과 직선운동

그림 1-5 공작기계의 기본 절삭 운동

1-5-2 이송운동(feed motion)

공구 또는 공작물을 절삭 방향으로 이송하는 운동으로서 절삭 단면을 알맞게 조절하기 위하여 진행되는 운동이다. 일반적으로 이송운동에는 다음과 같은 원칙이 있다.

① 1회의 이송(feed)량 f는 공구의 폭보다 적게 한다.

② 이송운동 방향은 절삭운동 방향과 직각이며, 가공면과 평행 또는 직각으로 한다.

③ 이송운동은 절삭운동과 일정한 관계가 있고 규칙적으로 진행한다.

이송운동의 속도(feed rate)는 회전절삭운동에서는 1회전당, 그리고 직선 왕복절삭운동에서는 1왕복당에 대한 피드량(mm)으로써 표시한다. 이것을 1회전(또는 1왕복)당의 이송(feed per revolution or stroke)라고 하든가, 또는 단순히 『피드』라고 한다.

1-5-3 위치조정운동(position motion)

공작기계에서 위치 결정 운동이란 공작물과 공구간의 절삭 조건에 따른 절삭 깊이 조정을 말하며, 절삭운동 및 이송운동을 시작하려면 그 준비 조작이 되어야 한다.

즉, ① 기계의 운동 중심과 공작물의 중심 또는 가공면의 상대 위치 조정 작업

② 공구와 공작물간의 거리 조정 작업

③ 잘삭 깊이와 이송 위치 조정 등이 필요하다.

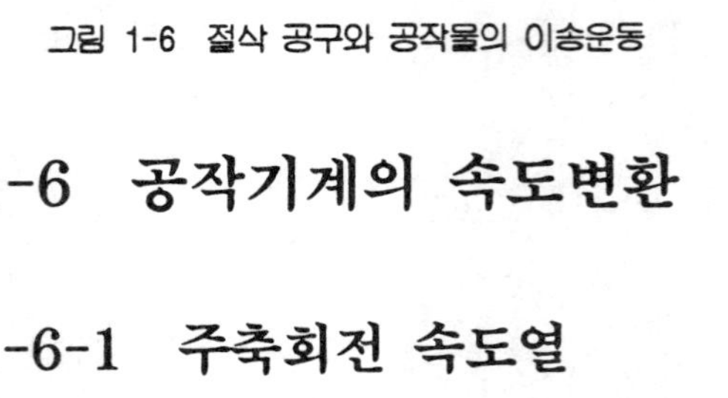

그림 1-6 절삭 공구와 공작물의 이송운동

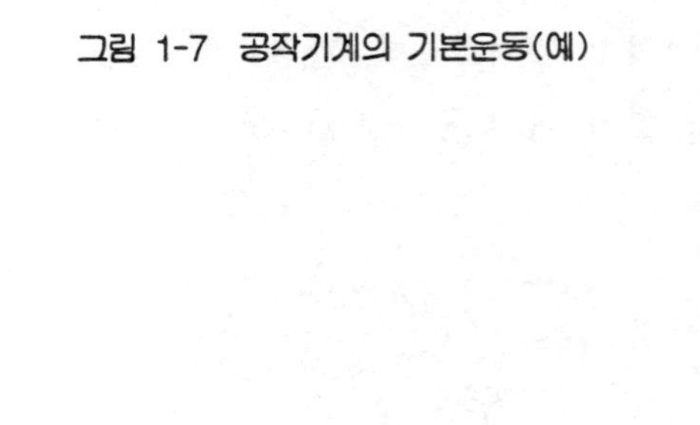

그림 1-7 공작기계의 기본운동(예)

1-6 공작기계의 속도변환

1-6-1 주축회전 속도열

선반에서와 같이 가공물이 가공하거나 드릴링 및 밀링에서와 같이 절삭공구가 회전할 때 절삭에 관계하는 이들 회전체의 직경을 d(mm), 단위시간에 절삭공구와 통과하는

표 1-2 공작기계의 기본운동 조합

가공계열		공작기계의 명칭	절삭운동				피이드운동			
			공구운동		가공물운동		공구운동		가공물운동	
명칭	요목		직선	회전	직선	회전	직선	회전	직선	회전
선삭	turning	선반	-	-	-	○	○	-	-	-
보오링	boring	보오링 머신	-	○	-	-	○	-	-	-
드릴링	drilling	드릴링 머신	-	○	-	-	○	-	△ 단속	-
세이핑	shaping	세이퍼	○ 왕복	-	-	-	-	-	○ 단속	-
플레이닝	planing	플레이너	-	-	○ 왕복	-	○ 단속	-	-	-
슬로팅	slotting	슬로팅 머신	○ 왕복	-	-	- -	-	-	-	-
밀링	milling	밀링 머신	-	○	-		-	-	○	-
소오윙	sawing	핵소오윙 머신	○ 왕복	-	-	-	○	-	-	-
호빙	hobbing	호빙 머신	-	○	-	-	○	-	-	○
브로칭	broaching	브로우칭 머신	○ 편도	-	-					
연삭	grinding	외경연삭기	-	○	-	-	○	-	-	○
연삭	grinding	평면연삭기	-	○	-	-	-	-	○	○

절삭속도를 V(m/min)라 하고 가공물 또는 절삭공구의 회전수를 n(rpm)이라 하면 다음과 같은 관계식에서 계산되어진다.

$$V = \frac{\pi \cdot d \cdot n}{1000} \quad \text{또는} \quad n = \frac{1000 \cdot V}{\pi \cdot d}$$

공작기계의 설계에서 사용 목적에 따라 정해지는 최대 절삭속도를 V_{max}, 최소 절삭속도 V_{min}이라하고, 이들 속도내에서 정해지는 최대 직경을 d_{max}, 최소 직경을 d_{min}이라 할 때 최대 회전수 n_{max} 및 최소 회전수 n_{min}은 다음과 같다.

$$n_{max} = \frac{1000 \cdot V_{max}}{\pi \cdot d_{min}}$$

$$n_{min} = \frac{1000 \cdot V_{min}}{\pi \cdot d_{max}}$$

이때 최대 회전수 n_{max}와 최소 회전수 n_{min}의 비를 속도변환장치의 회전수역비(回轉數域比, revolution range ratio) B_r라 하면 다음과 같이 표시된다.

$$B_r = \frac{n_{max}}{n_{min}} = \frac{V_{max}}{V_{min}} \cdot \frac{d_{max}}{d_{min}} = B_v \cdot B_d$$

즉, 회전수역비 B_r은 절삭속도역비(切削速度域比, cutting-speed-range ratio) B_v와 직경역비(直徑域比, diameter range ratio) B_d의 곱으로도 나타낼 수 있다.

d_{max}와 d_{min}사이의 범위내에서 임의의 직경 d에 대한 최적 절삭속도(경제적 절삭속도) V_c를 얻기 위하여는 회전수 n을 연속적으로 변화시킬 수 있게 변속장치를 설계하는 것이 이상적이니, 그와 같은 무단변속장치는 구조가 복잡하고 많은 공간을 차지하며 고가이므로 부득이한 경우가 아니면 단계식 변속장치(段階式變速裝置)가 주로 사용된다.

가공물을 가공할 때 직경의 변화에 따라서 최적 절삭속도 Vc에 가까운 값을 얻을 수 있도록 공작기계의 변속장치를 설계하여야 한다. Vc보다 너무 작으면 가공에 장시간을 요하게 되어 비경제적이고, Vc보다 너무 크면 공구의 마모가 급속히 진전되어서 오히려 가공시간이 길어지거나 가공물의 정도를 저해할 수 있다.

그림 1-8에서 주축회전수 n이 $n_1 < n_2 < n_3 ... < n_z$이라 하면 가공물 직경 d_1에서 회전수 n1일 때 최적 절삭속도 V_c가 된다. 계속된 절삭에 의하여 $d < d_1$일 때 회전수 n_1에서 최적 절삭속도 V_c를 얻을 수 없으며, 직경 $d=d_2$가 되었을 때 $n=n_2$로 하여 최적 절삭속도 V_c가 얻어진다. 같은 방법으로 $d=d_3$로 되기 전에는 $n=n_2$로 절삭하다가 $d=d_3$일 때 $n=n_3$로 높인다. 이와 같이 하여 그림 1-8에서 굵은 선으로 표시되는 이른바 톱니선도를 형성하게 되며, 주어진 가공물직경에서 최적 절삭속도를 갖도록 $n_{max} \sim n_{min}$을 규칙적으로 배열할 필요가 있다.

이들 톱니의 배열 방법으로서 다음과 같은 4종류의 회전속도열을 생각할 수 있으나 등비급수속도열(等比級數速度列)을 택하는 것이 일반적이다.

① 등비 급수속도열(等比級數速度列, geometric progression)
② 등차 급수속도열(等差級數速度列, arithmetic progression)
③ 대수 급수속도열(對數級數速度列, logarithmic progression)
④ 복합등비 급수속도열(複合等比級數速度列, combined geometric progression)

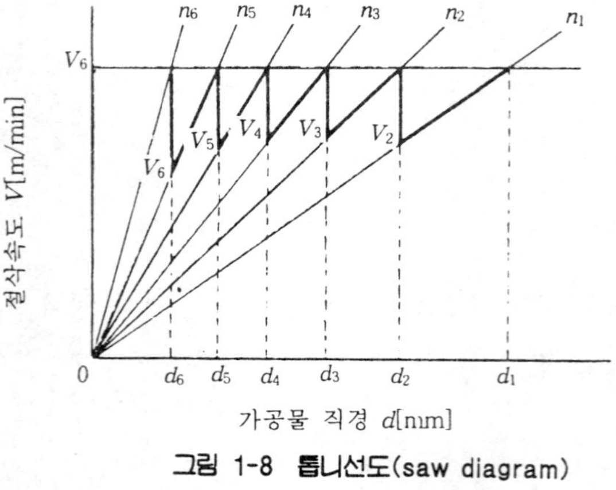

그림 1-8 톱니선도(saw diagram)

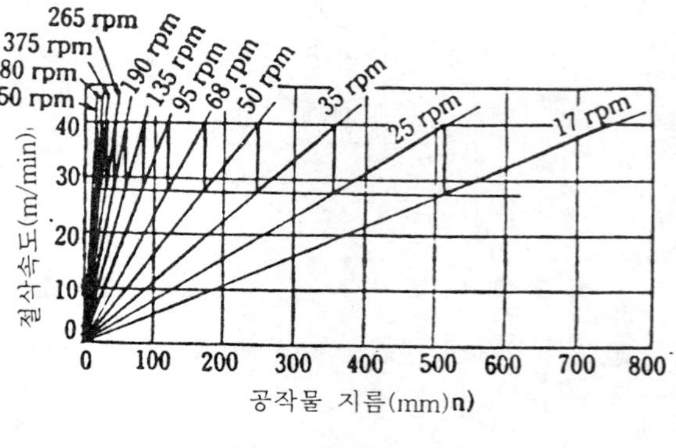

그림 1-9 등비수열의 톱니형 선도

(1) 등비급수 속도열

최대회전수와 최소회전수와의 사이를 등비수열적으로 구분한다. 이를 등비수열적 속도열이라 하고 일반적으로 등비수열에서 공비를 φ로 하고 i단의 회전수를 n_i로 하면

$$n_i = n_{min}\varphi^{i-1}$$

로 표시된다. 속도하강률은

$$A = 1 - \frac{n_{i-1}}{n_i} = 1 - \frac{n_{min}\varphi^{i-2}}{n_{min}\varphi^{i-1}} = 1 - \frac{1}{\varphi} \fallingdotseq (25 \sim 35\%)$$

로 표시된다.

공비는 $\varphi = \sqrt[i-1]{\dfrac{n_{max}}{n_{min}}} = \sqrt[i-1]{B}$로서 일정하기 때문에 속도강하율은 일정하다. 따라서 회전수가 작은 부분에서는 회전수의 구분이 뜸하고 회전수가 큰 부분에서는 좁아지나 등차수열적 속도열에 비하여 그것만큼 크지는 않다. 이 경우 속도강하율이 일정하게 되는 것이 큰 이점이 있다.

특별한 경우로서 최고속도를 특히 높이거나 또는 최저속도를 낮게 할 필요가 있고 변속장치고 그다지 복잡하지 않다. 이와 같은 경우에는 최고 또는 최저회전속도 및 그 근방의 공비를 중간의 공비를 변화시킨다. 이를 선택등비수열 속도열이라 한다.

예로서 n_1=45 rpm, n_6=250 rpm이고 단수를 6이라 하면

$$\text{속도열 공비 }(\varphi) = \sqrt[5]{\frac{250}{45}} = 1.4$$

따라서 속도열은 45, 63, 90, 125, 250이 된다.

등비급수 속도열의 장점을 열거하면

① 공비 ϕ를 갖는 등비급수 중에서 x번째를 뽑아 속도 배열을 만들 때, 그 배열은 공비 ϕ^x를 갖는 새로운 등비급수가 된다.

② 등비급수의 각 항에서 ϕ^y를 곱하면 전체 등비급수는 y만큼 차수(次數)가 크게 된다.

③ 등비급수의 각 항에 일정한 값 C를 곱사면 먼저와 같은 공비 ϕ를 갖는 새로운 등비급수가 된다.

④ 10진법 등비급수에서는 각위(各位)의 집단에는 같은 배열의 수가 나타난다.

따라서 여러 가지 구동 요소를 계통적으로 배열하고, 적당한 기어이빨수비(gear ratio)를 백기어에 사용하면, 주축의 회전수를 등비급수로 배열할 수 있으므로 언제든지 표준 속도를 얻을 수가 있는 장점들이 있다.

(2) 등차 급수속도열

최대회전수와 최소회전수와의 사이를 등차수열적으로 구분할 수 있다. 이것을 등차수열 속도열이라 한다. 지름공차 a, 임의의 회전수를 n_i라 하면

$$n_i = n_{min} + a(i-1)$$

로 주어지므로 속도강하율은

$$A = 1 - \frac{n_{i-1}}{n_i} = 1 - \frac{n_i - a}{n_i} = \frac{a}{n_i}$$

로 되고 회전수 작은 부분, 즉 지름이 큰 부분의 속도하강율은 크다. 그러므로 회전수의 분할간격이 넓고 역으로 회전수가 큰 곳에서는 속도하강율이 작고 회전수의 분할이 작아진다.

등차급수적으로 회전수가 변하는 회전속도의 수열로 단수를 Z라 하고 수열의 공차를 a, 최소회전수를 n_1, 최대회전수를 n_z라 하면

$$n_2 = n_1 + a, \qquad n_3 = n_2 + a = n_1 + 2a, \qquad n_4 = n_3 + a = n_1 + 3a$$

따라서 일반적으로

$$n_z = n_{z-1} + a = n_1 + (Z-1)a$$

그러므로

$$\text{수열공차 } (a) = \frac{n_z - n_1}{Z - 1}$$

이 된다.

예를 들면 n_1=45rpm, n_6=120rpm일 때 속도단수 Z=6

$$\text{수열공차 } (a) = \frac{120 - 45}{6 - 1} = 15$$

이고 회전수는 45, 60, 75, 90, 105, 120이 된다. 공작물 커터 또는 드릴의 지름 d(mm)의 함수로 절삭속도 Vm/min을 표시하면

$$n = \frac{1000V}{\pi d} \text{rpm}$$

지름이 작을 때에는 너무 자주 회전수를 변환시켜야 하고, 지름이 클 때에는 너무 흩어져 속도가 최적속도보다 너무 낮아져 비능률적이다.

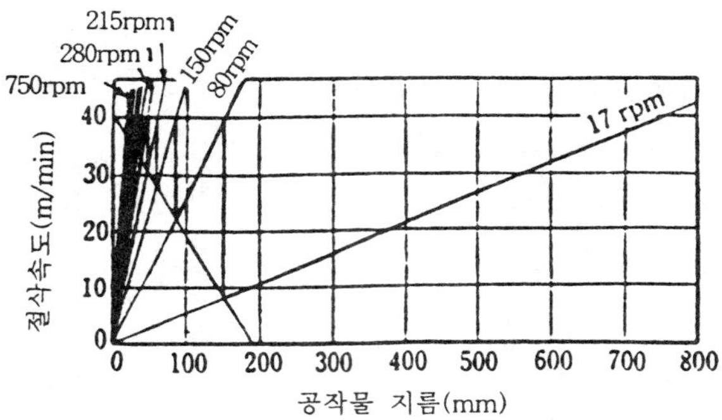

그림 1-10 등차수열의 톱니형 선도

(3) 대수 급수속도열

대수소도열값은 대수방안지(對數方眼紙)의 어떤 특징직선을 적당히 변화시켜야 얻는다. n_i에 대응하는 직경을 d_i라 하면

$$d_{i1} - d_1 = 2C\sqrt{d_{i1}}$$

에 의하여 회전수 ni가 정해지면, 본 예는 위치계수 C가 2.082인 경우이다.

그림 1-11은 V_c=40m/min, n1(=n_{min})=20_{rpm}, n_{10}(=n_{max})=560rpm을 10단으로 할 때 대수급속도열로서 전직경(全直經) 범위에 걸쳐 회전수가 등비급수계수속도열서보다 균등하게 분포되어 있다. 그러나 절삭속도 감소율은 일정하지 않으며 직경이 큰 범위내에서는 절삭속도 감소율이 적어 좋으나 작은 범위로 갈수록 절삭속도 감소율이 크게 나타나서 좋지 않다. 대수급수속도열의 큰 단점은 이론적 속도비에 맞게 각 속도단의 구동기구를 조합할 수 없는 기술상의 문제를 안고 있다는 것이다.

(4) 복합등비 급수속도열

등비급수속도열에서 공작물 직경이 작은 범위에서 회전수가 밀집되는 것을 피하기 위하여 직경이 큰 경우에서의 공비와 다른 공비를 직경이 작은 경우에 별도로 채용하는

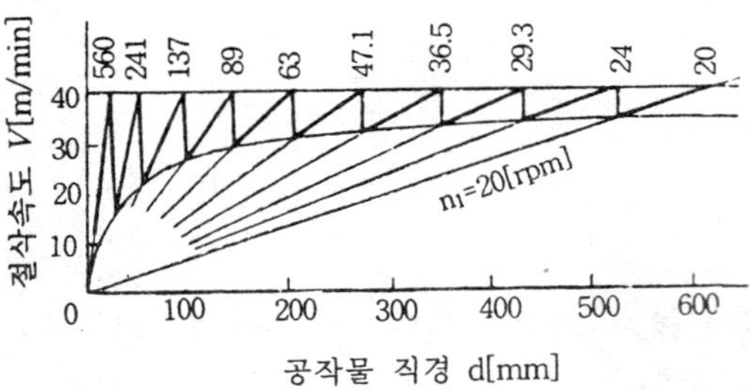

그림 1-11 대수급수속도열의 톱니선도(대수 방안지에서의 직선기울기가 45°)

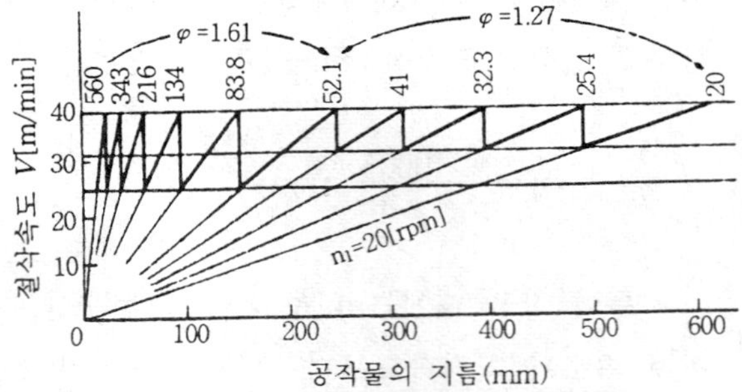

그림 1-12 복합등비급수속도열

복합등비급수 속도열에서는 이론값에 일치되는 구동장치의 설계와 제작이 곤란할 뿐만 아니라, 앞으로 소개하는 회전수규격에 위배되는 결과를 가져온다.

그림 1-12은 V_c=40m/min, z=10일 때 톱니선도로서 회전수 20, 25.4, 32.3, 41, 52.1 rpm에서는 공비 ϕ=1.27이고, 회전수 52.1, 83.8, 134, 216, 343, 560rpm에서는 공비 ϕ =1.61인 경우의 예이다.

(5) 선반주축대의 회전수 계산법

앞에서 설명한 바와 같이 속도열의 종류와 규격이 명확해졌다. 따라서 실제로 일어날 수 있는 경우의 결과를 검토하여 설계하려는 공작기계의 구조계산에 응용토록 한다. 계산의 순서는 다음과 같다.

- 기계의 공작조건으로부터 최대 및 최소 회전수를 결정한다.
- 최대 및 최소 회전수로부터 속도역비 (B)를 구한다.
- 속도단수의 선택과 속도역비 및 표준 속도열의 공비(φ)를 결정한다.
- 속도열의 공비(φ)와 최대 및 최소 회전수열을 정한다.

① n_{max}와 n_{min}결정

최대절삭속도 v_{max}은 사용할 공구재료에 따라 결정된다. 초경합금공구로 연강을 절삭할 때 v_{max}=100～150m/min로 잡는다. 고속도공구강의 경우 단조강을 절삭할 때 v_{max} =37m/min로 한다. 최소절삭속도 vmin은 고속도공구로 나사를 절삭할 때 v_{min}=5～10m/min로 한다. 공작물의 최소지름 d_{min}은 베드 위의 중심 높이의 1/8로 잡는 것이 관례이고 최대지름 d_{max}는 베드 위의 스윙(ds) 1/4～1/5, 또는 왕복대위의 스윙(dc) 1/2..5～1/5로 잡는 것이 보통이다. 스윙(ds) 400mm의 선반을 설계하는 것을 가정하여 초경합금공구를 사용하면 v_{max}=100m/min, d_{min}=1/8×200=25mm이다. 따라서 n_{max}은 다음과 같이 계산된다.

$$n_{max} = 100 \cdot v_{max} = \frac{1000 \times 100}{\pi \times 25} \fallingdotseq 1273rpm$$

n_{min}은 스윙이 1/4되는 d_{max}=1/4×400=100mm 지름의 공작물을 10m/min의 절삭속도로 나사를 절살할 때의 주축회전수로 한다.

$$n_{max} = \frac{1000 v_{min}}{\pi d_{max}} = \frac{1000 \times 10}{\pi \times 100} = 32rpm$$

② 속도역비(B)의 결정

$$B = \frac{n_{max}}{n_{min}} = \frac{1273}{32} = 39.78 \fallingdotseq 40$$

③ 속도단수 및 공비의 결정

치차구동에 있어서 주축의 최저회전수를 n1, 최대회전수를 nz, 속도단수를 z, 속도역비 B, 공비를 φ라 하면

$$B = \frac{n_z}{n_1} = \frac{n_1 \varphi^{z-1}}{n_1} = \varphi^{z-1}$$

$$\log B = (z-1) \log \varphi$$

가 성립된다. 윗식에서 φ를 정하면 $\log\varphi$=const이므로 logB=(z-1) · const이다.

위 식에서 공비와 속도단수를 계산하면 다음과 같다.

공 비(φ)	2	1.6	1.4	1.25	1.12
속도단수(z)	6	9	11.5	17.5	33

여기서 가장 적합한 공비는 속도단수 φ=1.4 z=12, φ=1.6 z=9, φ1.25 z=18 중 작업의 편의, 구조상의 간이, 제작상의 경제성을 고려하여 선택한다. 스윙 400mm의 선반은 속도단수가 많아도 제작상 좋지 않으므로 φ=1.4 z=12를 택한다.

1-6-2 공작기계의 구동 장치

공작기계는 그 종류와 형식에 따라 전동기의 회전을 주축의 회전운동이나 테이블의 왕복운동으로 전달하는 장치가 필요하다. 또, 실제로 절삭을 할 때에는 각각 조건에 적

합한 절삭 속도로 변환할 수 있는 변속 장치가 필요하다. 따라서, 공작기계의 구동장치는 절삭운동을 하는 부분까지의 동력 전달 장치와 그 운동 속도를 변환하는 변속 장치로 되어 있다.

(1) 계단식 구동 장치

한정된 계단으로 배열되고 규정의 속도비로 구동되는 장치를 계단식 구동 장치라 한다. 전동기의 회전 속도가 일정할 때에는 규정된 속도열에서 최고에서 최저까지 변속이 된다.

계단식 구동 장치에는 단차식과 기어식이 있다. 기어식 구동 장치는 그림 1-13과 같이 기어의 조합으로 구동하는 방식이며, 단차식 구동 장치보다 큰 회전력을 확실하게 전달할 수 있다. 최근의 공작 기계에는 기어식 구동 장치가 많이 쓰이고 있다.

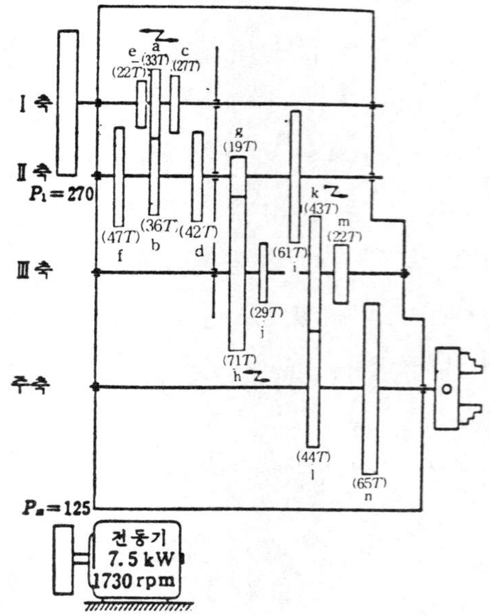

그림 1-13 주축대의 기어열의 보기

기어식 구동 방식에는 클러치를 축위에서 미끄러지게 하는 방법과 기어를 미끄러지게 하는 방법이 있다. 그림 1-13은 I 및 III축 위의 기어를 축의 길이방향으러 미끄럼 이동을 시켜 I 축과 축의 회전 속도를 주축의 기어와 물리게 하여 계단식으로 변화시킨다.

(2) 무단 구동 장치

제한된 회전 속도 범위 안에서 변속을 무단으로 할 수 있는 구동 장치를 무단 구동 장치라 하며, 절삭에 적합한 속도를 일정한 범위 안에서 임의로 선택할 수 있어 작업이 매우 효율적이다.

무단 구동 장치에는 기계적 방법, 전기적 방법, 유체압을 이용한 방법 등이 있다.

① 기계적 무단 구동 장치

마찰차, 벨트, 체인 등을 사용하여 기계적으로 변속하는 방식이다. 공작 기계 구동 장치에 이용되고 있는 것은 그림 1-14와 같이 마찰차에 의한 원추형 원반과 V

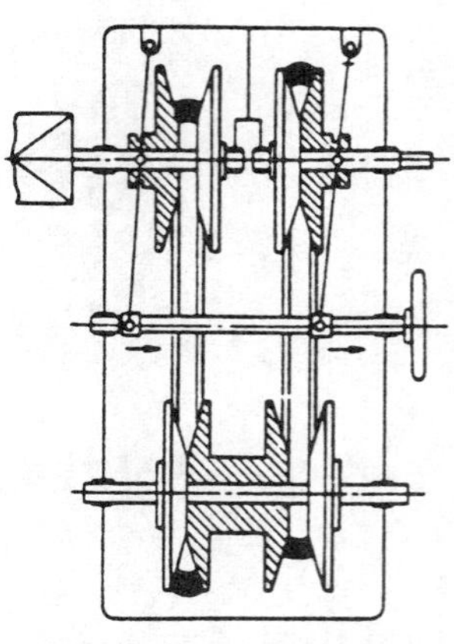

그림 1-14 2쌍 원추형 원반 V 벨트 구동 방식

벨트를 이용한 형식 및 그림 1-15와 같이 체인을 사용한 PIV(positively infinitive drive) 식의 것이 있다. 이와 같은 장치는 기어식 변속 장치의 보조적인 것으로 사용한다.

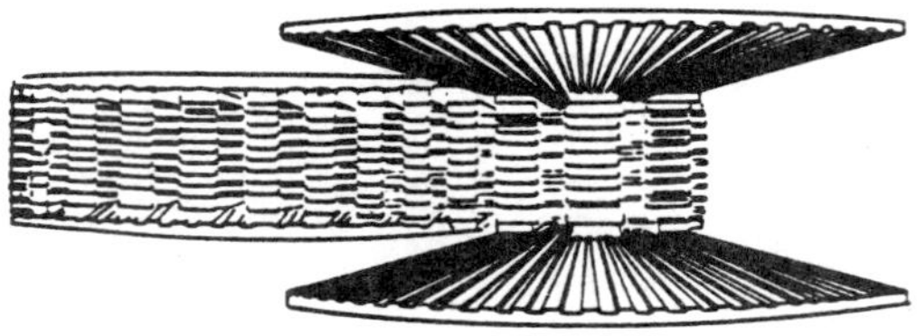

그림 1-15 PIV 구동 장치

② 전기적 무단 구동 장치

전동기의 회전수를 변환시키는 데에는 직류 발전기의 전압을 변환하는 방법과, 교류 발전기의 주파수를 변환시키는 방법이 있다.

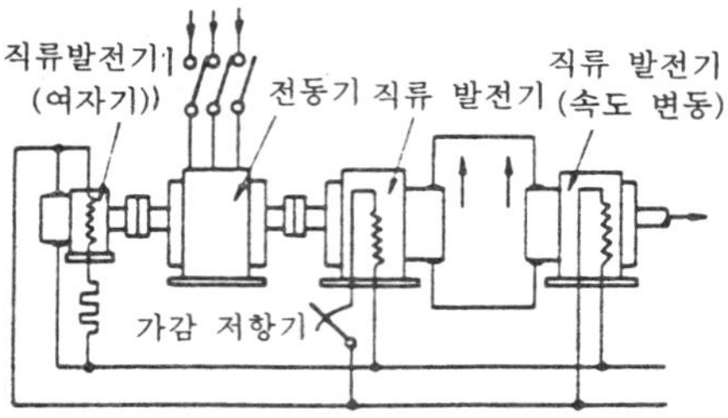

그림 1-16 워드-레너드 방식

그림 1-16은 발전기의 가변 전압을 전동기의 저항기에 보내 전동기의 전압을 바꾸어 회전수를 변도시키는 보기이다. 이것을 워드-레너드(Ward-Leonard) 방식이라 하며, 플레이너의 테이블 구동에 사용되고 있다. 발전기의 전압을 0에서 (-)로 변동시키면 '정지'에서 '역전'으로 된다.

③ 유체 무단 구동 장치

유압을 이용한 방식의 구동 장치는 속도의 조절이 용이하고 확실하며, 운전이 원활하고 진동이 적다. 자동 선반의 바이트 이송, 연삭기, 밀링 머신의 테이블 이송등 직선 운동에 많이 쓰이며, 회전 운동에도 이용되고 있다.

제2장 절삭 이론

2-1 절삭 정의와 이론의 발달

2-1-1 절삭의 정의

절삭(切削, cutting)이라 함은 공작물(工作物, work)보다도 경도(硬度, hardness)가 높은 공구(工具, tool)로 공작물에서 칩(chip)을 깎아내어 희망하는 모양의 제품을 만드는 것이다.

구체적으로 그림 2-1에서와 같이 공작물이 절삭공구의 압축력(壓縮力, compressive force)을 받아 여기에 따르는 전단응력(剪斷應力, shearing stress)이 공작물 내부로 방사(放射)하여 피삭재(被削材, work)를 소성변형(塑性變形, plastic deformation)시켜 이 변형부분이 경사면(傾斜面)을 따라 미끄러지면서 칩(chip)을 발생시킨다.

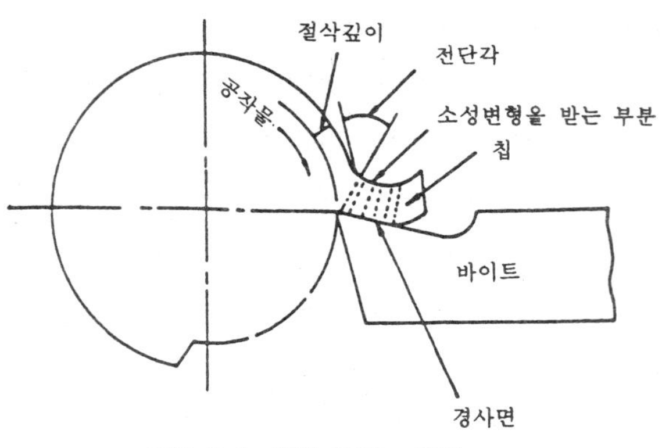

그림 2-1 칩이 생기는 원리

따라서 절삭가공에 종사하는 기술인은 어떻게 하면 공정관리와 절삭이론을 합리적으로 할 것인가가 중요한 직무이다. 그러기 위해서는 절삭현상을 경험에 의한 기술연마(技術硏磨)보다는 체계적(體系的)으로 절삭이론을 이해하는 것이 무엇보다 중요하다고 본다. 예를 들면

① 절삭공구에 따른 피삭재(被削材)는 어떠한 상태로 절삭되는가.

② 절삭 상태는 절삭공구의 형상, 절삭속도, 절삭깊이, 이송속도 등에 따라 어떻게 변

화하는가.

③ 공구 재료에는 어떠한 것이 있고 공구 재료의 성능을 최고도(最高度)로 발휘시키는 데에는 어떠한 절삭 조건이 필요한다.

④ 절삭에서 발생하는 열은 왜 생기고, 공구수명(工具壽命)과 절삭동력(切削動力)에 어떠한 영향을 미치는가.

⑤ 가공다듬질면의 상태는 절삭조건에 따라 어떻게 변하는가.

⑥ 절삭유제(切削油劑)는 절삭현상에 어떠한 영향을 주는가.

⑦ 공작기계의 진동은 어떠한 원인에서 생기고, 그 대책(對策)은 어떻게 할 것인가.

등과 같은 문제들을 파악해야 하기 때문이다.

2-1-2 절삭 이론의 발달

영국의 Henry Maudslay가 근대식 선반을 발명한 후 설계 및 재료의 발전과 더불어 더욱 고속, 정밀, 그리고 강력한 각종의 공작기계들이 출현하게 되었다. 이와 병행하여 금속절삭(metal cutting)에 대한 과학적인 각종 이론적 방법이 시도되었다.

금속절삭의 이론을 제일 먼저 체계화한 기술자는 미국사람 F.W.Taylor이다. Taylor는 1880년 미국 Philadelphia의 미드발(Midvale Steel Works)의 기계 공장에서 절삭(cutting)에 관한 문제와 경제적인 공장 경영 문제를 결부시켜 연구에 착수하였다. Taylor의 말에 의하면 그 공장에서는 많은 직공들이 기관차(locomotive)의 타이어(tyre)와 액슬(axle) 및 단조된 기차 부분품을 가공하고 있었다하며 이 공장 종업원들이 단합하여 일정수 이상을 제작하지 않았다. 그러므로 그때 실적 이상의 생산고를 기대할 수 없게 되었다. 그러나 Taylor는 직공들이 제작하고 있는 생산실적(生産實績)은 실지 생산가능량(生産可能量)의 1/2의 생산고를 불과하다는 것을 알게되어, 그 작업에 대한 과학적인 실험자료(data)를 작성할 것을 결심하고, 회사 간부의 양해를 얻어 약 6개월간의 예정으로 실험에 착수하였다. 그리하여 단시간에 완성하려고 한 이 계획이 오랜 시일이 걸려 26년간이라는 긴 세월이 소비되었다.

1906년에 Taylor는 미국 기계학회(ASME)의 회장에 당선되었고, New York에서 열린 기계학회(ASEM) 강연회에서 체계화된 이론으로서 '금속 절삭법에 관한 연구(On the Art of Metal Cutting 1906)'를 발표하였다.

Taylor의 연구 업적 중에서 중요한 것은

① 1883년까지 표준 원형 바이트(round tool)의 실험을 완성

② 1886년까지 절삭속도(cutting speed), 절삭깊이(depth), 절삭 면적(cutting area)의 문제에 관한 연구의 진전과 더불어 이를 수식화하였고

③ 1890년까지 공작기계의 절삭작업용 계산자(計算尺 : slide rule)를 완성 및 활용
④ 1898~1900년에는 고속도강(high speed steel)을 발견하였다.

한편 1903년에는 영국 Manchester에서 개최된 영국 기계학회(英國機械學會)에서 T.Nicolson 박사는 선반 공구(lathe tool)에 작용하는 동력 측정을 발표하였는데, 이것이 절삭 동력 연구에 크게 공헌하였다. 그리고, 1904년에는 독일에서 prof. Schlesinger가 Berlin 공과대학 및 charlottenberg에서 공작기계 연구소를 설치하여 많은 성과를 얻었다. 그 제자 중에는 Kronenberg와 같은 유명한 학자도 있다. 1927년에 Max Kronenberg가 절삭학강요(切削學綱要 : Grundzuge der Zerspanungslehre)를 출판하여 절삭 이론 문제를 수식에 의한 방법으로 종합하는데 성공하였다. 1936년에는 Schlesinger가 그의 유명한 저서 공작기계('Die Werkzeugmaschinen')에서 1904~1934년에 걸쳐 실험한 연구 결과를 발표하였다. 그리고 Schlesinger는 Loewe Co.의 기사장으로서, 또한 DIN공작기계 규격 제정 위원장으로서 많은 공헌을 하였다.

2차 대전 이후에 서독 Achen 공과대학의 prof. Orpitz의 공작기계 연구소, 미국 M.I.T와 Carnegi 공과대학에서 공작기계 발전에 공적이 많은 prof. Shaw의 공작기계연구소 및 미국의 제일류의 공작기계 회사인 Cincinnati Milling Machine Co. 및 Brown & Shape Co.의 공작기계 실험실 등은 세계에서 최첨단의 연구소로서 많은 실적을 올리고 있다.

최근에는 특히 고온절삭(高溫切削), 고속절삭(高速切削)에 관련된 연구와 3차원 절삭(三次元切削)에 대한 연구들이 활발하게 등장되고 있다. 또 한편 공작기계 및 가공물 표면조도(表面組度)에 대한 정밀 측정 제목도 많은 부분을 차지하고 있다. 또한 공작기계에서 마찰과 마모 및 진동 등에 대한 것과 윤활(潤滑)도 많은 관심사로서 널리 연구되고 있다.

2-2 절삭 저항과 절삭 조건

2-2-1 절삭 저항

(1) 절삭 저항의 3 분력

① 주 분력(F_1)

절삭방향에 평행한 분력으로 가장 큰 힘으로 측면 경사각이 작을 때 증가하고 절삭속도 클 때 감소(10)

② **횡분력(F_2)**

이송 방향과 반대 방향으로 작용하는 힘으로 공구 고정각에 의한 변함 : 1~2

③ **배분력(F_3)**

절삭깊이에 반대 방향으로 작용하는 분력으로 날끝이 둔화되면 증가하고 측면 경사각이 클 때 감소(2~4)

④ 절삭 저항의 변화 요소

ⓐ 가공물의 재질 : 단단할수록 주분력이 크다.

ⓑ 공구 날끝의 모양 및 공구각 : 경사각이(약 30°까지) 커질수록 주분력은 감소한다.

ⓒ 절삭 면적(이송×깊이) : 절삭 면적이 커질수록 주분력은 커진다.

ⓓ 절삭 속도 : 절삭 속도가 클수록 주분력은 감소한다.

ⓔ 절삭제 : 절삭유를 사용하면 주분력은 감소한다.

⑤ 절삭 저항의 감소대책

ⓐ 절삭날의 경사각을 크게 한다.

ⓑ 절삭 속도를 증가시킨다.

ⓒ 절삭 면적을 적게 한다.

ⓓ 절삭유를 사용한다.

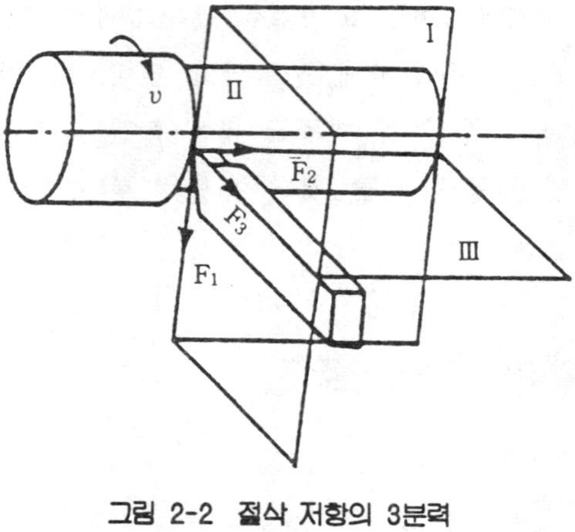

그림 2-2 절삭 저항의 3분력

각 분력의 크기를 비교하면 대략 $F_1 : F_3 : F_2 = 10 : (2\sim4) : (1\sim2)$로 추측할 수 있다. 절삭저항의 크기는 절삭 조건에 따라 달라지며, 경우에 따라서는 이송분력이 배분력보다 커질 수도 있다.

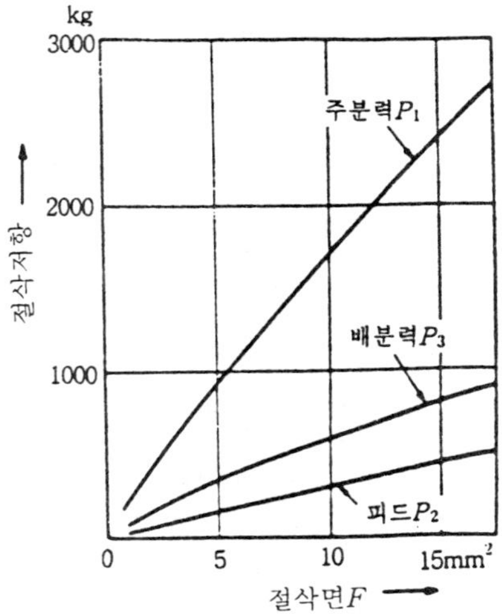

그림 2-3 3분력의 비교 피삭재=SM45C, 경사각=12°

2-2-2 절삭 조건

작업자가 공작기계를 조작하여 쉽게 조절할 수 있고, 또한 절삭률(rate of metal removal), 즉 단위 시간당 절삭량(칩 제거량)에 영향을 끼치는 변수들의 조합을 절삭 조건이라 한다. 실제 가공물을 절삭하는 데 있어서 가장 중요한 세 가지 절삭 조건은 절삭 속도(cutting speed), 이송(feed), 절삭깊이(depth of cut)이다.

(1) 절삭 속도

절삭 속도는 공구와 가공물 사이의 관계 운동 속도로서 가공물(밀링에서는 커터 바깥지름)이 단위 시간당 공구날(밀링에서는 가공물)을 지나는 원주 거리를 말하며 선삭과 밀링인 경우 그 관계식은 다음과 같으며, 그림 2-4는 선삭의 예를 나타낸 것이다.

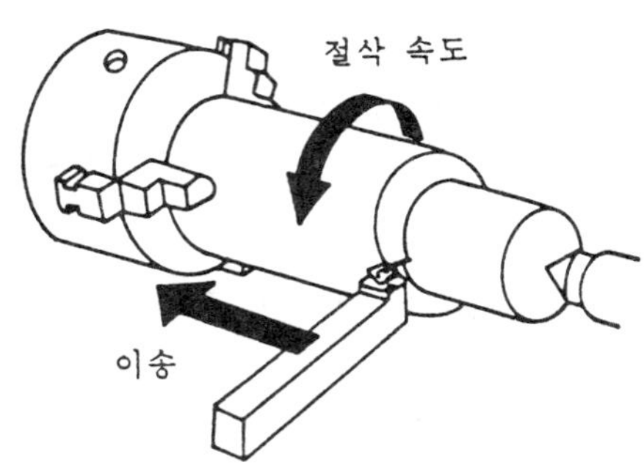

그림 2-4 선삭의 예

$$v = \frac{\pi \cdot D \cdot n}{1000}$$

여기서 v : 절삭속도(m/min), D : 가공물(커터)의 지름(mm), n : 가공물(커터)의 회전수(rpm)이다.

일반적으로 그 영향력은 절삭 속도>이송>절삭깊이의 관계가 성립한다. 그림 2-5에서

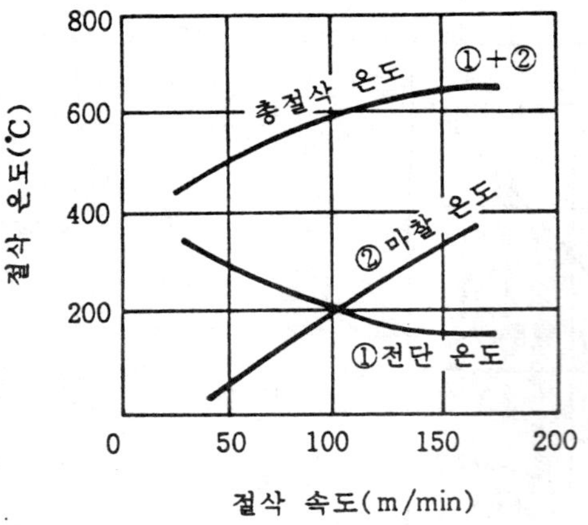

그림 2-5 절삭 온도와 절삭 속도

와 같이 절삭 속도가 클 때는 오히려 전단 온도가 감소하고 마찰력이 증가하게 된다. 또한 절삭 속도가 증가할 때 급격히 증가된 마찰열이 미쳐 발산되지 못함에 따라 공구의 절삭날 온도가 급증하게 된다. 그러나 이송이 증가할 때는 그만큼 칩의 두께가 두꺼워져서 칩에 실려 나가는 열이 많아지므로 실질적인 절삭날의 온도 상승은 절삭 온도에 미치지 못한다.

〔예제〕 지름 50mm 연강봉을 주축 회전수 1000rpm으로 절삭할 때 절삭 속도는?

풀 이 $V = \frac{\pi DN}{1000} = \frac{\pi \times 50 \times 100}{1000} = 15.7(m/min)$

〔예제〕 지금 75mm인 공작물을 선반에서 90m/min 절삭할 때 스핀들 회전은 몇 rpm인가?

풀 이 $N = \frac{1000v}{\pi D} = \frac{1000 \times 90}{\pi \times 75} = 382(rpm)$

(2) 이송

이송량은 선삭일 경우 가공물 1회전당 공구가 축 방향으로 이동하는 거리(mm/rev)를 말하며, 밀링의 경우는 커터의 날 당의 테이블의 이동하는 직선 거리를 말한다.

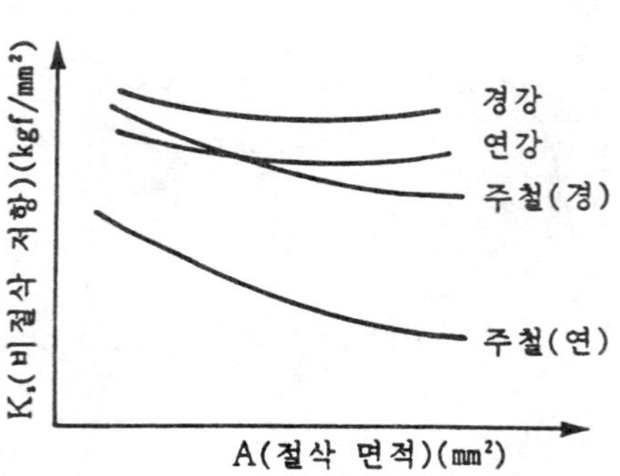

그림 2-6 비절삭 저항과 절삭 면적

이송(feed)은 절삭 강도와 고온 경도 등의 한계내에서 작업 조건에 따라 유효 칩 두께를 결정, 즉 공구의 날끝 강도와 고온 경도 등의 한계내에서 작업 조건에 따라 유효 칩 두께를 선정하며 이송에 절삭깊이를 곱하면 절삭 면적이 된다. 그림 2-6과 같이 절삭 면적이 증가하면 절삭 저항도 증가하지만 비절삭 저항은 오히려 감소하게 된다. 특히 강(steel)보다는 주철(cost iron)의 경우 현저하다. 동일한 절삭 면적의 경우라도 유효칩 두께가 두꺼운 쪽, 즉 이송이 클수록 비절삭 저항은 저하된다.

① 이송 운동 속도 ─ 칩두께가 결정되는 요소 / 공구의 회전당 이송량

선반(mm/rev), 형삭기(mm/stroke), 밀링(mm/min, mm/tooth) 등의 단위로 표시

그림 2-7은 절삭 속도와 이송에 대하여, 그림 2-8은 절삭 온도와 절삭깊이에 대하여 나타낸 것으로 절삭 속도에 의한 영향이 이송에 비하여 크고 절삭깊이의 영향은 적다는 것을 알 수 있다. 따라서 같은 절삭 면적으로 절삭할 때 절삭깊이를 크게 하고 이송을 작게 하는 편이 절삭온도에 영향이 적으며 공구 수명을 향상시킬 수 있다.

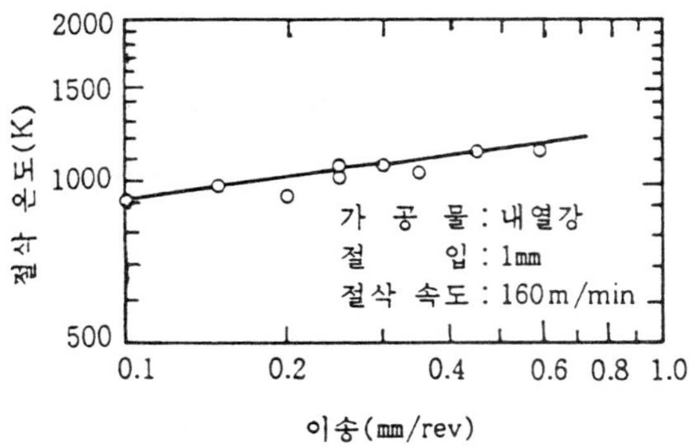

그림 2-7 절삭 온도와 이송

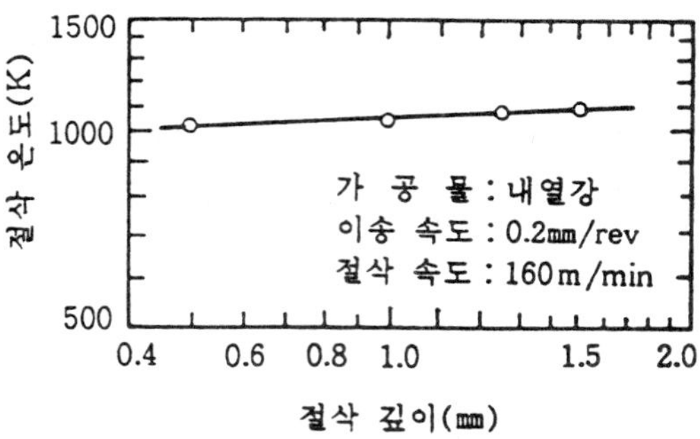

그림 2-8 절삭 온도와 절삭깊이

(3) 절삭깊이

절삭깊이(depth of cut)는 가공물의 표면에서 가공면까지의 직선 거리를 말하며 절삭 속도와 이송이 선정되는 범위내에서 기계 마력에 따라 결정될 수 있다. 일반적으로 절삭깊이가 증가하면 절삭 면적이 커지므로 절삭 저항도 증가한다. 절삭 단면적(A)은 칩의 단면적으로, 가공물 1회전에 대한 이송(s)과 절삭깊이(t)의 곱으로 다음과 같이 표시된다.

$$A = s \times t(mm^2)$$

2-2-3 절삭조건과 절삭저항의 관계

(1) 절삭속도와 절삭저항

예전에는 절삭저항은 절삭속도에 관계가 없는 것으로서 거의 일정하다고 생각하여 왔으나 근래에 와서 절삭공구재의 발달과 함께 고속절삭이 행하여지게 되어, 절삭속도는 절삭저항에 큰 영향을 갖고 있다는 것을 알게 되었다. 예를 들어서 주분력, 배분력과 함께 절삭 속도가 200m/min정도까지는 절삭저항은 감소하고 그 이상에서는 그다지 변

화가 없다. 따라서 최근과 같이 초경합금 등 내열성(耐熱性)이 우수한 절삭공구재가 개발되어 고속절삭할 때에 절삭열에 충분히 견딜 수 있는 공구를 사용하면 절삭동력의 감소에 의한 절삭효율은 좋아지고, 또한 다듬질면이 좋아지기 때문에 일반적으로 고속절삭이 행하여지는 것은 당연하다.

(2) 절삭깊이 및 이송과 절삭저항

그림 2-9와 같이 환봉을 선삭할 때 절삭단면적 A는 공작물 1회전에 대한 이송 s와 절삭깊이 t의 곱으로 표시된다. 이송 s에 따라서 칩의 두께가 변화하고 절삭깊이 t에 따라서 칩의 폭이 변화한다.

그림 2-10과 같은 평삭(2차원 절삭)에서의 절삭단면적은 절삭두께 d와 가공물의 폭 b의 곱으로 되는데 주분력(주절삭저항)과 이송과 절삭깊이의 관계를 그림 2-11과 2-12에 나타낸다. 선삭과 평삭의 경우를 비교하면 선삭에서 이송 s는 평삭의 절삭두께 d에 해당되고 절삭깊이 t는 절삭폭 b에 상당한다.

이송 s에대한 주절삭력의 변화는 s가 커짐에 따라 점점 증가률이 떨어지고 절삭깊이(t)와 주절삭력의 관계는 거의 직선적으로 상승하고 있다는 것을 알 수 있다.

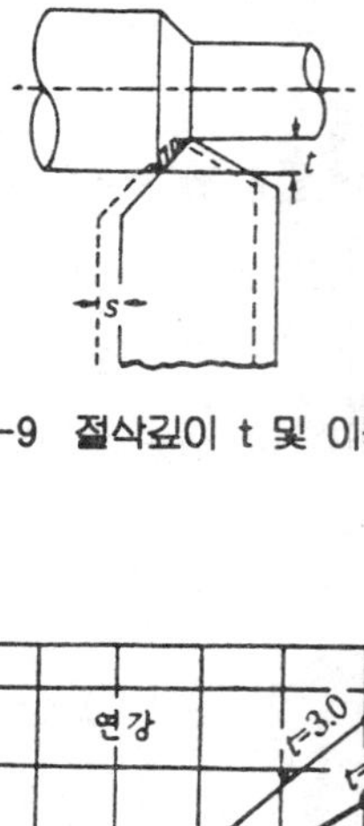

그림 2-9 절삭깊이 t 및 이동

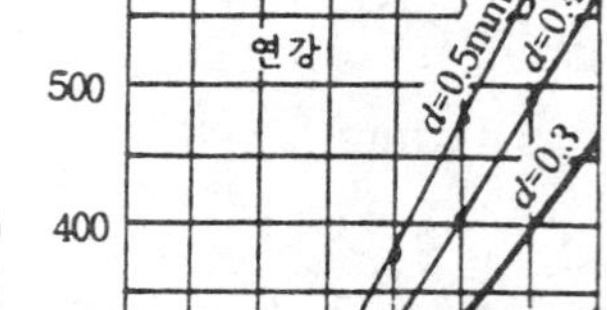

그림 2-10 절삭폭 b 및 절삭두께 d

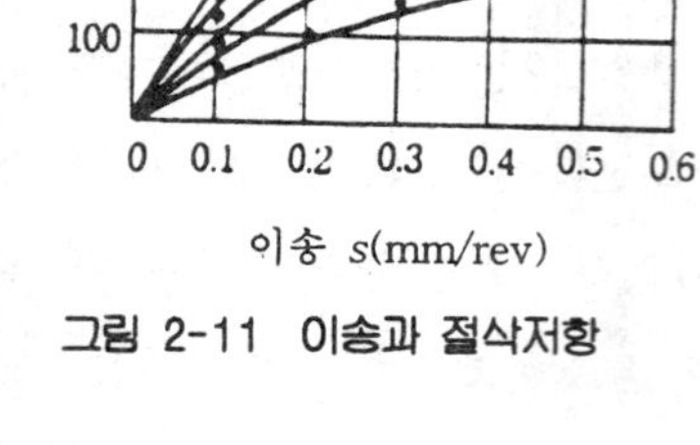

그림 2-11 이송과 절삭저항

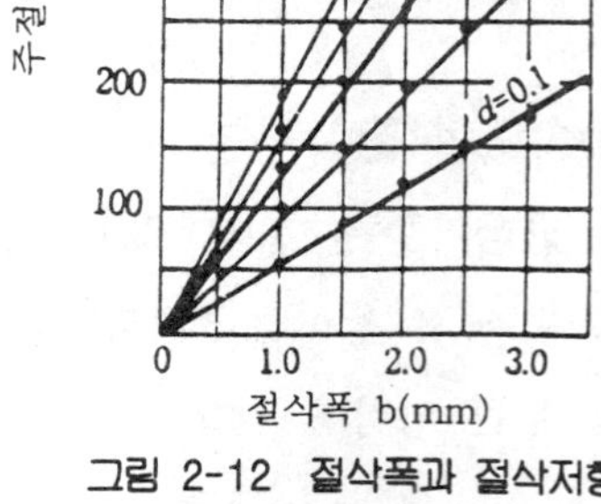

그림 2-12 절삭폭과 절삭저항

(3) 공구각과 절삭저항

절삭저항은 공구각의 영향을 크게 받고 그 중에서도 절삭각의 영향이 가장 크다. 그림 2-13은 절삭각과 절삭력의 관계이며, 가공재료에 따라 절삭력의 관계이며, 가공재료에 따라 절삭력의 크기는 다르지만 증감의 변화는 같다. 절삭각이 90° 보다 작아지면 절삭력은 거의 직선적으로 감소하지만 60° 부근에 이르면 거의 일정하다. 따라서 절삭력과 공구수명의 관점에서 절삭각은 60° 인 것이 좋다.

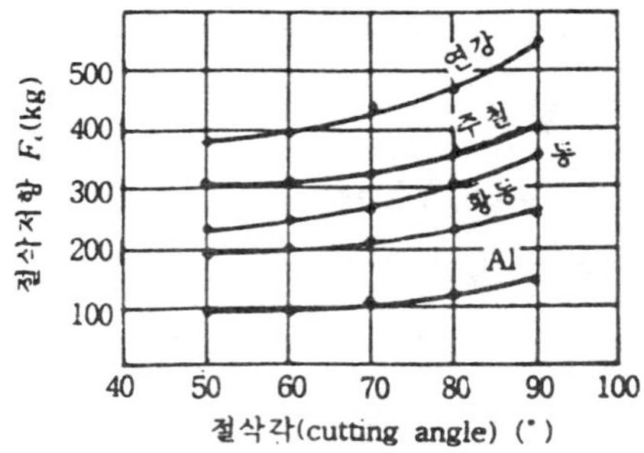

그림 2-13 절삭각과 절삭저항

그림 2-14는 공구의 경사각과 절삭저항의 관계로서 경사각이 크면 칩의 유출이 쉽게 되어 절삭저항이 감소하는 것을 알 수 있다. 또한 3차원 절삭에서는 공구의 설치각(setting angle)도 절삭저항에 영향을 준다.

그림 2-15에서 설치각의 증가와 더불어 주분력과 배분력은 감소하지만 이송분력은 극히 작은 증가율로 증가하는 것을 알 수 있다.

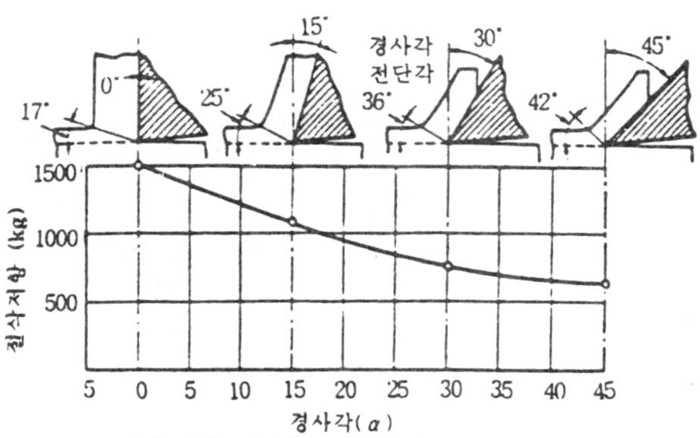

그림 2-14 경사각과 절삭사항

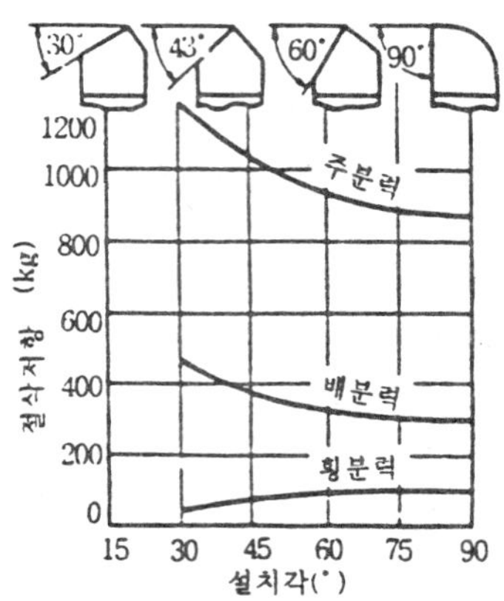

그림 2-15 바이트 설치각과 절삭저항

2-2-4 절삭저항의 측정법

절삭저항을 알면, 각각의 공작기계를 능률적(能率的)으로 사용할 수가 있다. 또 절삭이론을 해명(解明)하는데 상당히 편리하기 때문에 예전부터 각종 절삭저항의 측정법이 연구되어져 왔다. 그의 방법을 분류하면 다음과 같다.

① 절삭동력 측정에 의한 방법

② 바이트 및 공구생크(shank)의 처짐 측정에 의한 방법

(1) 절삭동력 측정에 의한 방법(prony brake prony dynamometer)

그림 2-16과 같이 선반의 주축에 prony brake를 붙여 절삭저항에 거의 같은 정도의 각종 부하(負荷)를 걸고 그때 전기적 입력을 측정한다. 그리고 전기적 입력과 주축 부하의 관계의 교정표(較正表)를 미리 작성하여 놓으면 실제 절삭시의 전력(電力)을 측정하는 것에 따라서 절삭동력을 알 수 있다. 따라서 절삭저항 Fc(kg)는 절삭동력 H를 마력(PS)에서 측정하면

$$F_c = \frac{75 \times 60 \times 1000 \times H}{\pi ND} (kg)$$

절삭동력 H를 kW로 측정하면

$$F_c = \frac{102 \times 60 \times 1000 \times kW}{\pi ND} (kg)$$

단, N = 주축회전수(rpm)

F_c = 절삭주분력(kg)

D = 피삭제(被削材)의 직경(mm) H = 절삭동력(PS 또는 kW)

에 의해서 구할 수가 있다.

이 방법은 옛날 Tera가 이용한 방법이다. 정밀한 절삭현상의 해석을 위한 절삭저항의 측정 등에는 부적당하지만 대략의 절삭저항을 알 수가 있다.

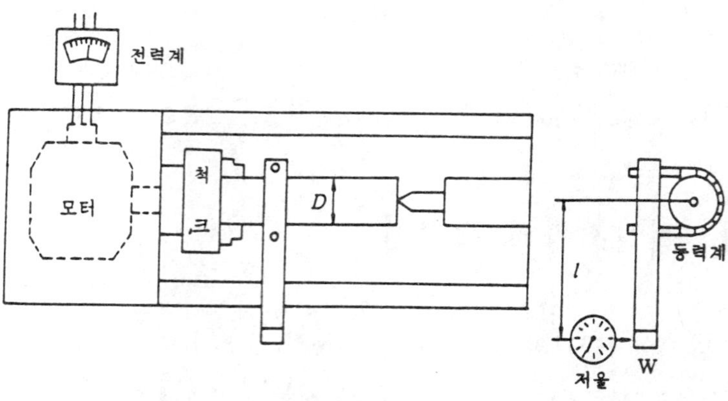

그림 2-16 프로니 브레이크(Prony Brake)

(2) 바이트 및 공구자루(shank)의 처짐에 의한 절삭저항 측정

절삭시험기(切削試驗機)는 절삭저항의 2분력을 동시에 측정하기는 불가능하다. 그러나 절삭이론의 실험으로서는 주분력, 배분력(또는 이송분력)의 2분력을 측정할 필요가 있다. 최근 실험용으론 널리 사용되는 저항선 스트레이게이지(strain gauge)를 이용한 2성분의 절삭시험기를 제작하여 절삭현상의 기본을 고찰하여 보자.

① 바이트 홀더(Holder)

그림 2-17은 직접 제작 가능한 측정용 바이트 홀더(holder)이다. 사용할 바이트는 고속도강에서는 완성바이트, 초경합경금의 경우는 0정도의 바이트를 사용할 수 있게 12.5mm의 각 정도의 고정구멍을 뚫는다. 홀더의 재질은 탄소공구강 제5종 정도가 좋다.

홀더의 구멍부에 냉각수를 통하게 하는 것은 절삭열에 의해서 홀더부에 열이 나면 ①②의 저항선 스트레인게이지의 저항값이 변화하기 때문이다(짧은 시간의 실험에서는 냉각수용 구멍은 없어도 좋다). 그림 2-17에서 ①②③④는 시판의 저항선 스트레인게이지이고 오랫동안 사용할 때는 베크라이트게이지(Bakelite gauge)를 녹여서 붙이면 좋지만, 짧은 시간이라면 종이게이지를 접착제로 붙여도 좋다. 그러나 절연방습(絶緣防濕)을 완전하게 할 필요가 있다. 보통 칩 등에 따라 단선(斷線)하지 않게 게이지부, 리드(lead)선 등도 절연 테이프를 감아서 그 위를 철판 등으로 잘 보호할 필요가 있다.

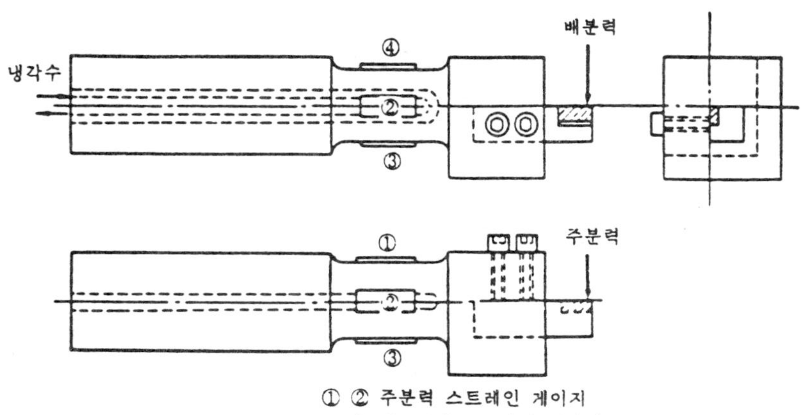

그림 2-17 스트레인게이지(strain gauge) 부착한 바이트 홀더(holder)

② 측정의 원리

그림 2-17에서 ①②는 주분력 측정용게이지이다. 절삭력을 받으면 ①의 게이지는 늘어나고 ②의 게이지는 압축시킨다. 그러므로 ①②의 게이지와 저항선 스트레인게이지 부속의 브리지박스(Bridge Box)의 저항 ③④로써 그림 2-18과 같은 브리지(Brige)를 만들면 ①은 저항을 증가하고, ②는 감소하기 때문에 전류계의 지침이 움직인다. 따라서

홀더의 바이트 구멍에 봉을 끼워 넣어 추 또는 스프링(spring) 측정으로 부하와 전류계의 읽음을 교정하여 놓으면 절삭시의 절삭력을 측정할 수 있다. 이송분력에 관해서도 같다. 2분력을 동시에 측정하는 것은 2개의 증폭기가 있는 스트레인게이지를 사용하면 좋다. 또 자기장치(自記裝置)에 기록시키는데도 그림 2-19와 같은 블록(Blok) 손도로서 한다.

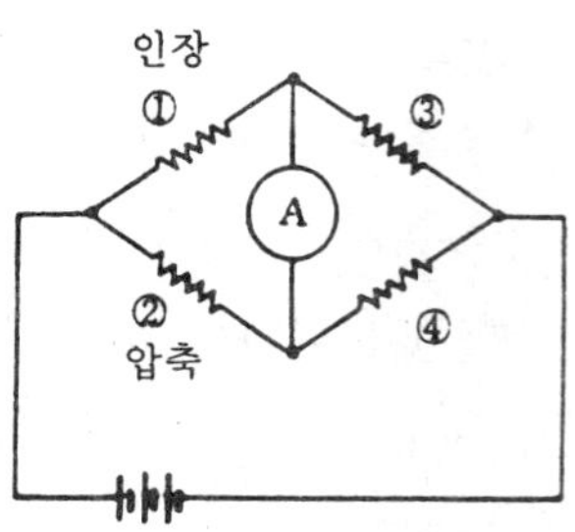

그림 2-18 휘트스톤 브리지(Wheatston Bridge)

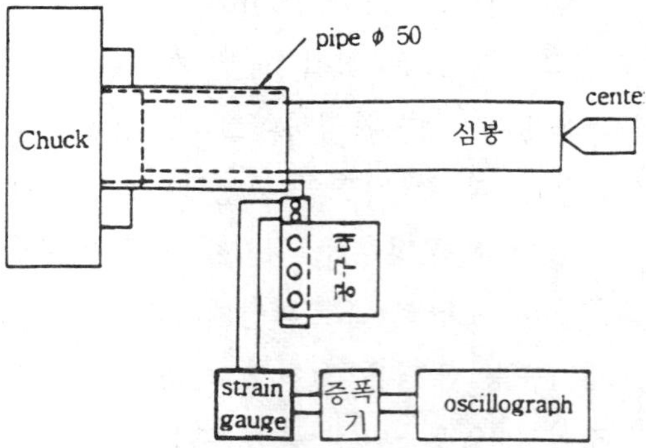

그림 2-19 절삭력 실험 장치도

2-2-5 절삭 현상

(1) 절삭비(cutting ratio)와 전단각(shear angle)

그림 2-20과 같이 절삭이 진행되면 공구의 경사면은 매우 큰 수직력과 심한 마찰 작용을 받으며 가공물은 계속적으로 전단 작용을 받는다. 이러한 전단 작용과 공구·칩 사이의 마찰이 상호 작용하여 칩을 길게 또는 짧게 생성시키는 것이다. 이와 같은 전단을 일으키는 부분을 전단면 또는 전단 영역이라 하고 공구 진행 방향과 전단면 사이의 각을 전단각(γ)이라 하며 절삭에서 매우 중요한 역할을 한다. 그림에서 보는 바와 같이 절삭 방향과 전단면이 이루는 γ가 크면 칩은 얇고 길게 되며, γ가 작으면 칩은 두껍고 짧게 되고 γ가 작으면 전단 면적이 크게 되므로 큰 절삭력이 필요하게 된다. 절삭의 양부를 나타내는 파라미터를 절삭비(cutting ratio)로 흔히 사용하는 데 γ, 절

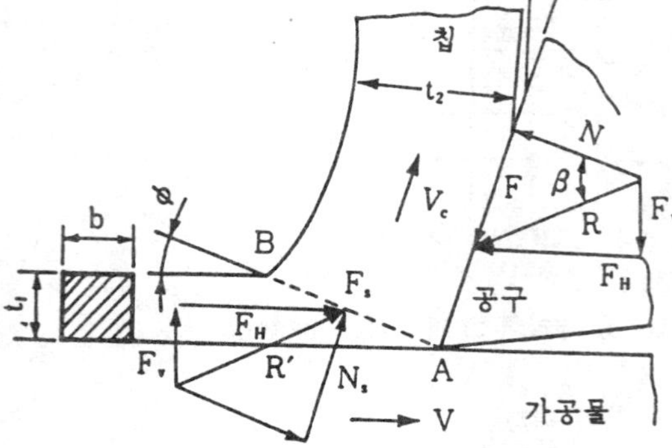

그림 2-20 절삭에서의 역학 관계

삭비(γ_c) 및 가공물과 공구의 상대 운동방향에 세운 수직선과 공구면이 이루는 경사각(ϕ)의 관계를 절삭하려는 재료의 두께를 t_1, 절삭 후의 칩 두께를 t_2라 한다.

$$\gamma_c = \frac{t_1}{t_2} = \frac{\sin\phi}{\cos(\phi - \gamma)}$$

여기서 절삭 작업에 있어 절삭 전·후에 칩의 폭(b)이 변하지 않는다고 가정하면 다음과 같다.

$$\gamma_c = \frac{t_1}{t_2} = \frac{l_2}{l_1}$$

여기서 l_1은 절삭 전의 칩의 길이, l_2는 절삭 후의 칩의 길이이다.

② 절삭 저항(cutting force)

그림 2-20에서와 같이 공구와 가공물간에 힘의 평형 상태가 유지되려면 R=-R′이어야 한다. 전단면 상의 전단력을 F_s, 수직력을 N_s라 하고 공구 동력계로 측정되는 수평 분력(주 분력)을 F_H, 수직 분력(배 분력)을 F_v라 하면 다음과 같은 관계가 성립한다.

$$F_S = F_H \cos\phi - F_V \sin\phi$$
$$N_S = F_H \sin\phi - F_V \cos\phi$$

또 경사면 상의 마찰력 F와 수직력 N은 다음과 같다.

$$F = F_H \sin\gamma + F_V \cos\gamma$$
$$N = F_H \cos\gamma + F_V \sin\gamma$$

따라서 경사면 상의 평균 마찰 계수 μ는 다음과 같다.

$$\mu = \frac{F}{N} = \frac{F_H \sin\gamma + F_V \cos\gamma}{F_H \cos\gamma - F_V \sin\gamma} = \frac{F_V + F_H \tan\gamma}{F_H - F_V \tan\gamma}$$

μ와 ϕ를 알고 F_H와 F_V를 공구 동력계로 측정하면 위의 식만으로도 계산에 의하여 각각의 절삭력을 계산할 수 있으나 μ와 ϕ는 상호 연관을 가지고 작용하므로 정확한 예측은 할 수 없다.

(3) 전단 응력(stress)

전단면 상의 전단 응력을 τs, 수직 응력을 σs라 하고 As를 전단 면적이라 하면 As

= bt/sinϕ이므로 다음과 같다.

$$\tau_s = \frac{F_S}{A_S} = \frac{1}{bt_1}(F_H \cos\phi - F_V \sin\phi)\sin\phi$$

$$\sigma_s = \frac{N_S}{A_S} = \frac{1}{bt_1}(F_H \sin\phi + F_V \cos\phi)\sin\phi$$

(4) 전단 변형률(shear strain)

전단 변형률을 구하기 위하여 작은 범위에서 전단되는 유동형 칩의 과정을 그림 2-21과 같이 나타낼 수 있다. 공구 선단이 진행되는 사이에 좌측 부분에서는 전단 변형으로서 Δs의 변형이 생긴다. 그러므로 AB⊥CD을 작도하고 경사각 α, 전단각 ϕ, 전단 변형률 γ라고 하면 γ는 다음과 같다.

$$\gamma = \frac{\Delta s}{\Delta y} = \frac{AB}{CD} = \frac{AD+BD}{CD}$$

여기서 $\angle BCD = \phi - \alpha$이고 $\tan(\phi - \alpha) = \frac{BD}{CD}$이다.

$$\gamma = \frac{AB}{CD} = \cot\phi + \tan(\phi - \alpha)$$

보통 ϕ=15~20°이고 α=10° 정도이므로 식(1-8)로 계산하면 γ는 3~4로 되어 절삭에서 변형률이 크다는 사실을 알수 있다.

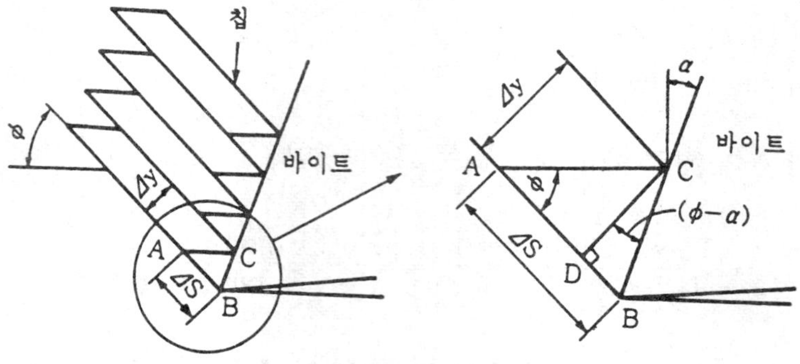

그림 2-21 전단 변형률

(5) 속도(velocity)

가공물에 대한 공구의 절삭 속도를 v_c, 공구에 대하여 상대적인 칩의 그림 2-22와 같이 된다. 이들 상호간의 관계식은 다음과 같다.

$$v_f = \frac{\sin\phi}{\cos(\phi - \alpha)} v_c = \gamma_c b_c$$

$$v_2 = \frac{\cos \alpha}{\cos(\phi - \alpha)} v_c$$

$$v_f = \gamma_c v_c$$

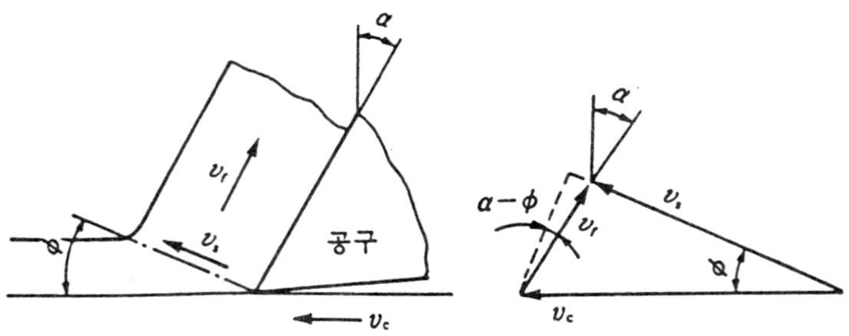

그림 2-22 절삭부에서의 속도 선도

$$v_s = \frac{\cos \alpha}{\cos(\phi - s)} \times \frac{\sin\phi}{\sin\phi} v_c = \gamma v_c \sin\phi$$

여기서 vf는 절삭비와 더불어 증가하며, vs는 전단 변형률과 더불어 증가됨을 알 수 있다. 이상과 같이 살펴본 절삭비와 절삭 저항, 절삭 응력, 전단 변형률, 속도 등의 역학적 관계는 다음과 같은 가정하에서 조사된 것이다.

① 2차원 절삭이고 구성 인선이 없는 유동형 칩이다.

② 전단면은 평면을 이룬다.

③ 공구 날끝은 변형되지 않고 예리하다.

④ 공구 경사면 및 전단면 상의 응력 분포가 일정하다.

2-2-6 2차원 절삭과 3차원 절삭

(1) 2차원 절삭

① 날끝 방향 : 절삭방향에 직각

② 힘의 작용 : 공구날끝 각점이 같은 응력과 변형을 받게 되므로 공구날 폭 방향에는 힘이 작용하지 않음

③ $비절삭저항 = \dfrac{절삭저항}{절삭폭 \times 절삭깊이(feed)}$ (kg/mm^2)

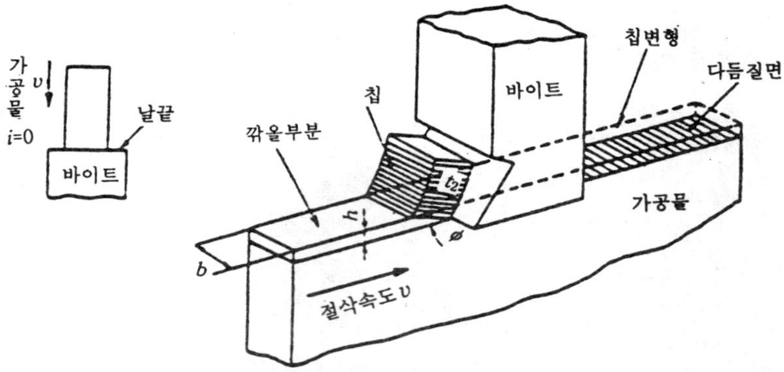

그림 2-23 2차원절삭(二次元切削)

(2) 3차원 절삭

① 날끝 방향 : i만큼 기울어짐

② 힘의 작용 : 공구날끝 방향으로 힘이 작용하여 칩이 사상향(社上向)으로 이동

③ $\text{비절삭저항} = \dfrac{\text{절삭저항}}{\text{절삭깊이} \times \text{이송}}\ (\mathrm{kg/mm^2})$

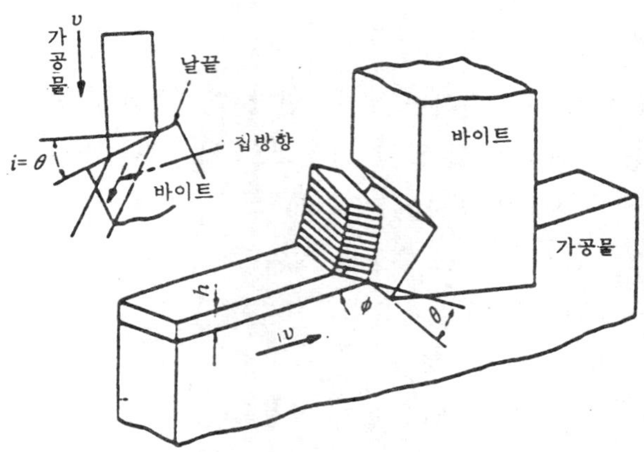

그림 2-24 3차원절삭

2-3 절삭 동력과 효율

2-3-1 선삭의 동력

(1) 절삭동력

선삭에서 절삭력은 그림 2-25와 같이 주 분력(F_1), 이송 분력(F_2), 배 분력(F_3)으로 분해되며 동력 계산에 관계되는 힘은 F_1, F_2이고 F_1은 F_2에 비하여 크며 이송 속도도 절삭 속도에 비하여 작으므로 주로 F_1에 의하여 대부분의 동력이 소용된다고 볼 수 있다.

F_1에 의한 동력을 P_c, F_2에 의한 동력을 P_l이라 하면 선반의 전소비 동력 P는 다음과 같다.

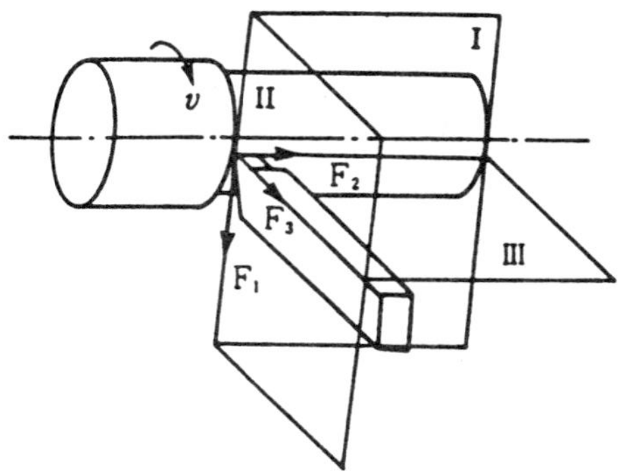

그림 2-25 절삭 저항의 3분력

$$P = P_C + P_f + P_l (PS)$$

$$P_c = \frac{F_1 v_1}{60 \times 75} = \frac{F_1 \cdot \pi \cdot d \cdot n}{60 \times 75 \times 1000} (PS)$$

$$P_f = \frac{F_2 \cdot v_f}{60 \times 75} = \frac{F_2 \cdot n \cdot s}{60 \times 75 \times 1000} (PS)$$

여기서 d : 가공물의 지름(mm), n : 가공물의 회전수(rpm), v_1 : 절삭 속도(m/min)(최대 지름에서의 속도), s : 이송(mm/rev), v_f : 이송 속도(m/min)이다.

절삭에 필요한 동력을 구하는 식은 보통 다음과 같이 나타내진다.

$$N_e = \frac{Kftv}{60 \times 75}$$

다만, K=비절삭저항(kg/mm^2), f=이송(mm/rev), v=절삭속도(m/min), t=절입(mm)
N_e=실절삭마력

2-3-2 밀링의 동력

(1) 절삭동력

밀링작업에서 절삭력은 그림 2-26과 같이 절삭 방향의 주분력(F1), 축방향 분력(F2), 축에 직각으로 작용하는 배분력(F3)으로 분해할 수 있다.

작업시 절삭 저항에 미치는 경사각, 칩의 두께 등에 관한 영향은 일반적으로 날당에 절삭량이 증가함에 따라 절삭 저항도 증가한다. 밀링 머신의 절삭량은 매분의 절삭 체적으로 표시하며 식으로 나타내면 다음과 같다.

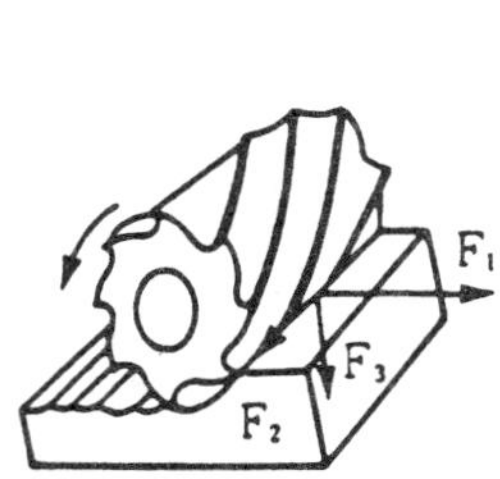

그림 2-26 밀링에서의 절삭분력

$$Q = \frac{b \cdot t \cdot f}{1000} (cm^3/min)$$

여기서 Q : 매분당 절삭량(cm^3/min), t : 절삭 두께(mm), b : 절삭 폭(mm), f : 매분당 이송량(mm/min).

소요 동력은 절삭량을 기초로 하여 다음식으로 계산한다.

$$P = P'Q$$

여기서 P : 밀링의 유효 마력(PS), P′ : 단위 절삭량당 소요 마력(PS/cm^3/min)이다.

P′의 값은 가공물의 재질, 절삭 조건에 따라 변화하나 보통 절삭 조건에서의 각종 재료의 평균값을 표 2-1에 나타내었다. 또한 절삭 동력과 이송 동력의 일반식은 다음과 같이 표시할 수 있다.

$$P_c = \frac{F_1 v}{60 \times 75}(PS) = \frac{F_1 v}{60 \times 102}(kW)$$

$$P_t = \frac{F_2 v_f}{60 \times 75}(PS) = \frac{F_2 v_f}{60 \times 102}(kW)$$

여기서 P_c : 정미 절삭 동력(PS), P_f : 이송 동력(PS), F_1 : 주절삭 분력(kgf), F_2 : 축분력(이송 분력)(kgf), v : 절삭 속도(m/min), v_f : 이송 속도(m/min)이다.

표 2-1 단위 절삭량당 소요 마력(P′의 값)

가공물의 재료		단위 절삭량당 소요 마력(P′)
알 루 미 늄		0.027
황동 및 청동	연질	0.031
	보통	0.043
	경질	0.094
주 철	연질	0.045
	보통	0.072
	경질	0.094
강	연질	0.072
	보통	0.094
	경질	0.128

2-3-3 드릴의 동력

그림 2-27과 같이 드릴의 각 절삭날에는 절삭력 F/2의 쌍(couple)이 드릴 중심에서 x의 거리에 작용한다. 회전 모멘트(twisting moment) M은 (P/2)x(kgf · mm)로 표시되고

이 모멘트에 각속도(ω=2πn/60)를 곱하면 회전 모멘트에 대한 동력 P_m으로 다음과 같이 나타낼 수 있다.

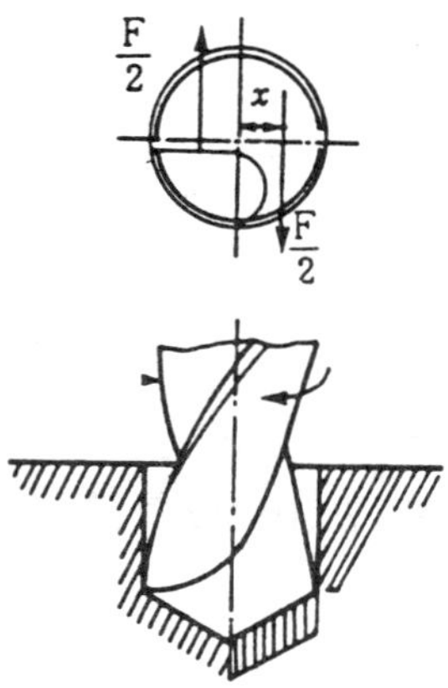

그림 2-27 드릴의 회전 모멘트

$$P_m = \frac{M \cdot \frac{2\pi n}{60}}{75 \times 100} = \frac{M \cdot n \cdot 2\pi}{75 \times 60 \times 100} (kg \cdot cm)$$

$$P_m = \frac{M \cdot n}{71620} (PS)$$

이송 s(mm/rev)에 필요한 스러스트(thrust)를 T라고 하면 이송에 필요한 동력 P_f는 다음과 같다.

$$P_f = \frac{T \cdot s \cdot n}{75 \times 60 \times 1000} (PS)$$

그러므로 드릴 작업에 요하는 전동력 P_0은 다음과 같다.

$$P_0 = P_m + P_t = \frac{M \cdot n \cdot 2\pi}{75 \times 60 \times 100} + \frac{T \cdot s \cdot n}{75 \times 60 \times 1000} (PS)$$

또는

$$\frac{M \cdot n \cdot 2\pi}{102 \times 60 \times 100} + \frac{T \cdot s \cdot n}{102 \times 60 \times 1000} (kW)$$

일반적으로 P_f는 P_m에 비하여 대단히 작으므로 무시할 수 있는 값이다. 따라서 드릴링(drilling)에서는 회전 모멘트의 크기만이 고려된다.

2-3-4 연삭의 동력

연삭 저항 F는 그림 2-28과 같이 3개의 분력으로 분해되면 연삭 조건, 즉 연삭 숫돌 및 가공물의 주속도, 이송, 연삭 깊이, 가공물의 재질과 형상, 연삭 숫돌의 종류와 형상 등에 따라 변한다.

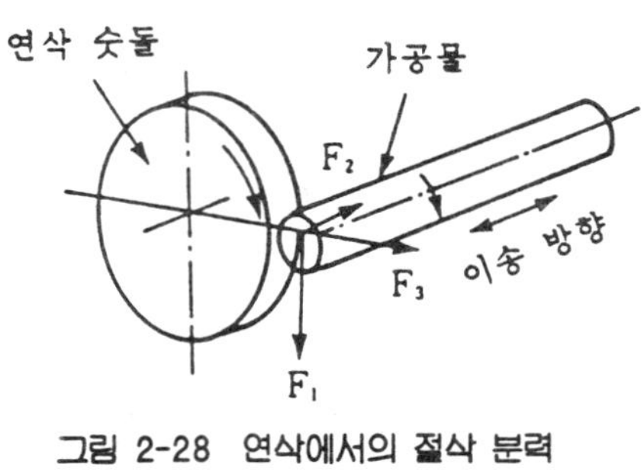

그림 2-28 연삭에서의 절삭 분력

연삭 작업에서 소비되는 동력 계산에 Friedrich의 방식을 적용하고 바깥지름 연삭작업에서 연삭 숫돌의 주속도를 v(m/min), 연삭 저항을 F라고 하면 연삭 동력 P는 다음 식으로 표시된다.

$$P = \frac{F \cdot v}{75 \times 60 \eta} (PS)$$

여기서 η : 연삭기의 전체 효율이다.

외경 연삭기의 동력은 가공물이 연삭되는 체적에 기초를 두고 계산된다. 연삭 가공에서 생기는 손식 동력은 다음과 같이 완전 손실 동력과 동력 부분 손실 동력으로 나뉜다.

절삭동력 = 힘(주분력) × 절삭속도 / 75 × 60 (kg-m/sec)

1HP = 76.037 kg-m/sec 1PS = 75 kg-m/sec

1KW = 102 kg-m/sec 1HP = 0.735 KW

〔예제〕 주분력(저항력)150kg, 절삭속도 45m/min 일 때 절삭동력은?

풀 이

$$N_n = \frac{\text{주분력} \times \text{속도}}{75 \times 60} = \frac{150 \times 45}{75 \times 60} \fallingdotseq 1.5(HP)$$

$$N_n = \frac{\text{주분력} \times \text{속도}}{102 \times 60} = \frac{150 \times 45}{102 \times 60} \fallingdotseq 1.1(KW)$$

〔예제〕 공작물지름 100mm, 회전수 550rpm, 이송 0.5mm/rev, 비절삭저항 50kg/mm2, 절삭깊이 1mm, 기계효율 85%일 때 선반의 절삭동력은?

풀 이

$$\text{절삭속도}(V) = \frac{\pi \times 100 \times 550}{1000} \fallingdotseq 173m/min$$

주분력(P1) = 깊이×이송×비절삭저항 = 0.5×1×50 = 25(kg)

$$\therefore \quad \text{절삭동력}(HP) = \frac{\text{주분력} \times V}{75 \times 60 \times \zeta} = \frac{25 \times 173}{75 \times 60 \times 0.85} \fallingdotseq 1.13(HP)$$

KW = 1.13×0.735 = 0.83

〔예제〕 드릴지름 25mm로 이송 0.2 mm/rev, 회전수 300rpm, 회전모멘트 400kg-cm 추력(Thrust), 2800kg일 때 드릴의 소요동력은?

풀 이 동력(HP) $= \dfrac{2\pi \cdot M \cdot N}{75\times60\times100} + \dfrac{Pt \cdot N \cdot S}{75\times60\times1000} =$

$$\frac{2\pi\times400\times300}{75\times60\times100} + \frac{2800\times0.2\times300}{75\times60\times1000} \fallingdotseq 1.8(HP)$$

(주절삭동력) + (이송소요동력) = 1.675 + 0.037 = 1.787 ≒ 1.8(HP)

〔예제〕 절삭동력 3.5Kw 주축회전수 1200rpm인 선반에서 공작물지름 80mm를 절삭할 때 절삭 주분력(kg)은?

풀 이 주분력 $= \dfrac{\text{동력(Kw)}\times102\times60}{\text{절삭속도}} = \dfrac{3.5\times102\times60}{\dfrac{\pi\times80\times1200}{1000}} = \dfrac{21420}{301.44} = 71.1(kg)$

2-3-5 절삭 효율

(1) 기계 효율(mechanical efficiency)

절삭 동력 P_c와 이송 동력 P_f를 선반의 전소비 동력 P로 나눈 것을 기계 효율 μt라 하며 다음과 같다.

$$\mu_m = \frac{P_c + P_f}{P}$$

Pc≫Pf라 하면

$$\eta_m = \frac{P_c}{P}$$

기어식 선반에서 η_m≒70~80[%], 밀링(60~80%), 세이퍼(25~40%)

(2) 절삭 효율(cutting efficiency)

단위 동력에 대한 단위 시간의 절삭량의 비를 절삭 효율 ηc라 하며 다음과 같이 표시한다.

$$\eta_c = \frac{s\cdot a\cdot v_1}{P} = \frac{Q}{P}(cm^3/min/PS)$$

여기서 s : 이송량(mm/rev), a : 절삭 깊이(mm), v_1 : 절삭 속도(m/min), Q : 단위

시간당의 절삭량(cm^3/min)이다.

절삭 효율은 공작 기계, 가공물의 재질 및 공구 등에 따라 다르며 인장 강도가 70[kgf/mm^2]이고 HB 190인 강을 초경 합금 공구로 절삭할 때 $\eta_c \fallingdotseq 20[cm^3/min/PS]$정도이다.

(3) 시간 효율(time efficiency)

선반에 공급된 전체 일량 P · t에 대한 절삭에만 소비된 일량 $P_c \cdot t_m$의 비를 시간 효율 η_t라 하면 다음과 같이 나타낸다(전체 일량에 대한 절삭에 소비된 일량).

$$\eta_t = \frac{P_c \cdot t_m}{P \cdot t} = \frac{P_c \cdot t_m}{P \cdot t_m + P_c \cdot t_l}$$

여기서 t_m : 절삭 시간, t : 선반 운용 시간, t_l : 손실 시간이다.

시간 효율은 전용 공작 기계에서 크게 나타나고 작업자의 숙련에 의하여도 크게 영향을 받는다.

[예제] 80mm의 환봉을 선반주축회전수 500rpm 으로 절삭했을 때 주분력을 100kg으로 하면 절삭동력은 얼마인가?

풀 이 $H = \frac{100 \times 3.14 \times 500 \times 80}{75 \times 60 \times 100} = 2.75(PS)$ 또는

$$H = \frac{100 \times 3.14 \times 500 \times 80}{102 \times 60 \times 1000} = 2.05(kW)$$

[예제] 위의 예제에서 선반 전동기의 전력계가 2.5kW를 나타냈다고 하면 이 선반의 기계효율은 얼마인가?

풀 이 $효율(\eta) = \frac{출력}{입력} = \frac{2.05}{2.5} \times 100(\%) \fallingdotseq 82\%$

즉, 100% - 82% = 18%는 선반의 기계적 손실이다.

※ **절삭율** : 분당 절삭량(칩의량) : cm^3/min

① 선반의 절삭율 = 깊이 × 이송 × 절삭속도

② 밀링의 절삭율 = 깊이 × 공작물폭 × 이송속도

③ 드릴의 절삭율 = 원의 단면적 × 회전수 × 이송속도

2-4 가공면의 표면거칠기

2-4-1 가공면의 이론적인 표면거칠기

절삭에 의한 가공면의 거칠기는 절삭조건에 따라 다르게 된다. 즉, 절삭속도, 절삭제, 바이트의 형상, 크기, 이송, 절삭깊이, 공작물의 재질 등의 영향을 미친다.

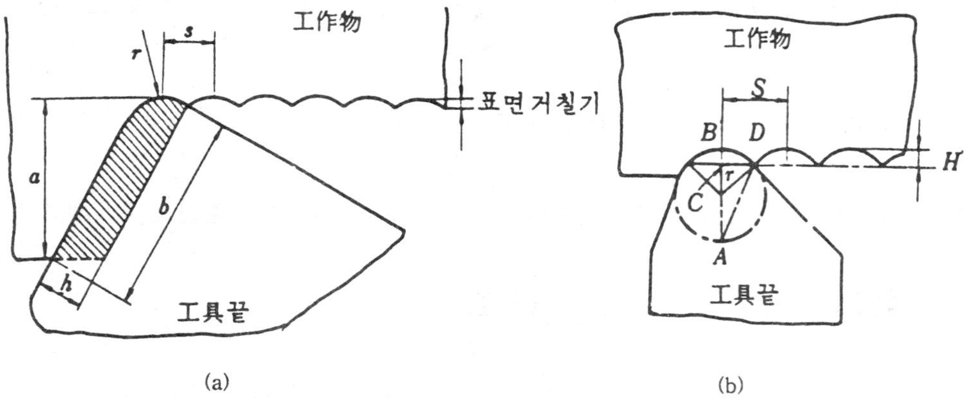

그림 2-29 둥근 날끝 工具에 의한 表面組度

그림 2-29와 같이 바이트 날끝 둥근부분을 r, 이송을 S로 한다. 공작물이 날 모양대로 절삭이 되면 그림이 같이 가공면은 요철이 생기며 요철의 최대높이를 H라 하면

$\Delta BCD \backsim \Delta DCA$이므로

$$\frac{BC}{CD}=\frac{CD}{CA} \qquad \frac{H}{S/2}=\frac{S/2}{2r-H} \text{에서} \quad 4H(2r-H)=S^2$$

실제로 H는 2r에 비해 대단히 작은 값으로 근사적으로 2r-H≒2r로 간주할 수 있으므로 $\frac{H}{S/2}=\frac{S/2}{2r}$로 되고

$$H=\frac{(S/2)^2}{2r}=\frac{S^2/4}{2r}=\frac{S^2}{8r}$$

으로 된다.

또는 $S=\sqrt{8rH}$가 된다. 이 H의 값을 가공면 거칠기의 이론치가 한다.

표 2-2는 KS에 규정된 각종 가공법에 의한 표면거칠기를 표시한 것으로 거칠기 단위는 μm이며 즉 1/1000mm이다.

※ 노즈 반지름은 보통 이송의 2~3배로 하고 너무 크면 진동이 발생한다.

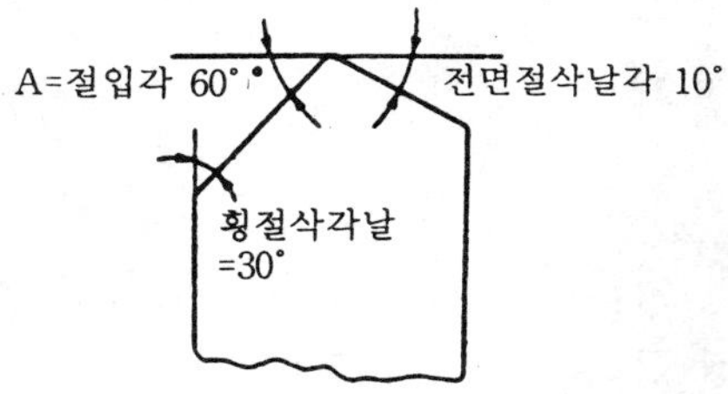

그림 2-30 날끝이 각을 가질 때

그림 2-30과 같이 날끝이 각을 가질 때는

$$S = H\ (\cot A + \cot B)$$

단 ∠A = 절입각, ∠B = 전면절삭날 각이다.

〔예제〕 노즈(Nose) 반지름 1.5인 둥근끝 바이트를 사용 18-S로 다듬질 작업하는데 이송량은 얼마가 적당한가?

풀 이 $f = \sqrt{8Hr} = \sqrt{8 \times 15 \times 0.018} \fallingdotseq 0.46\text{mm/rev}$

〔예제〕 노즈 지름 0.6mm 이송량 0.25mm/min일 때 다듬질면의 거칠기 값은 얼마인가?

풀 이 $H = \dfrac{f^2}{8r} = \dfrac{(0.25)^2}{8 \times 0.3} \fallingdotseq 0.02(\text{mm})$

〔예제〕 전면경사각 10°측면절삭각 30°인 바이트로 18-S로 다듬질 작업할 때 이송은 얼마로 하면 적합한가?

풀 이 $f = H(\cot A + \cot B) = 0.018(0.5774 + 5.6713) \fallingdotseq 0.112\text{mm/rev}$

$\cot(90-30) = 60° = 0.5774$

$\cot B = \cot 10° = 5.6713$

2-4-2 표면 거칠기의 표시법

표면 거칠기는 표면의 凹凸의 높이를 표시한 것이다. 이것은 摩擦, 磨滅 및 耐蝕性 등에 크게 좌우되며, 機械部品의 수명에도 중요시된다.

다음은 표면 거칠기를 표시하는 방법에 관하여 설명한다.

(1) 中心線 平均거칠기(R_a)

거칠기곡선에서 그 중심선 방향으로 측정길이 l을 切取하고, 그 부분의 중심선을 x축, 세로倍率方向을 y축으로 한 거칠기곡선을 y=f(x)로 표시하면 R_a는 다음과 같다.

$$R_a = \frac{1}{l}\int_0^l f(x)dx$$

표 2-2 각종 공법에 의한 거칠기 범위

표면거칠기의 표시	0.1-S	0.2-S	0.4-S	0.8-S	1.5-S	3-S	6-S	12-S	18-S	25-S	35-S	50-S	70-S	100-S	140
	0.1 이하	0.2 이하	0.4 이하	0.8 이하	1.5 이하	3 이하	6 이하	12 이하	18 이하	25 이하	35 이하	50 이하	70 이하	100 이하	140 이하
삼 각 기 호		▽▽▽▽			▽▽▽			▽▽			▽				
평 삭								━	━	━	━	━	━	━	
형 삭								━	━	━	━	━	━	━	
밀 링 절 삭						정밀	정밀	━	━	━	━	━	━	━	
정면밀링절삭						정밀	정밀	━	━	━	━	━	━	━	
줄 칼 마 무 리						정밀	정밀	━	━	━	━	━			
바깥지름절삭			정밀	정밀	정밀	상	상	중	중	중	황	황	황	황	황
보 링						정밀	정밀	━	━	━	━	━	━	━	
정 밀 보 링				━	━	━	━								
드 릴 링								━	━	━	━	━			
리 머 가 공					정밀	정밀	━	━	━	━					
브로우칭절삭					정밀	정밀	━	━	━	━					
쉐 이 빙						━	━	━	━	━					
그 라 인 딩			정밀	상	상	중	중	황	황	황	황	황			
호 닝			정밀	정밀	━	━	━								
초정밀마무리	정밀	정밀	━	━											
버 프 마 무 리		정밀	정밀	정밀	정밀	━	━	━							
페이퍼마무리			정밀	정밀	━	━	━								
랩 마 무 리	정밀	정밀	━	━											
액 체 호 닝			정밀	정밀	━	━	━								
바니쉬마무리				━	━	━									
룰 러 마 무 리				━	━	━									
화 학 연 마					정밀	정밀	정밀	━	━	━					
전 해 연 마	정밀	정밀	정밀	정밀	━	━	━								

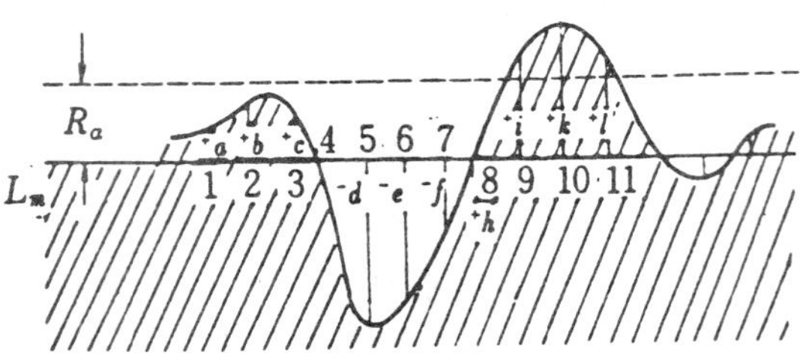

그림 2-31 中心線 平面 거칠기

이것은 또한 그림 2-31에 의하여 다음과 같다.

$$R_a = \frac{a+b+c+d+e\cdots}{Z}$$

이것은 算術平均거칠기라고 하며 H_{ave}, CLA로도 표시한다. 단위는 μm

(2) 自乘平均平方根거칠기(H_{rms})

거칠기곡선의 중심선으로부터 偏位의 自乘平方根으로 표시한다.

$$H_{rms} = \sqrt{\frac{1}{l}\int_0^l y^2 dx}$$

(3) 最大높이(R_{max})

절취部分의 平均線에 평행한 2직선으로 切取平均을 사이에 두고 그었을때, 이 두 직선의 간격을 斷面曲線의 세로培率方向으로 측정하고 μm오 표시한 切取部分의 높이를 最大높이라 한다.

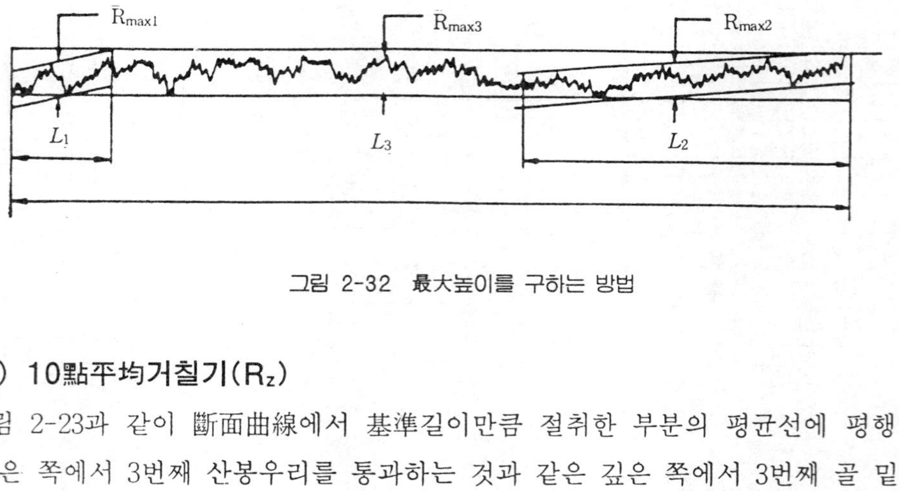

그림 2-32 最大높이를 구하는 방법

(4) 10點平均거칠기(R_z)

그림 2-23과 같이 斷面曲線에서 基準길이만큼 절취한 부분의 평균선에 평행한 직선중 높은 쪽에서 3번째 산봉우리를 통과하는 것과 같은 깊은 쪽에서 3번째 골 밑을 통과하는 것을 택하고, 이 두 직선의 간격을 단면 곡선의 세로倍率方向으로 측정하고 그 값을 μm로 표시한 것을 R_z라 한다.

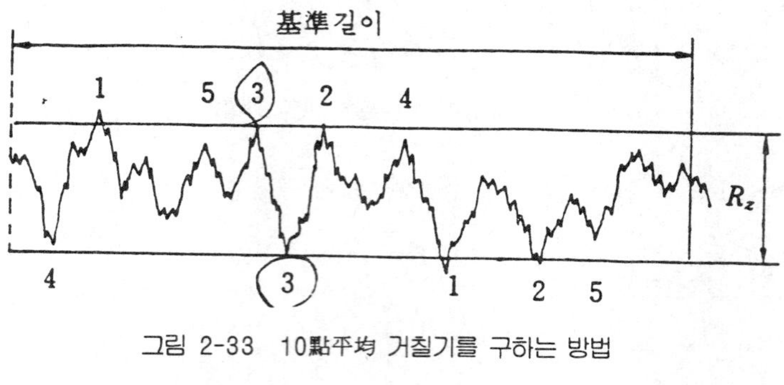

그림 2-33 10點平均 거칠기를 구하는 방법

(5) 다듬질記號와 표면 거칠기

다듬질記號를 사용하여 표면 거칠기를 표시할 때 표 2-3과 같다.

표 2-3 다듬질記號와 표면 거칠기

다듬질 記號	표면 거칠기의 區分		
	Rmax	Rz	Ra
▽▽▽▽	0.8,s	0.8z	0.2a
▽▽▽	6.3s	6.3z	1.6a
▽▽	25s	25z	6.3a
▽	100s	100z	5a

2-4-3 절삭면 표면 거칠기 측정

표면 거칠기 측정에는 표준 표면에 대한 비교 측정과 측정기에 의한 직접 측정이 있다.

(1) 비교 측정법(method of comparsion)

표면을 확대경, 현미경 등으로 확대하고 사진을 찍기도 하며 때로는 손으로 만져보고 눈으로 보는(sight-and-touch) 것이 비교의 가장 좋은 방법으로 최대 가공이 다를 때에는 오판을 가져올 경우가 있으므로 같은 제작 공정의 가공물 또는 같은 종류의 가공물을 다수 비교할때에 편리하다. 또한 사진에 의한 방법은 조명 또는 초점에 따라 정확한 깊이를 노출시키지 못하며 실제와 달라질 수가 있으므로 이 방법은 상당한 숙련을 요한다.

(2) 직접 측정법(method of direct measurement)

직접 측정법에는 촉침법, 광 절단법, 광파 간섭법, 접촉 측정법 등이 있으며 표준편 또는 비교편을 필요로 하지 않는다. 촉침법은 표면 조도의 실제의 정량적 측정을 위하여 그림 2-34과 같이 촉침식 측정기가 사용되며 예리한 다이아몬드 촉침이 암(arm)이 일단에 고정되어 주어진 속도로 표면 위를 전후로 운동한다. 또한 행정을 조정하여 표준 길이를 사용하며 촉침이 표면 위를 통과할 때 표면 조도에 비례하여 상하로 움직인다. 이와 같이 상하의 움직임이 확대되고 기록되는 광학 또는 전기적 반응을 일으킨다. 여기에서 둥근 스키드(round skid) 또는 평평한 슈(flat-footed shoe)가 촉침(stylus)의 안내 역할을 하며 표면의 특성에 따라 여러 가지 스키드가 쓰인다.

(a) (b)

그림 2-34 촉침식 측정법

또한 광 절단법은 그림 2-35와 같이 광대(光帶)를 표면에 투사시켜 직각 방향으로부터 γ를 현미경으로 측정하는 것으로 여러 방식이 있으나 투영 광축과 관측 현미경축이 피측정면과 이루는 각에 따라 명시야 관찰($\beta=\gamma=45°$) 및 암시야 관찰($\beta \neq \gamma$)로 크게 분류할 수 있다.

장점으로는 취급이 간편하고 신속하며 확실하고 측정면의 단면 곡선을 촬영할 수 있다는 것과 압력 접촉이 없다는 것이다. 단점으로는 경사지게 절단하기 때문에 윤곽이 변형되어 나타나고 단면 곡선을 상하로 크게 확대할 수 없으므로 사용 한계가 0.5~1 [μm]라는 것과 관측할 수 있는 단면 곡선의 길이가 짧다는 것이다.

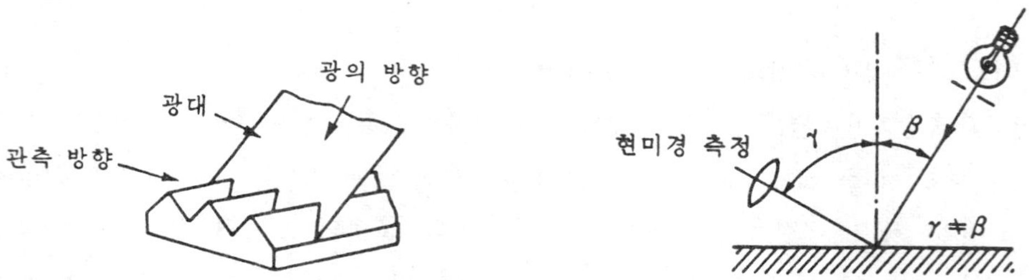

(a) (b)

그림 2-35 광 절단법

2-5 칩의 생성과 구성 인선

2-5-1 칩의 생성과 모양

(1) 유동형(Flow) 칩 : 보통 연강, A1등을 가공할 때

① 연속적으로 흘러가는 모양

◉ 발생원인 : - 절삭 속도가 클때, 바이트 상면(윗면) 경사각이 클때(30° 이내)
- 연하고 인성이 많은 재료를 가공할 때
- 절삭 깊이가 적을 때
- 윤활성이 좋은 절삭유제가 많이 보급될 때

(2) 전단형 칩(Shear Type Chip) : 보통 동합금 및 납성분 재료 등을 주로 가공할 때

◉ 발생원인 : - 절삭 속도가 작을 때 바이트 상면 경사각이 작을 때(10° 이하)
- 연한 재료(유동형과 열단형의 중간) 절삭 깊이가 깊고 절삭각이 클 때

(3) 열단형 칩(Tear Type Chip) : 보통 극 연강, A1합금, 동합금 등을 가공할 때〔일명 경작형 긁기, 뜯기형〕

◉ 발생원인 : - 절삭 속도가 작을 때, 바이트의 상면 경사각이 작을때
- 점성이 크고 강인한 재료르 가공할 때
- 절삭 크기를 크게 할 때

(4) 균일형 칩(Crack Type Chip) : 보통 주철 재료를 가공할 때

◉ 발생원인 : - 절삭 속도가 작을 때, 바이트의 상면 경사각이 작을때
- 메진(취성)인 재료를 가공할 때
- 절삭 깊이를 클 때

2-5-2 절삭 조건과 칩의 형태

칩 의 종 류	절 삭 재 료	절 삭 속 도	공구 경사각	절 삭 깊 이
유동형(Flow)	연하고 인성재료 (연강, A1 등)	빠르다. 클때	클때(약30°C)	작을때
전단형(Shear)	연하고 납성분 재료 (동합금 등)	늦다. 작을때	작을때	클 때
열단형(Tear)	점성과 강인한 재료 (A1합금, 주연강)	늦다. 작을때	작을때	클 때
균열형(Crack)	취성(메진) 재료 (주철 등)	늦다. 작을때	작을때	클 때

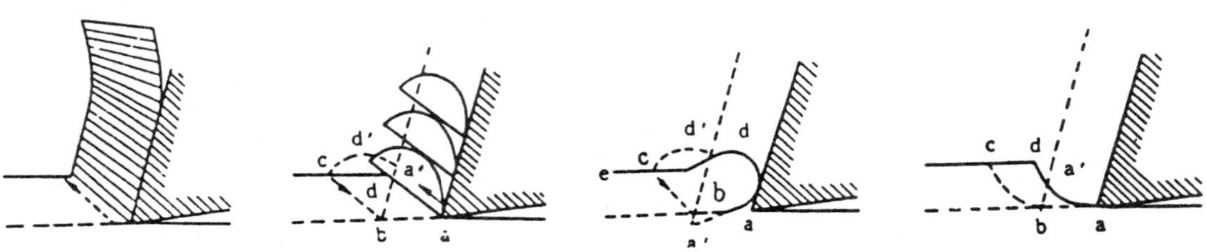

(a) 유동형 (b) 전단형 (c) 열단형 (d) 균열형

그림 2-36 칩의 생성 모양

2-5-3 구성 인선(Built Up Edge)

구성 인선은 연강이나 알루미늄 등과 같은 연한 재료의 절삭 영역에서 국부적인 고온·고압에 의하여 공구의 절삭날 부근에 가공물의 미소한 입자가 압착 또는 융착되어 나타나는 것으로 공구각을 변화시키며 가공면의 거칠기를 나쁘게 하고 공구의 떨림 현상 등으로 공구의 마모를 크게하여 절삭에 나쁜 영향을 준다. 그러나 구성 인선에서 경사각을 크게 함으로써 절삭 저항을 감소시키고, 또한 공구의 날끝이 구성 인선으로 보호되는 경우가 있으므로 경우에 따라서는 공구의 수명을 연장시키는 유리한 점도 있다. 이와 같은 장점을 이용한 절삭법으로는 은백색 절삭법(SWC : silver white cutting method)이 Hoshino에 의해 제안되었다. 구성 인선의 발생 과정은 2-37과 같은 과정을 반복하면서 작업이 진행된다.

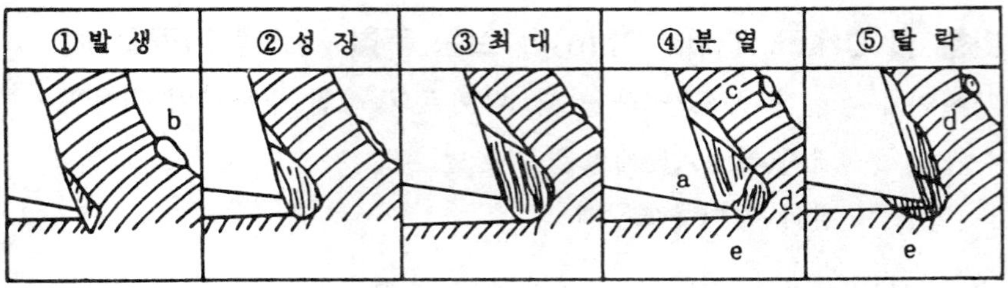

그림 2-37 구성 인선의 발생 과정

또한 구성 인선의 발생·탈락의 주기는 극히 짧은 시간으로 보통 1/100~1/300[s] 정도이며, 일반적으로 구성 인선을 방지하려면 절삭 깊이를 작게하고 경사각을 크게하며 공구 날끝(cutting edge)을 예리하게 하고 윤활성이 있는 절삭제를 사용하며 절삭 속도를 크게 할 것등이 요구된다. 보통 고속도강이 공구를 사용하여 탄소강을 절삭할 때 구성인선이 생기기 쉬운 절삭 속도는 10~25[m/min]이고 120~150[m/min]에서는 생기지 않는다.

(1) 구성 인선의 발생 원인과 방지책

원 인	방 지 법
절삭 속도가 느릴때	절삭 속도를 빠르게 할 것
절삭 깊이가 크고 이송량이 적을 때	절삭 깊이를 작게하고 이송량을 크게
절삭 공구의 경사각이 작을 때	공구의 경사각을 크게 할 것
공구의 온도가 상승할 때	윤활성 좋은 절삭유 사용(공구 온도 저하)
공구 날끝이 무디여 질 때	공구 인선을 예리하게 할 것

(2) 구성 인선(Built-up-Edge)의 발생을 억제하는 효과적인 방법은 다음과 같다.

① 칩 두께를 감소시키고(절삭깊이 작게)
② 바이트의 온도를 저하시킴(냉각과 윤활)
③ 상(윗)면 경사각을 증가시킴
④ 공구 날끝을 예리하게 할 것
⑤ 절삭속도를 증대시킴(임계속도 120～150m/min)

2-6 공구의 파손과 수명

2-6-1 공구의 파손

(1) 크레이터링(Cratering) : 경사면 마모

① 공구의 경사면 위를 슬라이딩 할 때 마찰력에 의하여 공구 상면에 오목 파진 접시 모양 부분이 생기는 것(주로 고속도강 공구로 강철을 가공시 발생)
② 방지책
- 공구날 위의 압력을 감소시킨다(경사각을 크게 30°).
- 공구 상면의 칩의 흐름에 대한 저항을 감소시킨다(공구 상면을 기름 숫돌로 곱게 다듬질 한다).
- 절삭 속도 및 이송 속도를 감소 시킨다.

(2) 플랭크 마모(Flank Wear) : 여유면 마모

① 공구의 측면과(Flank) 절삭면과의 마찰에 의해 발생하며 여유면이 절인면과 평행하게 마모되는 현상(주로 주철 가공시 많이 발생), 주철·강(마멸폭 0.7mm), 합금강(마멸폭 0.4mm), 비철합금(마멸폭 0.2mm)
② 방지책
- 절삭 속도를 느리게 하고 이송을 크게 한다.
- 절삭 깊이를 적게 하고 여유각과 노즈 반경을 다소 크게
- 날끝을 센터에 맞추고 절삭유를 많이 공급
- 팁 재종을 단단한 것으로 바꾼다.

(3) 치핑(Chipping) : 결손(탈락)

① 치핑 : 단속절삭시, 공작기계의 진동, 공구연마시의 열충격, 절삭시의 급랭등에 의하여 공구인선에 균열(crack)이 생기고 선단의 일부가 결손되는 현상

② 방지책

- 절삭날 각도가 큰 것을 사용.
- 노오즈 반경이 큰 것을 사용.
- 윗면 경사각이 작은 칩 브레이크 형상으로 바꾼다.
- 팁의 재종을 인성이 큰 것으로 바꾼다.
- 절삭 깊이와 이송을 적게 한다.

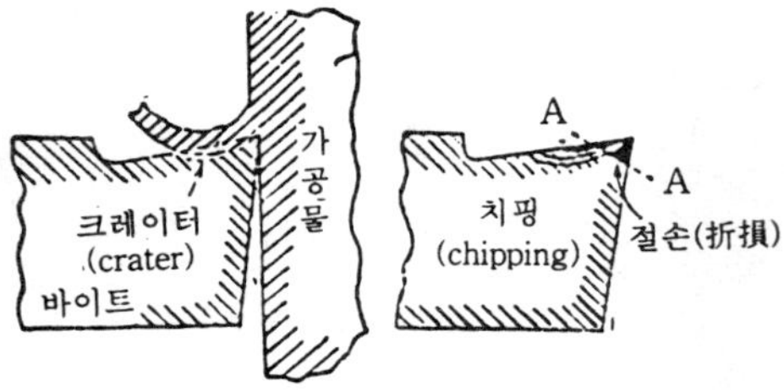

그림 2-38 cratering(a), chipping(b)

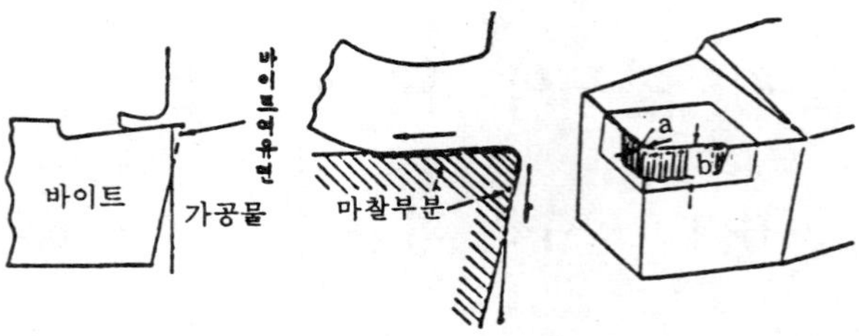

그림 2-39 바이트 여유면(clearance face)의 플랭크 마모(flank wear)

(4) 공구의 마모

공구의 마모는 복잡한 현상으로 다른 기계 부품의 마찰 운동면에서 생기는 마모와는 달리 공구와 가공물의 접촉 압력이 상당히 높으며 접촉 부분은 절삭열에 의해서 온도가 상당히 높아 항상 새로운 면이 생성되기 때문에 산화하지 않는 등의 특징이 있고 그 마모는 기계적 물리·화학적 특성에 의하여 일어난다.

① 기계적 마모(mechanical wear)

일반적으로 공구의 경도는 가공물의 경도보다 높으나 가공물에 함유되어 있는 경질입자(Al2O3, SiO2, Fe3C, SiC등)등이 공구면을 지나면서 공구면을 깎는 것을 연삭 마모라 하고 공구의 경도가 커서 가공물과의 절삭 작용으로 경도가 작은 공구면이 깎이는 것을 절삭 마모라 한다 이들 두 가지를 합쳐 기계적 마모라 한다. 연삭 마모를 방지하기 위해서는 입자의 개입이 없어야 하고 절삭 마모를 방지하기 위해서는 가공면을 매끄럽게 하여 돌기의 수를 적게하고 크기를 작게 하며 무디게 하여야 한다.

② 용착 마모(adhesive wear)

기계 가공한 면은 완전한 평면이 아니므로 크고 작은 돌기가 있게 마련이며 외관상으로는 넓은 면이 접촉하는 것으로 보이지만 실제로는 돌기 부분들만이 접촉하고 있다. 이 접촉 돌기부는 응력이 어느 이상(압력 용착)에 달하거나, 온도가 어느 이상(고온 용착)이 되면 순간적으로 용착되는데 이 용착 부분의 전단 응력이 금속의 연한 부분의 강도가 작은 쪽의 금속이 큰 쪽으로 이행하여 마모가 이루어진다. 이것을 용착 마모라 한다.

③ 확산 마모(diffusion wear)

공구, 절삭유제와 가공물 사이에 화학적 반응은 일어나지 않으나 공구와 가공물의 접촉부에는 고온·고압 상태에서 절삭열에 의한 열진동으로 공구 또는 가공물의 구성 원자의 일부가 서로 확산된다. 확산이 일어나면 공구의 기계적 강도는 약해지고, 따라서 공구면상을 지나는 칩에 의하여 쉽게 마모되는데 이러한 현상을 확산 마로라 한다.

④ 표면 피로 마모(surface fatigue wear)

윤활 상태에서 장시간 구름이 진행되면 접촉 표면이 피로하여 바늘 구멍 모양의 홈이 생기는 경우를 표면 피로 마모라 하며 구름 마로라고도 한다.

⑤ 고온 소성 변형(plastic deformation)

공구가 고온에서 심한 소성 변형을 하여 인선 부분이 무디어지는 것으로, 주로 고속도강으로 고속 절삭할 때 생기기 쉬운 공구 마모이다. 초경재인 경우 결합재인 코발트가 변형을 일으킬 때가 나타난다.

2-6-2 공구의 수명식과 판정

(1) 공구의 수명

가공 재료의 피삭성을 조사하거나 공구의 성능을 알기 위해서 공구 수명을 파악한는 것이 필요하다. 금속 가공시 큰 압력으로 마찰이 일어나 공구가 마모되며 공구 본래의 형상을 잃게 되어 절삭 저항이 증대된다. 또한 가공 상태가 불량해지는데, 이러한 현상이 어느 한계치를 넘게 되면 공구를 다시 연삭해야만 한다. 이와 같이 공구를 다시 연삭할 때까지의 절삭 시간 또는 절삭 개시에서 공구 교환까지의 총 절삭 시간을 공구 수명이라 한다.

(2) 공구 수명식과 상수 결정법

Taylor는 실험에 의해 공구 수명을 비교하여 1907년에 공구 수명과 절삭 속도 사이의 관계를 다음 식으로 표시하였다.

$$vT^n = C$$

여기서 v : 절삭 속도(m/min), T : 공구 수명(min), n : 공구와 절삭물에 의하여 변하는 치수, 즉 고속도강 0.05~0.2, 세라믹 공구 0.4~0.55이며, 일반적으로 n : 1/10~1/5이 주로 사용되고 C : 공구·공작물 절삭 조건에 따라 변하는 값이며 공구 수명을 1[min]으로 할 때의 절삭 속도이다.(표 2-4참조)

표 2-4 공구 수명 상수 C의 값

가 공 재 료	고속도강(18-4-1)		초경공구
	건식절삭	습식절삭	건식절삭
SM15C	154	214	787
SM25C	126	176	630
SM35C	100	140	494
SM45C	80	112	398
SM60C	51	72	256
Ni-Cr강	87	122	398
주철 HB 100	115	158	570
HB 150	73	.105	362
HB 200	41	56	204
주 강	70	112	398
황 동	350	-	1750
경 합 금	1320	-	6590

(3) 공구의 수명식(Tool Life)

① Taylor의 식(1906년)

$$VT^n = C$$

V : 절삭속도, T : 공구 수명, n : 공구, 공작물에 따라느 정수 보통(0.1~0.2)

◆ 초경 합금(n=0.13~0.25) ◆ 고속도강(n=0.05~0.2) ◆ 세라믹(n=0.4~0.55)

C : 상수(절삭면적 0.64mm^2 일때) : 절삭깊이, 이동 및 재료(가공물, 공구)에 따른 상수

◆ 보통 고소도강 공구(C=70~200) ◆ 초경합금(C=200~700)

※ 마멸폭 고속도강 1.5mm
초경합금 0.75mm

예) n = 0.2

C = 200

T = 30분

$$V = \frac{C}{T^n} = \frac{200}{30^{0.2}} = \frac{200}{1.97} \fallingdotseq 101.5\text{m/min}$$

(4) 공구의 수명 판정방법

- 가공 표면에 광택이 있는 무늬(반점)가 생길 때(고속도강 공구)
- 절삭 공구 인선의 마모가 일정량에 달하였을 때(초경 합금 공구)
- 가공 완성치수의 변화가 일정량에 달하였을 때
- 주분력에 비해 배분력 또는 이송 분력이 급격히 증가할 때(고속도강 공구)
- Chip의 색깔 및 형상의 변화 또는 불꽃 발생 등으로 판정

① 가공물의 광택대에 의한 판정

공구가 마모하여 날끝이 둔화되면 공구 날끝의 손상으로 완성 가공면 또는 절삭 가공한 직후에 가공 표면에 광택이 있는 색조 또는 반점이 발생하게 된다. 이 광택대는 가공물 표면이 버니싱(burinshing)을 받은 것과 같은 광택을 띠게 되는데, 이러한 현상을 백색 둔화(blank-brdmsung)라 한다. 이러한 상태에 달하면 공구는 절삭 능력을 잃게 되고 그림 2-40과 같이 절삭 저항은 급증하며 이 때까지의 가공 시간을 공구수명으로 정하는 방법이다.

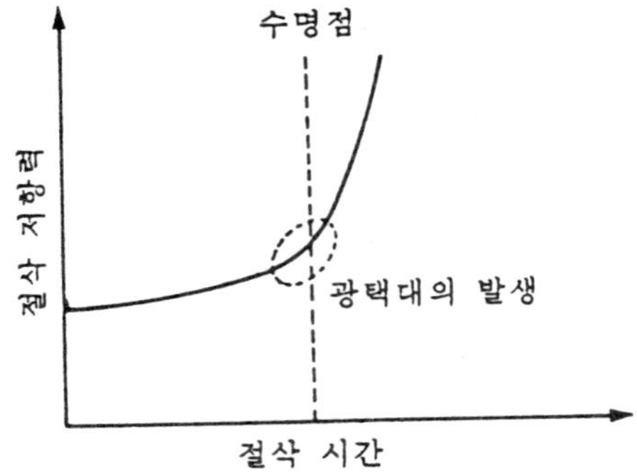

그림 2-40 고속도강의 수명

② 공구 마모에 따른 수명 판정

그림 2-41과 같이 칩이 공구 경사면을 유동할 때 크레이터 마모와 가공면과의 마찰에 의해 플랭크 마모가 생긴다. 이때 크레이터 마모 깊이가 동일하여도 크레이터의 가장 깊은 곳에서 날끝까지의 거리에 따라 날끝부의 강도가 달라지므로 이들 두 가지를 동시에 고려하여 공구 수명을 판정하는 것이 합리적이다. 가공물의 피삭성의 견지에서 합리적이다. 가공물의 피삭성의 견지에서 고려하면 절삭 저항이 크거나 공구와의 친화력이 크면 크레이터 마모에 의한 공구 수명 판정 기준을 작게 잡고, 일반적으로 피삭성이 좋으면 공구 수명 판정 기준을 크게 정한다. 그러나 칩과 공구 경사면의 접촉 길이가 짧을 때에는 거리 C가 짧게 되어 날끝의 결손이 쉽게 되므로 이때에는 공구 수명 판정 기준을 작게 잡는다. 또한, 공구 재료에 대하여 알아보면 취성이 큰 공구에 대해서는 날끝 결손이 쉽게 생기므로 공구 수명 판정 기준을 작게 잡는다. 이와 같이 공구 절삭날의 마모가 일정량에 달하였을 때를 공구 수명으로 판정하는 방법이다.

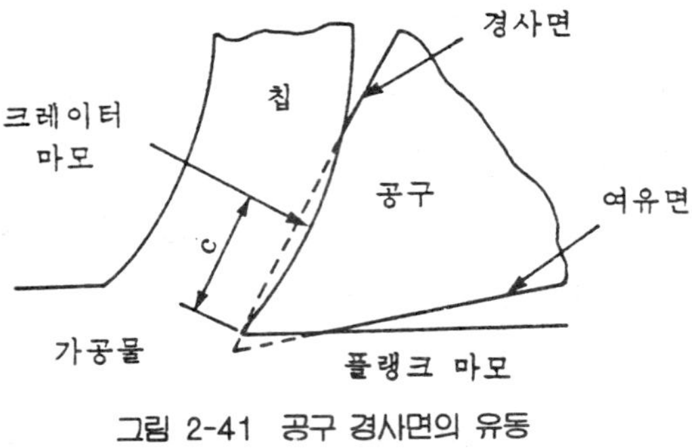

그림 2-41 공구 경사면의 유동

③ 완성 가공물의 치수 변화에 따른 수명 판정

공구 절삭날에 마모가 생기면 그림 2-42와 같이 소정의 절삭 깊이로 깎을 수 없게 된다. 선삭의 경우라면 가공물에는 테이퍼가 생긴 것처럼 지름이 증대되며 이와 같이

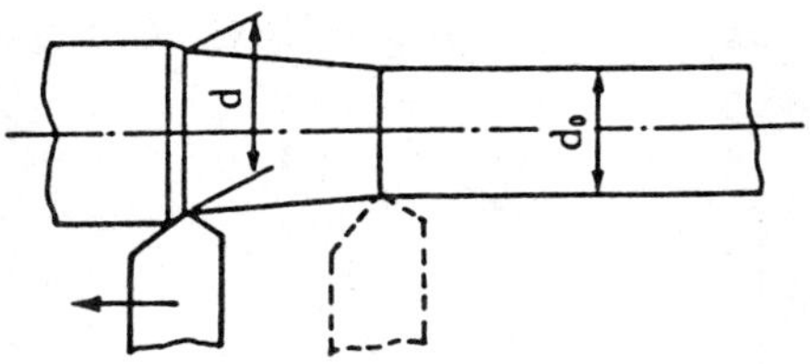

그림 2-42 가공물의 치수 변화

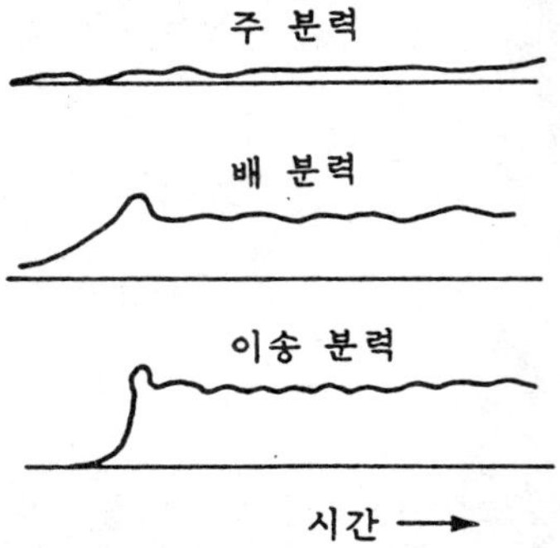

그림 2-43 절삭력의 증가에 의한 공구 수명 판정

완성 가공된 치수의 변화가 일정량에 달하였을 때를 공구 수명이 다 된 것처럼 판정하는 방법이다.

④ 절삭 저항의 증대에 따른 수명 판정

Schlesihger에 의하여 시되된 것으로서 공구가 둔화되면 절삭 저항이 급증한다. 그림 2-43에서 보는 바와 같이 주 분력은 서서히 약간 증가하나 배 분력과 이송분력은 급증하여 저항이 크게 된다. 이와 같이 절삭 저항의 주 분력에는 변화가 나타나지 않더라도 배 분력 또는 이송 분력이 급격히 증가하였을때를 측정하여 급증하는 점에서 공구수명이 다 된 것으로 판정하는 방법이다.

(5) 절삭 조건과 공구 수명의 관계

① 절삭 속도와 공구 수명

그림 2-44은 경제적인 절삭 조건을 나타낸 것으로 절삭 조건이 증가하면 생산성도 증가하지만 공구의 수명은 감소되므로 절삭 조건을 알맞게 선정하여야 한다. 그림 2-45는 절삭 속도와 공구 수명의 관계를 나타낸 것으로 공구 수명에 미치는 영향 중 가정 큰 것이 절삭 속도임을 알수 있다. 만약 절삭 속도를 50[%] 증가시킨다면 공구 수명은 90[%] 정도 감소된다.

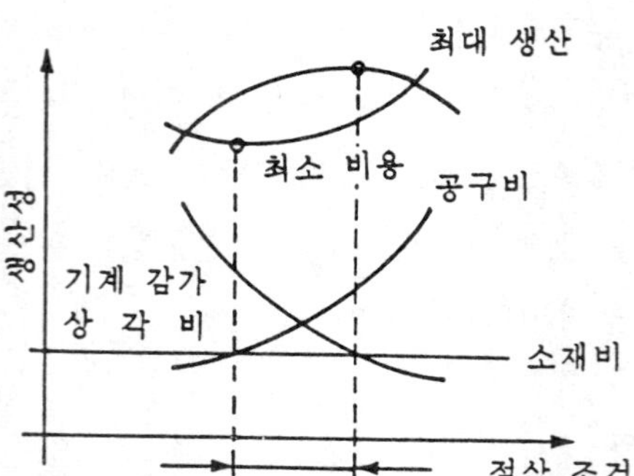

그림 2-44 경제적 절삭 조건

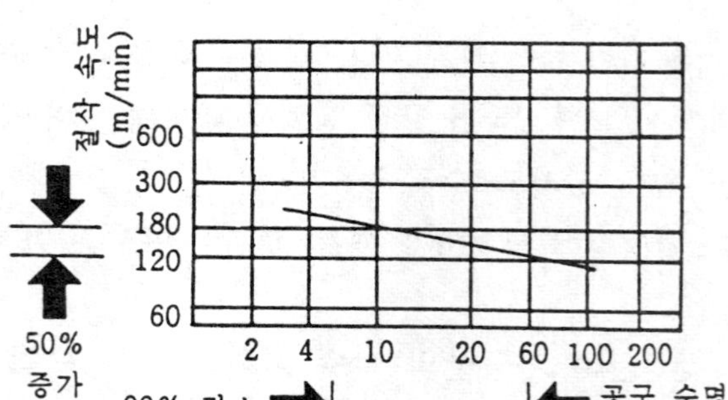

그림 2-45 절삭 속도와 공구 수명

② 이송량과 공구 수명

그림 2-46은 이송량에 따른 공구 수명에 미치는 영향이 훨씬 큰 것임을 뜻하며 그림에서 이송량을 50[%] 증가시키면 공구 수명이 60[%]로 감소한다. 그림 2-47은 절삭 깊이가 공구 수명에 미치는 여향을 나타낸 것으로 절삭 깊이를 50[%] 증가시킬 때 공구 수명은 15[%]가 감소됨을 알 수 있다. 더욱이 이송의 10배 이상으로 절삭 깊이를 줄 경우 공구 수명에 미치는 영향은 거의 없다. 따라서 경제적인 생산 비용 및 생산량을 최적화하기 위해서는 절삭 속도를 신중하게 설정하여야 함을 알 수 있다.

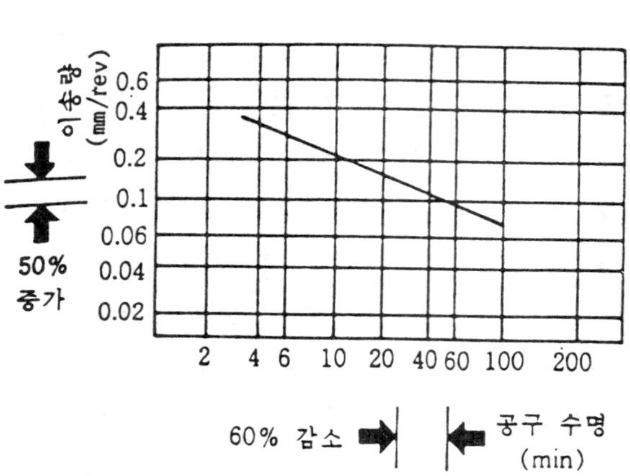

그림 2-46 이송량과 공구 수명

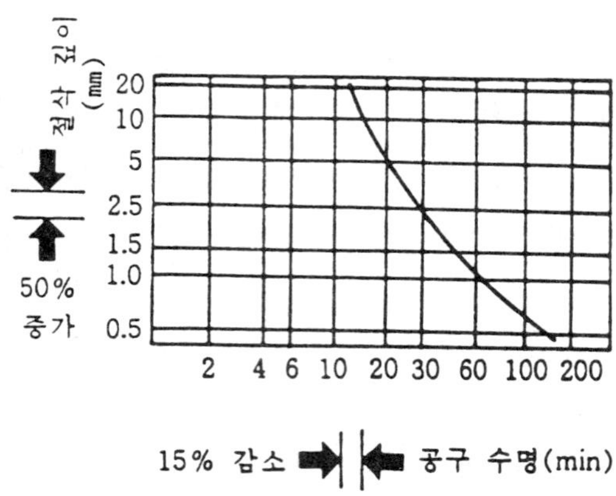

그림 2-47 절삭 깊이와 공구 수명

(6) 공구 마모에 따른 수명 측정

① 플랭크 마모 측정

공구 수명 시험은 실제 작업시와 많은 차이가 있으므로 정밀하게 할 필요는 없다. 그러나 과학적 견지에서 공구 수명을 연구하기 위해서는 고도의 정밀 시험이 요구되는데 대부분의 공구 수명 시험은 많은 양의 공구 및 가공물의 재료를 필요로 하는 장시간 시험이므로 정밀도(precision)와 반복성(repeatability)을 갖기가 대단히 곤란하다. 또, 공구 수명 시험으로부터 배재하기 가장 곤란한 변화의 하나는 공구의 연삭 및 고정에 대한 것이다. 연삭 숫돌을 드레상(dressing)하는 기술에서 생기는 사소한 차이들이 공구의 표면 성질을 변하게 할 수 있고, 또한 공구 수명을 다르게 한다. 과거에는 브리넬 경도용 현미경을 사용하여 직접 마모 랜드(wear land)값을 측정하였으나, 실험 결과는 그림 2-48과 같이 측정에 어느 정도의 불확실성이 제재되어 있어 상당히 분산 되었다. 이와 같은 실험 결과 분산의 중요

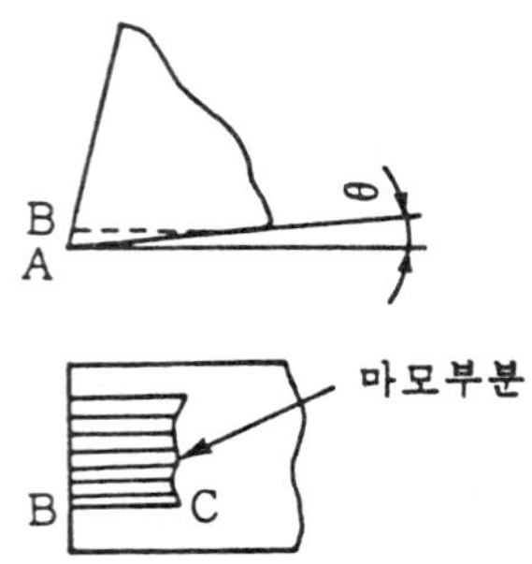

그림 2-48 대표적인 마모

한 원인으로는 공구면에 걸쳐 칩이 유동될 때 마모 랜드가 변하여 마모 랜드의 정확한 값을 결정하기 곤란하게 한다는 점과 마모 랜드 취급 기술에서부터 오는 포착하기 어려운 원인에 따르는 것 등이다. 여기에서 마모(ABC)의 양은 공구의 여유 표면(clearance face)으로부터 마모될 때 마모 랜드의 값은 BC가 되며 경사각 0° 에서는 BC=AB $\cot\theta$가 된다. 여기서 θ는 여유각이다.

② 다이아몬드 자국법(diamond indentor technique)

여러 가지 난점을 극복하기 위한 공구 수명 측정 방법으로는 그림 2-49와 같이 루프 경도계(oversize knoop hardness indentor)로서 공구의 여유면에 만든 자국을 사용하는 것이다. 공구의 마모 랜드 위에 자국을 만듦으로써 다음에 일어나는 마모를 손쉽고 정밀하게 결정할 수 있다. 다음 시험에서 사용된 다이아몬드 피라밋은 긴 대각선 길이와 높이의 비율이 30.53이다. 그러므로 다이아몬드 자국의 깊이 변화로 측정되는 실제 마모는 가장 긴 대각선의 길이 변화를 눈금으로 하였을 때 30.53배가 된다. 이와 같이 얻은 확대 상수는 마모대를 직접 측정하는 것보다 훨씬 크므로 여유각에 대한 오차로부터 영향을 받지 않는다. 측정하는 기준점의 마모 랜드는 울퉁불퉁한 단부에 비하여 대단히 선명하므로 공구 수명 실험 결과의 재생은 다이아몬드 자국 방법을 사용함으로써 많이 개선되었다. 더불어 마모 시험값을 얻기 위하여 절삭될 금속의 양은 여유면 위의 공구 마모 상태가 시간과 더불어 직선적으로 변한다는 사실을 사용함으로써 감소시킬 수 있다.

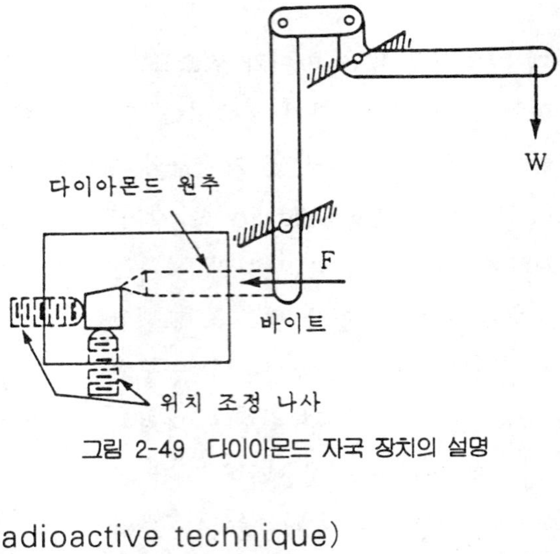

그림 2-49 다이아몬드 자국 장치의 설명

③ 방사능 방법(radioactive technique)

Merchant와 Krabacher는 공구 수명을 신속히 측정하기 위하여 방사성 추적자(radio active tracer)를 사용할 수 있는지 그 가능성을 연구하였다. 그 내용에 있어 그들은 방사성 공구를 사용하였을 때 칩의 방사능을 측정하였고, 그 결과 마모된 방사성 공구 재질의 90[%] 이상은 충분히 칩에 붙어서 남아 있었다는 것을 알게 되었다. 이 방법은 공구의 여유면뿐만 아니라 절삭 공구 표면 위의 마모를 측정할 수 있다는 것을 보여주었다.

2-7 절삭 온도와 측정 방법

2-7-1 절삭열의 발생과 분산

절삭할 때 생긴 에너지는 대부분 열로 소비(95% 이상)되며 절삭열의 발생은 다음과 같이 크게 세 구역으로 나눌 수 있다(그림 2-50 참조).

① 전단면 AB에서 전단 변형을 일으키는 열로서 저속 절삭 범위에서 이 열이 가장 크다.

② 칩툴 인터페이스(chip-tool-interface)의 마찰열로서 칩이 공구 표면(경사면) 위를 가압하면서 통과할 때 발생한다. 고속 절삭 범위에서 이 열이 가장 크다.

③ 공구의 여유면(flank face)이 가공된 가공물 표면을 통과할 때 발생하는 마찰열로서 열 발생이 아주 미소하여 무시할 만하다.

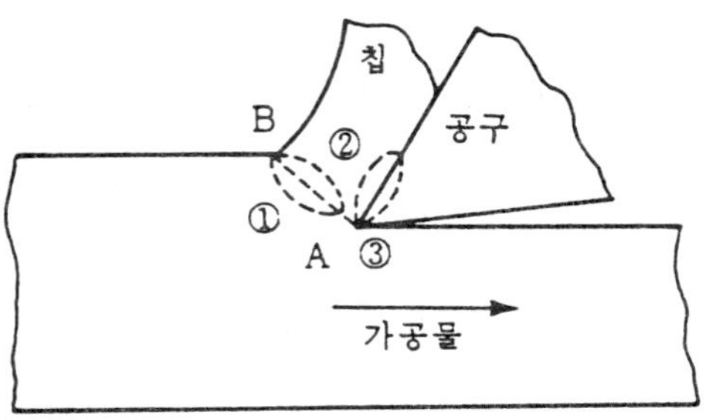

그림 2-50 절삭열의 발생

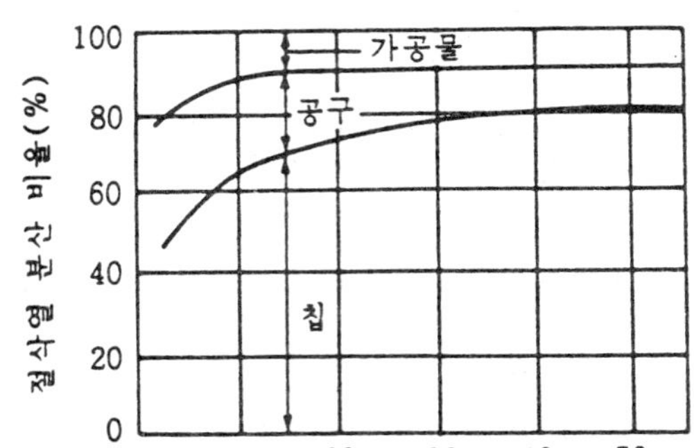

그림 2-51 절삭열의 분산 비율

또한 절삭시 발생되는 열은 칩, 가공물, 절삭 공구로 각각 분산된다. 이 열의 분산은 절삭 속도에 따라 크게 달라지나, 대개는 칩으로 대부분의 열이 분산되고 그 다음으로 일부가 공구 및 가공물로 전단된다.

이와 같이 발생된 열은 칩 50~80[%], 공구 40~10[%], 가공물 9~4[%], 또 일부는 공기중에 비산되나 그림 2-51에서 보는 바와 같이 절삭 속도와 기타 절삭 조건에 따라 달라진다. 이 중 공구에 절달된 열은 공구의 경도를 저하시키고 확산·용착 마모의 주 원인이 되므로 공구 수명에 직접 영향을 미치며 가공물에 전달되는 열은 가공 정도에 영향이 크다.

그림 2-52는 선삭작업에 대한 전단면의 칩 온도 및 바이트와 칩의 마찰면의 온도와 절삭속도와의 관계를 나타낸 것으로서 그림에서 전단면 온도는 절삭속도의 증가와 함께 증가하고 그것의 합은 절삭속도 150m/min까지는 증가하지만 그 이상에서는 증가의 비율은 거의 없는 것을 알 수 있다.

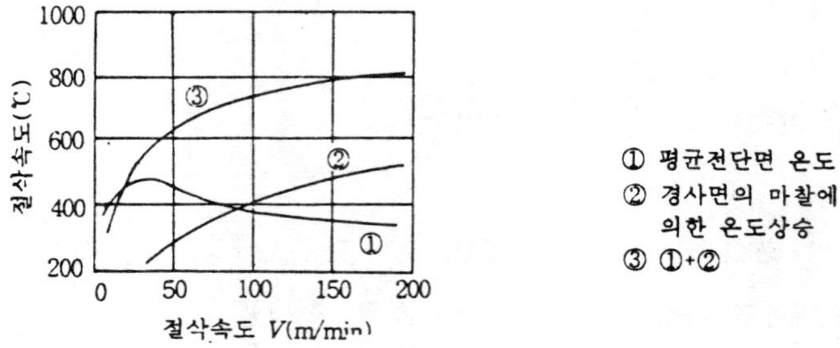

그림 2-52 절삭속도와 절삭온도

절삭 조건, 즉 절삭 속도 v(m/min), 이송 s(mm/rev 또는 mm/str)N가 절삭 온도에 미치는 영향은 다음 식으로 이론적 해석이 가능다.

$$\theta = K \cdot \sqrt{\frac{vs}{\lambda \rho c}}$$

여기서 K : 상수, θ : 절삭 온도(K), λ : 가공물의 열전도율, ρ : 가공물의 밀도, c : 가공물의 비열이다.

2-7-2 절삭온도의 측정법

절삭동력이 대부분 열로 되고, 그 열에 따라 바이트의 인선온도가 상승하고 바이트의 수명에 큰 영향을 미치기 때문에 절삭온도의 측정은 절삭 공구재의 선정, 절삭조건의 결정에 상당히 큰 의의를 갖는다.

예를 들면 바이트 수명의 판정방법으로서는 2~3항에서 설명한 절삭저항의 연속측정에 있어서 절삭력이 급격하게 변동증가할 때를 판정의 기준으로 하는 방법, 다듬질면의 거칠기로서 판정하는 방법, 절삭열에 따라 바이트가 마멸된 상태로 되어 절삭온도가 급상승하는 시기로 판정하는 방법 등이다.

절살온도의 측정장치는 절삭저항의 측정장치보다 일반적으로 간단하기 때문에 이것에 의해서 바이트 수명판정을 하는 것도 편리하다. 여기에 그 방법의 몇 개를 설명하기로 한다.

(1) 칩의 색(色)에 의한 측정

금속이 가열온도에 따라 색이 달라지게 되며, 또 같은 온도에서도 가열시간에 따라 달라진다. 따라서 색과 가열시간에 따라 절삭온도를 추정할 수 있다. 표 2-5는 강의 절삭온도와 색의 관계를 예시한 것이다.

표 2-5 강의 온도와 색

가열온도(°C)	산화색	볏짚색	갈색	자색	진한남색	회남색
200	6분	47분	-	-	-	-
220	3분	33분	63분	-	-	-
250	1분	10분	39분	-	-	-
275	0.5분	3분	11분	27분	40분	

(2) 열량계(熱量計, calorimeter)에 의한 측정

그림 2-53에서와 같이 공구, 칩 또한 공구와 칩이 전열량(全熱量)을 열량계로 측정하여 이것을 가열물(공구, 칩 공구와 칩)의 질량과 비열로 나누고 평균온도를 구하는 방법이다. 이 방법은 평균온도는 쉽게 측정할 수 있으나 공구수명에 직접 관계되는 최고온도는 구할 수 없다.

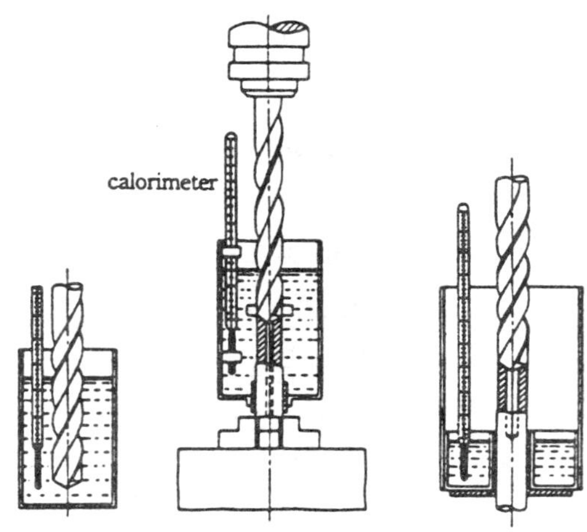

(a) 공구열 측정 (b) 총발생열 측정 (c) chip열 측정

그림 2-53 열량계에 의한 절삭열 측정

(3) 열전대(熱電對, thermocouple)에 의한 측정

이것은 열전대의 한쪽을 피삭재, 다른 한쪽을 바이트로 하고 바이트와 피삭재의 접촉부 즉 절삭부의 열기전력을 측정하여 바이트의 인선온도를 측정하는 방법이다. 그림 2-54와 같이 AB는 피삭재와 같은 재질의 도선, CD도 바이트와 같은 재질이 도선을 사

용하면 절삭열에 의하여 가열된 E점의 열기전력은 온도계로 알수 있게 된다.

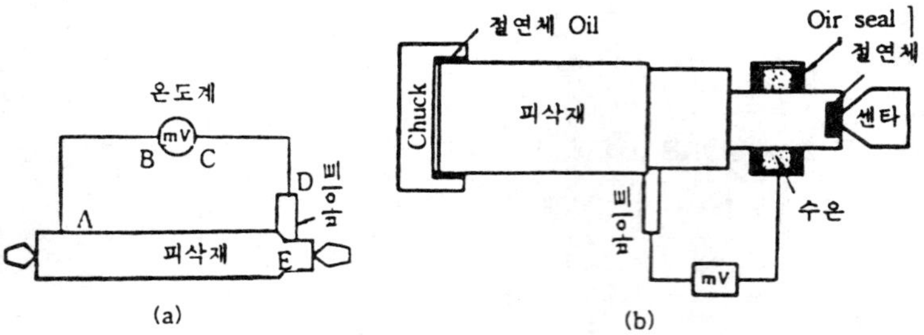

그림 2-54 열전대에 의한 절삭열 측정

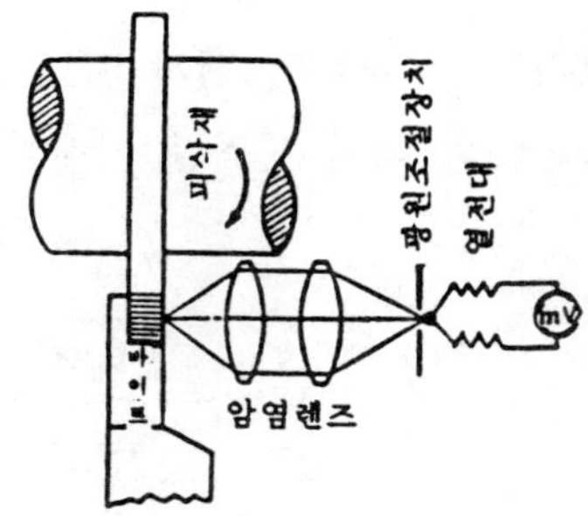

그림 2-55 복사고온계에 의한 온도 측정

(4) 복사고온계(輻射高溫計)에 의한 측정

절삭열의 평균온도뿐만 아니라 각 점의 온도 분포를 알기 위해서는 그림 2-55와 같은 복사 고온계를 사용한다.

온도를 측정하고자 하는 점에 맞추어 암염(岩鹽) 또는 형석(螢石)으로 만든 렌즈(lenz)를 놓고, 그점에서 나오는 열을 받아 열전대에 주면 온도에 비례하는 기전력이 발생하고, 이것을 다시 감도가 큰 검류계(檢流計, galvanometor)로 측정하여 그 점의 온도를 알 수 있다. 측정점을 이동하면서 측정할 수 있기 때문에 온도 분포를 조사하는 데 편리하다.

(5) 시온 도료(thermo-colour)에 의한 측정

시온 도료는 일정한 온도까지 가열되면 변색하는 도료로서 온도를 측정하고 싶은 물체의 표면에 칠해 두고 그 부분의 변색에 의하여 개략 온도를 측정하는 방법이며 베어링, 열기관, 전기 기계, 기타 각 방면의 표면 온도 측정에 이용되고 있다(그림 2-56).

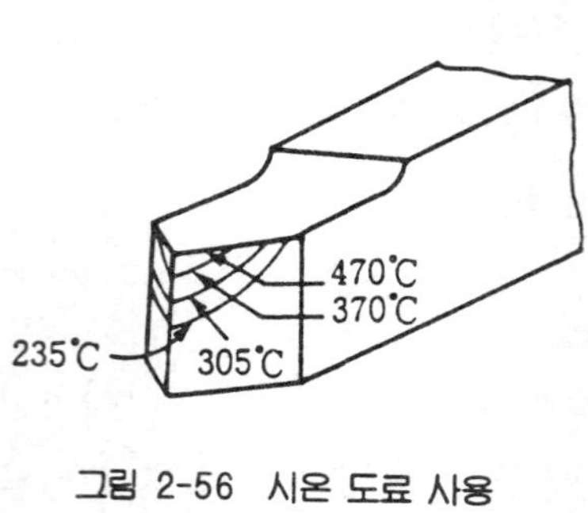

그림 2-56 시온 도료 사용

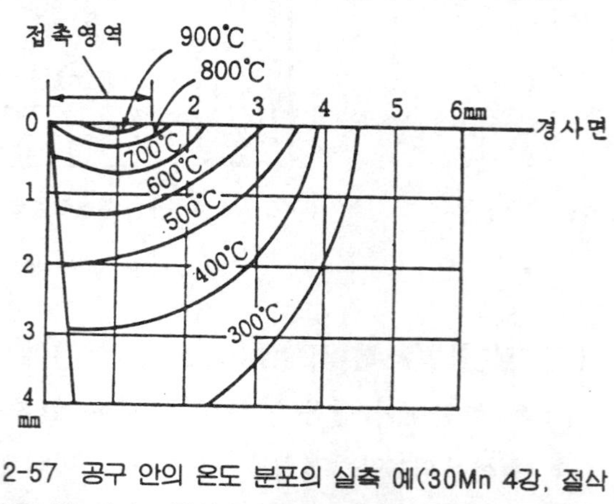

그림 2-57 공구 안의 온도 분포의 실측 예(30Mn 4강, 절삭속도 95m/min, 절삭 깊이 3mm, 이송 0.25mm/rev)

2-8 절삭 공구재료 및 절삭제

2-8-1 절삭 공구재료의 구비 조건

공구 재료란 공구에 사용되는 재료의 총칭으로 주로 금속의 절삭 가공, 소성 가공 또는 계측 등을 위해 사용되는 것이다. 절삭시 공구는 대단히 높은 압력과 열을 받게 되므로 이러한 격렬한 조건에서도 효과적으로 절삭하기 위해서는 다음과 같은 조건을 구비하여야 한다.

① 고온 경도와 고온 강도가 높아야 한다.
② 내마모성이 커야 한다.
③ 피삭성 및 연삭성이 좋아야 한다.
④ 인성이 크고 충격 하중·굽힘 하중에 견디어야 한다.
⑤ 열처리성이 좋아야 한다.
⑥ 마찰 계수가 좋아야 한다.
⑦ 가격이 싸고 구입이 용이한 것이어야 한다.

표 2-6 공구 재료의 선택 기준

구 분	중 요 성 질	2차적으로 고려해야 할 성질
절 삭	내마모성 및 고온 강도	연삭성, 인성
전 단	내마모성, 인성	담금질 안정성, 담금질 변형
타 발	내마모성(상온)	절삭성, 인성
성 형	내마모성	담금질 변형
인 발	내마모성(상온)	
압 출	내마모성	담금질, 기타 제작상의 안전성, 연속성
롤 링	인성	내마모성, 담금질 안전성
타 격	내마모성, 인성, 담금질, 변형	연삭성, 절삭성
계 측	담금질, 시효 변형, 내마모성	연삭성

2-8-2 절삭 공구재료의 종류

공구 재료로서 가장 오랜 역사를 갖고 있는 것은 탄소 공구강, 합금 공구강이며 실용되고 있는 공구 재료는 경(硬)하나 취성(脆性)이 큰 초경 합금과 인성(靭性)은 크나 경도(硬度)가 비교적 낮은 고속도강을 주축으로 하여 서멧, 세라믹, CBN, 다이아몬드 등과 함께 새로운 공구 재료들이 연구·개발되고 있다.

(1) 탄소 공구강(carbon tool steel)

탄소 공구강은 탄소의 함량이 기계 구조용이나 일반 구조용보다 한층 높아 0.6~1.5[%]에 이르고 인, 황 등의 불순물이 적은 양질의 것이다. 탄소강은 염수에 급냉하여 담금질하고 고온 경도가 낮으며 경화능이 적어서 저속 절삭용에 국한되어 사용되며 공구 인선 온도가 300[°C]부근에 도달하면 사용할 수 없게 된다 그러므로 경도가 크게 높지 않아도 되는 공구에 사용되며 점성 강도가 부여되므로 연질 금속을 저속으로 경절삭하는 데 적합하다.

(2) 합금 공구강(alloy tool steel)

합금 공구강은 탄소 공구강에 Cr, W, Ni, Co, V 등을 첨가하여 기계적 성질을 개선하는 강으로 탄소 공구강보다는 절삭성이 양호하고 내마멸성과 고온 경도가 높아 핸드 리머, 핸드 탭, 밴드 소, 다이스 등 저속 절삭용 및 총형 공구용으로 주로 사용된다. 절삭 온도는 450[°C]까지 사용 가능하다.

(3) 고속도강(high speed steel)

고속도강은 W, Cr, V, Mo 등을 함유하는 합금강으로 융점 부근에서 담금질한 것으로서 고온 경도 및 내마모성이 우수하여 고속 절삭이 가능하다. 600[°C] 정도까지 열을 주어도 연화하지 않는 특징이 있어서 주로 단속 작업 등의 밀링 커터나 구멍 작업 등의 드릴, 탭, 리머 등에 사용된다. 또한 대표적인 것으로 W(18%)-Cr(4%)-V(1%)인 18-4-1형이 있고 우수한 절삭 능력을 얻기 위하여 Co, V 등의 함유량을 많이 첨가한 특수 고속도강 등의 사용된다.

(4) 주조 경질 합금(cast alloyed hard metal)

대표적인 것으로 스텔라이트(stellite)가 있으며, 이 합금은 주조에 의하여 만들어지는 Co-Cr-W-C 합금으로 강철 공구와 다르게 단조 및 열처리가 되지 않는 특징이 있고 고온 경도와 내마모성이 크므로 고속 절삭 공구로서 특수 용도에 사용된다. 또한 조직이 안정되어 있어 850[°C]까지도 경도와 인성을 보유한다.

(5) 초경 합금(sintered carbide steel)

소결 초경 합금은 W, Ti, Ta 등의 탄화물의 분말에 Co 또는 Ni의 분말을 결합재로 하여 프레스로써 성형한 것을 800~1000[°C]에서 소결한 후에 수소 기류중에서 1400~

1500[°C]로 소결시키는 분말 야금법으로 만들어 진다. 고온에서 경도가 저하하지 않고 고속도에서 절삭할 수 있으므로 절삭 가공에 큰 개혁을 가져왔으며 공작 기계에도 획기적인 발전을 초래하게 되었다. 일반저으로 초경 합금은 취약하므로 이것을 사용하는 공작 기계는 진동이 발생하지 않도록 강성(剛性)이 충분하여야 한다.

일명 : 독일(Widia), 미국(Carboldy), 일본(Tungaloy), 영국(Midia)

(6) 피복 초경 합금(coated carbide steel)

피복 초경 합금은 초경 합금의 모재 위에 내마모성이 우수한 물질(TiC, TiN, Al2O3)을 5~10[μm] 얇게 피복한 것으로 가스의 플라스마 상태에서 생기는 이온을 이용하여 피복하는 물리적 증착 방법(physical vapor deposition)으로 구분된다. 피복 초경 합금은 주로 화학 증착법으로 행하며, 이는 고온에서 증착되기 때문에 접착력이 아주 강하여 강, 주강, 주철, 비철 금속 절삭에 많이 사용된다.

(7) 서멧(cermets)

서멧은 내화물과 금속의 소결 복합체의 총칭으로 메탈 세라믹(metal ceramic) 또는 세라멀(ceramals)이라고도 하며 그 역사는 비교적 짧다. 그러나 TiC과 TiN계의 서멧은 고속 절삭부터 저속 절삭까지 속도 범위가 넓고 크레이터 마모, 플랭크 마모가 적어 공구 수명이 길다. 또한 구성 인선이 거의 없고 높은 가공 정도를 유지하며 내충격성이 우수하다(TiN). 그러나 중절삭으로 인선의 소성 변형이 쉬워 마찰에 의한 마모가 심하며 치핑 결손이 생기기 쉬운점이 있다.

(8) 세라믹(ceramic)

세라믹은 Al_2O_3(순도 99.5% 이상)를 주성분으로 하고 약간의 첨가 원소(Si, Mg 산화물 등)를 가하여 1700~1800[°C] 정도에서 소결시킨 것으로 경질 합금보다 더욱 고속 절삭에서 사용할 수 있다. 고온에서도 경도가 높고 내마멸성이 좋으며 초경 합금보다 더욱 높은 속도로 절삭할 수 있으나 경질 합금보다 인성(toughness)이 적고 취성(brittleness)이 있어 충격(impact) 및 진동(vibration)에 약하다. 그러므로 세라믹 공구를 사용할 때는 적당한 절삭 조건을 선택하는 것이 중요하며 초기에는 플라스틱 및 연한 금속의 절삭에 사용하였으나 강철 및 주철의 절삭에 사용할 수 있게 되었다.

(9) 다이아몬드(diamond)

다이아몬드 팁 공구는 경도(HB 7000)가 높고 내마멸성도 크며 절삭 속도가 높아 능률적이나 고경도에는 항상 취성이 수반되므로 다이아몬드 공구의 끝이 파손되지 않도록 주의하여 사용하여야 한다. 그러므로 다이아몬드 공구는 상대적으로 연한 금속(경질

고무, 베이클라이트, A1 및 A1 합금, 황동 등)의 경절삭, 특히 초정밀 완성 가공에 한하여 사용하며 절삭날의 강도를 고려하여 보통 경사각을 작게 한다(A1 선삭할 때 고속도강 공구는 40°, 소결 탄화물 공구는 15°, 다이아몬드는 0°). 또한 816[°C] 이상의 온도에서 다이아몬드는 공기중에서 분해되지만 마찰 계수가 작고 열전도율이 크기 때문에 절삭 온도가 낮아 고속 절삭이 가능하다. 그러나 너무 고가이기 때문에 공구로서 용도의 제한을 받는다.

(10) CBN(cubic boron nitride)

CBN은 다이아몬드 다음 가는 경도를 지닌 재료로서 CBN의 미소 분말을 초고온·고압(2000°C, 7만 기압)으로 소결한 것이며 많이 사용되고 있는 소재이다. CBN은 초경합금이나 세라믹보다도 고경도, 고열전도율, 저열팽창률의 장점을 갖고 있으며 다이아몬드와는 달리 공기중에도 안정된 물질로서 철과의 반응성이 낮아 절삭열이 많이 발생되는 철계 금속의 절삭에 이상적이다. 절삭 가공 분야에서 현재까지의 일반적인 상식은 열처리 후의 고경도의 각종 난삭 재료는 비능률적으로 경제적인 절삭이 곤란하여 부득이 절삭 가공을 하고 열처리한 후 연삭 가공을 할 수 밖에 없었다. 그러나 CBN 재료의 출현으로 각종 난삭 재료, 고속도강, 담금질강, 내열강 등의 절삭이 가능해졌으며, 또한 연삭 숫돌의 재료로서 SiC계, Al_2O_3계보다 장점을 많이 가지고 있어 각종 난삭 재료의 연삭 가공에 많이 활용되고 있다.

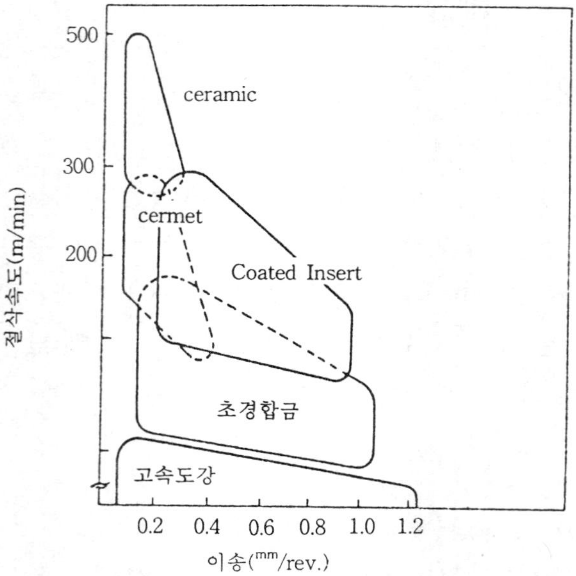

그림 2-58 공구의 재료별 적용영역

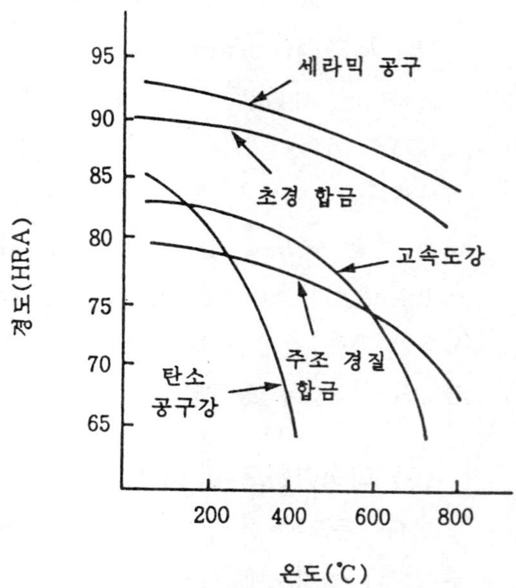

그림 2-59 공구의 경도와 온도

2-8-3 절삭제 및 윤활

(1) 절삭유

공작물의 가공면과 공구 사이에는 절삭 및 전단 작용에 의해서 온도가 상승하여 나쁜 영향을 주게 된다. 이와 같은 나쁜 영향을 방지하기 위하여 절삭유를 사용한다.

① 절삭유의 작용과 구비조건

절삭유의 작용	절삭유가 구비할 성질
ⓐ 냉각 작용 : 절삭공구와 일감의 온도 상승을 말한다. ⓑ 윤활 작용 : 공구날의 윗면과 칩 사이의 마찰을 감소한다. ⓒ 세척 작용 : 칩을 씻어 버린다.	ⓐ 칩 분리가 용이하여 회수하기가 쉽다. ⓑ 기계에 녹이 슬지 않아야 한다. ⓒ 위생상 해롭지 않아야 한다.

② 절삭유의 사용 장점

ⓐ 절삭저항이 감속하고, 공구의 수명을 연장한다.

ⓑ 다듬질면의 상초를 방지하므로 다듬질면이 놓아진다.

ⓒ 공작물의 열팽창 방지로 가공물의 치수 정밀도가 놓아진다.

ⓓ 찹의 흐름아 좋아지기 때문에 절삭 작용을 쉽게 한다.

③ 절삭유의 종류

표 2-7 절삭유의 분류

구분	종 류	특성
수용성 절삭유	W_1 종	광유 및 계면 활성제를 주성분으로 하고 물에 희석시키면 백색의 현탄액이 됨. 2~3호 통칭 : 에멀션형 수용성 절삭유제
	W_2 종	계면 활성제를 주성분으로 하고 물을 가하여 희석하면 투명 또는 반투명으로 됨. 1~3호 통칭 : 솔류블형 수용성 절삭유제
	W_3 종	무기 염류를 주성분으로 하고 물을 가하여 희석하면 투명하게 됨. 1~2호 통칭 : 설루션형 수용성 절삭유제
불수용성 절샥유	1 종	광유 또는 광유와 지방유로 되고 극압 첨가제 불포함. 1~6호 통칭 : 혼성유
	2 종	광유 또는 광유와 지방유로 되고 염소, 유황계 및 기타의 극압 첨가제를 포함한 것 통칭 : 불활성형 불수용성 절삭유재
	3 종	2종과 같으며 1~8호 통칭 : 활성형 불수용성 절삭유재

④ 절삭유의 선택

절삭유 선정은 일반적으로 공작물의 재질, 절삭속도, 이송량, 이송 깊이와 폭, 절삭 칩의 배제 양부, 기타 절삭 조건에 따라 알맞는 것을 택해야 하며, 절삭유의 점도가 낮을수록 고속절삭 작업에 적당하다.

절삭유는 낮은 온도에 저장하고 먼지나 이물질 들어가지 않게 해야 한다.

표 2-8 절삭유 선정

	황삭가공	사상가공	나사가공	절단가공	구멍가공	널링	리머	테이퍼 연삭가공
연 강	유 화 유	광 유	광 유	광유, 유화유	광 유	광 유	광 유	광 유
경 강	유 화 유	광 유	광 유	유화유, 광유	광 유	광 유	광 유	광 유
주 철	사용안함	사용안함	사용안함	사용안함	사용안함	사용안함	사용안함	사용안함
황동, 청동	유화유만	유화유만	유화유만	유와유만	유와유만	유와유만	유와유만	광유

⑤ 첨가제

여러 가지 종류의 첨가제를 사용하여 우수한 윤활 효과를 얻을 수 있도록 한다. 첨가제로서 사용되는 물질에는 유황 또는 유화물, 흑연, 아연분 등을 동식물 계통의 절삭제에 첨가하고 인산염, 규산염 등은 수용성 절삭제에 첨가하여 사용된다. 최근에는 표면활성제로 4염화 탄소도 첨가한다.

※ 절삭유에 첨가하는 이유

- 마찰 감소
- 칩의 두께 감소
- 구성 인선 발생 억제 및 표면거칠기 향상

※ 저속경절삭 : 주로 사용 안함
저속중절삭 : 윤활성 중점
고속경절삭 : 냉각성 중점
고속중절삭 : 냉각 및 윤활성 중점

⑥ 절삭유의 구비조건은 다음과 같다.

- 냉각성이 우수할 것
- 감마성, 윤활성이 좋을 것
- 유동성이 좋고 적하가 쉬울 것
- 방청, 방식성이 좋을 것
- 인화점, 발화점이 높을 것
- 장시간 사용하여도 변질되지 않을 것
- 인체에 무해할 것
- 기계 도장을 보호할 것

⑦ 작동유의 이상 온도상승의 원인을 분석하면 다음과 같다.

- 공기 혼입에 의한 발열
- 이종유, 점도 불량(저항, 기계손실의 증대)
- 고압에서 장시간 작동

- 유량이 적으므로 방열의 여유가 없다.
- 냉각 불량
- 다른 기계의 방열 복사를 받고 있다.

(2) 윤활제(Lubricant)

① 윤활제
- 액　체 : 광물유, 동식물유
- 반고체 : 그리스
- 고　체 : 흑연, 활석, 운모

② 윤활유의 구비 조건
- 금속의 부식성이 적을 것
- 열전도가 좋고 내하중이 클 것
- 열이나 산에 강할 것
- 점성이 있고 가격이 저렴
- 양호한 유성을 가질 것(유막 형성에 양호)

◉ 유성 : 오일이 금속의 마찰면에 윤활 피막을 이루는 성질
- 점도가 낮을 것

③ 윤활 목적
- 윤활 작용 : 마찰, 마모 및 융착 작용 방지
- 냉각 작용 : 마찰면을 흡수(발열 방지)
- 밀폐 작용 : 먼지 방지
- 청정 작용 : 청정하며 녹스는 것 방지

④ 급유 방법

ⓐ 핸드 오일링(Hand Oilling) : 오일컵, 나사 구멍 등을 통하여 베어링 또는 안내면의 윤활부에 연결된 급유관에 급유된다(저속 베어링, 간단한 전동 장치에 사용)

ⓑ 적하 급유(Drop Feed Oilling) : 저속 및 중속축의 급유에 주로 사용

ⓒ 오일링 급유(Oilling) : 고속 주축의 급유를 균등히

ⓓ 분무 급유(Oilmist) : 압축 공기를 공급하여 윤활(1kg.cm^{2}이내)

ⓔ 튀김(Splead) : 기름을 퍼 올려 비산 시켜 급유(선반 주축대)

ⓕ 패드(Pad) : 무명과 털을 섞어 만든 패드의 일부를 기름통에 모세관 현상으로 급유

ⓖ 담금(Oil Bath) : 피봇, 베어링에 사용

⑤ 윤활 사용할 때 지켜야 할 원칙

ⓐ 적유 : 알맞은 윤활유를 선택한다.

ⓑ 적량 : 그 양을 규정한다.

ⓒ 적시 : 윤활시기를 정확하게 지킨다.

ⓓ 적법 : 올바른 윤활법을 채택한다.

⑥ 오래되어 교환시기가 된 윤활유의 특징은 다음과 같다.

ⓐ 색상 : 투명도가 저하되거나 대체로 색이 짙다.

ⓑ 점도 : 점도가 높아진다(다른 종류의 윤활유가 섞였으면 점도가 변한다).

ⓒ 수분 : 수분이 많으면 비이커에 담아보면 아래에 고인다. 가열된 철판에 떨어뜨리면 소리를 내며 수분이 증발한다.

ⓓ 고형물 : 손으로 비비면 깔깔한 느낌을 주며 여과시 여과기에 이물질이 남는다. 또 투명한 유리판에 끼워서 보면 번쩍거리는 것이 보인다.

⑦ 윤활유에 첨가제를 투입하므로써 얻어지는 효과는 다음과 같다.

ⓐ 산화 방지 효과(Anti-Oxidants) : 녹방지

ⓑ 유성 향상 효과(Oilness Improvers) : 유성, 점성

ⓒ 점도 지수 향상 효과

ⓓ 유동점 강하 효과(Pour point Depressants) : 윤활 성질

ⓔ 마모 방지 효과

⑧ 먼지가 기계의 윤활에 미치는 영향을 살펴보면 다음과 같다.

ⓐ 타붙기

ⓑ 달라붙기

ⓒ 마모

ⓓ 마모면이 거칠게 됨

ⓔ 압흔

ⓕ 소음, 진동

ⓖ 녹

ⓗ 윤활재의 노후화

ⓘ 측정오차 유발동

※ 윤활성 점도지수

겨울철 : 5~20W

여름철 : 20~50W

표 2-9 윤활유 및 그리스의 종류와 용도

종류	품명	용도
스 핀 들 유 (spindle oil)	백색 스핀들유 60 스핀들유 150 스핀들유	정방기(精紡機), 고속 전동기 베어링, 경기계 윤활유 (백색 스핀들유, 60 스핀들유는 3,000~15,000 rpm용, 150 스핀들유 500~3,000 rpm)
다이나모유 (dynamo oil)	80다이나모유 110다이나모유	중형 또는 대형 전동기, 롤러 베어링 또는 볼베어링 고속 베어링 윤활용
더 빈 유 (turbine oil)	90더빈유	중형 이하의 증기 터빈 및 발전기
	140더빈유	중형 이상의 증기 터빈, 발전기 및 베어링용
	180더빈유	감속 선박용 터빈, 고온 운전용 수력 터빈
머 신 유 (machine oil)	120머신유 160머신유	일반기계의 저속, 중속, 베어링, 차축용 석유 기관의 실린더와 베어링, 슬라이딩 베어링에서 120머신인유는 1,000rpm이하용으로 사용
냉 동 기 유 (冷凍機油)	150냉동기유 300냉동기유	암모니어 냉동기(소형에는 150냉동기유, 그리고 대형에는 300냉동기유)
모 빌 유 (mobil oil)	5W, 10W, 20W	자동차 기관, 가타 저온 엔진용
	20번, 30번, 40번, 50번, 모빌유	자동차 기관, 소형 또는 중형 디첼 기관, 석유 기관 또는 가스 기관, 중형 압연기, 소형 압축기, 베어링 및 기어박스의 윤활용
디젤기관유 (disel oil)	250디젤 기관유 350디젤 기관유 450디젤 기관유	디젤기관, 가스기관, 압축기, 진공 펌프 및 밸브, 진공 펌프 등에 윤활·기타 고하중(高荷重) 저회전 속도용 베어링, 베어링 박스의 윤활

2-9 기계 가공시간과 재료비 산출

2-9-1 공작기계의 가공시간 개요

(1) 준비 시간 :
- 정미 준비시간
- 여유시간

(2) 절삭 시간 :
- 정비 절삭시간
- 여유시간

(3) 수급 시간 :
- 정미 수급시간
- 여유시간

① 정미(正味) 가공시간

기계가공에 직접 필요한 정미시간(Net Tenis)으로 일정기공 조건에서 가공수행에 필

요한 정미시간을 의미

② 정미(正味) 준비시간

기계가공에 필요한 준비용구의 정비 및 장비에 요하는 시간

③ 정미(正味) 절삭시간

공작물의 형상, 재질 및 다듬질 정도에 대하여 가장 능률적인 가공조건으로 운전하여 절삭할 때 필요한 정미시간

④ 정미(正味) 수급시간

공구 및 공잘물의 고정 및 이완, 핸들, 스위치 등의 기계조작 및 공작물의 정밀도 계측등 작업자의 손으로 하지 않으면 안될 작업에 요하는 정미시간

⑤ 여유시간 : 공규교환, 오일급유, 칩처리 대기 및 생리적휴식

$$\langle \text{여유율} = \frac{\text{여유시간}}{\text{정미시간}} \fallingdotseq 10 \sim 25\% \rangle$$

물적여유(약 3%) : 치공구교환, 오일급유, 칩처리 등

인적여유(약 3%) : 생리적 필요시간 등

직장여유(약 5%) : 칩의 청소, 래시시간 등

피로여유(약 10~20%) : 휴식시간 등

※ 가공시간 = 정미가공시간(1+여유율)×가공개수

$$= \text{정미가공시간}\left(\frac{1}{1-\text{여유율}}\right) \times \text{가공개수}$$

⑥ 직접시간율

실제 제품에 투입되는 공수가 전체투입 공수에서 얼마나 차지하는가를 알아보는 계수

$$\text{직접시간율} = \frac{\text{직접작업시간}}{\text{직접작업시간} + \text{간접작업시간} + \text{손실시간}}$$

〔예제〕 1개월동안 선반 공정의 작업일보를 집게한 결과 작업시간 내용이 아래와 같을때 직접시간율은?

구	분	시 간 수
직접작업시간	준비시간	200
	가공시간	700
	소 계	900
간 접 작 업 시 간		80
손 실 작 업 시 간		120
소 계		200

풀 이 $\text{직접시간율} = \frac{900}{900+80+120} \fallingdotseq 0.818$

⑦ 노무비

직접노무비 = 작업시간 × 임률 / 직접시간율

간접노무비 = 작업공수 × 임률 / 직접시간율

※ 임률 $= \dfrac{\text{임금총액}}{\text{총작업시간}} = \dfrac{\text{평균임금}}{\text{일}}$ $/8\times\alpha$(계수)

〔예제〕 선반가공시간 2시간, 시간당임율 1600원 직접시간율 0.8일때 직접노무비는?

풀이 직접노무비 = 2×1600×0.8 = 4000(원)

2-9-2 공작기계 작업 소요시간

(1) 선반작업(turning)

① 외경작업

$$T = \frac{L}{Nf}i$$

T=정미가공시간(min), N=회전수(1000 V/πD), L=공작물 길이+도입부 여유량+종류부 여유량=공작물 길이+(다듬질 여유량), i=가공회수 <(소재지름)-(가공완성 지름)>/(절삭 깊이×2), f=이송량(mm/rev)

② 단면(내경)작업

ⓐ 중공형단면

$$T = \frac{L}{Nf}i$$

ⓑ 원형단면절삭

$$T = \frac{D/2}{Nf}i$$

D=공작물 외경(mm), d=공작물내경(mm), N=회전수(N=1000 V/πdm)→dm(평균지름)=(외경+내경)/2(중공형가공시), f=이송량(mm/rev) i=가공회수, L=(D-d)/2+(도입부여유량)

(2) 밀링작업(MILLING)

① 수평(평면→PLAIN)밀링

$$T = \frac{L}{f}i \Rightarrow \frac{1+\sqrt{t(D-f)}}{f}$$

T=정미가공시간(min), l=공작물 깊이+도입부 여유량+정료부 여유량 t=절삭길이(mm), D=커터지름(mm), f=fz×Z×N ⇒ fz : 날당이송, N : 커터회전수, Z : 커터날수, i = 가공회수

② 정면밀링(Face)

$$T = \frac{L + D/2}{Nf} i$$

③ 드릴링DRILLING)

$$T = \frac{L}{Nf} i \Rightarrow \frac{t + h}{Nf} i$$

T=정미가공시간(min), D=드릴지름, F=이송량(mm/rev), t=구멍깊이(가공깊이), h=드릴원추높이 → h=D/3, h=(D/2)/tan α, i=절입회수 ※ L=가공깊이+진입요유길이

④ 연삭(GRINDING)

ⓐ 외경 연삭

$$T = \frac{L}{Nf} i$$

T=정미가공시간(miin), L=공작물 길이+숫돌 폭, f=숫돌이송량(mm/rev), N=회전수(N=1000V/πdi)(V-공작물 원주속도, D-공작물지름+연삭여유량), i=연삭회수=연삭여유량/숫돌절입량

ⓑ 센터리스 연삭(CENERLESS)

$$T = \frac{L}{Nf} ix$$

T=정미가공시간(miin), L=공작물 길이(mm), F=πDN Sinα(D-조정줏돌외경, N=조정숫돌회전수 α=조정숫돌의 경사각도, i = 연삭회수 x=제작수량(개)

ⓒ 평면연삭

$$T = \frac{L}{Nf} i \Rightarrow \frac{Lbi}{1000Vf}$$

L=테이블종이 이송길이, b=테이블횡이송길이, V=절삭속도, f=이송속도

⑤ 세이퍼 작업소요시간(T)

$$T = \frac{W}{Nf} i$$

T=정미가공시간, L=공작물 길이, f=이송량, N=램의 1분간 왕복회수(N= $\frac{1000\,VK}{L}$), V=절삭속도, K=절삭시간 행정비, W=공작물 폭+도입부 여유량+종료부 여유량

※ 칩중량으로 시간 계산

$$T = \frac{\text{공작물절삭칩중량}(g)}{\text{마력당칩중량}(g) \times \text{기계동력}(HP) \times \text{동력소비율}(\%)}$$

※ 1HP당 160g/min의 절삭량을 표준

2-9-3 소재 중량 및 재료비 산출

제품의 원가를 계산하는 데는 그 물품의 중량을 알 필요가 있다. 그러기 위해서는 도면상으로 먼저 면적을 구하여 그것에 높이를 곱하여 체적을 구하고 그것에 다시 재질에 따른 비중을 곱하므로서 구한다.

$$\text{비중량}(r) = \frac{\text{무게}(W)}{\text{체적}(V)}$$

$\therefore$ W = V × r

※ 물의 비중량 4° C일때 $1000kg/m^3$

$$\therefore \quad W = \frac{V(cm^3) \cdot s}{1000} = \frac{V(mm^3)s}{1,000,000}$$

※ 체적(V) = 단면적×길이(cm^3)

= 단면적×길이(mm^3)

※ 비중(s) = 재료의 비중값

(1) 주요 체적을 구하는 방법은 다음과 같다.

① 원주

V = 체적

$$V = \frac{1}{4} \pi D^2 H = 0.785 D^2 H$$

參考
$$\text{측면적} = \pi DH$$
$$\text{전면적} = (\pi DH) + \left(\frac{\pi D^2}{2}\right)$$

〔예제〕 다음 그림에 있어서 직경 D=30cm, 높이 H=50cm인 원주형의 용기에 물을 넣으면 몇 cm^3 들어가는가?

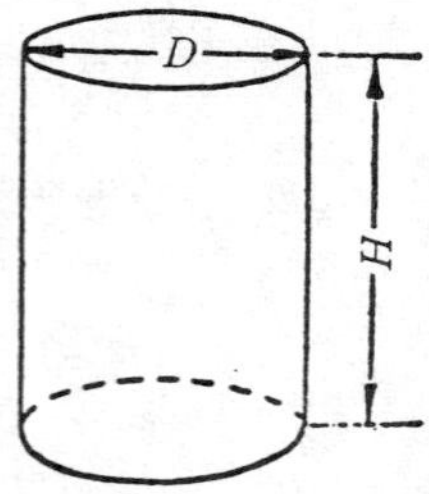

풀 이 $V = 0.785\ D^2H$
$= 0.785 \times 30^2 \times 50$
$= 35325\ cm^3$

〔예제〕 외경 140mm, 내경 90mm, 높이 200mm인 중공원주의 체적은 얼마인가?

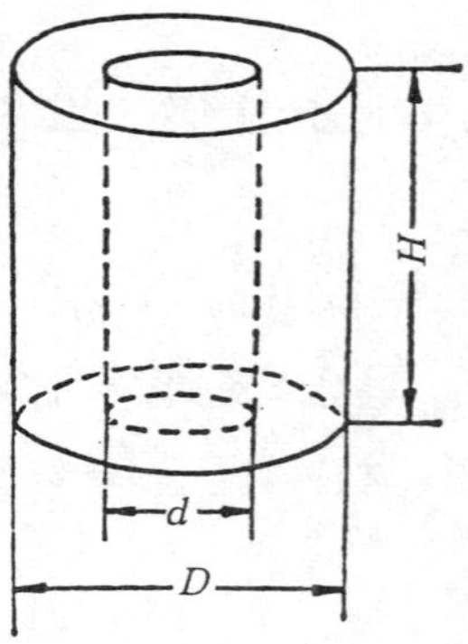

풀 이 $V = 0.785(D^2 - d^2)H$
$= 0.785(140^2 - 90^2)200$
$= 0.785 \times 11500 \times 200$
$= 1805500mm^3$
$= 1805.5cm^3$

③ 직원추

$$V = \frac{1}{3}\pi R^2H = 1.047R^2H$$

參考 (측면적 = πRh)

〔예제〕 밑면의 반경 50mm, 높이 100mm인 직원추형의 체적을 구하라.

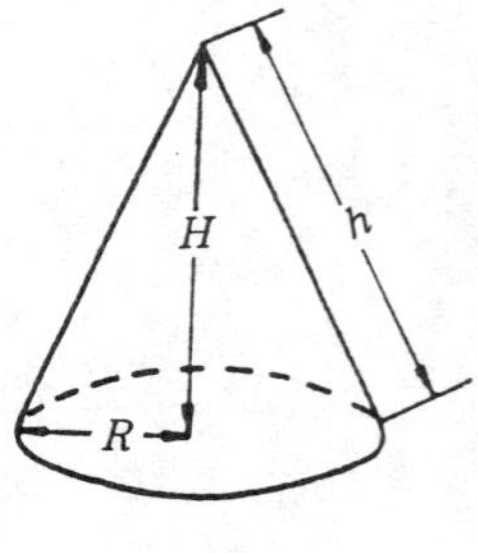

풀 이 $V = 1.047\ R^2H$
$= 1.047 \times 50^2 \times 100$
$= 261.75cm^3$

〔예제〕 대경 50cm, 높이 40cm인 절두원추형 용기에는 몇 m^3의 오일이 들어갈 수 있는가?

풀 이 $V = \frac{\pi}{3}H(R^2 + Rr + r^2)$

$$= \frac{3.14}{3} \times 40(25^2 + 25 \times 15 + 15^2)$$
$$= 51450 \text{ cm}^3$$
$$= 0.051456 \text{ m}^3$$

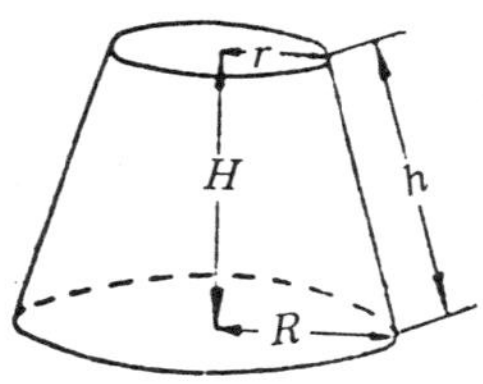

④ 입방체 및 직방체

$$V = A \times B \times C$$

〔예제〕 세개의 변이 각각 50mm, 60mm, 80mm인 직방체의 체적은 얼마인가?

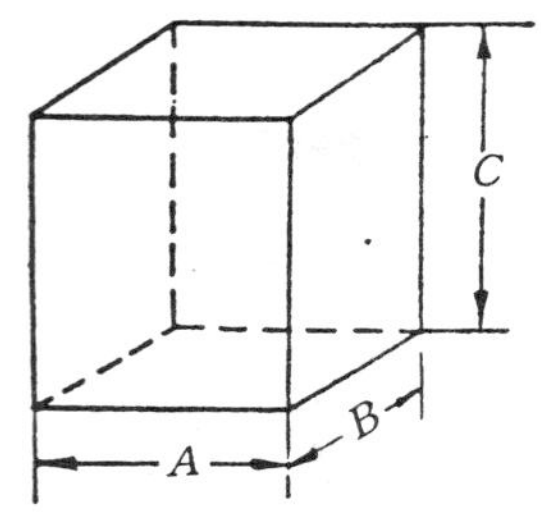

풀이 $V = ABC$
$= 50 \times 60 \times 80$
$= 240000 \text{ mm}^3 = 240 \text{ cm}^3$

⑤ 각주

$$V = AH$$

〔예제〕 다음 그림과 같은 6각주가 1변의 길이가 30mm이고 높이가 50mm인 각주의 체적은 얼마인가?

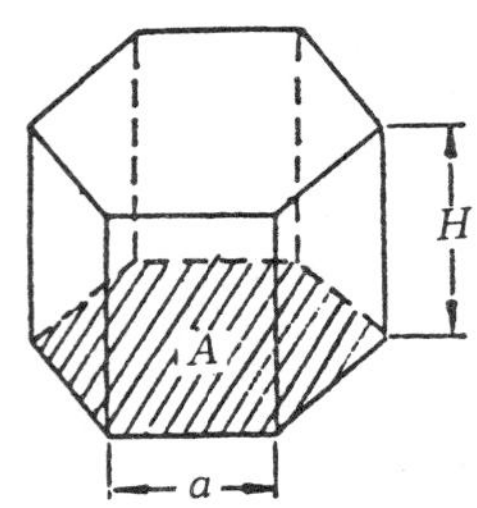

풀이 $A = 2.6a^2 \times H$
$= 2.6 \times 30^2 \times 50$
$= 117000 \text{ mm}^3$
$= 117 \text{ cm}^3$

⑥ 직각추

$$V = \frac{1}{3} \times A \times H$$

參考 (측면적 = $\frac{1}{2} \times n \times a \times h$다만n은변수)

〔예제〕 밑면적 20cm2, 높이 30cm의 각추가 있다. 그 체적을 구하라.

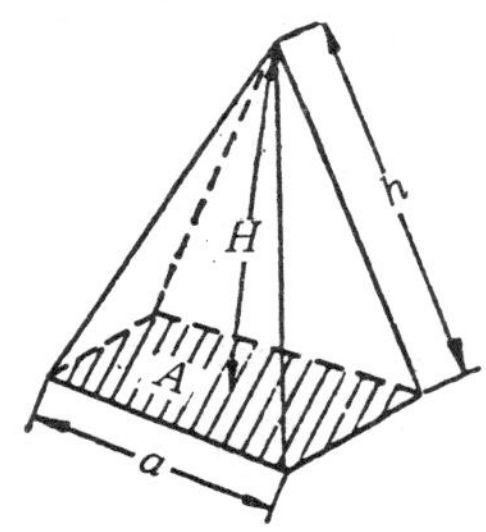

풀이 $V = \frac{1}{3} \times 20 \times 30$
$= 200 \text{cm}^3$

⑦ 절두각추

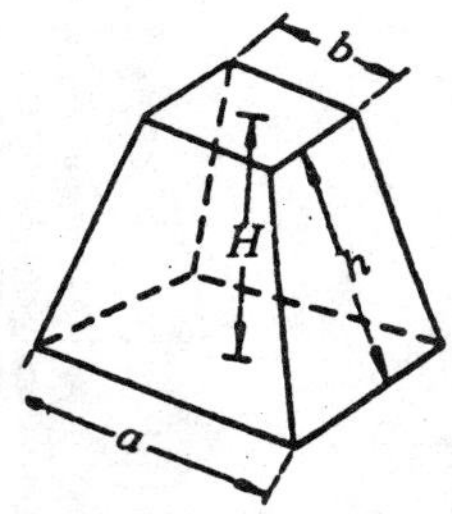

$$V = \frac{1}{3} \times (a^2 + a \times b + b^2) \times H$$

參考 (측면적 = $\frac{1}{2} \times (a+b) \times n \times h$, 다만$n$은변수)

〔예제〕 그림 2-60과 같은 주강제 V블록을 만들려고 한다. 주강의 비중이 7.85일 때 V블록의 중량은?

풀 이 $V = (10 \times 6 \times 2) - (\frac{1}{2} \times 2 \times 1 \times \times 10) = 110(cm3)$

$s = 7.85$

$$W = \frac{V \cdot s}{1000} = \frac{110 \times 7.85}{1000} = 0.86(kgf)$$

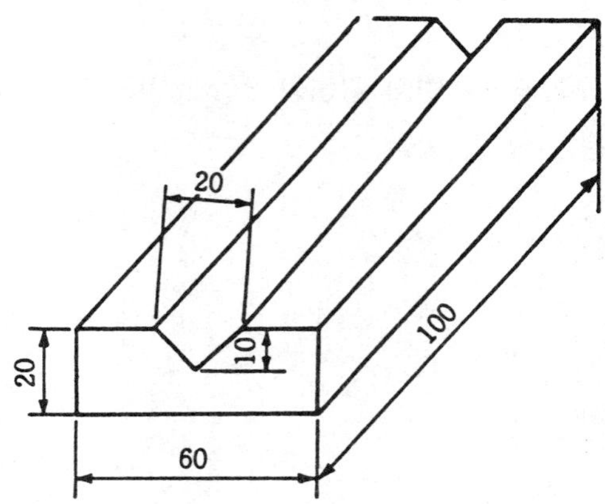

그림 2-60 V블록의 예

(2) 재료의 비용 계산

재료의 비용 계산은 가공물의 가공 여유를 고려하여 중량을 산출하고 제작해야 할 수량에 제품의 불량률을 감안하여 총 제작 수량을 산출하고 그 단가를 계산하여야 한다.

총재료비 = 중량 × 수량 × 단가

〔예제〕 그림 2-60과 같은 주강제 V블록을 가공하려 한다. 가공 여유 2〔mm〕, 단가 1000원, 제작 수량 50개일 때 총 재료비는?

풀 이 $V = (10.2\times6.3\times2.2) - (\frac{1}{2}\times2.2\times1.2\times10.2) ≒ 125.66(cm^3)$

$$W = \frac{V\times s}{1000} = 125.66\times7.85 ≒ 0.98(kgf)$$

총재료비 = 소재 중량×수량×단가

= 0.98×50×100

= 49000(원)

〔예제〕 그림 2-61과 같은 부시를 가공하려 한다. 가공 여유 지름 0.5〔mm〕, 길이 절단 여유 3〔mm〕, 재질 황동, 비중 8.97, 제품 단가 1200원/kg, 수량 150개, 불량률 2〔%〕일 때 총재료비는?

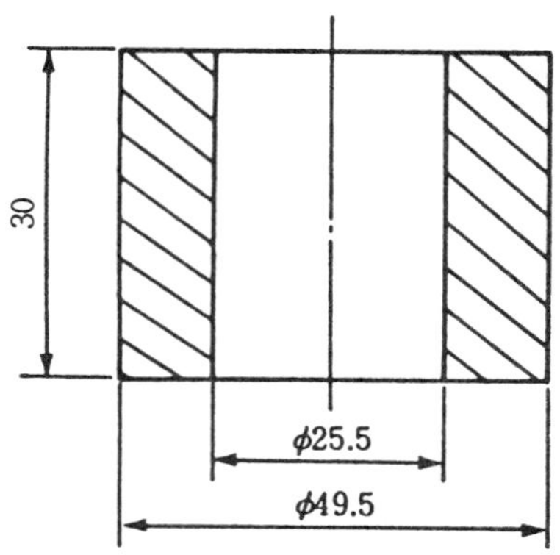

그림 2-61 부시의 예

풀 이 $W = (\frac{\pi\times5.0^2\times3.3}{4} - \frac{\pi\times2.5^2\times3.3}{4})\times\frac{8.97}{1,000}$

$≒ 435.93(kg)$

재작수량 $= 150\times\frac{100}{100-2} = 154(개)$

재료비 $= 436\times154\times1200 ≒ 523200(원)$

〔예제〕 도면과 같은 연강 재료의 중량(kg)을 계산하시오(비중 7.8).

※ 참고

중량(kg) $= \frac{체적(cm^3)\times 비중}{1000}$

$= \frac{체적(mm^3)\times 비중}{1,000,000}$

체적 = 단면적×길이

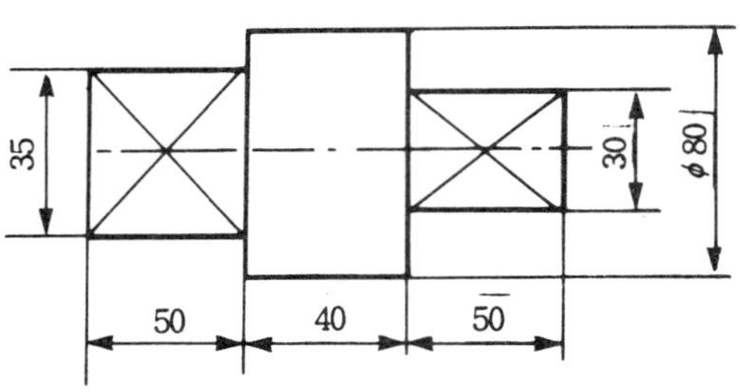

풀 이 체적(V_1) = $30\times30\times50 = 45,000(mm^3)$

체적(V_2) = $35\times35\times50 = 61,250(mm^3)$

체적(V_3) = $\frac{\pi}{4}(80)^2\times40 = 200,960(mm^3)$

체적(V) = $V_1+V_2+V_3 = 307,210(mm^3)$

$\therefore$ 소재중량(kg) $= \frac{체적(V)\times 비중(S)}{1,000,000} = \frac{307,210\times7.8}{1,000,000} ≒ 2.396(kg)$

제3장 선 반(Lathe)

3-1 선반의 종류 및 특징

3-1-1 선반의 종류

선반(lathe)은 공작물을 회전시키고 절삭 공구인 바이트(bite)를 공구대에 고정하여 절삭 깊이와 이송운동을 시켜서 원통형의 공작물을 가공하는 공작 기계이다.

① 보통 선반(engine lathe)
가장 일반적인 것으로 베드, 주축대, 왕복대, 심압대, 이송기구 등으로 구성되며, 주축의 스윙을 크게 하기 위하여 주축 밑부분의 베드를 잘라낸 갭(Gap) 선반도 있다(그림 3-1).

② 탁상 선반(bench lathe)
탁상 위에 설치하여 사용하도록 되어 있는 소형의 보통 선반으로 구조가 간단하고 이용범위가 넓으며, 시계・정밀소형기계 등의 소형물가공에 사용된다(그림 3-2).

③ 모방 선반(copying lathe)
제품과 동일한 모양의 형판에 의해 공구대가 자동으로 이동하며, 형판과 같은 윤곽으로 절삭하는 선반으로 형판 대신 모형이나 실물을 이용할 때도 있으며, 유압식, 전기식, 전기유압식이 있다(그림 3-3).

④ 터릿 선반(thrret lathe)
보통 선반의 심압대 대신 여러 개의 공구를 방사상으로 설치하여 간단한 모양의 대량생산용으로 공정 순수대로 공구를 차례로 사용할 수 있도록 되어 있는 선반으로, 터릿은 모양에 따라 6각형과 드럼형이 있으나 6각형이 주로 사용되고, 형식에 따라 램형(소형가공), 새들형(대형가공), 드럼형(작고 짧은형 가공) 등이 있다(그림 3-4).

⑤ 공구 선반(Tool room lathe)
주로 절삭 공구 또는 공구의 가공에 사용되는 정밀도가 높은 선반으로 테이퍼 깎기 장치, 릴리빙 장치(절삭공구의 여유각 가공장치)가 부속되어 있으며 주로 저속 절삭 작업을 한다.

⑥ 정면 선반(face lathe)

주축대의 지름이 크며, 길이가 짧은 공작물을 가공하며, 존면판을 구비하고 주축중심선과 수직으로 왕복하는 베드위에 놓여 있다(플라이휠, 벨트풀리 등 가공).

⑦ 수직 선반(vertical lathe)

테이블이 수평편 내에서 회전하며 공구의 길이 방향이송이 수직방향으로 되어 있다(폭이 좁고 지름이 큰 대형이나 중량물 가공에 사용된다).(그림 3-5)

⑧ 차륜 선반(wheel lathe)

철도 차량 차륜의 바깥둘레를 절삭하는 선반이다.

⑨ 차축 선반(axle lathe)

철도 차량의 차축을 절삭하는 선반이다.

⑩ 나사절삭 선반(thread cutting lathe)

나사를 깍는 데 전문적으로 사용되는 선반이다.

⑪ 자동 선반(automatic lathe)

공작물의 고정과 제거까지를 자동으로 하며, 가공재료의 형상 및 주축에 고정하는 방법에 따라서 봉재작업용, 센터작업용, 척작업용이 있다(그림 3-6).

⑫ 다인 선반(multi cut lathe)

공구대에 여러 개의 바이트가 부착되어 이 바이트의 전부 또는 일부가 동시에 절삭가공을 하는 선반이다.

⑬ NC 선반(numerical control lathe)

정보의 명령에 따라 절삭 공구와 새들의 운동을 제어하도록 만든 선반으로 자기테이프, 수치적인 부호의 모양으로 되어 있는 선반이다.

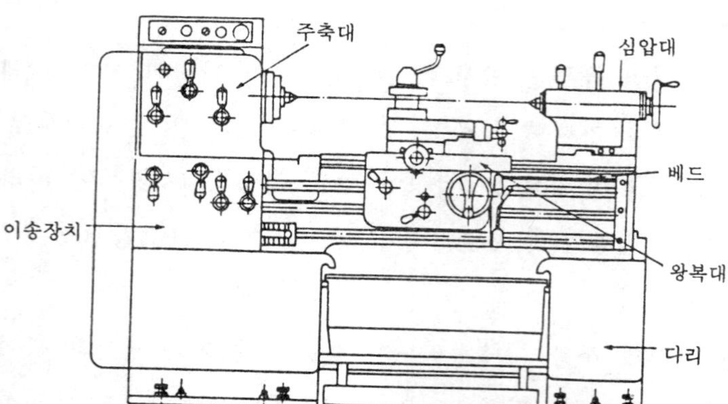

그림 3-1 보통 선반

그림 3-2 탁상 선반

그림 3-3 모방선반

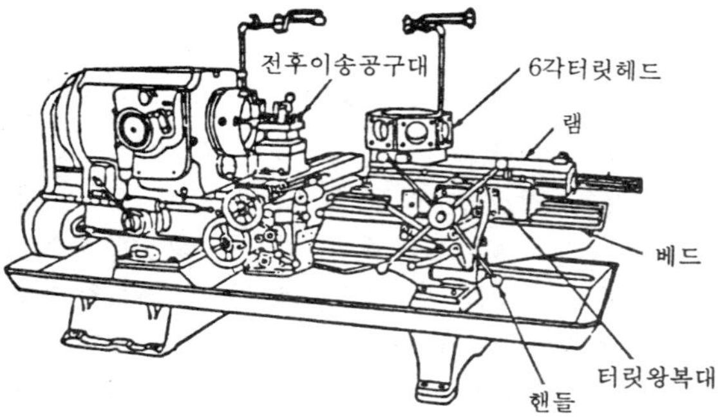

그림 3-4 램형 터릿선반

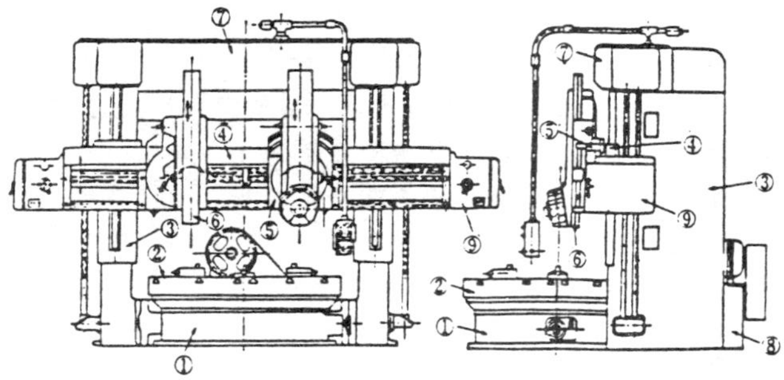

① 베드 ② 테이블 ③ 칼럼 ④ 크로스 레일 ⑤ 새들 ⑥ 6면램 ⑦ 톱 빔 ⑧ 테이블 구동기어박스 ⑨이송기어박스

그림 3-5 수직 선반(쌍주형)

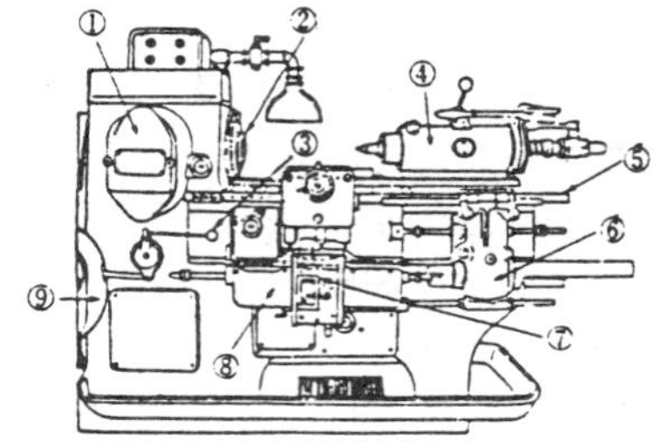

① 주축속도변환용 교환기어박스 ② 주축 ③ 기동레버 ④ 심압대 ⑤ 前部슬라이드 이송조절행 ⑥ 이송장치 ⑦ 속도 및 정지 조작유닛 ⑧ 前部왕복대 ⑨ 조작덕 커버

그림 3-6 센터작업용 단축자동선반

3-1-2 보통 선반의 각부명칭

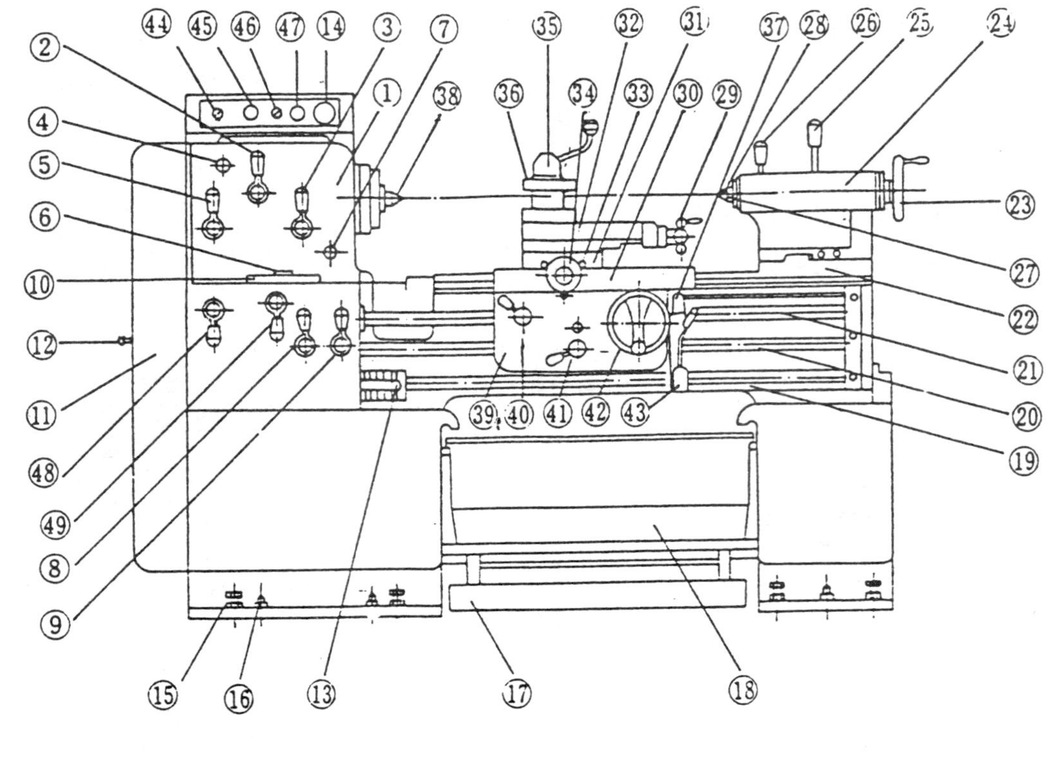

① 주축대
② 주축 속도 변화 레버
③ 백 기어 레버
④ 유 창
⑤ 이송 정역 변환 레버
⑥ 이송 장치 기어 박스 오일 캡
⑦ 오일 게이지
⑧ 이송 변속 레버
⑨ 나사 절사그 이송 변속 레버
⑩ 이송 장치기어 박스
⑪ 변환 기어 커버
⑫ 변환 기어 커버 고정 볼트
⑬ 노튼 기어 변환 레버
⑭ 극수 변환 셀레터 스위치
⑮ 수평 조정 볼트
⑯ 앙카 볼트
⑰ 브레이크 페달
⑱ 칩 통
⑲ 시동축
⑳ 이송축
㉑ 리드 스크루
㉒ 심압대 베이스
㉓ 심압축 이송 핸들
㉔ 심압대
㉕ 심압대 고정 레버
㉖ 심압축 고정 레버
㉗ 심압축
㉘ 센터
㉙ 세로 이송대 이송 핸들
㉚ 새 들
㉛ 가로 이송대
㉜ 세로 이송대
㉝ 테이퍼 지브 조정 볼트
㉞ 가로 이송대 이송 핸들
㉟ 공구대 고정 레버
㊱ 공구대
㊲ 체이싱 다이얼
㊳ 리브 센터
㊴ 에이프런
㊵ 하프 너트 레버
㊶ 자동 이송 레버
㊷ 왕복대 핸들
㊸ 시동 레버
㊹ 메인 셀렉터 스위치
㊺ 파일럿 램프
㊻ 절삭유 펌프 셀렉터 스위치
㊼ 절삭유 펌프 파일럿 램프
㊽ 이송 속도 변속 레버
㊾ 이송 속도 변속 레버

그림 3-7 보통 선반의 각부명칭

3-1-3 선반의 크기 표시

선반은 다음과 같은 크기로 그 규격을 정하고 있다.

(1) 스윙(swing)

베드상의 스윙 및 왕복대상의 스윙을 말한다. 즉, 고정시킬 수 있는 공작물의 최대 지름을 말한다. 보통 스윙은 센터와 베드면과의 거리의 2배이다.

(2) 양 센터간의 최대거리

회전 센터(live center)와 정지 센터(dead center)간의 거리로서 공작물의 길이를 말한다.

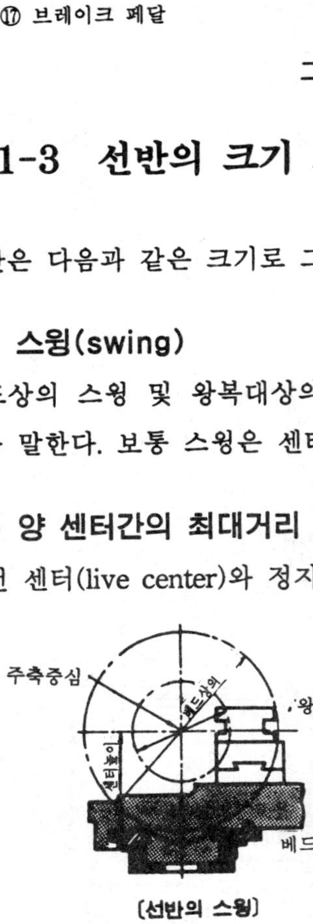

〔선반의 스윙〕

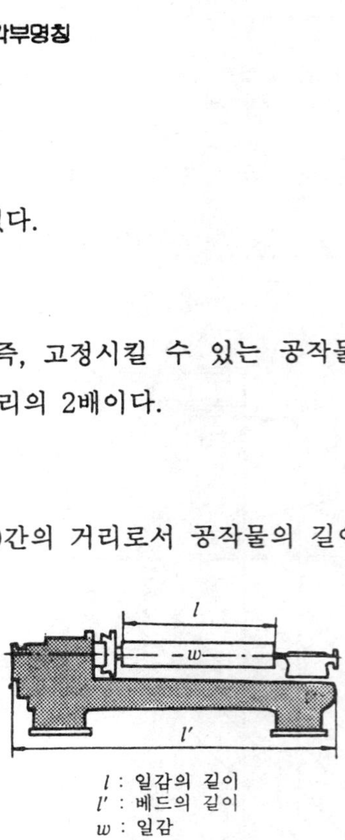

〔선반의 크기〕

그림 3-8 선반의 크기 표시

표 3-1 선반의 분류 및 성능표시법의 예

선 반 명 칭	성능 표시 방법	비 고
보통 선반(engine lathe) 보통 선반(engine larhe) 모방 선반(copying lathe)	1. 베드 위의 스윙(swing) 2. 양 센터사이의 최대거리 (예, 스윙 500mm, 센터거리 1800mm) 3. 왕복대 위의 스윙	
공구 선반(tool room lathe) 공구 선반(tool room lathe) 릴리빙 선반(relivig lathe)	1. 베드 위의 스윙(swing) 2. 양 센터사이의 최대거리 (예, 스윙 500mm×1800mm) 3. 왕복대 위의 스윙	탁상식 터릿선반 포함
탁상 선반(bench lathe) 탁상 선반(bench lathe) 시계용 선반(watch makers lathe)	1. 베드 위의 스윙 2. 양 센터사이의 최대거리 3. 왕복대 위의 스윙	다인선반(多刃旋盤)을 포함한다.
터릿 선반(turret lathe) 램형(ram type) 보통램형(standard ram type) 특수램형(special ram type) 새들형(saddle type) 드럼형(drum type)	1. 깎을 수 있는 봉재의 최대지름 또는 스핀들 구멍의 지름(예, 구멍 36mm) 2 베드 위의 스윙(swing) 3. 횡 이송대 위의 스윙 4. 스핀들 끝과 터릿면과의 최대거리 5. 콜릿 척의 능력	
자동 선반(automatic lathe) 센터작업용(automatic center work lathe)	1. 베드위의 스윙 2. 왕복대 위의 스윙 3. 스핀들의 개수 및 종축과 횡축의 구별 4. 자동이송의 최대거리	
척작업용(automatic chucking) 단축척작업용(single spindle) 다축척작업용(multi-spindle)	1. 베드위의 스윙 또는 가공할 수 있는 최대지수 2. 스핀들의 개수 및 종축과 횡축의 구별 3. 척면과 전후이송 공구대 사이의 최대 거리 4. 자동이송의 최대거리	
자동나사절삭선반(automatic screw machine)	1. 가공할 수 있는 봉재의 최대 측정 2. 스핀들수 및 종축과 횡축의 구별 3. 콜릿척의 능력 4. 소재의 최대 이송길이 5. 척면과 길이방향이송 공구대의 최대거리 6. 자동이송의 최대거리	
수직 선반(vertical boring and turning mills) 쌍주형(double housing type) 터릿형(turret type)	1. 베드 위의 스윙 2. 테이블의 직경 3. 테이블상면과 공구대사이의 최대거리 4. 공구대 상하 피드 최대거리	
기타 특수선반(miscellaneous lathe) 차륜선반(car wheel lathe) 차축선반(axle lathe)	1. 베드 위의 스윙 2. 면판의 지름 3. 깎을 수 있는 차륜의 최대지름 4. 깎을 수 있는 차륜의 최소지름 5. 양 면판 사이의 최대거리	

3-2 선반작업의 종류

선반은 공작물에 회전운동을 주고 절삭공구에 직선운동을 주며 회전축에 평행한 운동(좌우이송)과 수직운동(전후이송)을 시켜 가공하는 공작기계이다. 여기서 사용하는 절삭공구는 보통 바이트라고 불리우며 이송방향은 작업자의 위치를 기준으로 한다.

기계의 부품에는 원형(회전체)의 것이 많고 대부분이 선반에서 가공되므로 공작기계 중 가장 널리 이용되며 기계공작에 설치된 전체 기계 중 40~50%를 차지하는 것으로 작업종류는 대단히 많으나 기본적인 선반작업은 들면 그림 3-9와 같다.

① 바깥지름절삭 : 바이트를 회전축에 평행하게 보내어 원주 등의 원통을 깍는다.

② 단면절삭 : 환봉의 면을 깍는 것으로 축과 직각방향으로 바이트 날끝을 보내어 깍는다.

③ 절단(홈)작업 : 바이트(홈, 절단)를 축에 직각으로 보내어 재료를 절단한다.

④ 테이퍼절삭 : 바이트를 회전축과 경사시켜 외면 또는 내면 테이퍼를 깍는다.

⑤ 곡면절삭 : 바이트에 전후, 좌우의 복합이송을 주어 깍는다.

⑥ 구멍뚫기 : 심압대에 드릴을 설치하여 구멍을 뚫는다.

⑦ 나사절삭 : 나사바이트를 좌우방하으올 규칙적으로 보내어 나사의 모양을 만든다.

⑧ 정면절삭 : 넓은 면을 절삭하는 것으로 바이트의 날끝을 깍는면과 직각으로 하여 축과 직각방향으로 보내어 깍는다.

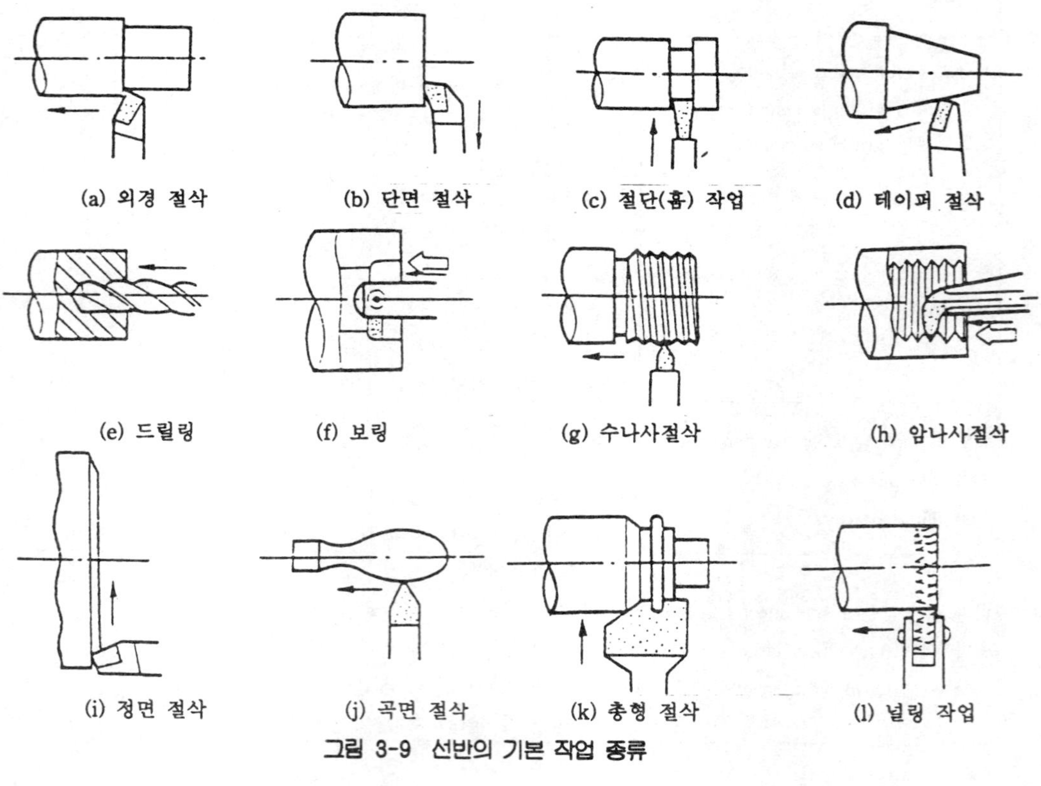

그림 3-9 선반의 기본 작업 종류

3-3 보통선반의 주요구조

3-3-1 주축대(Head stock)

주축대에는 공작물을 지지하면서 회전을 주는 주축(spindle)과 이것을 지지하는 베어링(bearing) 및 주축에 회전을 주는 구동 기구인 속도 변환 장치가 내장되어 있다.

(1) 주축의 끝 모양 종류

그림 3-10은 주축의 끝 모양 종류로서 주축의 오른쪽 끝에 척(chuck)이나 면판(face plate) 등을 고정하는 부분을 나타낸 것이다.

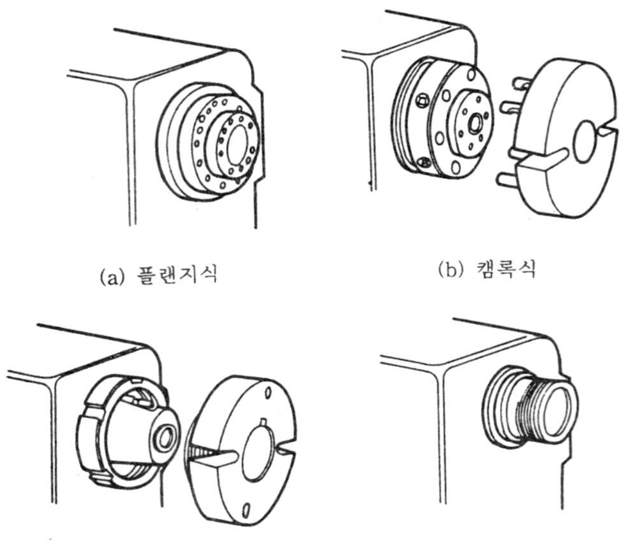

(a) 플랜지식 (b) 캠록식

(c) 긴 테이퍼식 (d) 나사식

그림 3-10 주축의 끝 모양 종류

(2) 주축대의 내부 구조

그림 3-11은 기어식 주축대의 변속조작을 나타낸 것으로 3개의 레버로서 12단의 속도 변환을 용이하게 조작할 수 있도록 되어 있다. 주축(spindle)은 가공물을 지지하면서 매우 정밀한 회전을 하며 절삭력, 모멘트, 진동 등에 대하여 영향이 적도록 제작되어야 한다. 일반적으로 주축(spindle)은 무게를 감소시키고, 길이가 긴 재료를 가공 할 수 있도록 중공축(中空軸)으로 하며, 오른쪽 끝부분에는 회전센터(live center)가 들어가는 구멍이 있으며 보통 모스 테이퍼(morse taper) No, 3~5를 사용하도록 추축에 베어링은 보통 볼(ball), 롤러(roller)베어링 등이 사용되며, 추력(thrust) 작용을 고려하여 스러스트 볼 베어링(thrust ball beearing)이 사용되고 있다.

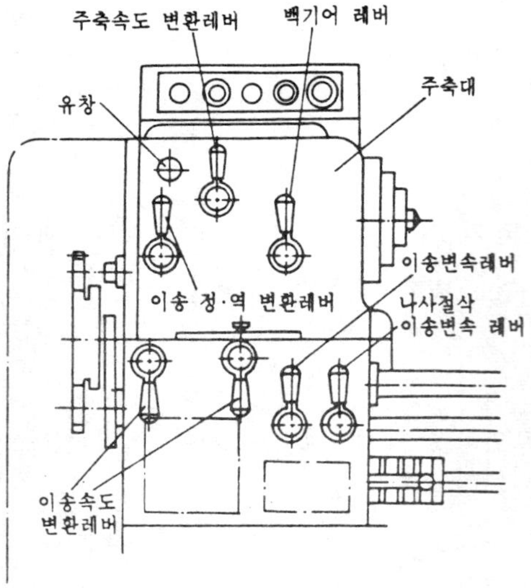

그림 3-11 주축 속도의 변속 조작

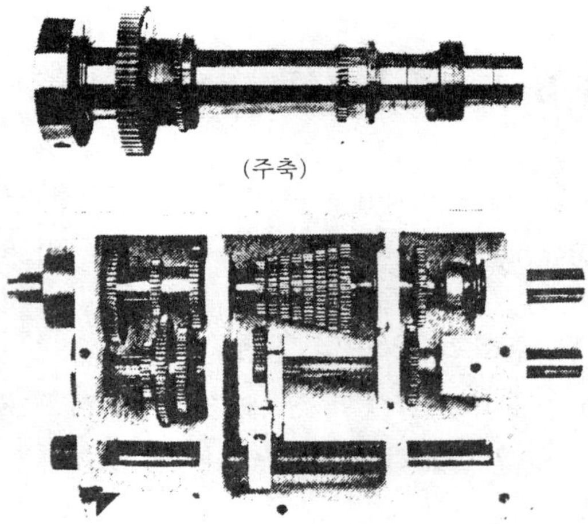

그림 3-12 기어 변속 장치(norton type)

(3) 백기어(back gear)

백기어는 단차와 백기어를 사용하여 그 구조에 따라 2배, 3배 등의 변속이 된다. 백기어의 단수에 따라 1단, 2단, 3단 백기어로 나눈다.

그림 3-13에서 단차의 수가 4개이므로 백기어를 사용하여 8종의 회전 속도를 얻게 된다. 백기어의 관계식은 다음과 같다.

$$N = N_0(\frac{a}{b} \times \frac{c}{d})$$

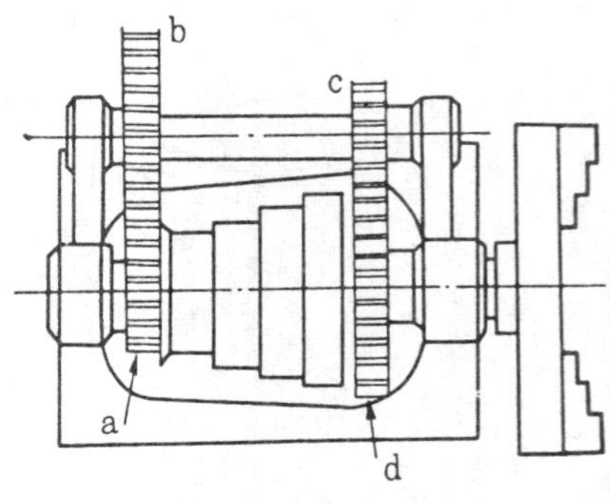

그림 3-13 백기어(1단)

N=주축 회전수, N_0=단차 회전수, a, d=전열 기어(이수), b, c=후열 기어(이수)

백기어의 비 $(\frac{a}{b} \times \frac{c}{d})$는보통 $\frac{1}{5} \sim \frac{1}{10}$ 의 범위가 많이 사용된다.

(4) 중공축을 사용하는 이유

- 긴 공작물을 가공하기엔 편리
- 베어링에 걸리는 하중 감소
- 센터를 빼고 끼움이 편리

(5) 주축에 사용하는 센터

- 회전 센터(Live Center)
- 센터 자루 : Morse Taper(약 $\frac{1}{19} \sim \frac{1}{20}$)

(6) 주축 속도 변속 방법

단차식, 치차식, 무단 변속식, 벨트식, 유압식(주로 치차식이 사용)

(7) 주축의 재질과 윤활

주축의 재질 : Ni-Cr강

주축의 윤활법 : 튀김(Splash) 급유법

(8) 공작물의 고정방법

- 척에 의한 고정 - (연동, 단동척 등 사용)
- 양센터에 의한 고정 - (정밀 가공시 사용)
- 면판에 의한 고정 - (정면 선반용)
- 콜렛척에 의한 고정 - (터릿, 자동 선반용)
- 기타
  - 벨척(가는 공작물 가공시 사용)
  - 마그네틱척 : 얇은 공작물 가공시 사용
  - 공기 유압척(NC 선반용)

3-3-2 심압대(Tail Stock)

심압대는 우측 베드상에 있으며 작업 내용에 따라 좌우로 움직이도록 되어 있다(그림 3-14).

(가) 축에 정지 센터를 끼워 긴 공작물을 고정하거나 센터 대신 드릴·리머 등을 고정할 수 있다.

(나) 조정나사의 조정으로 심압대를 편위시켜 테이퍼 절삭을 한다.

(다) 심압축을 움질일 수 있다.

(라) 구멍뚫기 작업시는 드릴이나 리머를 설치한다.

(마) 심압대축은 모스 테이퍼(morse taper)로 되어 있다.

(1) 심압대 구비 조건

① 심압대는 베드의 어떠한 위치에도 적당히 고정 할 수 있을 것.

② 센터를 고정하는 심압대의 스핀들은 축 방향으로 이동하여 적당한 위치에 고정할 수 있을 것.

③ 심압대의 상부는 조정 나사에 의하여 축선과 편위시켜 테이퍼 절삭을 할수 있어야 할 것.

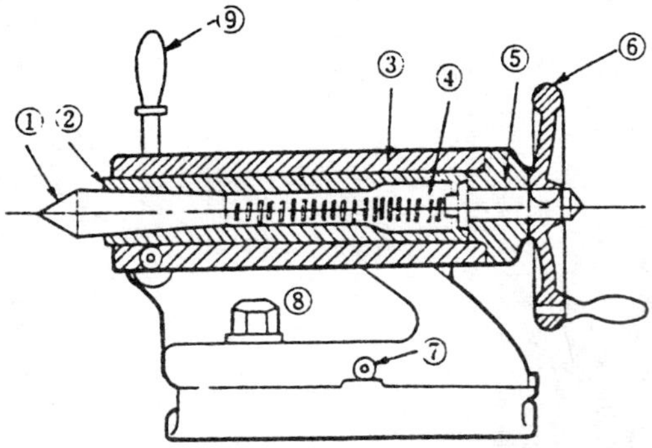

① 센터 ② 심압축
③ 너트 ④ 나사봉
⑤ 나사봉 고정구 ⑥ 심압대 핸들
⑦ 편심(偏心)조정용 나사 ⑧ 심압대 고정 볼트
⑨ 스핀들 고정 레버

그림 3-14 심압대의 구조

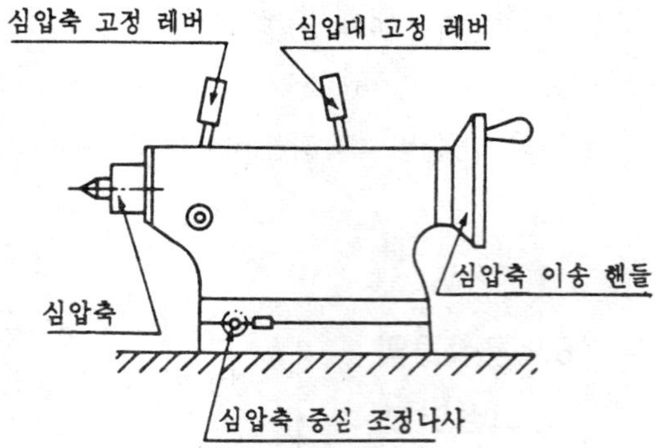

그림 3-15

(2) 심압대를 편위시키는 방법

심압대를 선바의 길이 방향에 직각방향으로 편위시켜 절삭하는 방법으로 공작물이 비교적 길고, 테이퍼가 작을 때 사용한다.

※ 심압대를 작업자 앞으로 당기면 심압대축 쪽으로 가공직경이 작아지고, 뒤쪽으로 편위시키면 주축대축 쪽으로 가공직경이 작아진다.

다음 그림에서 편위량 a는 다음과 같이 구한다.

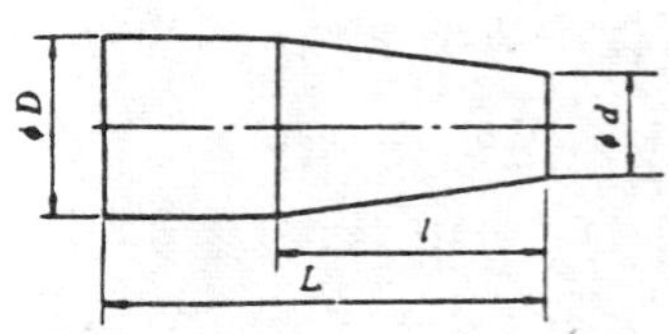

$$a = \frac{D-d}{2}$$ (전체가 테이퍼일 경우)

$$a = \frac{L(D-d)}{2L}$$ (일부만 테이퍼일 경우)

3-3-3 베드(Bed)

베드는 주축대, 왕복대, 심압대 등 주요한 부분을 지지하고 있는 것으로 절삭력 및 중량을 충분히 견딜 수 있도록 강성 정밀도가 요구된다. 베드의 재질은 고급주철, 칠드 주철 또는 미하나이트 주철, 구상 흑연 주철을 많이 사용하고 있다.

(1) 베드의 특징

① 베드는 영국식(평형)과 미국식(산형)으로 구분한다.

② 베드면은 표면경화를 해야 한다.

③ 베드의 정밀도는 0.02/1,000mm 정도의 직진도를 갖고 있어야 한다.

④ 베드는 주조 후 주조응력을 제거하기 위해 시즈닝 작업을 해야 한다.

영국식과 미국식 베드의 특징

구 분	영 국 식	미 국 식
단면모양	평면	산형
안내면 면적	크다	작다
용도	강력절삭용	정밀절삭용
사용 범위	대형선반	중·소형 절삭
정밀도 및 마멸	불량하고 적음	양호하고 많음

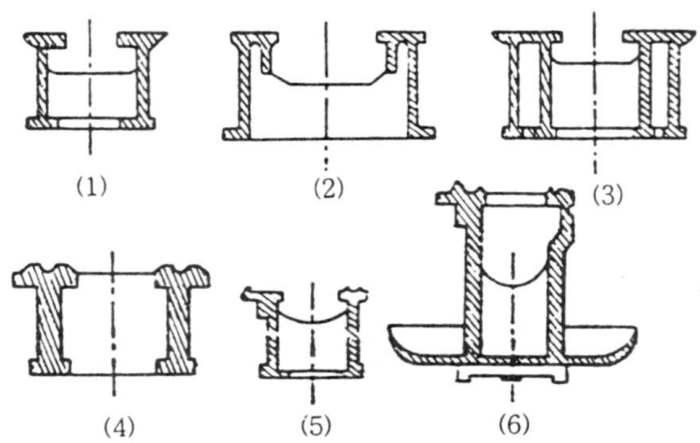

그림 3-16 베드의 형상 : 영식(수평형 : 1,2,3), 미식(산형 : 4,5,6)

(2) 베드의 재질

합금 주철 → 미하나이트 주철 → 구상화 흑연 주철

(3) 베드의 리브(Rib)형상

리브는 강성, 비틀림, 휨을 방지하고 평행, 지그재그, 십자형, X형(가장 좋음), 방형 등이 있음

(4) 베드의 표면 처리법

화염 경화법, 고주파 열처리법(고주파 경화 처리법)

※ Gap 선반 : 베드를 끊어내어 스윙을 크게하여 지름이 크고 얇은 공작물 가공에 편리한 선반

(5) 베드의 구비 조건

- 안전성이 있을 것

- 칩이 자동 제거될 것
- 제작비 저렴하고 조립이 용이
- 운동이 원활하고 윤활이 확실
- 마멸에 대한 조절이 가능(스크레이퍼로 다듬질)

3-3-4 왕복대(carriage)

(1) 왕복대의 구조

왕복대의 베드 윗면에서 주축대와 심압대 사이를 미끄러지면서 운동하는 부분으로 에이프런(apron), 새들(saddle), 복식공구대(compound tool rest) 및 공구대(tool post)로 구성되어 있다(그림 3-17).

① 새들(saddle) : H자로 되어 있으며, 베드면과 미끄럼 접촉을 한다.

② 에이프런(apron) : 자동장치, 나사 절삭장치 등이 내장되어 있으며, 왕복대의 전면, 즉 새들 앞쪽에 있다.

③ 하프 너트(half nut) : 나사절삭시 리드 스크루와 맞물리는 분할된 너트(스플릿 너트)이다.

④ 복식 공구대 : 임의의 각도로 회전하면서 테이퍼 절삭을 할 수 있다.

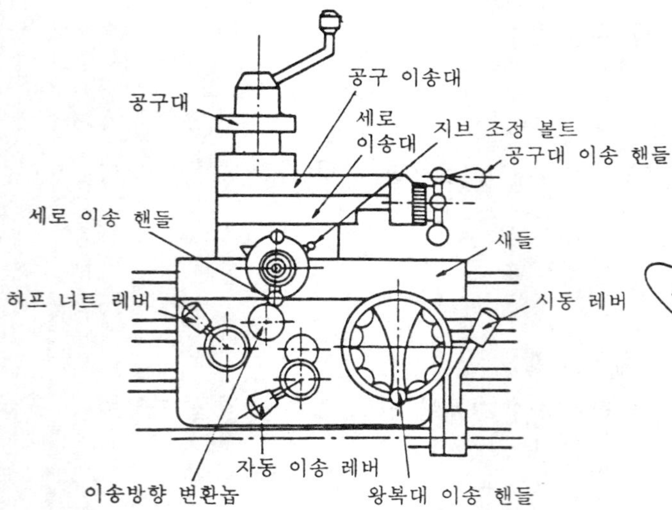

그림 3-17 왕복대

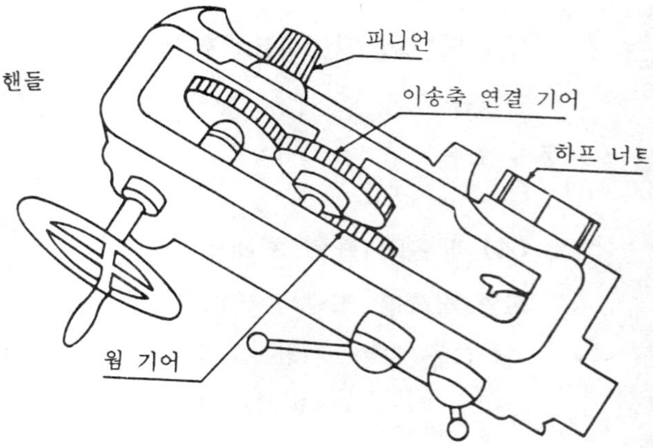

그림 3-18 에이프런의 내부 구조

(2) 이송기구(feed mechanism)

주축대의 주축 회전운동을 리드 스크루(lead screw) 또는 이송축(feed rod)에 전달할 때 기어의 연결로서 전달된다. 절삭 작업에 사용되는 선반의 이송은 다음과 같다.

- 이송(feed)
  - 방향에 따라서
    - 세로(좌우) 방향 이송(longitudinal feed)
    - 가로(전후) 방향 이송(cross feed)
  - 동력에 따라서
    - 수동 이송(hand feed)
    - 자동 이송(automatic feed)

① 피드 역전 장치(feed reversing mechanism)

그림 3-19는 텀블링 기어열(tumbling geer train)을 나타낸 것으로 피드 역전 장치에 사용되며 M은 주축 또는 보조축에서 회전이 전달되는 축에 고정된 기어이고, S는 이송축 또는 리드 스크루에 회전을 전달하는 기어이다. A, B는 같은 이수의 기어로 이송레버의 위치에 따라 정 역회전 또는 정지한다.

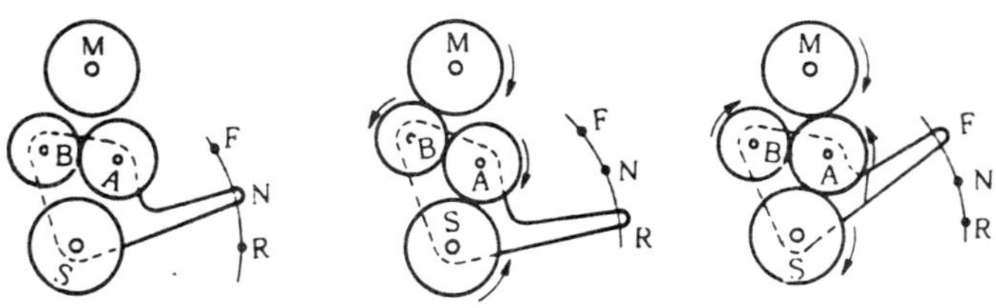

(a) 중간위치 (b) 역전위치 (c) 전진위치

그림 3-19 피드 역전 장치

3-4 선반용 절삭 공구 및 각도

3-4-1 바이트의 형상과 각도명칭

(1) 바이트(Bite)의 형상

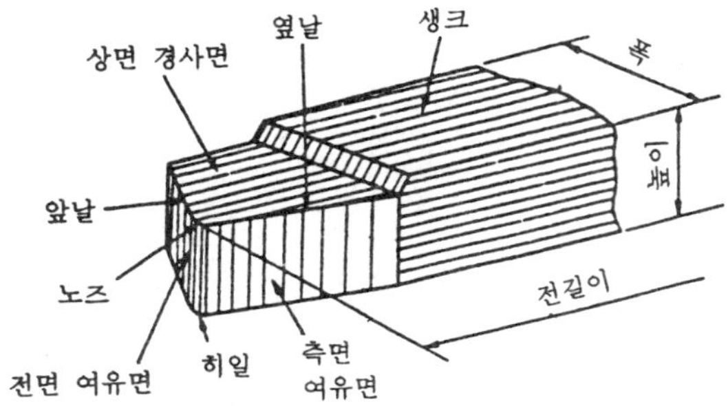

그림 3-20 바이트의 형상

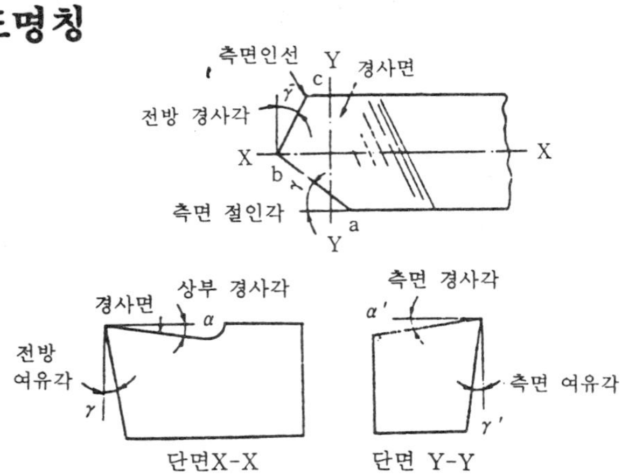

그림 3-21 바이트의 중요각도

(2) 바이트 각도 명칭 및 작용

표 3-2 바이트 각도의 명칭

각 도 명	의 미	작 용
측 면 경 사 각 (side rake angle)	자루의 중심선과 수직인 면상에 나타나는 경사면과 밑면에 평행인 평면이 이루는 각(6°)	• 절삭저항의 증감을 결정한다. • 칩의 유동 방향을 결정한다. • 크레이터 마모의 가감을 결정한다. • 날의 강도를 결정한다.
전 방 경 사 각 (front rake angle)	자루의 중심선과 평행이며, 수직인 단면상에 나타나는 경사면과 밑면에 평행인 평면과 이루는 각(6°)	• 칩의 유출 방향을 결정한다. • 떨림의 방지 등 절삭 안정성과 관계된다. • 다듬질면의 거칠기를 결정한다. • 날의 강도를 결저한다.
전 방 각 (front angle)	부 절인과 바이트 중심선에 직각인 각	• 떨림의 방지 등의 절삭 안정성과 관계된다. • 다음질면의 거칠기를 결정한다. • 날의 강도를 결정한다. • 칩의 배출성을 결정한다.
전 방 여 유 각 (front clearance angle)	바이트의 선단에 그은 수직선과 여유면과의 사이 각도(5°~10°)	• 날의 강도를 결정한다. • 다듬질면의 거칠기를 결정한다.
측 면 여 유 각 (side clearance angle)	측면 여유면과 밑면에 직각된 직선이 형성하는 각(6°)	• 공구의 수명을 좌우한다.
측 면 각 (side cutting edge angle)	주 절인과 바이트 중심선에 직각된 각	• 날의 강도를 결정한다. • 날끝의 온도 상승을 완화한다. • 절삭 저항의 증감을 결정한다.
노 즈 반 경 (nose radius)	주 절연 부 절인이 만나는 곳의 곡률 반경(8mm)	• 다듬질면의 거칠기를 결정한다. • 날끝의 강도를 좌우한다.

3-4-2 바이트의 크기 및 각도

① 크기 : 폭, 높이, 길이로 표시한다　예) 15×20×130

② 자루 : 바이트 날부가 아닌 고정되는 부분. 공구대에 설치하는 부분이다.

③ 밑면 : 자루의 밑면으로 절삭시 수직 압력을 받는다.

(1) 각종 바이트의 날끝 각도

표 3-3 각종 바이트의 날끝 각도

일감의 재질	고속도강바이트				초경바이트			
	전방 여유각	측면 여유각	전방 경사각	측면 경사각	전방 여유각	측면 여유각	전방 여유각	측면 여유각
주철 경	8	10	5	12	4~6	4~6	0~6	0~10
연	8	10	5	12	4~10	4~10	0~6	0~12
가단주철					4~8	4~8	0~6	0~10
탄소강 경	8	10	8~12	12~14	5~10	5~10	0~10	4~12
연	8	10	12~16.5	14~22	6~12	6~12	10~15	8~15
쾌삭강	8	12	12~16.5	18~22	6~12	6~12	0~15	8~15
특수강 경	8	10	8~10	12~14	5~10	5~10	0~10	4~12
연	8	10	10~12	12~14	6~12	6~12	0~15	8~15
청도,황동 경	8	10	0	-0~0	4~6	4~6	0~5	4~8
연	8	10	0	-4~0	6~8	6~8	0~10	4~16
동	12	14	16.5	20	7~10	7~10	6~10	15~25
알루미늄	8	12	35	15	6~10	6~10	5~15	8~15
플라스틱	8~10	12~15	-5~16.5	0~10	6~10	6~10	0~10	8~15

3-4-3 바이트의 설치

(1) 바이트의 설치(그림 3-22)

① 바이트 날끝 높이를 센터 높이에 일치시킨다(받침쇠는 가능한 적게)

② 바이트를 길게 나오지 않게 설치(고속도강 바이트일 때 2배, 초경 바이트 1.5배)

③ 바이트의 고정 볼트는 밑면이 평평해야 되고 두 개 이상 평균되게 고정(조일 것)

④ 공구대 핸들은 규정된 것을 사용하고 2-3회 나누어서 조인다.

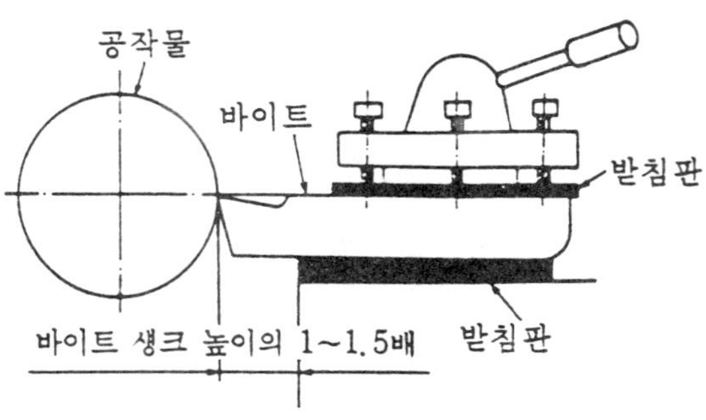

그림 3-22 바이트의 높이 조정 예

3-4-4 바이트(Bite)의 휨량

(1) 외팔보 선단에 절삭 저항(P)를 받는 상태(그림 3-23)

A 端으로부터 임의의 거리 x의 Bending Moment

$$Mx = -Px$$

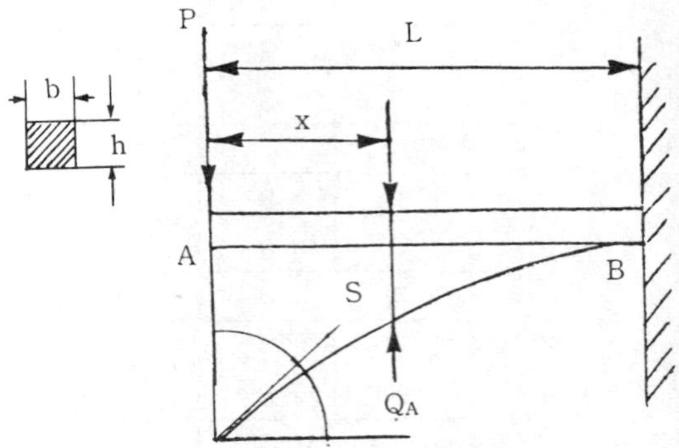

그림 3-23 바이트의 함량

P = 날 끝에 작용하는 절삭 저항
E = 탄성 계수 L = 바이트의 돌출량
b = 바이트의 폭
h = 바이트 높이
δ_{max} = 바이트의 휨량

彈性線 微分方程式

$$EI\ \frac{d^2y}{dx^2} = -M = Px$$

$$EI\ \frac{dy}{dx} = P\frac{x^2}{2} + C_1$$

$$EI\ \ y = P\frac{x^3}{6} + C_1x + C_2$$

積分常數 C_1 및 C_2를 決定하기 위해

$$x=l에서\quad \frac{dy}{dx} = 0, \quad y=0$$

ⓒ와 ⓓ式에 代入

$$O = \frac{Pl^2}{2} + C_1 \qquad \therefore C_1 = -\frac{Pl^2}{2}$$

$$O = \frac{Pl^3}{6} - \frac{Pl^3}{2} + C_2 \qquad \therefore C_2 = \frac{Pl^3}{3}$$

따라서 처짐곡선방정식은 ⓓ에서

$$y = \frac{P}{6EI}(x^3 - 3l^2x + 2l^3)$$

A 점의 최대 처짐은 x=0, ⓔ式에 代入

$$y_{max} = S_{max} = \frac{Pl^3}{3EI} \qquad ⓕ$$

A점의 최대기울기는 x=0, ⓒ式에 代入

$$\left(\frac{dy}{dx}\right)_{x=0} = O_A = -\frac{Pl^2}{2EI} \qquad ⓖ$$

⑤식에서 관성 Moment $I = \frac{bh^3}{12}$ 代入

$$y_{max} = S_{max} = \frac{Pl^3}{3E\left(\frac{bh^3}{12}\right)}$$

$$\therefore S_{max} = \frac{4Pl^3}{Ebh^3}$$

P=날 끝에 작용하는 절삭 저항, E=탄성계수, b=바이트의 폭, h=바이트 높이, L=바이트의 돌출량, S_{max}=바이트의 휨량

따라서 보통 바이트의 높이는 가급적 크게 하고 바이트의 돌출은 적게 하고 휨양은 절삭저항(P) 크기와 바이트 돌출량(L)의 3승에 비례한다.

3-4-5 바이트의 종류

(1) 바이트 제작 과정에 따른 분류

① 완성 바이트(ground tool)

날과 자루가 일체로 된 것으로 사용시 날을 만든다.

② 단조 바이트(forget tool)

단조에 의하여 만들어진 바이트

③ 용접 바이트(tipped tool)

자루에 팁을 황동 용접(신주 용접)이나 금납땜 하는 방법이다. 용접 바이트와 바이트와 자루의 두께비는 1 : 3 정도이다.

(2) 바이트의 구조에 따른 종류(그림 3-24)

① 단체 바이트(solid tool)

날 부분과 자루 부분을 같은 재질로 만든 것

② 팁 바이트(welded tool)

자루(shank)의 날 부분에만 초경합금 등의 공구 재료로 된 팁(tip)을 용접할 것

③ 클램프 바이트(clamped tool)

공구 재료의 팁을 바이트 자루에 용접을 하지 않고 나사를 이용하여 기계적으로 고정한 것

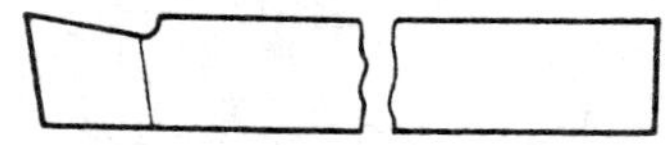

(a) 단체 바이트

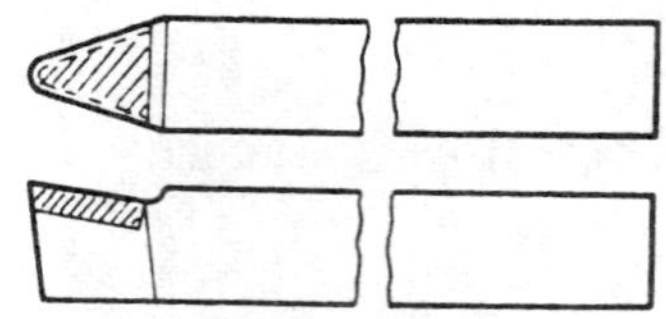

(b) 팁 바이트

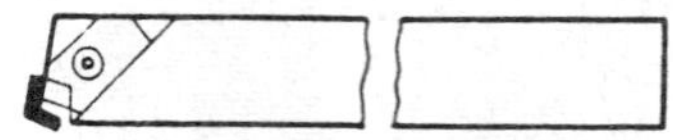

(c) 클램프 바이트

그림 3-24 바이트의 구조상 종류

(3) 바이트의 사용 목적에 따른 종류

그림 3-25는 바이트의 사용 목적에 따른 각 용도별 종류를 나타낸 것이다.

① 오른쪽 황삭 바이트
② 오른쪽 편인 바이트
③ 총형 바이트
④ 왼쪽 황삭 바이트
⑤ 검 바이트
⑥ 스프링 바이트
⑦ 우각 황삭 바이트
⑧ 절단 바이트
⑨ 수나사 바이트
⑩ 총형 바이트
⑪ 원형 완성 바이트
⑫ 굽은 오른쪽 바이트
⑬ 굽은 환선 바이트
⑭ 홈 절삭 바이트
⑮ 보링 바이트
⑯ 암나사 바이트

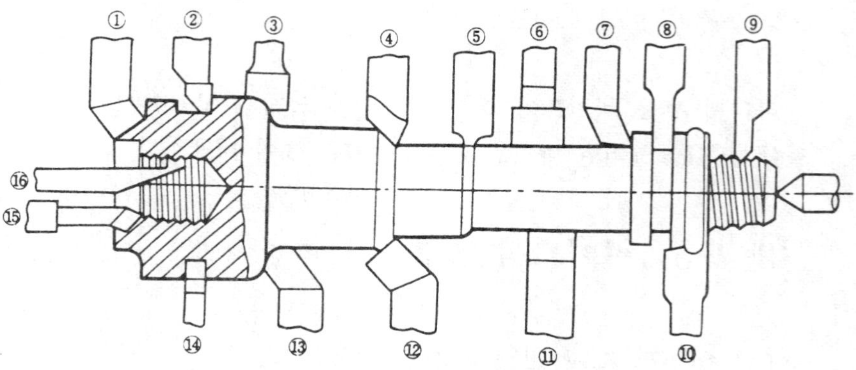

그림 3-25 바이트의 용도별 종류

(4) 바이트 홀더의 형식

단체 바이트는 날 부분과 자루 부분이 모두 공구 재료로 되어 있으므로 재료를 절약하고 바이트 제작을 용이하게 하는 목적으로 자루 부분을 바이트 홀더(bite holder)로 만들어 여기에다 짧고 작은 소형의 바이트를 고정시켜서 사용하는 것이다(그림 3-26)

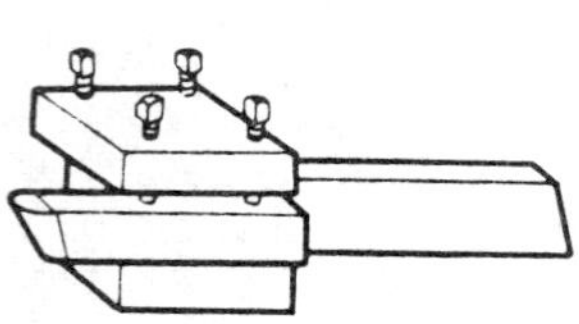

(a) 삽입식

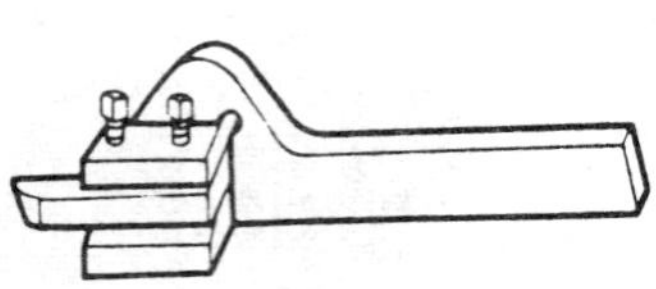

(b) 스프링식

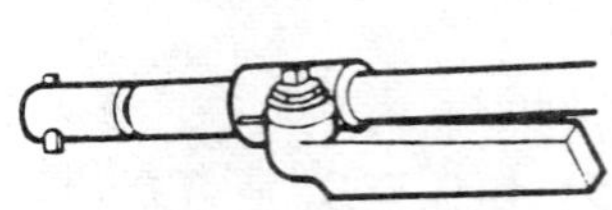

(c) 구멍절삭용

그림 3-26 바이트의 홀도 방식

(5) 초경 완성 바이트

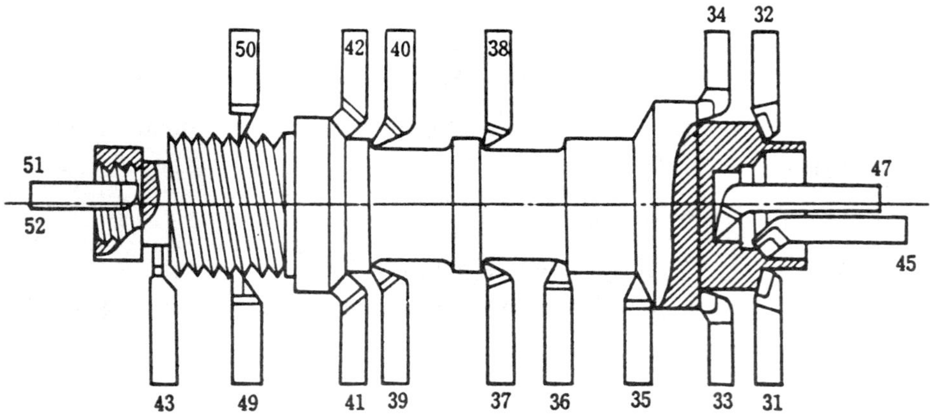

31, 32	외경 막깎기 바이트	37, 38	다듬 바이트	45	내경 바이트
33, 34	측면 바이트	39, 40	단면 바이트	47	내경 모서리 바이트
35	포인트 바이트	41, 42	외경 막깎기 바이트	49, 50	외경 나사 바이트
36	직선 바이트	43	홈 바이트	51, 52	내경 나사 바이트

그림 3-27 초경 바이트의 종류

탄소강재 생크에 그림 3-28과 같은 표준형 팁을 용접하여 붙인 것으로 바이트 제작시는 용도에 맞는 정확한 팁의 선택이 요구된다.

형명	01 31 · 32 45 · 46 형용	02 41 · 42 형용	03 37 · 38 47 · 48 형용	04 33 · 34 형용
형상	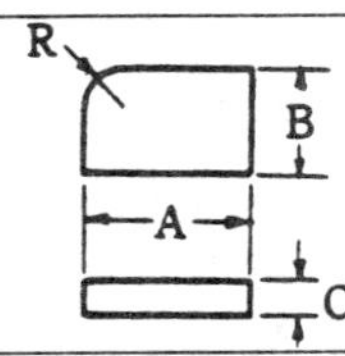	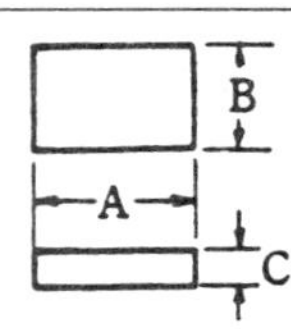	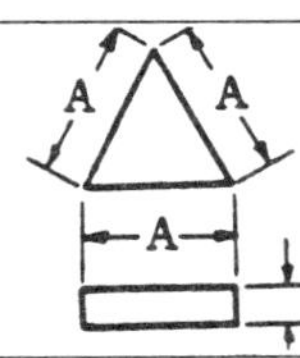	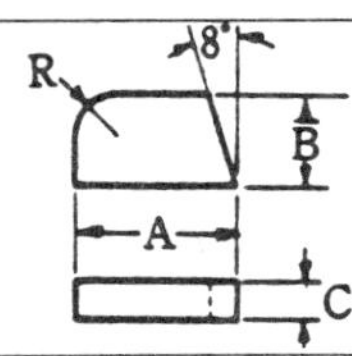
형명	05 49 · 50 51 · 52 형용	06 36 39 · 40 형용	07 35 형용	08 43 형용
형상	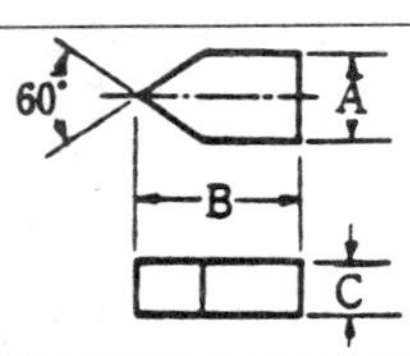	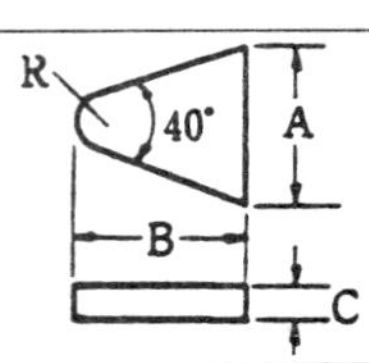	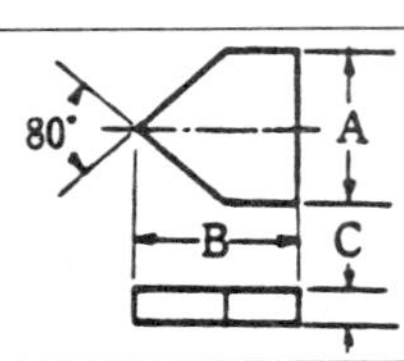	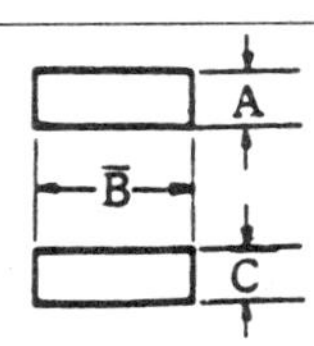

그림 3-28 초경 바이트 팁의 형상

3-4-6 선삭용 인서트 팁 표기법

Tip의 규격 표시는 아래 3-4와 같이 7단계와 마지막에 임의 기호 또는 숫자를 써서 표시한다. ASA규격에서는 Cutting Edge Length, Thickness, Nose Radius를 각각 한자리 숫자로 표시한다.

표 3-4 선삭 공구의 Tip규격 표시

선삭공구의 Tip의 규격을 표시하는데 여러 가지 방법이 있으며 현재 쓰이고 있는 것은 다음과 같다.

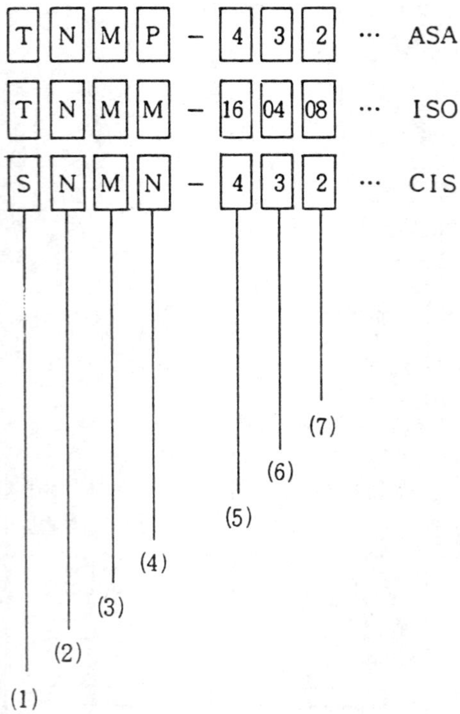

(1) Tip의 형상(shape)

<table>
<tr><th colspan="2">형 상</th><th colspan="3">기 호</th></tr>
<tr><th colspan="2"></th><th>ASA</th><th>ISO</th><th>CIS</th></tr>
<tr><td colspan="2">원 형</td><td colspan="3">R</td></tr>
<tr><td colspan="2">정 사 각 형</td><td colspan="3">S</td></tr>
<tr><td colspan="2">삼 각 형</td><td colspan="3">T</td></tr>
<tr><td colspan="2">직 사 각 형</td><td colspan="3">L</td></tr>
<tr><td colspan="2">오 각 형</td><td colspan="3">P</td></tr>
<tr><td colspan="2">육 각 형</td><td colspan="3">H</td></tr>
<tr><td colspan="2">필 각 형</td><td colspan="3">O</td></tr>
<tr><td rowspan="6">다이아몬드형
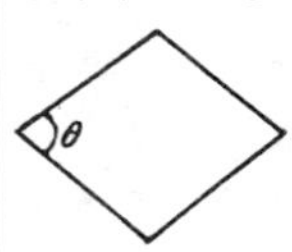</td><td>35°</td><td colspan="2">V</td><td>-</td></tr>
<tr><td>50°</td><td colspan="2">-</td><td>F</td></tr>
<tr><td>55°</td><td colspan="3">C</td></tr>
<tr><td>75°</td><td>-</td><td colspan="2">E</td></tr>
<tr><td>80°</td><td colspan="3">C</td></tr>
<tr><td>86°</td><td colspan="3">M</td></tr>
<tr><td rowspan="4">평행 사변형</td><td>55°</td><td>E</td><td colspan="2">K</td></tr>
<tr><td>70°</td><td>F</td><td colspan="2">-</td></tr>
<tr><td>82°</td><td colspan="3">B</td></tr>
<tr><td>85°</td><td colspan="3">A</td></tr>
</table>

(2) 여유각(clearance angle)

여유각	기호	
3°	A	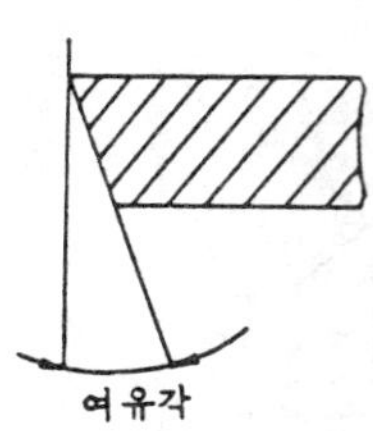
5°	B	
7°	C	
15°	D	
20°	E	
25°	F	
30°	G	
0°	N	
11°	P	

(3) 내접원과 두께의 허용오차

내접원(mm)	두께(mm)	기호	
±0.005	±0.025	A	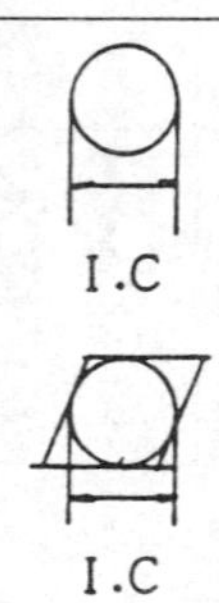
±0.005	±0.13	B	
±0.013	±0.025	C	
±0.013	±0.13	D	
±0.025	±0.025	E	
±0.025	±0.13	G	
±0.05~0.13	±0.13	M	
±0.013~0.38	±0.13	U	

(4) 칩 브레이크 형상

형 상	기 호	
	I.C.≥ $\frac{1"}{4}$	I.C. < $\frac{1"}{4}$
	A	D
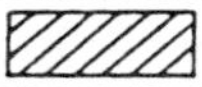	N	E
	G	K
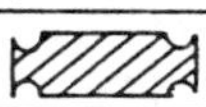	F	L
	M	P
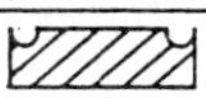	R	S
	×	

(5) 내접원 직경 또는 절삭길이

ASA, CIS		ISO
내접원직경	기 호	절 삭 날 길 이
5/32"	5	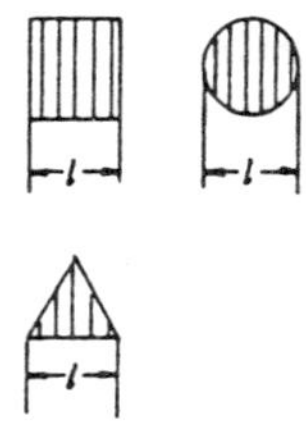
6/32"	6	
7/32"	7	
2/8"	2	
3/8"	3	
4/8"	4	
5/8"	5	
6/8"	6	만일 l = 9.52 mm
7/8"	7	↓
1"	8	기호 09

	06	09	01	16	22	27	33	44
	-	-	-	09	12	15	19	25
55° 	-	-	07	11	15	19	23	31
80° 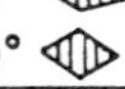	-	-	06	09	12	16	19	25
I.C	5/32"	7/32"	1/4"	3/8"	1/2"	5/8"	3/4"	1"

(6) Tip의 두께

Tip 의 두께 (mm)	ASA, CIS 기 호		ISO 기 호
	I.C < $\frac{1"}{4}$	I.C ≥ $\frac{1"}{4}$	
$\frac{2"}{32}$ = 1.6	2	–	01
$\frac{3"}{32}$ = 2.4	3	–	02
$\frac{4"}{32}=\frac{2"}{16}$ = 3.2	4	2	03
$\frac{5"}{32}$ = 4.0	5	–	04
$\frac{6"}{32}=\frac{3"}{16}$ = 4.8	6	3	04
$\frac{4"}{16}$ = 6.4	–	4	06
$\frac{5"}{16}$ = 7.9	–	5	07
$\frac{6"}{16}$ = 9.5	–	6	09

(7) Tip의 노우즈 반경

Tip 의 노우즈 반경	기 호	
	ASA, CIS	ISO
1/64" = 0.4 mm	1	04
2/64" = 0.8 mm	2	08
3/64" = 1.2 mm	3	12
4/64" = 1.6 mm	4	16
6/64" = 2.4 mm	6	24
8/64" = 3.2 mm	8	32
원형 Tip	0	0
노우즈 반경무	0	0

(8) 절삭날 조건 (cutting edge condition)

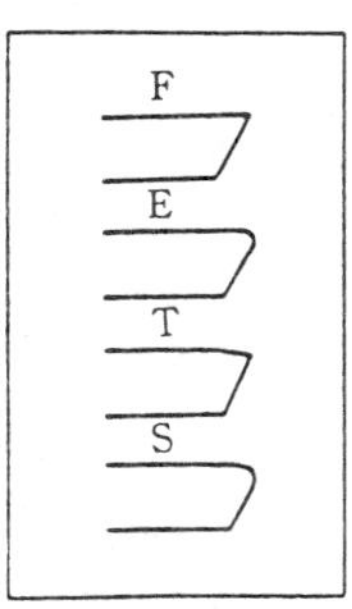

(9) 이송방향 (feed direction)

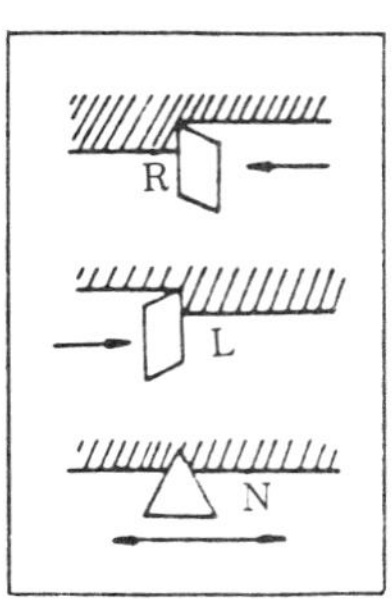

제작자 옵션 (manufacutrers option)

15=Broad chip breaking properties.

21=Finishing insert.

23=High rake angle.

31=Insert designed for heavier feeds.

41=Stainless steei and heat resistant materials.

51=Sintered cutting edge.

52=Sintered cytting edge.

3-4-7　선삭용 툴 홀더(tool holder) 표기법(I.S.O)

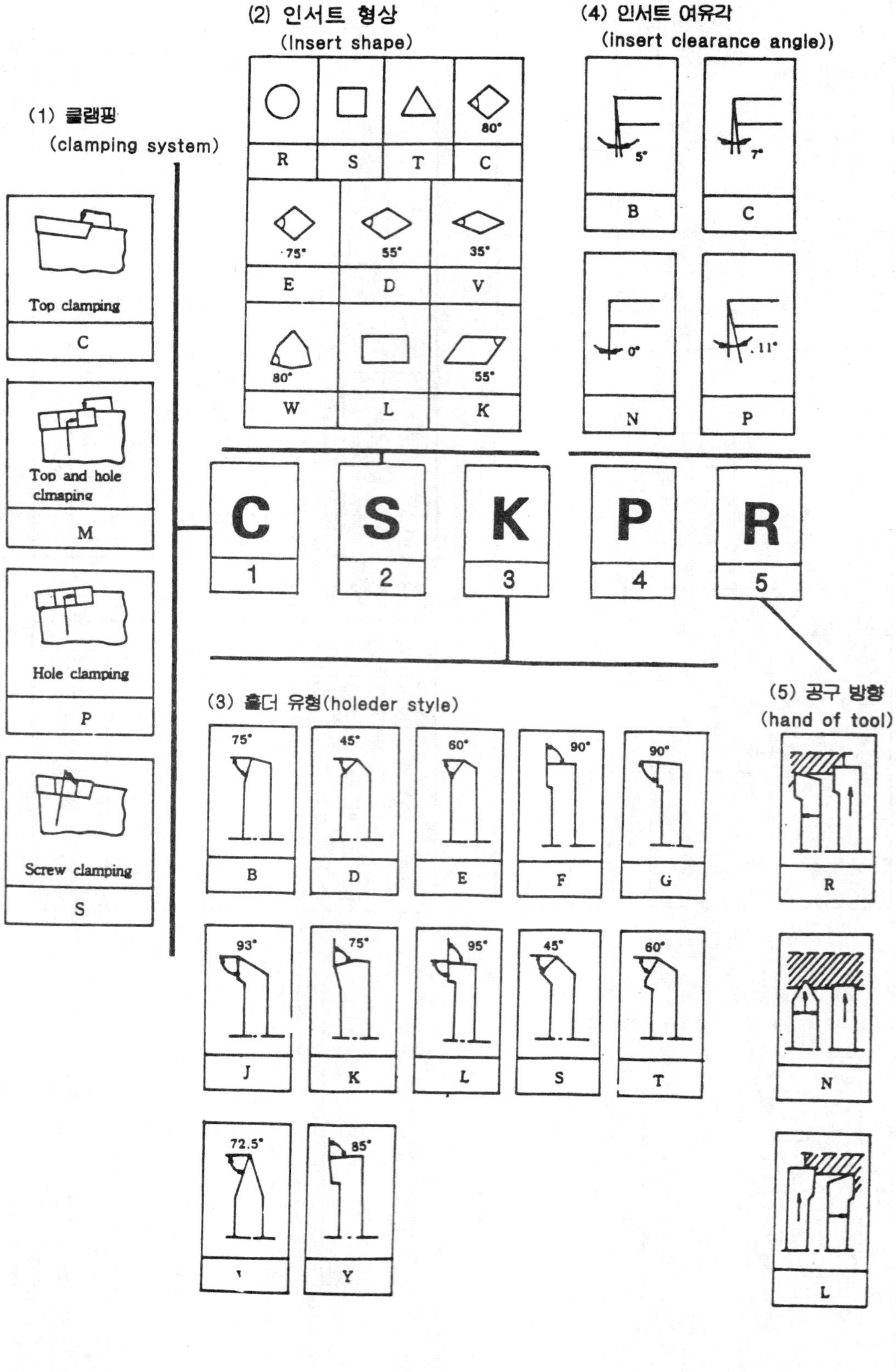

(8) 섕크 폭
(shank width)

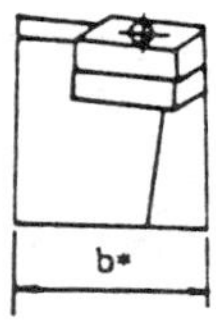

*Integers to be proceeded by 0
e.g. : b=8mm indicated by 08

(10) 절삭날 길이
(cutting edge length))

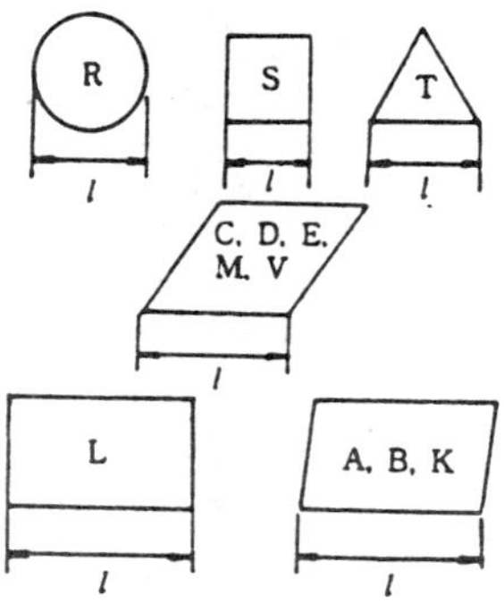

(11) 특수 공구
(qualified tool)

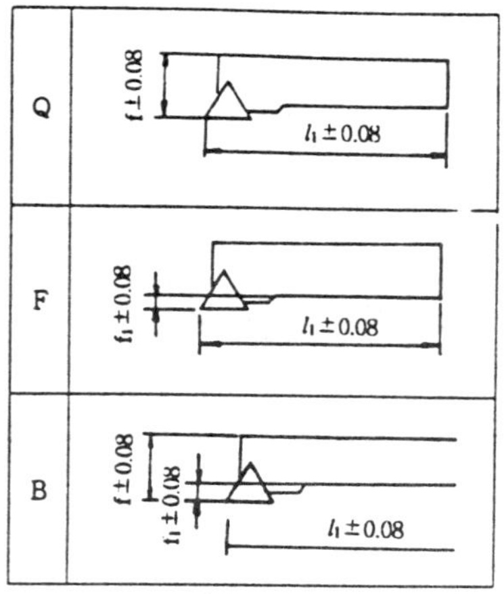

2 5	2 5	M	1 2		
6 7	8 9	10	11 12	13	14

(6)(7) 섕크 높이
(shank height)

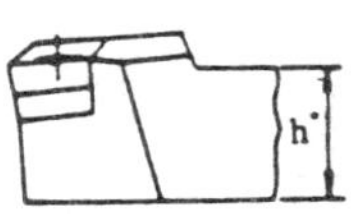

*Integers to be proceeded by 0 e.g. : h=8mm indicated by 08

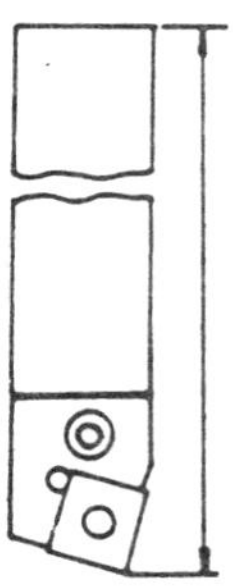

(9) 공구 길이
(tool lenght)

$l_1$mm standard	symbol
32	A
40	B
50	C
60	D
70	E
80	F
90	G
100	H
110	J
125	K
140	L

$l_1$mm standard	symbol
32	A
40	B
50	C
60	D
70	E
80	F
90	G
100	H
110	J
125	K
140	L

Note!
Letter symbol in 10 th position can be replaced by a dash for standard length tools

(12) 제작자의 형상 지정

When required a supplementary code can be added it the manufacturet wants to provide additional informatiok.

그림 3-29 선삭용 툴 홀더 ISO 규격

표 3-5 초경합금의 사용선택기준

대분류	사용분류기호	경도HRA 항절력 kg/mm²	피삭제	절삭방식	작업조건	성능증가방향 절삭조건	성능증가방향 탑제질
P	P01	92.0이상 120이상	강, 주강	정밀선삭 정밀 boring삭	고속에서 소절삭면적일 때, 또는 가공품의 치수정도와 표면의 사상정도가 양호하길 바랄때, 단 진동이 없는 작업조건일 때.	↑ 절삭속도 ↓ 이송속도	↑ 내크래타마모 ↓ 인성
	P10	91.5이상 150이상	강, 주강	선삭, 절삭, 나사절삭, 절삭 milling삭	고-중속에서 소-중절삭면적일때, 또는 작업조건이 비교적 좋은 경우		
	P20	91.0이상 165이상	강, 주강, 가단주철(연속형 Chip이 아노오는 경우)	선삭, 총형, 절삭, milling절삭, 평절삭	중속에서 중절삭면적작업일때, 또는 P계열 가장 일반적인 작업일 때 평절삭에는 소절삭면적일 때.		
	P30	89.5이상 175이상	강, 주강, 가단주철(연속형 Chip이 나오는 경우)	선삭, 총형, 절삭, 선삭, milling절삭, 평절삭	저-중속으로 중-대절삭면절일 때, 또는 그다지 좋지않은 작업조건일 때.		
M	M10	91.5이상 140이상	강, 주강, 주철	선삭, miilling절삭	중-고속에서 소-중절삭면절일때, 또는 강주철에 대해서 공용하고자 할때, 비교적 작업조건이 좋을 때	↑ 절삭속도 ↓ 이송속도	↑ 경도 ↓ 인성
	M20	90.5이상 170이상	강, 주강 주철	선삭, milling절삭	중속에서 중에 절삭며넉일 때, 또는 강, 주철에 대하여 공용하고 싶을 때, 그다지 작업조건이 좋지않을때		
			고망간강, 오스테나이트강, 특수주철	선삭, milling절삭	중속에서 절삭면적일 때, 그다지 작업조건이 좋지않을 때.		
	M40	88..5이상 220이상	강, 주강, 주철, 오스테나이트강, 특수주강 내열합금	선삭 milling 절삭 평절삭, 절단	중속에서 중-대절삭면적일때, 또는 M20보다 작업조건이 나쁠 경우		
K	K01	92..5이상 130이상	주철	정밀절삭, 정밀 boring삭, 정사 milling삭	고속에서 소절삭면적일 때 또는 진동이 없는 작업조건일 때.	↑ 절삭온도 ↓ 이송속도	↑ 경도및내마모성 ↓ 인성
			고경도주철 소입강(燒入鋼)	선삭	고속에서 소절삭면적일 때, 또는 진동이 없는 작업조건일 때.		
			흑연, 경질지, 도자기, 고Si-Ai		진동이 없는 작업조건일 때.		
	K10	92..0이상 140이상	주철(HB200이상)가단주철(비금속형Chip이 나올 때)	선삭, milling, broach가공, reamer가공	중속에서 소-중절삭면절일 때, 계열중 비교적 일반작업인 경우 또 비교적 진도이 없는 작업조건일 때		
			소입강(燒入鋼)	선삭	저속에서 소절삭일 때 비교적 진동이 없는 작업조건일 때.		
			Si-Al합금, 고경도통유리, 도자기경질 고무경질지, 합성수지	선삭, milling절삭, broach가공, reamer가공, 가공 평절삭.	비교적 진동이 없는 작업조건 일때.		
	K20	90..5이상 160이상	주철(HS200이하)		중속에서 중-대절삭면적일 때, K계열중 일반적업일때, 또 큰 인상을 용구하는 조건일 때		
	K30	89..0이상 210이상	저하장력강, 정경도주철, 동, Al	선삭, milling절삭, 평절삭, 총형절삭	저속에서 대절삭면적일 때 그다지 좋이 않은 작업조건일 때 또, 큰 상면각을 사용하고 싶을 때		

3-5 선반용 부속 장치

3-5-1 센 터(center)

양 센터 작업시 또는 주축쪽은 척으로 고정하고, 심압대 쪽은 센터로 지지할 경우 사용한다. 센터는 양질의 탄소공구강 또는 특수공구강으로 만들며, 보통 60°의 각도가 쓰이나 중량물 지지에는 75°, 90°가 쓰이기도 한다. 센터는 자루부분이 모스 테이퍼로 되어 있으며, 모스 테이퍼는 0~7번까지가 있다.

- 종류
  - 회전 센터(live center) : 주축쪽의 센터
  - 정지 센터(dead center) : 심압대 쪽의 센터

- 각도
  - 미식 : 60° (소형, 정밀가공(보통))
  - 영식 : 75°, 90°(대형, 중량물 가공)

표 3-6 각종 센터

주 축 측			심 압 대 측		
회 전 센 터			고 정 센 터		
보통 센터	 보통 센터	가장 일반적인 것 회전 센터, 고정 센터 공용	보통 센터	 보통 센터	가장 일반적인 것 회전 센터, 고정 센터 공용
	 보통 센터(머리에 나사 달린 센터)	너트를 사용하여 풀레 되어 있다.		 초경 센터	고속 회전에 사용
	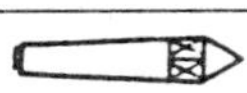 보통 센터 (각으로 된 센터)	머리의 각 부분에 스패너를 사용하여 푼다.	단이 있는 센터	 하프 센터	단면과 끝면 다듬질에 사용
	 접시머리 센터 (네거티브 센터)	접시형으로 된 끝이 작은 것을 절삭 할 때에 사용.		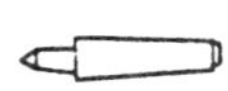 소경(小經) 센터	지름이 작은 공작물에 사용.
스프링식 센터	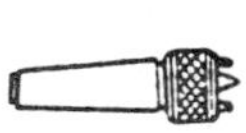 조붙이 센터	주물 가공에 적당	회전식 센터	 베어링 센터	볼 베어링에 의해 센터의 끝이 회전한다. 고속절삭용
	 라이브 센터	위치를 정할 때 사용		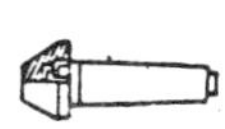 파이프 센터	파이프와 같이 구멍이 큰 공작물에 사용. 드러스트 베어링을 이용

3-5-2 센터 드릴(center drill)

센터드릴은 선반에서 공작물에 센터의 끝이 들어가는 구멍를 뚫는 드릴이며, 일반적으로 센터 드릴의 크기는 공작물의 무게나 지름에 따라서 각각 다른다. 또한 그림 3-30 센터 구멍 작업에서 정확한 구멍과 잘못된 구멍을 나타낸 것으로

① 정확한 센터 구멍

② 센터에서 센터 구멍의 각도가 작다.

③ 센터보다 센터 구멍의 각도가 크다.

④ 센터 구멍의 중심선이 공작물의 중심선에 일치하는 것을 표시한 것이다.

표 3-7 공작물 지름과 센터드릴

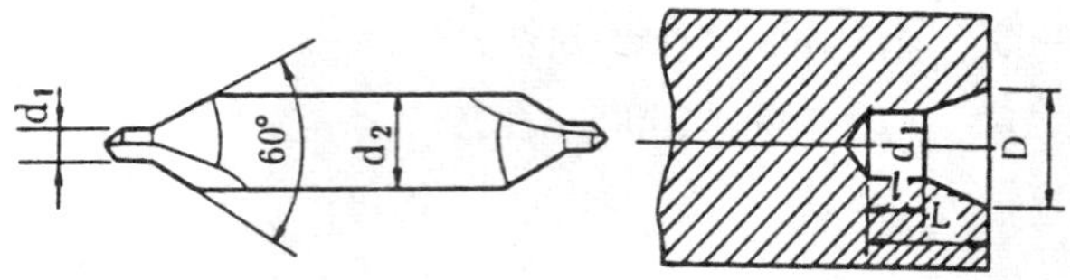

일감 지름 (mm)	호칭 치수 d_1(mm)	드릴 지름 d_2(mm)	D(mm)	L(mm)	l(mm)
5이하	0.7	3.5	2	2	0.8
5~15	1	4	2.5	2.5	1.2
10~25	1.5	5	4	4	1.8
20~35	2	6	5	5	2.4
30~45	2.5	8	6.5	6.5	3
35~60	3	10	8	8	3.6
40~80	4	12	10	10	4.8
60~100	5	14	12	12	6
80~140	6	18	15	15	7.2

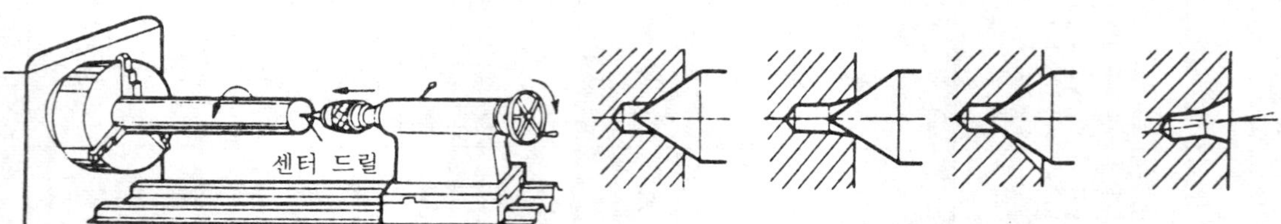

센터 작업의 예 (a) 바름 (b) 틀림 (c) 틀림 (d) 틀림

그림 3-30 센터 구멍 작업의 정확과 부정확 관계

3-5-3 면판(face plate)

그림 3-31의 (a), (b)와 같이 선반의 센터 사이에서 공작물을 회전시키는 보조판을 면판이라고 한다. 면판(面板)은 주축의 나사에 고정시키고, 돌리개를 사용하여 공작물을 가공한다. 보통 1~2개의 나사 또는 돌리개를 연결하여 공작물을 가공하게 된다. 대형 공작물이나 복잡한 형상의 공작물을 가공하게 된다. 대형 공작물이나 복잡한 형상의 공작물은 그림 (c)와 같이 앵글 플레이트나 클램프 등의 고정구를 사용하여 작업을 한다.

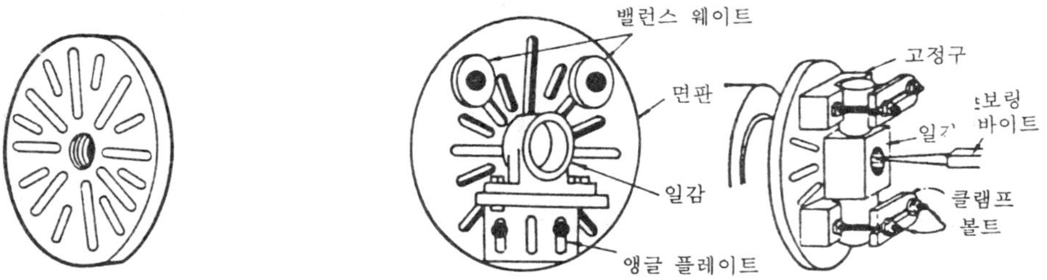

(a) (b) (c)

그림 3-31 면판의 종류와 작업

3-5-4 돌림판(driving plate)과 돌리개(dog)

돌림판은 그림 3-32의 (a), (b)와 같이 곧은 돌림판과 곡형 돌림판이 있으며 주축 끝 나사부에 고정하며, 공작물에 고정한 돌리개를 거쳐 주축의 회전을 공작물에 전달하게 된다.

돌림판은 주철로 만든 것이 많고, 그림 3-32의 (c)와 같이 돌림판과 돌리개를 함께 사용하여 작업을 주로 한다.

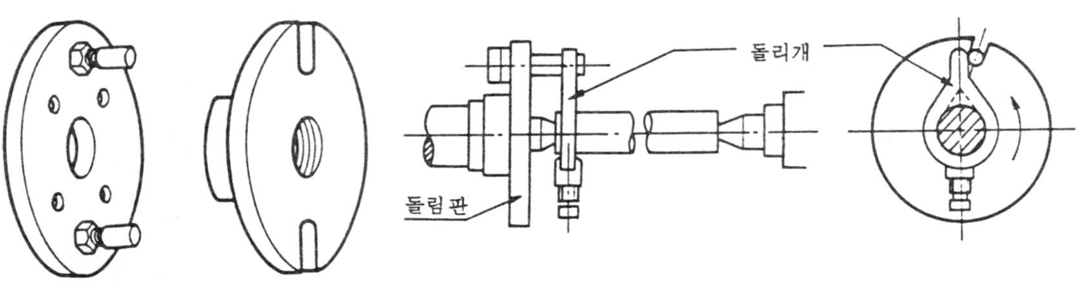

(a) 곧은 돌림판 (b) 곡형 돌림판 (c) 돌림판과 돌리개

그림 3-32 돌림판의 종류와 작업

또한 돌리개의 종류는 그림 3-33과 같다.

(a)(b)(c) : 곧은 돌리개(straight tail dog)

(d) : 굽힘 돌리개(bent tail dog)

(e) : 평행 돌리개(parallel tail dog)

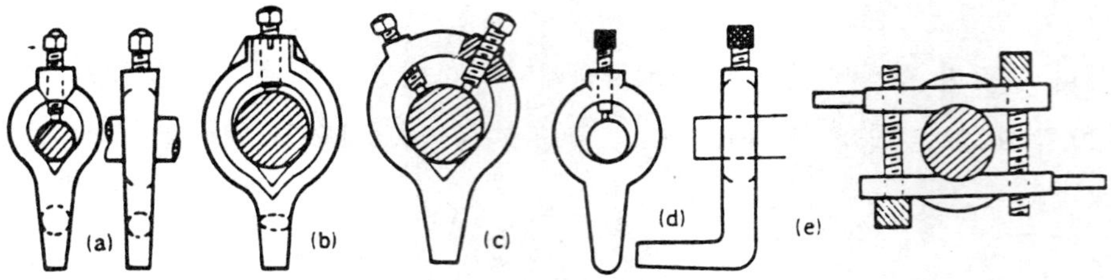

그림 3-33 돌리개의 종류

3-5-5 방진구(work rest)

가늘고 긴 공작물을 가공할 경우 공작물은 자중 및 절삭력으로 인하여 휨(deflection)이 생기고 진동을 일으켜 균일한 직경을 가진 진원 단면의 절사각공이 곤란하다. 이것을 방지하기 위하여 방진구를 사용하며 보통 직경의 12배 이상의 길이가 되면 불안저한 절삭 조건으로 인정되며, 직경의 20배 이상의 길이를 갖고 있는 공작물을 가공할 때는 방지구를 사용하여야 한다. 방지구의 종류는 이동식과 고정식 방진구가 있다.

(1) 고정식 방진구(Fixed steady rest)

선반의 베드에 고정하여서 사용하며 가공물이 길 때에는 여러 개를 사용하는 일도 있으며, 다듬질된 부분을 가공할 때에는 접촉부에 동판을 넣어서 표면이 손상을 받지 않도록 보호하며 또는 부시(bush)를 사용하는 경우도 있다. 3개의 조로 공작물을 고정한다(그림 3-34).

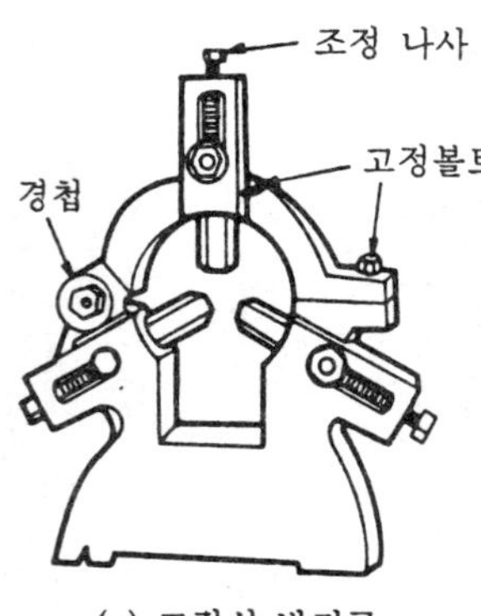

(a) 고정식 방진구

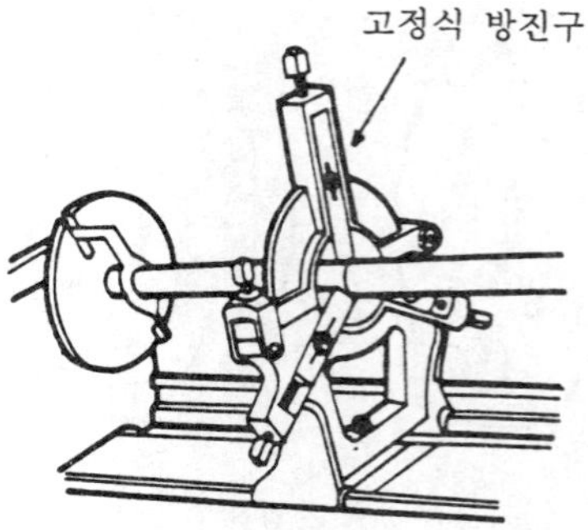

(b) 작업의 예

그림 3-34 고정식 방진구와 작업

(2) 이동식 방진구(Follow steady rest)

선반의 왕복대에 장치하여 공작물을 지지하면서 왕복대와 함께 이동하고, 탄성이 큰 공작물에서 바이트의 절삭력으로 인한 휨의 방지를 위하여 사용된다. 2개의 조로 공작물을 고정한다(그림 3-35).

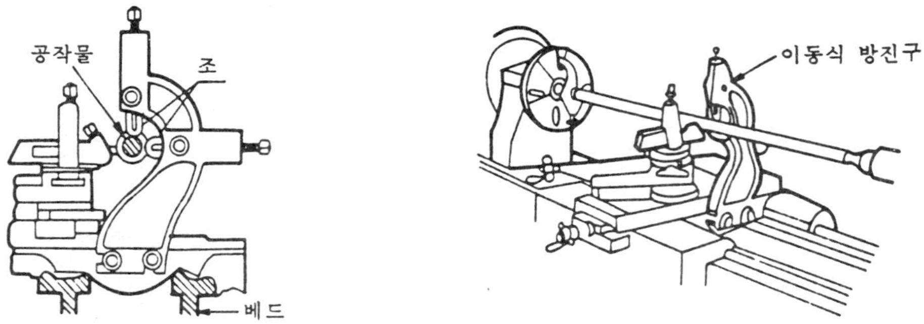

(a) 이동식 방진구 (b) 작업의 예

그림 3-35 이동식 방진구와 작업

3-5-6 심 봉(Mandrel)

심봉은 구멍이 있는 공작물을 고정하여 가공할 때 사용하며, 공작물이 먼저 가공된 구멍에 삽입하여 장치하지만 그 자체는 양 센터로 지지하거나 주축의 테이퍼 구멍에 끼워 사용한다. 사용 목적은 구멍과 외경을 동심으로 가공할 때 사용되고, 외경과 단면 등을 중심 구멍에 대하여 직각으로 가공할 때도 사용한다(그림 3-36).

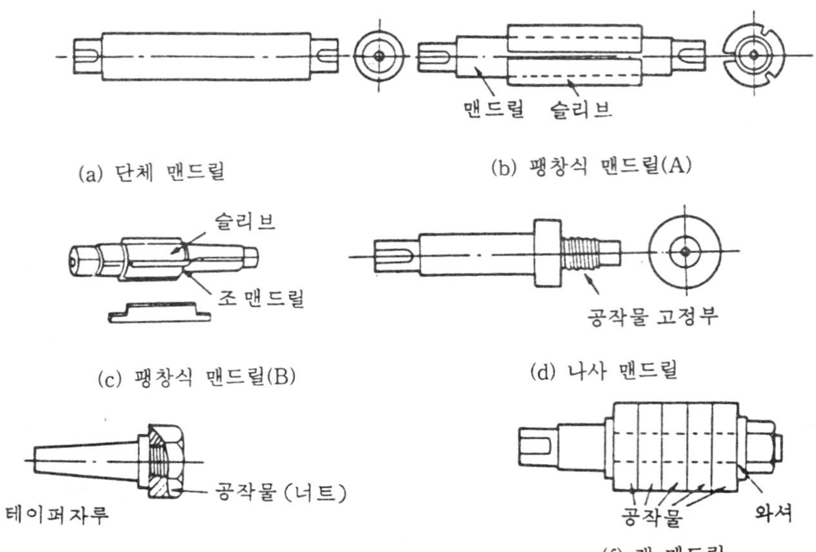

(a) 단체 맨드릴
(b) 팽창식 맨드릴(A)
(c) 팽창식 맨드릴(B)
(d) 나사 맨드릴
(e) 테이퍼 맨드릴
(f) 갱 맨드릴

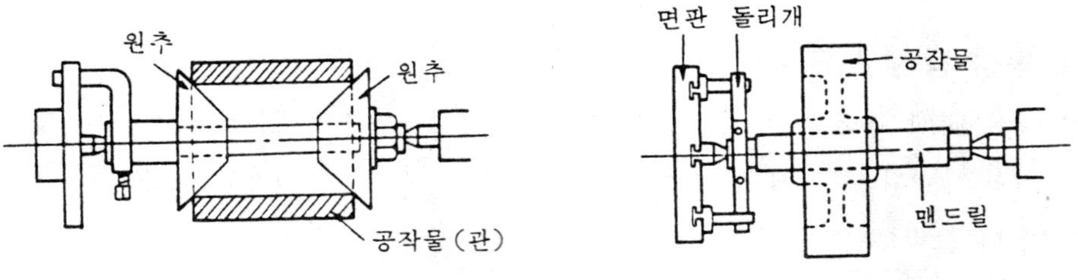

(g) 원추 맨드릴 (h) 맨드릴의 사용(예)

그림 3-36 심봉의 종류와 사용 예

3-5-7 평행판(parallel plate)

공작물은 절삭저항(주분력, 횡분력, 배분력)에 의하여 중심이 틀려지므로 공작물을 고정할 때 그림 3-37과 같은 평행한 받침판을 사용하여 고정을 하면 중심이 정확하게 평행되어 가공시 틀려지지가 않는다.

(a) 단동척용 (b) 연동척용

그림 3-37 평행판의 종류

3-5-8 척(Chuck)의 종류와 특징

일감을 고정할 때 사용하며, 고정 방법에는 조(jaw)에 의한 기계적인 방법과 전기적인 방법이 있다 .

(1) 단동식 척(independent chuck)

① 단동척의 특징

ⓐ 강력 조임에 사용하며, 조가 4개 있어 4번척이라고도 한다.

ⓑ 원, 사각, 팔각, 조임시에 용이하다.

ⓒ 조가 각자 움직이며, 중심잡는데 시간이 걸린다.

ⓓ 편심가공시 편리하다.

ⓔ 가장 많이 사용한다.

② 단동척의 크기

척의 크기는 외경으로 표시하며, 호칭번호는 다음표 3-8과 같다.

표 3-8 단동식 척의 크기

호칭번호	D_1	D(최소)	B	B_1	H_1	L
6	150	40	60	25	25	55
8	200	50	75	30	30	75
10	200	55	80	30	35	90
12	300	65	90	35	40	100

(2) 연동척(universal chuck ; 만능척)

① 조가 3개이며, 3번척, 스크로울(scroll)척이라 한다.

② 조임이 약하다.

③ 중심을 잡기 편리하다.

④ 조 3개가 동시에 움직인다(조가 동심원으로 이동).

⑤ 원, 3각, 6각봉(3의 배수) 가공에 사용한다.

(3) 마그네틱 척(magnetic chuck ; 전자척, 자기척)

① 직류 전기를 이용한 자화면이다.

② 강력 절삭이 곤란하다.

③ 필수 부속장치 : 탈 자기장치

④ 사용전력 : 200~400W

(4) 공기 척(air chuck)

① 공기 압력을 이용하여 일감을 고정한다.

② 균일한 힘으로 일감을 고정한다.

③ 운전 중에도 작업이 가능하다.

④ 조의 개폐 신속

(5) 콜릿 척(collet chuck)

① 터릿 선반이나 자동 선반에 사용된다.

② 직경이 적은 일감에 사용한다.

③ 중심이 정확하고, 원형재, 각봉재 작업이 가능하다.

④ 다량 생산에 가능하다.

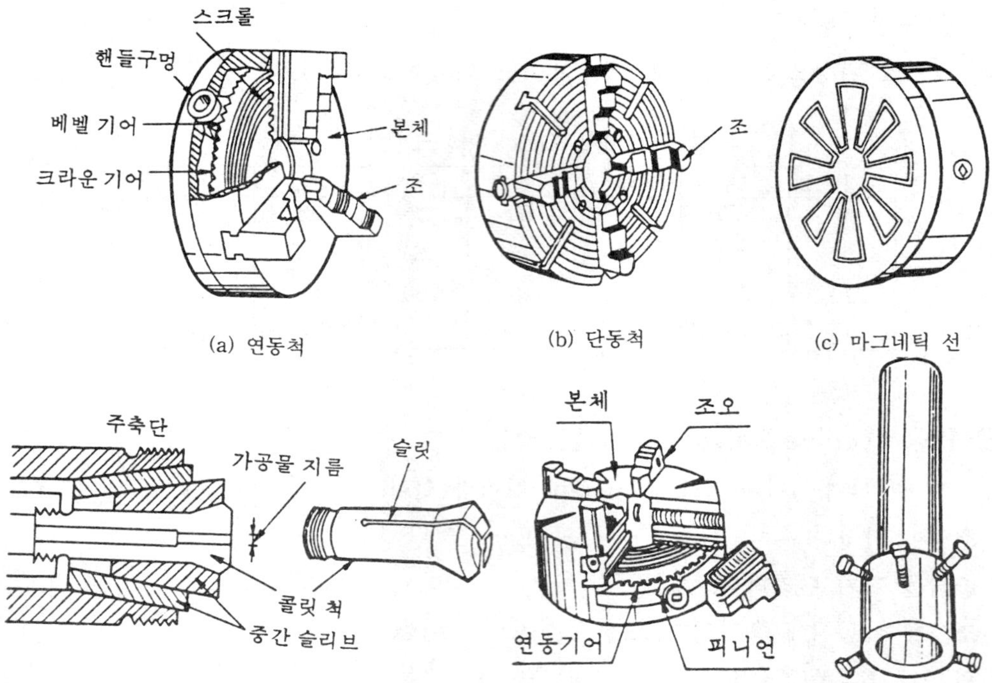

(a) 연동척 (b) 단동척 (c) 마그네틱 선

(d) 콜릿척 (e) 복동척 (f) 벨 척

그림 3-38 척의 종류

3-6 선반의 절삭조건과 작업

3-6-1 선반의 절삭조건

(1) 절삭 속도

절삭 속도는 공작물이 단위 시간에 공구의 날을 통과하는 원주 속도를 말한다.

절삭 속도는 절삭 온도를 결정하는 가장 중요한 조건으로서 어떤 한계 속도 이상이 되면 공구의 경도가 급격히 떨어져 공구의 기능을 잃게 된다. 이때의 절삭 온도를 '고온 경도 온도'라 하며 절삭 속도는 어떠한 경우든 이 한계 속도 이하에서 결정되어야 한다.

$$V = \pi DN/1{,}000$$

$$N = 1{,}000V/\pi D$$

V:절삭 속도(m/min), D:공작물 지름(mm), N:주축 회전수(rpm), π:원주율(3.14)

절삭 속도를 정하는 조건을 다음과 같다.

① 공작물의 재질

② 바이트의 재질

③ 이송량

④ 절삭유의 사용 유무

⑤ 바이트의 수명 시간

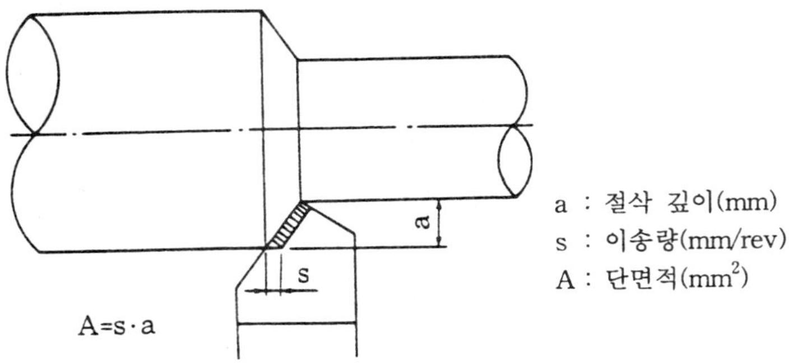

그림 3-39 절삭 단면적(A)

(2) 이송

이송은 절삭 깊이보다 절삭 온도와 공구 수명에 미치는 영향이 크며 표면 거칠기와 가공 정도의 요구에 따라 적절히 선정해야 한다. 거친 절삭기는 표면 거칠기와 가공 정도가 중요하지 않으므로 기계가 견딜 수 있는 최대의 칩 제거율(v×s×d)이 되도록 이송을 선정하여 가공비를 줄여야 하며, 다듬 절삭시는 표면 거칠기와 가공 정도가 더 중요하므로 이송을 작게 한다. 보통 다듬 절삭 이송은 거친 절삭 이송의 1/3 정도인 0.1[mm/rev]를 표준으로 해서 조금씩 가감한다.

(3) 절삭 깊이

절삭 깊이는 가공물의 강성, 요구 표면 거칠기와 가공 정도에 따라 적절히 선정한다. 거친 절삭시는 이송에서와 마찬가지로 칩 제거율이 최대가 되는 절삭 깊이를 선정하나 다음 절삭시는 절삭 단면적이 작을수록 표면 거칠기와 가공 정도를 향상시킬수 있으므로 보통 거친 절삭 깊이는 1/15 정도인 0.2[mm]를 표준으로 해서 조금씩 가감한다. 강의 경우는 0.25~0.4[mm], 주출의 경우는 0.4~0.5[mm] 정도로 선정한다.

절삭 깊이×이송량이 일정하다면 절삭 속도가 클수록 절삭량은 증가하게 된다. 그러므로 거친 절삭에서는 절삭 깊이를 작게 하고, 이송을 크게 하여 능률적인 절삭을 한다.

표 3-9 선삭의 절삭 조건

가공물의 재질	인장강도 (N/mm^2)	고속도강 공구 절삭깊이 (mm)	고속도강 공구 이송 (mm./rev)	고속도강 공구 절삭속도 (m/min)	고속도강 공구 수명 (min)	WC공구 절삭깊이 (min)	WC공구 이송 (mm./rev)	WC공구 절삭속도 (m/min)	WC공구 수명 (min)
일반구조용강, 열처리강, 공구강, 주강	~500	0.5	0.1	75~60	60	1	0.3	220~170	120
		3	0.5	65~50		6	0.6	110~80	
		10	1.5	35~20		10	1.5	80~50	60
	500~700	0.5	0.1	70~50	60	1	0.3	200~150	120
		3	0.5	50~30		6	0.6	100~70	
		10	1.5	30~20		10	1.5	70~50	60
	700~900	0.5	0.1	45~30	60	1	0.1	150~110	120
		3	0.5	30~22		6	0.6	80~55	
		10	1.5	18~12		10	1.5	55~35	60
	900~1100	0.5	0.1	30~20	60	1	0.1	110~75	60
		3	0.4	20~15		6	0.6	55~35	
		6	0.8	18~10		10	1.5	35~25	
	1100~1400	-	-	-	-	1	0.1	75~50	60
		-	-	-		3	0.3	50~30	
		-	-	-		6	0.6	30~20	
쾌삭강	~700	0.5	0.7	90~60	240	1	0.1	160~120	240
		3	0.3	75~50		3	0.3	120~80	
	700~	0.5	0.1	70~40	240	1	0.1	120~80	240
		3	0.3	50~30		3	0.3	90~60	
편상흑연 주철	~200	0.5	0.1	45~35	60	1	0.1	100~80	60
		3	0.3	35~25		3	0.3	90~60	
		10	1.5	20~15		10	1.5	60~40	
	200~400	0.5	0.	40~32	60	1	0.1	100~70	60
		3	0.3	32~23		3	0.3	75~55	
		10	1.5	18~12		10	1.5	50~35	
구상흑연 주철	400~700	-	-	-	-	1	0.1	180~140	60
		-	-	-		3	0.3	150~90	
		-	-	-		6	0.6	100~70	
흑심가단 주철	350	0.5	0.1	70~45	60	1	0.1	240~200	60
		3	0.3	60~40		3	0.3	180~140	
		6	0.6	40~20		6	0.6	140~80	
백심가단 주철	350~450	0.5	0.1	60~40	60	1	0.1	150~90	60
		3	0.3	50~35		3	0.3	100~60	
		6	0.6	35~20-		6	0.6	75~50	
구리합금	200~350	3	0.3	150~100	120	3	0.3	450~350	240
		6	0.6	120~80		6	0.6	350~250	
	350~800	3	0.3	100~60	240	3	0.3	400~300	240
		6	0.6	60~40		6	0.6	300~200	
알루미늄 및 합금, 마그네슘 합금	60~320	0.5	0.1	180~160	240	0.5	0.1	700이상	240
		3	0.3	160~140		3	0.3	600~400	
		6	0.6	140~120		6	0.6	500~250	
알루미늄 합금(경화처리)	320~440	1	0.1	140~100	240	1	0.1	400~200	120
		6	0.6	120~80		6	0.6	300~150	
	440	-	-	-	-	1	0.1	200~120	120
		-	-	-		6	0.6	150~20	
열경화성수지(내부재미충진)	-	1	0.1	250~200	480이상	1	0.1	500~350	480이상
		3	0.3	200~150		3	0.3	400~250	
열경화성수지(내부재충진)	-	1	0.1	150~80	30~480	1	0.1	350~200	30~480
		3	0.3	60~30		3	0.3	200~50	
열사소성 수지	-	1	0.1	400~300	480이상	1	0.1	800~650	480이상
		3	0.3	300~200		3	0.3	700~600	

3-6-2 선반 작업

(1) 공작물의 고정

선반 가공을 하기 위하여 공작물을 고정시킬 때에는 그 공작물의 형상과 치수에 따라 가장 적절한 방법을 선택해야 하는데, 다음과 같은 방법을 생각할 수 있다.

① 척에 의한 고정

직경에 비하여 길이가 짧은 공작물의 단면 절삭, 내경 절삭, 절단 작업을 위해서 공작물을 척에 고정시키는 방법으로 그림 3-40과 같이 고정한다.

공작물을 척에 고정시킬 때, 척의 조오에 20mm이상 물려야 안전 작업이 된다.

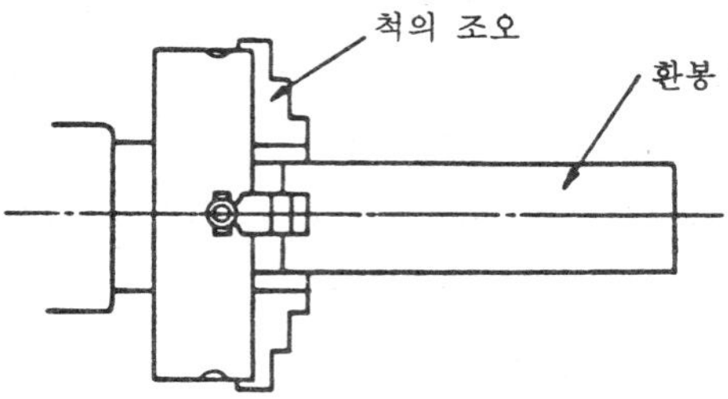

그림 3-40 척에 의한 고정

② 양 센터에 의한 고정

비교적 가늘고 긴 형상의 공작물 외경을 절삭할 때의 고정법으로 그림 3-41과 같이 주축대 축과 심압대 축의 양 센터로서 공작물을 지지하여 고정시키는 방법이다.

③ 척과 심압대 센터에 의한 고정

보통 작업시에 많이 사용되는 방법으로 공작물의 길이가 길어서 절삭력에 의하여 굽힘이나 진동이 생길 경우에 공작물의 한쪽은 척에 고정시키고, 다른 한쪽은 심압대 축 센터로서 지지시키는 방법이다.

공작물이 가늘고 길어서 굽힘이나 진동이 심한 경우에는 방진구를 부착시킨다.

④ 면판에 의한 고정

공작물의 형상이 불규칙한 경우에 그림 3-42와 같이 면판에 직접 고정시키는 방법이다.

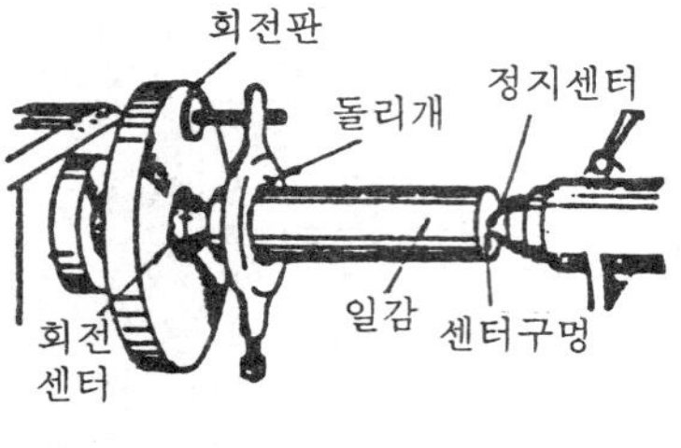

그림 3-41 양 센테에 의한 고정

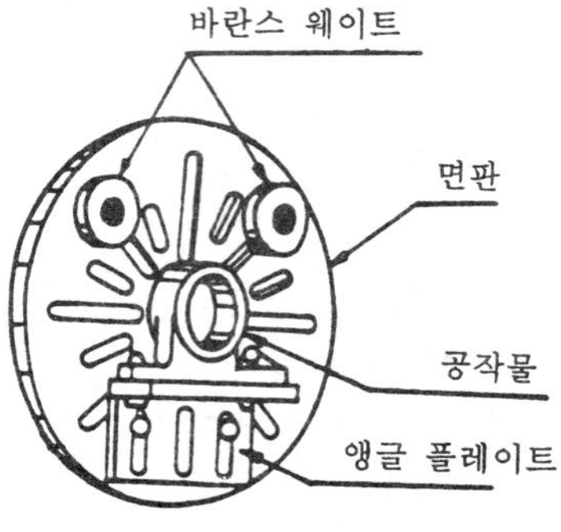

그림 3-42 면판에 의한 고정

⑤ 심봉(mandrel)에 의한 고정

공작물의 일부가 가공되어 있고, 기타 부분을 가공할 때 심봉을 이용하여 공작물을 고정시키며, 척 등에 부착하기 곤란 할 경우에도 심봉을 이용한다.

(2) 외경 절삭 작업

① 원통가공

공작물을 양 센터 사이 또는 척에 장치한 후 절삭용 바이트를 공구대에 고정한다. 주축의 회전수와 절삭속도를 선정하고 절삭 깊이와 이송을 정하여 거친절삭을 하며 공작물의 좌우를 뒤바꾸어 남은 부분을 깎으며, 다듬질 바이트로 필요한 치수에 맞도록 마무리 작업을 한다. 공작물을 뒤바꿈할 때에는 다듬질면에 상처가 나지 않도록 동판, 알루미늄판 등을 척에 붙여서 가공하도록 한다(그림 3-43).

ⓐ 바이트의 설치

바이트는 공구대에 설치하며, 설치할 때에는 반드시 주축의 중심과 바이트의 높이는 같아야 한다(그림 3-44)

ⓑ 바이트 설치 요령

- 바이트 돌출은 초경 바이트의 경우 생크 높이의 1.5배 이하로 한다(고속도강은 2배).
- 받침쇠는 바이트 밑면과 평행하게 설치해야 한다.

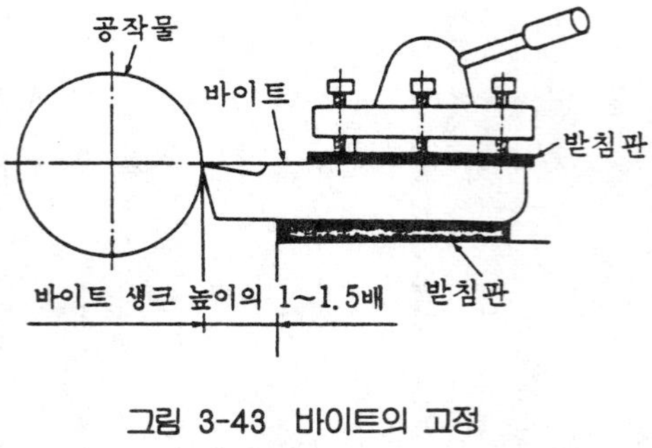

그림 3-43 바이트의 고정

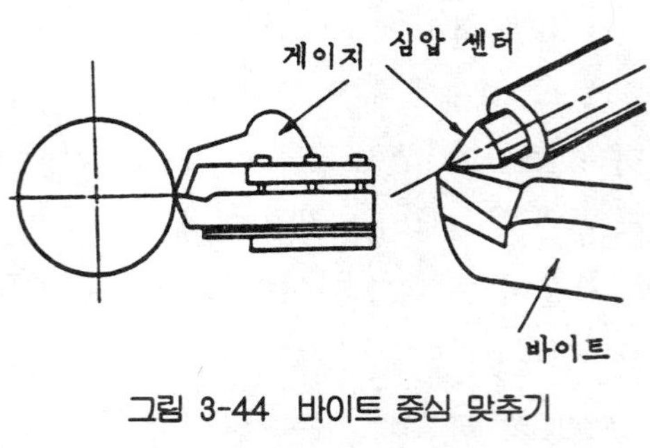

그림 3-44 바이트 중심 맞추기

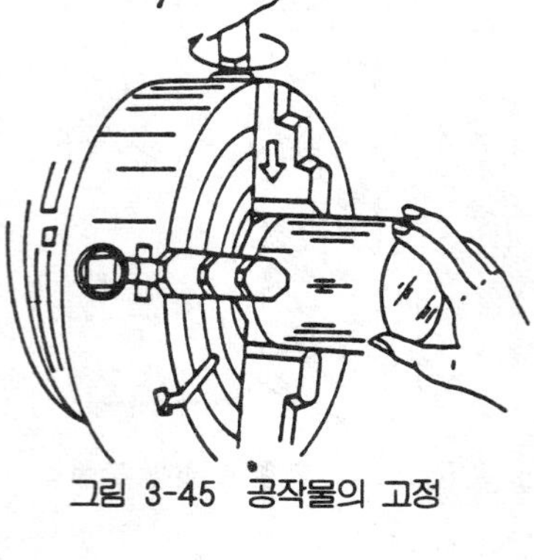

그림 3-45 공작물의 고정

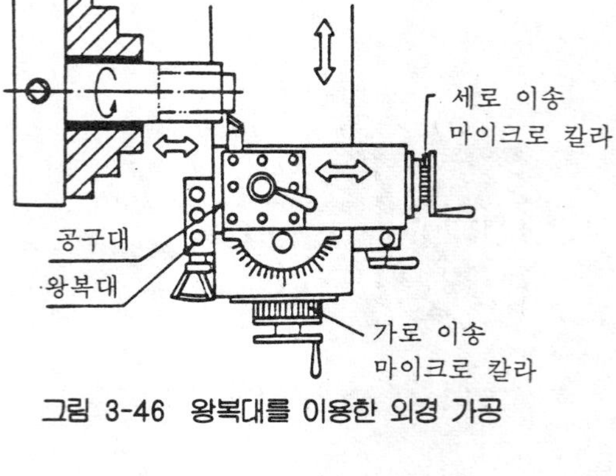

그림 3-46 왕복대를 이용한 외경 가공

• 바이트의 고정 볼트는 3점이 같은 힘이 되도록 평행하게 고정한다.

• 바이트 중심은 심압 센터에 맞추거나 센터 높이 게이지를 이용한다.

② 단면절삭

끝이 둥근 바이트를 선택하고 단면에 대하여 약간 기울어지게(약2~5°)하여 장치하며 바이트날 끝을 공작물 중심 부근까지 진입시킨 후 선반을 작동시켜 외측에서 중심을 향해 이송하고 거친절삭을 한 다음 다듬질절삭을 한다(그림 3-47(b))

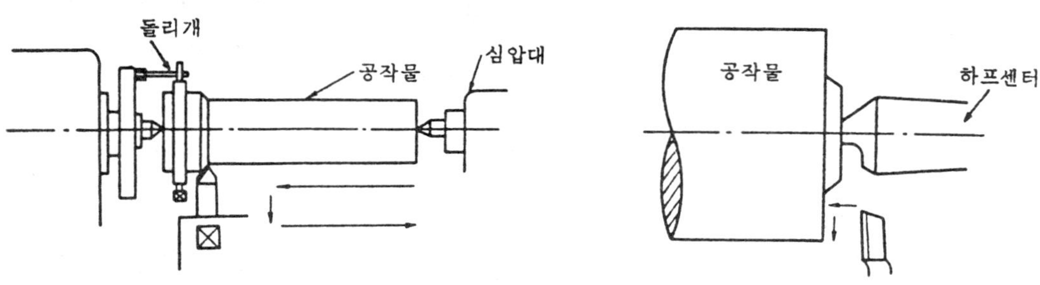

(a) 원통 절삭의 예 (b) 단면절삭의 예

그림 3-47 원통과 단면절삭

③ 절단 및 홈 가공

공작물을 절단 바이트로 절단하는 작업이며, 절단용 바이트는 스프링 홀더에 고속도강 바이트를 붙여서 주로 사용하고 초경 절단바이트를 사용할 때는 이송을 가끔 멈추어 칩이 끊어지도록 작업하는 것이 좋다(그림 3-48). 절단 작업시 절삭속도는 외경 절삭속도의 1/2정도로 하며 이송량은 0.07~0.2mm/rev 정도로 한다.

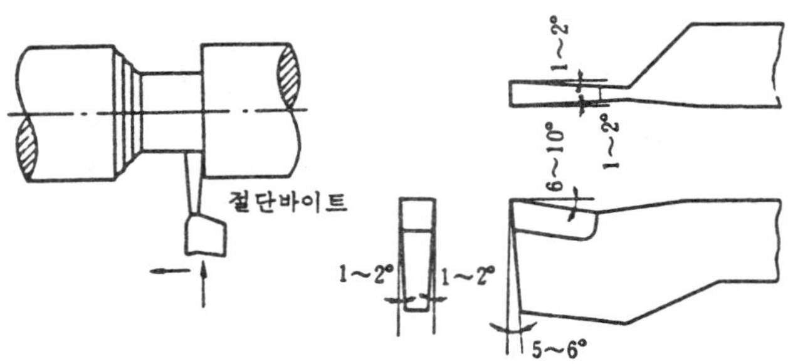

그림 3-48 절단 작업과 바이트날의 각도

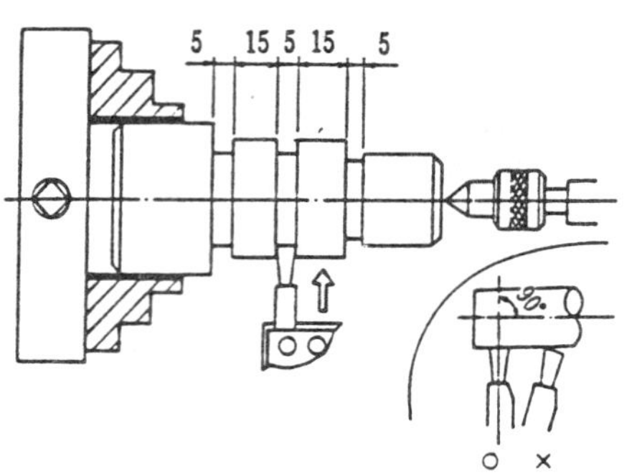

그림 3-49 홈 가공 방법

④ 널링 작업(knurling)

공작물 표면에 널(knurl)을 눌러 굴려서 얼룩이진 자리르 내는 작업으로 일명 룰렛(roulette)이라고도 한다. 널링 작업은 저속회전으로 절삭유를 충분히 공급하면서 1~3회로 완성토록 하며 외경이 약간 커지게(널 피치의 1/2~1/4) 된다(그림 3-50)

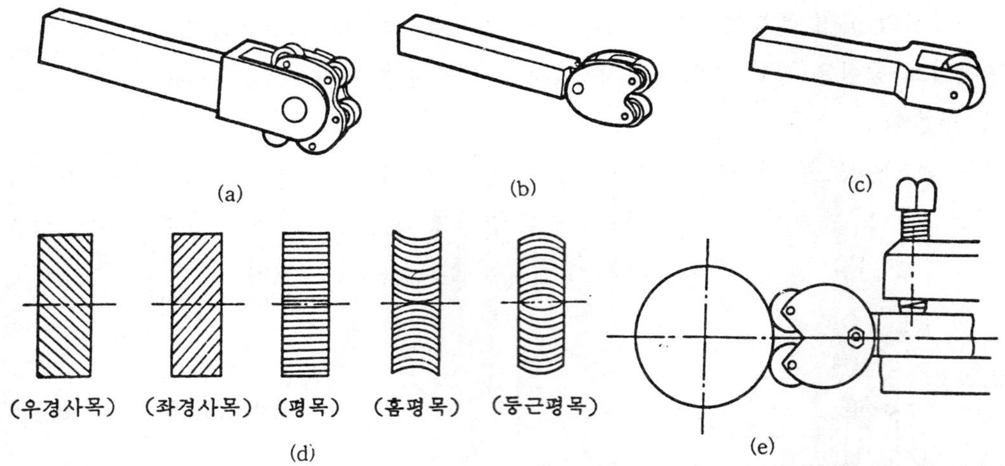

그림 3-50 널링 공구와 작업의 예

⑤ 편심(eccentric) 작업

편심이란 중심이 어긋난 것으로 지정된 편심량 만큼 어느쪽이든 중심을 벗어나게 작업을 하게 된다. 4조의 척으로 1개만 조를 풀어내고 그 반대쪽 조를 풀어낸 만큼 죄면 편심이 되므로 다이얼 게이지의 측정자를 풀어내는 방향에 대고 바늘을 보면서 조를 풀어내어 편심량 만큼 되돌아가게 한다.

ⓐ 다이얼 게이지에 의한 편심작업

ⓑ 금긋기 후 센터 드릴에 의한 편심작업

ⓒ 편심 심봉을 이용한 편심작업

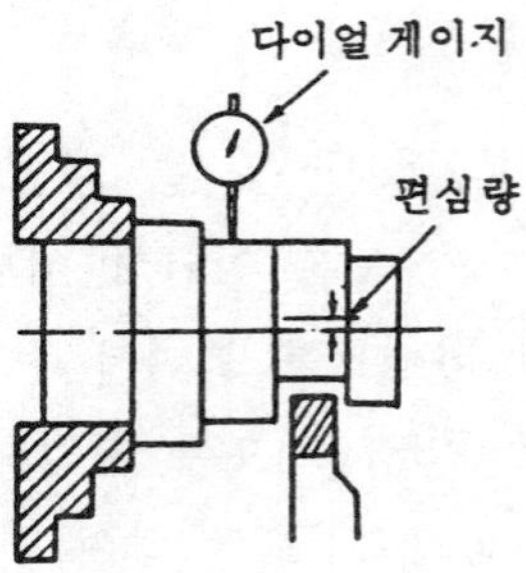

그림 3-51 편심 작업

⑥ 테이퍼 절삭 작업

테이퍼를 절삭하는 방버에는 다음과 같은 방식이 있다.

ⓐ 복식공구대(compound tool post)를 경사시키는 방법

ⓑ 심압대(tail stock)를 편위시키는 방법

ⓒ 테이퍼 절삭 장치(taper cutting attachment)를 사용하는 방법

ⓓ 가로 깍는 이송과 세로 깍는 이송을 동시에 작업하는 방법 등이 있다.

ⓐ 복식 공구대를 경사시키는 방법

선반 센터의 선단 또는 베벨기어의 소재 등과 같이 테이퍼가 크고 비교적 길이가 짧은 공작물의 테이퍼 절삭에 이용되는 방법이며(그림 3-52), 공구대의 경사(회전) 각도(θ)는 그림 3-53에서 다음과 같은 식으로 구할 수 있다.

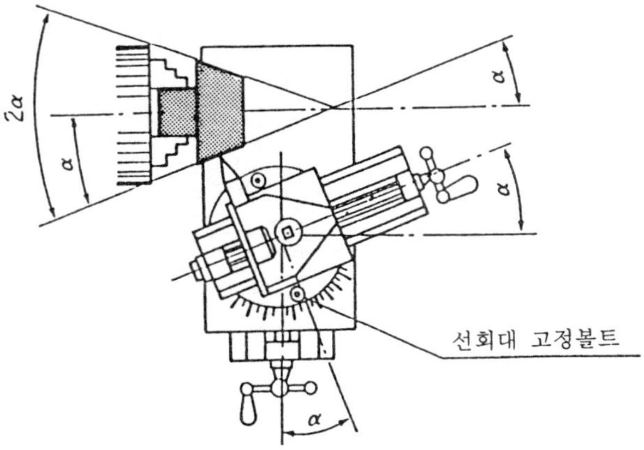

그림 3-52 복식공구대 선회방법

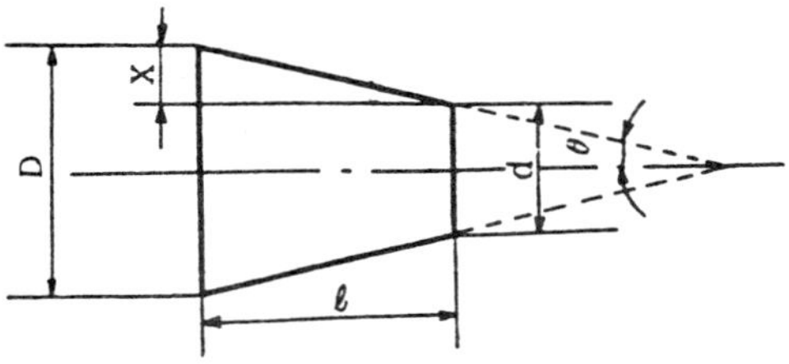

$$\tan\theta = \frac{x}{l} \qquad x = \frac{D-d}{2l}$$

$$\therefore \tan\theta = \frac{D-d}{2l}$$

그림 3-53 공잘물의 테이퍼

〔예제〕 그림 3-54에서 D=40mm, d=30mm, l=100mm일 때의 복식 공구대의 경사각을 구하여라

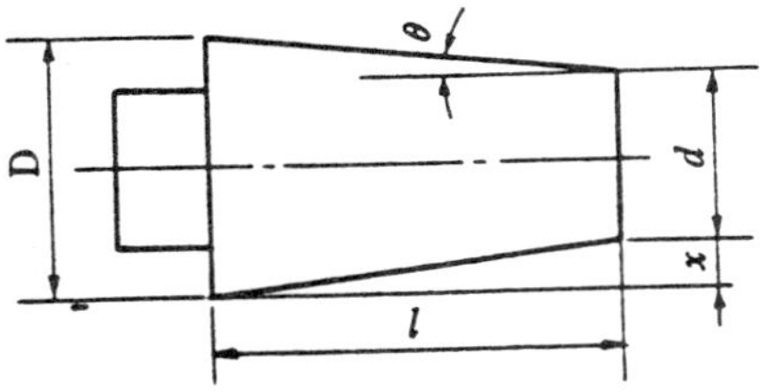

그림 3-54 테이퍼(예)

풀 이 공식 $\tan\theta = \frac{D-d}{2l}$ 에서

$$\tan\theta = \frac{40-30}{2\times100} = 0.05$$

삼각함수표 tan의 수치 중에서 0.05를 찾으면 2°51′이 된다.

ⓑ 심압대를 편위시키는 방법

그림 3-55와 같이 양 센터 사이에 공작물을 설치하여 절삭하는 방법으로 심압대를 편위시키는 방법이다. 비교적 길이가 길고 각도가 작은 공작물을 가공할 때 사용한다.

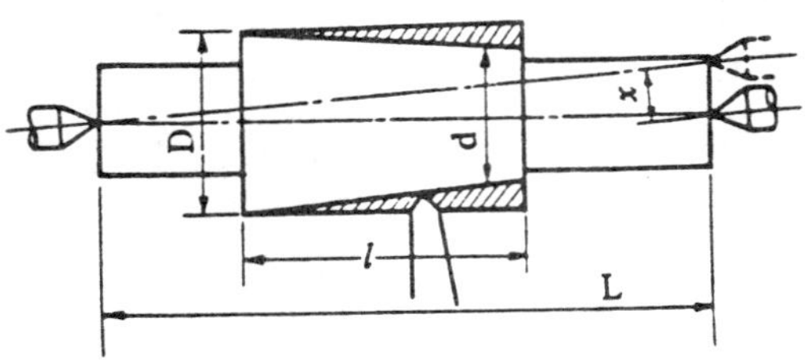

그림 3-55 심압대 편위법

심압대의 편위량은 그림 3-50에서 다음과 같은 식으로 구할 수 있다.

$$x = \frac{(D-d)L}{2l}\,[\text{ mm}]$$

D:공작물의 큰 지름, d:공작물의 작은 지름, l:테이퍼의 길이, L:공작물의 길이, x:심압대의 편위량

심압대 편위량 계산원리

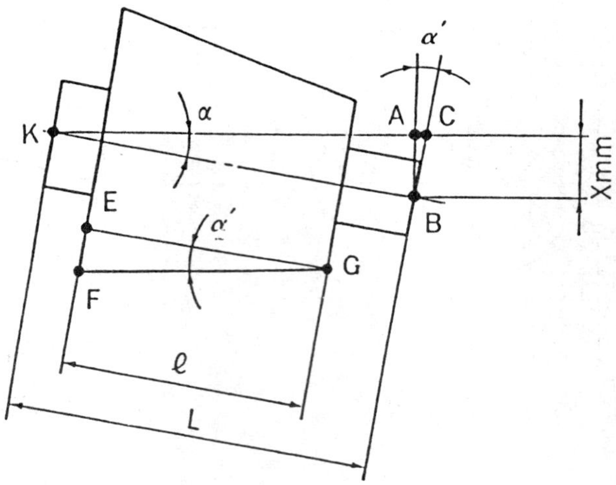

그림 3-56 심압대 편위량

$$\frac{\overline{BC}}{\overline{EF}} = \frac{\overline{BK}}{\overline{EG}} \qquad \overline{BC} = \frac{\overline{EF} \times \overline{BK}}{\overline{EG}}$$

여기서 $\overline{EF} = \frac{D-d}{2}$ $\overline{BK} = L$ $\overline{EG} = l$이므로

$\therefore \overline{BC} = \frac{(D-d) \times L}{2l}$ 이므로

$$X \simeq \overline{BC} \qquad X = \frac{D-d}{2} \times \frac{L}{l}$$

〔예제〕 그림 3-57에서 심압대의 편위 거리를 구하여라.

풀 이

공식 $x = \frac{L(D-d)}{2l}$ 에서

$$x = \frac{140(30-20)}{2 \times 100} = 7(mm)$$

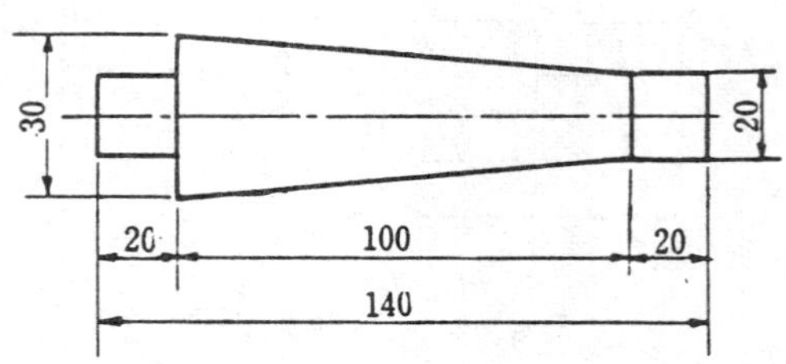

그림 3-57 테이퍼 도면

즉 심압대 센터를 7mm로 편위시켜 가공하면 된다. 심압대를 축선 중심에서 편위 시키려면 심압대 뒤쪽의 눈금을 보고 조정 나사를 돌려서 편위시킨다.

〔예제〕 다음 그림 3-58과 같은 공작물을 절삭할 때의 테이퍼량 및 복식공구대를 사용할때의 회전 각도와 심압대의 편위량을 구하여라.

풀 이 ① 테이퍼량(T)

$$T=\frac{D-d}{l}=\frac{40-20}{60}\fallingdotseq 0.333$$

② 복식 공구대의 회전각(θ)

$$\tan\theta=\frac{D-d}{2l}=\frac{40-20}{2\times 60}=\frac{1}{6}=0.1667$$

$\therefore\ \theta = 9.46^\circ \fallingdotseq 9^\circ 28'$

③ 심압대의 편위량(x)

$$x=\frac{(D-d)L}{2l}=\frac{120(40-20)}{2\times 60}=20[\ mm]$$

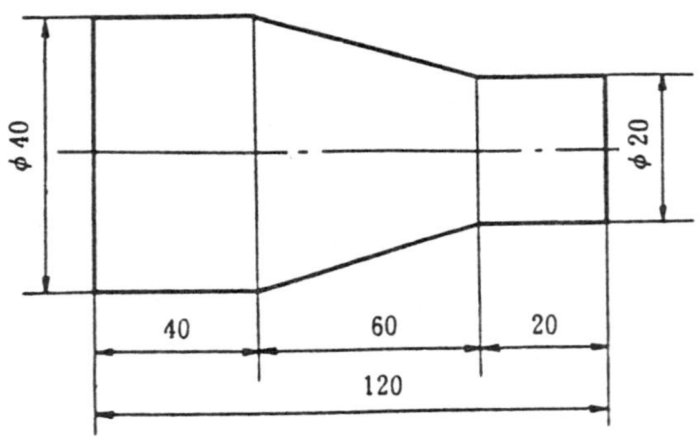

그림 3-58 테이퍼 절삭량

ⓒ 테이퍼 절삭 장치를 사용한 방법

선반 베드에 공구대를 조정한 각도 만큼씩 앞뒤로 자유롭게 움직이며, 공작물을 내외경 테이퍼를 절삭하는 장치로서(그림 3-59) 다음과 같은 장점이 있다.

- 센터 구멍이 상하지 않으며, 공작물의 길이에 관계없이 동일한 테이퍼를 가공할 수 있다.
- 선반의 모든 조절을 변경할 필요가 없으며, 심압대 편위법보다 넓은 범위의 테이퍼를 가공할 수 있다.

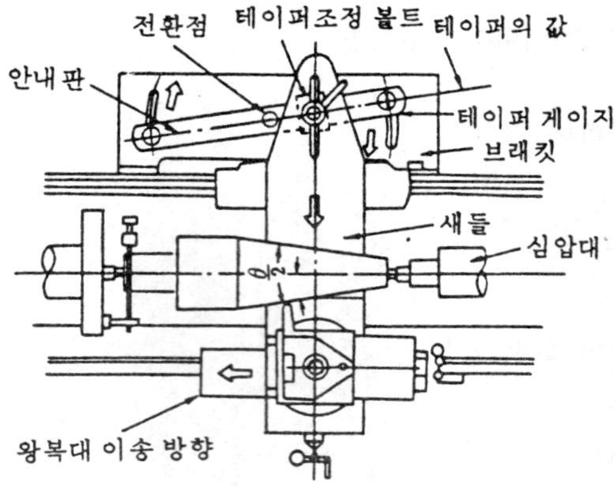

그림 3-59 테이퍼 절삭장치

ⓓ 가로, 세로 깎는 이송을 동시에 하는법

이 방법은 백오프(back off) 장치 혹은 릴리빙(reliving) 장치라고 하며 밀링커터, 탭 등의 여유각을 절삭할 때 사용된다.

3-6-3 내경 절삭 작업

공작물의 내면을 바이트로 절삭하는 작업을 내경 절삭(boring)이라 한다.

내경 절삭 작업은 바이트의 휨이 크고, 절삭하고 있는 바이트의 날끝이 잘 보이지 않으므로 치수 측정하기가 외경 절삭보다 어렵고 불편하다.

(1) 내경 바이트

내경 바이트는 날끝의 형상이 나쁘면 바이트에 걸리는 힘이 다르므로 정확한 절삭을 할 수 없으며, 절삭 중에 치수가 틀리기 쉽다. 그림 3-60과 같이 바이트의 형상에 따라 화살표로 표시된 절삭 저항의 작용점이 다르므로 내면 절삭 지름의 안쪽과 바깥쪽의 치수가 틀리게 되므로 주의하여야 한다.

내경 바이트는 될수 있으면 자루가 굵고, 길이가 짧은 것이 떨림이나 휨을 방지하는데 좋고, 지름이 큰 공작물의 가공에는 내경용 호울더를 사용하여 바이트를 끼워서 사용하면 편리하다.

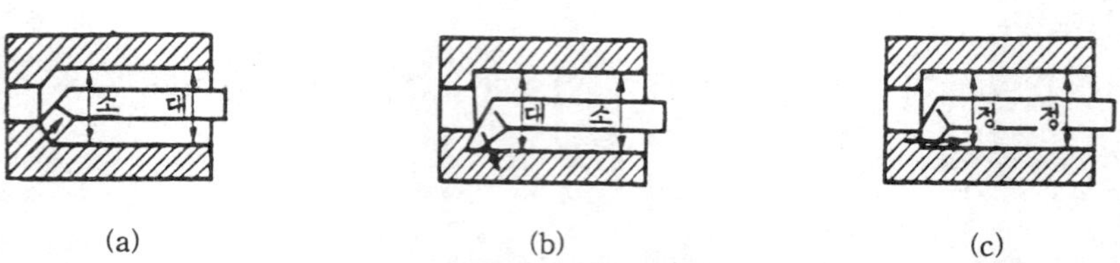

그림 3-60 내경 바이트의 날끝 형상과 미치는 영향

(2) 내경 바이트 설치법

내경 바이트는 날끝을 공작물의 중심선 높이로 정확히 맞춰서 설치하여야 한다. 그림 3-61과 같이 날끝의 높이가 높을 때에는 날의 경사각이 상대적으로 작게 작용하므로 절삭성이 나쁘고, 낮으면 절삭성은 좋아지지만 바이트의 여유면이 구멍의 안쪽에 닿을 염려가 있다. 거친 절삭을 할 때에는 큰 절삭 저항이 걸리므로 바이트를 약간 높게 설치하면 바이트가 휘어졌을 때 바로 좋은 상태의 날끝 높이로 된다.

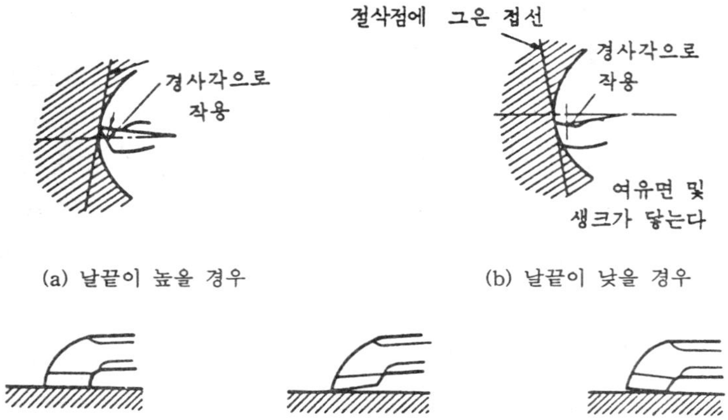

(a) 날끝이 높을 경우 (b) 날끝이 낮을 경우

(a) 양 (b) 불량 (c) 불량

그림 3-61 내경 바이트의 설치

① 거친 절삭

내경 절삭 작업에서 거친 절삭은 될 수 있는대로 빨리, 완성 치수에 가까운 크기까지 구멍을 보오링하는 것이 목적이므로 바이트는 한 번에 많은 양의 절이을 주어 가공할 수 있는 형상의 날끝을 사용한다.

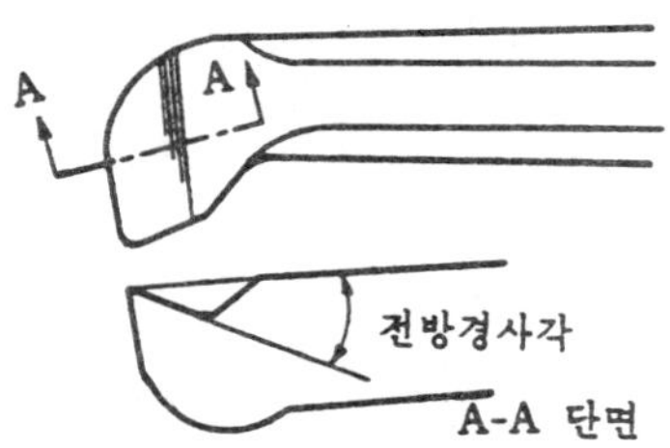

그림 3-62 내경 막깍기 바이트

그림 3-62는 고속도강의 내경 막깍기 바이트의 날끝 형상의 보기이다.

내경 절삭의 준비가 되면, 먼저 내측 캘리퍼스로 치수를 측정한 뒤 바이트 끝을 공작물에 갖다 대어 기준을 잡은 후 선반 마이크로칼라의 눈금을 이용하여 절삭을 한다. 절삭량은 외경 절삭보다 다소 적게하고, 다듬질 절삭을 위해 1mm정도 여유를 남긴다. 이송을 주기 전에 공작물 끝에서 3~5mm정도 절삭하여 기계의 운전을 정지하고 치수를 측정하요 본다. 치수에 이상이 없으면 이송을 걸어 절삭을 계속한다. 거친 절삭을 할 때의 절삭 깊이는 공작물의 크기에 따라서 다소 다르지만 보통 1~2mm정도가 적당하며 절삭 속도는 외경 절삭시의 약 80% 정도로 한다.

② 다듬질 절삭

다듬질 절삭은 그림 3-63과 같이 날끝이 평편한 바이트를 사용한다. 다듬질 바이트는 절입량을 너무 많이 주면 절삭면이 거칠면서 정확한 절삭을 할 수 없으므로 반드시 중간 절삭 작업을 한 후에 다듬질 완성 절삭을 한다.

중간 절삭 작업을 할 때의 절삭 여유는 구멍의 크기에 따라 다르지만 보통 50mm정도의 구멍이라면 0.07~0.15mm 정도가 적당하다.

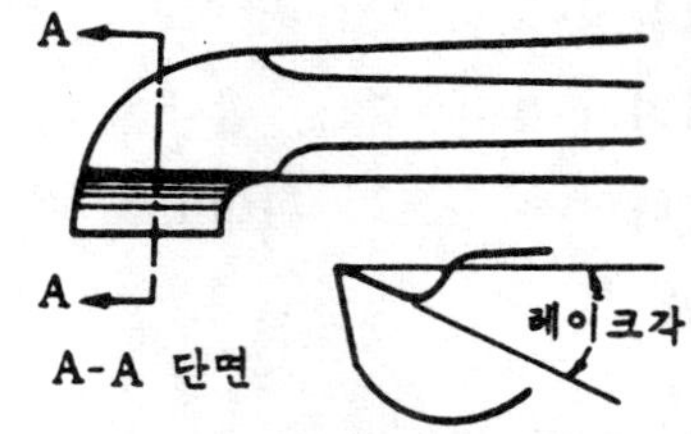

그림 3-63 내경 다듬질 바이트

다듬질 절삭시도 거친 절삭과 마찬가지로 이송을 주기 전에 치수 측정을 한 다음, 다시 바이트를 조정한 후 이송을 걸어 절삭을 계속한다. 내경 다듬질 바이트는 연삭 후 기름 숫돌로 날끝을 매끈하게 갈아 주면 강재를 절삭할 때는 반드시 절삭유를 주어 구성인선의 발생을 방지하고 절삭면을 좋게 한다.

(3) 나사절삭 작업(thereading)

① 나사절삭 원리

나사 깍는 원리는 공작물이 1회전할 때 나사의 1피치(pitch) 만큼 바이트를 이송시키는 것으로 주축의 회전은 중간축을 거쳐 리드 스크루(read screw)에 전해지며 리드 스크루 회전은 에이프런(apron)의 하프너트(halfnut)에 의해 왕복대를 길이 방향(세로)으로 이동시키면서 나사를 절삭하게 된다. 절삭되는 나사의 피치는 변환 기어의 이수의 비에 의하여 정하여지므로 필요한 속도비를 주는 기어의 이수를 계산으로 구하고 이 값에 맞는 기어를 끼운다. 피치는 나사사이의 거리이며, 미터식 나사는 mm, 인치식 나사는 1인치(inch) 마다의 산수(산수/in)로 표시다.

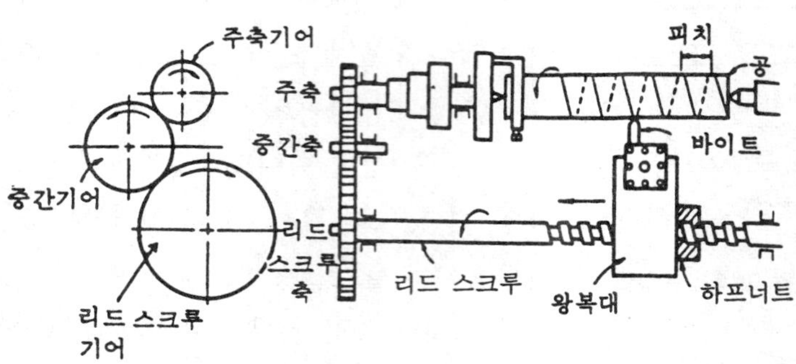

그림 3-64 나사절삭의 원리

② 나사절삭 요령

나사절삭 바이트의 날 끝 높이는 센터에 일치시키고 바이트 날 끝 공작물 중심선에 정확히 직각이 되어야 한다. 그림 3-65는 센터 게이지를 사용하여 직각이 되도록 바이트를 고정한 것을 나타낸 것이다. 그림 3-66은 바이트를 공작물에 접촉시켜 절삭할 때 (a)와 같이 공작물에 수직으로 접촉시키면 바이트 날 끝 좌우에서 나오는 칩이 서로 부딪쳐서 바이트가 진동을 일으키든가 또는 지나치게 파고 들게 된다. 이것을 방지하기 위하여 (b)와 같이 바이트를 축 방향으로 약간 어긋나게 하여 날 한쪽에서 칩이 나오게 하며 절삭하고 최후의 마무리 깍기에는 수직 방향으로만 미소한 절삭깊이를 주어 3~4회 반복 절삭을 한다. 나사 바이트의 각도는 나사의 종류에 맞도록 연삭하며 보통 전면 여유각 10~15° 측면 여유각은 5~8°가 적당하며 나사의 감긴 방향으로만 넣는 방법과 공구 이송대의 각도를 틀어 이송시키는 방법 또는 세로 이송대와 가로 이송대를 조금씩 이동시키는 방법이 있다.

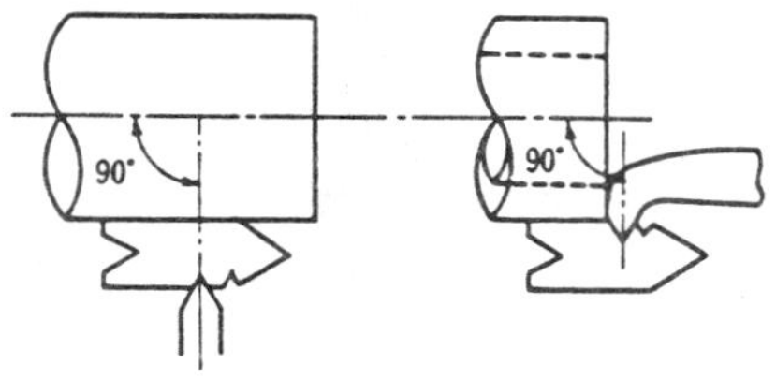

(a) 외경나사 바이트 (b) 내경나사 바이트

그림 3-65 나사 바이트 설치

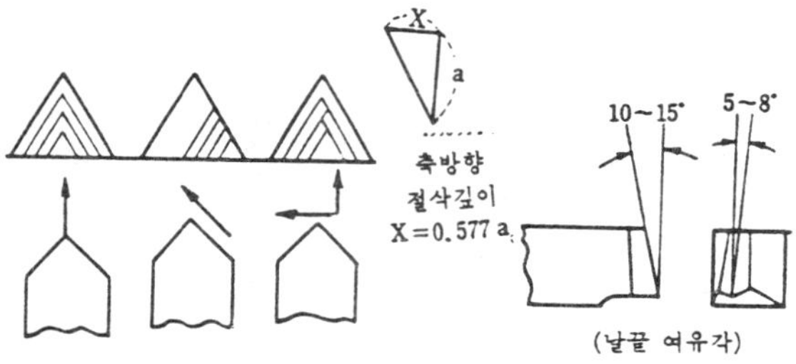

(a) (b) (c)

그림 3-66 나사절삭 요령

(4) 변환 기어 및 계산 방법

① 변환 기어(change gear)

선반에서 절삭하려고 하는 나사에 따라 주축측의 기어와 리이드 스크루우측 기어의 잇수의 비가 피치의 비와 같게 되도록 기어의 잇수를 변환시켜야 한다.

최근의 선반은 특수한 피치의 나사를 제외한 모든 나사가 기어 변환표에 의한 레버의 조작으로 간단하게 기어비를 맞출 수 있게끔 되어 있으나, 때로는 변속 기어의 교환이 요구될 때가 있으므로 선반을 취급하는 사람은 변속기어의 연결을 계산할 능력을 갖추고 있어야 한다.

구직 선반에서 사용하고 있는 변환 기어는 표 3-10과 같이 영국식과 미국식이 있으며, 한 세트로 되어 있는데 필요에 따라 그 중에서 선택 사용한다.

영국식 선반의 리이드 스크루우는 1인치에 2산의 것이 많고, 미국식 선반에서는 1인치에 4, 5, 6산의 것이 있다. 그림 3-67은 변환 기어를 연결하는 방법으로 (a)는 2단 걸이 방식으로 3개의 기어를 물리게끔 맞추는 방법이다.

표 3-10 선반 변환 기어

형 식	변 환 기 어 잇 수	참 고
영 국 식	20, 25, 30, 35, 40, 45, 50, 55, 60, 65, 70, 75, 80, 85, 90, 95, 100, 105, 110, 115, ·120, 127	• 잇수 20~120 사이를 5간격 기어 • 127기어 1개 • 157기어 1개
미 국 식	20, 24, 28, 32, 40, 44, 48, 52, 56, 60, 64, 72, 80, 127	• 잇수 20~64 사이를 4간격 기어 • 72, 80, 127기어 1개씩

이때, 중간 기어는 주축과 리이드 스크루우의 회전비에 전혀 관계가 없고, 회전 방향만 바꾸어 주므로 임의의 기어르 사용하면 되고 (b)는 4단 걸이 방식으로 주축 기어와 리이드 스크루우측 기어와의 비가 너무 커서 2단 걸이가 무리일 때 4매의 기어를 맞추어 거는 방법이다.

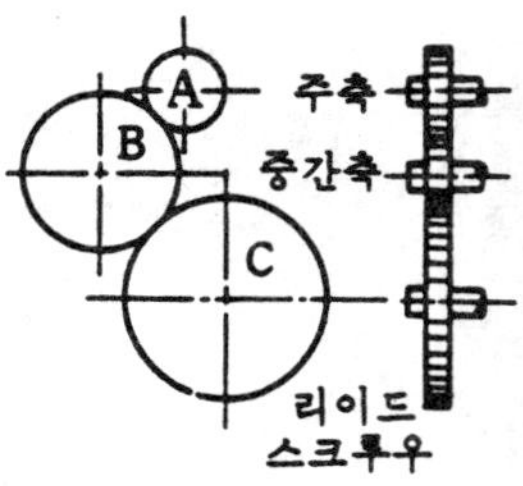

(a) 2단걸이(단식걸이)

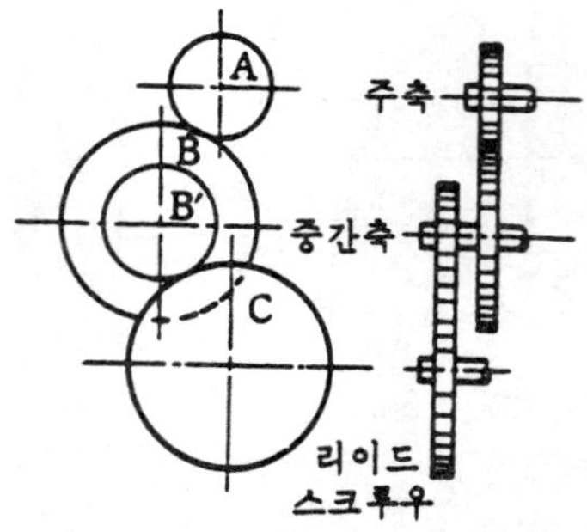

(b) 4단걸이(복식걸이)

그림 3-67 변환기어 연결법

② 변환 기어의 계산 방법

변환 기어 계산은 선반에 의한 나사 절삭 원리에서 설명한 공식에 의하여 기어의 잇수를 구하는데, 선반에서 보유하고 있는 기어의 잇수로 계산하여야 한다. 2단걸이에서 중간 기어는 임의의 기어로 문제가 없지만, 4단 걸이는 계산상 틀리지 않더라도 될 수 있는대로 지름이 큰 기어를 연결할 수 있도록 계산하며, 회전 방향은 중간축에 기어가 2개 부착 되어 있어 자연이 맞추어진다.

ⓐ 인치식 자사 가공 기어의 계산

〔예제〕 2단걸이 계산

리이드 스크루우 1인치당 4산을 가진 영국식 선반으로 1인치당 6산의 나사를 절삭하려면 변환 기어는 어느 잇수를 선택하여야 하는가?

풀이 $\frac{T}{t} = \frac{A}{C}$ 공식에서 $\frac{T}{t} = \frac{4}{6}$ 로되지만

기어 잇수가 4산과 6산의 것은 없으므로 분모·분자에 적당한 같은 수를 곱하여 보유하고 있는 변환 기어의 잇수에 맞도록 유도한다. 분모·분자를 10배로 하면

$$\frac{T}{t}=\frac{4\times 10}{6\times 10}=\frac{40}{60}=\frac{A}{C}$$

주축측에 40매, 리이드 스크루우측에 60매의 기어를 연결한다.
분모·분자를 15배로 하여 계산하여도 된다.

〔예제〕 리이드 스크루우 1인치당 2산을 가진 영국식 선반으로 1인치당 16산의 나사를 절삭하려면 변환기어는 어느 잇수를 선택하여야 하는가?

풀이 $\frac{T}{t}=\frac{2}{16}=\frac{1}{8}$

회전비가 1/8로 1/6보다 크므로, 4단 걸이를 하여야 하며, 8을 인수 분해하여 4×2로 하면

$$\frac{T}{t}=\frac{1}{8}=\frac{1}{2}\times\frac{1}{4}$$

여기서, 2조로 된 분수의 분모·분자에 적당한 수를 곱하여 유도하면

$$\frac{T}{t}=\frac{1\times 30}{2\times 30}\times\frac{1\times 25}{4\times 25}=\frac{30}{60}\times\frac{25}{100}=\frac{A}{B}\times\frac{B'}{C}$$

4단 걸이로 A=30, B=60, B′=25, C=100기어로 한다.

※ 4단 걸이 때는 다음 2가지 조건을 만족시키는가를 반드시 확인하여야 한다.

① $\frac{A}{2}+\frac{B}{2}>\frac{B'}{2}$ 즉 $A+B>B'$, ② $\frac{B'}{2}+\frac{C}{2}>\frac{B}{2}$ 즉 $B'+C>B$로 되도록 기어 잇수를 선정하여야 한다.

〔예제〕 1인치에 2산인 리드 스크루의 영식(英式) 선반으로 13½산/inch의 나사를 깍을 때 변환 기어를 계산하여라.

풀이 인치식 선반으므로 $\frac{A}{B}\times\frac{B'}{C}=\frac{2}{13\frac{1}{2}}=\frac{2}{\frac{27}{2}}=\frac{4}{27}=\frac{4\times 1}{9\times 3}$

$$=\frac{4\times 5}{9\times 5}\times\frac{1\times 30}{3\times 30}=\frac{20}{45}\times\frac{30}{90}$$ ∴ A=20, B=45, B′=30, C=90

ⓑ 인치식에서 미터식 나사 가공 기어의 계산

인치식의 리이드 스크루우를 가진 선반으로 미터식의 나사를 절삭하려면, 1인치≒25.4mm=127/5mm이므로 다음과 같은 공식이 성립된다.

$$\frac{p}{\mathrm{p}} = (5\times\text{리이드스크루우1인치당의산수})\times(\text{절삭하는나사의}\frac{\text{피치)}}{127} = \frac{\mathrm{A}}{\mathrm{C}}$$

즉, 리이드 스크루우 측의 기어 잇수는 127개의 것을 사용하여야 한다.

〔예제〕 리이드 스크루우 1인치다에 2산을 가진 선반에서 피치 4mm의 나사를 절삭하려고 한다. 변환 기어를 계산하여라.

풀이 $\frac{p}{\mathrm{p}} = \frac{5\times2\times4}{127} = \frac{40}{127} = \frac{\mathrm{A}}{\mathrm{C}}$

2단 걸이로 A=40, C=127 기어로 한다. 중간기어는 입의 기어이다.

〔예제〕 리이드 스크루우 1인치당에 6산을 가진 선반에서 피치 10mm의 나사를 절삭하려고 한다. 변환 기어를 계산하여라.

풀이 $\frac{p}{\mathrm{p}} = \frac{5\times10\times6}{127} = \frac{50}{127}\times\frac{120}{20} = \frac{\mathrm{A}}{\mathrm{B}}\times\frac{\mathrm{B}'}{\mathrm{C}}$ (이때 검산한다).

4단 걸이로 A=50, B=127, B′=120, C=20기어로 한다.

〔예제〕 리드 스크루가 4산/in의 선반으로 피치 6mm인 나사를 깍을 때의 변환기어를 계산하여라.

풀이 피치는 ¼inch가 되고 공작물의 피치 6mm를 인치로 환산하면 $6\times\frac{5}{127}$ 이므로

$$\frac{\mathrm{A}}{\mathrm{C}} = \frac{\mathrm{x}}{\mathrm{P}} = \frac{6\times5/127}{1/4} = \frac{6\times5\times4}{127} = \frac{120}{127} \quad \therefore \mathrm{A} = 120,\ \mathrm{B} = 127$$

ⓒ 미터식에서 인치식 나사 가공 기어의 계산

미터식의 리이드 스크루우를 가진 선반에서 인치식의 나사를 절삭하려면 인치식에서 미터식 나사 가공시의 계산 방법과 같은 원리로 1 inch = 25.4mm = $\frac{127}{5}$mm로 하여 계산하면 된다.

〔예제〕 피치 6mm의 리이드 스크루우를 가진 선반으로 1인치 4산을 가진 인치식 나사를 절삭하려고 한다. 변환 기어를 계산하여라.

풀 이 리이드 스크루우의 피치 p=6mm, 공작물 나사의 피치= $\frac{1}{4} \times \frac{127}{5}$ mm

$$1\ \frac{p}{p} = \frac{\frac{1}{4} \times \frac{127}{5}}{6} = \frac{1}{4} \times \frac{127}{5} \times \frac{1}{6} = \frac{127}{1120} = \frac{A}{C}$$

2단 걸이로 A=127, C=120이며 중간기어는 임의의 기어로 한다.

또는, $\frac{p}{p} = \frac{\frac{1}{4} \times \frac{127}{5}}{6} = \frac{1}{4} \times \frac{127}{5} \times \frac{1}{6} = \frac{1 \times 40}{2 \times 40} \times \frac{127}{60}$

$$= \frac{40}{80} \times \frac{127}{60} = \frac{A}{B} \times \frac{B'}{C}$$

A=40, B=80, B′=127, C=60 기어로 한다.

③ 워엄을 절삭할 때의 계산 방법

선반으로 워엄(Worm)을 가공할 때는 157개의 잇수를 가진 기어를 준비하여야 하며, 워엄의 피치는 워엄 기어의 크기로 정한다.

그림 3-68에서와 같이 워엄의 피치는

$P_x = \pi \cdot m$

$P_x = \pi \cdot /D.P$로 나타낸다.

m : 모듈울(modul), D.P : 지름 피치

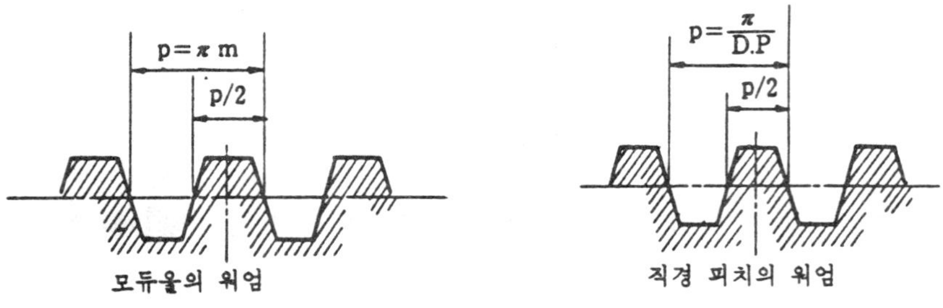

그림 3-68 워엄의 피치

157기어를 사용한 변환 기어의 계산식은 아래와 같다.

$$\frac{5P_x \times T}{127} = \frac{A}{B} \times \frac{B'}{C}$$

〔예제〕 1인칭당 2산의 리이드 스크루우를 가진 선반으로 모듈울(m) 2의 워엄을 절삭할 때 변환 기어를 구하여라.

풀 이 모듀울로 나타내는 워엄의 피치 단위는 mm이므로, 인치식의 리이드 스크루우로서 미터 나사를 깍을 때와 마찬가지로 계산한다.
리이드 스크루우의 피치 p=1/2인치

워엄의 피치 p=2π(mm)=2π ×5.127 인치 이므로, $\frac{p}{\mathrm{p}}$ 식에 의하여

$$\frac{p}{\mathrm{p}} = \frac{2\pi \times 5 \times 2}{127} = \frac{20\pi}{127}$$

여기에서, π/2=3.14/2=1.57로 하면

$$\frac{20\pi}{127} = \frac{40 \times \pi/2}{127} = \frac{40}{127} \times \frac{1.57}{1} = \frac{40}{127} \times \frac{157}{100} = \frac{A}{B} \times \frac{B'}{C}$$

A=40, B=127, B′=157, C=100기어로 한다.

〔예제〕 1인치당 4산의 어미 나사를 가진 영국식 선반으로 D·P 7의 워엄을 절삭하려할 때 변환 기어를 계산하여라.

풀 이 $\mathrm{P} = \frac{1}{4}$ inch $\mathrm{p} = \frac{\pi}{\mathrm{D \cdot P}} = \frac{\pi}{7}$ inch 이므로

$$\frac{\mathrm{p}}{\mathrm{P}} = \frac{\frac{\pi}{7}}{\frac{1}{4}} = \frac{\pi}{7} \times \frac{1}{4} = \frac{8 \times \frac{\pi}{2}}{7} = \frac{8}{7} \times \frac{1.57}{1} = \frac{8 \times 10}{7 \times 10} \times \frac{1.57 \times 100}{1 \times 100}$$

$$= \frac{80}{70} \times \frac{157}{100} = \frac{\mathrm{A}}{\mathrm{B}} \times \frac{\mathrm{B'}}{\mathrm{C}}$$

A=80, B=70, B′=157, C=100 기어로 한다.

워엄을 가공할 때 157기어가 없을 경우에는 $\pi = \frac{22}{7}$ 로 환산하여 계산한다.

〔예제〕 1인치당 4산의 선반에서 D·P 8의 워엄을 깍으려 한다. 변환기어를 계산하라.

풀 이 $\frac{\mathrm{T}}{\mathrm{t}} = \frac{22 \times 4}{7 \times 8} = \frac{11}{7} = \frac{11 \times 5}{7 \times 5} = \frac{55}{35} = \frac{\mathrm{A}}{\mathrm{C}}$ 로한다.

A=55, C=35 기어로 한다.

〔예제〕 1인치당 2산의 선반에서 모듀울 0.5의 워엄을 깍으려 한다. 변환기어를 계산하여라.

풀 이 $\frac{0.5 \times 2 \times 5}{127 \times 7} = \frac{(10 \times 2) \times (11 \times 5)}{(7 \times 5 \times 2) \times 127} = \frac{20 \times 55}{70 \times 127}$

$$= \frac{55}{100} \times \frac{127}{70} = \frac{A}{B} \times \frac{B'}{C}$$

A=55, B=100, B′=127, C=70 기어로 한다.

④ 다줄 나사 절삭법

선반에서 보통 나사 절삭이라고 하면 1줄 나사 절삭을 말한다. 그러나 필요에 따라 2줄 나사, 3줄 나사 등 다줄 나사를 절삭할 때가 있다.

다줄 나사는 같은 리이드의 나선이 여러 줄 감겨서 이루어진 것으로

리이드(L) = 피치(P) × 나사

의 줄수(n)이다.

즉, 1줄 나사는 리이드와 피치가 같으나 2줄 나사는 리이드 피치의 2백이다. 그러므로, 다줄 나사를 절삭할 때의 변환 기어의 계산은 공작물의 피치 대신 리이드를 대입하여야 하며, 계산 방법은 보통 나사 절삭과 같이 한다. 다줄 나사 절삭시 변환 기어의 선택에서 유의하여야 할 것은 주축측이나 리이드 스크루우측의 기어가 반드시 나사의 줄수의 배수가 되도록 하여야 한다.

⑤ 하프 너트(half nut)와 체이싱 다이얼(chasing dial)

나사절삭은 1회 절삭 공정이 끝나고 다음 절삭 공정에 들어갈 경우 먼저 낸 홈에 바이트가 일치되어야 한다. 만일 먼저 내놓은 홈과 홈 중가나에 바이트가 들어갈 경우는 나산산이 될 부분이 손상되게 된다. 따라서 2회부터 절삭은 리드 스크루와 공작물의 관계 위치가 1회때와 동일하게 되었을 때 하프너트를 넣을 필요가 있다. 리드 스크루의 산수(피치)와 공작물의 나사산수(피치)가 동일할 경우와 공작물의 나사산수(피치)가 스크루산 수(피치)의 정배수가 되는 경우에는 하프너트를 어느 시기에 넣어도 이미 깍아낸 홈에 바이트가 일정하게 일치된다. 그러나 공작물의 나사산 수가 리드 스크루산 수의 정배수가 아니거나, 리드 스크루 피치가 공작물 피치의 정배수가 아닌 경우에는 하프너트를 넣는 시기가 제한되므로 두번째 이후의 절삭에서는 체이싱 다이얼을 이용해서 이시기를 지정하여야 한다. 체이싱 다이얼(chasing dial)은 나사내기 인디케이터로 리드 스트루와 맞물리는 웜 기어(worm gear)와 그 축 일단에 장치한 다이얼로 구성되어 있으며 왕복대에 장치하여 사용한다(그림 3-69)

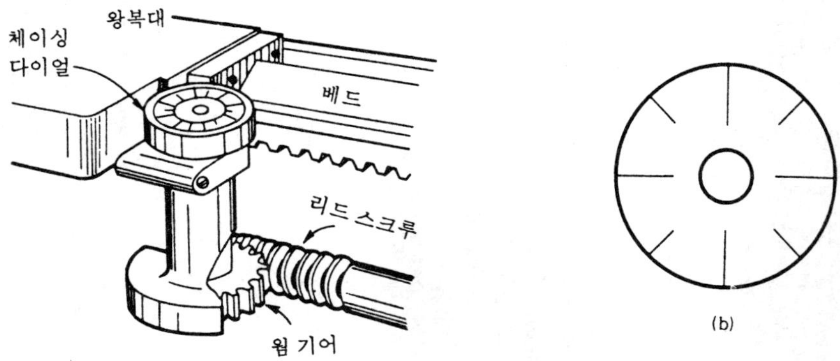

그림 3-69 체이싱 다이얼

다이얼 눈금은 워엄 기어의 잇수와 같은 수이며, 보통 리이드 스크루우의 1인치당의 산 수의 정수 배로 되어 있다.

체이싱 다이얼의 눈금을 보고 하아프 너트를 넣는 시기는 다음 식으로 정한다.

ⓐ 미터식

$$\frac{\text{공작물의피치}}{\text{리이드스크루우의피치}} = \frac{p}{P}\text{눈금마다}$$

ⓑ 인차식

$$\frac{\text{리이드스크루우의1인치당의산수}}{\text{절삭하는나사의1인치당의산수}} = \frac{T}{t}\text{눈금마다}$$

〔예제〕 1인치당 4산의 선반에서 16눈금의 체이싱 다이얼을 사용하여 1인치당 10산의 나사를 절삭할 때 하아프 너트를 넣는 눈금은?

풀 이 T=4, t=10이므로

$$\frac{T}{t} = \frac{4}{10} = \frac{2}{5}$$

2눈금마다 표를 한 위치에서 하아프 너트를 넣으면 된다.

〔예제〕 1인치당 6산의 선반에서 24눈금의 체이싱 다이얼을 사용하여 1인치당 12산의 나사를 절삭할 때 하아프 너트를 넣는 눈금은?

풀 이 T=6, t=12이므로

$$\frac{T}{t} = \frac{6}{12} = \frac{1}{2}$$

분자가 1이므로 하아프 너트는 눈금에 관계없이 어디서나 넣어도 된다.

3-6-4 기타 선반 절삭 작업

(1) 모방 절삭장치

가공물의 가공형태에 따른 모형(model) 또는 형판(plate)을 만들어서 이들의 형상에 따라 공구대가 자동적으로 운동되도록 하여 공작물을 필요한 크기와 형태로 절삭하는 장치로 여러 가지 방법이 있다. 이 장치는 테이퍼라든지 단이 있는 축, 또는 곡면체 등을 많이 가공하는 데 능률적이다.

이 기구의 형식에는 기계적 방법, 유압식 방법, 공기압력식 방법, 전기식 방법 또는 유압과 전기, 유압과 공기압을 병용하는 방법 등이 있고 가공정도가 대단히 높다. 이중에서 유압식 방법이 가장 많이 사용되고 있다.

그림 3-70은 기계적 모방절삭장치를 나타낸 것이고 그림 3-71은 유압식 모방절삭장치의 기구를 표시한 것으로, 이 장치로 전후방향 이송대에 대하여 경사되게 고정하고 그 암(arm)의 선단에는 파이럿 밸브(pilot valve)와 트레이서(tracer)가 붙어 있다. 공구대의 이송은 파일럿 밸브와 조작되는 작동밸브에 의해 이루어진다. 트레이서도 스프링으로 바깥쪽으로 눌려지고 있으며 트레이서가 모형에 접하지 않으면 밸브도 공구대를 공작물 쪽으로 이송되도록 유압회로를 연다.

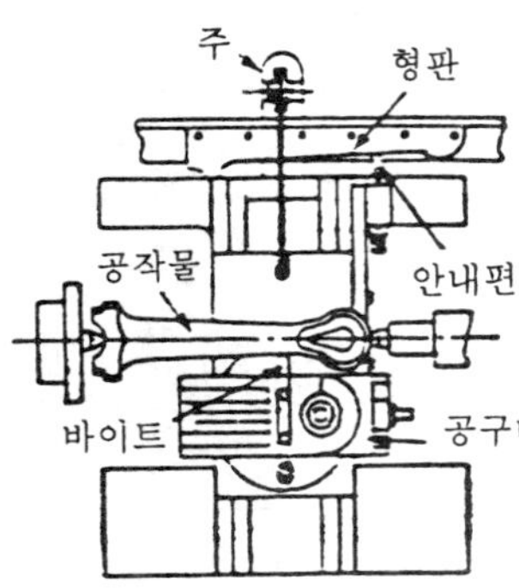

그림 3-70 기계적 모방 절삭장치

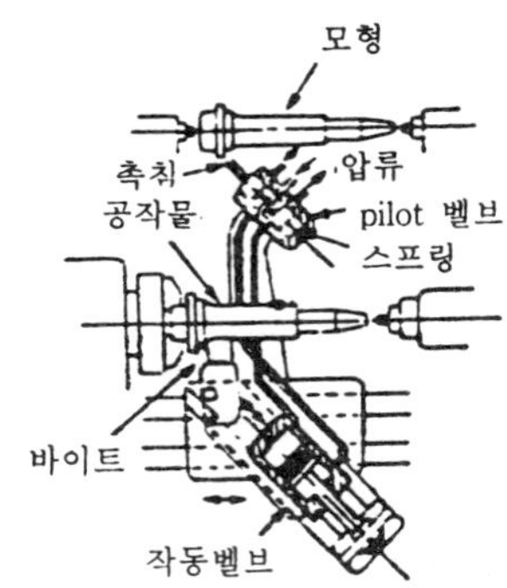

그림 3-71 유압식 모방절삭장치

(2) 릴리빙 장치(relieving attachment)

그림 3-72(a)는 기어절삭 밀링커터(milling cutter)를 나타낸 것으로 1은 커터의 단면, 2는 총형바이트이며, 3은 커너 각 날부의 측면을 나타낸 것이다. 커터의 전면 여유각(relieving angle)은 α이며 ABC로 둘러 쌓인 부분을 절삭하는 작업을 릴리빙(relieving)이라고 한다. 그림 3-72(b)는 릴리빙 선반의 베드와 공구대의 연결 상태를 표시한 것이다.

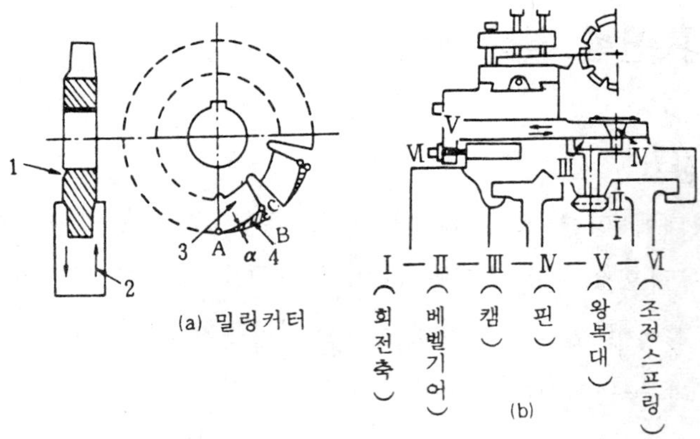

그림 3-72 밀링커터와 릴리빙 장치

(3) 곡면 절삭 작업

공작물을 곡면으로 절삭하는 작업을 곡면 절삭이라 한다. 많은 기계 부품 중에는 복잡한 곡면을 가진 것, 곡면의 형상이나, 치수가 복잡한 것 등의 여러 가지가 있다. 반의 왕복대 핸들 손잡이나, 심압대 핸들 손잡이가 곡면 절삭을 한 대표적인 부분이며, 공구대 이송 핸들과 같은 삼구 핸들은 형상이 곡면이 아니고 구면으로 이루어져 있으나 구면 절삭도 곡면 절삭과 가공 방법은 거의 같다.

① 판 게이지 제작

곡면 절삭에서 곡면의 형상을 검사하는 데는 퍼스나 버어니어 캘리퍼스 등의 측정로는 측정이 곤란하므로 도면의 모양대로 판 게이지를 만들어 사용한다.

판 게이지는 알루미늄판이나 적당한 두께의 강판에다 도면의 치수대로 곡선을 긋고 쇠톱, 정, 줄 등을 사용하여 정확히 다듬어서 제작한다. 그림 3-73은 핸들 손잡이의 판게이지를 나타낸 것인데, 윗면에 홈이 파여져 있는 것은 곡면의 외경을 측정하는 스냅 게이지의 대용으로 쓸 수 있다.

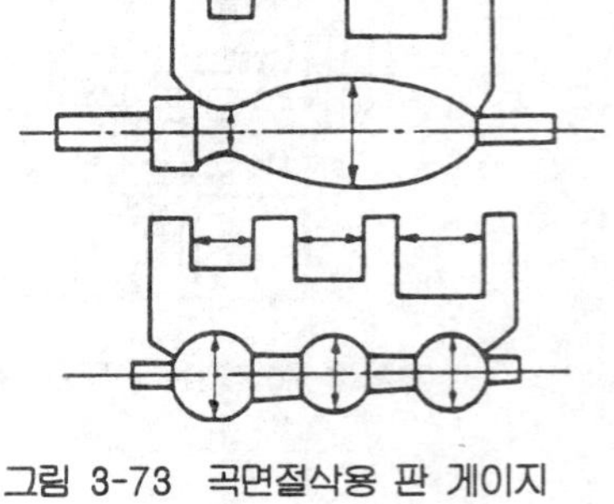

그림 3-73 곡면절삭용 판 게이지

② 바이트를 사용한 수동 절삭방법

바이트를 손으로 이송하여 곡면을 절삭할 때는 먼저 그림 3-74(a)와 같이 각기 기준되는 치수에 1mm 정도의 다음 여유를 남기고 예비가공을 한다.

예비 가공이 끝난 다음 가로 이송대와 세로 이송대를 동시에 조작하여 곡면 부분을 막깍기 한다. 이때 그림 3-74(b)와 같이 곡면의 제일 굵은 부분을 중심으로 하여 좌우로 절삭한다.

곡면 부분의 막깍기가 끝났으면 주축 회전을 조금 빠르게 하여 곡면 형상으로 주의하면서 다듬질 한다. 중간 다듬질을 할 때는 바이트의 이송량이 거칠거나 모양이 나쁘면 완성 가공을 할 때 많은 다듬질 시간을 필요로 하므로, 판 게이지로 자주 가공면에 대어 보면서 틈새가 적어지도록 하여야 하는데, 게이지는 항상 공작물의 중심선과 일치되게, 또 게이지 윗면이 공작물의 축선과 나란하게끔 정확히 대어서 측정하는 것이 중요하다. 중간 다듬질이 끝나면 스크레이퍼나 핸드 바이트를 사용하여 절삭유를 주면서 곡면 부분을 완성 다듬질 한다.

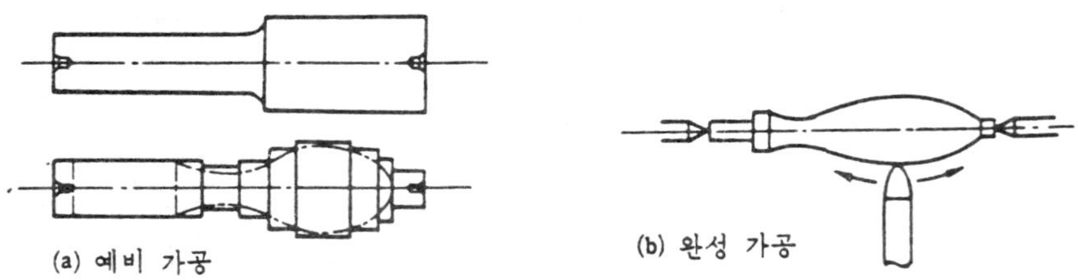

(a) 예비 가공 (b) 완성 가공

그림 3-74 수동 곡면절삭 하는 방법

(4) 터릿 선반 작업

터릿(turret) 선반 작업은 일반적으로 외경, 단면절삭, 구멍뚫기, 리머 작업, 나사가공 등의 기본 작업 및 이들 중의 몇개 연합한 작업 등을 할 수 있다. 터릿 공구대에는 각종 작업에 사용할 공구들을 여러 가지 종류의 공구, 고정 장치와 병행하여 사용한다.

그림 3-75는 터릿 선반의 작업 공적의 예로서 (A)는 제작할 공작물을 표시하고 (B)는 터릿 공구의 배치를 표시한 것이다.

3-6-5 선삭 칩의 형태 시험

(1) 상면 경사각 차이에 따른 실험을 한다.

ⓐ 공작물을 4등분하고 각각 다른 바이트로 선삭 시험을 한다.

ⓑ 절삭력과 절삭 온도를 측정하여 측정값을 확인한다.

표 3-11 절삭조건

공 구	공구재질 : 초경합금공구	모양:각 종류별
공 작 물	재료 : SM 45C	직경 : ϕ80mm
기 계	회전수 : 320 r.p.m	절삭속도 : 80m/min
조 건	이송량 : 0.2mm	절삭깊이 : 2mm
소용동력	전력 : 0.8kw	절삭면적 : 0.4mm^2

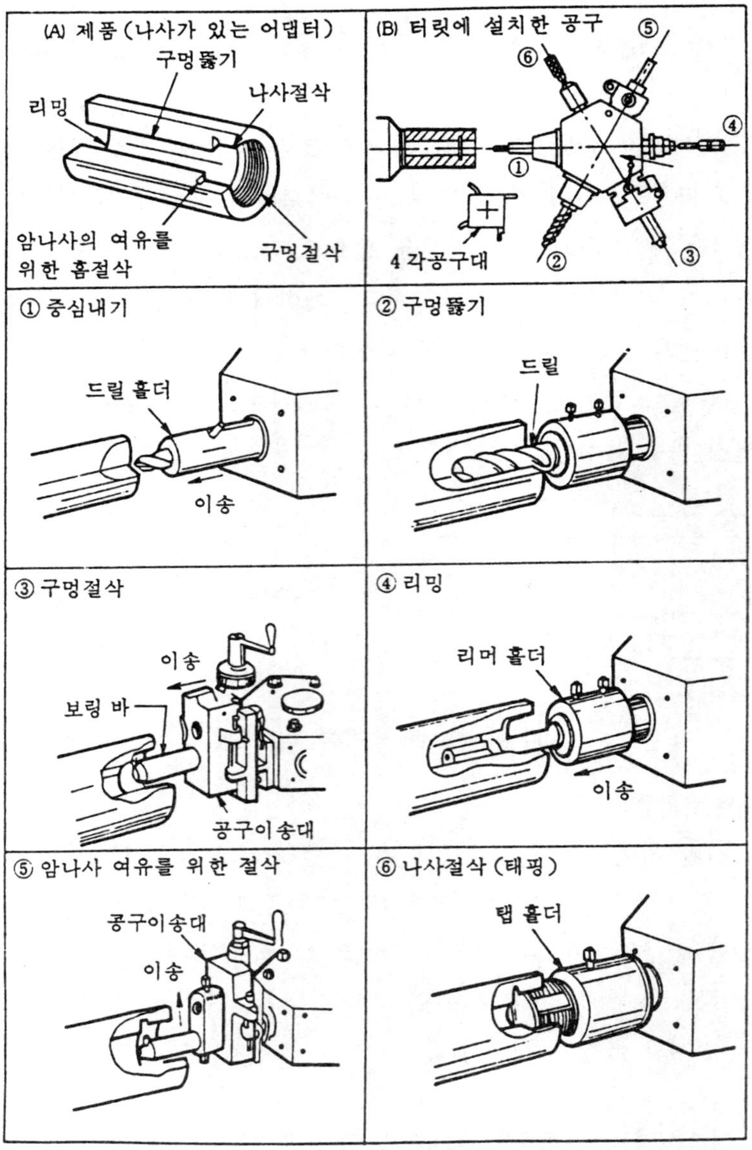

그림 3-75 터릿선반 작업의 공정의 예

표 3-12 상면 경사각에 따른 시험

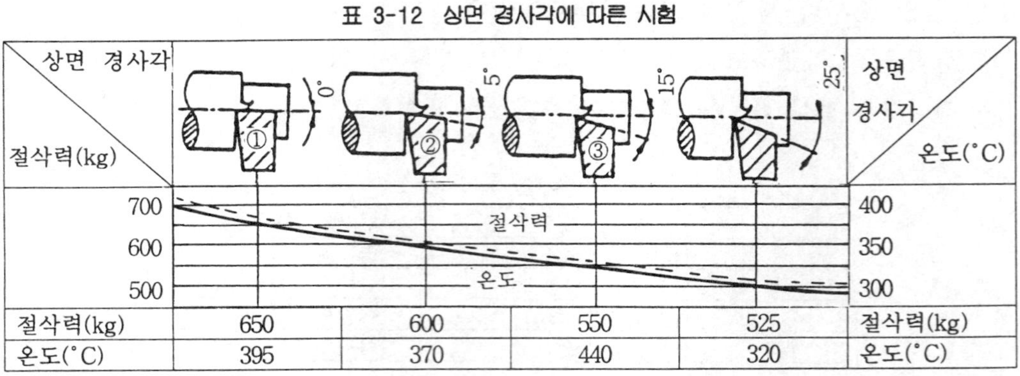

절삭력(kg)	650	600	550	525	절삭력(kg)
온도(°C)	395	370	440	320	온도(°C)

ⓒ 시험결과

• 측정값은 절삭력과 온도가 같은 경향으로 변화한다.
• Rake Angle이 커지면 절삭력과 온도가 감소된다.
• 경사각이 크면 절인 단면이 약해지고, 공구의 수명이 단축된다.

(2) 설치각의 차이에 따른 시험을 한다.

ⓐ 공작물을 4등분하고 각각 다른 바이트로 선삭 시험을 한다.

ⓑ 절삭력과 절삭 온도를 측정하고 측정값을 확인한다.

표 3-13 설치각도에 따른 시험

설치각 절삭력(kg)	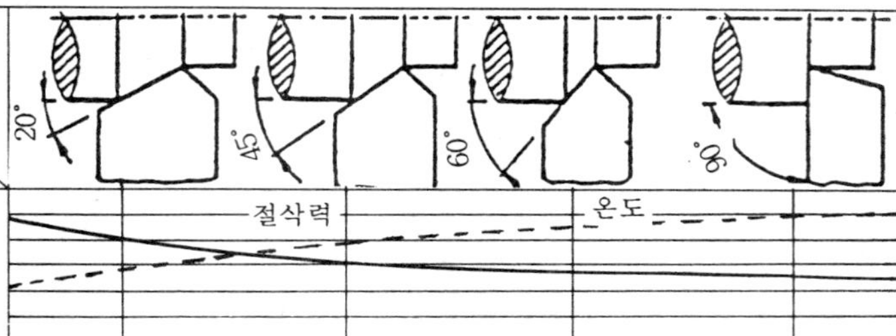				설치각 온도(°C)
600 500 400					350 250 150
절삭력(kg)	520	510	490	480	절삭력(kg)
온도(°C)	230	290	320	340	온도(°C)

ⓒ 시험결과

• 절삭력과 절삭 온도가 서로 다른 경향을 보이고 있다.
• 절인 각도가 크면 절삭력이 감소하고 온도는 상승하게 된다.
• 절삭력의 경우 공구에 소요되는 큰 힘 이외에는 공작물과 기계의 진동 등의 영향 때문에 한계를 가져온다.

(3) 절삭 깊이에 따른 시험을 한다.

ⓐ 재료를 선택한다. ; 공작물 : SM 45C(ϕ 75×300mm)

ⓑ 절삭 공구를 선장한다. ; 공　구 : 고속도강(H.S.S)

ⓒ 절삭 속도, 회전수, 이송량을 통일하게 한다.

ⓓ 절삭 깊이는 각각 다른 값으로 선택하고 시험 결과를 한다.

ⓔ 절삭력 및 소용 동력을 계산한다.

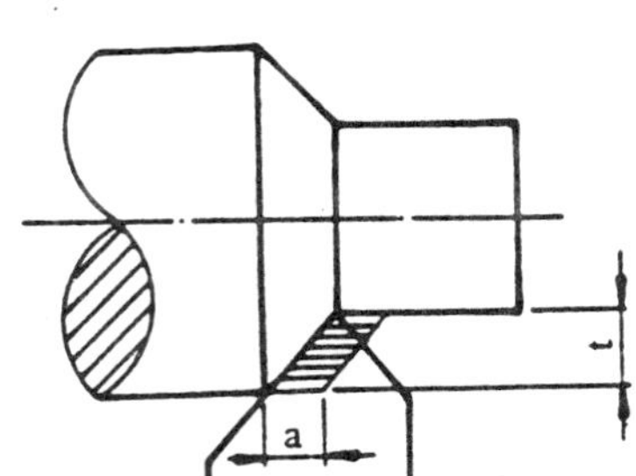

그림 3-76 절삭면적

a = 이송량(mm), R = 절삭력(kg), t = 절삭 깊이(mm), V = 절삭 속도(m/s), P_1 = 비절삭 저항(kg/mm^2), W = 절삭 소용 동력(kw)

P = ?

W = ?

ⓕ 주분력, 이송 분력, 배분력을 측정한다.

표 3-14 절삭깊이에 따른 시험

1	2		3	4	5	6	7	8	9			10			11		
시험 No.	재료		공작물 직경 mm	공구 형태	절삭 속도 m/min	회전수 r.p.m	이 송 mm.rev	절삭 깊이 mm	단	주 분 력		단	이 송 분 력		단	배 분 력	
	공작물	공구								측정값	kg		측정값	kg		측정값	kg
1	SM45C	SKH	5	1/Ⅰ	25	116	0.11	1	Ⅰ	9.5		Ⅰ	5.5		Ⅰ	5	
2	SM45C	SKH	5	1/Ⅰ	25	116	0.11	2	Ⅰ	16.0		Ⅰ	10.0		Ⅰ	9	
3	SM45C	SKH	5	1/Ⅰ	25	116	0.11	3	Ⅰ	27.5		Ⅰ	21.0		Ⅰ	15	
4	SM45C	SKH	5	1/Ⅱ	25	116	0.11	2	Ⅰ	17.5		Ⅰ	12.5		Ⅰ	8.5	
5	SM45C	SKH	5	1/Ⅲ	25	116	0.11	2	Ⅰ	17.5		Ⅰ	11.5		Ⅰ	7.5	

ⓖ 시험 결과

- 절삭 깊이에 따라 절삭력이 증가되는 경향을 보인다.
- 경사 각도가 크면 클수록 절삭력이 감소한다.
- 경사 각도가 크면 클수록 수명이 단축된다.

(4) 선반작업시 떨림발생 및 진원도의 불량 원인

ⓐ 떨림 발생 주요원인

- 주축과 베어링간의 흔들림 및 주축대의 진동이 있을 때.
- 공작물 및 바이트 물림상태 불량 및 바이트자루가 약할 때.
- 절삭속도가 크고 이송량이 낮을 때.
- 공구(Bite)의 날끝 형상이 불량할 때 등

ⓑ 진원도 불량의 주요원인

- 주축회전 흔들림과 주축베어링의 고정나사가 풀린 경우
- 주축구멍센터와 끼워 맞춤 불량 및 공작물 고정 불량
- 심압대센터 고정 불량 및 왕복대 이송상태 조정 불량등

ⓒ 원통도 불량의 주요원인

- 주축 중심선이 심압대 중심선과 불일치 할 때
- 공작물의 회전축과 왕복대 중심선이 일치되지 않을 때
- 가공단면은 축선과 직각이 되도록 할 것 등

3-6-6 선반작업의 소요시간 계산

(1) 외경 작업시간(T)

$$T = \frac{L}{NS} i \text{ (분)}$$

T=정미가공시간(분), N=공작물 회전수($N = \frac{100V}{\pi D}$), S=이송량(mm/rev), V=절삭속도(m/min), L=공작물길이 ± 다듬여유량, i=가공회수($i = \frac{\text{소재지름} - \text{가공완성지름}}{2 \times \text{절삭깊이}}$)

(2) 단면작업시간(T)

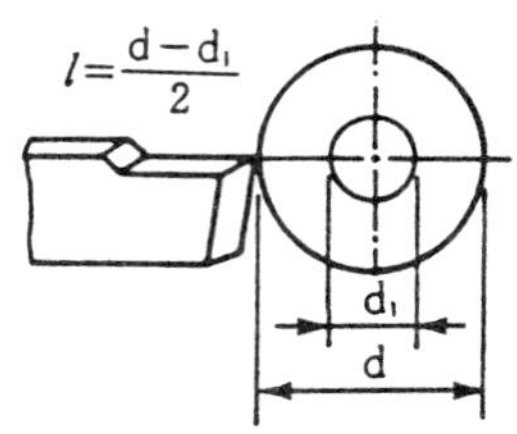

ⓐ 원통형단면(T) = $\frac{D/2}{NS} i$(분)

ⓑ 종공원통형단면(T) = $\frac{D-d/2}{NS}$(분)D

D=공작물 외경(mm), d=공작물 내경(mm),

S=이송량(mm/rev), dm=평균지름($D + \frac{d}{2}$) : 중공원통가공할 때

〔예제〕 외경 65mm, 길이 120mm 강재환봉을 초경바이트로 거친절삭을 할 때의 가공시간을 구하라. 단, 절삭속도는 70m/min 이송량은 0.3mm/rev.

풀이 V=70m/min, S=0.3mm/rev이므로

$$N = \frac{1000V}{\pi D} = \frac{1000 \times 70}{3.14 \times 65} \fallingdotseq 343(\text{r.p.m})$$

식 $T = \frac{1}{NS}$ 에서

$$T = \frac{1}{NS} = \frac{120}{343 \times 0.3} = \frac{120}{102.9} = 1.1(\text{min}) \quad \therefore 1.1(\text{mm})$$

〔예제〕 ϕ400〔mm〕인 가공물을 v=25〔m/min〕, s=0.2〔mm/rev〕로 2회 단면 절삭할 때 필요한 절삭 시간은?

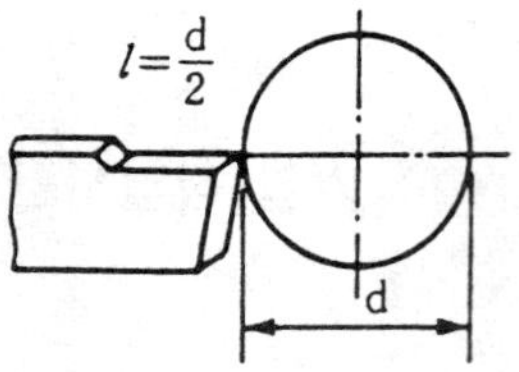

풀 이 $v=\frac{\pi \cdot d \cdot n}{1000}$ 에서 $n=\frac{1000 \cdot v}{\pi \times 400} \fallingdotseq 20(rpm)$

이므로

$$I=\frac{l \cdot i}{n \cdot s}=\frac{(d/2) \cdot i}{n \cdot s}=\frac{200 \times 2}{20 \times 0.2}=100(min)$$

〔예제〕 가공 길이가 250〔mm〕이고 지름이 65〔mm〕인 가공물을 v=25〔m/min〕, s=0.5〔mm/rev〕으로 1회 바깥지름 절삭할 때 필요한 절삭 시간은?

풀 이 L=250[mm], d=65[mm], v=25[m/min], s=0.5[m/rev], i=1, t_h=?

$$n=\frac{1000 \cdot v}{\pi \cdot d}=\frac{1000 \times 25}{\pi \times 65} \fallingdotseq 122(rpm)$$

$$I=\frac{L \cdot i}{n \cdot s}=\frac{250 \times 1}{122 \times 0.5} \fallingdotseq 4.1(min)$$

제4장 밀링머신(Milling Machine)

4-1 밀링머신의 종류 및 특징

밀링머신은 원주 위에 절삭날이 등간격으로 배치되어 있는 밀링커터를 회전시켜 가공물이 고정된 테이블을 이송하면서 가공하는 공작 기계이다.

일반적으로 테이블은 3방향으로 이동하는데, 길이 방향, 전후 방향 및 상하 방향이 그것이며, 테이블이 수평면 상에서 선회하는 형식도 있다. 밀링머신은 대단히 사용 범위가 넓은 공작 기계이며, 평면 및 윤곽 표면을 정확히 가공할 수 있다.

(1) 밀링머신의 종류

① 사용목적에 의한 분류 : 일반형, 생산형, 특수형

② 테이블 지지 구조에 의한 분류 : 니형, 베드형, 플레이너형

③ 주축방향에 의한 분류 : 수평형, 수직형, 만능형

④ 용도별 분류 : 공구 밀링, 형조각 밀링, 나사 밀링

⑤ 기타 : 모방 밀링, NC(수치제어)밀링

(2) 밀링머신의 특성과 온도

① 니형 밀링머신

칼럼의 앞면에 미끄럼면이 있으며 칼럼을 따라 상하로 니(knee)가 이동하며, 니 위를 새들과 테이블이 서로 직각방향으로 이동할 수 있는 구조로 수평형, 수직형, 만능형 밀링머신이 있다.

ⓐ 수평형 밀링머신

- 주축이 칼럼에 수평으로 되어 있다.
- 니(knee)는 칼럼의 전면의 안내면을 따라 상하운동한다.

ⓑ 수직형 밀링머신 : 주축이 테이블에 대하여 수직이며 기타는 수평형과 거의 같다.

ⓒ 만능형 밀링머신 : 수평형과 유사하나 테이블이 45° 이상 회전하며 주축 헤드가 임의의 각도로 경사가 가능하며 분할대를 갖춘 것이다.

② 베드형 밀링머신

일명 생산형 밀링머신이라고도 하며, 용도에 따라 수평식, 수직식, 수평 수직 겸용식이 있다. 사용범위가 제한되지만 대량생산에 적합한 밀링머신이다.

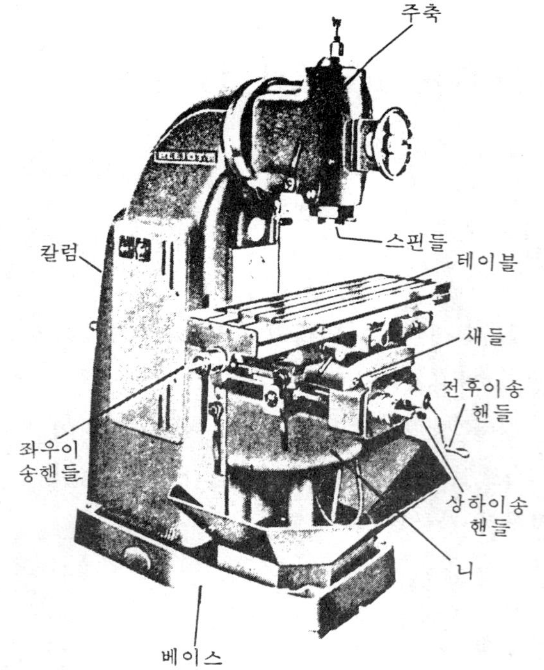

그림 4-1 수직 밀링머신

그림 4-2 수평 밀링머신의 구조

(3) 주요 밀링머신의 구조 및 명칭

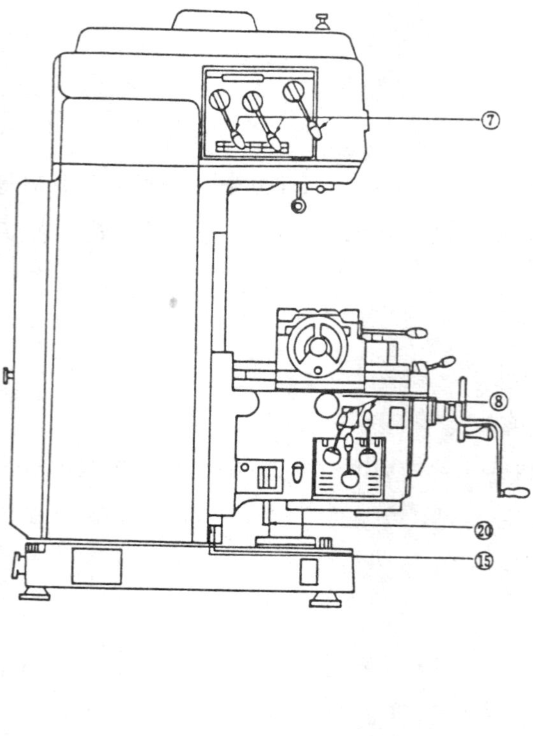

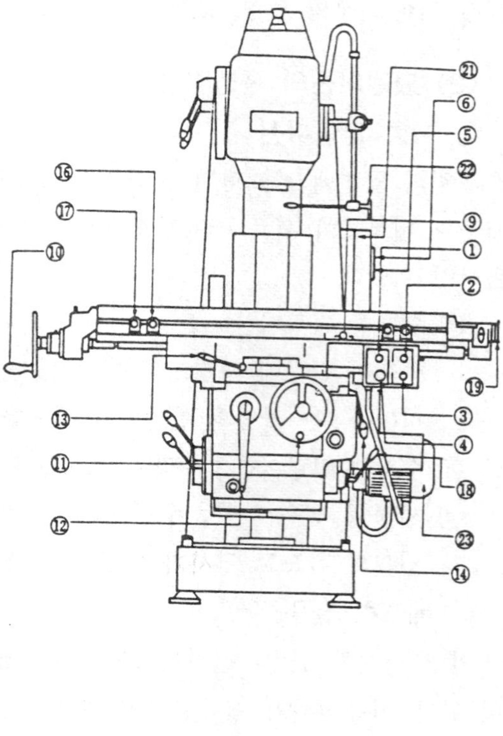

① 메인 스위치	⑨ 테이블 자동 이송 레버	⑰ 스토퍼	㉕ 아버 서포트
② 메인 모터 스위치	⑩ 테이블 이송 핸들	⑱ 급속 이송 레버	㉖ 아버 너트
③ 전체 정지 스위치	⑪ 새들 이송 핸들	⑲ 펌프	㉗ 아버
④ 스핀들 정지 스위치	⑫ 니 상하 이송 핸들	⑳ 펌프	㉘ 칼럼
⑤ 스핀들 브레이크 캄	⑬ 테이블 자동 이송 레버	㉑ 스위치 컨트롤 박스	㉙ 니
⑥ 냉각수 스위치	⑭ 새들 클램프 레버	㉒ 냉각수 노즐	
⑦ 주축 속도 변환 레버	⑮ 니 브레이크 레버	㉓ 이송 모터	
⑧ 이송 속도 변환 레버	⑯ 스토퍼	㉔ 오버 암	

그림 4-3 수직 밀링머신 구조

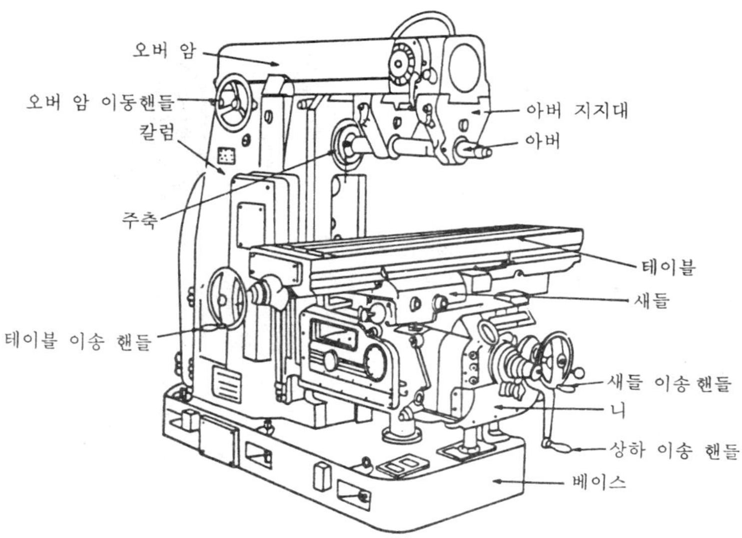

그림 4-4 수평 밀링머신의 구조

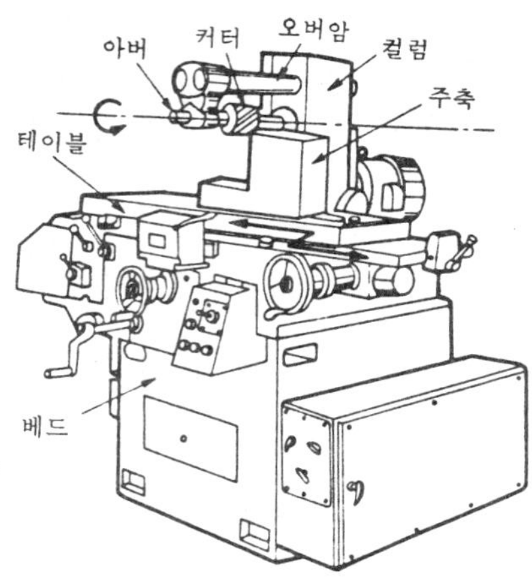

그림 4-5 생산형 밀링머신

4-2 밀링작업의 종류

(1) 수직 밀링머신의 작업종류

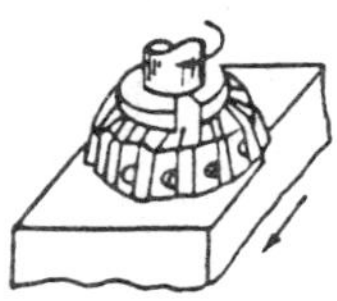

(a) 평면 가공

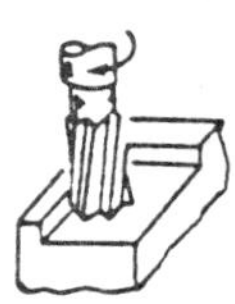

(b) 단 가공

(c) 키 홈 가공

(d) T 홈 가공

(e) 더브테일(Dove Tale)

(f) 캠(cam) 가공

그림 4-6 수직 밀링머신의 작업종류

(2) 수평 밀링머신의 작업종류

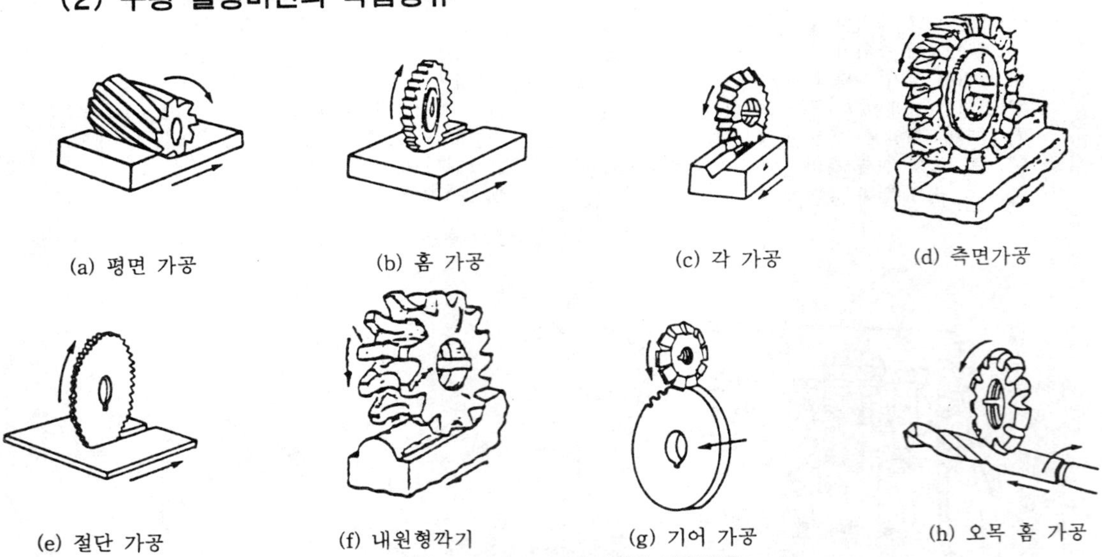

그림 4-7 수평 밀링머신의 작업종류

4-3 밀링머신의 주요구조

(1) 밀링머신의 구조

① 칼럼(column)

밀링머신의 본체로서 앞면은 미끄럼면으로 되어 있으며, 아래는 베이스를 포함하고 있다. 미끄럼면은 니(knee)를 상하로 이동할 수 있도록 되어 있으며, 베이스와 니 사이에 잭 스크루를 지지하고 있어 니의 상하 이송이 가능하도록 되어 있다.

② 오버 암(over arm)

칼럼의 상부에 설치되어 있는 것으로 플레인 밀링 커터용 아버(arbor)를 아버 서포터가 지지하고 있다. 아버 서포터는 임의의 위치에 체결하도록 되어 있다.

③ 니(knee)

니는 칼럼에 연결되어 있으며 위에는 테이블을 지지하고 있다. 또한 니는 테이블을 좌우, 전후, 상하를 조정하는 복잡한 기구가 포함되어 있다.

④ 새들(saddle)

새들은 테이블을 지지하며, 니의 상부 미끄럼면 위에 얹혀 있어 그 위를 앞뒤 방향으로 미끄럼 이동하는 것으로서 윤활장치와 테이블의 어미나사 구동기구를 속에 두고 있다.

⑤ 테이블(table)

공작물을 직접 고정하는 부분이며, 새들 상부의 안내면에 장치되어 수평면을 좌우로 이동한다.

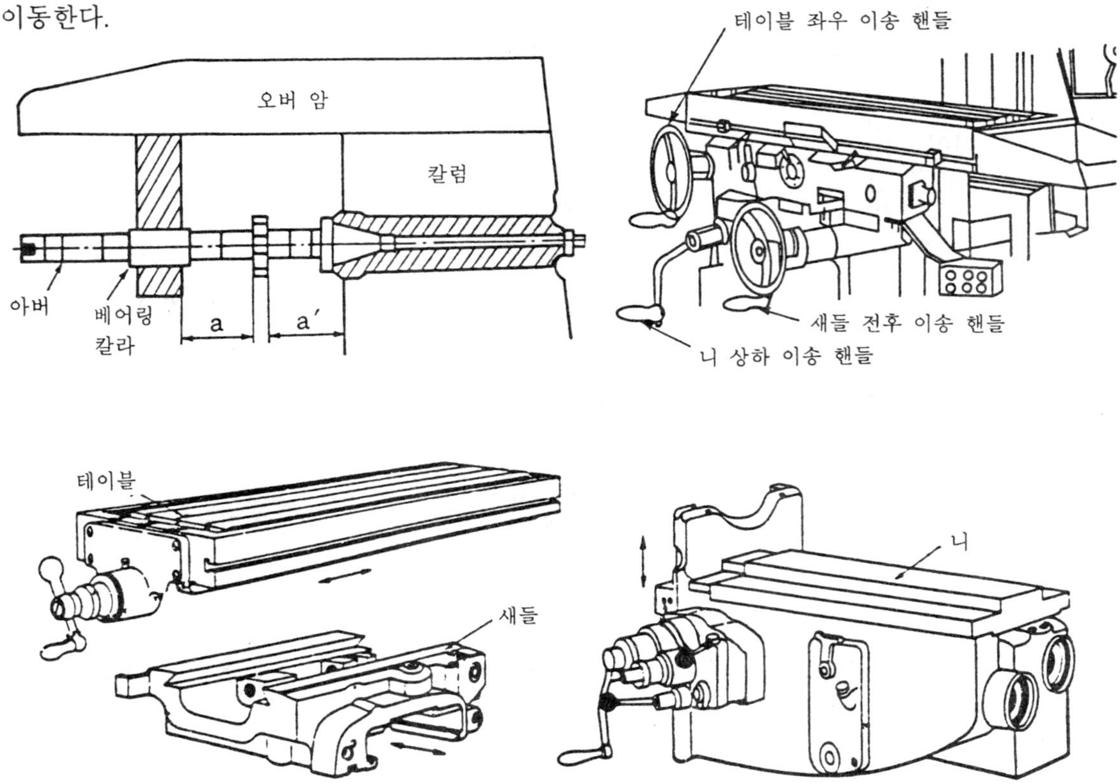

그림 4-8 밀링머신의 주요구조

(2) 밀링머신의 크기

밀링머신의 크기는 일반적으로 테이블의 최대 이동(좌우×전후×상하)거리를 호칭번호 0번부터 4번까지로 하여 표시되나, 테이블 면의 크기로도 표시되며, 수평 밀링머신은 주축 중심선에서 테이블까지의 최대 거리로도, 수직 밀링 머신은 주축대의 최대 이송거리로도 표시된다.

다음은 수평형의 호칭 번호에 따라 그 크기를 표시한 예로 대략 전후 이송거리가 150mm부터 0번이고 50mm 단위가 증가할 때마다 1, 2, 3, 4번 순이다.

표 4-1 수평 밀링머신의 호칭 번호와 테이블 이송량

호칭 / 테이블의 이송	0	1	2	3	4
좌, 우 이동	450	550	700	850	1,050
전, 후 이동	150	200	250	300	350
상, 하 이동	300	400	400	450	450

4-4 밀링용 절삭공구

4-4-1 밀링 커터의 종류와 특성

(1) 평면 밀링커터(plane milling cutter)

원통의 원주에 절삭날을 가진 것으로 밀링커터 축과 평행한 평면을 절삭하는데 쓰이며, 곧은 날과 비틀림날이 있다.

비틀림날의 나선각은 보통 15°~30°가량 경사져 있으며 이것은 절삭저항의 변동을 적게하고 미끄럼절삭이 행하는 것과 같이 절삭되도록 하기 때문이다.

(a) (b) (c)

그림 4-9 평면 밀링커터

그림 4-9(a)는 경절삭용(輕切削用)이고 (b)는 중절사용(重切削用)에 사용되며, (c)는 같이 나선각이 45°~75°로 된 것은 헬리켈 밀링커터라고 부른다.

(2) 측면 밀링커터(side milling cutter)

① 반측면 밀링커터(half side milling cutter)

정면 밀링, 그밖에 커터 한 측면에만 날이 필요한 가공에 사용되며, 원주날은 곧은 것과 나선의 것이 있으며, 원주날은 실제 절삭을 하며, 측면날은 다듬질을 한다(그림 4-10의 (a))

② 측면 밀링커터(side milling cutter)

비교적 날폭이 좁으며, 날은 원주와 양측에 있다. 홈파기, 정면 밀링에 사용한다(그림 4-10의 (b))

③ 조립날 홈파기 커터(interlocking slotting cutter)

측면 밀링커터와 같은 2개의 커터를 조립하여 날이 엇갈리게 되었다(그림 4-10(c))

④ 엇갈린 날 밀링커터(staggered-tooth milling cutter)

좁은 원통형 커터로서 서로 반대 방향으로 나선 날이 엇갈려 있다(그림 4-10의 (d))

(a) (b) (c) (d)

그림 4-10 측면 밀링커터

(3) 메탈 슬리팅 소(metal slitting saw)

얇은 플레인 밀링커터이며, 양측은 중심을 향하여 약간 테이퍼져 있어서 공작물과 공구가 닿지 않도록 여유를 두고 있다(그림 4-11).

메탈 슬로팅 소는 절단과 홈파기에 사용되며 외경이 150mm이하는 날폭이 4mm이하이다.

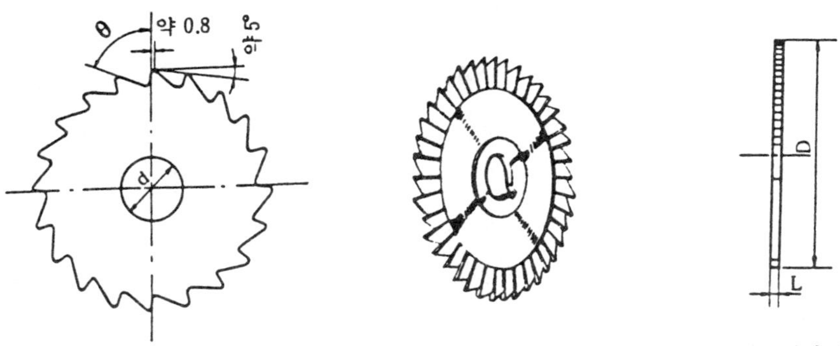

(a) 메탈 슬리팅 소 (b) 칩 클리어런스가 있는 메탈 슬리팅 소 (c) 나사머리 홈파기 밀링커버 밀링커터

그림 4-11 메탈 슬리팅 소

(4) 각 밀링커터(angle milling cutter)

① 편각커터(single angle cutter)

그림 4-12의 (a)와 같이 원추면 위에 날이 있으며, 45°, 50°, 60°, 70°, 80°의 날이 경사각이 공구 측면에 대하여 있다.

② 양각커터(double angle cutter)

그림 4-12의 (b)와 같이 V형 날을 가지며, 측면에 대하여 경사진 두 원추면에 45°, 60°, 90° 로 되어 있으며 내부의 홈 가공에 사용된다.

그림 4-12 각(角) 밀링커터

(5) 슬래브 밀링커터(slab milling cutter)

절삭량을 크게 하여 평면절삭하는 밀링커터이며, 플레인 밀링커터의 비틀림 날에다 홈을 내어 절삭 칩이 끊어지게 한 것이다.

그림 4-13에 나타낸 것은 큰 지름의 원통형 밀링커터인 심은날 슬래브밀(insertedtooth slabmill)이다.

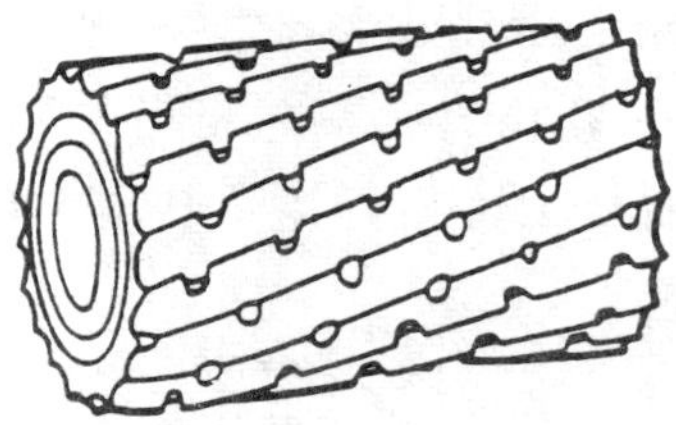

그림 4-13 심은날 슬래브밀

(6) 총형 밀링커터(form milling cutter)

절삭할 공작물의 단면 형상과 같은 윤곽의 절인을 가진 밀링커터를 총형 밀링커터라고 한다. 가공 부분의 형상이 특수한 경우에는 그에 맞추어 제작하여야 하지만 특정의 형상의 것은 규격 공구로 하여 시판되고 있다.

이에는 반원형의 홈을 절삭할 때 사용하는 외환 밀링커터(convex cutter), 볼록형의 반원형 부분을 절삭할 때는 내환 밀링커터(concave cutter), 기어의 이(齒)를 절삭할 때는 인벌류트 밀링커터, 스플라인의 홈을 절삭할 때는 스플라인 홈 가공용 밀링커터, 리머나 탭의 홈을 깍을 때는 홈 가공용 밀링커터 등이 있다(그림 4-14).

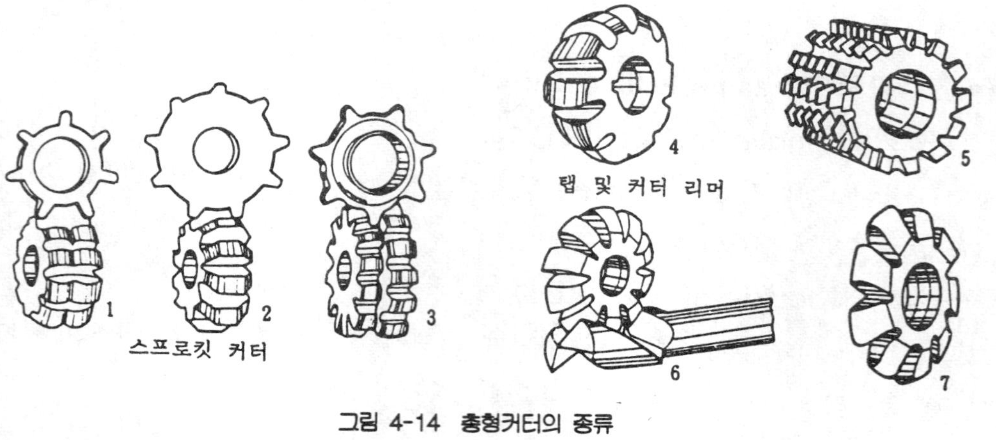

그림 4-14 총형커터의 종류

(7) 정면 밀링커터(face milling cutter)

외주와 정면에 절삭날이 있으며 밀링커터축에 수직인 평면을 가공할 때 쓰인다(그림 4-15).

정면 밀링커터는 절삭 능률과 다듬질면 정밀도가 우수한 초경 밀링커터를 많이 사용하며, 구조적으로는 납땜식, 심은날식, 스로우 어웨이(throw away)식이 있으나, 최근에는 공구 관리의 간소화를 위해 스로어웨이 밀링커터를 널리 사용한다.

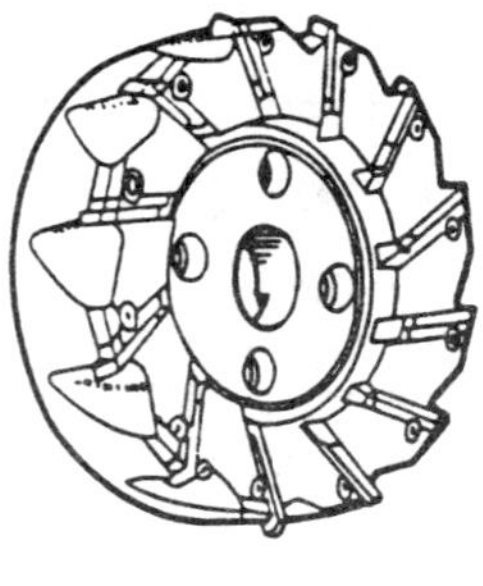

그림 4-15 정면 밀링커터

(8) 엔드밀(endmill)

엔드밀은 정면 커터와 같이 단면과 원주 방향에 절인(切刃)이 있다. 일반적으로 가공물의 외측 홈부 혹은 좁은 평면 등의 가공에 사용된다. 절인은 직선인(直線刃), 좌측 비틀림 인선(刃線), 우측 비틀림 인선 등이 있다.

엔드밀은 테이퍼 자루와 일체가 되어 밀링머신의 주축 테이퍼 공부(孔部)에 압입하여 사용하게 되어 있다.

그림 4-16은 각종 엔드밀을 표시한다. 특히 대형인 것은 자루(shank)와 절인이 별개로 되어 셸 엔드밀(shell end mill)이라고 한다.

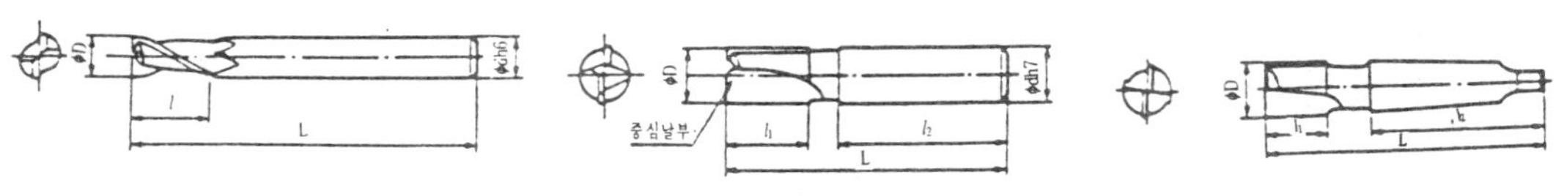

(a) 2줄 꼬임날 엔드 밀 (b) 곧은 날 엔드 밀 (c) 테이퍼 자루 엔드 밀

그림 4-16 엔드밀

(9) 홈 밀링커터

엔드밀이나 사이드커터 등으로 가공한 홈의 바닥을 T형으로 가공하는 T홈 밀링커터와 형상은 T홈 밀링커터와 유사하지만 반달키 홈을 가공하는데 사용되는 우드러프 키 홈 커터(woodruff key seat cutter)가 있다.

그림 4-17 T홈 밀링커터

(10) 플라이 커터(fly cutter)

플라이커터는 그림 4-18과 같이 아버에 고정하여 사용하는 단인공구이며, 날은 요구되는 모양으로 연삭하여 사용한다. 이것은 수량이 적은 공작물의 특수한 형상을 가진부분을 가공할 경우 총형 밀링커터로 만들어 경제적 시간적 여유가 없을 때 이용된다.

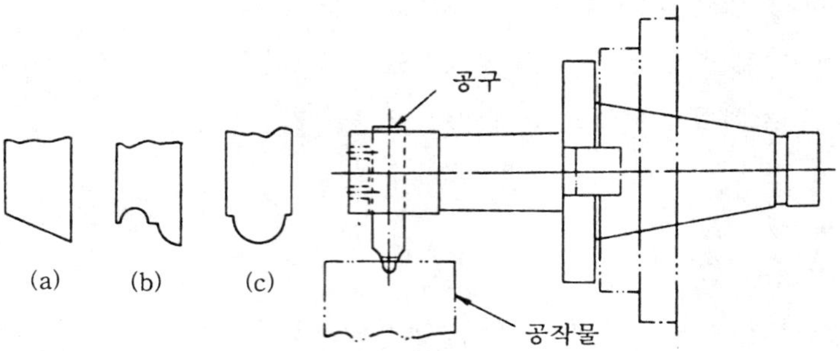

그림 4-18 플라이 커터

(11) 밀링커터 인선 각부의 작용

인선을 구성하는 주요부의 작용은 다음과 같다.

① 랜드(land)

인선(刃先)의 적당한 두께를 고려하고 강도를 증가하기 위하여 설계한 것이다. 혹은 작은 직경의 밀링커터와 큰 직경의 밀링커터에는 틀리지만 일반적인 치수는 0.5~2mm의 범위에서 그 이상이 된 것과 배부(背部)가 공작물에 해당하는 것으로 제2여유각을 세워서 랜드의 폭이 치수에 맞도록 하고 있다.

② 절인각(切刃角)

경사면과 여유면과의 맞대인 각이 절인각이고 경사각과 여유각에 따라 결정된다. 이 각이 작으면 절인이 약하게 된다.

③ 경사각(傾斜角)

밀링커터의 중심과 경사면으로 된 각이 경사각이고 이 각이 커질수록 절삭저항은 감소 되지만 초경 밀링커터에는 인선의 강도를 크게 하기 위하여 -값으로 하는 것도 있다.

④ 여유각

인선에 적당한 각도를 주어 인선의 배면의 공작물과 마찰하지 않도록 만든 것으로 이론적으로는 인손을 통한 원호에 인선의 배면이 닿지 않을 정도의 크기로 한다면 차이는 거의 없다. 이각은 연한 재료일 경우에는 크게 하고 경한 재료일 경우에는 작게 하는 것이 일반적이다.

4-4-2 밀링커터의 각부 명칭과 공구각

(1) 밀링커터의 각부 명령

그림 4-19는 평면 밀링커터의 각부 명칭을 도시한 것이고 그림 4-20은 정면 밀링커터, 그림 4-21은 총형 밀링커터, 그림 4-22는 측면 밀링커터를 도시한 것이다. 정면 밀링커터에 있어서는 날은 반경 방향과 축 방향에 대하여 경사져 있다. 이 각들을 각각 반경 방향 윗면 경사각(radial rake) 및 축 방향 윗면 경사각(axial rake)이라고 한다. 이 각들은 양(+), 음(-)의 윗면 경사각을 가질 수 있다.

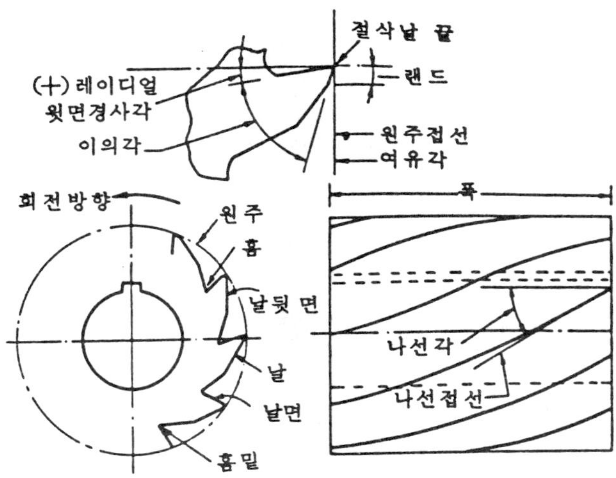

그림 4-19 평면 밀링커터

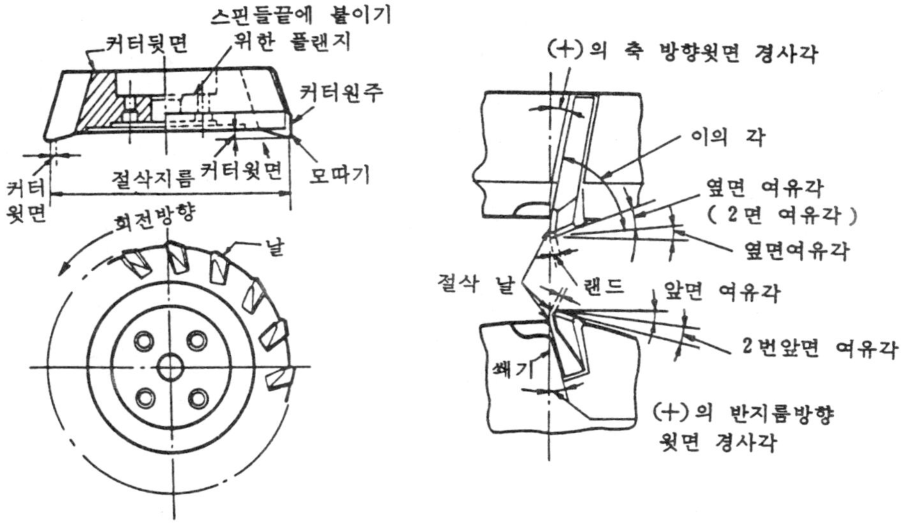

그림 4-20 정면 밀링커터

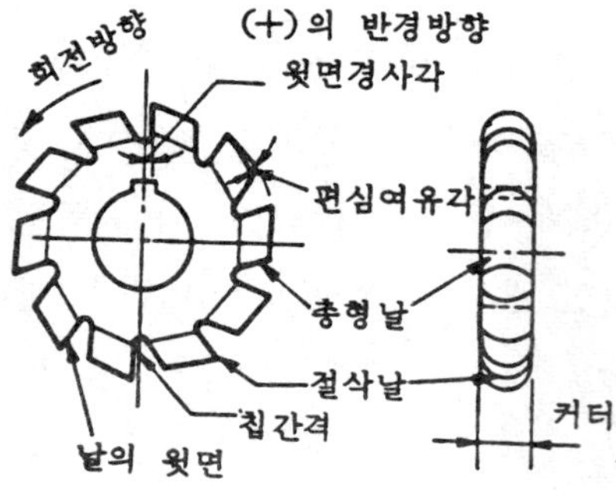

그림 4-21 총형 밀링커터

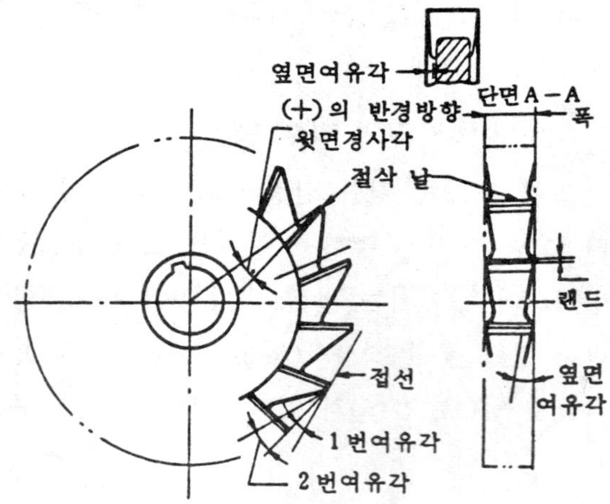

그림 4-22 측면 밀링커터

고속도강 밀링커터에 있어서 경사각은 양(+)의 각을 사용하는데, 이는 금속칩이 면을 따라 잘 흘러나가고 표면 가공 정밀도도 높으며 공구 수명도 연장되고 소요 동력도 감소한다.

(2) 밀링커터의 각도

커터의 각도는 가공물의 재질, 공구의 재료, 작업 조건 등에 따라 다르나, 보통 고속도강 공구를 사용하여, 구조용 강인 특수강, 경합금 등을 가공할 때에는 표 3-5 및 표 3-6의 각도를 사용한다.

고속도강 공구는 경사각을 플러스 각도를 사용하고 있으나, 최근에는 초경합금 공구로 강력절삭할 때 -5°～-10°의 네거티브 경사각이 사용되고 있다.

공구의 절삭각은 될 수 있는대로 큰 것이 요구된다. 종래 사용한 공구와 같이 90°이내의 날끝각으로는 지지력이 작아서 강력 절삭하기 곤란하다. 이 결점을 보완하기 위하

표 4-2 정면 밀링커터의 경사각

공구재료	고속도강		초경질합금		코너각 (corner angle)
가공재료	반경방향 경사각	축방향 경사각	반경방향 경사각	축방향 경사각	
주철	10°～15°	10°～15°	3°～6°	3°～6°	1. 6mmR 또는 라운딩
연강	10°～15°	10°～15°	0°～(-5°)	0°～(-5°)	
특수강	10°～12°	10°～12°	0°～(-10°)	10°～20°	
Al, Mg 및 그 합금	20°～35°	20°～35°	10°～20°	10°～20°	
황동, 청동	10°～12°	10°～12°	3～5°	3°～5°	
연강	-5°～(-10°)	20°～30°	-10°～(-15°)	5°～10°	45
특수강	-5°～(-10°)	20°～30°	-5°～(-15°)	+15°～(-10°)	45
주철	-5°～(-10°)	20°～30°	+5°～(-10°)	5°～10°	45° 및 60°

여 90° 이상의 날끝각으로 만드는 방안이 강구되어 네거티브 경사각을 사용하면 공구 날끝이 강력하게 되고, 절삭동력도 증가되므로 공작 기계의 용량이 충분히 크지 않으면 효과를 완전히 발휘하기 어렵다.

4-5 밀링용 부속장치

기계가 능률적이며, 정확한 제품을 만들기 위하여 공구 및 고정을 위한 부속장치가 필요하다.

밀링 부속에는 일반 작업에 사용하는 것과 특정한 공작물에만 사용되는 전용 부속장치가 있다. 각종 부속품의 종류는 다음과 같고 밀링머신의 주축 아버 지지구 및 테이블 등에 고정하여 사용한다.

(1) 아버(arbor)

밀링커터는 주축단에 직접 압입(押入)하거나, 또는 주축단에 고정되어 있는 어댑터, 콜릿 등을 이용하여 설치한다. 이들 부속들은 주축단에 고정하게 되므로 각종의 테이퍼를 갖고 있다. 그림4-23은 밀링 아버를 표시한 것이다.

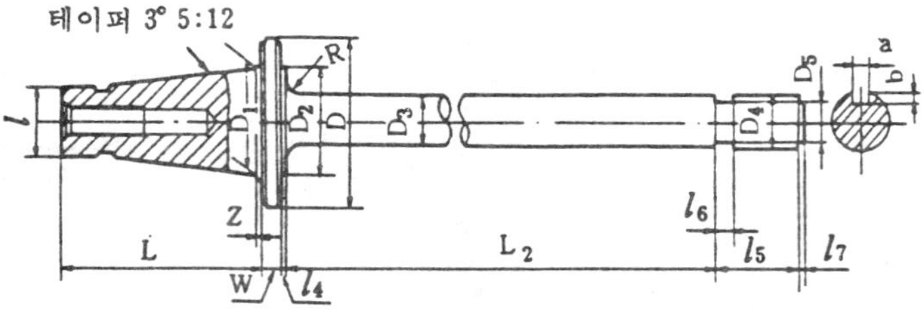

그림 4-23 밀링 아버

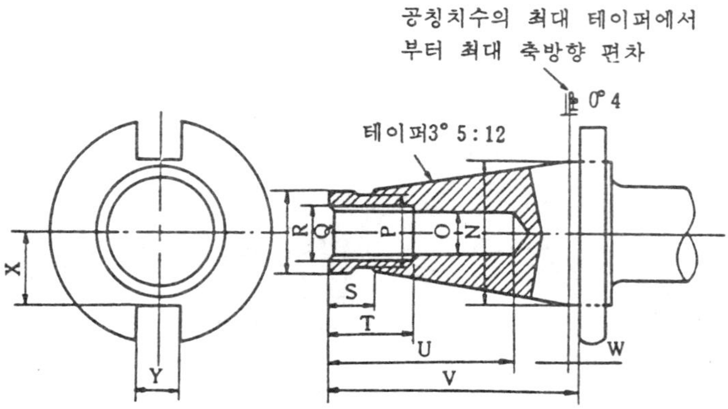

그림 4-24 밀링머신의 아버단(端)

또는 주축단에 압입될 아버 치수와 형상은 그림 4-24 및 표4-4와 같이 미국에서 제정되어 있다.

각종 공(孔)을 갖는 밀링커터의 고정법으로 아버를 사용하고, 밀링머신의 주축과 다른 테이퍼를 갖는 커터는 어댑터(adapter) 또는 콜릿을 사용한다.

표 4-4 미국 밀링머신의 표준 아버단(端)

번 호	공칭 치수 N	O	P	Q	R	S	T	U	V	W	X	Y
30	$1\frac{1}{4}$	$\frac{27}{64}$	$\frac{41}{64}$	$\frac{1}{2}$~13	0.675 0.673	$\frac{13}{16}$	1	2	$2\frac{3}{4}$	$\frac{1}{16}$	0.640 0.625	0.630 0.640
40	$1\frac{3}{4}$	$\frac{17}{32}$	$\frac{15}{16}$	$\frac{5}{8}$~11	0.987 0.985	1	$1\frac{1}{8}$	$1\frac{15}{16}$	$3\frac{3}{4}$	$\frac{1}{16}$	0.890 0.875	0.630 0.640
50	$2\frac{3}{4}$	$\frac{7}{8}$	$1\frac{1}{2}$	1~8	1.549 1.547	1	$1\frac{3}{4}$	$3\frac{1}{2}$	$5\frac{1}{8}$	$\frac{1}{8}$	1.390 1.375	1.008 1.018
60	$4\frac{1}{4}$	$1\frac{7}{64}$	$2\frac{9}{32}$	$1\frac{1}{4}$~7	2.361 2.359	$1\frac{3}{4}$	$2\frac{1}{4}$	$4\frac{1}{4}$	$8\frac{5}{16}$	$\frac{1}{8}$	2.400 2.390	1.008 1.018

(2) 밀링 바이스

밀링 바이스에는 그림4-25와 같이 수평, 회전, 만능, 유압 바이스가 있으며 테이블 위에 있는 T홈에 가이드 블록과 클램핑 볼트를 이용하여 세팅하고 공작물을 몰린다.

(a) 수평 바이스

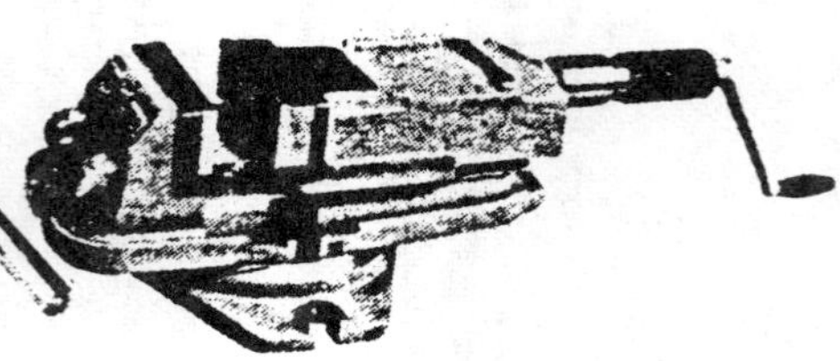

(b) 회전 바이스

(c) 경사 바이스(만능 바이스)

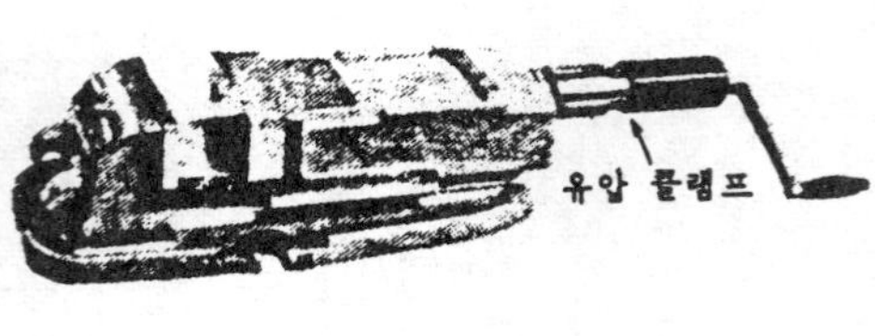

(d) 유압 바이스

그림 4-25 밀링 바이스

(3) 분할대(分割臺 : Indexing head)

밀링머신의 테이블에 설치하고 공작물을 분할대의 스핀들과 심압대 센터 사이에 지지하거나 스핀들에 장치한 척에 공작물을 고정하고, 종류에는 만능식과 단능식의 2종이 있다.

그림4-26은 미국에서 제작된 만능식 분할대의 구조를 표시한 것이다. 만능식분할대는 직접 주축에 연결된 분할판(index plate)에 의한 분할 방식과 주축을 회전시키는 핸들축에 붙은 분할판에 의한 차동분할 방식의 두 가지가 있다.

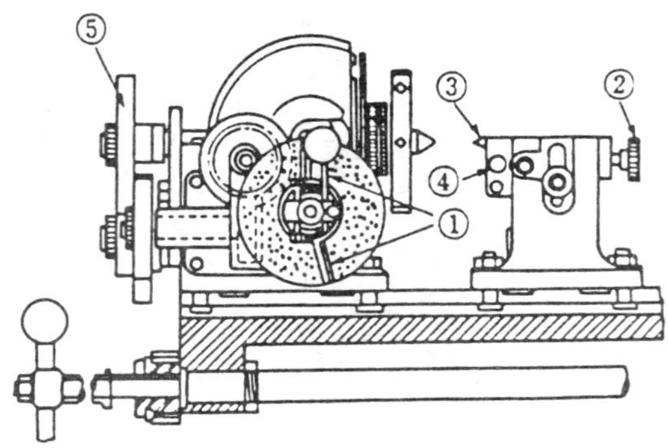

① 분할대 섹터와 암 ④ 센터 고정 장치
② 심압대 핸들 ⑤ 변환 기어
③ 심압대 센터

그림 4-26 분할대와 심압대

(4) 회전 테이블 장치

가공물에 회전운동이 필요할 때는 회전테이블(circular table) 장치가 사용된다 가공물은 회전 테이블 위의 바이스에 고정하고, 수동 또는 테이블 자동이송으로 가공한다. 원판도 밀링 가공할 수 있고, 또한 테이블의 좌우 및 전후이송을 사용하면 윤곽가공도 할 수 있다. 그리고 회전 테이블 핸들을 사용하면 간단한 분할 작업도 할 수 있다.

보통 사용되는 테이블 지름은 300, 400, 500mm등이 있다.

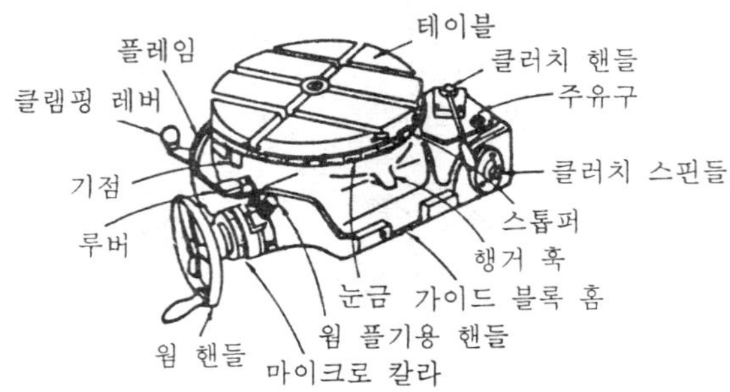

그림 4-27 회전 테이블장치

(5) 슬로팅 장치(slotting attachment)

슬로팅 절삭 장치는 니형 밀링머신의 칼럼면에 설치하여 사용한다. 이 장치를 사용하면 밀링머신의 주축의 회전운동을 공구대의 램(ram)의 직선왕복운동으로 변화시켜 바이트로 밀링머신에서도 직선운동 절삭가공을 할 수 있다. 그림4-28은 슬로팅 장치를 표시한 것이다.

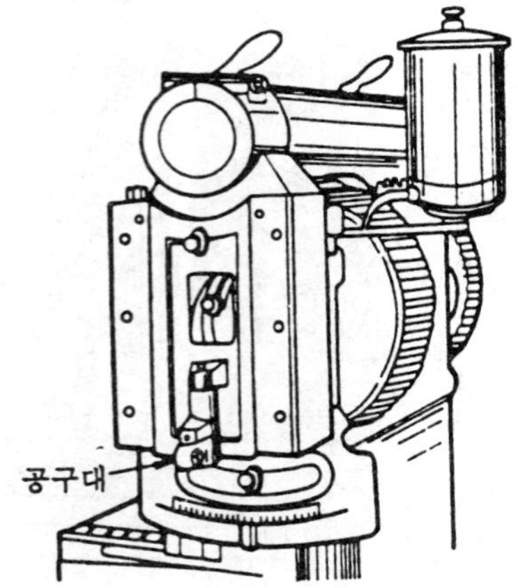

그림 4-28 슬로팅 장치

(6) 수직축 장치(vertical milling attachment)

수직축 장치(垂直軸 裝置)는 수평식 밀링머신의 칼럼(column)상의 주축부에 고정하고 주축에서 기어로 회전이 전달되며, 수직축의 회전수는 기어로 회전이 전달되며, 수직축의 회전수는 밀링머신의 주축의 회전수와 같다. 수직축은 칼럼면과 평행된 면내에서 임의의 각도로 경사시킬 수 있다.

그림4-29는 수직축 장치를 사용한 작업의 예이다.

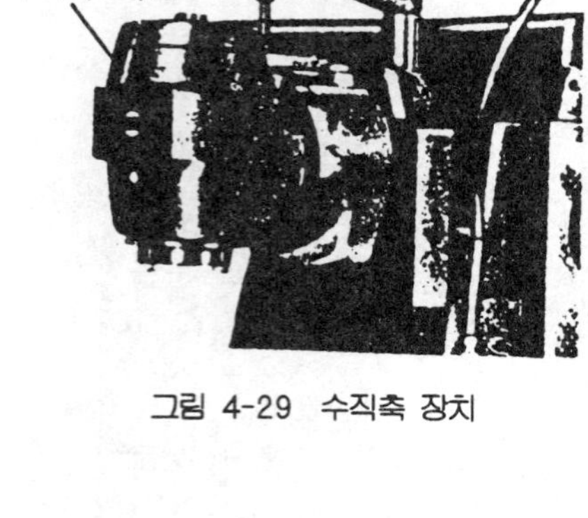

그림 4-29 수직축 장치

(7) 래크 절삭 장치(rack cutting attachment)

그림4-30은 래크 절삭 장치를 나타낸 그림이다.

만능식 밀링머신에 사용되며 칼럼면에 고정되고, 주축두(主軸頭)에는 밀링머신의 주축에 의하여 회전이 전달된다.

가공물 고정용의 특수 바이스(vice) 및 테이블 단부에 고정된 래크장치에는 각종 피치(pitch)의 래크절삭이 가능하도록 기어변환장치가 있다.

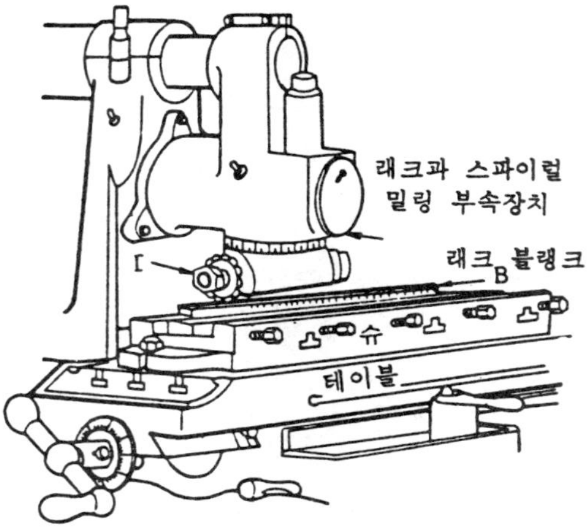

그림 4-30 래크 절삭 장치

(8) 로터리 밀링 헤드 장치(rotary milling head attachment)

그림4-31의 로터리 밀링 헤드 장치는 적당한 브래킷(bracket)으로 칼럼에 고정하고 주축의 오프셋(offset)을 가능케 한 것으로서 주축은 단독으로 엘래스틱 커프링(elastic coupling)으로 구동된다. 사용하는 공구는 직경이 적으며 주축은 일반적으로 15° 정도 경사시킬 수 있다.

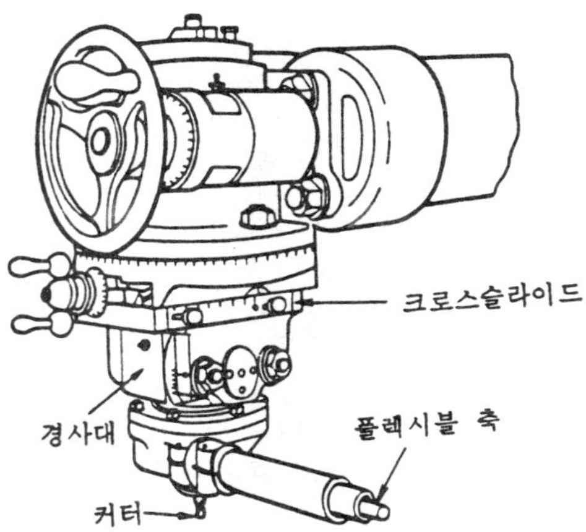

그림 4-31 로터리 밀링 헤드장치

4-6 밀링 절삭조건과 작업

4-6-1 밀링의 절삭 조건

(1) 절삭 속도

밀링 가공에서의 절삭 속도는 커터의 원주속도로 가공물이 고정된 상태에서 공까 회전하며 절삭 초기에 날끝의 결손이 없는 것을 선정해야 하며 가공물의 재질, 공구의 재질, 절삭 깊이, 절삭폭, 이송, 절삭 동력, 공구의 형상, 가공 정도 등에 따라 공구 수명이 허용하는 범위 내에서 큰 값을 선택한다. 특히 정밀한 가공면이 필요할 때는 고절삭 속도와 저이송 속도, 거친 절삭에서는 저절삭 속도와 고이송 속도로 작업한다. 일반적으로 경한 재질, 큰 절삭 깊이, 고합금재에서는 속도를 줄이고 연한 재질, 작은 절삭 깊이, 양호한 표면 거칠기의 요구시는 표4-5의 실용적인 절삭 속도 선정 기준에 의하여 속도를 높인다.

$$V = \frac{\pi DN}{1,000}$$

V : 절삭속도(m/min)

π : 원주율(π = 3.14)

D : 커터의 지름(mm)

N : 커터의 1분간 회전수(rpm)

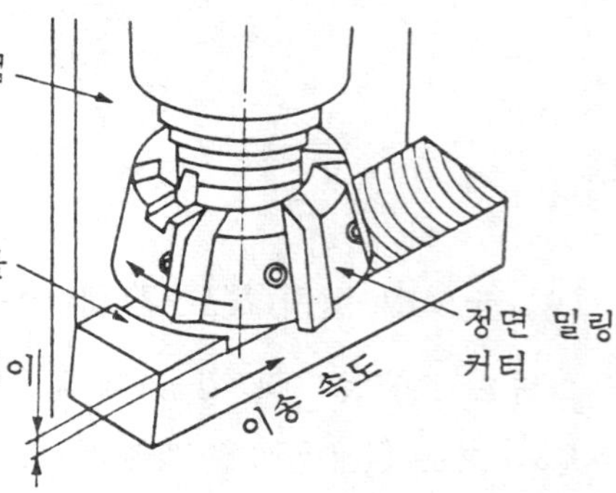

그림 4-32 정면 밀링 커터의 절삭 속도

(2) 이송

선삭에서는 이송이 절삭날 1개에 전부 작용되나, 밀링에서는 다수의 절삭날이 분담하므로 한 날 당의 이송이 중요하다. 여기에서 한 날 당의 이송(fz)을 알아보면 테이블 이송(f), 공구의 회전수(n), 절삭날의 수(Z)라 하면 다음과 같이 표시된다(그림4-33).

$$fz = \frac{f}{n \times Z} \qquad \therefore f = fz \times z \times n$$

〔예제〕 밀링커터지름 150mm커터날 수 10개 한날당이송 0.3mm 절삭속도 50m/min일때 테이블의 이송속도는 얼마인가

풀 이 $f = fz \times z \times n = 0.3 \times 10 \times \frac{1000 \times 50}{3.14 \times 150}$

$= 318.5 ≒ 319mm/min$

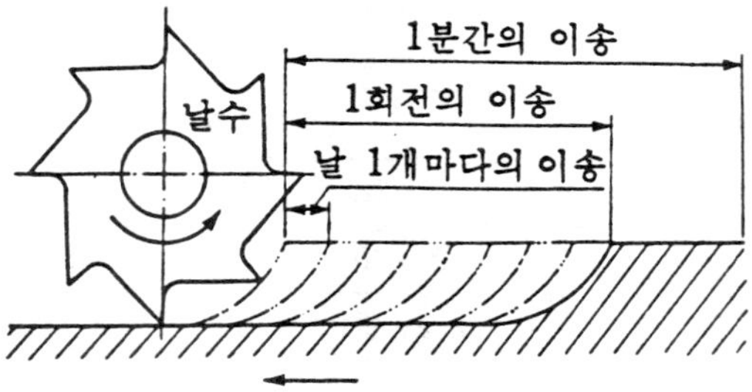

그림 4-33 이송 속도 및 이송량

(3) 절삭 깊이

플레인 밀링에서는 절삭 깊이량(t), 커터 지름(D), 이송량(f2)에 따라 칩의 두께가 변하며 평균 칩 두께(tm)는 다음과 같이 표시된다.

이 식에서 알 수 있는 바와 같이 칩 두께에 미치는 절삭 깊이 영향은 그다지 크지 못하다. 그러나 절삭 깊이의 증가와 더불어 절삭력이 증가되므로 기계의 강성, 공구·공작물의 변형 등을 고려하여 과도한 절삭 깊이는 줄 수 없다. 정면 밀링 가공에서의 절삭 깊이량은 단인 공구에서와 마찬가지로 한 날 당의 절삭 깊이량과 같다. 절삭 깊이량이 큰 쪽이 단위 절삭량당의 동력면에서는 유리하나 너무 과도하면 날끝이 손상되며 기계의 강성면에도 문제가 된다. 따라서 절삭 효율을 증가시키려면 절삭 깊이를 줄이고 이송을 늘리며 표면 정도와 공구수명을 증가시키려면 절삭 깊이를 늘리고 이송을 감소시킨다.

(4) 칩의 길이

절삭부의 폭을 b, 깎는 깊이 t, 전체의 피드 f, 커터의 직경 D, 회전수 n, 날수 z, 평균 칩 두께 tm이라고 하면, 단위 시간에 절삭되는 칩 Q는

$$Q = b \cdot t \cdot f$$

또한 1개의 날끝이 절삭하는 칩의 길이 ℓ은 그림4-34에서 $\Delta aei \backsim \Delta aek$가 되므로

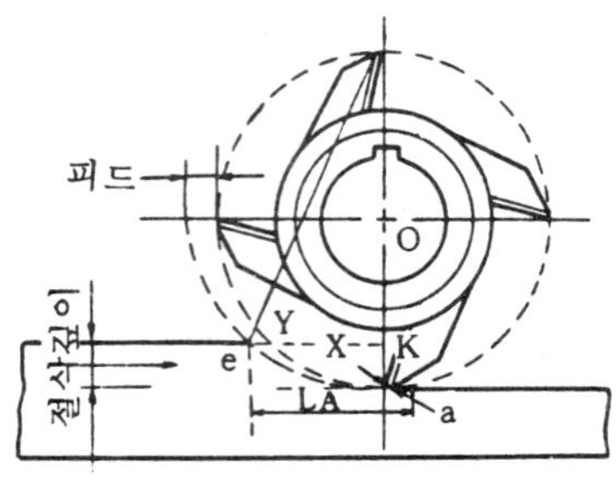

그림 4-34 칩의 발생

표 4-5 밀링의 실용 절삭 조건(I)

절삭속도(v) ; m/min, 이송(f_z) ; mm/tooth, 이송(f) ; mm/min								
절삭공구	작업구분		강 700N/mm² 이 하	합금강 750N/mm² 이 하	합금강 1000N/mm² 이 하	주철 HB 180 이 하	경 금 속	구리합금
헬리컬공구 (절삭폭 ~100mm)			고속도강					
	▽▽ 다듬 절삭 절삭 깊이 1mm 이하	v	18~22	14~18	10~14	14~18	200~300	40~ 60
		f	60~90	45~70	35~45	70~90	100~150	100~160
		f_z	0.05~0.1	0.05~0.1	0.05~0.1	0.7~0.15	0.1~0.15	0.1~0.15
	▽ 거친 절삭 절삭 깊이 8mm 이하	v	12~14	10~12	8~10	10~ 12	150~210	35~ 50
		f	60~80	40~60	25~35	70~100	100~150	100~150
		f_z	0.1~0.2	0.1~0.15	0.1~0.15	0.1~0.3	0.15~0.3	0.1~0.25
			WC 공구					
	▽▽ 다듬 절삭 절삭 깊이 1mm 이하	v	160~220	120~150	80~100	130~160	1200	150~220
		f	180~270	140~210	100~140	210~270	300~450	300~450
		f_z	0.02	0.02	0.02	0.05	0.08	0.05
	▽ 거친 절삭 절삭 깊이 8mm 이하	v	120~160	100~130	60~80	100~130	400~800	80~150
		f	180~240	120~180	75~100	210~300	300~450	300~450
		f_z	0.1	0.08	0.06	0.2	0.15	0.15
헬리컬 페이스 커터 (절삭폭 ~100mm)			고속도강					
	▽▽ 다듬 절삭 절삭 깊이 1mm 이하	v	20~22	16~18	12~14	16~18	200~300	50~ 60
		f	60~85	40~60	30~40	70~90	100~140	100~150
		f_z	0.05~0.1	0.05~0.1	0.05~0.1	0.1~0.2	0.1~0.2	0.1~0.2
	▽ 거친 절삭 절삭 깊이 8mm 이하	v	12~14	10~12	8~10	10~12	150~250	30~40
		f	60~80	35~55	25~35	60~80	90~140	90~140
		f_z	0.1~0.2	0.1~0.2	0.1~0.15	0.15~0.3	0.2~0.3	0.2~0.3
			WC 공구					
	▽▽ 다듬 절삭 절삭 깊이 8mm 이하	v	150~220	120~150	80~100	120~160	1200	160~220
		f	180~260	120~180	75~100	210~270	300~420	300~450
		f_z	0.02	0.02	0.02	0.05	0.08	0.05
	▽ 거친 절삭 절삭 깊이 1mm 이하	v	120~160	100~120	60~80	100~130	400~800	80~150
		f	180~240	110~160	60~90	180~240	270~420	270~420
		f_z	0.1	0.08	0.06	0.2	0.15	0.15

절삭속도(v) ; m/min, 이송(f_z) ; ㎜/tooth, 이송(f) ; ㎜/min								
절삭공구	작업구분		강 700N/㎟ 이 하	합금강 750N/㎟ 이 하	합금강 1000N/㎟ 이 하	주철 HB 180 이 하	경 금 속	구리합금
			WC 공구					
	▽▽ 다듬 절삭 절삭 깊이 1㎜ 이하	v	180~240	140~170	90~110	150~180	1200	170~240
		f	240~280	180~240	150~180	270~330	240~300	330~420
		f_z	0.01	0.01	0.01	0.05	0.03	0.03
	▽ 거친 절삭 절삭 깊이 8㎜ 이하	v	130~170	110~130	70~90	110~140	500~900	90~140
		f	90~120	80~100	40~60	120~160	160~200	180~240
		f_z	0.05	0.05	0.05	0.1	0.15	0.15
인서트 커터 (절삭폭 ~200㎜)			고속도강					
	▽▽ 다듬 절삭 절삭 깊이 1㎜ 이하	v	25~30	20~25	16~20	20~25	220~400	60~ 80
		f	50~70	40~60	22~35	50~80	90~150	100~160
		f_z	0.1~0.2	0.1~0.15	0.05~0.1	0.1~0.2	0.1~0.2	0.1~0.2
	▽ 거친 절삭 절삭 높이 8㎜ 이하	v	15~20	12~15	10~12	12~18	200~300	45~ 60
		f	40~50	30~40	18~25	50~60	80~160	100~120
		f_z	0.2~0.3	0.15~0.2	0.1~0.15	0.2~0.3	0.2~0.3	0.2~0.3
			WC 공구					
	▽▽ 다듬 절삭 절삭 깊이 1㎜ 이하	v	180~250	150~180	100~120	150~200	1800	200~260
		f	100~150	90~130	80~120	140~220	100~180	140~180
		f_z	0.06	0.06	0.03	0.08	0.08	0.1
	▽ 거친 절삭 절삭 깊이 8㎜ 이하	v	150~200	120~150	75~100	120~150	1200	120~200
		f	250~300	200~250	180~200	220~280	450~900	350~450
		f_z	0.09	0.08	0.06	0.15	0.1	0.12
회전 소 (절삭폭 ~3㎜)			고속도강					
	절단 깊이 4㎜ 이하	v	45~50	35~40	24~30	30~40	300~400	300~400
		f	60~75	50~60	30~40	65~80	250~400	300~500
	절단 깊이 8㎜ 이하	v	40~45	30~35	22~25	30~35	300~350	300~400
		f	50~60	40~50	22~30	50~60	160~200	200~300
	절단 깊이 20㎜ 이하	v	35~40	25~30	15~20	20~30	200~300	300~350
		f	25~30	20~25	12~15	30~35	100~150	100~190

절삭속도(v) ; m/min, 이송(f_z) ; ㎜/tooth, 이송(f) ; ㎜/min								
절삭공구	작업구분		강 700N/㎜² 이 하	합금강 750N/㎜² 이 하	합금강 1000N/㎜² 이 하	주철 HB 180 이 하	경 금 속	구리합금
사이드 커터 (절삭폭 ~20㎜)			고속도강					
	▽▽▽ 완성 가공 절삭 깊이 40㎜ 이하	v	18~22	15~18	10~14	15~18	220~300	45~60
		f	25~45	16~24	10~20	30~50	70~120	60~75
		f_z	0.05~0.1	0.05~0.1	0.05~0.1	0.07~0.2	0.07~0.2	0.07~0.2
	▽ 거친 절삭 절삭 깊이 40㎜ 이하	v	12~14	10~12	8~10	10~12	160~200	30~40
		f	40~75	35~50	20~30	60~90	90~120	80~120
		f_z	0.1~0.2	0.1~0.15	0.1~0.15	0.15~0.3	0.2~0.3	0.2~0.3
			WC 공구					
	▽▽▽ 완성 가공 절삭 깊이 40㎜ 이하	v	160~220	120~150	80~100	130~160	1200	150~220
		f	75~130	50~ 75	30~ 60	90~150	210~360	150~220
		f_z	0.02	0.02	0.02	0.05	0.08	0.05
	▽ 거친 절삭 절삭 깊이 40㎜ 이하	v	120~160	100~120	60~80	100~130	400~800	80~150
		f	120~210	100~150	60~90	180~270	270~360	240~360
		f_z	0.1	0.08	0.06	0.2	0.15	0.15

표 4-6 밀링의 실용 절삭 조건(Ⅱ)

절삭속도(v) ; m/min, 이송(f_z) ; ㎜/tooth, 이송(f) ; ㎜/min								
절삭공구	작업구분		강 700N/㎜² 이 하	합금강 750N/㎜² 이 하	합금강 1000N/㎜² 이 하	주철 HB 180 이 하	경 금 속	구리합금
엔드밀 (절삭폭 ~60㎜)			고속도강					
	▽▽ 다듬 절삭 절삭 깊이 1㎜ 이하	v	22~ 24	18~22	16~18	18~ 20	160~180	50~ 60
		f	80~100	60~80	45~55	90~110	80~100	110~140
		f_z	0.04~0.1	0.04~0.1	0.02~0.1	0.07~0.2	0.04~0.2	0.05~0.2
	▽ 거친 절삭 절삭 깊이 8㎜ 이하	v	16~18	14~16	12~14	14~16	150~180	30~40
		f	22~30	20~25	10~15	30~40	40~ 50	45~60
		f_z	0.1~0.2	0.1~0.15	0.05~0.1	0.15~0.3	0.2~0.3	0.2~0.3

4-6-2 밀링(Milling)작업

(1) 밀링 커터 부착(수평 밀링)

- 주축 테이퍼 구멍과 아버의 테이퍼부를 깨끗이 닦는다.
- 아버의 노치를 주축의 노스 키에 맞추어 꽂는다.
- 드로잉 볼트를 조여서 아버를 주축에 단단히 고정한다.
- 필요한 수 만큼 칼라(collar)를 넣어 중간 서포트를 장착한다. 가공하기 쉬운 위치를 정하면 칼라 개수가 결정된다.
- 재차 칼라를 넣어 커터, 칼라, 서포트순으로 장착한다.
- 아버 베어링을 끼워 아버 너트를 가볍게 조인 후 서포트 너트를 강하게 조이고 아버 너트를 조인다.
- 평면 커터의 경우 추력 상쇄를 갖게 하는 것이 좋다. 그림4-35(a)의 방법이 좋으며, 그림 (b)처럼 1개판으로 절삭하게 되면 추력이 생기게 된다.

(a) 플레인 밀링 커터의 조합과 회전 방향은 주력을 상쇄하게 한다.

(b) 플레인 밀링 커터의 회전 방향은 주력이 구동축으로 작용한다.

그림 4-35 평면 커터의 고정

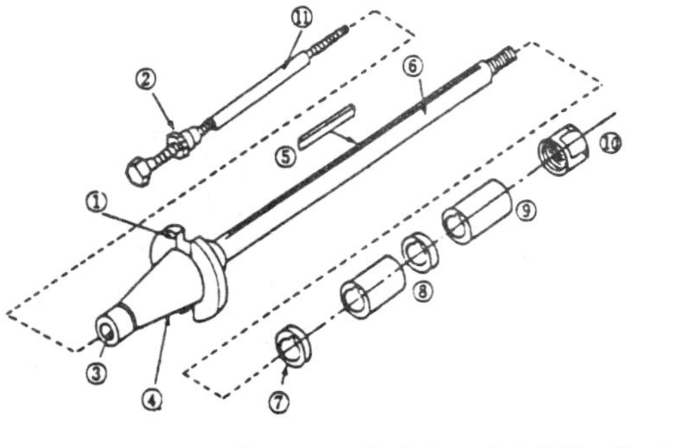

① 홈 ② 로크 너트 ③ 암나사 ④ 7/24테이퍼(NT) ⑤ 키
⑥ 아버 ⑦ 엔드 칼라(모따기가 크게 되어 있다.)
⑧ 칼라 ⑨ 베어링 칼라 ⑩ 아버 너트 ⑪ 당김 볼트

그림 4-36 아버의 부품

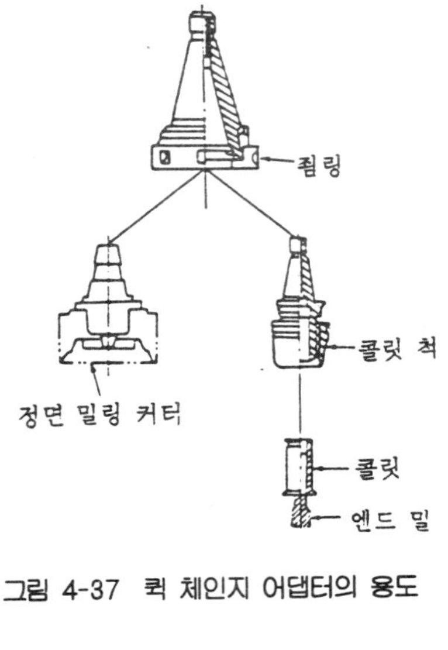

그림 4-37 퀵 체인지 어댑터의 용도

(2) 가공물 고정

① 테이블에 가공물을 고정하는 방법

고정법은 작업자와 작업물에 따라 여러 가지가 있으며, 여기서는 원칙만을 기억해 두어야 한다.

ⓐ 볼트는 가능한 한 가공물에 가까운 곳에서 조여야 한다.

ⓑ 고정 방향은 절삭력이 걸리는 방향, 즉 이송 방향으로 체결하는 것이다.

ⓒ 볼트 고정시는 힘이 균형이 되게 교대로 조여야 한다.

② 바이스에 가공물을 고정하는 순서

ⓐ 바이스를 벌린 후 깨끗하게 청소한다.

ⓑ 평행대 2매를 가지런히 맞추어 준다.

ⓒ 평행대와 공작물이 밀착되도록 한다.

ⓓ 가공 전과 가공 중에 측정을 할 수 있게 한다.

ⓔ 평행대는 여러 종류로 준비해 두면 편리하다(평행대는 높이가 낮은 경우에 필요).

③ 바이스에 가공물을 고정하는 방법

ⓐ 동일 규격의 가공물을 다수 절삭할 때는 클램프를 사용하면 능률적이다.

ⓑ 평행면이 없는 가공물은 넓은 쪽을 고정 조에 대고 고정시킨다.

ⓒ 가공면이 평면이고 바이스로 물릴 수 없는 얇은 가공물은 전자 척을 이용한다.

ⓓ 긴 물건인 경우 바이스를 여러개 사용하여 안정시킨다.

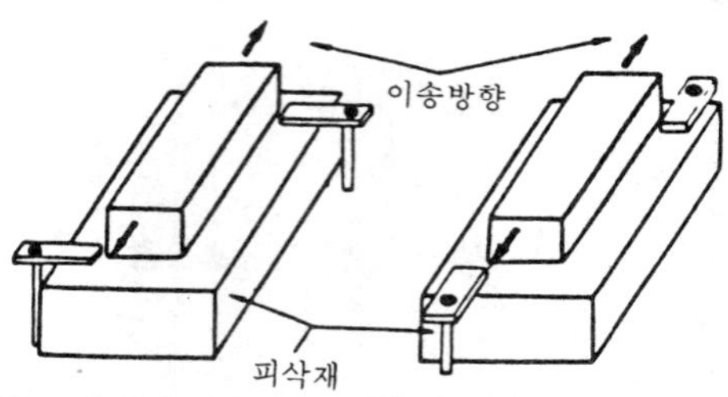

(a) 고정 불량(절삭력에 의해 움직인다)　(b) 양호(반드시 이송방향으로 체결한다)

그림 4-38 고정 방향

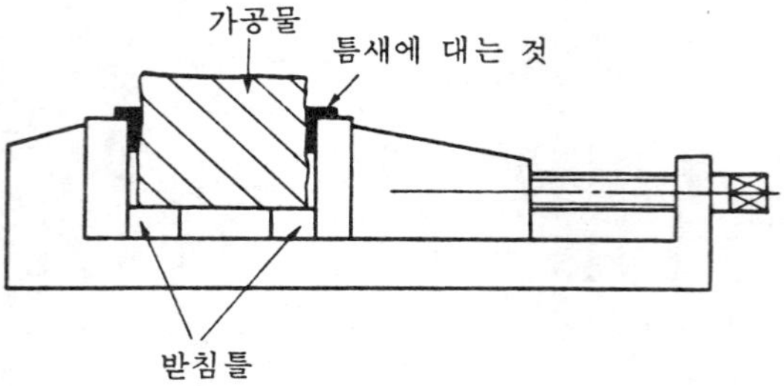

그림 4-39 바이스에 의한 고정

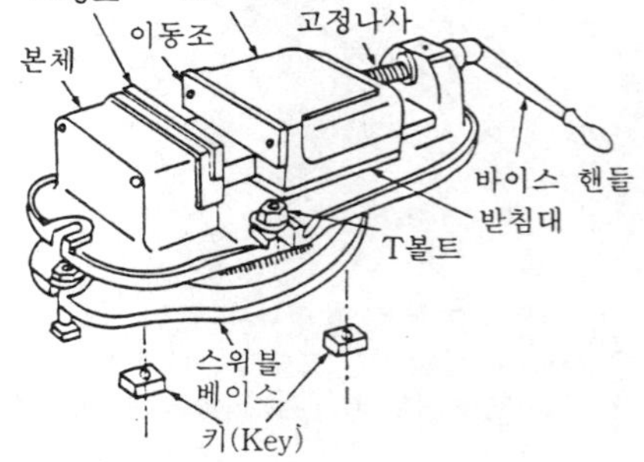

그림 4-40 바이스의 구조

(3) 절삭 방법

① 상향 절삭(up cutting)

공구의 회전방향과 공작물의 이송방향이 반대인 경우

② 하향 절삭(down cutting)

공구의 회전방향과 공작물의 이송방향이 같은 방향인 경우

③ 절삭방향의 특징

절삭방향에 따라 각각 장·단점이 있으며, 그 특징은 다음과 같다.

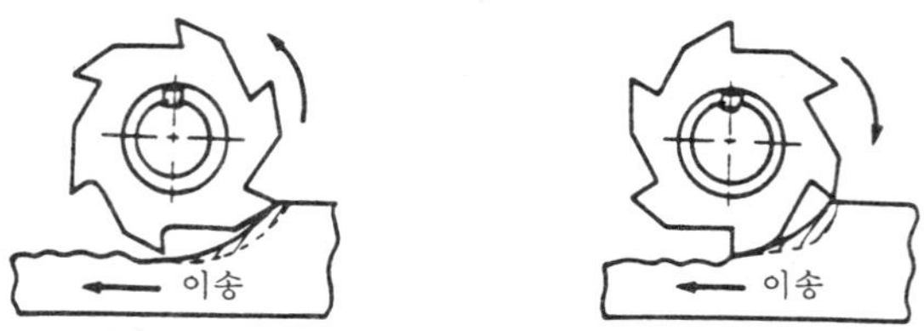

(a) 상향절삭 (b) 하향 절삭

그림 4-41 밀링 절삭 방향

상 향 절 삭	하 향 절 삭
• 칩이 잘 빠져나와 절삭을 방해하지 않는다. • 백래시가 제거된다. • 공작물이 날에 의하여 끌려 올라오기 때문에 확실히 고정해야 한다. • 커터의 수명이 짧다. • 동력 소비가 크다. • 가공면이 거칠다.	• 칩이 잘 빠지지 않아 가공면에 흠집이 생기기 쉽다. • 백래시가 제거 장치가 필요하다. • 커터가 공작물을 누르기 때문에 공작물 고정에 신경 쓸 필요가 없다. • 커터의 마모가 적다. • 동력 소비가 적다. • 가공면이 깨끗하다.

(4) 기본 밀링 작업

① 평면 절삭 작업(face milling)

밀링 머신은 평면을 절삭할 때 매우 위력을 발휘하는 기계이다. 수평형에서는 플레인 밀링 커터, 수직형에서는 정면 밀링 커터(페이스 커터)를 사용하는 것이 일반적이지만 능률이 좋은 것은 수직형으로 정면 밀링 커터를 사용하는 경우이다.평면을 절삭할 때는 그 폭은 커터 지름의 60-70%로 하는 것이 보통이다. 절삭 폭을 커터 지름과 같게 하면 커터 밑의 중앙에서 칩의 배출이 안되므로 칩에 의해 흠집이 생기고 커터의 수명도 단축된다.

② 홈파기

ⓐ 앤드밀이나 사이드 커터를 사용한다. 환봉에 홈을 팔 때는 먼저 환봉 중심에 앤

드밀 커터를 맞춘 다음 홈 폭보다 약간 작게 상면을 깎아준다.

ⓑ 니(knee)를 올려서 깊이를 정하고 길이는 테이블의 이동으로 정한다.

ⓒ 수평 밀링으로 사이드 커터를 사용할 경우는 주로 긴 홈을 팔 때이다.

③ T홈 파기

ⓐ T형 홈을 팔 때는 T형 커터를 사용한다. T형 밀링 커터는 절삭이 절삭날 주위에 칩이 완전히 쌓여 있으므로 칩의 배출이 나쁘다.

ⓑ 먼저 직선 홈을 파고 칩을 제거한다.

• 다음에 T홈 밀링 커터를 윗면에 맞춘다

ⓒ 깊이만큼 니를 올려서 절입(약간 절입하여 접촉면을 확인해 본 다음 절입)한다.

ⓓ 완전 가공한다.

④ 정면 절삭 및 원통 절삭

공작물의 평면을 절삭하는 것으로 정면 커터와 플레인 커터가 있다. 선반과는 달리 공구를 회전시켜서 공작물을 이송하여 절삭한다.

⑤ 측면 절삭 작업

측면 절삭이라 하여도 대부분은 단절삭의 일부이다. 단절삭 가운데에서 측면이 크든가, 측면을 다듬질하든가, 피삭재의 자세로 측면이 되었을 뿐이다.

"측면"이라 해도 평면이란 점만은 변치 않는다. 단, 평면이 테이블에 수직이 되었다는것 뿐이다.

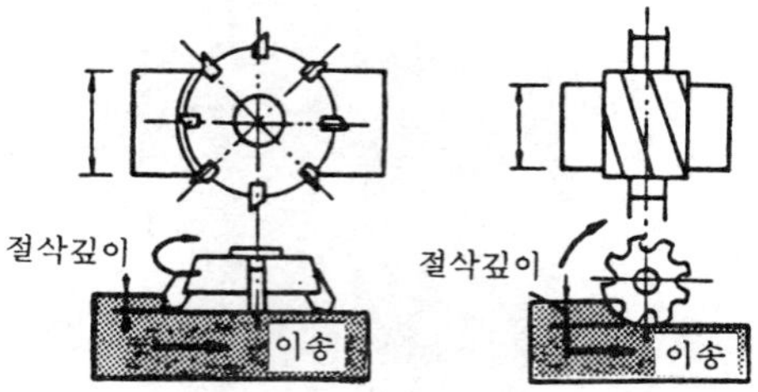

그림 4-42 정면 절삭과 원통 절삭

⑥ 비틀림 홈 절삭

비틀림 홈 절삭은 밀링 머신에서 드릴, 헬리컬 기어 등을 절삭할 때 공작물을 θ각 만큼 회전시키는 동시에 테이블을 이송시켜야 한다. 이때는 만능 밀링 머신을 사용해야 한다.

공작물의 지름 d(mm), 리드 L(mm), 비틀림각 θ라 하면

$$\tan\theta = \frac{\pi d}{L}, \quad L = \frac{\pi d}{\tan\theta} = \pi d \cdot \cot\theta$$

또 웜과 웜 기어의 회전비 40/1, 분할대에 고정할 변혼기어의 잇수, w1, 테이블의 이송 나사에 고정할 변환 기어의 잇수 S라고 하면 변환기어의 잇수비i는 다음과 같다.

$$i = \frac{W}{S} = \frac{L}{P} \times \frac{1}{40}$$

여기서, p : 테이블의 이송 나사의 리드(mm), L : 공작물의 리드(mm)

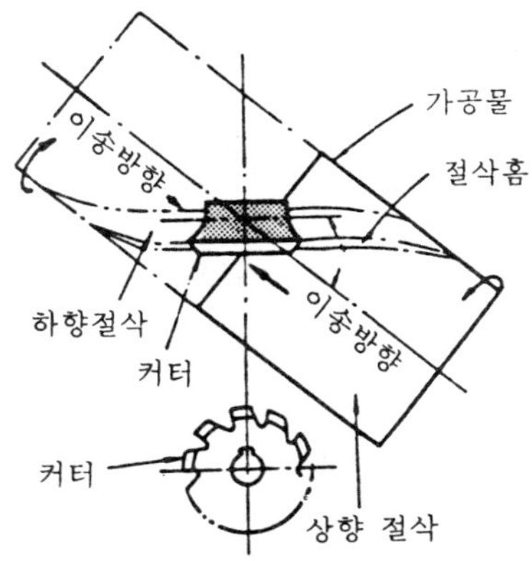

그림 4-43 비틀림 홈의 절삭

4-6-3 더브테일(Dove Tail)가공 및 측정

(1) 외측(핀 2개사용시)

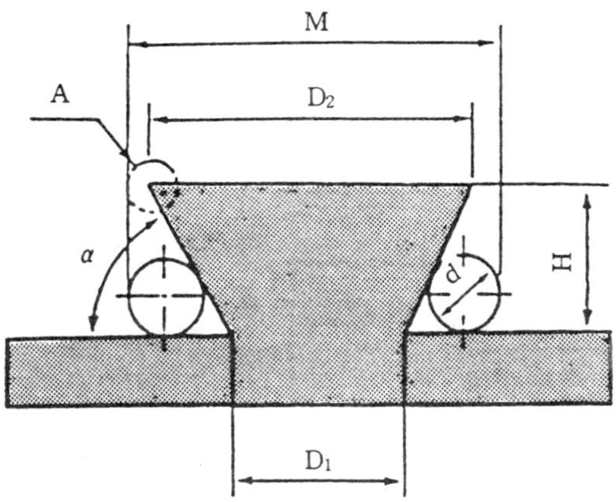

그림 4-44 외측 더브체일

※ (예)

$D_1 = 30mm$

$\alpha = 60°$

$d = 6mm$

$M = ?$

$$\therefore M = D_1 + 2(r + \frac{r}{\tan \alpha/2})$$

$$= 30 + 2(3 + \frac{30}{\tan 30})$$

$$= 36.39(mm)$$

$$M = D_1 + d(1 + \cot\frac{\alpha}{2})$$: 핀지름(d)

$$= D_1 + 2(r + \frac{r}{\tan \alpha/2})$$: 핀반경(r)

$$D_1 = M - d(1 + \cot \alpha/2)$$

$$= M - d(1 + \frac{1}{\tan \alpha/2})$$

$$D_2 = D_1 + 2H\cot \alpha$$ ($D_1 = D_2 - 2Z$)

※ 핀 1개 사용시

$$M = D_2 + (x) - (z)$$

$$= D_2 + (\frac{r}{\tan \alpha/2} + r) - (\frac{H}{\tan \alpha})$$

<참고>

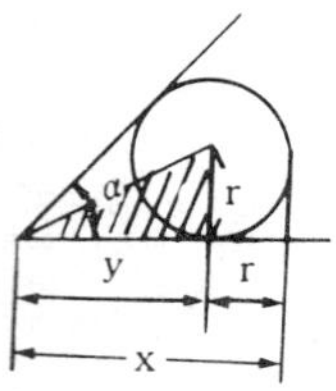

$$x = r + (y)$$

$$= r + (\frac{r}{\tan \alpha/2})$$

$$M = D_1 + 2x$$

$$D_1 + 2(r + \frac{r}{\tan \alpha/2})$$

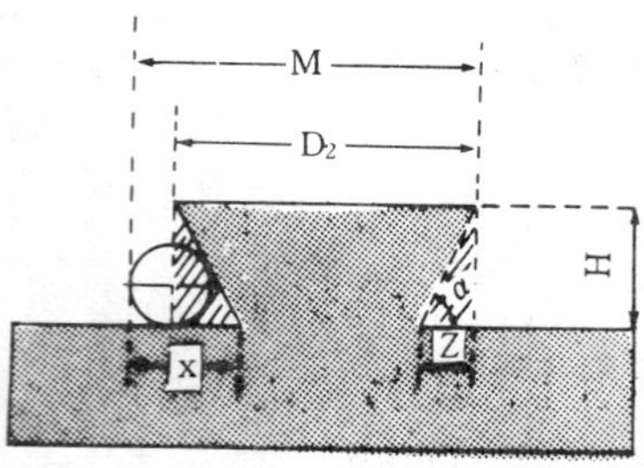

$$M = D_2 + (x) - (z)$$

$$= D_2 + (r + \frac{r}{\tan \alpha/2}) - \frac{H}{\tan \alpha}$$

(2) 내측(핀 2개사용시)

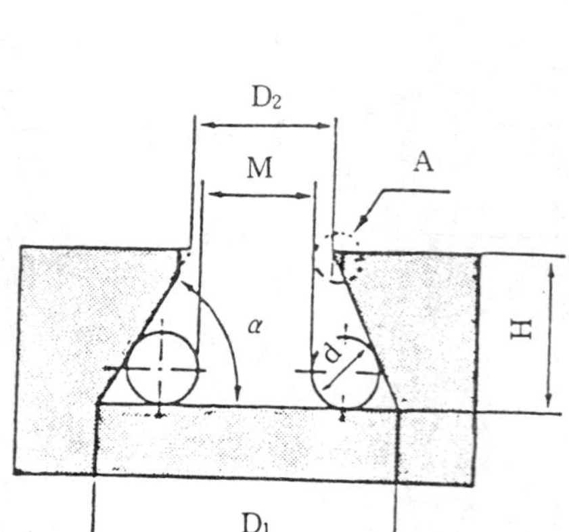

그림 4-45 내측 더브테일

※ 측정계산(예)

D_1 =50mm

d =6mm

α =60°

M =?

$$\therefore M = D_1 - 2(r + \frac{r}{\tan \alpha/2})$$

$$= 50 - 2(3 + \frac{30}{\tan 30})$$

$$= 33.608 (mm)$$

$$M = D_1 - d(1 + \cot \alpha / 2)$$
$$= D_1 - 2(r + \frac{r}{\tan \alpha / 2})$$
$$D_1 = M + d(1 + \cot \alpha / 2)$$
$$= M + d(1 + \frac{1}{\tan \alpha / 2})$$
$$D_2 = D_1 - 2H \cot \alpha$$

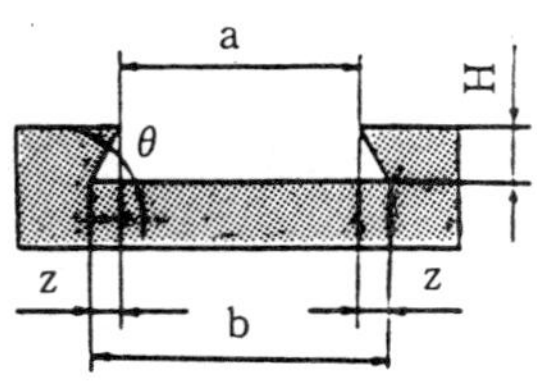

(a) Z.a 계산

$$a = b - 2Z$$
$$Z = \frac{H}{\tan \theta}$$
$$Ⓧ = r + y = r + \frac{r}{\tan \theta / 2}$$

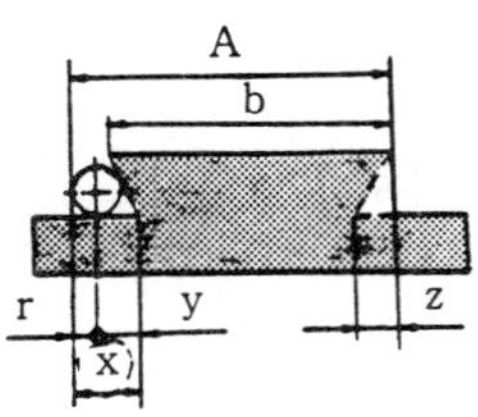

(b) A치수 계산 (A=b+x-z)

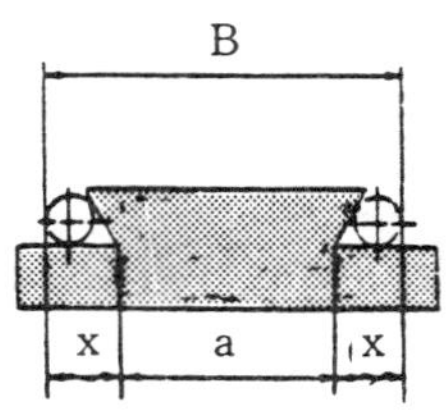

(c) B치수 계산 (B=a+2x)

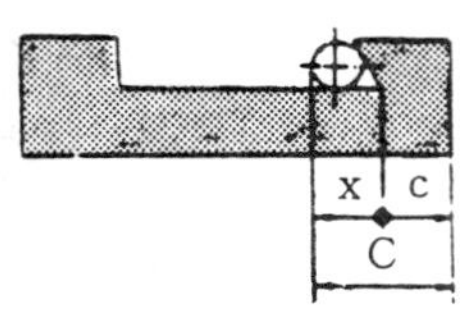

(d) C치수 계산 (C=x+c)

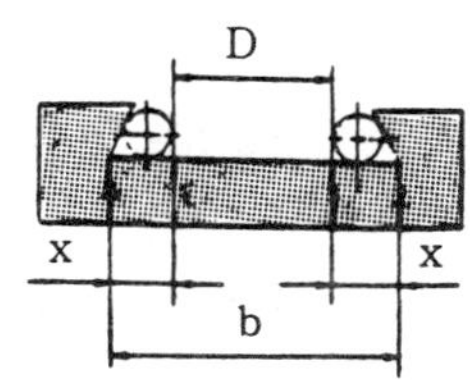

(e) D치수 계산 (D=b-2x)

4-6-4 분할 작업(Indexing)

분할법은 직접분할법(direct dividing method)
단식분할법(simple dividing method)
차동분할법(differential dividing method) 등이 있다.

(1) 직접분할법

직접분할법은 분할대 주축을 직접 회전시켜 분할하는 것으로, Cincinnati type, Brown Sharpe type에서는 분할판이 24등분되어 있어 24의 인수인 2, 3, 4, 6, 8, 12, 24의 분할이 가능하다. Cincinnati type에서는 24공(孔), 30공, 36공이 3열을 갖는 분할판도 있다.

직접 분할작업을 할 때에는 먼저 분할 크랭크의 측면에 있는 웜 핸들(worm handle)

을 돌려 웜을 빼고 주축이 자유로이 회전할 수 있게 해야 한다. 그림4-46는 직접분할기구이다(그림4-46).

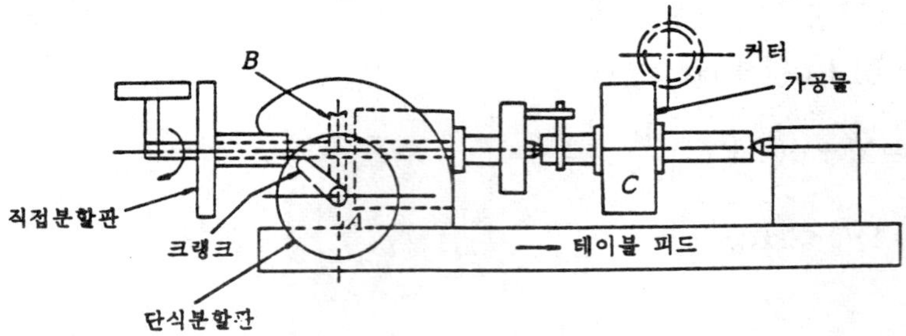

그림 4-46 직접분할기구

〔예제〕 원주를 8등분하여라.

풀 이 24 ÷ 8 = 3 즉, 3구멍씩 회전시켜 가며 절삭하면 원주는 8등분된다.

〔예제〕 원주를 6등분하여라.

풀 이 $\frac{24}{N}=\frac{24}{6}=4$(4구멍씩 회전시켜 절삭)

(2) 단식 분할법

간접 분할법이라고 하며 그림4-47과 같은 기구로서 진행된다. 이것은 스핀들 작업을 하기 위하여 40개의 잇발이 달린 웜기어(worm gear)와 스핀들 웜, 웜축을 돌리기 위한 크랭크(crank) 및 분할판으로 구성되어 있다. 다시 말하면 분할 크랭크의 40회정은 스핀들을 1회전시킨다.

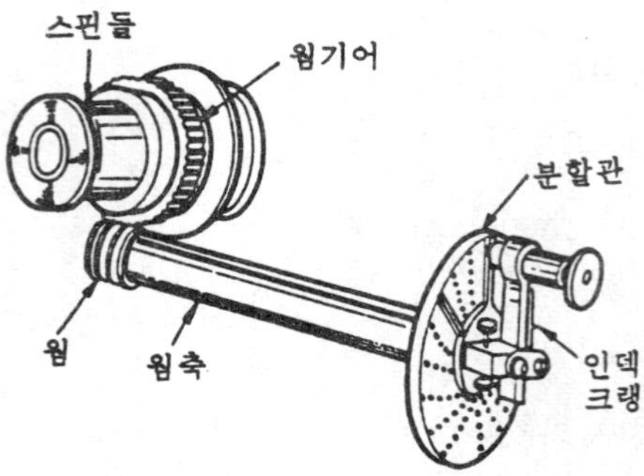

그림4-47 분할대의 원리

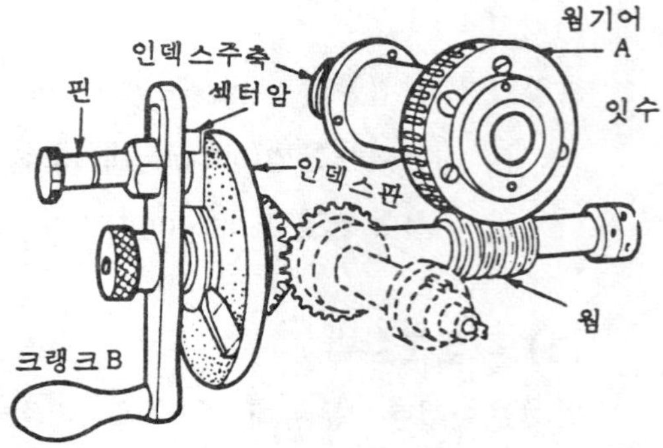

그림4-48 분할대의 기구

그림4-48은 분할대의 크랭크B를 40회 회전시키면 웜 및 웜기어 A의 장치로서 분할대 주축C는 1회전할 수 있는 기구로 되어 있다.

$$n = \frac{40}{N}\ (\text{브라운 샤프형과 신시내티형})$$

$$n = \frac{R}{N} = \frac{5}{N}\ (\text{밀워키형})$$

여기서, n : 핸들의 회전수, N : 분할수

표 4-7 분할판의 종류와 구멍수

<table>
<tr><th>종류</th><th>분할판</th><th>구멍수</th><th>종류</th><th>분할판</th><th>구멍수</th></tr>
<tr><td rowspan="4">브라운
샤프형</td><td rowspan="4">No.1
No.2
No.3</td><td rowspan="4">15, 16, 17, 18, 19, 20,
21, 23, 27, 29, 31, 33,
37, 39, 41, 43, 47, 49</td><td rowspan="2">신시내티형</td><td>표면</td><td>24, 25, 28, 30, 34, 37, 38, 39, 40, 42, 43</td></tr>
<tr><td>이면</td><td>46, 47, 49, 51, 53, 54, 57, 58, 59, 62, 66</td></tr>
<tr><td rowspan="2">밀워키형</td><td>표면</td><td>100, 96, 92, 84, 72, 66, 60</td></tr>
<tr><td>이면</td><td>98, 88, 78, 68, 58, 54</td></tr>
</table>

[예제] 브라운 샤프형 분할대를 사용하여 잇수가 92개인 스퍼 기어를 절삭하려 할 때, 분할 브랭크의 회전수를 구하여라.

풀이 $n = \frac{40}{N} = \frac{40}{92} = \frac{10}{23}$

즉 분할판 No.2, 23 구멍짜리를 사용하여 10구멍씩 회전시켜 절삭한다.

[예제] 원주를 7등분하라.

풀이 $\frac{R}{H} = \frac{40}{7} = 5\frac{5}{7} = 5\frac{15}{21} = \frac{h}{H} = 5\frac{35}{49}$

즉, 브라운 샤프 분할판 제2번판의 21구멍수를 이용하여 매번 5회전과 15구씩 돌리던가 제3번판의 49구멍수를 사용하여 5회전과 35구멍씩 돌린다.

(3) 차동 분할법(差動分割法)

직접 분할법이나 간접(단식)분할법으로 분할할 수 없는 67, 97, 121 등의 61이상의 소수나 특수한 수의 분할을 하는 방법이다.

이 원리는 인덱스 핸들을 돌려서 스핀들을 회전시켜 스핀들 후방에 장치된 변속기어를 거쳐서 인덱스 플레이트가 소요의 각도만큼 인덱스 핸들과 같은 방향이거나 역방향으로 회전된다. 그림4-49와 같이 인덱스 핸들의 회전이 인덱스 헨들→웜기어, 변속기어

1, 2, 3→마이터기어→인덱스 플레이트의 순으로 전달 되도록 장치한다. 변환기어 1, 3의 기어비를 1 : 1로 하였을 때 스핀들 및 인덱스 플레이트의 회전수는 같아진다. 따라서 인덱스 핸들을 x회전 시키면 스핀들과 인덱스 플레이트는 동시에 x/40회전을 한다.

차동 분할은 단식 차동 분할법과 복식 차동 분할법으로 분류한다.

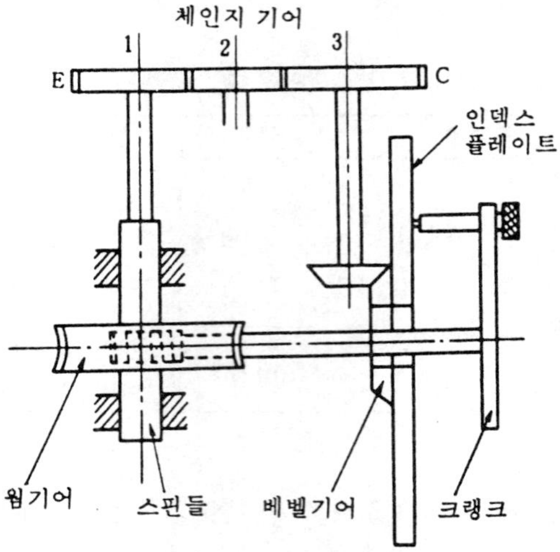

그림 4-49 차동 분할의 변환기어

차동 분할법은 단식 분할이 불가능한 경우에 차동장치를 이용하여 분할하는 방법이다. 이때 사용하는 변환 기어의 잇수는 24(2개), 28, 32, 40, 48, 56, 64, 72, 86, 100의 12개 있다.

① 분할수 N에 가까운 수로 단식 분할할 수 있는 N′를 가정한다.

② 가정수 N′로 등분하는 것으로 하고 분할 크랭크 핸들의 회전수 n을 구한다.

$$n = \frac{40}{N'}$$

③ 변환 기어의 차동비 i를 구한다.

$$i = 40 \times \frac{N' - N}{N'} = \frac{S}{W} \qquad \text{2단}$$

$$i = 40 \times \frac{N' - N}{N'} = \frac{S \times B}{W \times A} \qquad \text{4단}$$

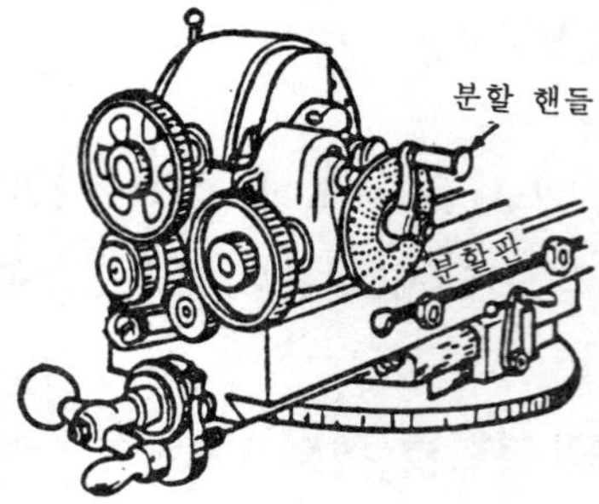

그림 4-50 차동 분할 장치

④ 여기서 차동비가 +값일 때에는 중간 기어 1개, -값일 때에는 중간 기어 2개를 사용한다.

〔예제〕 원주를 239 등분하여라.

풀 이 ① N′ =240으로 하면 분할판의 구멍수와 크랭크 회전수 n은 다음과 같다.

$$n=\frac{40}{N'}=\frac{40}{240}=\frac{1}{6}=\frac{3}{18}$$

즉, 18구멍 열을 사용하여 크랭크를 3구멍씩 회전시킨다.

② 변환기어 계산

$$\frac{S}{W}=\frac{40(N'-N)}{N'}=\frac{40(240-239)}{240}=\frac{40}{240}$$
$$=\frac{1\times4}{3\times8}=\frac{1\times24}{3\times24}\times\frac{4\times6}{8\times6}=\frac{24\times24}{72\times48}$$

즉, W=72, A=48, S=24, B=24로 한다.

중간 기어는 N′=N>0이므로 같은 방향으로 돌도록 1개를 사용한다.

※ 섹터의 사용 : 분할 구멍의 위치를 기억하고 움직이는 구멍수를 세는 것은 번거롭다. 따라서 섹터를 사용하면 쉽게 해결할 수 있다.

(4) 각도분할법

분할에 의해서 공작물의 원둘레를 어느 각도로 분할할 때에는 단순 분할법과 마찬가지로 분할판과 크랭크 핸들에 의해서 분할한다.

다음은 신시내티형 분할대에 대한 설명이다.

분할대의 주축이 1회전하면 360˚가 되며, 크랭크 핸들이 회전과 분할대 주축과의 비는 40 : 1이므로 주축의 회전각도는 다음과 같다.

$$\frac{360°}{40}=9°$$

여기서, n : 구하고자 하는 분할 크랭크의 회전수, D : 분할 각도라 하면, $n=\frac{D°}{9°}$가 된다.

이상의 공식은 (°)로 나타낸 것이며, 분(′)과 초(″)단위로 환산하면 다음과 같다. 또한, 54서클의 분할판 1피치의 각도(分)를 보기로 하면 분할대 주축의 회전각도는 다음과 같다.

D′=540/54=10′

〔예제〕 7½°를 분할하여라.

풀 이

$$\theta^\circ = 7\frac{1}{2} \text{이므로,} \quad t = \frac{7\frac{1}{2}}{9} = \frac{\frac{15}{2}}{9} = \frac{15}{18}$$

따라서 분할판 18공(孔)을 사용하고 15공을 회전시킨다.

〔예제〕 원을 중심각 $5\frac{2}{3}^\circ$ 씩 분할하여라.

풀 이 $\frac{h}{H} = \frac{40}{N}$ 에서 $N = \frac{360^\circ}{\theta^\circ}$ 이므로

$$\frac{h}{H} = \frac{40}{N} = \frac{40 \cdot \theta^\circ}{360^\circ} = \frac{\theta^\circ}{9} = \frac{5\frac{2}{3}}{9} = \frac{17}{27}$$

판 No. 2의 27구멍을 사용하여 17구멍씩 돌리면 된다.

4-6-5 스퍼기어 및 비틀림 홈절삭

(1) 스퍼기어(spur gear)의 절삭

스퍼기어의 절삭은 다음 순서로 진행된다.

① 커터를 선택한다.

② 커터를 아버에 고정한다.

③ 기어를 가공할 재료를 준비, 설치한다.

④ 가공물의 축선과 커터의 회전 중앙면을 일치시킨다.

⑤ 분할대 준비와 치수 계산을 한다.

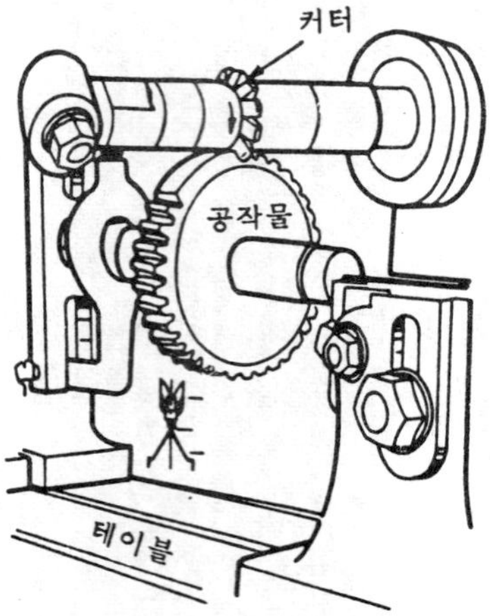

그림 4-51 기어절삭의 예

⑥ 커터가 가공물의 최대부에 접촉할 때 테이블을 상승시키고 회전판에 있는 눈금에 맞춘다.

⑦ 적당한 절삭속도로 가공한다.[예제] 지름피치 DP=8, 잇수 N=52인 평기어를 가공하여라.

〔예제〕 지름피치 DP=8, 잇수 N=52인 평기어를 가공하여라.

풀이 i) 외경 $D_0 = \frac{N+2}{DP} = \frac{52+2}{8} = \frac{54}{8} = 6.750\text{in}$

ii) 치 깊이 $= \frac{2.157}{DP}\text{in} = \frac{2.157}{8} = 0.2697\text{in}$

iii) 커터 번호 : 3(∵잇수 52는 35~54이(teeth)의 범위에 있으므로)

iv) 분할대의 변환기어 : $\frac{h}{H} = \frac{40}{N} = \frac{40}{52} = \frac{10}{13} = \frac{30}{39}$

∴ Brown Sharpe의 분할판 No. 3의 39구멍을 사용하여 30구멍씩 돌린다.

표 4-8 커터의 번호와 기어의 이수

커터번호	절삭할 이수의 범위	커터번호	절삭할 이수의 범위
No.1	135~래크	No. $1\frac{1}{2}$	55~134
2	55~134	$2\frac{1}{2}$	55~134
3	35~54	$3\frac{1}{2}$	55~134
4	25~34	$4\frac{1}{2}$	55~134
5	21~24	$5\frac{1}{2}$	55~134
6	17~20	$6\frac{1}{2}$	55~134
7	14~16	$7\frac{1}{2}$	55~134
8	12~13		

(2) 비틀림(spiral)홈 가공법

비틀림 홈을 절삭할 때는 공작물의 지름에 따라 비틀림 각을 계산하여 각도만큼 경사시켜야 한다. 그리고 변환 기어를 계산하여 리드 스크루와 분할대에 설치하여 작업해야 한다.

헬리컬 기어 가공은 분할과 비틀림 홈을 절삭하는 요령을 복합시킨 것이다.

① 경사각

$$\tan\theta = \frac{\pi D}{L}$$

② 변환기어 계산식

$$\frac{\text{분할대축의기어}(A)}{\text{이송나수축기어}(B)} = \frac{\text{공작물리드}(L)}{\text{이송나사의피치}(P)\times 40}$$

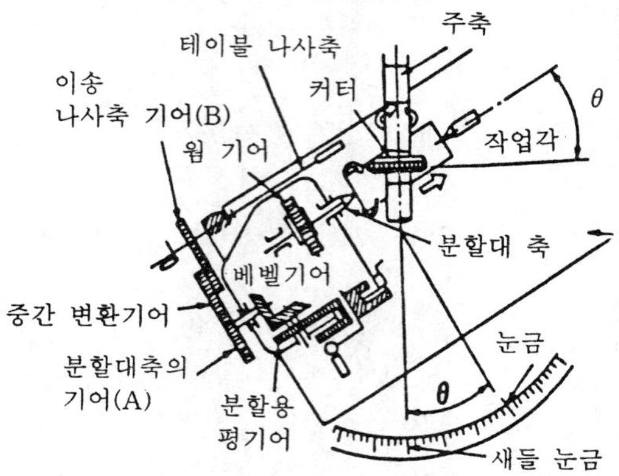

그림 4-52 비틀림 홈 가공 원리

표 4-9 변환 기어 잇수(신시내티형)

17	18	19	20	21	22	24	27	30
33	36	39	42	45	48	51	55	60

③ 커터 상당 잇수 $Ze = \frac{Z}{\cos^3\theta}$

$$\frac{34}{\cos^3 32.79^\circ} = 57.23 = 58(\text{개})$$

Z : 기어의 잇수

θ : 비틀림 각

④ 테이블 이송 나사의 피치가 5[mm], 공작물의 리드가 195[mm]인 변환 기어를 계산한다.

$$\frac{\text{분할대의구동축기어}}{\text{테이블이송나사축기어}} = \frac{L}{40\times P} = \frac{195}{40\times 5}$$

$$\frac{195}{200} = \frac{13\times 15}{20\times 10} = \frac{39\times 45}{60\times 30}$$

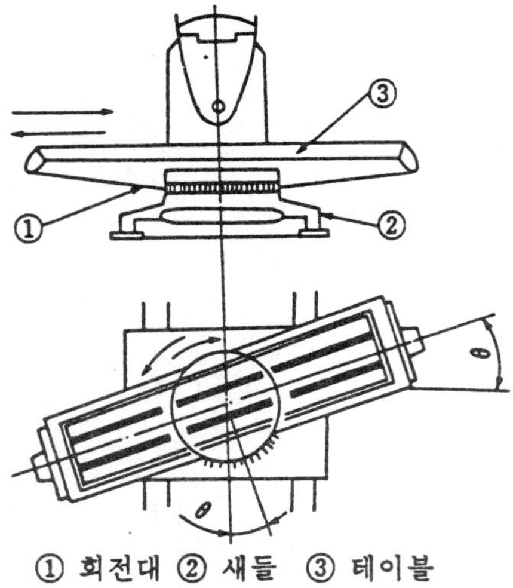

그림 4-53 테이블 선회

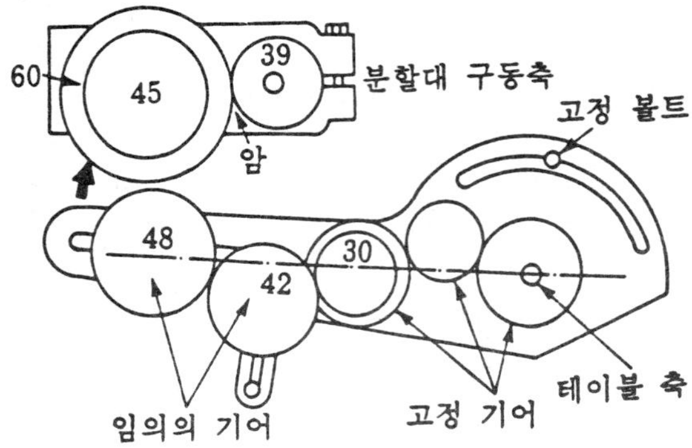

그림 4-54 변환 기어를 고정한 상태

(3) 헬리칼(Helical)기어가공

헬리컬 기어 절삭의 작업 순서는 다음과 같이 요약할 수 있다.

① 가공될 기어의 피치에 맞는 커터를 선정한다.

② 분할계산을하여 분할판의 구멍수를 정한다.

③ 리이드 변환기어를 계산한다.

④ 테이블이 회전강도를 정한다,

⑤ 가공물 고정물 멘드렐(mandrel)의 대경측(大徑側)이 분할대를 향하도록 한다.

그림 4-82는 헬리칼 기어 커터의 번호 결정의 예이다.

〔예제〕 지름 피치 DP=12, 잇수 N=18, 나선각(helix angle) $\alpha=18^\circ$ 인 기어를 가공할 때 I) 분할계산, ii) 변환기어, iii) 테이블 각의 계산, iv) 커터의 번호를 정하여라.

풀이 i) 분할계산

$$\frac{h}{H}=\frac{R}{N}=\frac{40}{18}=2\frac{4}{18}$$

1번판 18구멍을 사용하면 된다.

ii) 변환기어 계산

$$L=\frac{\pi D}{\tan\alpha} \qquad D=\frac{N}{DP}=\frac{18}{12}=1.5$$

$$\therefore\ L=\frac{\pi\times 1.5}{\tan 18^\circ}=14.50$$

inch식 나사로 된 테이블을 이송시킬 때

$$\frac{A}{B} \times \frac{C}{D} = \frac{L}{10} = \frac{14.50}{10} = \frac{66}{30} \times \frac{32}{48}$$

iii) 테이블의 회전각은 18° 이다.

$$N_r = \frac{N}{\cos^3 \alpha} = \frac{18}{\cos^3 18°} = 20.9 \fallingdotseq 21(\text{표})$$

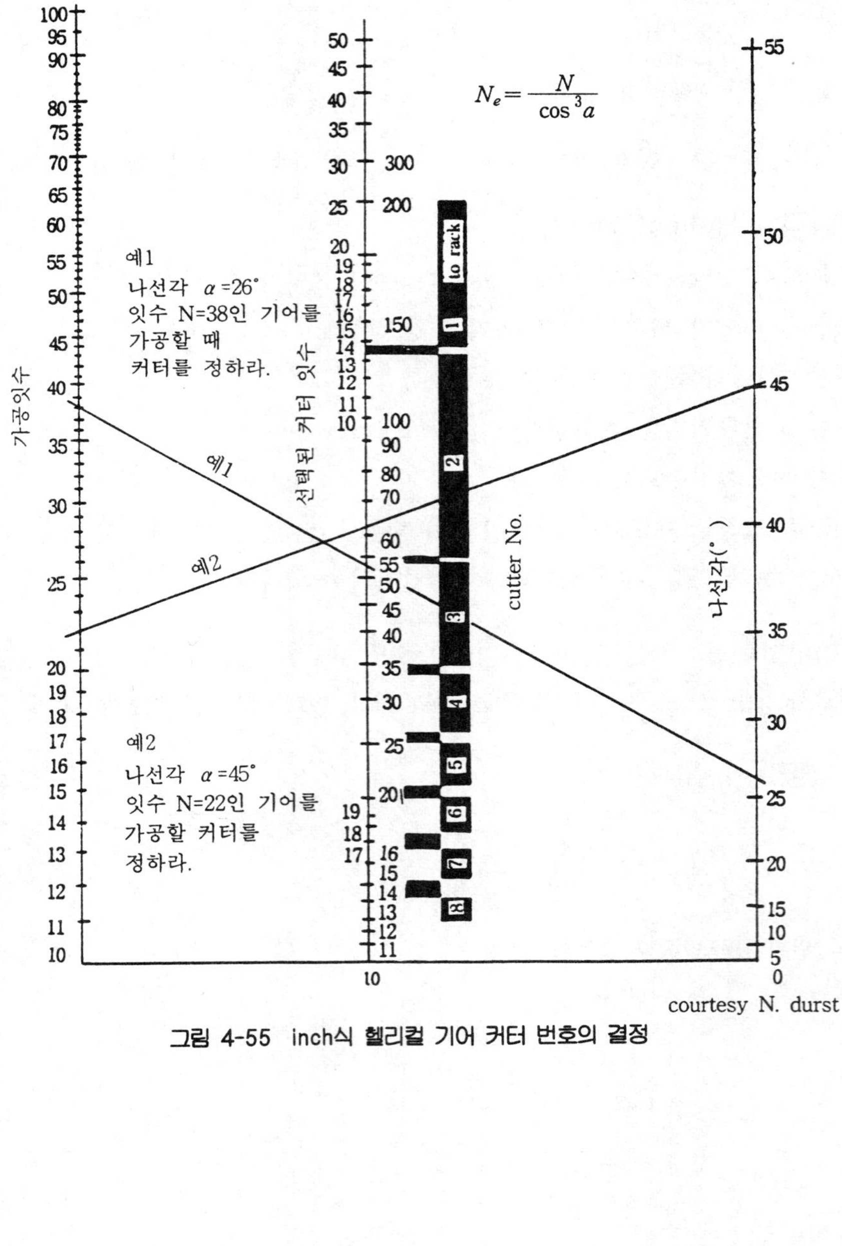

그림 4-55 inch식 헬리컬 기어 커터 번호의 결정

4-6-6 밀링 작업 소요 시간

(1) 수평밀링머신(Plain Cutter) 작업

$$T=\frac{L}{S}i=\frac{l+C}{S}i$$

$$=l+\frac{\sqrt{t(d-t)}}{Sz\times Z\times N}i(\text{분})$$

T : 밀링정미가공시간(분)
L : 테이블 총 이송 길이(ℓ +C+여유량)
S : 밀링테이블속도(mm/min)
Z : 밀링커터날 수 (개)
t : 절삭깊이(mm)
i : 가공회수(회)
Sz : 커터1날당이송량(mm)
N : 밀링커터회전수(rpm)
l : 공작물(가공면)의 길이(mm)
D : 커터지름(mm)
C : 커터접촉길이(mm)

$$C^2+(\frac{D}{2}-t^2)=(\frac{D}{2})^2$$

$$C^2=(\frac{D}{2})^2-(\frac{D}{2}-t)^2$$

$$=(\frac{D}{2})^2-\left[\ (\frac{D}{2})^2-2\frac{D}{2t}+t^2\right]$$

$$=(\frac{D}{2})^2-(\frac{D}{2})^2+2\frac{D}{2}t-t^2$$

$$=Dt-t^2 \qquad \therefore C=\sqrt{t(D-t)}$$

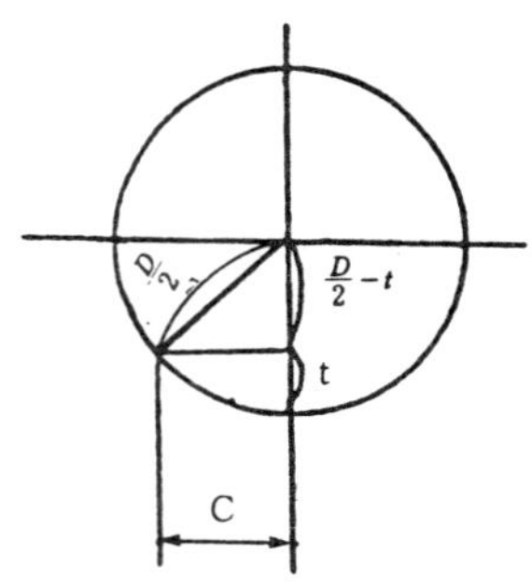

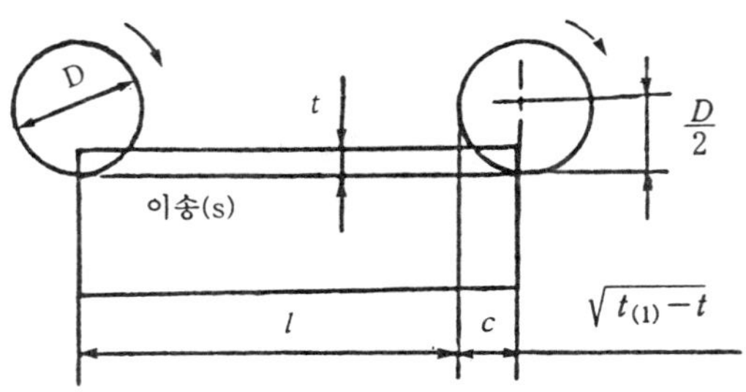

그림 4-56 수평밀링작업

(2) 수직밀링머신(Face Cutter) : 正面밀링加工時間

① 커터축이 가공면 폭의 중심선상에 있을 때

$$x^2+(\frac{b}{2})^2=(\frac{D}{2})^2$$

$$x^2=(\frac{b}{2})^2-(\frac{D}{2})^2$$

$$\therefore x=\sqrt{(\frac{D}{2})^2-(\frac{b}{2})^2}$$

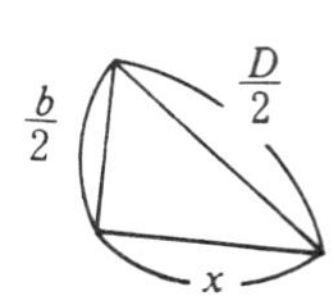

$$C=\frac{D}{2}-\sqrt{(\frac{D}{2})^2-(\frac{b}{2})^2}=\frac{D}{2}\left[1-\sqrt{1-(\frac{b}{D})^2}\right]$$

$$\therefore T=\frac{l+c}{S}=\frac{l+\frac{D}{2}[1-\sqrt{1-(b/D)^2}]}{Sz\times S\times N}$$

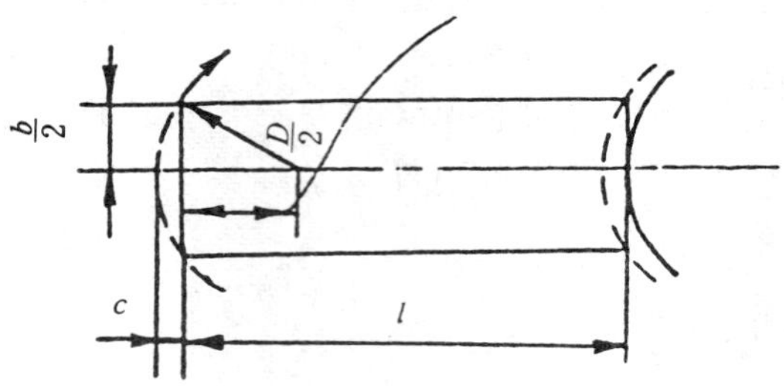

그림 4-57 수직밀링작업

② Cutter의 축이 가공면 폭의 중심선상에서 M만큼 편위 되었을 때(b:가공물의 폭)

$$x^2+(\frac{b}{2}+M)^2=(\frac{D}{2})^2$$

$$\therefore x=\sqrt{(\frac{D}{2})^2-(\frac{b}{2}+M)^2}$$

$$C=\frac{D}{2}-\sqrt{(D/2)^2-(b/2+M)^2}=\frac{D}{2}[1-\sqrt{b+2M/D^2}]$$

$$T=\frac{l+C}{S}i=\frac{l+D/2[1-\sqrt{1-(b+2M/D)^2}]}{Sz\times Z\times N}$$

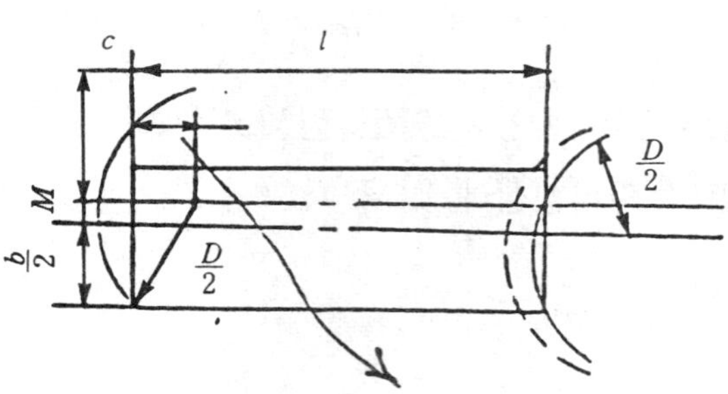

[예제] 평면밀링 커터지름 100mm, 커터날 수 12개, 공작물길이 180mm, 공작물폭 80mm,

절삭속도 60m/min, 절삭깊이 6mm, 한날당이송 0.3mm, 절삭회수 5회일 때 밀링 작업의 정미가공시간은?

풀 이 ① L = 공작물의 길이$(l)+\sqrt{t(D-t)}=180+\sqrt{6(100-6)}=203.75\fallingdotseq 204(mm)$

② $S = Sz\times Z\times N=0.3\times 12\times 1000\times \frac{60}{\pi\times 100}=687.9\fallingdotseq 688(mm/\min)$

③ i = 5회

$$\therefore T=\frac{L}{S}i=\frac{204}{688\times 0.3}\times 5=4.94(\text{분})$$

〔예제〕 정면밀링커터지름 120mm, 커터날 수 8개, 공작물의 길이 200mm, 공작물폭 50mm, 절삭속도 80m/min, 절삭깊이 4mm, 한날당이송 0.2mm, 절삭회수 3회일 때 거친 밀링작업의 정미가공시간?

풀 이 $L=1+\frac{D}{2}=200+\frac{120}{2}=260(mm)$

$S=Sz\times Z\times N=0.2\times 8\times \frac{1000\times 80}{\pi\times 120}=339.7=340(mm/\min)$

i=3회

$$\therefore T=\frac{L}{S}i=\frac{260}{340}\times 3=2.29\fallingdotseq 2.3(\text{분})$$

〔예제〕 5(HP)의 선반으로 1200g의 절삭칩을 내는 가공을 행하는 경우에 가공시간은? 선반 표준작업 상태에서 마력 소비율은 25%로 하고 구동 마력당(HP) 160g/min의 절삭량을 표준으로 한다.

$$T=\frac{\text{공작물절삭칩중량}}{\text{마력당칩중량}(g)\times\text{기계동력}(HP)\times\text{마력소비율}(\%)}=\frac{1200}{160\times 5\times 0.25}\fallingdotseq 6(\text{분})$$

4-6-7 밀링(Milling)가공 시험

표 4-10 시험조건

<table>
<tr><th></th><th colspan="2">황 삭 가 공</th><th colspan="2">정 삭 가 공</th></tr>
<tr><td>절삭속도(v)</td><td colspan="2">12 m/min</td><td colspan="2">20 m/min</td></tr>
<tr><td>회 전 수(n)</td><td colspan="2">60 rpm</td><td colspan="2">100 rpm</td></tr>
<tr><td>절삭너비(b)</td><td>20 ㎜</td><td>공작물재질</td><td colspan="2">SM 30C</td></tr>
<tr><td>커터직경(φ)</td><td>정면커터 φ75 ㎜</td><td>커터직경(φ)</td><td colspan="2">평면커터 φ75 ㎜</td></tr>
</table>

(1) 평면 밀링 가공 시험.

① 이송 속도 66mm/min 절삭 깊이 3mm로 황삭 가공

② 이송 속도 66mm/min 절삭 깊이 1.5mm로 황삭 가공

③ 이송 속도 24mm/min 절삭 깊이 0.3mm로 황삭 가공

표 4-11 평면 밀링 시험값

절삭조건 / 절삭방법	이송 Sz mm/z	이송 U mm/min	절삭깊이 a mm	절삭량 V=U·a·b cm³/min	무절삭동력 P_0 W	입력 P_1 W	절삭동력 $P_2=P_1-P_0$ W	절삭량 cm³	절삭량 %	표면과 기계 상태
평 면 밀 링 	0.15	66	3	4.95	350	650	300	16.5	100	파종모양 심한떨림
	0.15	66	1.5	2.475	350	510	160	15.46		양호함 약간떨림
	0.05	24	0.3	정삭 가공 표면과 하중받는 부분이 없음						

(2) 정면 밀링 가공 시험

① 이송 속도 66mm/min 절삭 깊이 3mm로 황삭 가공

② 이송 속도 66mm/min 절삭 깊이 1.5mm로 황삭 가공

③ 이송 속도 24mm/min 절삭 깊이 0.3mm로 황삭 가공

표 4-12 정면 밀링 시험값

절삭조건 / 절삭방법	이송 Sz mm/z	이송 U mm/min	절삭깊이 a mm	절삭량 V=U·a·b cm³/min	무절삭동력 P_0 W	입력 P_1 W	절삭동력 $P_2=P_1-P_0$ W	절삭량 cm³	절삭량 %	표면과 기계 상태
정 면 밀 링 	0.15	66	3	4.95	350	540	190	26.05	158	평평한 표면, 부드러운 상태
	0.15	66	1.5	2.475	350	450	100	24.75		양호한 표면 부드러움
	0.05	24	0.3	정삭 가공면과 하중에 관계되는 지점이 많다.						

(3) 상향 밀링 절삭 시험

① 이송 속도 88mm/min 절입량/날당 : 0.2mm로

② 이송 속도 44mm/min 절입량/날당 : 0.1mm로

③ 이송 속도 24mm/min 절입량/날당 : 0.05mm로

표 4-13 절삭 시험 조건

	황 삭 가 공	정 삭 가 공
절 삭 속 도	V = 12 m/min	V = 20 m/min
회 전 수	n = 60 rpm	n = 100 rpm
절 삭 깊 이	a = 2.5 ㎜	a = 2.5 ㎜
절 삭 폭	b = 20 ㎜	b = 20 ㎜
공 작 물 재 료	GC 10	SM 30C

표 4-14 상향 밀링 시험값

절삭조건 / 절삭방법	이송 Sz ㎜/z	이송 U ㎜/min	절삭량 V=U·a·b ㎤/min	무절삭동력 P_0 W	입력 P_1 W	절삭동력 $P_2=P_1-P_0$ W	절삭량 ㎤	절삭량 %	표면상태 및 기계 상태
상향밀링 	0.2	88	44	350	730	380	115.78	100	표면 요철 매우 심한 진동
	0.1	44	22	350	650	300	73.33	╳	양호함 보다윤활함
	0.05	24	정삭 가공 표면과 하중 받는 부분이 없음						

(4) 하향 밀링 절삭 시험

① 이송 속도 88mm/min 절입량/날당 : 0.2mm로 황삭 가공시 :

② 이송 속도 44mm/min 절입량/날당 : 0.1mm로 황삭 가공시 :

③ 이송 속도 24mm/min 절입량/날당 : 0.05mm로 정삭 가공시 :

표 4-15 하향 밀링 시험값

절삭조건 / 절삭방법	이송 Sz ㎜/z	이송 U ㎜/min	절삭량 V=U·a·b ㎤/min	무절삭동력 P_0 W	입력 P_1 W	절삭동력 $P_2=P_1-P_0$ W	절삭량 ㎤	절삭량 %	표면상태 및 기계 상태
하향밀링 	0.2	88	44	350	630	280	157.14	136	양호한 표면 윤활하게작동
	0.1	44	22	350	540	190	115.78	╳	상 동
	0.05	24	정삭 가공면과 하중에 관계되는 지점이 크다						

(5) 밀링작업시 평면도 진직도가 불량한 주요원인은 다음과 같다.

① 기계의 강성이 적거나 주축의 흔들림 및 베어링 마모

② 아버 주축란의 테이퍼부의 키워맞춤 불량

③ 커터의 고정위치 및 키워맞춤상태 불량

④ 아버 베어링의 흔들림 및 마모

⑤ 니이 또는 새들의 미끄럼면 상태불량등

(6) 밀링 작업시 떨림방치책

① 기계의 진동을 적게 할 것(강성이 큰 기계사용)

② 이송나사 및 권동기어의 마모(부품 교체)

③ 커터 아버의 떨림 및 조성상태 불량

④ 아버의 휨 및 너트조임불량

⑤ 절삭속도가 너무 빠르거나 이동속도가 너무 느릴 때

⑥ 휠입량이 너무 많거나 커터 날끝형상의 불량등

※ 밀링커터에 걸리는 최대 절삭력(P_{max})의 계산

$$M = \frac{D}{2} P_{max} = \frac{\pi}{16} d^3 \tau \text{에서}$$

$$P_{max} = \frac{2\frac{\pi}{16} d^3 \tau}{D} = \frac{2\pi d^3 \tau}{16D}$$

(D : 커터지름, d : 아버지 지름, τ : 전단응력)

〔예제〕 밀링커터지름(D) 100mm, 아버지름(d) 40mm, 전단응력(Z) 4kg/mm²일 때, 밀링커터의 최대 절삭력은?

풀이 $P_{max} = \frac{2\pi d^3 Z}{16D} = \frac{2\pi 40^3 \times 4}{16 \times 100} \fallingdotseq 1005(\text{kg})$

제5장 연삭기(Grinding Machine)

5-1 연삭기의 종류와 특징

연삭은 연삭 숫돌 바퀴를 고속 회전시켜 이것을 공구로 사용하고 숫돌 표면에 있는 숫돌 입자의 예리한 모서리로 공작물의 표면으로부터 미소한 칩을 깎아내는 고속 절삭 작업을 말하며 이에 사용되는 기계를 연삭기(grinding machine)라고 한다.

연삭 숫돌 입자의 경도는 대단히 크므로 선반, 밀링 등과 같은 보통 공작 기계에서 가공할 수 없는 굳은 재질도 가공할 수 있고 또한 정밀한 가공 표면이 얻어진다.

그러므로 연삭 가공의 특징은 다음과 같이 들 수 있다.

① 경화된 강(鋼)과 같은 굳은 재료를 절삭할 수 있다.

② 칩이 작으므로 가공 표면이 매우 매끈하다.

③ 연삭 압력 및 저항은 작게 자용하며, 자석척(magnetic chuck)을 사용하여 공작물을 고정할 수 있다.

④ 자생작용함(마모 → 파쇄 → 탈락 → 생성)

5-1-1 연삭기의 분류

표 5-1 연삭기의 분류

종 류		형 식	규 격 표 시
외경연삭기	보통 외경 연삭기;그림 5-1 (plain cylindrical grinding machine)	• 테이블 왕복형 • 숫돌대(wheel head) • 왕복형	① 스윙(swing) ② 센터간 거리 ③ 숫돌의 거리:(바깥지름)×(폭)
	만능(萬能) 연삭기 (universal grinding)	• 만능식	보통 외경 연삭기에 준한다.
	센터레스 연삭기;그림 5-3 (centerless grinding machine)	• 외경용	① 가공물의 최대 지름 ② 숫돌의 크기
		• 내면용	① 가공물의 지름 ② 연삭할 구멍의 크기 ③ 숫돌크기
		• 특수용	

종 류		형 식	규 격 표 시
내면 연삭기;그림 5-2 (intermal grinding machine)		• 보통형(plain type)	① 스윙 ② 연삭할 구멍범위 ③ 테이블 또는 숫돌 최대 이동거리
		• 플라네타리형 (planetary type)	① 테이블의 크기 ② 연삭할 수 있는 구멍의 크기 ③ 테이블 또는 숫돌의 이동거리
평면 연삭기;그림 5-5 (surface grinding machine)		• 주축 수직형 - 원형 테이블 - 장방형 테이블	① 테이블의 크기 ② 숫돌의 크기 ③ 숫돌 하면과 테이블면과의 최대거리
		• 주축 수평형 - 원형 테이블 - 4각형 테이블	위와 동일함
공구 연삭기	만능 공구 연삭기;그림 5-6 (universal tool grinding mac-hine)	• 만능식	① 스윙 ② 센터 거리 ③ 테이블의 크기 ④ 숫돌 하면과 테이블면과의 최대거리 ⑤ 숫돌 크기
	바이트 연삭기 (tool bit grinding machine)	• 탁상식	① 숫돌 크기 ② 모터의 크기
	드릴 포인트 연삭기 (drill point grinding machine)	• 드릴 전용식	
특수 연삭기	나사 연삭기 (thread grinding machine)	• 한줄 연삭기 • 총형 연삭기	① 스윙 ② 연삭할 나사의 크기(지름×길이) ③ 숫돌의 크기
	스플라인 연삭기 (spline brinding machine)	• 외경용	① 스윙 ② 가공물의 크기(지름×크기) ③ 숫돌의 크기
		• 내면용	① 스윙 ② 숫돌의 크기 ③ 가공할 구멍의 지름과 길이
	크랭크 샤프트 연삭기 롤러 및 캠 연삭기		① 스윙 ② 센터간의 거리 ③ 숫돌의 크기

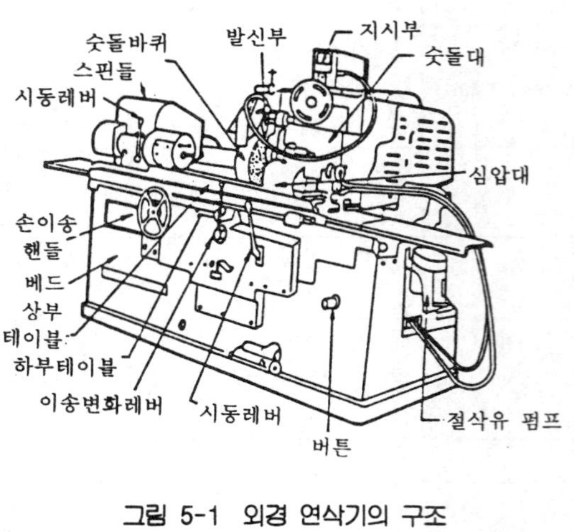

그림 5-1 외경 연삭기의 구조

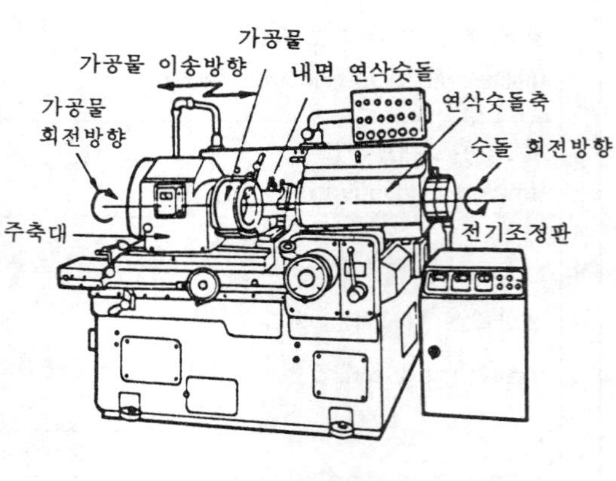

그림 5-2 내면 연삭기 구조

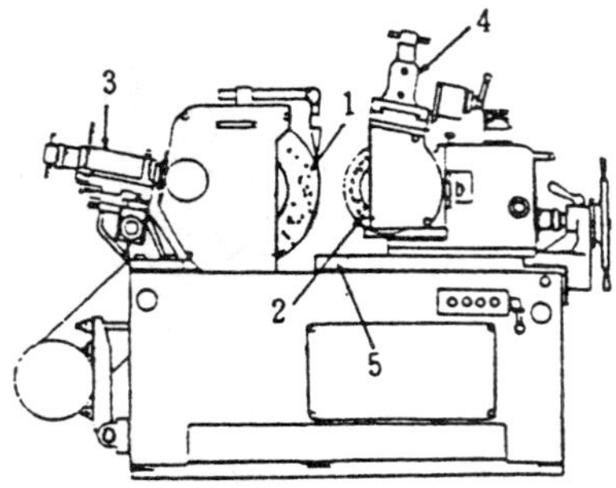

1. 연삭 숫돌 2. 조정 숫돌 3. 연삭 숫돌 수정장치
4. 조정 숫돌 수정 장치 5. 공작물 지지 고정부

그림 5-3 센터리스 연삭기의 구조

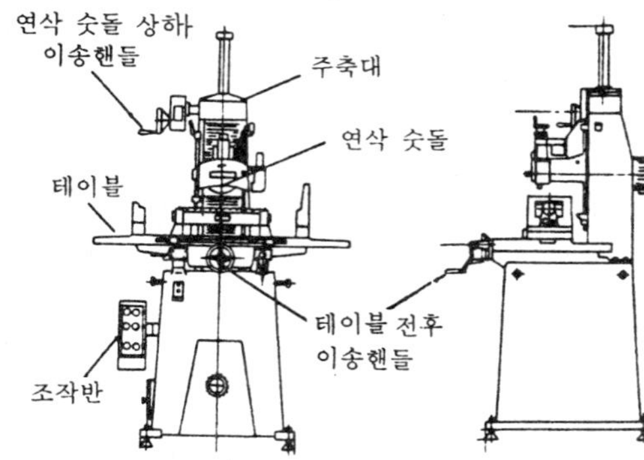

그림 5-4 성형연삭기의 구조

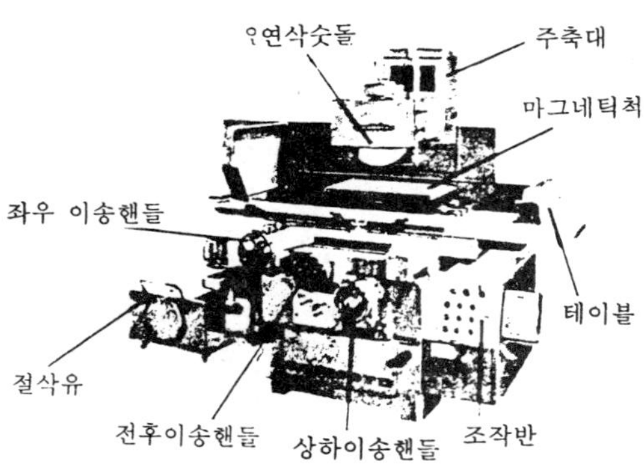

그림 5-5 평면 연삭기 구조

그림 5-6 공구 연삭기

5-2 연삭작업의 종류

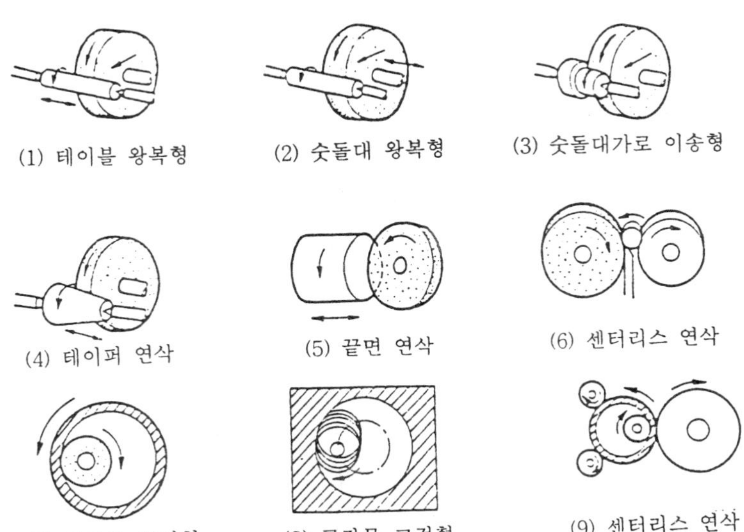

그림 5-7 원통 연삭 작업의 종류

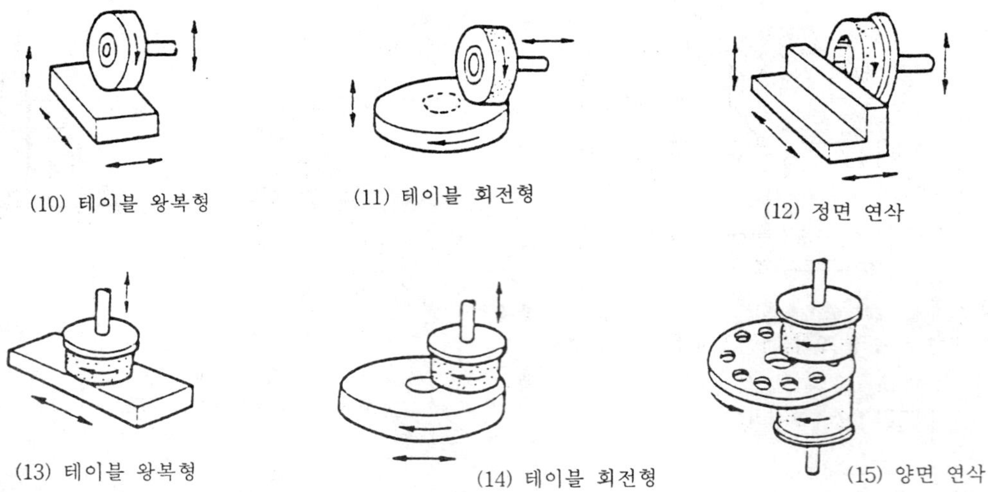

그림 5-8 평면 연삭 작업의 종류

5-3 연삭기의 주요 구조

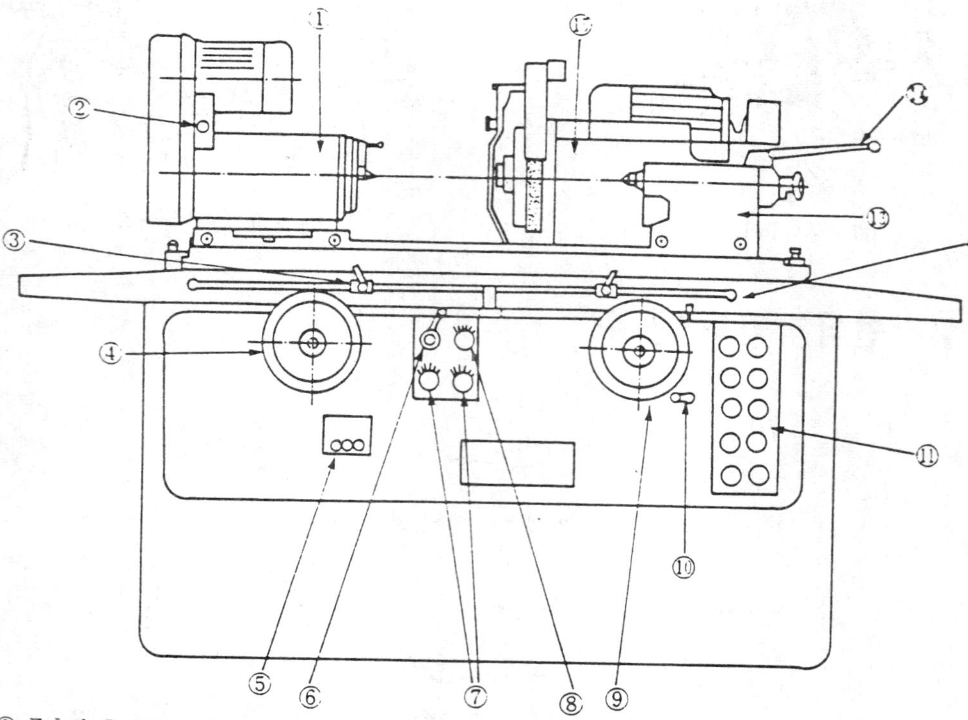

① 주축대 ② 주축 기동 버튼 ③ 테이블 이송 역전 스토퍼 ④ 테이블 좌우 이송 핸들 ⑤ 윤활유 조정 노브 ⑥ 테이블 자동 이송 레버 ⑦ 테이블 일시 정지 노브 ⑧ 테이블 이송 속도 조정 노브 ⑨ 숫돌대 전후 이송 핸들 ⑩ 미세 이송 레버 ⑪ 조작 패널 ⑫ 테이블 ⑬ 심압대 ⑭ 센터 고정 레버 ⑮ 숫돌대

그림 5-9 원통 연삭기의 각부 명칭

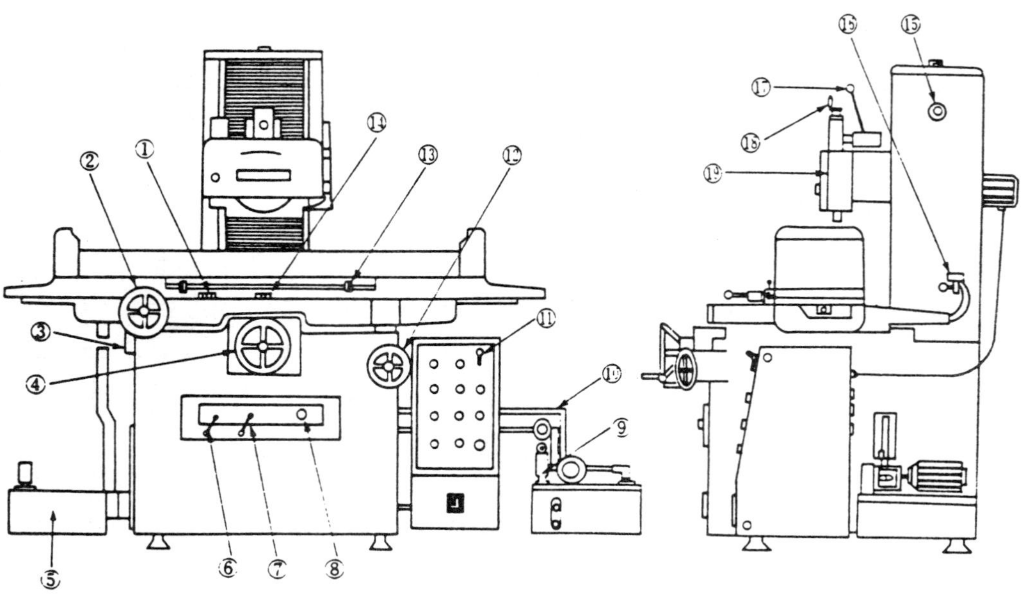

① 테이블 자동 이송 레버 ② 테이블 이송 핸들 ③ 가로 이송 리미트 스위치 ④ 가로 이송 핸들
⑤ 집진 장치 ⑥ 테이블 속도 조정 레버 ⑦ 새들 이송 절환 레버 ⑧ 가로 이송 조정 노브 ⑨ 유압 펌프
⑩ 안전 밸브 ⑪ 조작 패널 ⑫ 숫돌대 상하 이송 핸들 ⑬ 테이블 이송 역전 스토퍼 ⑭ 스토퍼 반침대
⑮ 유면계 ⑯ 오일 조정 콕 ⑰ 수동 이송 드레서 레버 ⑱ 드레서 이송 핸들 ⑲ 숫돌대

그림 5-10 평면 연삭기의 각부 명칭

5-3-1 외경 연삭기(plain cylindrical grinding machine)

원통 연삭기는 연삭숫돌과 가공물을 접촉시켜 연삭숫돌의 회전 연삭운동과 공작물의 회전 이송운동에 의하여 원통형 공작물의 외주 표면을 연삭 다듬질하는 기계이다.

(1) 크기표시

① 스윙과 양센터 사이 거리

② 숫돌 크기 (외경×폭×내경)

(2) 작업 방식

① 세로이송 방식(Traverse Cut 연삭)

공작물 회전과 숫돌 이송을 동시에 좌우로 운동하여 연삭하는 법.

② 숫돌 절입방식(Plange Cut 연삭)

공작물과 숫돌의 이송을 주지 않고 전후 이송만으로 연삭하는 법.

③ 테리 모션(Tarry Motion)

트라비스 연삭에서 잠시 테이블을 반환점에서 정지 시킨후에 전환 시키는 것(양끝이 절삭되지 않는 부분, 축방향의 이송을 주지 않는 연삭)

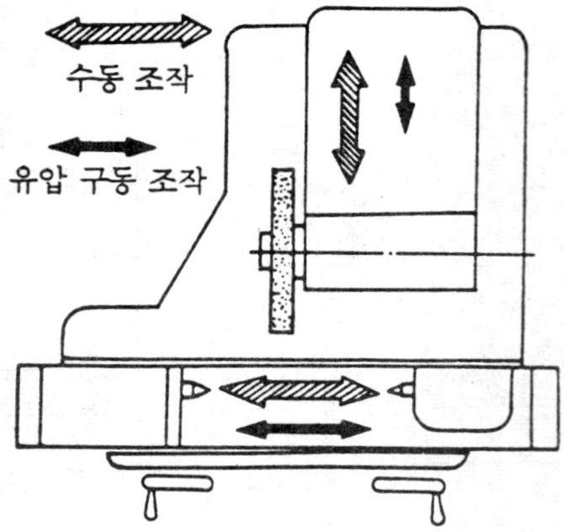

그림 5-11 원통 연삭기의 이송 방향

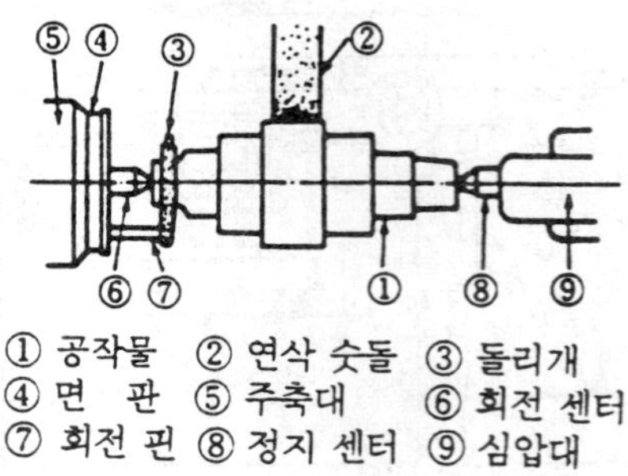

그림 5-12 공작물의 설치

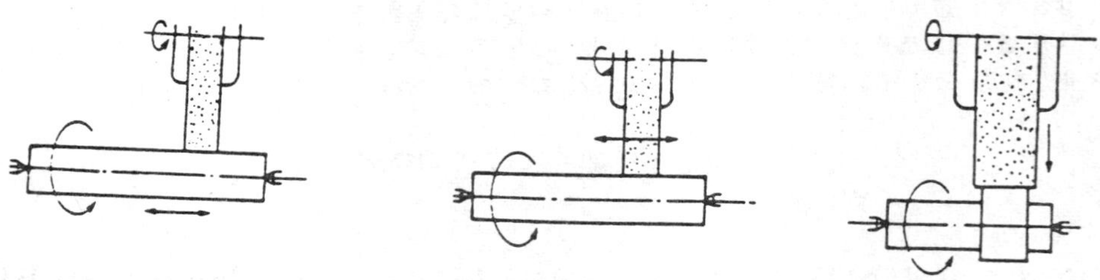

(a) 테이블 왕복식 (b) 숫돌대 왕복식 (c) 플런지 컷식

그림 5-13 외경 연삭기의 작업방식

5-3-2 내면 연삭기(internal grinding machine)

(1) 용도

원통이나 테이퍼의 내면을 연삭하는 기계로 구멍의 막힌 내면의 연삭과 단면 연삭도 가능하다.

(2) 연삭 방법

① 보통형 연삭 : 공작물에 회전운동을 주어 회전한다.

② 플래니터리(planetary)형 : 공작물은 정지하고, 숫돌은 회전 연삭운동과 동시에 공전운동을 한다.

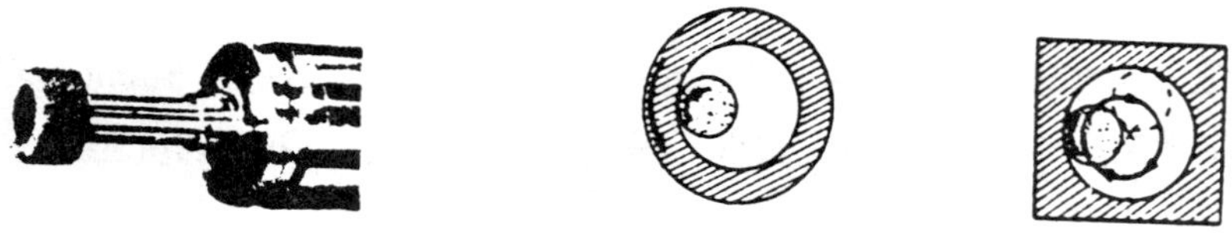

[연삭 숫돌축] (a) 공작물 회전식 (b) 공작물 고정식

그림 5-14 내면 연삭방법

5-3-3 센터리스 연삭기(centerless grinding machine)

(1) 원통 연삭기의 일종이며 센터 없이 연삭숫돌과 지정숫돌 사이의 지지판으로 지지하면서 연삭하는 것으로, 주로 원통면의 바깥면의 회전과 이송을 주어 연삭하며 통과 · 전후 · 접선 이용법이 있다.

(2) 용도에 따라 외면용, 내면용, 나사 연삭용, 단면 연삭용이 있다(그림5-13).

(3) 이점

① 연속작업이 가능하고 높은 치수 정도로 얻는다.

② 공작물의 해체 · 고정의 시간이 단축된다.

③ 대량 생산에 적합하고 숙련의 요하지 않는다.

④ 기계의 조정이 끝나면 초보자도 작업을 할 수 있다.

⑤ 고정에 따른 변형이 적고 연삭 여유가 작아도 된다.

⑥ 가늘고 긴 핀, 원통, 중공축 등을 연삭하기 쉽다.

⑦ 센터나 척에 고정하기 힘든 것을 쉽게 연삭할 수 있다.

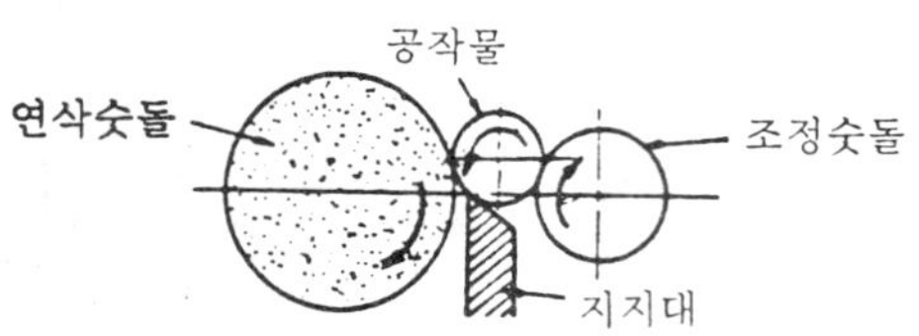

그림 5-15 (a) 외면용 센터리스 연삭

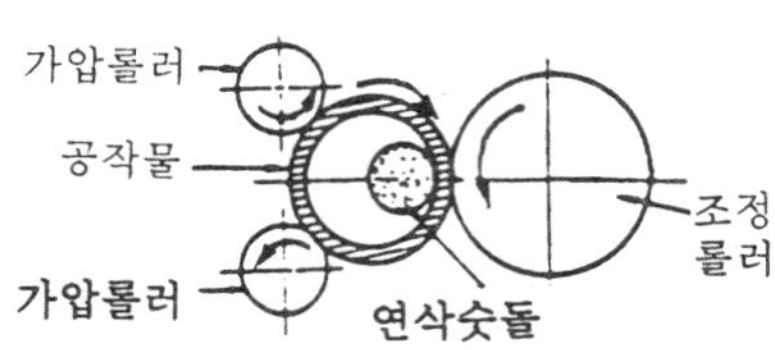

그림 5-16 (b) 내면용 센터리스 연삭

(4) 센터리스 연삭(Centerless)의 이송량

$$F = \pi DN \, \text{Sin}\,\alpha$$

T=정미가공시간(분), L=공작물길이(mm), N=조정숫돌회전수(rpm)

D=조정숫돌지름, α=조정숫돌경사각도(2~8˚), F=길이방향이송량(mm/min)

〔예제〕 조정숫돌외경 250mm, 회전수 20rpm, 경사각 3˚, 공작물외경 50mm, 공작물 길이 180mm, 제작(가공)수량 2000개, 최종 다듬 연삭회수 1회, 정미 가공시간은?

풀 이 $F=\pi DN \ \mathrm{Sin}\ \alpha = 3{,}14 \times 250 \times 20 \times \mathrm{Sin}\ 3 = 821.7\mathrm{mm/min}$

5-3-4 만능 연삭기(univeral grinding machine)

(1) 외관

원통 연삭기와 유사하나 공작물 주축대와 숫돌대가 회전하고 테이블 자체의 선회 각도가 크며 또 내면 연삭장치를 구비한 것이다.

(2) 용도

원통 연삭, 테이퍼, 플랜지 커드 등의 측면의 동시 연삭이 가능하고 척작업, 평면・내면 연삭이 가능하다.

(3) 연삭 방법

① 테이블 회전연삭
② 숫돌대 (주축대) 회전연삭
③ 내면 연삭장치에 의한 내면연삭
④ 모방숫돌 튤링 장치에 의한 모방연삭

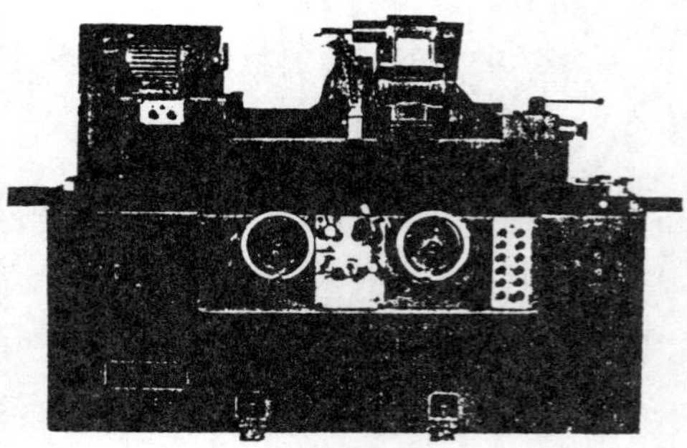

그림 5-17 만능 연삭기

(4) 만능 연삭의 작업(예)

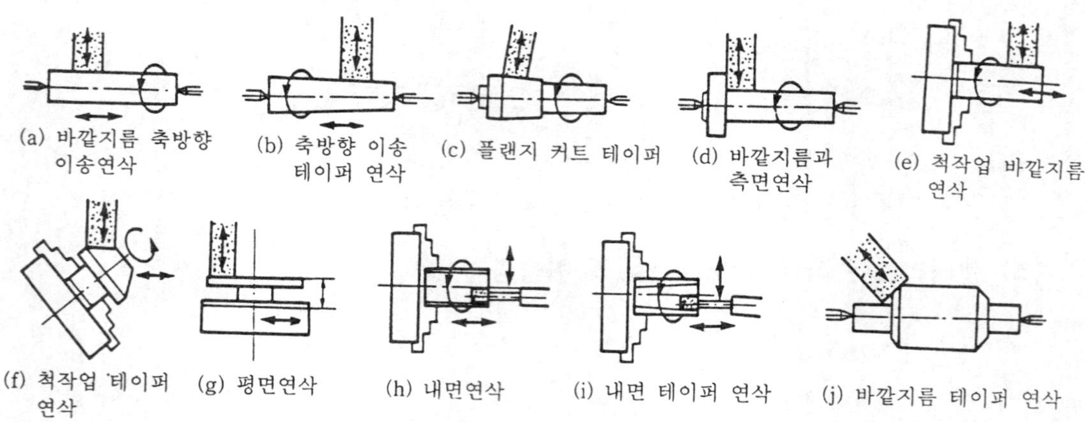

그림 5-18 만능 연삭기의 작업

5-3-5 평면 연삭기(surface grinding machine)

테이블에 T홈을 두고 마그네틱 척, 고정구, 바이스 등을 설치한 후이곳에 일감을 고정시켜 평면 연삭을 하며, 종류로는 테이블 왕복형과 테이블 회전형이 있다.

(1) 용도

평면 연삭, 각도 연삭, 성형 연삭

(2) 연삭 방식

① 숫돌의 원주면으로 연삭하는 방식

ⓐ 수평축 긴 테이블형 : 주축은 수평이고 4각 테이블이 왕복하면서 숫돌축이 테이블 윗면에 평행하는 형식이다.

ⓑ 수평측 원형 테이블형 : 주축은 수평, 테이블은 원형으로 회전하며 숫돌축이 테이블 윗면에 평행하는 형식이다.

② 숫돌의 측면으로 연삭하는 형식

ⓐ 수직축 긴 테이블형 : 주축은 수직, 테이블은 4각형이고 왕복운동을 하며 숫돌축이 테이블 윗면에 수직이다.

ⓑ 수직축 원형 테이블형 : 주축은 수직, 테이블은 원형이고 회전하며 숫돌축이 테이블 윗면에 원형이다.

ⓒ 수평축 긴 테이블형 : 주축은 수평, 테이블은 4각형이고 왕복운동을 하며 숫돌축이 테이블 윗면에 평행하다.

ⓓ 수평축 원형 테이블형 : 주축은 수평, 테이블은 원형이고 회전하며 숫돌축이 테이블 윗면에 평행하다.

③ 평면 연삭의 작업

ⓐ 공작물 설치

- 공작물에 흠집이나 스케일이 있으면 기름 숫돌로 제거한다.
- 공작물을 척 중앙에 길이방향이 테이블 운동 방향이 되게 놓는다.
- 평면이 맞으면 고정한다.

ⓑ 상면 연삭

- 테이블을 공작물 양 끝 30-50 mm 되게 행정을 조정한다.
- 수동이송에 의해 공작물 위 0.5 mm 까지 내린다(닿기전 0.5 mm부터 미동 이송레버 사용).

- 일단 숫돌 공작물에서 뗀다.
- 1회에 0.02-0.04 mm정도 연삭되게 한 후 연삭액을 사용하며 연삭한다.
- 다듬질 연삭시는 0.005-0.1 mm로 연삭하며, 최후로 2-3회 스파크 아웃시킨다.

ⓒ 뒷면 연삭

측정을 하면서 상면 연삭과 같은 방법으로 연삭한다.

ⓓ 탈자

모따기를 기름 숫돌로 한 후 탈자기에 넣어 탈자시킨다

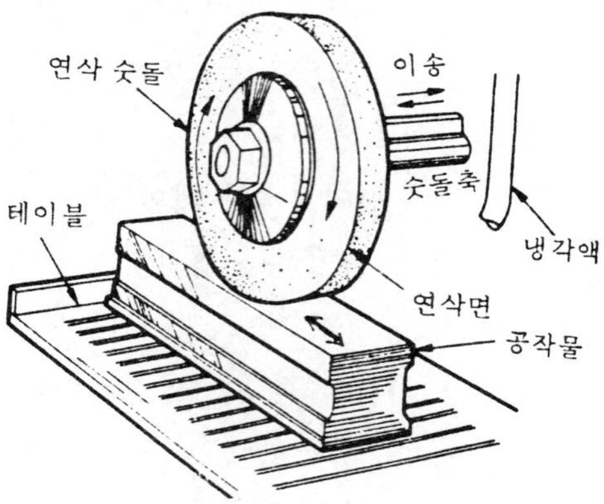

그림 5-19 평면 연삭기의 이송

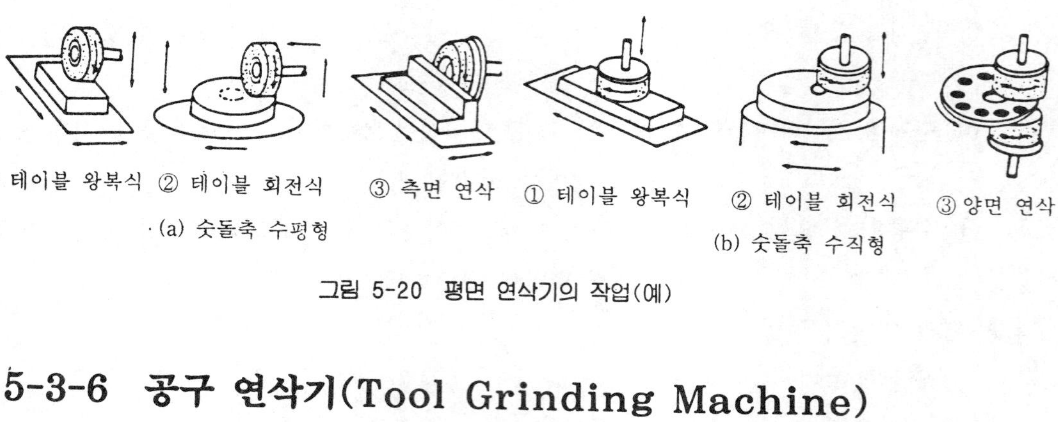

그림 5-20 평면 연삭기의 작업(예)

5-3-6 공구 연삭기(Tool Grinding Machine)

절삭공구를 정확히 연삭해서 사용할 목적으로 공구 제작실 또는 공구 공장에서 사용하는 연삭기를 총괄하여 공구 연삭기(tool room grinding machine), 특히 초경합금공구, 바이트, 드릴, 리머(reamer), 밀링커터 등을 집중 연삭하는 때에는 더욱 중요시된다. 공구 연삭기에는 다음과 같은 종류들이 있다.

① 바이트 연삭기(bench type tool gninding machine)

② 만능식 공구연삭기(universal tool gninding machine)

③ 커터 연삭기(cutter grinding machine)

④ 드릴 연삭기(drill point grinding machine)

(1) 양두 연삭기

바이트 연삭을위해 가장 간단한 연삭기로는 전동기 축의 양단에 연삭 숫돌이 있어 손으로 바이트를 잡고, 숫돌면에 갔다 대어 연삭한다.

양단에 연삭 숫돌은 치수가 동일하지만, 경로와 입도가 다른 것을 설치하여 바이트 재질에 따라 선택하여 사용하는 것이 좋다.

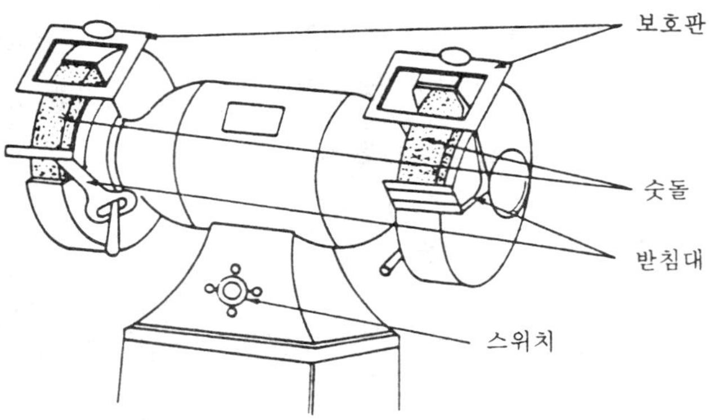

그림 5-19 양두 그라인더

(2) 커터 연삭기(cutter grinding machine)

밀링커터를 주로 연삭하는 것으로서 커터 연삭기의 구조는 밀링머신과 유사한데 공구 밀링커터 대신에 연삭 숫돌로 대치한 것으로 생각하면 된다.

(3) 만능 공구 연삭기

절삭 공구의 정확한 공구각을 연삭하기 위하여 사용되는 연삭기이므로 초경합금 공구, 드릴, 리머, 밀링커터, 호브 등을 연삭한다.

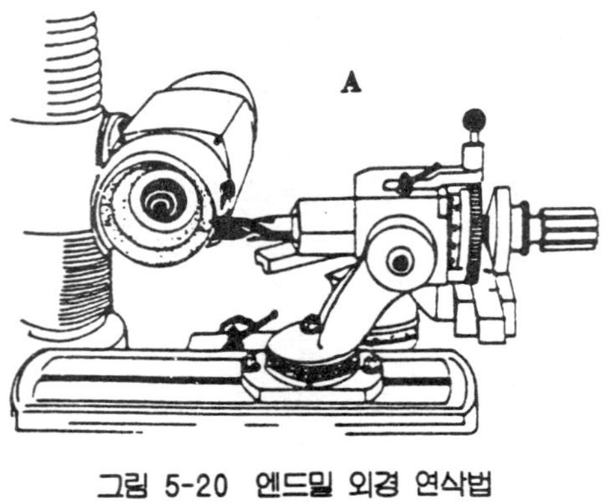

그림 5-20 엔드밀 외경 연삭법

밀링커터를 연삭하는데 있어서 여유각은 평형 숫돌과 테이퍼 컵형 숫돌로 연삭하는 두 가지 방법이 있다. 평형 숫돌로 연삭할 때는 테이퍼 컵형 숫돌로 연삭할 때와 달리 어유각은 커진다.

커터의 바깥 원주, 날끝의 랜드(land)를 연삭하는 데는 두가지 방식이 있다. 그 하나는 원판 숫돌(disk wheel)을 쓰는 것이고, 다른 하나는 컵 숫돌(cup wheel)을 쓰는 것이다. 보통 랜드의 폭이 넓을 때에는 컵 숫돌을 사용한다.

① 평형 숫돌에 의한 연삭

평형 숫돌로 밀링커터와 리머의 날을 연삭할 때(그림 5-21).

여유각을 형성하기 위하여 평형 숫돌의 중심을 편위시키는 방법은 절삭날 받침을 커터의 중심과 일치시키고 숫돌대를 상하로 편위시키며, 편심 거리를 C[mm], 숫돌의 지름을 O[mm], 여유각을 α ˚라 하면 C=0.0088Dα ˚가 성립한다.

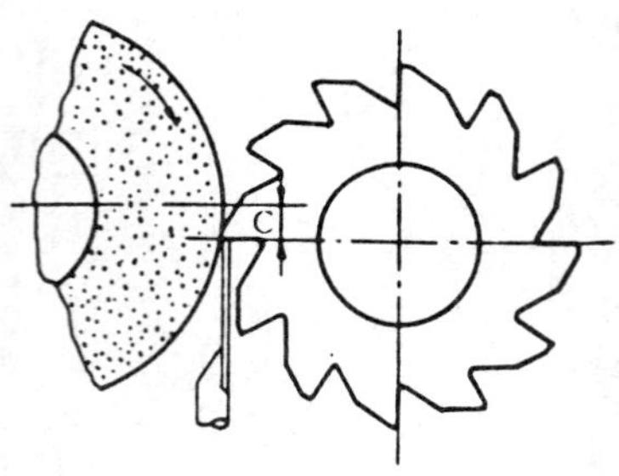

그림 5-23 밀링 커터날의 연삭법

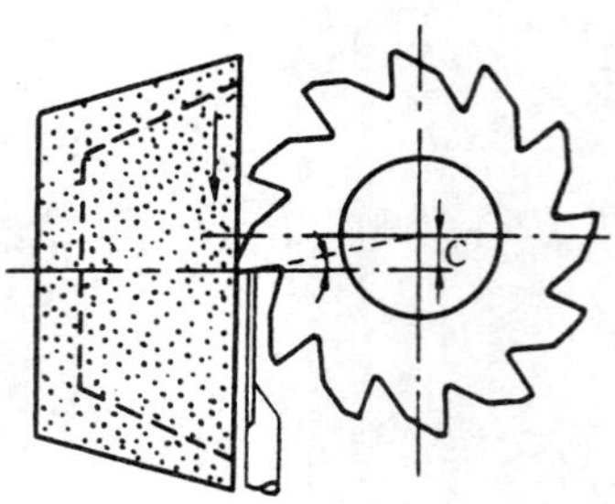

그림 5-24 컵형 숫돌에 의한 여유각 연삭

② 테이퍼 컵형 숫돌에 의한 연삭

테이퍼 컵형 숫돌로 커터의 여유각을 연삭할 때는 그림 5-22와 같이 숫돌대에 고정한 절삭날 받침과 함께 편위시킨다. 편심거리의 계산은 다음과 같이 된다.

편심거리를 C[mm], 여유각을 α ˚커터의 지름을 d[mm]라고 하면

$$C = \frac{d}{2}\sin\alpha = 0.0088d\alpha$$

가 성립한다.

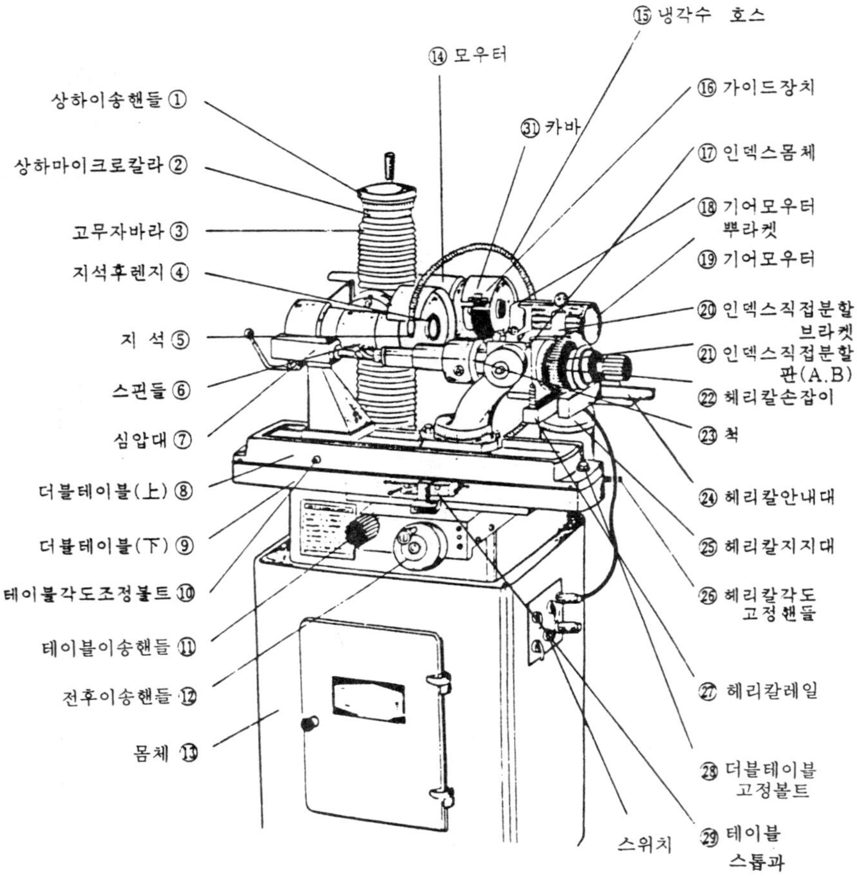

그림 5-25 만능공구 연삭기의 구조

5-4 연삭 숫돌의 구성요소

5-4-1 연삭 숫돌(grinding wheel)의 개요

연삭 숫돌은 수많은 입자들로 형성된다. 다인(多刃) 커터라고 볼 수 있다. 그림5-24는 연삭 숫돌과 가공물이 작업할 때의 절삭 작용상태를 표시한다. 그림6-24의 (a)는 연삭 숫돌과 가공물이 처음 접촉을 식작한 상태이고, (b)는 새로운 연삭 첨단(尖端)이 생기도록 파쇄(破碎)되는 입자를 표신한다. 이때 결합제도 마모되어 떨어져 나간다. (c)는 연삭 자용으로 인하여 새로운 연삭 입자가 노출된 상태이다.

연삭에서 예리한 첨단은 파쇄되면서 작업이 진행된다.

연삭 숫돌로 사용할 때 연삭 입자들은 지지와 고착제 역할을 하는 적당한 결합제로 결합시킨다.

소결 후 담금질 경화된 특수커터을 장치한 선반으로 실제 형사을 완성한다.

아버공(arbor hole)에는 납(Pb) 또는 베빗메탈로 규격 치수에 맞게 수시를 만들어 넣는다. 부시를 기계가공하고 연삭 숫돌의 밸런스 시험, 속도 시험 및 검사를 한다. 일반적으로 연삭 숫돌 시험은 추천된 작업속도보다 50~100% 더 많은 범위에서 시험한다.

연삭 숫돌은 현재 인조 숫돌 재료만이 사용되고 있다. 그 재질, 결합제의 종류, 제작 방법 및 조건 등에 따라 적당한 연삭 숫돌을 선택해야 한다.

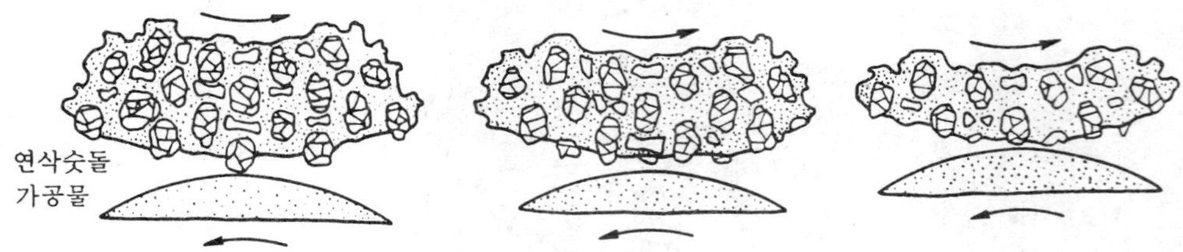

(a) 초기의 연삭작용 (b) 입자가 떨어져 나가고 새로운 입자가 나타난다. (c) 새로운 입자가 절삭작용을 시작한다.

그림 5-26 연삭 숫돌의 절삭 작용

연삭 작업을 올바르게 하려면 무엇보다도 연삭 숫돌에 관한 지식이 필요하다. 숫돌은 연삭 입자를 결합제로 결합하여 여러 가지 모양으로 만든다. 또한, 그 구성은 입자와 결합제, 기공의 3요소로 되어 있다. 입자는 바이트나 밀링 커터의 절삭날과 같은 공작물을 깎아 내는 경도가 높은 광물질의 결정체이며, 결합제는 입자를 고정한다.

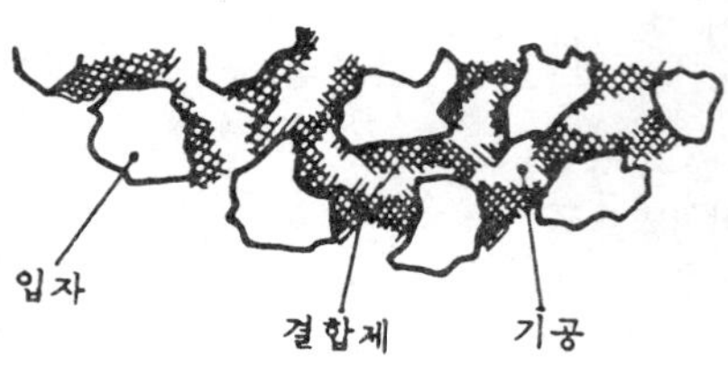

그림 5-27 연삭 숫돌의 구성

입자와 결합제 사이의 기공은 절삭칩이 빠져 나가는 길이 되며, 연삭열을 억제하는 효과가 있다.

이상의 3요소는 다음과 같이 5가지의 인자(因子)로 구성되어 있다.

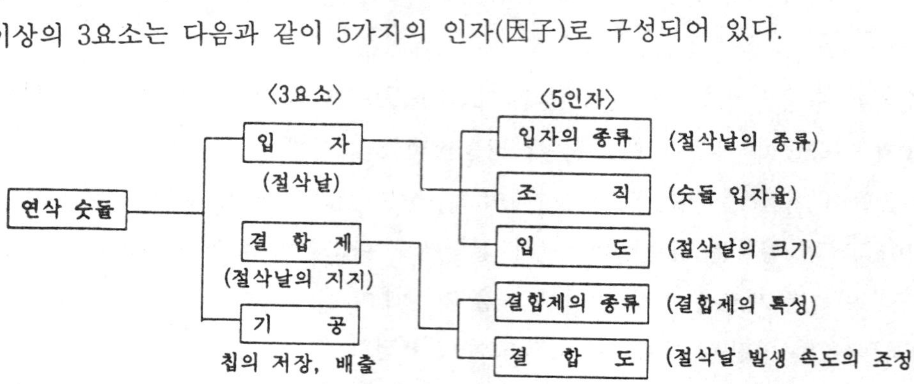

5-4-2 연삭숫돌의 구성요소 및 성능

(1) 연삭 숫돌의 입자

① 천연 입자

ⓐ 사암(砂岩), 석영

ⓑ 에머리(emery), 50~60% Al_2O_3 결정체+산화철

ⓒ 코런덤(corundum), 75~90% Al_2O_3 결정체+산화철

ⓓ 다이아몬드

과거에는 연삭 숫돌을 제조함에 있어서 천연산 숫돌 입자에 의존하였다. 사암은 수동식 숫돌에 사용되고 있다.

코런덤과 에머리는 연삭에 오랜 기간 사용되어 왔었다. 이것은 사암과 같이 결합이 불균일 해서, 고속도 연삭에는 부적당하다. 인조 입자가 발명되기 전까지 이 천연산 숫돌을 부수어 점토로 결합소결하여 사용한 것이 천연산 등에서 가장 좋은 결과를 나타냈으나, 입자의 불순물 때문에 후에는 사용되지 않게 되었다.

다이아몬드 숫돌은 결합제로 베이크라인트(bakelite)를 사용하며, 특히 초경합금 공구를 연삭하는데 적합하다. 가격은 고가이나 연삭능률이 높고 마멸이 적으므로 경제적이다.

② 인조 입자(人造粒子)

ⓐ 탄화규소(SiC)

ⓑ 산화알루미늄(Al_2O_3)

ⓒ 탄화붕소(boron carbide)

현재 널리 사용되는 것은 알루미나(Alumina, Al_2O_3)계와 탄화규소계의 2종이다. 산화알루미늄 재질의 숫돌 입자는 산화알루미늄 원료를 원통형의 강제(鋼製)전기로에 넣어, 전호(電弧)의 열로서 용융하여 만든다. 로에서부터 큰 덩어리를 끌어내어 분쇄한다. 이것은 모오(Moh) 경도수가 약 9이며, 질은 강인하고, 강과 같이 인장강도가 큰 금속의 연삭에 좋다. 이것으로 만든 것을 "A" 숫돌(A wheel)이라고 하며, 연한 갈색을 띄고 있다. 순수한 알루미나(함유량 99.5% 이상)의 것을 백색 산화알루미늄질 숫돌, 혹은 WA숫돌(WA wheel)이라고 한다. 노튼 회사(Norton Co.)에서는 No. 38이라고 한다.

탄화규소계의 숫돌의 상품명에는 카보런덤(carborundum), 크리스트론(crystlon)이 있으며 탄소 15, 규사(SiO_2) 25의 비로 배합하여 저항식 전기로에서 1,820~2,250℃의 사이에서 화합시킨 제품이다. 탄화규소질 숫돌 혹은 "C" 숫돌(C wheel)이라고 하며 청자색

이나 흑색의 광택이 많이난다. 순수한 탄화규소질은 "GC" 숫돌이라 하며 알런덤 보다 경도가 커서, 모오(Moh)경도 수가 약 9.5이며 다이아몬드 다음으로 경도가 크다.

표 5-2 숫돌 입자의 용도(선택)

기 호	KS(순도)	입 자	상 품 명	용 도	비고
A	1A	Al_2O_3	-Alundum	일반 강재	갈색 알루미나
	2A	인장강도	Aloxide	보통 탄소강	
W A	3A	큰 재료	-38 Alundum	담금질강, 내열강	백색 알루미나
	4A	연삭	-AA Aloxide	고속도강, 합금강	
C	1C	Sic	-37 Crystlon	주철, 석재	흑색 탄화규소 (회색)
	2C	단단한	-Carborundum	비철, 비금속	
G C	3C	합금재료	-39 Crystlon	초경합금	녹색 탄화규소
	4C	연삭	-Carborundum	특수강	
D	ND: 천연산 SD: 합성 다이아몬드 SDC: 금속 합성 다이아몬드			보석 절단	

(2) 입도(Grain Size)

입자의 크기(Mesh로 표시)

굵기를 표시하는 숫자

＊Mesh-채의 길이 1인치 사이의 채눈의 수

ex) NO 10

-채의 길이 2인치에 10눈금이 있는 채를 통과한다.

% a. 거친 것 : NO. 10-24

b. 보통(다듬질) : NO. 30-60

c. 가는것(경질 재료용) : NO. 70-220

d. 가는것(광택용) : NO. 220-

가는 입도	거친 입도
a. 경도 높고 메진 재료 b. 다듬 연삭 c. 접촉 면적이 적을 때	a. 연성인 재료(점성) b. 거친 연삭 c. 절삭 면적이 클 때

연삭 작업의 목적에 따라 적당한 입도의 연삭 숫돌을 선택하게 되는데 다음은 그 실용 예이다.

ⓐ 거칠은 연삭 작업에서 연삭 깊이 및 피드가 큰 경우에는 입도가 큰 것을 택하며, 예를 들면 NO. 10~30를 사용한다.

ⓑ 완성가공 및 공구의 연삭에는 입자가 작은 NO. 36~80를 사용한다.

ⓒ 경도가 크고 취성있는 재질에는 작은 미세 입자의 연삭 숫돌을 사용하고, 연하고

연성있는 재질에는 거칠은 입자를 사용한다.

ⓓ 한 개의 연삭 숫돌을 사용하여 황삭 및 다듬질 연삭을 할 때는 혼합 입자의 연삭 숫돌을 사용하는 것이 능률적이다.

ⓔ 연삭 숫돌과 가공물의 접촉면이 적을 때에는 미세한 입자를, 접촉면이 클 때에는 거칠은 입자를 각각 사용한다.

ⓕ 초정밀 연삭, 호닝, 래핑 등의 작업에는 NO. 200 이상에서 NO. 400~800까지의 미세 입자를 사용한다.

(3) 숫돌의 경합도(경도)(Grade)

경도란 접착제의 세기, 특히 연삭 입자를 고착시키는 접착력을 말한다. 따라서 경도가 크다고 하는 것은 접착력이 크다는 것을 말하게 된다. 경도를 측정한다는 것은 그 접착력을 측정하는 것과 같으며, 그라이버와 같은 도구를 연삭 숫돌면에 수직으로 가압하여 돌리면서 손에 감촉되는 저항으로 정하게 된다. 이 저항을 기계로서 읽을 수 있는 방법도 있으나, 아직 많이 사용되고 있지 않다.

일반적으로 연삭숫돌의 결합도는 표 5-3과 같이 분류해서 사용한다.

표 5-3 연삭 숫돌의 결합도 분류

극연(very soft)	연(soft)	중(medium)	경(hard)	극경(very hard)
E, F, G	H, I, J, K	L, M, N, O	P, Q, R, S	T, U, V, W, X, Y, Z

표 5-4 결합도에 따른 숫돌의 선택 기준

결합도가 높은 숫돌(굳은 숫돌)	결합도가 낮은 숫돌(낮은 숫돌)
연질재료의 연삭	경질 재료의 연삭
숫돌차의 원주 속도가 느릴 때	숫돌차의 원주 속도가 빠를 때
연삭 깊이가 얇을 때	연삭 깊이가 깊을 때
접촉면이 작을 때	접촉면이 클 때
재료 표면이 거칠 때	재료 표면이 치밀할 때

(4) 숫돌의 조직(structure)

숫돌 바퀴에 있는 기공의 대소 변화, 즉 단위부피 중 숫돌입자의 밀도변화를 조직이라 한다(단위 체적당 잎자의 수). 일반적으로 조직이 조밀하면 기공이 적고, 거칠면 기공이 많다.

① 거친 조직(W) : 숫돌 입자율 42% 미만

② 보통 조직(M) : 숫돌 입자율 42~50%

③ 치밀 조직(C) : 숫돌 입자율 50% 이상

표 5-5 조 직

입자의 밀도	조 밀	보 통	거 침
KS 기호	C	M	W
노턴(norton)	0, 1, 2, 3	4, 5, 6	7, 8, 9, 10, 11, 12
숫돌 입자[%]	62, 60, 58, 56 (56%이상)	54, 52, 50 (50~54%)	48, 46, 44, 42, 40, 38 (48% 미만)

거 친 조 직	치 밀 조 직
a. 연질이고 점성재료 b. 거친 연삭 c. 접촉 면적이 클 때	a. 경질이고 취성재료 b. 다듬 연삭 c. 접촉 면적이 적을 때

(5) 결합제(結合劑)

- 결합재
  - 무기질 결합제
    - 비트리파이드 법(vitrified)
    - 실리케이트 법(silicate)
  - 유기질 결합제
    - 일래스틱(elastic)법 ; 셀락 연삭, 고무연삭, 레지노이드(resinoid) 연삭 숫돌

① 비트리파이드 결합제(vitrified bond)

결합제의 주성분은 점토이고, 이 방법으로 제조된 연삭 숫돌이 가장 많이 사용되고 있다. 점토에 용제를 첨가하여 연삭 입자들과 충분히 혼합하고, 성형 건조하여 1,300°~1,350°C에서 연속 2~3일간 가열하여 결합제를 자기질화 한다. 점토 및 용제의 성분을 변화시켜 소결후의 결합도를 광범하게 변하게 할 수 있다.

이 방법으로 각종 용도의 제품이 생산되어 현존하는 약 90%가 이에 의존하고 있다. 그러나 탄성이 적고, 또한 얇은 절단 숫돌의 생산에 적용할 수 없는 결점이 있다. 기호는 "V"로 표시한다.

② 실리케이트 결합제(silicate bond)

규산소다를 입자와 혼합하여 금속형에 다져넣고 수시간 건조한다. 다음에 숫돌을 260℃에서 1~3일간 가열한다. 실리케이트 숫돌은 다른 방법에 의하여 결합한 것보다 무르게 작용하며 곧 마멸된다. 연삭열이 될 수록 적어야 하는 공구의 절삭날 연삭에 적합하다. 또 가열할 때 터지거나 비틀림이 일어나지 않도록 되었기 때문에 큰 숫돌을 제작하는데 적합하다. 경도는 규산소다의 사용량과 금속형의 다짐량에 의하여 조절되며 기호는 "S"로 표시된다.

③ 일래스틱 결합제(elastic bond)

유기질의 결합제를 사용하는 방법으로 셀렉, 고무 및 인조 수지 등이 사용된다.

ⓐ 셀락연삭숫돌(shellac wheel)

결합제의 주성분이 셀락이다. 이 방법으로 제조된 것을 절단용 숫돌에 사용되고, 리머의 인선가공 및 롤러의 완성연삭 등에 사용되며 기호는 E 또는 Shel로 사용된다.

ⓑ 고무 연삭 숫돌(rubber wheel)

일래스틱 방법으로 제조된 연삭 숫돌로서 결합제의 주성분은 고무이다. 이것은 고무에 유황 및 기타 재료를 첨가하여 연삭 입자와 충분히 혼합하여 롤러로서 많은 판상으로 만들고, 원형 연삭 숫돌로 성형하고, 가열하여 만든 것으로 절단용 숫돌 및 센터리스 연삭기의 조정 숫돌로 사용한다. 기호로는 R 혹은 Rub로 표시한다.

ⓒ 레지노이드 연삭 숫돌(resinoid wheel)

결합제의 주성분은 인조 수지이며, 셀락 및 고무 연삭 숫돌과 같이 연삭에 의한 발려로 연화 경향이 적고, 각종 용제, 기름, 증기 등에 대하여 안정하며, 또한 탄성이 우수하여 건식 전달용에 가장 적합하다.

보통 레지노이드 연삭 숫돌의 기호는 B, 또는 Res로 표시한다.

표 5-6 결합제의 종류와 용도

<table>
<tr><th colspan="2">결합재의 종류</th><th>기 호</th><th>재 질</th><th>용 도</th></tr>
<tr><td colspan="2">비트리파이트</td><td>V</td><td>장석, 점토</td><td>숫돌 전체의 80%를 차지하여 거의 모든 재료를 연삭</td></tr>
<tr><td colspan="2">실리케이트</td><td>S</td><td>규산 소다</td><td>윤활성이 있으며 대형숫돌을 만들고 절삭공구나 연삭 균열이 잘 일어나는 재료의 연삭</td></tr>
<tr><td rowspan="3">탄성숫돌</td><td>고 무</td><td>R</td><td>생고무, 인조고무</td><td>얇은 숫돌, 절단용 쿠션의 작용이며, 유리면의 다듬질에 사용</td></tr>
<tr><td>레지노이드</td><td>B</td><td>합성수지</td><td>강도가 커지고 안전숫돌, 주물의 덧쇠떼기, 비렛의 홈 없애기, 석재의 연삭</td></tr>
<tr><td>셸 락</td><td>E</td><td>천연 셸락</td><td>고무숫돌보다 탄성이 있으며, 유리면의 다듬질에는 최고이다.</td></tr>
<tr><td colspan="2">메 탈</td><td>M</td><td>연강, 황동. 니켈 등</td><td>초경합금, 세라믹, 유리 등의 연삭</td></tr>
</table>

• 구비 조건

-결합력의 조절 범위가 넓을 것

-열이나 연삭액에 대해 안정할 것

-적당한 기공과 균일한 조직일 것

-원심력, 충격에 대한 기계적 강도가 있을 것

-성형이 좋을 것

5-4-3 연삭 숫돌의 형상과 윤곽

비트리 파이드 연삭 숫돌의 모양은 표준형으로 그림 5-26과 같은 것이 있다.

모두 13종으로서 번호로 표시한다. 제작 회사마다 같은 치수로 만들도록 규격화하고 있다. 1호 평형은 그림 5-27과 같은 숫돌면의 표준이 정해져 있다. 특수한 윤곽의 연삭 톱날 연삭, 그밖의 적합한 가공에 사용되며, 알파벳으로 표시한다(그림 5-27).

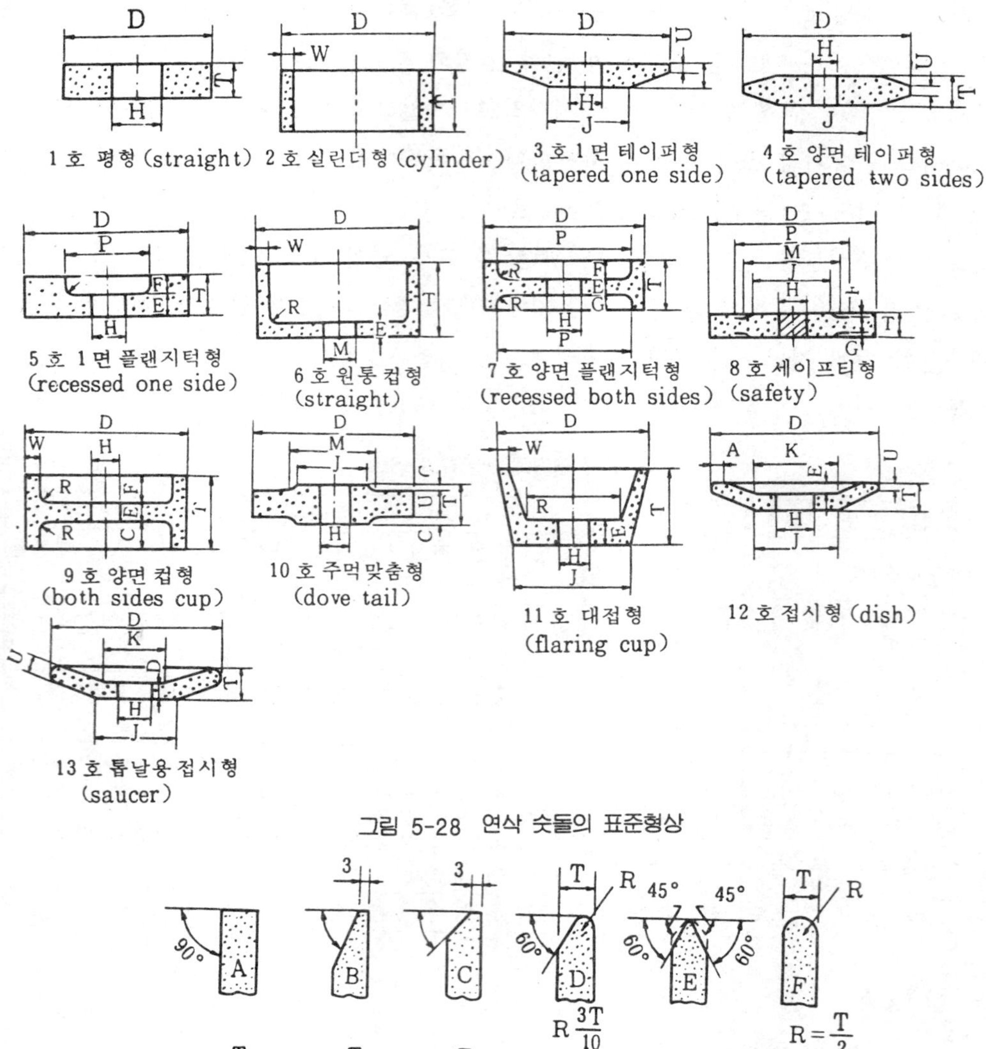

그림 5-28 연삭 숫돌의 표준형상

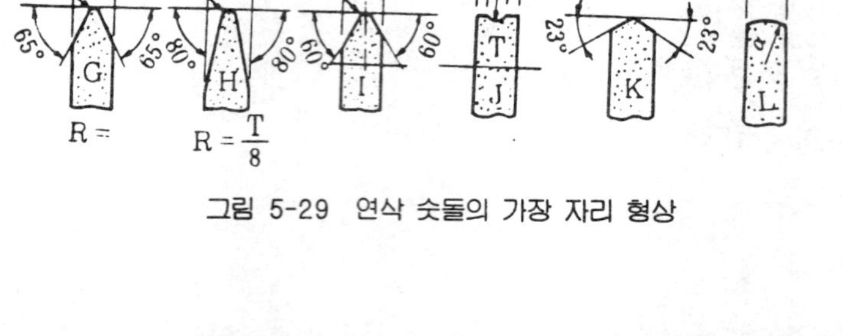

그림 5-29 연삭 숫돌의 가장 자리 형상

1, 5, 7호는 내면 연삭, 원통 연삭, 손연삭 등에 쓰이며 2, 6호는 평면 연삭에 5, 7, 9호는 숫돌을 부착하는 플랜지가 맞는 오목한 부분이 있어 숫돌의 파손을 방지하고 있다. 1호는 절단용으로도 사용되며 홈을 깎는데도 쓰인다. 11호는 공구 연삭, 12호는 호브, 밀링커터 등의 윗면 경사를 연삭하는데 적합하다. 13호는 톱날을 연삭하는 전용 숫돌이다.

5-5 연삭숫돌의 표시법 및 수정

5-5-1 연삭 숫돌의 표시법

연삭 숫돌에는 다음 각항을 명기하되 다음 순서로 한다.

① 숫돌 입자의 종류, 입도, 결합도, 조직, 결합제

② 모양 및 치수(외경×두께×구멍 지름)

③ 회전시험 원주속도, 사용 원주속도 범위

④ 제조자명, 제조 번호, 제조 연월일

일반적으로 널리 사용되는 것은 그림 5-28과 같이 종합적으로 나타낸다.

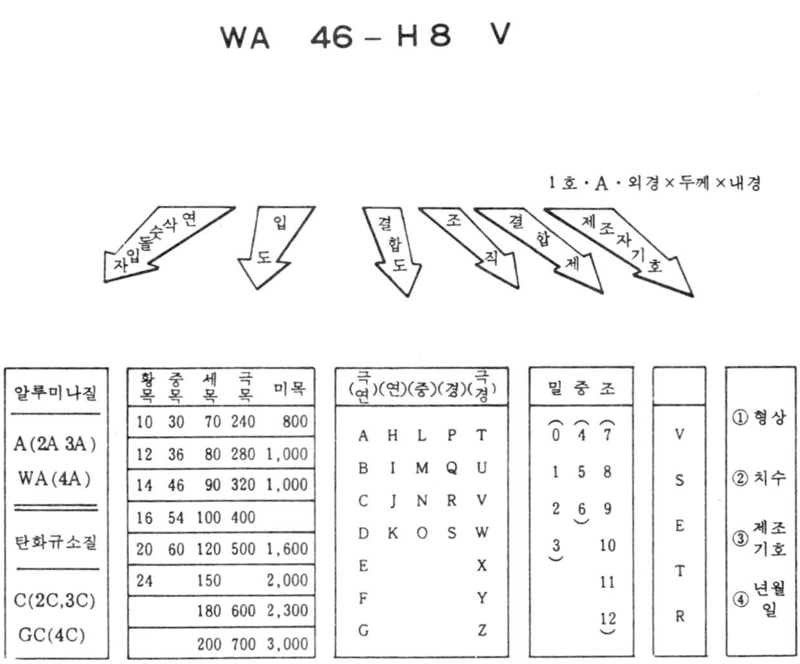

그림 5-30 연삭 숫돌 표시법

5-5-2 연삭 숫돌의 수정

(1) 눈매움(Loading)

숫돌의 기공에 칩과 숫돌 가루가 들어가서 기공이 막힌 현상

· 원인

-입자가 너무 가늘고 결합도가 단단하다.

-조직이 너무 치밀하고 드레싱이 불충분

-숫돌 원주 속도가 느리고, 깊이가 클 때

-연삭액을 너무 작게 사용할 때

(2) 무딤(Glazing)

입자가 자생작용을 일으키지 않아 입자의 날끝이 달아서 매끈해진 상태

· 원인

-입자의 결합도가 분충분 하고, 결합도가 단단하다.

-숫돌의 원주 속도가 크고, 드레싱 불충분

-공작물과 숫돌의 재질이 맞지 않을 경우

(3) 수정(Trung)

숫돌의 외형을 깍아내어 원하는 모양으로 만드는 작업(나사 기어의 윤곽 작업)

(4) 드레싱(Dressing)

숫돌 표면을 깍아 내서 무딘 입자를 탈락 시키고, 새로운 날을 가진 입자가 표면에 나타나게 하는 것(이송방향 : 20-30˚, 하향 방향 : 5-10˚ =약 5mm)

· 드레싱의 종류

-강판(성형)드래서 : 강판을 여러장 겹처서 고정구에 끼워 회전하도록 하는 것

-입자봉 드래서

-다이아몬드 드래서

-Crasher Rall(총형 연삭용)

% 입자 탈락 : Spilling

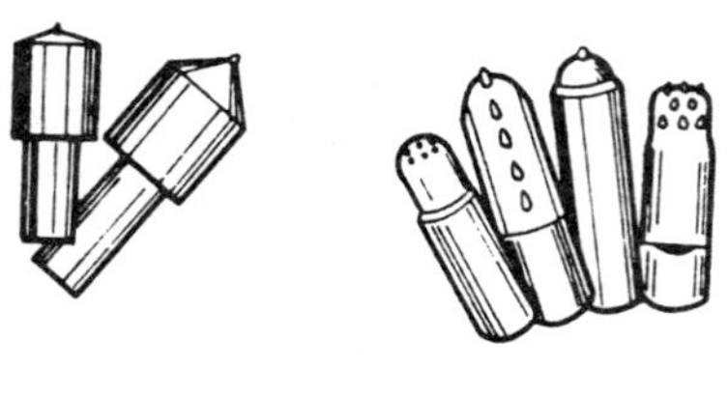

(a) 다이어몬드 드레서 (b) 다석다이어몬드 드레서

그림 5-31 다이아몬드 드레서

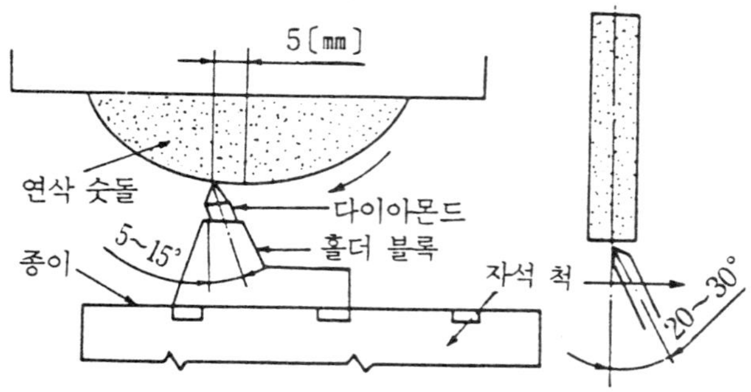

그림 5-32 연삭 숫돌의 드레싱

(a) 강판 드레서

(b) 입자봉 드레서

그림 5-33 강판 및 입자봉 드레서

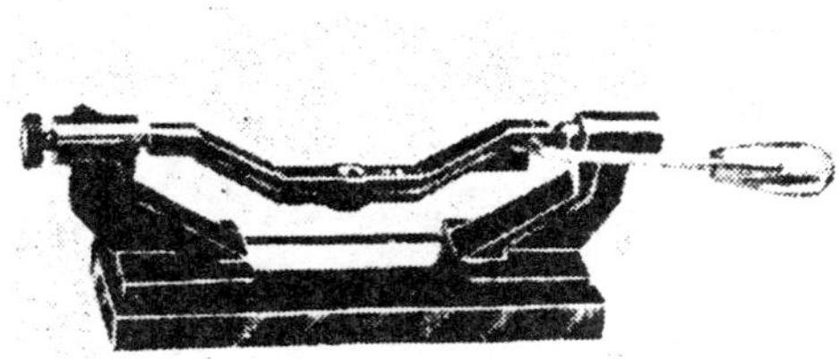

그림 5-34 라운드 드레서

그림 5-35 베드 위의 드레서 설치 장치

5-6 연삭 절삭조건과 작업

5-6-1 연삭 가공 조건

(1) 연삭숫돌의 원주속도

연삭숫돌의 원주속도가 너무 크면 원심력에 의하여 파괴를 일으킬 염려가 있고, 또 너무 속도가 느리면 숫돌바퀴의 마멸이 심하여 공작물에 부드럽게 작용하므로 충분한 연삭을 하지 못한다. 숫돌의 원주속도범위는 표 5-7과 같으며, 미국 Norton Co.의 추천

값을 표시하였다

표 5-7 적당한 연삭숫돌의 표준 원주속도

연 삭 기 의 종 류	숫 돌 의 주 속	
	m / min	m / sec
외경 연삭기	1,600 ~ 2,000	28 ~ 33
내경 연삭기	600 ~ 1,800	10 ~ 30
평면 연삭기	1,200 ~ 1,800	20 ~ 30
공구 연삭기	1,400 ~ 1,800	23 ~ 30
바이트 연삭기 (주수식)	1,500 ~ 1,800	25 ~ 30
바이트 연삭기 (건 식)	1,400 ~ 1,800	25 ~ 30
절단 연삭기	1,100 ~ 1,400	18 ~ 23
절단 연삭기	1,200 ~ 1,500	20 ~ 25
초경합금연삭	1,400 ~ 1,650	25 ~ 27

(2) 공작물의 원주속도

공작물의 원주속도는 연삭숫돌의 원주속도와 깊은 관계가 있으며 그 속도비는 연삭 가공의 능률에 큰 영향을 미치게 된다. 일반적으로 연삭숫돌의 1/100 정도로 하는 것이 보통이나, 이 값은 공작물의 재료와 많은 관계가 있으므로 공작물의 원주속도는 그 재질에 따라 광범하게 변하여 대체로 6~48m/min의 사이에서 적당한 값을 실험에서 구하여 사용한다. 가공물의 표면속도 ν는 연삭숫돌의 마모 및 완성가공면의 상태를 유리하게 하기 위해서는 작은 것이 요구되나, 연삭능률의 견지에서 볼 때 어느 정도 큰 것이 좋다.

표 5-8 공작물의 원주속도 단위 : m/min

공작물의 재질	외 경 연 삭		내 면 연 삭
	다듬질 연삭	거칠은 연삭	
담 금 질 강	6~12	15~18	20~25
특 수 강	6~10	9~12	15~30
강	8~12	12~15	15~20
주 철	6~10	10~15	18~35
황 동 및 청 동	14~18	18~21	25~30
알 루 미 늄	30~40	40~60	30~50

표 5-9 가공물의 원주 속도 선정 조건

<table>
<tr><th colspan="2">요 소</th><th>선 정 의 조 건</th></tr>
<tr><td colspan="2">속도비 $\left(\frac{\text{숫돌 바퀴 속도}}{\text{공작물 속도}}\right)$</td><td>숫돌 바퀴의 원주 속도가 클수록 공작물의 원주 속도를 크게 하고 전자가 작을수록 후자를 작게 한다.</td></tr>
<tr><td rowspan="2">숫돌 바퀴의 성질·형상</td><td>지 름</td><td>숫돌 바퀴 지름이 작을수록 공작물의 원주 속도를 작게 한다.</td></tr>
<tr><td>결합도</td><td>① 결합도가 큰 숫돌 바퀴에 대해서는 큰 공작물의 원주 속도를 사용한다. 그렇게 하지 않으면, 특히 절삭 깊이가 클 때는 숫돌 바퀴의 날막힘이 생기고 작을 때는 숫돌 바퀴가 소모된다.
② 결합도가 낮은 숫돌 바퀴에 대해서는 공작물의 원주 속도를 작게 하고 절삭 깊이를 크게 하면 경제적이다.
③ 결합도가 낮은 숫돌 바퀴인 경우 공작물의 원주 속도를 크게 하면 숫돌 바퀴의 심한 소모의 원인이 된다.</td></tr>
<tr><td rowspan="2">공작물의 성질·형상</td><td>경 도</td><td>① 공작물이 굳을 때는 결합도가 낮은 숫돌 바퀴로 큰 공작물의 원주 속도를 사용한다.
② 공작물이 부드러울 때는 결합도가 큰 숫돌 바퀴로 작은 공작물의 원주 속도를 사용한다.</td></tr>
<tr><td>지 름</td><td>① 지름이 클 때는 결합도가 작은 숫돌 바퀴로 큰 공작물의 원주 속도를 사용한다.
② 지름이 작을 때는 결합도가 큰 숫돌 바퀴로 작은 공작물의 원주 속도를 사용한다(내면 연삭, 평면 연삭시는 원통 연삭보다 공작물의 원주 속도를 더 크게 한다)</td></tr>
<tr><td colspan="2">다듬면의 조도</td><td>다듬면을 매끈하게 하기 위해서는 공작물의 원주 속도를 크게 한다. 따라서 큰 숫돌 바퀴를 사용하여 다듬면을 좋게 할 수 있다.</td></tr>
</table>

(3) 이송

원통 연삭에서 일감 1회전마다의 이송은 숫돌바퀴의 접촉나비 B[mm]보다 작아야 한다. 이송을 f라 하면 다음과 같다.

① 거친 연삭

ⓐ 강철 : $f=(1/3\sim3/4)B$

ⓑ 주철 : $f=(3/4\sim4/5)B$

② 다듬질 연삭 : $f=(1/4\sim1/3)B$

(4) 피연삭성

숫돌바퀴의 소모에 대한 피연삭재, 연삭의 용이성을 말한다. 즉 숫돌바퀴의 단위부피가 소모될 때 피연삭재가 연삭된 부피의 비이며, 이를 연삭비라 한다.

$$\text{연삭비} = \frac{\text{피연삭재의연삭된부피}}{\text{숫돌바퀴의소모된바퀴}}$$

- 연삭깊이 : 거친 연삭시 깊이를 깊게 주고 다듬질 연삭시는 얕게 준다.

표 5-10 강을 연삭할 때 절삭깊이

구분	원통 연삭	내면 연삭	평면 연삭	공구 연삭
거친 연삭[mm]	0.01~0.04	0.02~0.04	0.01~0.07	0.07
다듬질 연삭[mm]	0.0025~0.005			0.02

표 5-11 연삭 깊이의 선정 조건

요 소		선 정 의 조 건
숫돌의 성질과 형상	입 도	입도가 클수록 연삭 깊이를 크게 할 수 있으며 과대하게 하면 숫돌 바퀴의 소모 또는 날막힘이 생긴다.
	결 합 도	큰 연삭 깊이는 능률 향상의 면에서는 적당하나 숫돌 바퀴는 결합도가 작게 작용한다(부드럽게 작용한다).
	지 름	숫돌 바퀴가 작을수록 연삭 깊이를 크게 할 수 있다.
	원주속도	숫돌 바퀴의 원주 속도가 작을수록 연삭 깊이를 크게 할 수 있다.
가공물의 성질과 형상	지 름	가공물 지름이 작을수록 연삭 깊이를 크게 할 수 있다(단, 가공물의 강성을 고려해야 한다). 큰 재료에 대해서는 연삭 깊이를 과대하게 해서는 안되며, 그 이유는 지름이 클수록 가공물과 숫돌 바퀴의 접촉면이 커지고 그에 따라 회전 모멘트가 커져서 기계 능력이 그만큼 충분하지 못하기 때문이다.
	원주속도	가공물의 원주 속도가 클수록 연삭 깊이를 크게 할 수 있다.

(5) 연삭 여유

연삭 여유는 되도록 작게 하는 것이 좋으나 가공물의 재질·길이·지름, 전가공면의 표면 거칠기, 치수 정밀도, 연삭기의 크기 등에 따라 정한다. 또 전단계 공정에서 많은 시간이 걸리면 의의가 없으므로 경제적 연삭 여유를 준다. 표 5-12는 바깥지름 연삭시의 일반적인 연삭 여유의 표준값이다.

5-6-2 연삭 작업

(1) 연삭숫돌 고정법

연삭숫돌을 회전축에 고정할 때, 고정법이 불량하면 파손되거나 진동이 생겨 공작물에 충격을 주는 등의 사고가 일어나는 원인이 되므로 준수사항에 따라 고정하도록 한다.

표 5-12 바깥지름 연삭시의 연삭 여유

가공물의 지름(mm)	가공물의 길이(mm)										
	50	100	150	200	250	350	450	600	750	900	1000
6	0.15	0.20	0.25	-	-	-	-	-	-	-	-
12	0.20	0.22	0.28	0.30	0.33	0.38	0.40	-	-	-	-
20	0.20	0.22	0.28	0.33	0.35	0.40	0.43	0.45	-	-	-
25	0.22	0.25	0.30	0.33	0.35	0.40	0.45	0.48	0.50	-	-
38	0.25	0.28	0.33	0.35	0.40	0.43	0.45	0.48	0.53	0.58	0.60
50	0.30	0.33	0.35	0.40	0.43	0.45	0.48	0.53	0.55	0.60	0.66
75	0.38	0.40	0.43	0.45	0.48	0.50	0.55	0.60	0.63	0.68	0.70
100	0.43	0.45	0.48	0.50	0.53	0.58	0.63	0.68	0.70	0.75	0.80
150	0.50	0.53	0.58	0.60	0.63	0.68	0.73	0.78	0.80	0.85	0.90
200	0.60	0.63	0.68	0.70	0.73	0.78	0.83	0.88	0.90	0.95	1.00
250	0.68	0.70	0.75	0.78	0.80	0.83	0.88	0.93	1.00	1.05	1.10

① 설치전에 홈·균열의 조사는 육안 및 나무해머로 두드려 그 음향으로 검사를 실시한다.

② 스핀들(축)의 턱에 내측 플랜지를 끼우고 종이 와셔(압지)나 고무판 와셔를 끼운 후 휠을 끼우고 외측에 와셔, 플랜지, 너트 순으로 조인다.

③ 너트는 숫돌차에 변형이 생기지 않을 정도로 조인다.

④ 숫돌바퀴의 구멍은 축 지름보다 0.1mm 정도 큰 것이 좋다.

⑤ 설치 후 3분 정도 공회전시켜 본다.

⑥ 받침대와 휠 간격은 3mm 이내로 해야 한다.

⑦ 받침대는 휠의 중심에 맞추어 단단히 고정한다.

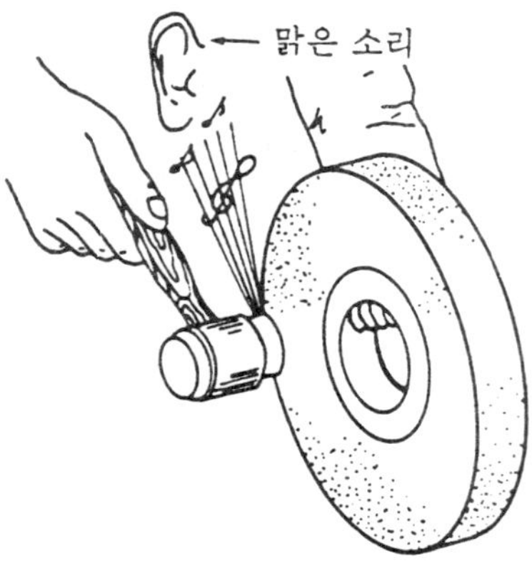

그림 5-36 연삭 숫돌 음향 검사

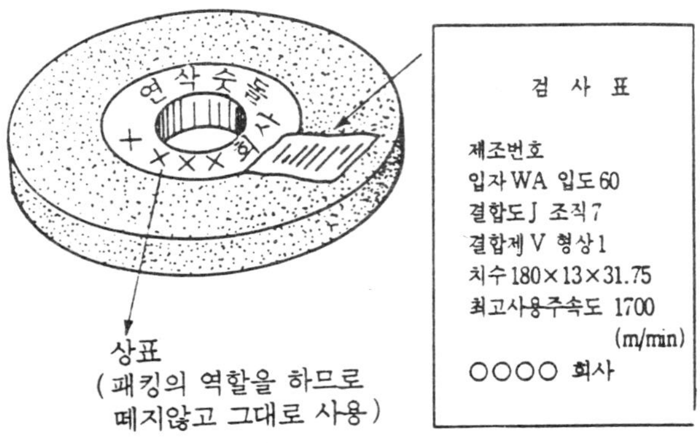

그림 5-37 연삭 숫돌의 패킹 및 검사표

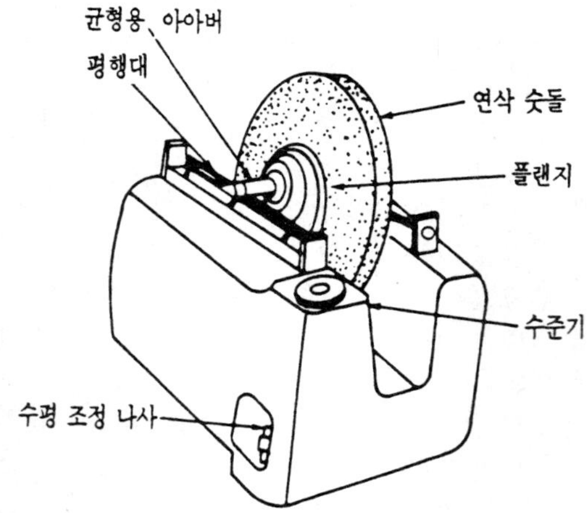

그림 5-38 연삭 숫돌 균형 조정기

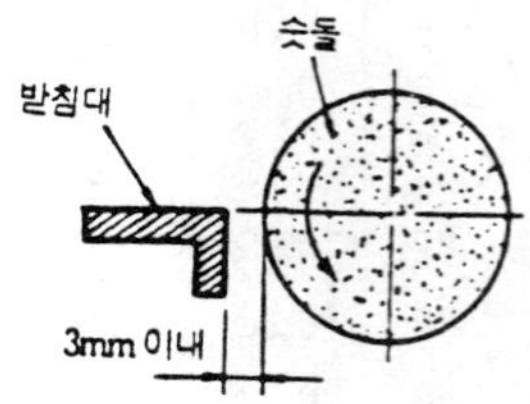

그림 5-39 받침대의 간격

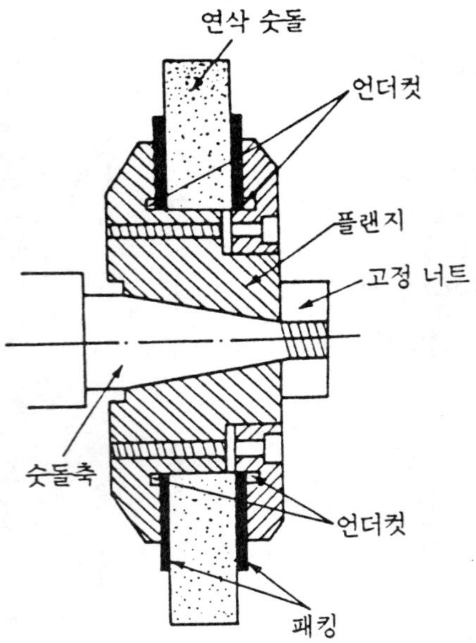

그림 5-40 연삭 숫돌의 고정

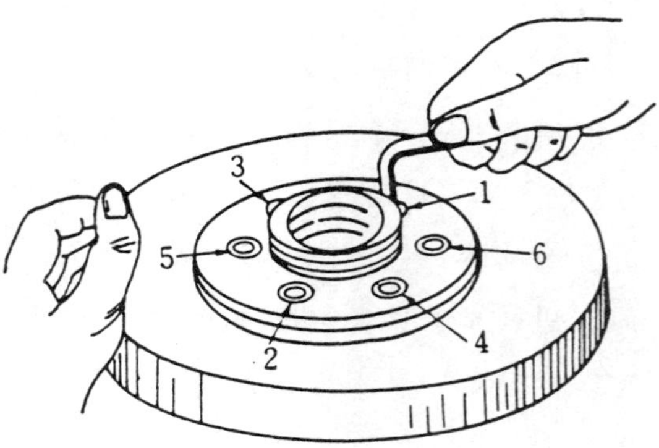

그림 5-41 플랜지 볼트의 조임 순서

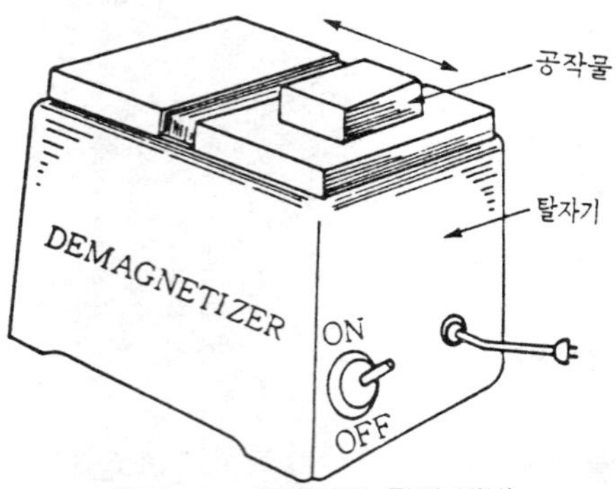

그림 5-42 공작물의 탈자 방법

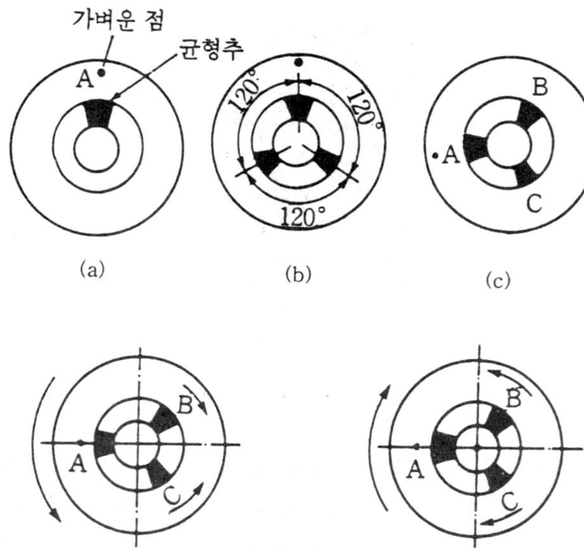

(a) (b) (c)

(d) A쪽이 아래로 내려갈 때 - B, C를 화살표 방향으로 이동

(e) A쪽이 위로 올라갈 때 - B, C를 A쪽에 가깝게 이동

그림 5-43 연삭 숫돌의 균형추 조정

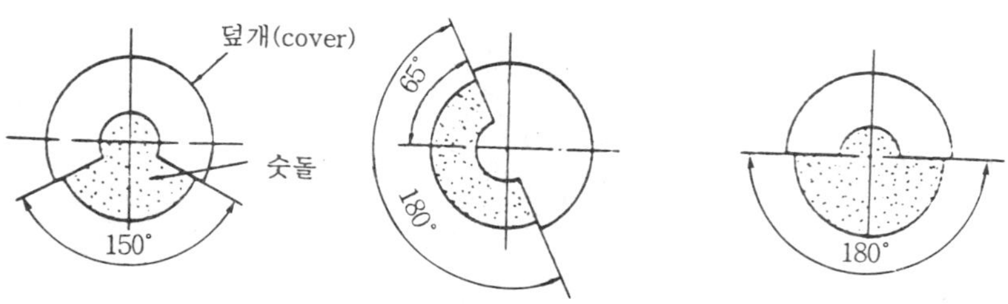

(a) 평면연삭 (b) 원통연삭 (c) 스윙 프레임 및 포터블 (swing frame 및 portable)

그림 5-44 숫돌의 커버 각도

(2) 연삭작업 소요시간 계산

① 내·외경 연삭

그림 5-43은 외경 연삭의 예이며 가공할 때 절삭 시간을 구하는 식은 다음과 같다.

$$t_h = \frac{L \cdot i}{n \cdot s} = \frac{\pi \cdot d \cdot L \cdot i}{1000 \cdot v \cdot s}$$

여기서, th : 연삭 시간(min), d : 가공물의 바깥지름(mm), l : 가공물의 길이(mm), lu : 오버 트래블 길이(mm), s : 이송 속도(mm/rev), v : 가공물의 절삭 속도(m/min), n : 가공물의 회전수(rpm), f : 가공물의 깊이(mm), a : 절삭 깊이(mm), L : 전체 연삭 길이(l+2lu), i : 연삭 횟수(t/a)이다.

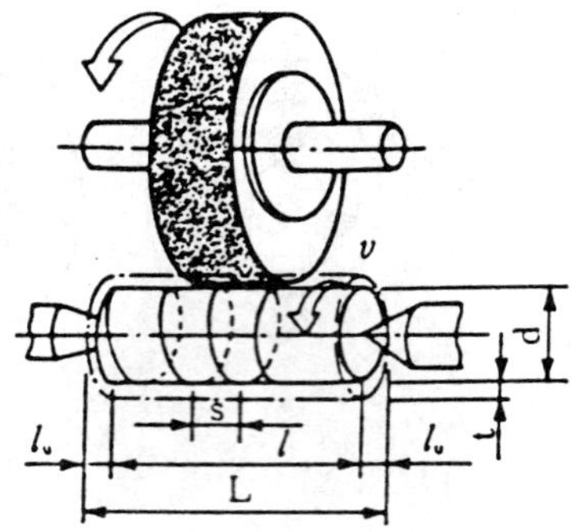

그림 5-45 외경 연삭의 예

〔예제〕 공작물의 지름φ 35, 길이 100mm, 숫돌지름 40mm, 연삭숫돌폭 40mm, 연삭여유량 0.25mm, 공작물 원주속도 7m/min, 숫돌 이송량 15mm/rev, 숫돌절입량 0.01mm 트래버스 컷(Traverse Cut)연삭의 정미 가공시간은?

풀 이 테이블의 이송 길이(L) = (공작물의 길이+숫돌폭) = 100+40=140mm

회전수(N) = $\frac{1000V}{\pi D} = \frac{1000 \times 7}{3.14 \times 35.25} \fallingdotseq 63.2rpm$

연삭회전수(i) = $\frac{\text{가공깊이}}{\text{절입량}} = \frac{0.25}{0.01} = 25\text{회}$

∴ 정미가공시간(T) = $\frac{L}{Nf} i = \frac{140}{63.2 \times 15} \times 25 \fallingdotseq 3.69(\text{분})$

② 평면 연삭

그림 5-44는 평면 연삭에 예이며 가공할 때 절삭 시간을 구하는 식은 다음과 같다.

$$t_h = \frac{b \cdot i}{n \cdot s} = \frac{L \cdot b \cdot i}{1000 \cdot u_t \cdot s}$$

여기서, t_h : 연삭 시간(min), L : 테이블 총 이동 거리(mm), b : 테이블의 가로 이동 거리(mm), b_s : 숫돌 폭(mm), s : 가로 이송 속도(mm), u_t : 테이블 절삭 속도(m/min), n : 행정수(str/min), t : 가공 깊이(mm), a : 절삭 깊이(mm), i : 연삭 횟수(t/a)이다.

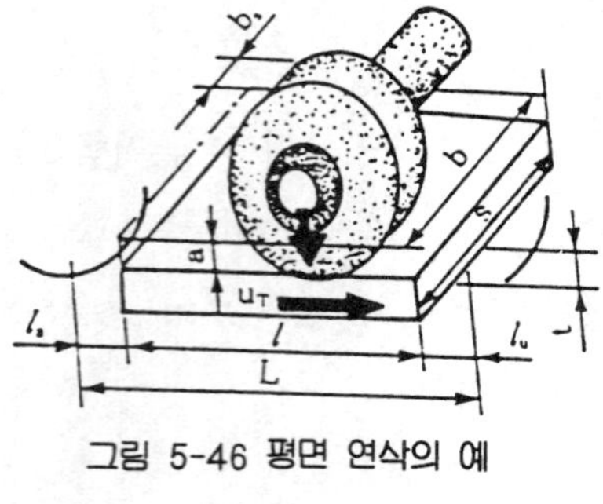

그림 5-46 평면 연삭의 예

〔예제〕 l : 300〔mm〕, l_a+l_u=20〔mm〕, b=210〔mm〕, bs=18〔mm〕, s=12〔mm〕, u_t=16〔m/min〕, t=0.6〔mm〕, a=0.2〔mm〕일 때 절삭 시간은?(단, 스파크 아웃이 안된 상태임)

풀 이

$$v=\frac{\pi \cdot d \cdot n}{1000} \text{ 에서 } n=\frac{1000\,v}{\pi \cdot d}=\frac{1000\,u_T}{L}=\frac{1000\,u_T}{l+(l_a+l_u)}=\frac{1000\times 16}{300+20}$$

$=50(\text{str/min})$, $i=t/a=0.6/0.2=3$이므로

$$t_h=\frac{b \cdot i}{n \cdot s}=\frac{210\times 3}{50\times 12}=1.05(\text{min})$$

5-7 연삭가공에 나타나는 결함과 대책

연삭가공에 있어서 공작물에 나타나는 결함 중 주요한 것을 들어 보면 다음과 같다.

① 가공면의 불량 ② 떨림 ③ 연삭과열 ④ 연삭균열

이것들의 원인과 대책을 표 5-13에 표시하였다.

표 5-13 연삭가공에 나타나는 결함의 원인과 그 대책(①~④)
(Carborundum Grinding Bulletin)

① 떨 림(chatter)

상 황	원 인	대 책
떨림자리가 몇가지 상태로 나타나며 그 이유에도 몇 가지가 있다.	연삭숫돌의 불균형	• 숫돌의 균형을 다시 잡는다. • 트루잉을 한 후에 다시 균형을 잡는다. • 공작액을 주지하지 않고 숫돌을 돌리고 숫돌에 함유한 부분을 제거한다. • 숫돌을 연삭기에 분해하였을 때 평탄히 놓는다. 세워 놓으면 공작액이 한쪽에 모여 균형을 잃는다.
	숫돌이 진원이 아니다.	• 균형잡기 전후에 트루잉을 한다. • 숫돌의 측면을 숫돌면에 대하여 트루잉을 한다.
	숫돌의 결합도가 굳다.	• 경합도가 더욱 무른 숫돌을 택한다. • 입도가 거칠고 • 조직도 거칠은 것을 택한다.
	센터 및 방진구가 부적당하고 좋지 못하다.	• 센터와 방진구의 맞춤을 조사한다. • 항상 일정하고 충분한 윤활을 한다.
	드레싱	• 예리한 다이아몬드를 사용한다(견고하게 숫돌에 가까이 고정한다).

② 공작물의 긁힌 자리

상 황	원 인	대 책
좁고 깊은 규칙적인 긁힌 자리	숫돌의 입자가 너무 거칠다.	입도가 가는 눈의 것을 사용한다.
폭이 넓고 깊이가 불규칙한 긁힌 자리	숫돌의 결합도가 무르다.	결합도가 무른 숫돌을 사용한다.
공작물에 넓게 분포된 반점	기름에 의한 점 또는 숫돌표면에 눈메움	• 숫돌의 균형을 잡고 트우잉을 한다. • 숫돌면에 기름이 묻지 않도록 한다.
물결 모양의 이송자리	숫돌 가장자리의 불량	숫돌 가장자리를 둥글게 한다.
떨어져 있는 깊은 자리	드레싱 불량	• 예리한 다이아몬드를 사용한다. • 드레싱 후에 숫돌을 솔로 턴다. 강모브러시가 좋다.
	입자가 거칠고 숫돌면에 이물혼합	드레싱하여 제거한다.
	결합제가 분해하여 입자가 비산	• 유기질결합제에 대하여 공작액이 강하게 작용한다. • 소다분을 감소시킨다.
가는나사 모양의 자리	드레싱의 불량	• 홈이 있거나 부서진 다이아몬드를 바꾼다. • 드레서의 이송을 적게 한다. • 드레서는 아랫방향으로 5°, 옆으로 30° 경사시킨다. • 3회 드레싱을 한 후에는 다이아몬드의 방향을 바꾼다. • 드레서의 고정구 또는 다이아몬드를 확실히 고정한다. • 다이아몬드의 드레싱깊이를 얇게 한다. • 드레서고정구를 숫돌에 닿지 않게 한다. • 숫돌면 중앙부에서 드레싱을 시작하지 않고 반드시 끝에서부터 시작한다. • 드레싱의 최후이송은 연삭 때의 이송방향과 반대방향으로 한다. • 다이아몬드 드레싱의 이송을 균일히 한다. • 숫돌의 가장자리는 둥글게 한다. 모따기 정도로써는 불충분하다.
	연삭가공의 불량	• 숫돌면과 공작물이 평행하도록 트루우잉을 하고, 연삭때에 숫돌면의 한쪽이 공작물에 닿지 않도록 한다. • 숫돌의 압력을 감소시킨다. • 방진구를 추가설치한다. • 공작물 회전속도에 대한 숫돌의 이송속도를 느리게 한다. • 여러 번 연삭을 거듭할 때는 자리의 간격을 변화실키기 위하여 이송속도를 변화시킨다.
불규칙한 자리	먼지	기계를 청소한다.
길이와 폭이 다른 불규칙한 자리	불결한 공작액	• 공작액조를 가끔 청소한다. • 안전커버를 청결히 한다. 특히, 드레싱 후에나 더욱 가는 입도의 숫돌로 바꿀 때 그렇다.

상 황	원 인	대 책
깊고, 불규칙한 자리	숫돌플랜지의 풀림	압지를 숫돌과 플랜지 사이에 끼우고 플랜지를 잠근다.
입자의 자리	입도가 거칠거나 결합도가 무르다.	입도가 가는 눈이고 결합도가 굳은 것을 사용한다.
	거친연삭과 다듬질연삭에서 입도의 차가 많다.	거친연삭에 더욱 가는 눈의 입도의 숫돌을 사용하고, 다듬질연삭에서 큰 입도의 숫돌을 사용하여 주의하여 연삭한다.
	거친 드레싱	드레서의 드레싱 깊이와 이송을 적게 한다.
	다듬질 숫돌의 조작 불량	• 최초 공작물의 이송과 숫돌의 이송을 빨리 하여 거친 연삭자리를 없앤다. • 공작물의 속도를 빨리 하고 이송속도를 느리게 하여 다듬는다.

③ 숫돌 결합도의 영향

상 황	원 인	대 책
깍임새 불량, 눈메움, 공작물 과열, 떨림	숫돌의 결합도가 너무 굳다.	• 공작물 원주속도, 숫돌의 이송 및 숫돌압력을 증가한다. • 스핀들회전수, 숫돌의 지름 및 폭을 감소시킨다. • 예리한 드레서로 드레싱한다. • 희박한 공작액을 사용한다. • 테이블이송 정지점에서 오래 머물지 않는다. • 점착성이 많은 공작액을 사용하지 않는다. • 더욱 큰 입도, 무른 결합도의 숫돌을 사용한다.
숫돌자리, 숫돌의 마멸 대, 테이퍼연삭	숫돌의 결합도가 너무 무르다.	• 공작물의 원주속도, 숫돌의 이송 및 숫돌의 압력을 감소시킨다. • 스핀들 회전수, 숫돌의 지름 및 폭을 증가한다. • 드레싱이송을 줄이고 깊이도 얕게 한다. • 점성이 높은 공작액을 사용한다. • 이송끝에서 숫돌을 공작물에서 분리하지 않는다.

④ 숫돌의 눈메움

상 황	원 인	대 책
칩이 입자 사이에(공극)끼어서 눈메움이 일어난다.	부적당한 숫돌	• 칩을 수용할 수 있는 큰 입자, 또는 성긴 조직의 숫돌을 사용한다. • 공작액을 더욱 많이 사용한다.
	드레싱 불량	• 예리한 드레서를 사용한다. • 드레싱의 이송을 빨리 한다. • 드레싱 후에 숫돌을 청소한다.
	연삭액의 부적합	청결하고 희박한 공작액을 사용한다.
	연삭가공 불량	• 숫돌을 무르게 작용시킨다. • 가로이송을 작게 한다.

⑤ 숫돌면의 광택

상　황	원　인	대　책
숫돌면에 광택이 나고 매끈해진다.	숫돌의 부적당	• 거칠은 입도 또는 무른 결합도의 숫돌을 사용한다. • 숫돌을 무르게 작용시킨다.
	드레싱 불량	• 예리한 드레서로 드레싱한다. • 드레싱 이송을 빨리 한다. • 드레싱 깊이를 깊게 한다.
	연삭액 부적당	• 점도가 다른 공작액을 사용한다. • 많은 양의 공작액을 사용한다.
	점성이 높은 연삭액	• 경수이면 소다분을 증가시킨다. • 경수에는 수용유를 사용하지 않는다.
	연삭가공이 불량	연삭길이를 깊게 한다.

표 5-14 연삭의 진원도 및 원통도 불량

결　함	원　인	대　책
진원도 불량	센터와 센터 구멍의 불량	센터 구멍의 흠, 먼지를 제거, 센터, 센터 구멍의 연삭 심압축의 정도 조정
	공작물의 불균형	전체를 거칠은 연삭을 하여 편심을 제거, 불규칙한 공작물에는 밸런싱 웨이트를 붙인다.
	진동 방지구의 사용법 불량	공작물의 크기, 형상에 적합한 진동 방지구를 사용할 것.
원통도 불량	테이블 운동의 정도 불량	정도(精度)검사, 수리, 미끄럼 면의 윤활을 양호하게 할 것.
	작업법 불량	수직 이송연삭에서는 공작물에서 떨어지지 않도록, 플랜지컷에서는 숫돌의 폭을 공작물보다 크게 함.
떨　림 (chattering)	숫돌, 숫돌축 관계 불균형	숫돌차의 균형을 취하고, 숫돌차의 측면 트루잉, 벨트풀리의 평행 검사를 할 것.
	숫돌차의 결합도가 단단하다.	숫돌을 연한 것으로 하고 공작물의 속도를 빠르게 할 것.
	숫돌의 눈메움	숫돌을 드레싱한다.
	센터, 방진구의 사용법 불량	센터 수정, 윤활을 정확히 하고 방진구를 정확히 사용한다.
거칠은 가공면	숫돌의 결합도가 연함.	단단한 숫돌차를 사용한다. 공작물의 속도를 늦게 한다.
	숫돌의 입도가 거침	가는 입도의 숫돌차를 사용한다.
이 송 흔 적 (무늬)	숫돌차 고정의 풀림	새로운 흡수지를 플랜지 안쪽에 끼운다.
	연삭기의 정밀도 불량	정밀도를 검사하여 정확한 윤활을 한다.
	공작물과 숫돌차면의 불평형	드레서의 고정을 올바르게 확실히 할 것.
	공작물과 숫돌차 면의 불평형	드레싱 마지막에는 절입하지 말고 숫돌차면을 왕복시킨다.

(1) 연삭숫돌의 파손 주요원인

ⓐ 숫돌의 균열상태 및 플랜지의 결합상태 불량

ⓑ 과도한 숫돌의 고속회전과 연삭저항이 클 때

ⓒ 숫돌의 측면을 공작물로 심하게 가압하였을 때

ⓓ 축구멍의 여유량 부족 및 절입깊이가 클 때 등

(2) 연삭 버언과 균열의 원인

ⓐ 연삭 버언(Burn)

연삭 작업시 공작물 다듬질 면의 색깔이 변색되는 현상

· 원인

-숫돌 원주 속도 및 연삭 깊이가 클 때

-입자가 가늘고 결합도가 높을 때

-냉각 불안정

-공작물의 발열성이 클 때

ⓑ 연삭 균열(rack)의 원인

연삭균열이란 연삭 가공명의 표면에 나타나는 그물코 모양의 균열이며, 원인은 연삭에 의한 발열로 공작물 표면이 고온이 되어, 국부적인 열팽창과 가열로 인한 재질의 변태 등으로 발생한다. 담금질 조직의 것, 특히 질화 또는 표면 경화 시킨 것에 이 것이 발생하는 경향이 있다. 방지하려면 비교적 연하고 연삭성이 좋은 숫돌을 사용하고 연삭깊이를 작게 하고 이송을 크게하여, 연삭에 의한 발열량을 적게 함과 동시에 열을 방산시키고 연삭액을 사용하여 충분히 냉각시키는 것이 필요하다.

제6장 드릴링과 보링머신(Drilling & Boring Machine)

6-1 드릴링 머신의 종류와 특징

(1) 탁상 드릴링 머신(bench drilling machine)

대부분이 벤치에 고정하고 작업하므로 벤치 드릴링 머신이라고도 한다. 동력을 이용한 것은 소형 전동기를 직결한 것이 많다. 그림 6-1은 소형탁상드릴 프레스이다. 주로 작은 구멍을 뚫으므로 고속회전이 필요하다. 그러므로 기어장치를 사용하지 않고, 전동기에서 직접 V벨트로 주축을 회전하고, 변속은 단차로 한다.

그림 6-1은 탁상 드릴링 머신의 주축 구조를 설명한다. 주축은 슬리브 내부에 볼베어링으로 지지되고, 상부의 스플라인 축(spline shaft)에서 회전 모먼트를 받는다. 슬리브는 랙(rack)과 피니언의 연결(단면 z~z로서) 상하 운동하고, 또한 핸들의 일단에는 밸런싱 스프링(balancing spring)이 있어 항상 쉽게 위로 올라간다. 피드는 손으로 조정하여 용도가 넓다. 최근 소형으로 고속을 필요로 하는 것은 10,000rpm 이상의 것도 있다.

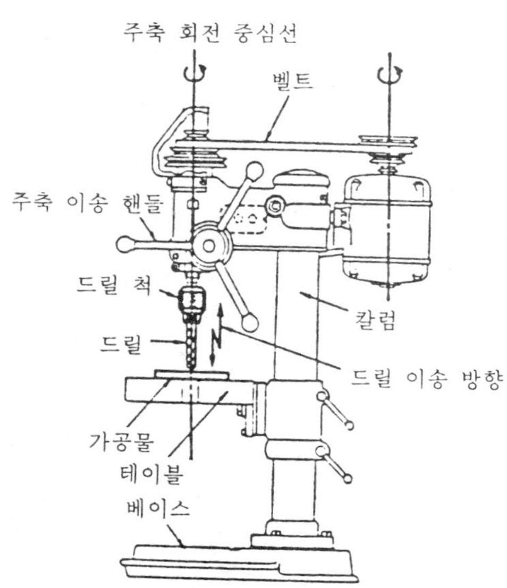

그림 6-1 탁상 드릴링 머신의 구조

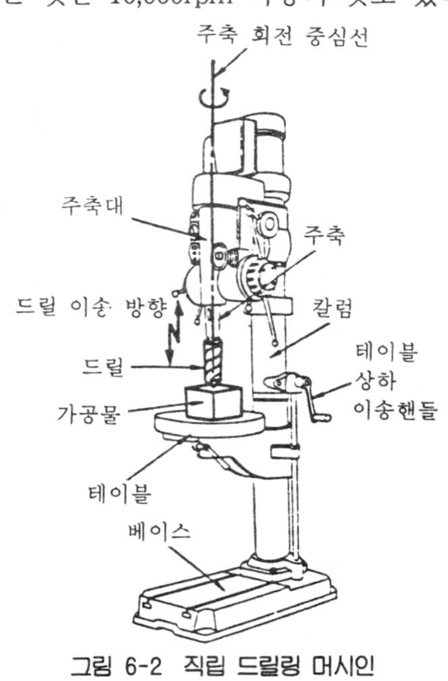

그림 6-2 직립 드릴링 머시인

(2) 직립 드릴링 머신(uplight drilling machine)

주축이 수직 방향에 배치되어 있는 직립식 드릴링 머신을 총칭하여 직립 드릴링 머신(uplight drilling machine)이라고 하며, 주축두(spindle gead), 직주(column), 베이스(base) 및 테이블 등으로 구성되어 있다. 주축의 구동을 소형에서는 벨트식을 사용하고, 중형 및 대형은 전기어식(全齒車式)이 많이 사용된다. 테이블은 4각형과 원형이 있고, 비교적 작은 것은 테이블의 직주 주위를 회전할 수 있는 것이 많다.

직립식 드릴링 머신은 비교적 소형 가공물의 구멍 뚫는 작업에 편리하고 주축의 위치가 일정하여, 가공물을 이동시켜 구멍의 위치를 주죽의 중심에 일치시키고 작업한다.

(3) 레이디얼 드릴링 머신(radial drilling machine)

① 레이디얼 드릴링 머신의 종류와 기능

레이디얼 드릴링 머신을 사용하면 구멍간 거리가 상당히 큰 것도 이동시키지 않고, 가공할 수가 있어 가공물이 매우 클 때에는 레이디얼 머신을 사용한다. 레이디얼 드릴링 머신은

ⓐ 보통형(plain type)

ⓑ 이동식(travelling type)

ⓒ 만능형(universal type)

ⓓ 벽 고정형(wall setting type)

등으로 분류한다. 그림 6-3은 레이디얼 드릴링 머신의 종류를 표시한다.

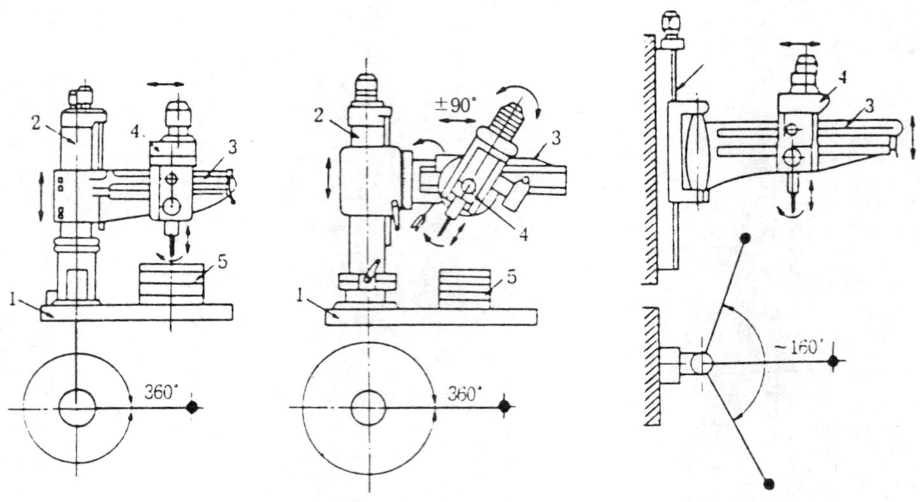

(a) 보통형　(b) 만능형　(c) 벽 고정형

1. 베드(bed) 2. 칼럼(column) 3. 레이디얼 아암(arm) 4. 스핀들 헤드(spindle head) 5. 테이블(table)

그림 6-3 레이디얼 드릴링 머신의 종류

보통형 레이디얼 드릴링 머신은 베드 위에 지주(支柱, column)를 세워, 수평 방향의 레이디얼 아암(arm)이 지주의 주위를 회전하게 되며, 스핀들은 아암에 따라 이동하므로 대형 가공물 작업에 사용하기가 매우 편리하다. 그림 6-4는 레이디얼 드릴링 머신의 구성 명칭을 나타낸 것이다.

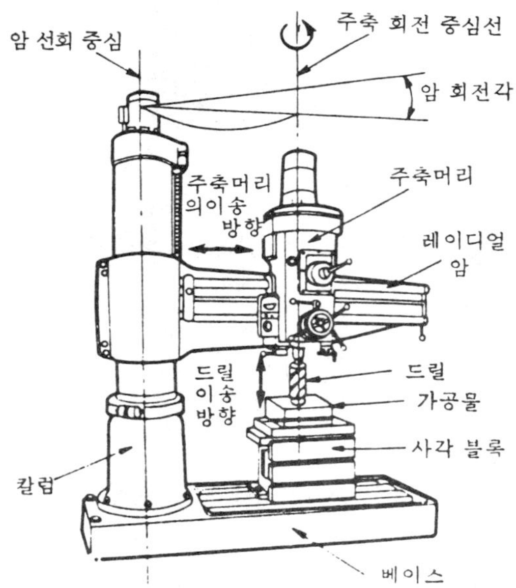

그림 6-4 레이디얼 드릴링머신

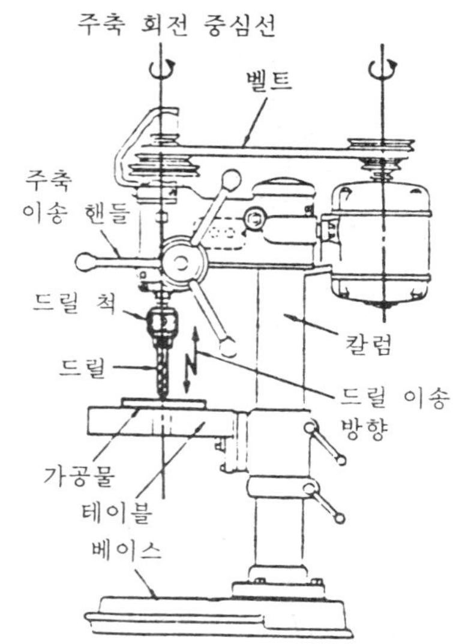

그림 6-5 드릴 프레스

(4) 다축 드릴링 머신(multi-spindle drilling machine)

① 다축 드릴링 머신의 종류의 구조

다축 드릴링 머신은 같은 가공물을 다량 생산하든가 또는 한 번에 많은 구멍을 (200개까지) 뚫을 때에는 능률적이다. 종래 주로 시리즈 생산(series production)에 널리 생산되고 있다. 다축 드릴링 머신은 주축의 설치 상태의 특성에 따라 2종으로 분류된다. 즉,

ⓐ 정치 주축형(定置主軸型) : 자동차 공업 등의 대량 생산을 위한 전용 목적용

ⓑ 조절 주축형(調節主軸型) : 모델을 바꾸는 범용 목적용

그림 6-6은 인 다축 드릴링 머신의 원리를 표시한 예이다. 다축대 5 및 테이블 6은 그림 6-6에서 상하 방향으로 화살표와 같이 이동할 수가 있다. 보통 축수는 8, 12, 20 등이 표준이다. 다축대(多築臺, multi-spindle head)의 구조는 전동기에서 주전동축의 기어와 중간 기어를 거쳐 주축 기어를 회전하여, 각각 유니버설 조인트(universal joint)를 거쳐 각 스핀들에 회전이 전달된다. 유니버설 조인트의 중간에서 축은 신축

(伸縮)이 가능하게 되어 있고, 각 축은 동일 평면 위에 자유로운 위치조정이 가능하도록 되어 있다(그림 6-7).

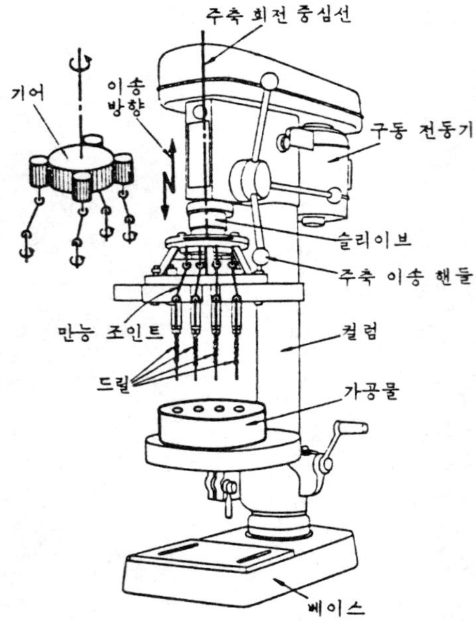

그림 6-6 다축 드릴링 머신

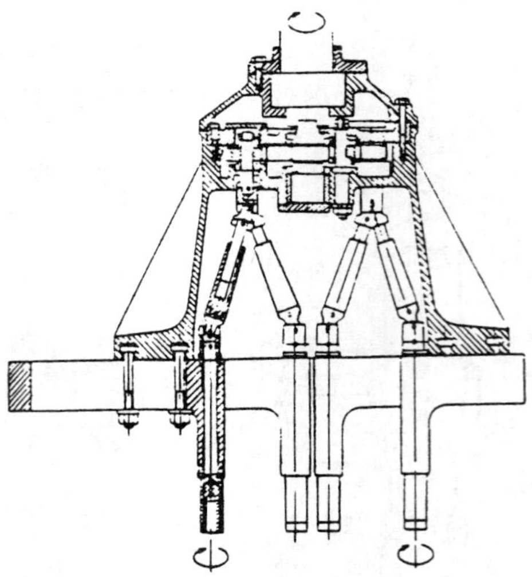

그림 6-7 다축 드릴링 머신 스핀들

(5) 심공(深孔) 드릴링(deep hole drilline) 머신

① 개요

심공 드릴링, 보링 등은 총신 드릴링, 공작기계의 중공주축, 플라스틱 사출기의 실린더 보링, 내연기관의 커넥팅 로드 등 많은 기계부품제작에 이용되고 있다. 구멍의 길이가 길수록 공작물과 드릴을 지지하기 곤란하며, 칩의 신속한 제거 및 배출은 작업의 원활한 진행과 가공의 정확성을 보장하기 위하여 중요한 일이다. 한편 공작물 또는 드릴의 적정 회전수와 이송속도의 조절, 가공기계공구 및 절삭유제 등의 구비조건은 매우 엄격하다.

현재 일반적으로 사용되고 있는 심공 드릴링 방식으로는 지름이 작은 것(ϕ 3~12mm)은 ① 건드릴(gun drill)이 쓰이고, 지름이 ϕ20~65mm정도에서는 ② 이젝트 드릴(ejector drill), ③ BAT 드릴 등이 쓰인다.

② 심공 드릴링 방식

ⓐ 건 드릴링(gun drilling)

절삭유제를 드릴에 뚫린 구멍에 통과시켜 헤드쪽으로 압송(壓送)하면 칩은 드릴 외부에 패인 홈을 통하여 칩과 함께 흘러 나온다. 이때 절삭유제는 절삭날과 지지패드의 윤활을 돕는다(그림 6-8(a)).

ⓑ 이젝터 방식(ejector system)

이것은 절삭유제의 내부공급, 칩의 내부배출방식이다. 절삭유제는 드릴튜브와 내부튜브 사이를 통하여 드릴 헤드로 압송된다. 절삭유제의 대부분은 드릴 헤드에 있는 구멍을 통하여 빠져나와 드릴 지지패드와 절삭날을 냉각시키는 동시에 윤활을 담당한다. 빠져나가고 나머지 절삭유제는 내부튜브의 노즐을 통하여 빠져나와서 배유구(排油口)로 되돌아간다. 이때 내부 튜브에 부분적인 진공이 나타나서 냉각과 윤활을 담당하였던 절삭유제는 칩과 함께 내부튜브에 흡입되어 배출구로 나간다(그림 6-8(b)).

ⓒ BAT방식(Boring and Trepanning Association system)

이것은 내부절삭유제공급과 내부칩흐름방식이다. 절삭유를 드릴 튜브와 가공되는 구멍 사이로 압송함으로써 절삭유의 유속은 빨라지고, 따라서 칩이 드릴 튜브를 통하여 효과적으로 배출된다(그림 6-8(c)).

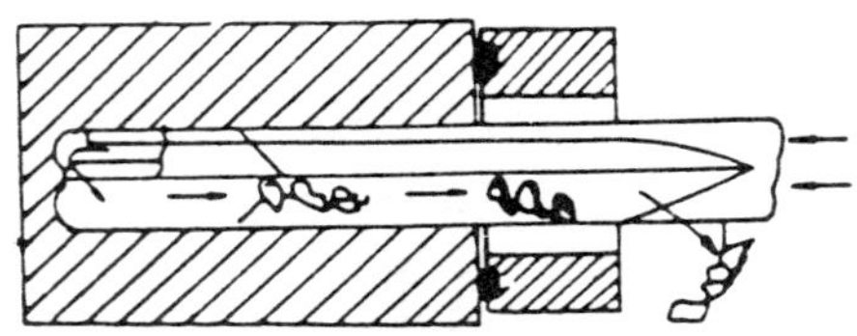

(a) 건드릴링

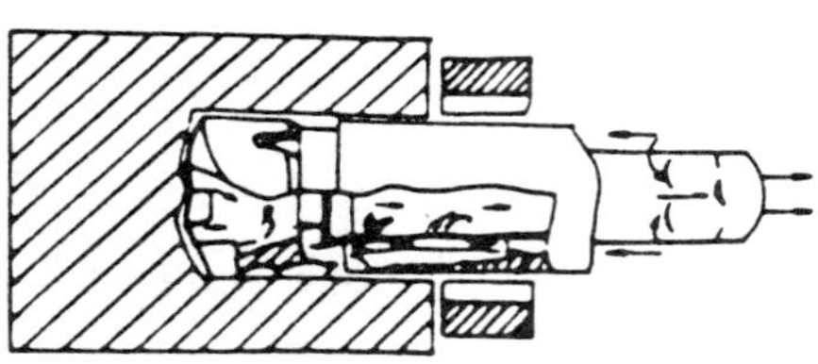

(b) 이젝터드릴링

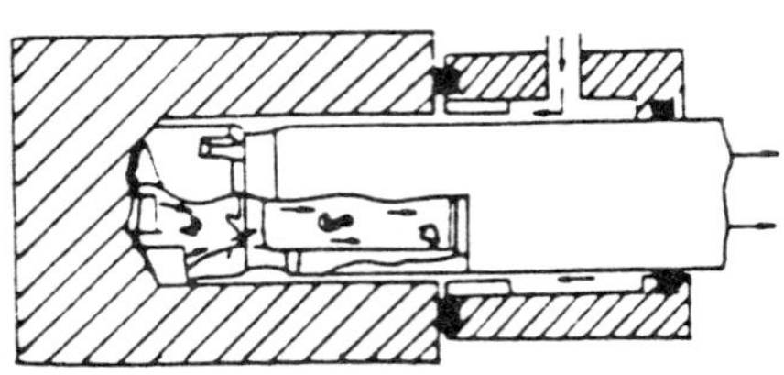

(c) BTA드릴링

그림 6-8 深孔 드릴링

(6) 드릴머신의 성능표시

표 6-1 드릴링 머신의 분류(단, M.T.NO.는 주축의 모스 테이퍼)

종 류	형식 또는 용도	성능 표시 방법
탁상 드릴 프레스 (bench drill press)	직립직	① 뚫을 수 있는 구멍 지름 또는 드릴 주축공, 모스 테이퍼 번호(M.T.NO.) ② 스윙(swing) ③ 테이블 크기 ④ 주축 끝과 테이블면의 거리

종 류	형식 또는 용도	성능 표시 방법
·직립식 드릴링 머신 (upright drilling machine)	• 단축 • 갱식(gang type) (2, 3......축) • 수조절식(手調節式)	① 뚫을 수 있는 구멍 지름과 M.T.NO. ② 스윙(swing) ③ 테이블 크기 ④ 주축이 끝과 테이블 윗면과의 거리
레이디얼 드릴링 머신 (radial drilling machine)	• 보통형 • 만능형(universal type) • 이동형(travelling type) • 벽 설치식(wall setting type) • 유압형	① 칼럼면에서부터 주축 중심까지의 최대거리 (swing) ② 주축의 끝과 테이블 윗면과의 최대 거리 ③ 뚫을 수 있는 구멍 지름과 M.T.NO. ④ 베이스의 작업 면적
다축 드릴링 머신 (multi-spindle drilling machine)	• 직립직 • 수평식	① 뚫을 수 있는 구멍 지름(깊이) ② 테이블의 이동 거리 또는 주축의 이동거리 ③ 테이블의 거리
수평식 드릴링 머신 (horizontal drilling machine)	• 단축 • 갱식 (2, 3.....축)	① 뚫을 수 있는 구멍 지름과 M.T.NO. ② 테이블의 이동 거리 또는 주축의 이동거리 ③ 테이블의 크기
심공 드릴링 머신 (deep hole drilling machine)	• 수평직(단축, 복축) • 직립식(단축, 복축)	① 뚫을 수 있는 구멍 지름과 M.T.NO. ② 테이블 크기 ③ 주축 끝과 테이블면의 최대거리

6-2 드릴링 작업의 종류

드릴링머신(drilling machine)은 주축이 회전하고 공구는 주로 드릴을 사용하여 구멍뚫기를 하는 공작 기계로서, 공작물은 테이블 위에 고정시키고 공구를 회전시켜 주축방향으로 절삭 이송운동을 준다. 이 공작기계는 구멍뚫기를 위한 단일 작업 기계이기는 하나 다른 적당한 공구를 사용함으로써 리밍(reamming), 보링(boring), 카운터 보링(counter-boring), 스폿 페이싱(spot-facing), 태핑(tapping), 카운터 싱킹(counter-sinking) 등을 할 수 있다(그림 6-9).

(1) 드릴링(Drilling)

소재에 구멍을 뚫는 작업으로 사용되는 공구는 드릴이다. 깊은 구멍을 뚫을 때에는 자루가 긴 심공용(深孔用)드릴을 사용하고 절삭부에 충분히 급유를 한다.

(2) 리머 작업(Reaming)

구멍의 정밀도를 더 높이기 위한 가공으로 리머를 사용해서 다듬질하는 것이다.

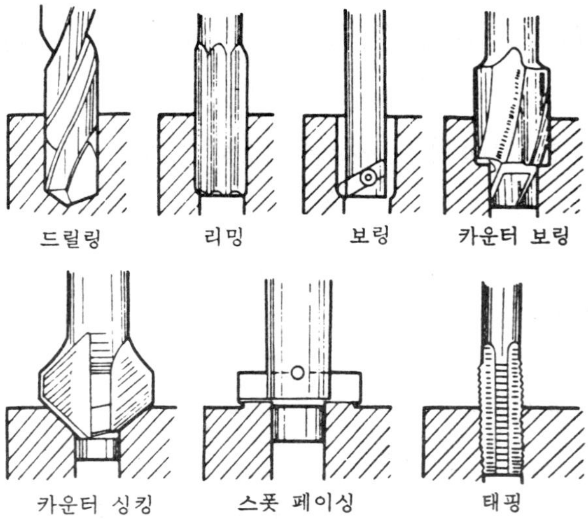

그림 6-9 드릴링의 종류

(3) 탭작업(Tapping)

공작물의 내부에 암나사를 가공하는 작업으로 공구는 탭을 사용해서 나사를 절삭하는 작업이다.

(4) 보링(Boring)

뚫린 구멍을 다시 절삭해서 구멍을 넓히고 다듬질하는 것으로 공구는 보링 바에 바이트를 붙여 절삭하는 것이다.

(5) 카운터 보링(Counter Boring)

평볼트 또는 소형 나사 머리부를 가공물의 몸체 내에 압입하기 위하여 구멍의 상부를 원통형으로 크게 깎아 내는 작업.

(6) 카운터 싱킹(Counter Sinking)

접시머리를 나사를 사용할 구멍에 나사 머리가 들어갈 부분을 원추형으로 가공하는 것이다.

(7) 스폿 페이싱(Spot Facing)

단조품 및 주물품에 볼트 또는 나사를 고정할 때 접촉부가 안정되기 위하여 구멍 주위를 평면으로, 또 구멍측에 직각으로 깎는 가공이다.

6-3 드릴의 종류와 각도

드릴에는 많은 종류가 있으나, 대별하면 다음과 같다.

① 평형 드릴(flat drill)

② 비틀림날 드릴(twist drill)

③ 특수 드릴(special drill)

(1) 드릴의 종류와 용도

① 트위스트 드릴(twist drill)

가장 널리 쓰이는 드릴로서, 2개의 비틀림날이 회전날 끝으로 되어 있어 절삭성이 매우 좋다.

② 평 드릴(flat drill)

둥근 봉의 선단을 납작하게 만들어 날을 붙인 것이며, 가장 간단한 형식으로 보통 연한 재질을 가진 공작물의 구멍을 뚫을 때 사용된다.

③ 센터 드릴(center drill)

공작물을 선반이나 연삭기에 고정할 때 공작물에 지지되는 센터구멍을 뚫을 때 사용된다.

④ 직선 홈 드릴(straight flute drill)

홈이 직선으로 파진 드릴로서 선단의 각도가 0° 이므로 황동이나 얇은 판의 구멍을 뚫을 때 사용된다.

⑤ 기름 홈 드릴(oil tubular drill)

트위스트 드릴의 내부에 기름 구멍을 만든 것으로서 기름의 공급과 칩의 배출이 용이하므로 깊은 구멍을 뚫을 때 사용한다.

⑥ 반원 드릴(rifle barvel drill)

드릴의 선단이 1개의 날로 되어 있으며 날끝은 드릴의 중심부에 대해 편위되어 있다.

(2) 드릴의 각부 명칭과 공구각

① 드릴끝(drill point) : 원추형으로 드릴의 끝부분이고 절삭날은 이 부분에서 연삭한다.

② 몸통(body) : 드릴의 본체이며 홈이 있다.

③ 홈(flute) : 드릴 본체에 직선 또는 나선으로 파여진 홈이며 칩을 배출하고 또 절삭유를 공급하는 통로가 된다.

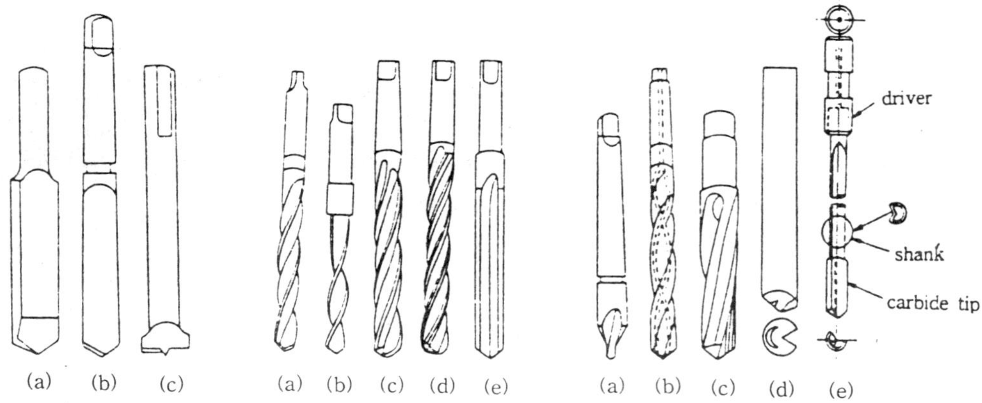

그림 6-10 평형드릴　그림 6-11 비틀림날드릴　그림 6-12 특수드릴

④ 자루(shank) : 드릴 고정구에 맞추어 드릴을 고정하는 부분이며 곧은 것과 테이퍼진 것이 있다.

⑤ 꼭지(tang) : 테이퍼자루 끝을 납작하게 한 부분이다. 드릴에 회전력을 주며 드릴과 소켓이 맞는 테이퍼를 손상시키지 않고 드릴의 회전을 주는 역할을 한다.

⑥ 사심(dead center) : 드릴끝에서 두 절삭날이 만나는 점이다.

⑦ 마진(margin) : 드릴의 홈을 따라서 나타나 있는 좁은 면으로 드릴의 크기를 정하며 드릴의 위치를 잡아준다.(핸드의 가장자리)

⑧ 절삭날(lips) : 드릴끝에서 드릴링을 할 때 재료를 깎아내는 날 부분이다.

⑨ 웨브(web) : gha 사이의 좁은 단면이며 드릴의 척주가 된다. 자루 쪽으로 갈수록 커진다. 좌우로 등을 대고 있는 두 개의 홈사이에 얇은 벽

⑩ 드릴끝각(point angle) : 드릴끝에서 절삭날이 이루는 각이다.

⑪ 홈 나선각(helix angle) : 드릴의 중심축과 비틀림 사이에 이루는 각이다.

⑫ 몸통여유(body clearence) : 마진보다 지름을 작게한 드릴 몸통부분이며 절삭할 때 공작물에 드릴 몸통이 닿지 않도록 여유를 두기 위한 부분이다.

⑬ 날여유각(lip clearence) : 절삭날이 장해를 받지 않고 재료에 먹어 들어가도록 절삭날에 주어진 여유각이다.

⑭ 윗면경사각(rake) : 절삭의 쐐기각을 형성하는 각이며 크면 날의 예리도를 높인다. 윗면경사각은 공작물과 홈이 이루는 각이 아니다. 드릴끝각이 180˚이면 홈의 나선과 공작물이 이루는 각은 윗면경사각이 되나 끝각이 있는 한 드릴의 실제 윗면경사각은 공작물과 홈이 이루는 각보다 작다.

⑮ 랜드(land) : 홈과 홈사이의 높은면

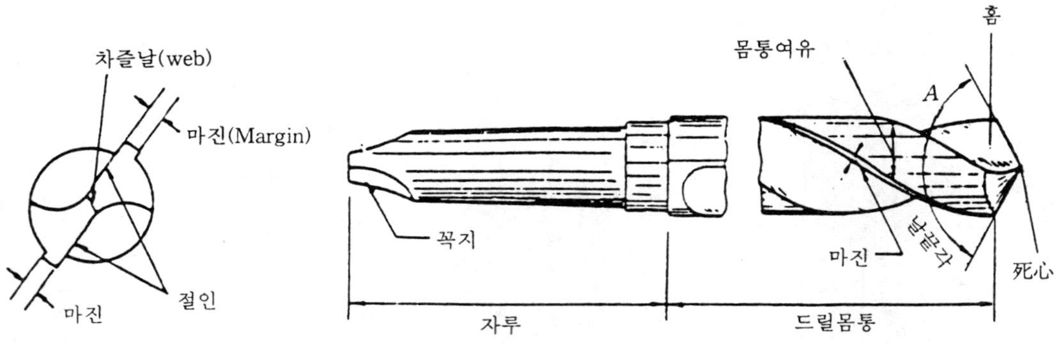

그림 6-13 드릴의 각부 명칭

(3) 드릴의 각도

드릴의 날끝각(point angle)은 너무 크면 이송(feeding)이 곤란하고, 너무 작으면 인선이 약해지므로 공작물이 재질에 따라 표 6-2에서와 같이 적당한 값을 취하여야 한다.

표 6-2 드릴의 각

공작물재료	선단각 (point angle)	선단여유각 (lip relif angle)	치즐 여유각 (chisel edge angle)	나선각 (helix angle)
표준형 drill(일반작업, 탄소강, 주강, 주철 등)	118	12~15	125~135	20~32
Mn강	150	10	115~125	20~30
Mi 강, 질화강	130~150	5~7	115~125	20~32
황동, 청동(軟)	90~118	12~15	125~135	20~32
구리, 동합금	118	12~15	125~135	10~30
적층 plastic	110~130	10~15	125~135	30~40
경질고무	90~118	12~15	125~135	10~20
주철	60~90	12~15	125~135	10~20

주요각의 작용

선 단 각	HELIX ANGLE	날 여유각
70° 118° 140°	10° 30° 40°	7° 10° 12° 15°
	惡←절식성→良	大←인선강도→小
大→Torque→小	良←Chip배출→惡	小←공구가모→大
小→Thrust→大	大←공구강성→小	小←진 동→大

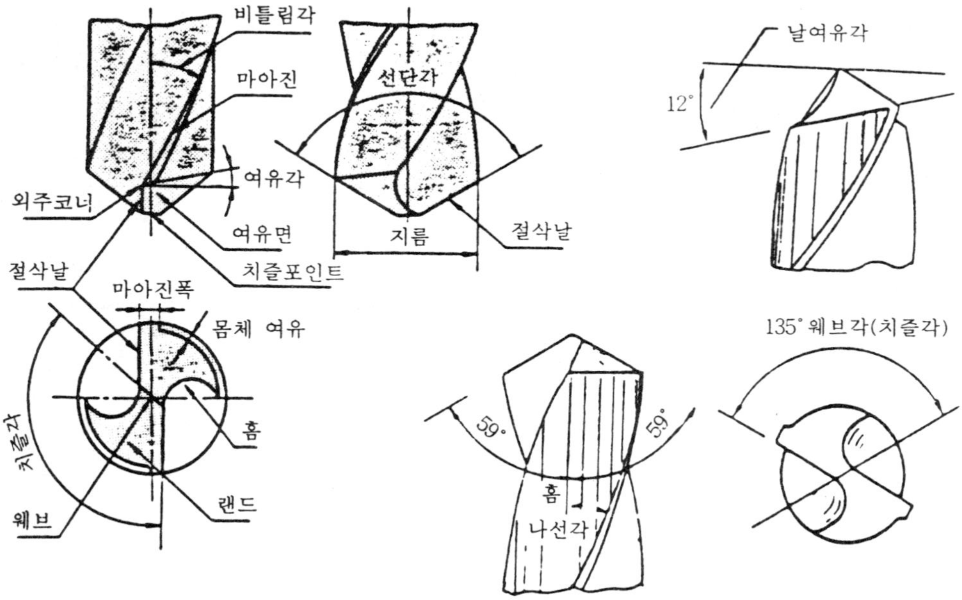

그림 6-14 드릴의 각도

6-4 드릴링 머신의 절삭조건과 작업

6-4-1 드릴링 작업의 절삭 조건

(1) 절삭 속도

드릴의 절삭속도는 절삭날의 위치에 따라 다르나, 특별한 지정이 없으면 외주상(外周上)의 절삭속도를 의미한다. 따라서 절삭속도 V(m/min), 드릴 지름 d(mm) 및 회전수 n(rpm)의 관계는 다음과 같다.

$$V = \frac{\pi \cdot d \cdot n}{1000} \text{ (m/ min) 또는 } n = \frac{1000\,V}{\pi \cdot d} \text{ (rpm)}$$

절삭 속도의 선정은 가공물의 기계적 성질, 즉 인장 강도, 경도 등에 대한 영향이 크다. 또 드릴의 지름이 커지면 절삭열의 방출, 칩 배출, 절삭유의 유입 조건이 좋으므로 절삭 속도를 높일 수 있으나, 드릴 지름이 작아지거나 구멍 깊이가 깊어지면 절삭 속도를 줄여야 한다.

표 6-3은 실용적인 절삭 조건을 나타낸 것이다.

표 6-3 드릴 작업의 실용 절삭 조건

드릴의 지름 (mm)	강 $\sigma_B \leqq 50$ kgf/mm²		강 $\sigma_B = 50 \sim 70$ kgf/mm²		강 $\sigma_B = 70 \sim 90$ kgf/mm²		강 $\sigma_B = 90 \sim 100$ kgf/mm²	
	v	s	v	s	v	s	v	s
2~ 5	20~25	0.1	20~	0.1	15~18	0.05	10~14	0.05
6~11	20~25	0.2	20~	0.2	15~18	0.1	10~14	0.1
12~18	30~35	0.25	20~	0.25	15~18	0.2	12~18	0.15
19~25	30~35	0.3	25~	0.3	18~22	0.3	16~20	0.2
26~50	25~30	0.4	25	0.4	15~20	0.35	14~16	0.3
드릴의 지름 (mm)	주 철 $\sigma_B = 12 \sim 18$ kgf/mm²		주 철 $\sigma_B = 18 \sim 30$ kgf/mm²		황동, 청동(연)		청 동(경)	
	v	s	v	s	v	s	v	s
2~ 5	25~30	0.1	12~18	0.1		0.05		0.05
6~11	30~40	0.2	14~18	0.15		0.15		0.1
12~18	25~40	0.35	16~20	0.2	≦50	0.3	≦35	0.2
19~25	20	0.6	16~20	0.3		0.45		0.35
26~50	20	1.0	16~18	0.4		-		-

(2) 이송

이송의 크기는 드릴 1회전에 대하여 드릴 축 방향으로 진행한 거리로 나타내며 2날이 있으므로 1날의 이송은 그것의 반이 된다. 이송 크기에 따라 가공면의 표면 거칠기 등 가공 정도에 영향이 미치며 구멍 깊이가 깊어지면 감소시켜야 한다. 깊이가 바깥지름의 3~4배이면 10[%], 5~8배이면 20[%]의 이송을 감소시킨다. 리머의 이송은 지름에 따라 다르며 보통 드릴의 2~3배를 취한다.

6-4-2 드릴링 머신 작업

(1) 드릴의 고정법

① 드릴을 직접 주축에 고정하는 방법

드릴의 지름이 어느 정도 커지면 자루부가 테이퍼로 되어 있어서 이것이 주축의 테이퍼 구멍에 맞을 때는 직접 드릴의 자루를 주축에 박아서 고정시킨다.

② 소켓 또는 슬리브를 사용하는 방법

드릴의 자루부가 주축 구멍에 맞지 않을 때에 슬리브 또는 소켓을 주축에 박고 거기에다 드릴을 꽂아서 고정한다.

③ 드릴척을 사용하는 방법

지름이 작은 드릴은 자루가 스트레이트로 되어 있어서 주축 구멍에 맞지를 않으므로 주축에 맞는 드릴척의 자루를 주축에 꽂아서 고정한 다음, 드릴을 척에 고정하는 방식이다.

척의 구조에는 여러 가지가 있으나 그림 6-15는 일반적으로 많이 사용되고 있는 자콥스(Jacob's)드릴 척의 구조를 나타낸 것이다.

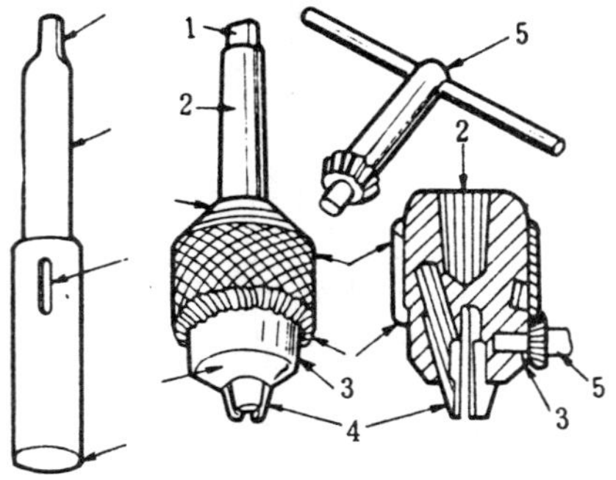

1. 탱 2. 드릴척 자루 3. 척 핸들 구멍
4. 드릴척 조 5. 드릴척 핸들

그림 6-15 드릴 척의 구조

(2) 공작물의 고정법

드릴 머신에 공작물을 고정하는 데는 클램프, 바이스 및 지그 등을 사용한다. 공작물을 클램핑하는 데는 여러 가지 클램프, 볼트, 평행봉 등을 사용하면 간편하다. 그러나 정확히 공작물을 위치시키는 데는 시간과 숙련이 필요하다. 그래서 신속하고 정확한 가공을 하고 대량생산에 이용할 수 있도록 지그를 사용한다.

① 고정구에 의한 고정

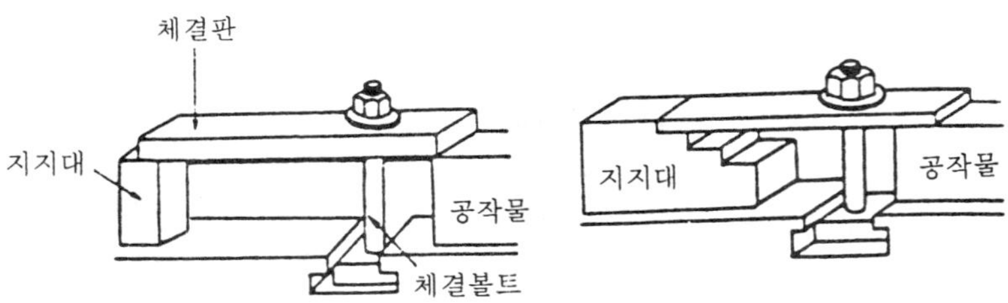

체결판의 고정 계단상 지지대에 의한 고정

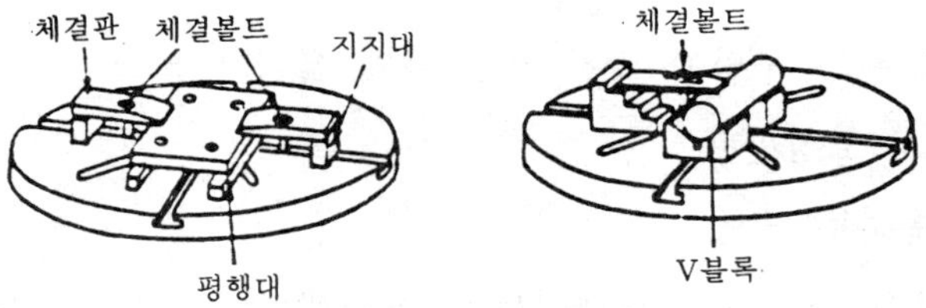

그림 6-16 고정구들에 의한 고정

② 지그(jig)를 사용하는 방법

동일한 가공이 많을 때에는 번잡함을 반복하게 된다. 이 경우 공작물이 정확하게 일정한 상태로 설치되고 또 구멍을 뚫을 위치에는 드릴을 안내하는 구멍을 만들어 놓은 기구를 사용하면 설치와 구멍의 위치를 일일이 표시하지 않아도 되므로 작업시간이 단축되고 가공한 제품은 균일하며 호환성을 가진 가공이 된다. 이런 용도에 쓰이는 기구를 드릴지그라 한다.

ⓐ 플레이트지그(plate jig)

플랜지와 같은 평면에 많은 구멍을 뚫을 때 사용하는 판상지그를 플레이트지그라고 한다. 공작물의 외측에 잘 맞도록 만들고, 나사와지지 공구로 고정한다.

그림 6-17은 비교적 간단한 플레이트지그를 표시한다. 즉 플랜지에 볼트 구멍을 뚫을 때의 작업을 표시한다. J는 지그이고 B는 부시(Bush), C는 가공물을 나타낸다.

B는 드릴을 안내하는 안내 부시라고 하며, 이것의 형상은 그림 6-17의 A와 같다.

부시의 재료는 탄송강으로 만들고 열처리하여 사용한다.

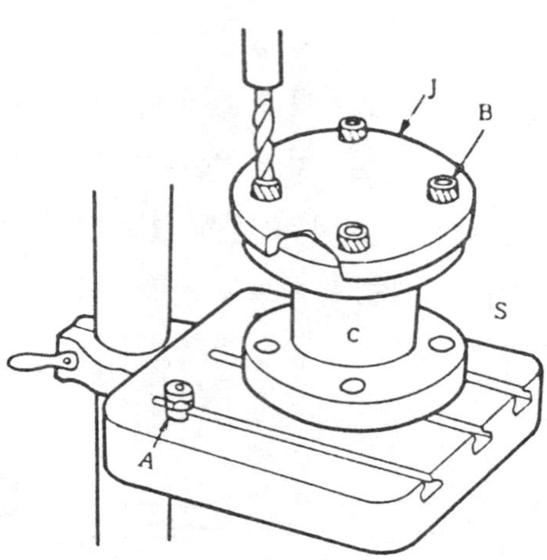

그림 6-17 플레이트지그 작업

ⓑ 박스지그(box jig)

복잡한 가공물에 구멍을 뚫을 때 사용하는 것이다. 가공물은 상자형으로 만든 체대에 나사 또는 지지구로써 정확히 고정하도록 되어있다. 이것은 일면의 드릴링뿐만 아니라 이면(二面)도 할 수 있도록 외부를 안내하는 것이므로 정확히 가공, 다듬질한 것이 아니면 안된다. 일반적으로 지그는 상당히 중량이 있는 것이므로 자중으로 충분히 위치를 유지할 수 있다(그림 6-18).

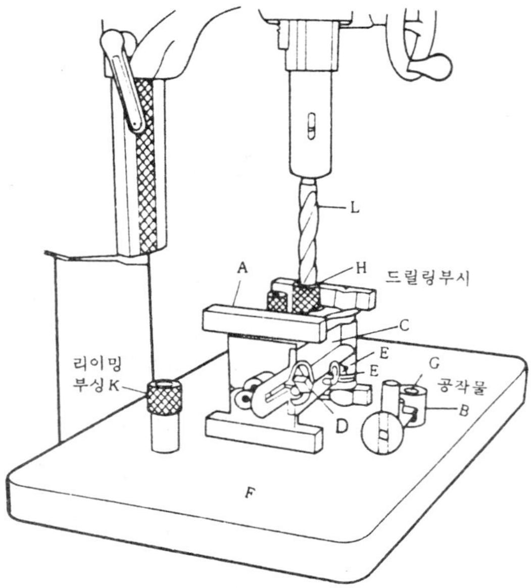

그림 6-18 박스지그 작업

(3) 각각 다른 재질과 드릴 형태로 시험

표 6-4 드릴 시험의 종류

드릴 형태 \ 재 료	(N형) 	(S형) 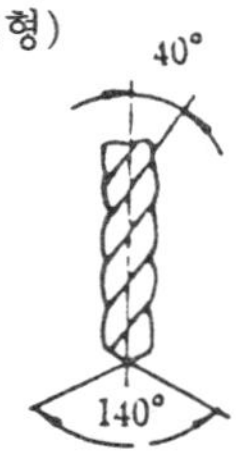	(H형) 	(H형) 
강	가공이 양호하다.	수명이 짧다. 날끝 각이 너무 작다.	짧은 칩이 형성 높은 절삭력이 필요	드릴 날끝이 심하게 마모
알 루 미 늄	칩이 쌓인다. 구성인선이 생김	가공이 양호하다.	칩이 쌓인다. 구성 인선이 생김	칩이 쌓인다. 구성 인선이 생김
황 동	가공시 딸려 들어간다.	가공시 딸려 들어 간다.	가공이 양호하다.	드릴 끝이 마모
경 질 고 무 합 성 수 지	끝각이 너무 크기 때문에 삽입되는 곳에 Flaking이 발생한다(얇은 조각으로 분산 됨).			가공이 양호하다 Flaking이 없음

• 시험 결과

① 측면과 끌의 여유각은 재료에 따라 알맞아야 하며 또한 정밀가공과 경제적인 결과에 영향을 미친다.

② N형태의 드릴이 다른 재료에 사용된다면 정확한 각도로 날끝을 연삭하고 조심스럽게 사용해야 된다.

(4) 절삭율

그림 6-19에서 절삭 두께(uncut chip 두께) t는

$$t=\frac{f}{2}\cdot\ \sin K_r$$

절삭폭 b는

$$b=\frac{d_m}{2\sin K_r}$$

절삭인의 물림깊이 a_p는

$$a_p=\frac{d_m}{2}$$

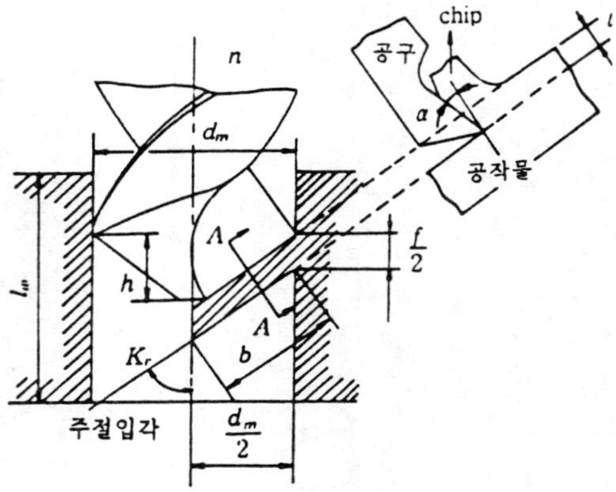

그림 6-19 드릴의 절삭작용

이고, 절삭단면적 A는

$$A=b\cdot t=\frac{1}{4}f\cdot d_m$$

이다.

절삭률 Z_w는

드릴링의 경우 $$Z_w=\frac{\pi}{4}\cdot d_m^{\ 2}\cdot V_f=\frac{\pi}{4}\cdot d_m^{\ 2}\cdot f\cdot n$$

보링의 경우 $$Z_w=\frac{\pi\cdot f(d_m^{\ 2}-d_w^{\ 2})\cdot n}{4}$$

이고, d_m은 가공구멍의 지름, d_w는 이미 뚫어진 구멍의 지름, V_f는 이송속도 n은 드릴의 회전수(rpm)이다. 리밍의 경우에서도 절삭률 같다.

6-4-3 탭 작업(Tapping)

(1) 탭의 각부 명칭

탭은 3~4개의 홈(flute)이 있는 볼트 형상을 갖는 내부 나사절삭을 위한 공구이다. 탭의 각부 명칭은 그림 6-20과 같고, 절삭작용은 그림 6-21과 같으며, 그림 6-22와 같이 3개가 1조로 되어 있다.

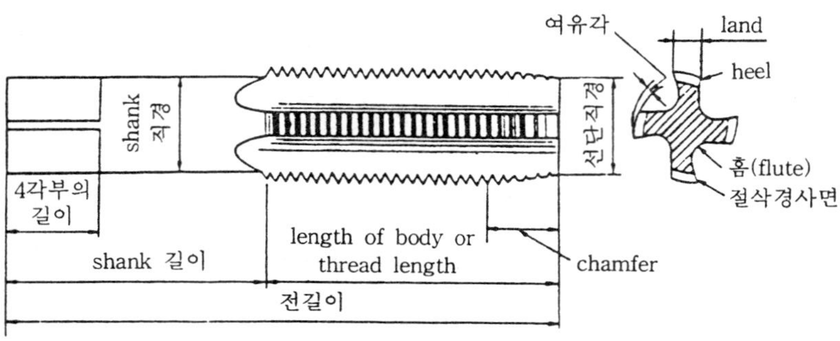

그림 6-20 탭의 각부 명칭

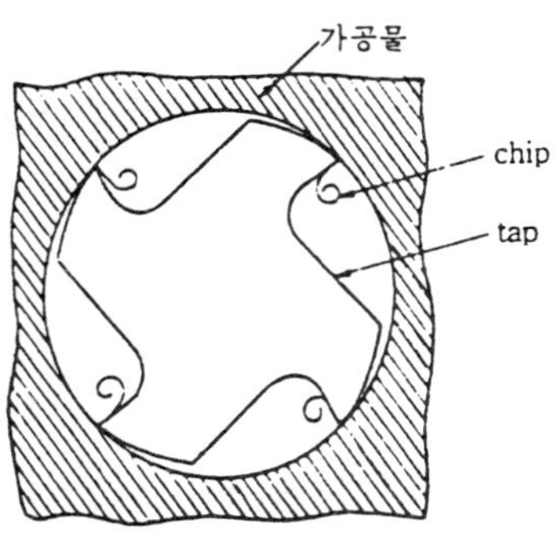

그림 6-21 탭의 절삭작용

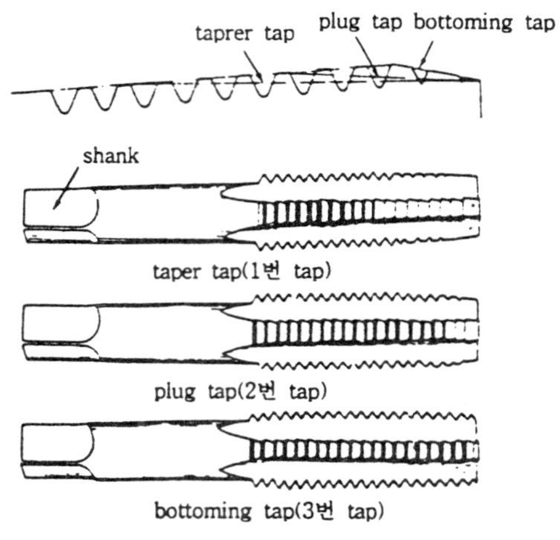

그림 6-22 1조의 탭

① chamfer : 테이퍼진 부분

② 홈(flute) : 경사면을 형성하기 위한 홈이며, 칩과 유제의 통로가 된다.

③ heel : 랜드(land)부의 뒷부분

④ point diameter : 탭부 끝의 바깥지름

⑤ (thread)relif : 마찰을 적게 하기 위하여 절삭인의 뒷부분을 깎아내어 생긴 간격탭에는 다음과 같은 종류가 있다.

ⓐ hand tap : 3개의 탭이 1조를 형성하며, 보통 탭 렌치로 탭을 고정하여 손으로 회전시켜 나사가공을 하는 탭이다.

ⓑ machine tap : 드릴링 머신에서 탭 고정구와 함께 사용할 수 있도록 제작된 탭이다.

ⓒ taper tap : 그림 6-22의 1번 탭을 사용하거나 테이퍼용 나사 탭을 사용하여 테이퍼 구멍에 나사가공을 하며, 보통 관의 연결부에 사용된다.

ⓓ taper tap(nut tap) : 그림 6-23과 같은 형상으로서 탭의 자루가 길고 자루부의 지름이 나사의 골지름보다 작아서 너트에 탭핑이 완료되며 너트가 자루에 가득 채워질 때까지 순차적으로 탭핑할 수 있다. 주로 탭핑 머신에 사용된다.

ⓔ pulley tap : 풀리의 셋 스크루와 혹은 오일 컵에 나사가공을 할 때 사용되는 것으로서 긴 자루를 갖는 핸드 탭이다.

ⓕ gun tap : 형상은 핸드 탭과 같으나 그림 6-24와 같이 taper부의 5산 정도 길이의 홈을 넓고 깊게 파서 탭의 진행방향으로 칩이 쉽게 배출될 수 있게 제작된 탭이다.

그림 6-23 테이퍼 탭

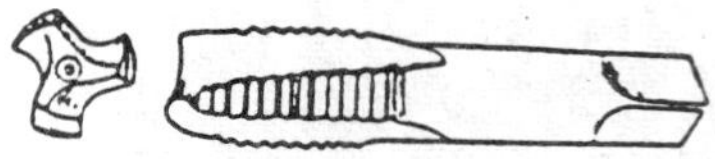

그림 6-24 건 탭

ⓖ stay tap : 아주 긴 형상으로서 선단에는 리머(reamer)부, 중간에는 나사절삭부, 말단은 나사안내부로 되어 있다. 보일러(boiler) 등의 내외판을 연결하는 스테이볼트(stay bolt) 구멍가공에 사용된다.

(2) 탭 작업

태핑에서는 적당한 탭의 형상, 윤활유의 선택, 작업자의 숙련이 중요한다. 탭 구멍은 미터나사(metric screw thread), 유니파이나사(unified screw thread) 등과 같이 나사의 종류에 따라 다르나, 나사의 최소경(minor diameter)보다 약간 크게 뚫는 것이 보통이다. 탭구멍이 너무 작으면 절삭저항이 커서 탭을 회전시키는 것이 어렵고 또 산이 깨끗하지 못하고, 구멍이 너무 크면 산이 완성되지 못한다.

일반적으로 100% 산높이 나사, 80% 산높이 나사, 75% 산높이 나사가 많이 사용되며, 이것에 대한 탭 드릴의 지름은 다음과 같이 계산된다.

그림 6-25에서 D를 바깥지름, d를 안지름, P를 pitch 지름, h를 산높이라 하면 $h=\frac{1}{2}(D-d)$로 되며, 100% 산높이 나사에 대하여 탭 드릴 지름(tap drill diameter)은

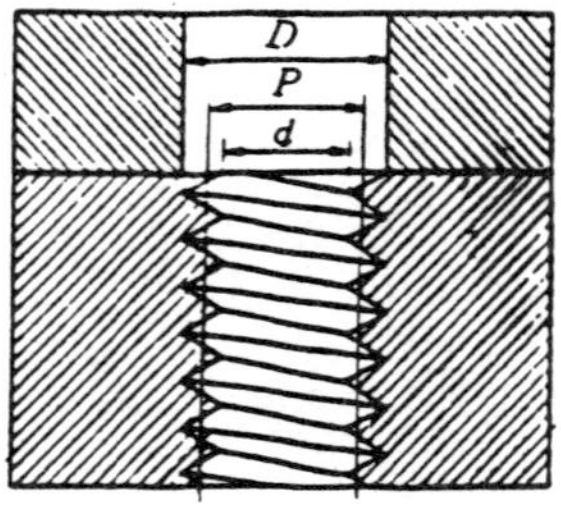

그림 6-25

$$T.D.D. = D - 2h$$

80% 산높이 나사에 대하여

$$T.D.D. = D - 2 \times \frac{4}{5}h = D - \frac{8}{5}h$$

75% 산높이 나사에 대하여

$$T.D.D. = D - 2 \times \frac{3}{4}h = D - \frac{3}{2}h$$

로 되며, 윗식을 이용하지 않을 때에는 다음과 같은 방법으로 탭 드릴 지름을 정하기도 한다.

미국 표준나사(inch system)에서

$$T.D.D. = D - \frac{1}{N}$$

미터계(meter system)에서

$$T.D.D. = D - p$$

단, N : 1 in 당의 산수, p : 피치(mm)

〔예제〕 5/8in-11인 탭에 대한 T.D.D.를 구하라.

풀 이 $T.D.D. = D - \frac{1}{N} = \frac{5}{8} - \frac{1}{11} = 0.625 - 0.091 = 0.534\text{in}$

〔예제〕 M12×1.75인 탭에 대한 T.D.D.를 구하라.

풀 이 $T.D.D. = D - p = 12 - 1.75 = 10.25\text{mm}$

(3) 탭과 볼트의 파손

탭은 다음과 같은 경우에 파손되기가 쉽다.

① 탭 구멍이 너무 작아서 과대한 절삭저항을 받을 때

② 탭이 한쪽으로 기울어져 밀착될 때

③ 절삭유제가 없어 탭이 구멍에 너무 밀착될 때

④ 칩이 충전되어 있는 상태에서 탭을 회전시킬 때

⑤ 탭이 구멍의 밑면에 닿는 상태에서 탭을 회전시킬 때

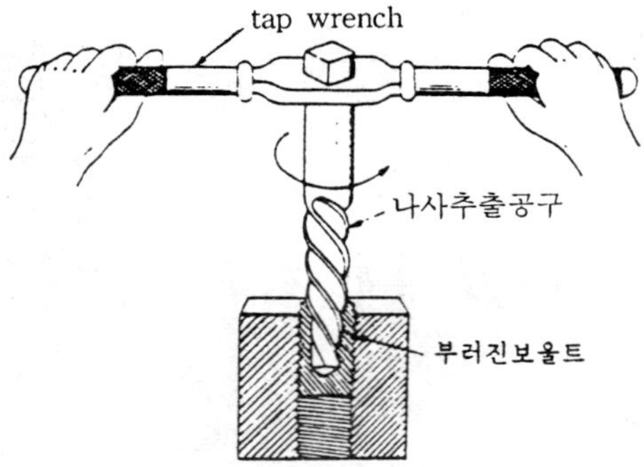

그림 6-26 파단된 볼트의 제거

표 6-5 탭(H.S.S.) 절삭속도

재 료	절삭속도(m/min)	재 료	절삭속도(m/min)
연강	20~25	황동	25~30
Ni-Cr강	10~15	청동	20~25
열처리한 Ni-Cr강	2~4	Al 합금	56~65
주철	10~20		

(4) 구멍 불량의 원인

구멍의 방향, 크기가 소정의 것과 다르거나 구멍이 진원이 아닌 경우에는 불량 구멍이라 할 수 있으며, 그 원인은 다음과 같다.

절삭날의 길이와 각도가 드릴의 중심선에 대하여 대칭이 아닐 때에는 구멍은 드릴 지름보다 크게 된다.

공작물 재질이 불균일하거나 기공(氣孔)등이 있으면 절삭저항이 작은 쪽으로 드릴이 굽어져 들어간다.

주축이 드릴링 머신의 테이블에 대하여 직각이 아닌 경우에는 경사된 구멍이 뚫린다.

주축의 베어링이 헐거워져 있거나, 드릴, 소켓 및 주축의 테이퍼가 정확하지 않은 경우에는 구멍의 지름은 크게 되며 진원이 되지 않는다.

(5) 드릴의 파손 원인

드릴은 작업 중 다음과 같은 원인으로 파손되는 일이 있다.

절삭날이 바르게 연삭되지 않아서 절삭날에 국부적으로 과대한 절삭력이 작용할 때, 작업 중 구부러진 드릴로 계속 가공할 때, 디닝(thinning)이 너무 깊어서 선단이 약해졌을 때, 구멍에 칩이 너무 많이 충전되어 있어서 토크가 과대할 대, 이송이 너무 커서 절삭저항이 과대할 때, 구멍에 비하여 드릴을 너무 길게 고정하여 휘어질 때

(6) 드릴 지그 구성의 3요소

위 치 결 정 : 절삭공구와 지그와의 상대위치, 지그와 공작물과의 관계위치를 정확하고 안전하게 유지

체 결 : 가공 정밀도와 가공시간에 영향을 크게 줌

공구의 안내 : 공작물의 정해진 위치에 지름의 구멍을 뚫을 때 드릴은 지그판에 유도되어 공작물에 구멍을 뚫는다.

(7) 정밀한 구멍작업(예)

그림 6-27과 같이 처음에는 작은 구멍을 뚫고, 점차적으로 구멍을 크게 가공하고, 최후에 리이머 또는 보오링 바이트로 가공한다.

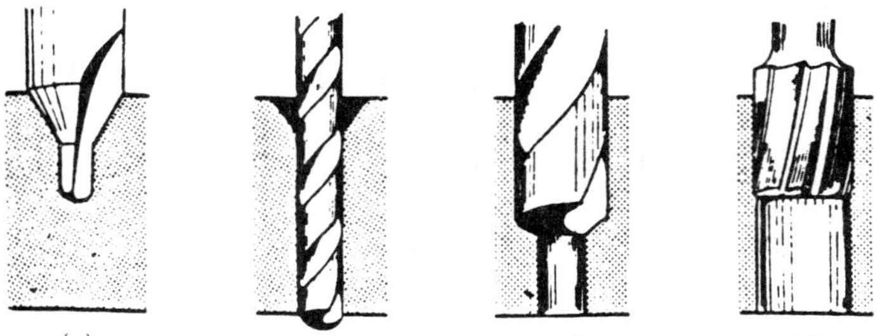

(a) (b) (c) (d)

그림 6-27 정밀한 구멍의 완성가공 순서

6-4-4 드릴링 작업의 소요시간 계산

그림 6-28에서 구멍의 깊이를 l로 하고 구멍이 뚫린 전길이를 L라 하면 전길이 L은 다음식에 의해서 구해진다.

$$L = l + D/3 \quad \text{또는} \quad L = (t+h) = \text{구멍깊이} + \frac{\frac{D}{2}}{\tan\frac{\alpha}{2}}$$

따라서 구멍 뚫기에 소요되는 시간은 다음 식에 의해서 구할 수 있다.

$$T = \frac{(t+h)}{Nf}\, i$$

T=정미가공시간(분), t=구멍깊이(드릴가공깊이) h=드릴 원추높이

f=이송량(mm/rev), I=가공회수

$N=$ 회전수($N=\dfrac{1000\,V}{\pi D}$ $V=$ 절삭속도, $D=$ 드릴지름)

다만 D/3은 드릴의 선단각이 120° 인 때이다.

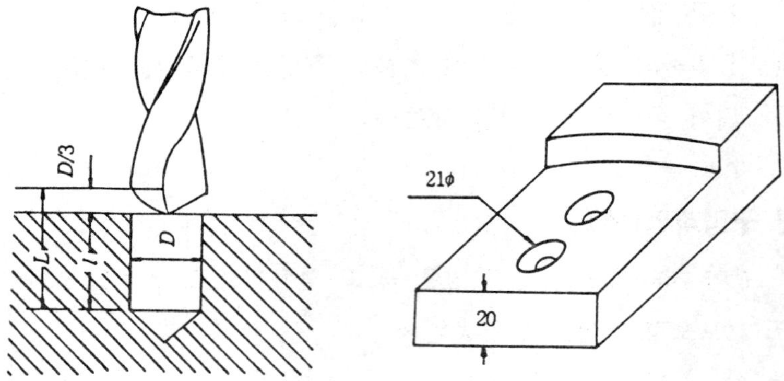

그림 6-28 드릴작업

〔예제〕 그림 6-28에 나타낸 것과 같이 블라인드 구멍 φ21mm를 구멍 뚫기 할 때의 회전수 및 절삭시간을 구하라. 단, V=20m/min, S=0.2로 한다.

풀 이 구멍 21φ2개분의 전길이 (L)은 L=l+D/3

$$L=l+D/3=\left(20+\frac{21}{3}\right)\times 2=54\text{(mm)}$$

절삭시간은 식 $T=\dfrac{\pi DL}{1000\times VS}$ 에서

$$T=3.14\times 21\times 5\frac{4}{1000\times 20\times 0.2}\fallingdotseq 0.9\text{(mm)}$$

회전수는 식 $n=\dfrac{1000\,V}{\pi D}$ 에서

$$n=\frac{1000\times 20}{3.14\times 21}\fallingdotseq 303\text{(r.p.m)}$$

〔예제〕 드릴지름 φ18, 드릴선단각 118°인 DRILLING M/C로 구멍길이 80mm 되게 가공 하려고 한다. 정미 가공시간은? (단, f=0.15mm/rev, V=15m/min, l=1회이다.)

풀 이 $N=\dfrac{1000\,V}{\pi D}=\dfrac{1000\times 15}{3.14\times 18}\fallingdotseq 265\text{rpm}$

$$L=(t+h)=(80+18/3)=86\text{ mm},\ or\ (80+\frac{18/2}{\tan 59^\circ})=85.4\text{mm}$$

$$\therefore T=\frac{(t+h)}{Nf}i=\frac{86}{265\times 0.15}\times 1=2.16(\text{분})$$

6-5 보링 머신(Boring Machine)의 종류와 특징

보링 작업이라 하는 것은 드릴로써 구멍 또는 단조(鍛造), 주조(鑄造)에서 내부 구멍이 먼저 만들어져 있는 것을 보링 머신을 사용하여 구멍 내부를 완성 가공하든가, 또는 내부 구멍을 확대하는 작업이다. 보링 머신의 절삭 형식은 선반의 내면가공과 유사하거나 방법에 차이가 있다.

최근 신형 기구를 갖춘 보링 머신은 보링작업, 리머작업(reaming), 탭작업뿐만 아니라 단면절삭(facing), 바깥지름 절삭(turning), 나사깎기(threading) 등의 선반작업에서 할 수 있는 일도 하고, 또한 밀링작업의 일부도 할 수 있다. 한편 초정밀 보링 머신(fine boring machine)과 지그 보오러(jig borer)와 같은 정밀 공작기계의 출현으로 항공기 공업, 자동차 공업에 획기적인 발전을 보게 되었다.

6-5-1 보링 머신의 종류

보링 머신은 구조와 작업 방법에 따라 분류하면 종류가 많으나 크게 나누면 다음과 같다.

① 수평 보링 머신(horizontal boring machine)

② 지그 보링 머신(jig boring machine 또는 jig borer)

③ 정밀 보링 머신(fine boring machine)

④ 수직 보링 머신(vertical boring machine)

⑤ 직립 터릿 선반(vertical turret lathe 또는 turret vertical boring machine).

⑥ 코어 보링 머신(core boring machine)

(1) 수평식 보링 머신

보통 보링 머신은 수평식 보링 머신(horizontal boring machine)을 의미하여 가장 대표적인 보링 머신이다. 구조에 따라

① 테이블형(table type)

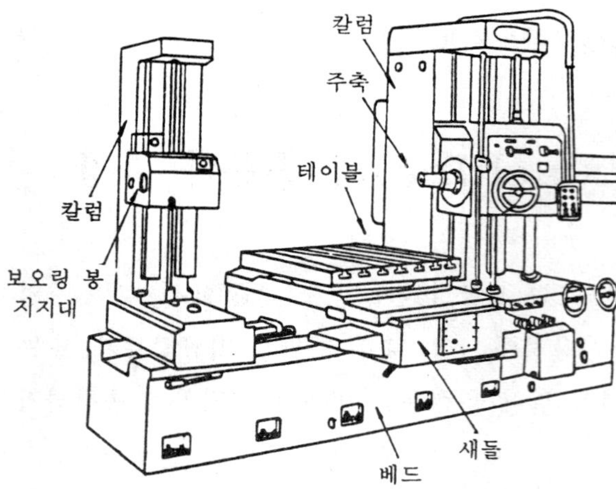

그림 6-29 테이블형 수평식(水平式) 보오링 머시인

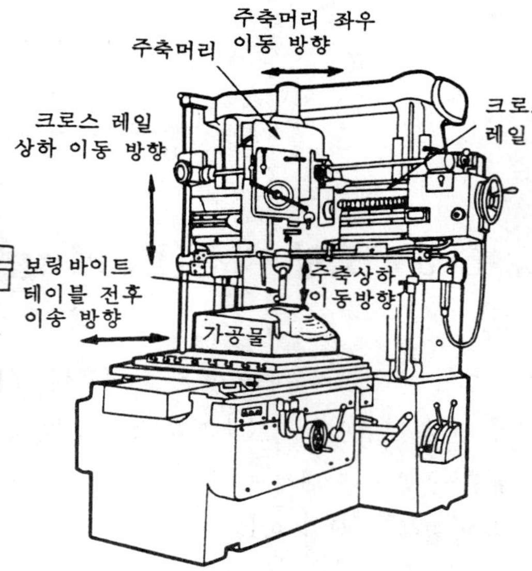

그림 6-30 쌍주형 보링 머신

② 플로어형(floor type)

③ 플레이너형(planer type)으로 그림 6-31과 같이 구별한다.

수평식 보링은 주축의 지름이 60~200mm 또는 2.5~8″의 것이 널리 사용된다. 테이블형은 150mm이하의 것이 많고, 베드형과 플레이너형은 110mm이상의 대형이 많다. 수평식 보링 머신으로 밀링 커터(milling cutter) 작업하는 것이 능률과 정림도 향상에 도움이 되고, 또한 한층 작업을 다양화 할 수 있어 더욱 증가되고 있다. 그러므로 수평식 보링 머신은 일명 수평 보링 밀링 머신(horizontal boring and millingmachine)이라고 하는 명칭이 보관화되고 있다.

수평 보링 머신은 다음과 같이 분류할 수 있다.

① table형

새들면상(saddle面上)에서 테이블이 스팬들과 형행 및 직각으로 이동한다. 보링 이외의 일반가공에 사용된다.

② planer형

테이블형과 비슷하나 새들이 없고 길이 방향의 이송은 bed상의 안내에 따라 칼럼이 이동하여 이루어진다. 중량이 큰 공작물에 사용된다. 그림 6-31(c)는 수평 플레이너형 보링 머신의 블록 다이어그램(block diagram)이다.

③ floor형

공작물을 T홈이 있는 플로어 플레이드(floor plate)에 고정하고 주축대는 칼럼을 따라 상하로 이동하며, 칼럼은 베드상을 따라 이동한다. 공작물이 커서 테이블형에서 가공하기 어려운 것을 가공할 때 사용되며, 그림 6-31(b)는 수평 플로어형 보링 머신의 블록 다이어그램이다.

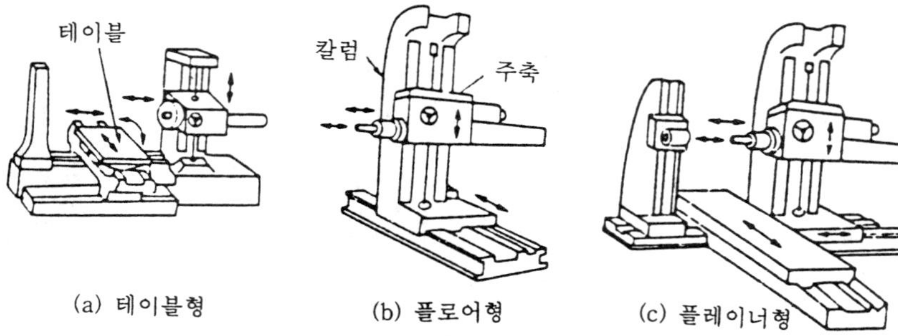

(a) 테이블형 (b) 플로어형 (c) 플레이너형

그림 6-31 수평식 보링 머신의 형식

④ 이동형(portable type)

공작물에 가까이 이동하여 작업하는 보링 머신이며, 큰 기계의 수리 등에 사용된다.

(2) 테이블형 보링 머신

테이블 보링 머신에는 보링 작동기구에 따라 다음 2종으로 분류한다.

① 고정 주축대식(固定主軸臺式)

보링 봉(boring bar)의 위치가 일정하므로, 가공물을 고정한 테이블이 상하 및 전후에 이동할 수 있게 되어 있으므로 대략 선반과 유사한 모양을 가지고 있다.

② 이동 주축대식(移動主軸臺式)

직주(直株)에 따라 주축대가 상하 방향에 이동하므로 테이블은 전후 및 좌우로 절삭에 필요한 운동을 한다. 현재 많이 사용되는 수평식 보링 머신의 대부분은 이동 주축대식이다.

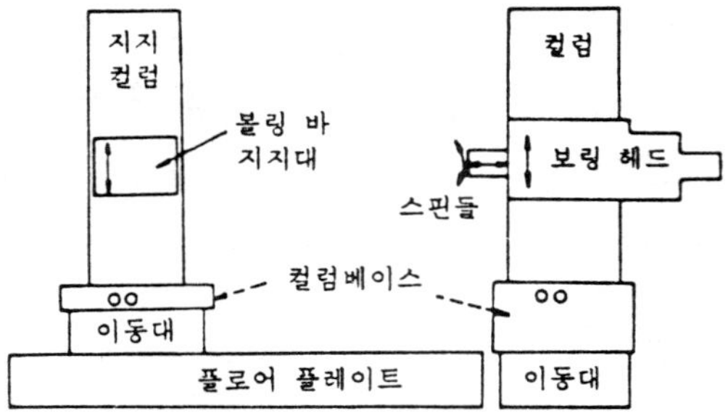

그림 6-32 플로어형 보링 머신 구조

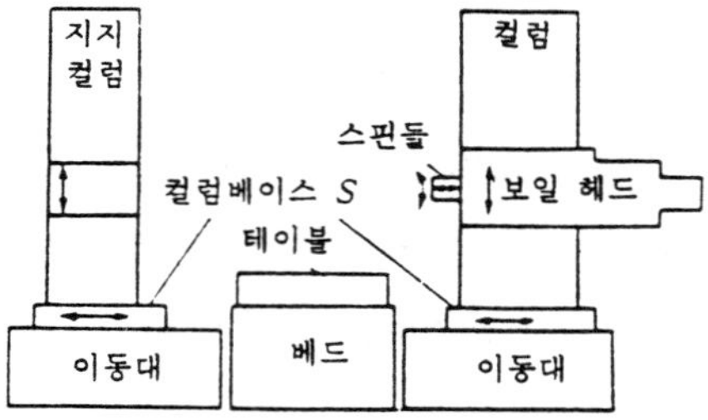

그림 6-33 플레이너형 보링 머신의 설명도

(3) 플로어형 보링 머신

플로어형(floor type)보링 머신은 특별대형 가공물을 가공할 때 가공할 때 대형 플로어 판상에 직접 가공물을 고정하고 주축대를 가진 직주가 베드상을 이동하면서 작업하는 구조를 갖고 있다(그림 6-32).

(4) 플레이너형 보링 머신

플레이너형(planer type)은 플레이너(平削機)와 같이 크고 긴 베드와 테이블을 갖고 있으며, 한쪽에는 직주(直主, column)가 있고, 테이블이 좌우로 이동하는 방향에 대하여 직각을도 이동할 수 있는 구조를 갖고 있다. 주축대는 직주 안내면에 따라 상하 운동을 한다. 플레이너형 보링 머신은 주로 대형가공물에 사용된다(그림 6-33).

(5) 수직식 보링 머신

수직식 보링 머신은 광의(廣義)로 해석할 때에는 후에 설명할 수직식 지그 보링 머신, 정밀 보링머신도 포함할 수 있고, 또한 수직 선반, 직립 드릴링 머신도 구조, 작업 성질상 포함하는 일도 잇다. 그러나 여기서는 주로 좁은 의미의 수직 보링 머신에 국한시켜 종류만을 열거하기로 한다.

수직식 보링 머신은 주로 자동차용 엔진(engine) 및 기타 엔진의 실린더를 보링하는데 사용한다. 이것은 수평식 보링 머신보다도 용도가 제한되어 있다.

(6) 정밀 보링 머신(fine boring machine)

① 정밀 보링 머신의 종류

이것은 다이어몬드 공구(diamond tool) 또는 초경합금 공구(WC-tool)를 사용하여 고속경절삭(高速經切削)과 미세한 피드로 정밀한 표면 가공을 하는 기계이다. 특히 가공 표면이 매끈하고 우수한 정밀도를 갖고 있어, 내연기관의 실린더, 피스턴 핀(piston pin)의 공부(孔部), 커넥팅 로드의 대소단부(大小端部), 베어링부의 안성 작업 등에 사용되며 특히 켈메트(kelmet), 화이트 메탈(White metal) alc 분말로 제작된 오일레스 베어링(oil-less bearing)의 가공에 널리 사용되고 있다. 정밀 보링 머신은 수평식과 수직식으로 대별됙, 각각 단축형(單軸型)과 다축형(多軸型)이 있다. 그림 6-34는 각종 형식의 정밀 보링 머신의 예를 표시한다.

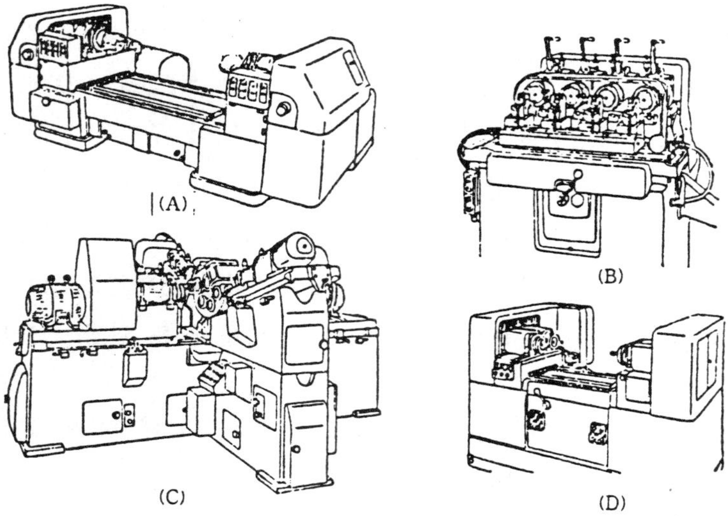

(A) 2주축 1방향형(2主軸 1方向型)
(B) 4주축 1방향형(4主軸 1方向型)
(C) 4주축 4방향형(4主軸 4方向型)
(D) 4주축 2방향형(4主軸 2方向型)

그림 6-34 각종 형식의 정밀 보링 머신

(7) 심공 보링 머신(deep hole boring machine)

심공 보링은 구멍이 지름의 10~20배 이상의 것을 뚫을 때에 사용되는 방법이다. 형식에는 수평식과 수직식이 있다. 보통 수평식이 사용되고, 드릴은 특수한 것이 사용되며, 작업 중에 자동적으로 축심(軸心)을 유지하면서 구멍을 뚫을 수 있는 것이 사용된다. 그리고 칩은 고압의 절삭유 또는 압축 공기로써 제거하면서 작업한다. 가공물 또는 드릴 중에 어느 한쪽을 회전시키면서 가공하든가 또는 양쪽을 모두 회전시키면서 작업한다.

그림 6-35는 심공 작업용 공구를 표시한다.

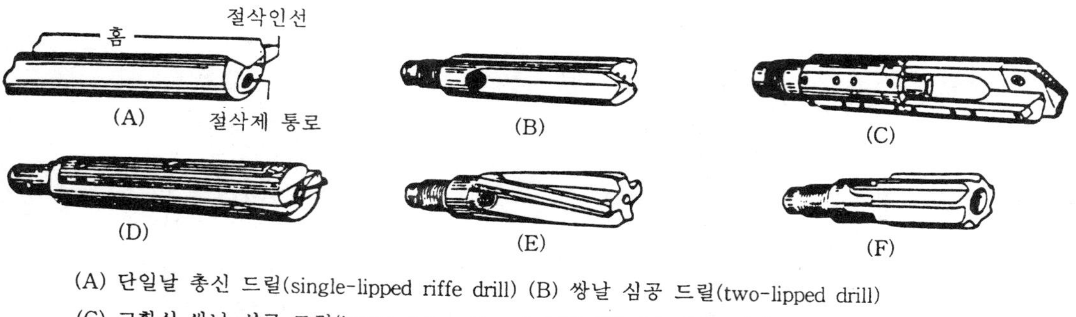

(A) 단일날 총신 드릴(single-lipped riffe drill) (B) 쌍날 심공 드릴(two-lipped drill)
(C) 교환식 쌍날 심공 드릴(inserted two lipped drill) (D) 4날 중공 리머(four-lipped hollow reamer)
(E) 누락 (F) 홈 많은 리머(multi-fluter reamer)

그림 6-35 심공 보링 공구

(8) 지그 보링 머신(jig boring machnie)

드릴링 머신 또는 보통 보링 머신으로 뚫은 구멍은 중심 위치의 정밀도가 충분하지 못하므로 정밀도가 큰 가공물, 특히 각종 지그 제작 및 정밀도 높은 기계의 구멍 가공 등에 사용하기 위한 전문 기계로서, 제품의 허용 오차가 지극히 적은 ±0.002~0.005mm 정도의 정밀도를 가진 보링 머신이다. 높은 정밀도를 유지하기 위하여 주로 항온실(恒溫室)에서 작업한다. 보통 항온실의 온도는 20℃±1°로 유지한다(습도 55%).

테이블과 주축대의 위치를 결정하기 위하여 정밀 측정 장치에는 ①나사와 마이크로 다이얼 측정방식, ②표준 봉 게이지와 다이얼 게이지, 또는 ③표준척과 현미경을 사용한 광학적 장치, ④전기적 계측 장치 등 중에서 선택한 것이 사용되어 높은 가공 정도를 갖게 되어 있다.

강학적 위치 조정 방법에는 오차 2μ(micron)이하의 정밀 표준눈금이 테이블에 고정되어 있고, 그 눈금선에 고압선이 비치면 반사경을 거쳐 유리 스크린(glass screen)에 비친다. 그러므로 기준위치와의 거리를 측정 표준선과 이것을 이동식 마이크로미터 드럼(micrometer drum)으로써 1μ까지 측정할 수 있다. 이것은 주로 항온실에서 사용하고, 피드에는 유압식 또는 나사식을 사용한다. 전기적 장치 중에는 표준척(尺)과 광학장치 광전관을 결합한 것, 표준척과 전자 장치를 결합한 것. 표준척과 마이크로 스위치(micro swith)를 결합한 것. 전기 저항식 게이지(electric wire strain gauge)를 사용한 것, 전기적인 장치로써 프로그래밍(programing)한 것 등이 사용되고 있다.

지그 보링 머신에는 단일 지주형(단일지주형, single column type)과 2개의 지주를 갖는 쌍지주형(雙支柱型)이 있고, 0.5~10μ의 정밀도에서 사용되고 있다.

그림 6-36은 광학식 지그 보링 머신의 기구로서 위치결정 작업은 ±0.005~0.002mm 이내의 높은 정밀도를 갖는다. 가공물 테이블상에 고정하고, 표준선에서부터 구멍의 위치에 따라 테이블 및 주축을 이동시켜 구멍을 뚫으면 정확한 구멍이 뚫린다.

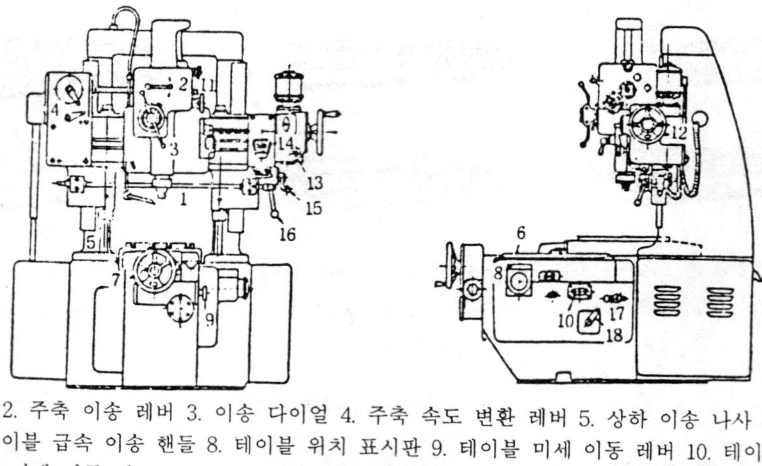

1. 주축 2. 주축 이송 레버 3. 이송 다이얼 4. 주축 속도 변환 레버 5. 상하 이송 나사 6. 테이블 이송 보조척 7. 테이블 급속 이송 핸들 8. 테이블 위치 표시판 9. 테이블 미세 이동 레버 10. 테이블 자동 이송 버튼 11. 주축 미세 이동 핸들 12. 주축 급속 이송 핸들 13. 주축 미세 이동 레버 14. 주축대 위치판 15. 상하 자동 이송 레버 16. 횡주 고정 레버 17. 테이블 고정 레버 18. 테이블 자동 이송 변환 레버

그림 6-76 광학식 지그 보링 머신

보링 머신에는 표 6-6과 같은 종류와 규격 표시 방법 등이 사용되고 있다.

표 6-6 보링 머신 종류와 규격

종류	형식 또는 용도	규격표시법
수평식 보링 머신 (horizontal boring machine) 또는 (horizontal boring and milling machine)	테이블(table type)	• 주축 지름 • 주축 이동 거리 • 주축대 상하 이동 거리 • 테이블의 이동 거리
	플로어형(floor type)	• 주축의 지름 • 주축 이동 거리 • 주축대 상하 이동 거리 • 컬럼의 이동 거리
	플레이너형(planner type)	• 주축 지름 • 주축 이동 거리 • 주축대 상하 이동 거리(좌우, 상하) • 테이블의 이동 거리
수직 보링 머신 (vertical boring machine)	① 단축형 ② 다축형 ③ 경사식 다축형 ④ 주축 상향형	• 보링할 수 있는 지름과 길이 • 테이블의 크기 • 주축의 지름 • 주축 끝과 테이블면 거리
지그 보링 머신 (Jig boring machine)	① 단일 지주형 ② 쌍 지주형	• 주축의 지름 • 테이블의 크기 • 주축의 상하 이동 거리 • 테이블의 크기
정밀 보링 머신 (fine boring machine)	수평식(단축형, 다축형) 수직식	• 주축의 개수 • 보링할 수 있는 지름과 길이 • 테이블의 크기
기타 ① 심공 보링 머신 (deep hole boring machine) ② 코어 보링 머신 (core boring machine)	특수 목적용 ① 수평식 ② 수직식	• 주축의 지름 • 주축의 이동 거리

6-5-2 보링 공구 및 부속장치

(1) 보링 바와 바이트 및 툴 헤드(Tool Head or Facing Head)

보링 바는 바이트를 고정하고 주축의 구멍에 끼워 회전시키는 봉(奉)으로서 그림 6-37과 같이 테이퍼 진 것과 평행부로 되어 있는 것이 있다.

그림 6-38은 마이크로미터가 달린 조절나사로 고정하는 방법으로서 중절삭시(重切

削時) 고속에도 진동이 없고, 바이트의 조정이 신속하고, 쉽게 되고, 마이크로미터 다이얼로 된 고정밀 나사를 사용하였다.

보링 바이트(tool, cutter)는 필요에 따라 수없이 많을 수 있으나 예를 들면 그림 6-39와 같다.

바이트(cutter)를 바(bar)에 고정하는 방법에는 그림 6-40 및 그림 6-41과 같은 것이 있다.

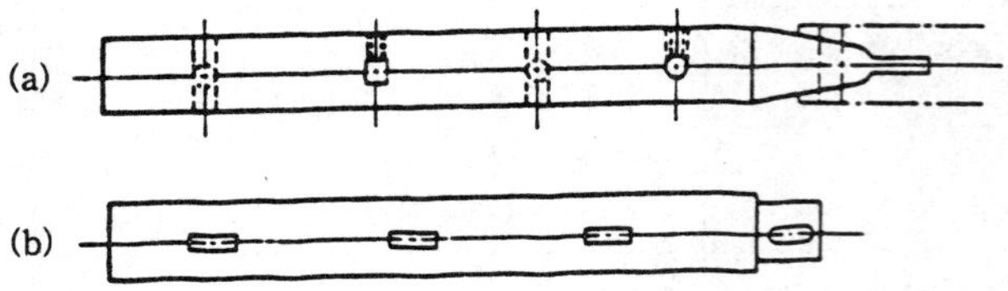

그림 6-37 보링 바아

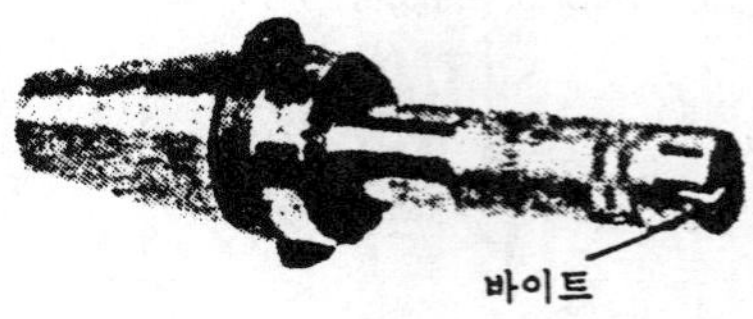

그림 6-38 마이크로 보링 바아

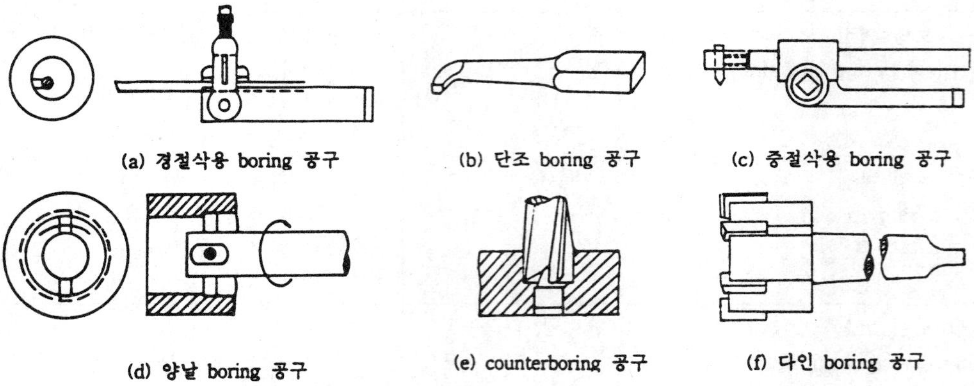

그림 6-39 보링 공구의 종류

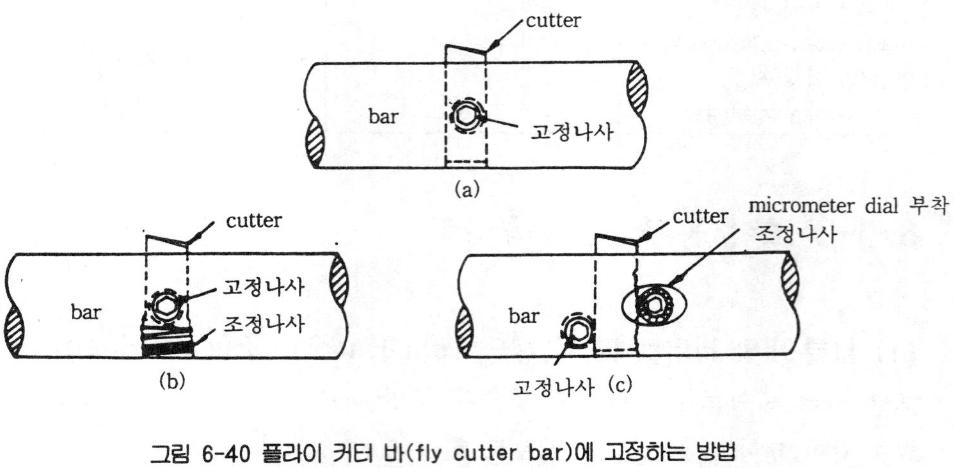

그림 6-40 플라이 커터 바(fly cutter bar)에 고정하는 방법

그림 6-42는 보링 머신으로 가공할 수 있는 여러 가지의 예를 표시한다.

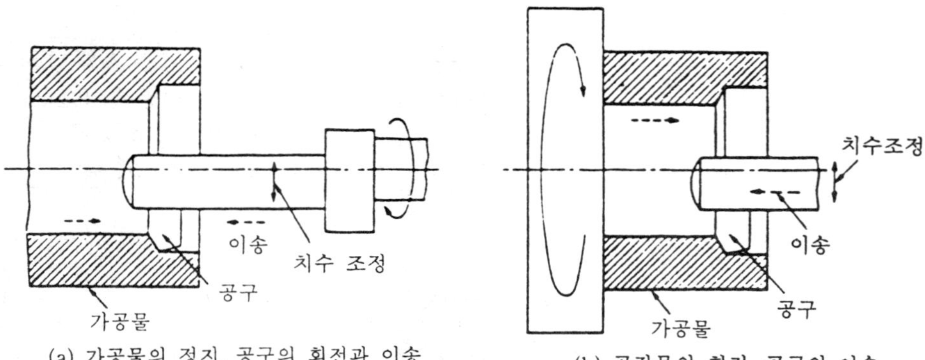

그림 6-41 보링공구와 공작물의 상대운동

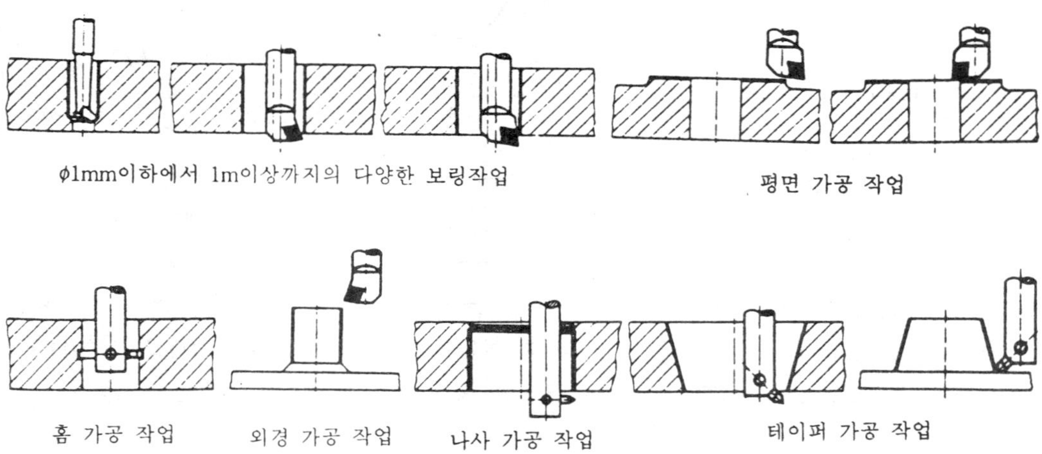

그림 6-42 보링 머신에 의한 작업의 예

※ 절삭깊이는 보링바아의 지름에 대해 $(\frac{L}{D}) \fallingdotseq 3 \sim 5$배이며, 보링지그에서 떨림량 $(C) = \frac{l}{\sqrt{d}}$ (l : 보링길이, d : 보링지름)

드릴링 절삭력 시험

절 삭 조 건

공구 : 트위스트 드릴, 재질 : HSS 재료 : SM 300
절삭 속도 : V=300m/min, 이송 : S=0.2mm
드릴 ϕ : d=16mm, 날끝각 ∢ : σ=118°
회전수 : n=597rpm, 여유각 ∢ : α_x=8°

1. 드릴 끝날의 크기에 따른 시험을 한다.

드릴 끝날의 크기에 따른 시험값

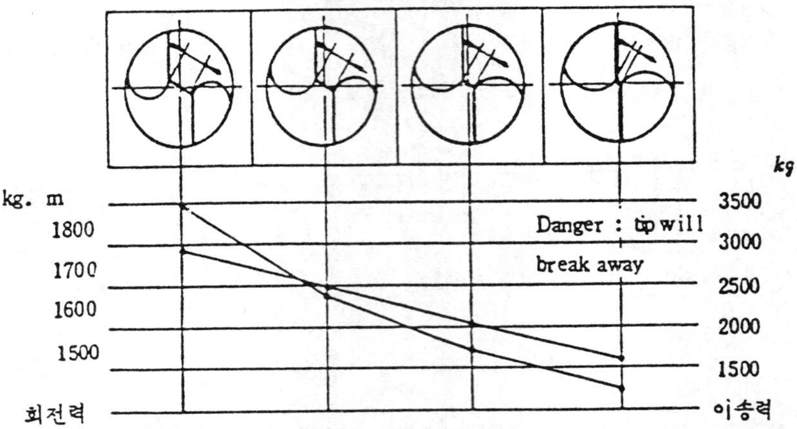

① 결과 : • 끝날의 폭이 작으면 절삭 압력과 회전력이 감소된다(드릴의 선단날의 증가)

• 끝날은 꼭 필요한 형상이며, 끝날의 폭은 날부의 직경에 1/10 정도가 좋다.

2. 이송량에 따른 시험을 한다.

이송량에 따른 시험값

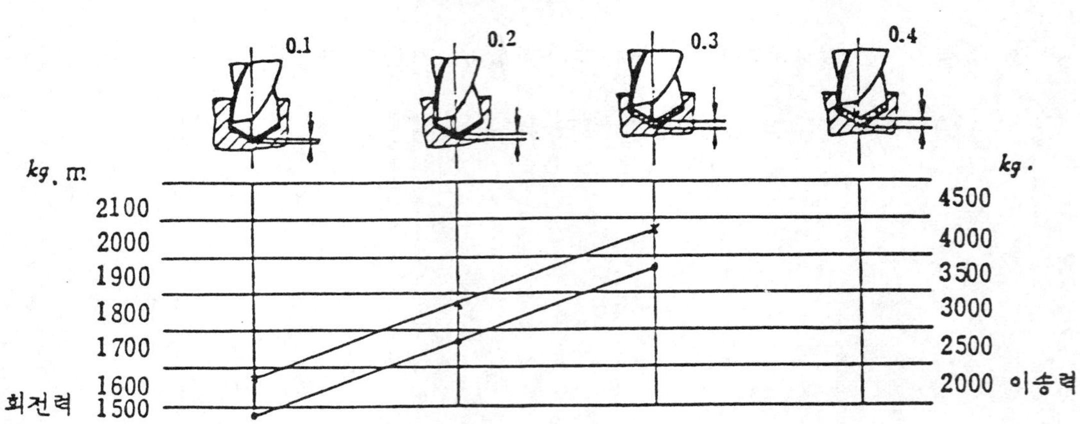

① 결과 : • 이송량이 크면 회전력과 이송력이 증가한다.

• 이송량이 크면 기계의 진동이 증가한다.

② 주의사항 : 드릴 직경에 따라서 재질의 표면 정삭에도 필수적인 이송량을 선택한다.

제7장 형삭기와 평삭기(shaper & planer)

7-1 형삭기(shaper)의 구조와 특징

7-1-1 형삭기의 구조와 기구

바이트의 왕복운동으로 평면 혹은 다소 복잡한 형상을 한 작은 절삭에 사용되는 공작기계로서, 절삭 상태로 보면 플레이너와 흡사하나, 운동체의 중량이 가볍고, 또한 마찰부분과 소비 동력이 적으며, 바이트의 이송을 용이하게 조절할 수 있으므로 간편하다. 그러나 왕복운동에 의하여 진동이 생기기 쉽고, 절삭 중 귀한행정은 손실이 크며, 또 램(ram)의 구조상 정도를 보유하기가 곤란한 결점이 있다. 셰이퍼는 200mm에서 90mm 정도의 행정(stroke) 범위에서 사용된다. 셰이퍼는 여러 가지 점으로 보아 각종 작업을 할 수 있는 간편한 기계이다. 셰이퍼는 원래 직선운동으로 평면을 가공하는 기계였다. 그러나 각종 작업에 적응성이 있어 널리 사용되고 있다.

그림 7-1은 셰이퍼의 구조를 나타내며, 그림 6-2는 셰이퍼의 절삭(예)를 나타낸다.

(1) 셰이퍼의 구조 및 명칭

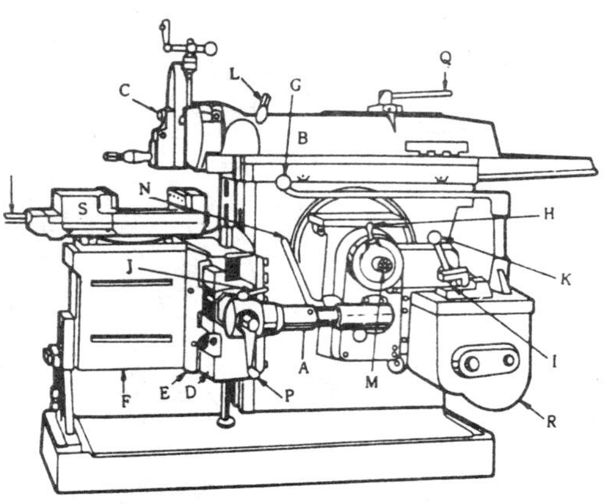

A : 직주(直柱 : pillar or column)
B : 램
C : 셰이퍼 공구대
D : 횡주(横柱 : cross rail)
E : 새들(saddle)
F : 테이블
G : 기동(起動) 레버
H : 이송용 레버
I : 변환 기어 레버
J : 이송 방향 조절 레버
K : 백기어 레버
L : 램(ram) 위치 지정축
M : 스트로크 조정 장치
Q : 램 고정용 레버
R : 기어상자
S : 바이스

그림 7-1 크랭크식 셰이퍼의 각부 명칭

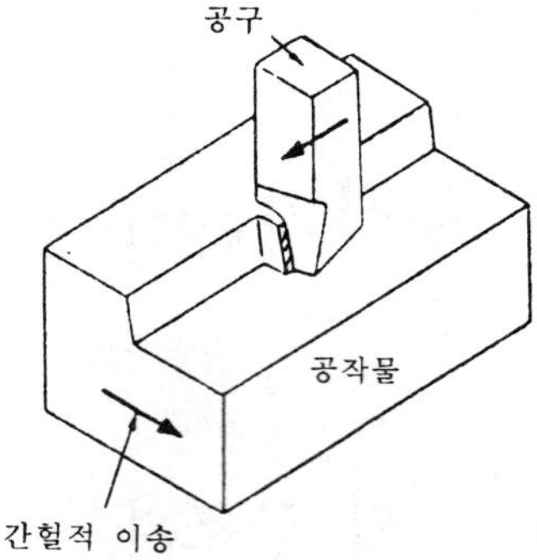

그림 7-2 셰이퍼 작업(예)

(2) 셰이퍼의 기구

① 램의 왕복운동기구

그림 7-3은 램을 왕복시키는데 크랭크식을 사용한 기구이다. 그림 7-4에서 큰 기어 D에 핀(pin)이 있고 이것과 활동자 F가 연결되어 있다. F는 큰 링크(link) G의 중앙에 있어 안내 작용하는 홈에 집어 넣었고, 링크 G와 연결되어 있는 H는 I부에서 직주(column)에 연결되었다. 전동기의 동력은 A-B-C-D에 순차로 전달되면, G가 F로 인하여 좌우로 진동하게 된다. G의 상부는 J로써 램 K에 연결되어 있으므로, 램에 직선적인 왕복운동이 전달된다.

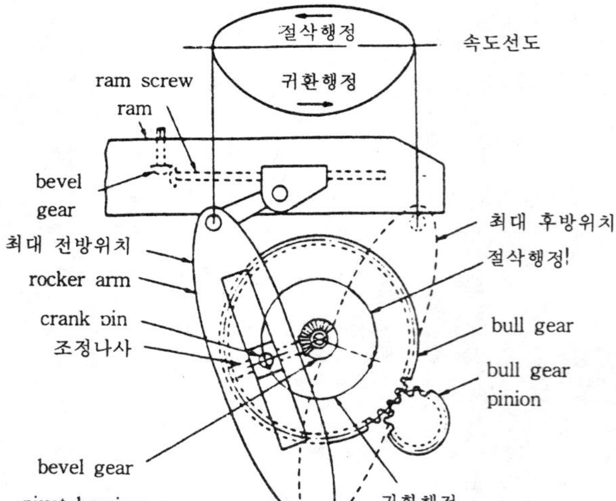

그림 7-3 crank에 의한 ram의 운동

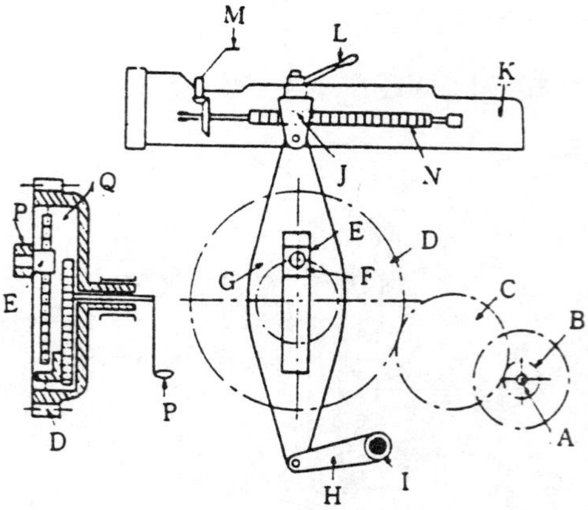

그림 7-4 램의 왕복 운동 기구

램의 행정은 핸들 P를 회전시켜 기어와 나사로서 E, F의 위치를 변화시킴으로써 조절된다. 또한 램의 스트로크는 M을 회전시켜 J의 위치를 바꾸면 결정된다. G를 로커 아암(rocker arm), 그리고 D를 스트로크 기어(stroke gear)라고 각각 부른다. 램의 속도는 크랭크(crank)와 레버(lever)연쇄로 되어 있는 링크기구의 특징에 따라 급속 귀환운동(quick retunk motion)이 생기고, 또한 절삭 및 귀환의 각 행정에서 속도가 일정하지 않으므로 절삭 속도는 평균값으로 표시한다.

절삭행정과 급속귀환 행정속도는 1 : 2 또는 1 : 3 정도이다. 크랭크 핀(crank pin) F의 반지름을 조정하여 램의 이동 거리를 변화시킬 수가 있다. 그리고 세이퍼 공구대에 있는 핸들을 회전시켜 바이트의 상하 이동을 조절할 수가 있다.

② 테이블의 피드기구

테이블의 자동피드장치(自動移送裝置)는 크랭크로부터 외단에 축을 연장하고 여기에 크랭크 원판(crank disk)을 설치하여, 링크 장치로써 새들 안으로 통하는 나사봉에 부속되어 있는 래칫 기어(rachet gear)를 회전시켜 테이블을 피드시킨다. 램의 왕복으로 테이블을 피드할 때에는 프레임(frame) 내에 있는 크랭크 원판 G에 편심륜상(偏心倫狀)으로 홈이 파져 있어, 이것에 봉의 1단이 연결되어 있고, 봉의 타단(他端)은 축 a에 연결되어 있다. a는 요동(搖動, oscillation)하는 구조를 갖고 있다.

그림 7-5에서 a에는 두 갈래로 된 c가 고정되어 있고, 이것에 적은 각 나사 d가 통하여 있으며, 그 도중에 너트 e가 있다. e에서 링크의 아암 f부가 뻗쳐 있고, 그 선단에 있는 래칫 기어(rachet gear)를 피드한다. 기어 g로써 피드축 H를 회전시키면 테이블이 피드된다. 수동으로 테이블을 피드할 때는 래칫을 분리시키면 후에 작동시킨다.

그림 7-6은 래칫 기어로서 이송하는 구조를 표시한다. 그림에서 수동으로 이송할 때, S부를 붙인 기어 핀의 위치를 이동시키고, 그림 7-5의 H축의 핸들을 회전하여 핸들 피드(handle feed)를 한다. 그리고 유압식으로 피드할 때에는 유압식 기구의 1부분으로 피드 조정 장치의 핸들을 조절한다.

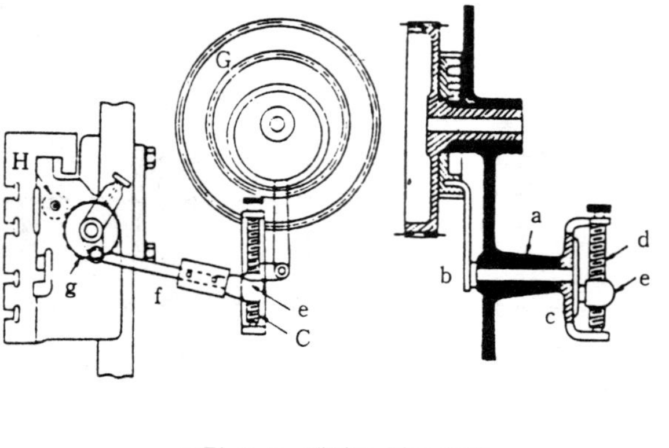

그림 7-5 테이블 피드 장치

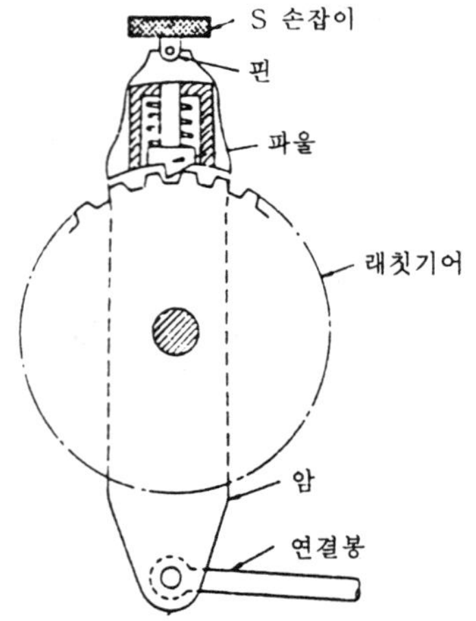

그림 7-6 테이블 피드의 래칫 장치

(3) 공구대

바이트를 고정하여 그림 7-7에서와 같이 수평절삭, 수직절삭 및 각도절삭을 할 수 있는 기구로 되어 있다. 바이트의 이송은 공구대의 핸들을 돌려 슬라이더를 이동시키고 바이트를 임의의 각도로 경사시킬 때에는 회전판(swivel plate)을 돌리면 된다. 귀환행정 때 바이트를 손상시키지 않기 위해서 힌지(hinge)를 중심으로 클리퍼(clapper)가 들리도록 되어 있다.

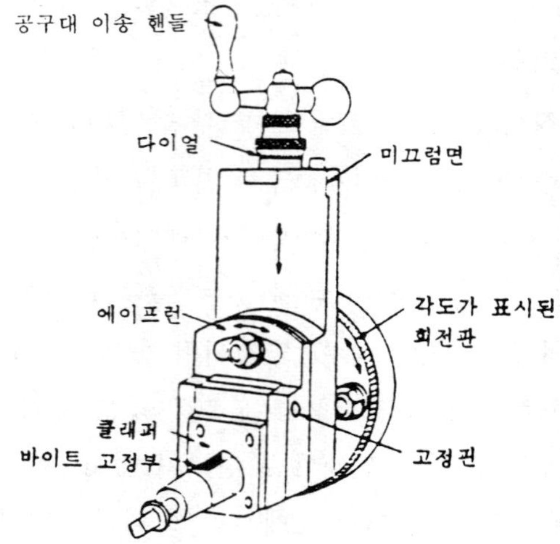

그림 7-7 셰이퍼 공구대

7-1-2 형삭기의 작업 종류 및 크기

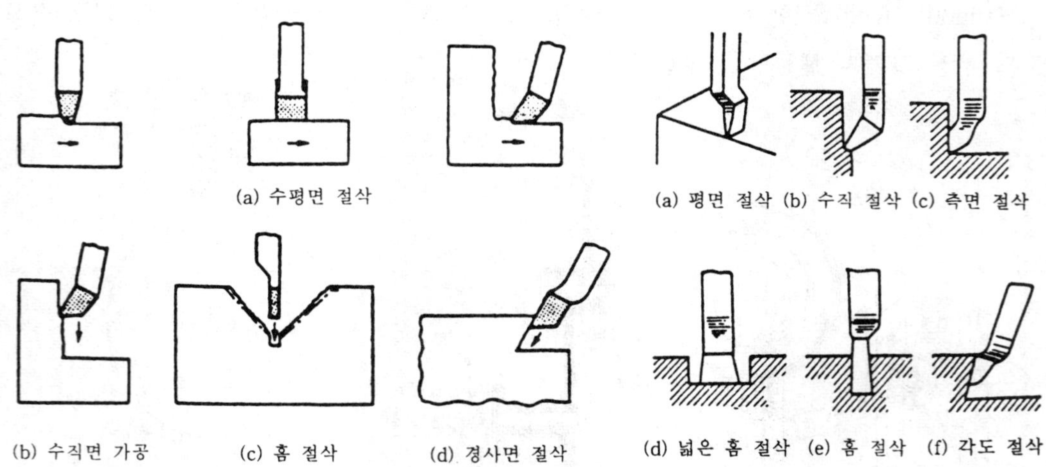

그림 7-8 셰이퍼 작업의 종류

표 7-1 셰이퍼의 크기

기계 호칭	14(in)	18(in)	21(in)	24(in)
램 최대행정 행정수/min	356 17~104	457 11~101	533 9~85	610 8~74
테이블상면의 넓이(mm×mm) 가로 방향의 이동 거리(mm) 수직 방향의 이동 거리(mm)	305~250 406 356	416×305 527 -	467×305 610 281	584~330 755 292
Vise jaw의 벌림(mm)	190	273	273	324
전동기 동력(마력)	2	4	4	5

7-2 형삭기의 절삭조건과 작업

7-2-1 절삭속도와 행정

셰이퍼의 절삭속도는 절삭행정의 바이트 속도로 나타낸다. 속도의 값은 공작물의 재질, 절삭깊이, 이송 및 기계의 강도 등에 따라서 적당하게 결정해야 한다.

복귀행정은 절삭속도 행정에 비하여 보통 1.5~2배 정도 빠르다. 표 7-2는 셰이퍼의 표준절삭속도와 이송을 나타내고 램이 왕복시간에 대한 절삭행정이 시간비는 다음과 같이 나타낸다.

표 7-2 셰이퍼의 표준절삭 속도와 이송

공작물의 재질	공구 재질			
	고속도강 바이트		초경합금바이트	
	절삭속도 m/min	이송 mm	절삭속도 m/min	이송 mm
연강	6~23	0.6~1.2	22~30	0.25~0.38
경강	4~12	0.6~1.0	45~60	0.1~0.25
주철(연)	6~12	0.6~1.2	가능한 최고속도	0.1~0.5
주철(경)	4~10	0.6~1.2	30~45	0.1~0.5
주강	8~16	0.6~1.2	45~52	0.1~0.25
황동	25~35	0.6~1.5	30~37	0.25~0.4

$$R = \frac{\text{절삭행정의요하는시간}}{\text{환행정에요하는시간}} = \frac{360° - \alpha}{2\alpha} = \frac{180° - \alpha}{\alpha} = \frac{3}{5} \sim \frac{2}{3}$$

$$t_c = \frac{L}{V_C} \qquad t_R = \frac{L}{V_R}$$

$$t = t_c + t_R = \frac{L}{V_c} + \frac{L}{V_R} \qquad V_m = \frac{2L}{t} = \frac{2V}{1+\frac{V_C}{V_R}}$$

$$R = \frac{V_R}{V_C} = \frac{3}{5} \sim \frac{2}{3}$$

여기서

L : 행정(stroke) (m)
t_c : 절삭행정에 요하는 시간(min)
t_R : 귀환행정에 요하는 시간(min)
t : 1왕복에 요하는 시간(min)
V_c : 절삭속도(m/min)
V_R : 귀환속도(m/min)
V_m : 왕복운동의 평균속도
R : 귀환속도비

또는

$$V = \frac{n \cdot L}{R} \qquad n = \frac{RV}{L}$$ 에서 구할 수 있다.

단 n : 1분간의 램의 왕복회수 V : 절삭속도

〔예제〕 행정 300mm 바이트의 왕복회수가 50회/min인 때 절삭속도를 구하라. 단 귀환속도비 $R = \frac{V_C}{V_R} = \frac{2}{3}$로 한다.

풀 이 $\frac{2L}{t} = \frac{2V_C}{1+\frac{V_C}{V_R}}$ 에서

L=300, mm=0.3m, t= $\frac{1}{50}$ min, R= $\frac{2}{3}$ 이므로

$$\frac{2\times0.3}{\frac{1}{50}} = \frac{2\times V_C}{1+\frac{2}{3}} = 2\times0.3\times50 = 2\times V_c\times\frac{3}{5}$$

$$\therefore V_c = 0.3\times50\times\frac{5}{3} = 25(\text{m/min})$$

〔예제〕 공작물길이 250mm, 절삭속도 125m/min, 절삭행정시간비 3/5일 때 1분간 램(바이트)의 왕복회수를 구하라.

풀 이 $N=\frac{1000Vk}{L}=1000\times125\times\frac{3/5}{250}\fallingdotseq300$회/분

(1) 절삭율과 동력

그림 6-34에서 절삭율 Z_w는

$$Z_w=f\cdot a_p\cdot V_m$$

이다. 단, V_m은 평균 절삭속도이다.

(2) 절삭저항

절삭깊이(물림깊이)를 a_p(min), 이송을 f(mm/stroke), 비절삭저항 k_s(kg/mm^2)라 하면 절삭저항 F_c(kg)는

$$F_c=a_p\cdot f\cdot k_s$$

가 되며, 평균절삭속도를 V_m(m/min)이라 할 때 유효절삭동력 N_E(PS)는

$$N_E=\frac{a_p\cdot f\cdot k_s\cdot V_m}{75\times60}\text{(PS)}$$

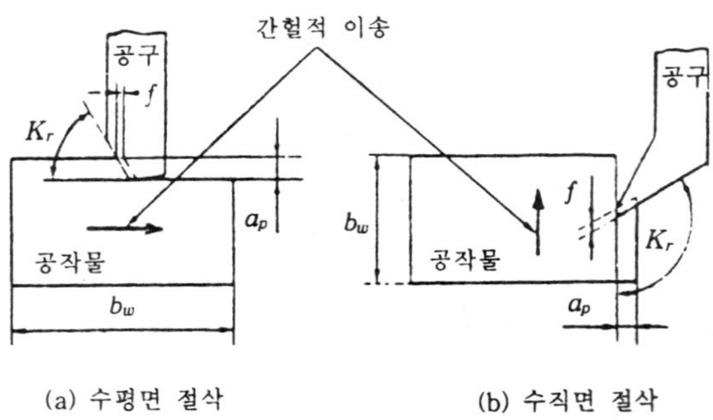

그림 7-9 셰이핑

7-2-2 형삭기의 작업

(1) 바이트 및 바이트 고정

셰이퍼용 공구를 형상에 따라 분류하면 그림 6-15와 같다. 셰이퍼용 바이트는 선반용의 것과 유사하나 선단 여유각이 4° 정도로서 선삭용의 것에 비하여 작고, 셰이퍼 가공에서는 선삭에서와 같은 방법으로 이송을 주지 않으므로 측면 여유각은 2~3° 정도이

며, 측면 경사각은 다듬질 바이트에서 10° 정도이고 그 외에는 두지 않는다.

바이트의 고정은 적당한 각도를 견고하게 하여야 한다. 세이퍼에서는 그림 7-10(a)에서와 같이 구스 넥(goose neck, 굽은자루 바이트, spring bite)을 갖는 바이트를 사용하여 절삭저항이 증가하여도 휘어져서 공작물에 파고 들어가고 일이 없도록 그림 7-11(b)와 같이 고정하여야 한다.

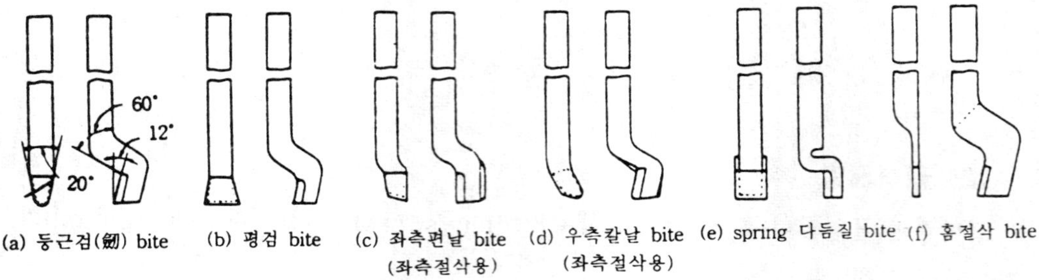

그림 7-10 세이퍼용 바이트

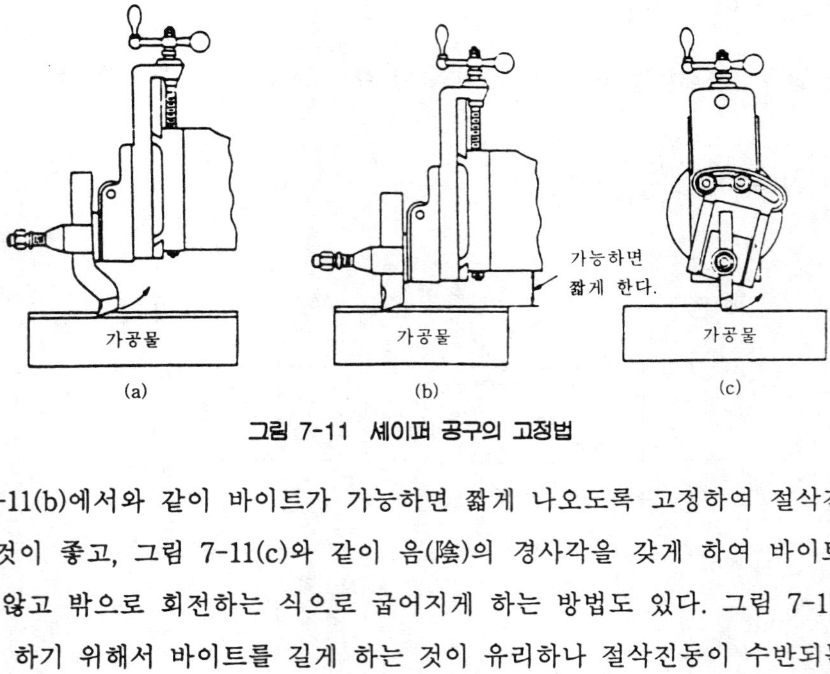

그림 7-11 세이퍼 공구의 고정법

그림 7-11(b)에서와 같이 바이트가 가능하면 짧게 나오도록 고정하여 절삭진동을 적게 하는 것이 좋고, 그림 7-11(c)와 같이 음(陰)의 경사각을 갖게 하여 바이트가 파고 들어가지 않고 밖으로 회전하는 식으로 굽어지게 하는 방법도 있다. 그림 7-11(c)의 효과를 크게 하기 위해서 바이트를 길게 하는 것이 유리하나 절삭진동이 수반되는 문제가 있다. 또한 바이트의 선단이 회전 모멘트 중심을 통하는 수직선상에 위치하여 바이트의 변형으로 예정깊이 이상으로 절삭이 이루어지지 않아야 한다.

(2) 공작물 고정에서의 유의사항

공작물을 고정할 때 다음 사항을 지켜야 한다.

① 바이스 및 테이블을 깨끗이 청소한다.

② 평행봉의 높이는 바이스의 높이보다 높게 하고 바이스폭보다는 20~30mm 정도 길게 한다.

③ 그림 7-12와 같이 공구대에 다이얼 게이지를 장치하고, 그림 7-13과 같이 종이를 끼워 넣어 가면서, A, B, C, D점의 위치가 같게 조정하면 공작물의 자리는 행정방향과 평행하게 된다.

④ 그림 7-14와 같이 바이스에 직각자를 고정하고 A와 B점이 다이얼 게이지상에서 같은 눈금을 가리키도록 테이블과 바이스 사이를 고인다.

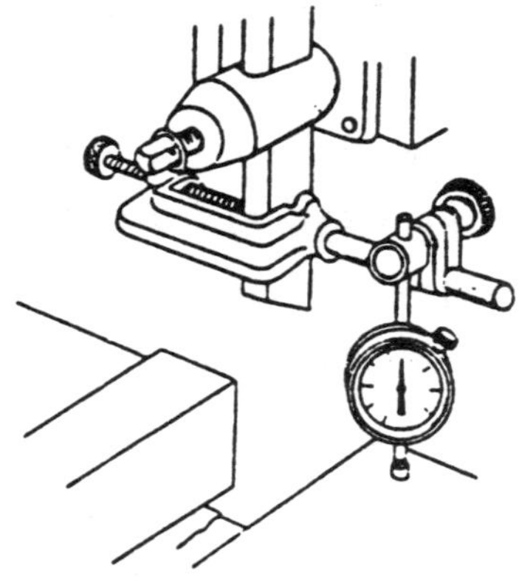

그림 7-12

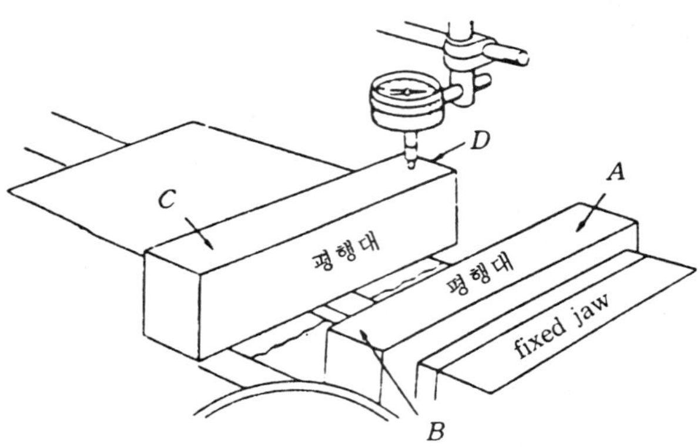

그림 7-13

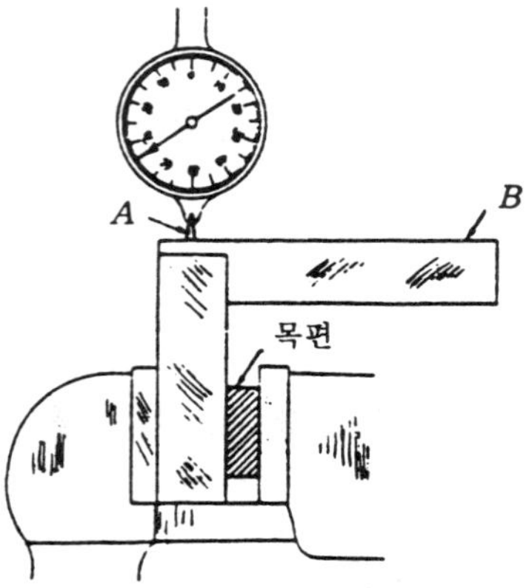

그림 7-14

(1) 수평절삭

수평면 절삭은 셰이퍼 작업 중에서 가장 기본이 되는 것으로서 절삭 깊이는 툴 헤드(tool head)에 있는 이송나사에 의하여 행하고, 수평이송은 테이블에서 수동 또는 자동으로 주어진다.

주철 등을 가공할 때에는 행정말단(行程末端)에서 공작물의 모서리가 떨어져 나가는 일이 있으므로 그림 7-15와 같이 45° 정도로 모따기를 하고 셰이핑을 하면 좋다.

다듬질가공에서는 경절삭을 하며 주철이나 강에 대해서 미세한 이송을 한다.

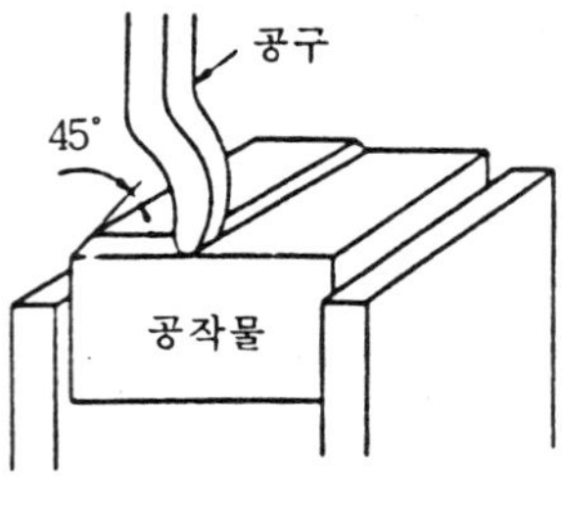

그림 7-15 모따기

(4) 수직절삭과 각도절삭

공작물의 측면 단, 홈, 키이홈(key way)의 다듬질면에는 수직절삭을 하고 더브테일 홈(dovetail groove)등의 다듬질에는 각도절삭을 한다. 다듬질가공에서는 그림 7-15와 같이 에이프런을 경사지게 하며, 귀환행정과 이송을 줄 때 에이프런과 바이트가 공작물에 닿지 않도록 한다.

더브테일(Dove Tail) 절삭에서 중요한 것은 각도와 치수를 정하는 것이다.

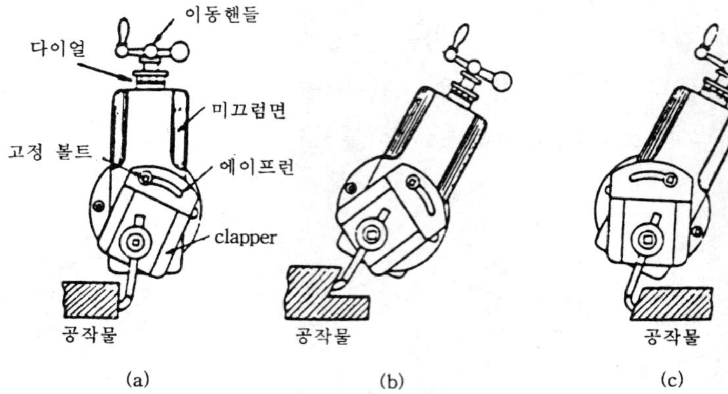

그림 7-16 공구대의 경사

(5) 4면(四面)의 직각절삭

공작물의 4면을 직각으로 절삭할 때 다음과 같다.

① 평행봉 위에 공작물을 고정하고 1면을 가공한다.

② 1면을 바이스의 죠오에 고정하고 2면을 가공한다. 이때 1면의 반대면이 이동 죠오에 밀착되지 않을 때에는 황동봉을 끼우고 고정한다.

③ ②와 같은 방법으로 3면을 가공한다.

④ 평행봉 위에 고정하고 4면을 가공한다.

(6) 곡면절삭(曲面切削)

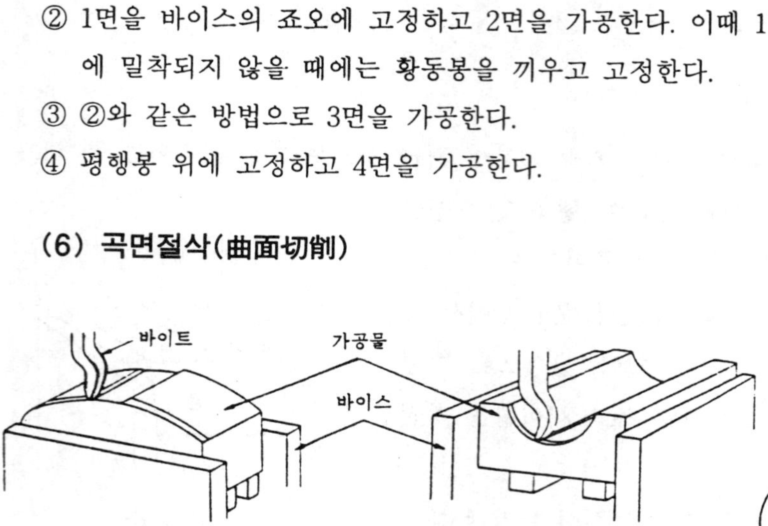

그림 7-17 곡면절삭

그림 7-18 축의 키 홈 가공

폭이 좁은 곡면절삭에는 총형 바이트를 사용하면 좋으나, 넓은 경우에는 금긋기를 하고 먼저 거친 절삭을 하여 테이블에 자동이송을 주면서 공구대의 이송핸들을 돌려 수직 이송을 준다. 그림 7-17은 곡면절삭의 예이다.

(7) 홈절삭

셰이퍼로 절삭하는 홈에는 폭이 넓은 홈과 폭이 좁은 홈이 있으며, 단면의 형상에 따라 여러가지가 있다.

① 넓은 폭의 홈절삭

금긋기를 하고 거친 절삭을 한 다음 다듬질 바이트로 측면, 바닥면, 구석을 가공한다.

② 키이 홈(key way)의 절삭

그림 7-18과 같이 키이 홈의 끝부분을 드릴 가공한 다음 키이홈용 바이트 선에 따라 홈절삭을 한다.

7-2-3 형삭기의 작업소요시간

그림 7-19에서와 같이 램 행정의 길이를 l로 할 때 l는 다음과 같이 구할 수 있다.

$$l = l_1 + (l_2 + l_3)$$

단,

l : 램행정의 길이

l_1 : 피삭재의 절삭 길이

$l_2 + l_3$: 피삭재의 길이에다 가하는 길리(표 7-3 참조)

또한 절삭폭을 W로 할 때의 셰이퍼 가공시간은 다음과 같이 구할 수 있다.

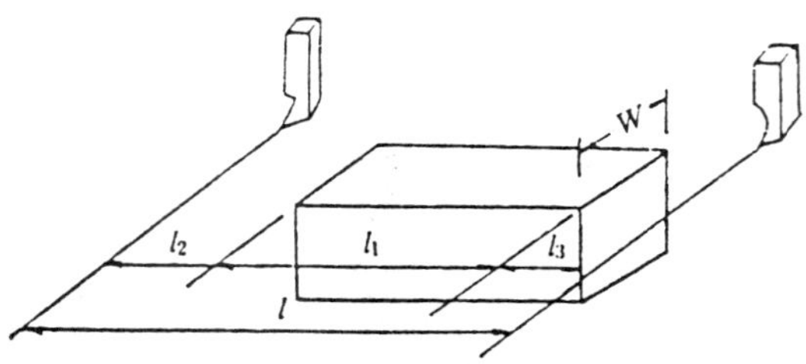

그림 7-19 램의 절삭행정길이

표 7-3 피삭재의 길이에 부가한 길이의 값(mm)

피삭제의 절삭길이(l_1)	부가길이(l_2+l_3)
200이하	15
200~300이하	20
300이하	30

T : 가공시간(mm) W : 피삭재의 폭(mm)

n : 1분간의 램 왕복회수(회/min)

f : 이송(mm/stroke)

〔예제〕 그림 7-20과 같이 주철(연)의 각재를 길이 200mm 폭 50mm로 거친 절 삭을 할 때의 가공시간을 구하라. 귀환속도비 R = $\frac{3}{5}$으로 한다.

풀 이 표 7-3에서 부가길이(12+13)=15(mm)이므로

$$l = l_1 + (l_2 + l_3) = 200 + 15 = 215(\text{mm})$$

$V = 12$ (m/ min), $f = 1.2$, $R = \frac{3}{5}$, $W = 50$mm로 하면

앞의 식에서

$$n = \frac{R \cdot V}{L} = \frac{\frac{3}{5} \times 12}{0.125} \fallingdotseq 33$$

$$\therefore\ T = \frac{W}{n \cdot f} = \frac{50}{33 \times 1.2} = 1.26(\text{mm})$$

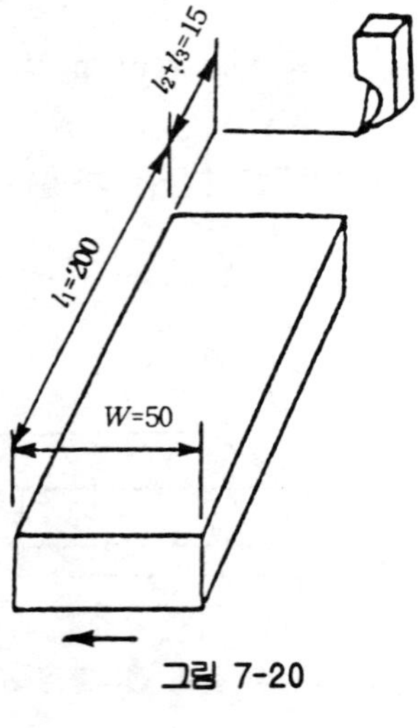

그림 7-20

7-3 평삭기(planer)의 구조와 특징

셰이퍼, 슬로터 및 플레이너가 평면을 가공한다는 데에는 공통점을 갖고 있으나 셰이퍼와 슬로터에서는 소형공작물을 가공하며 가공물에 이송을 주고, 플레이너에서는 대형공작물을 가공하고 공구에 이송은 귀환행정때에 주며, 플레이너는 각종 기준면 및 안내면이 될 평면 가공에 주로 사용된다.

그림 7-21는 플레이너에서의 절삭을 보여준다.

그림 7-22은 플레이너의 행정과 절삭속도와의 관계를 나타낸 것이다.

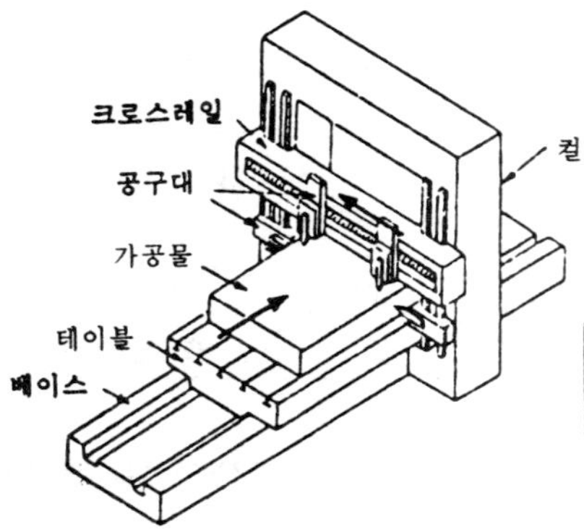

그림 7-21 플레이너에서의 절삭

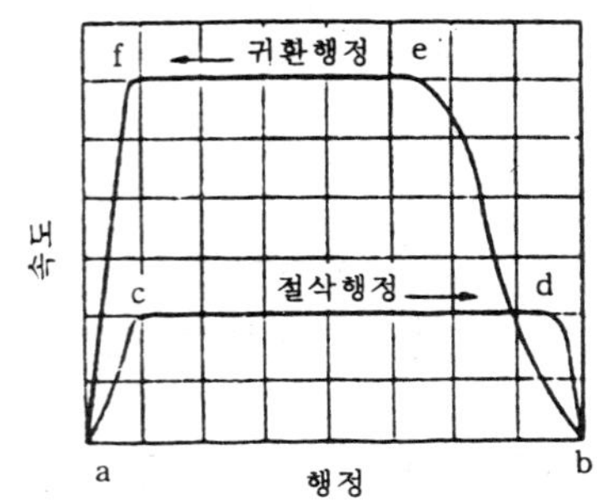

그림 7-22 플레이너의 행정과 절삭속도와의 관계

7-3-1 플레이너의 종류 및 특징

플레이너는 1793년에 Bentham에 의하여 고안되고, 1817년에 Richard가 발명하였다고 한다. 이것의 발명으로 평면절삭이 가능하게 되었다. 1835년에는 Joseph Whitworth가 플레이너를 만들어 특허를 얻었다. 1862년에는 Seller에 의하여 유명한 Seller type 베벨기어(bevel gear) 전동식 플레이너가 출현하였다.

그림 7-23은 쌍주식 플레이너를 표시하며 그리고 표 6-8에는 규격을 표시한다. 플레이너의 규격은 수평 또는 상하 이동 거리, 테이블 표면과 공구대의 최대 거리로 표시한다. 간단히 표시할 때에는 폭(W)×높이(H)×길이(L)로 표시한다.

(1) 쌍주식 플레이너(double housing planer)

일반용 플레이너는 2개의 직주(直柱)가 있고, 그 사이에 횡주(橫柱, cross rail)가 상

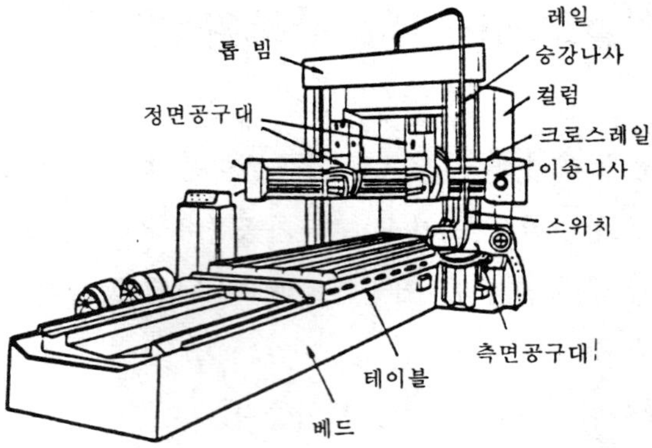

그림 7-23 쌍주식 플레이너

표 7-4 플레이너 규격 명세예

항 목	단 위	치 수	항 목	단 위	치 수
폭	mm	1500	최대절삭력	(kg)	6300
높이	mm	1200	설치면적	mm^2	4500×1300
길이	mm	5400	유압펌프	-	P 50형
절삭속도 범위	m/min	5~50	전동기	(kW)	37
귀환속도 범위	m/min	5~60	전체중량	(kg)	37500

하로 이동하게 되어 있다. 그러나 특수형은 폭이 넓고 대형 가공물을 절삭할 때 편리하도록 1개의 직주로 되어 있어, 이것을 단주식 플레이너라고 한다.

평삭기의 테이블 위에 가공물을 고정하고, 왕복운동을 시키고, 공구는 가공물의 운동과는 직각의 피드운동을 주면서 평면을 절삭한다. 따라서 그 구조는 베드, 왕복할 수 있는 테이블, 공구대가 고정되어 있는 횡주(横柱)를 지지하는 직주(housing or up-right column)등으로 되어 있다.

① 플레이너의 베드(bed)

베드 상자형 또는 대형(臺型)으로 주조하여 만든다. 소형에는 각이 있으나, 중형, 대형은 전부 기초 위에 베드를 고정시킨다.

베드의 길이는 테이블의 2배 정도이며 상면에는 두줄의 평행된 V형 또는 각형 홈이 있어 그 상부에 테이블을 놓게 되어 있다. 베드면은 정확히 만들고 마모를 방짚기 위하여 자동 급유 장치를 사용한다.

② 테이블(table)

베드의 V형 홈이 있는 안내면을 따라 왕복운동을 한다. 가공물을 테이블 위에 고정하여 철삭하게 되므로 가공물 고정에 편리하도록 되어 있다. 일반적으로 테이블의 길이는 베드 길이의 1/2이며, 베드 위에 놓여 있다.

(2) 단주식 플레이너(open side planer)

그림 7-24에 표시된 플레이너는 테이블 측부의 단일 직주(單一直柱, single column)로서 크로스레일(橫柱) 및 공구대를 지지하면서 작업하므로 가공물의 폭에 제한을 받지 않고, 폭이 넓은 것도 가공할 수가 있다. 또한 가공물의 고정 및 해체 등이 용이하다. 단주식 플레이너는 대형 및 강력절삭(强力切削, heavy duty cutting)용으로 사용된다.

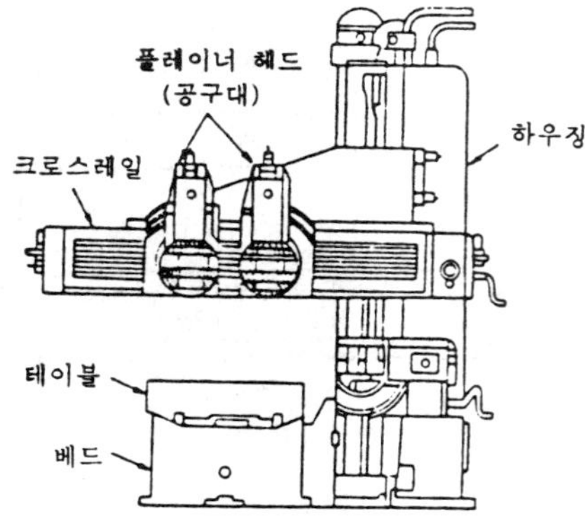

그림 7-24 단주식 플레이너

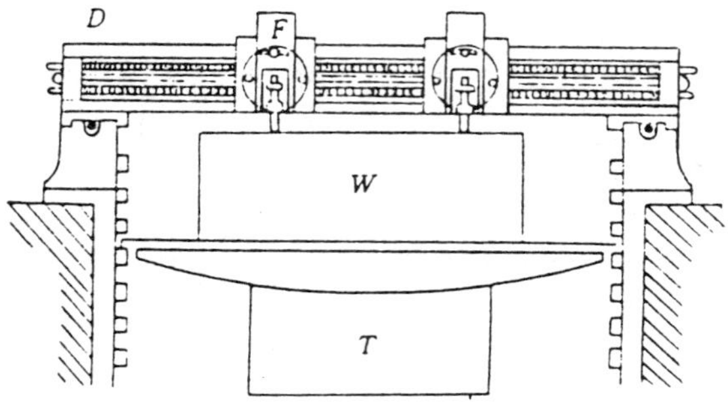

D. 크로스 레일, *F*. 공구대, *W*. 가공물, *T*. 테이블

그림 7-25 피트 플레이너

(3) 피트 플레이너(pit planer)

그림 7-25에 표시된 것과 같이 가공물은 베이스(base)에 고정된 횡주와 양쪽 직주는 이송 나사로써 움직인다. 피트 플레이너는 증기 터빈의 프레임을 절삭할 때 사용하므로 터빈 플레이너(turbin planer)라고도 한다. 피트의 양쪽에 걸친 베드의 측익(側翼)이 있다. 베드에는 가공물을 고정하고 너트와 나사축(nut and screw rod)기구에 의하여 지지부를 왕복운동시켜 평면에서 가공한다. 이 플레이너의 형상은 양쪽 직주 사이가 깊은 피트와 같으므로 피트 플레이너라고 부르며, 보통 가공할 수 있는 크기는 폭 4000mm, 길이 6000mm, 깊이 2000mm에 달한다.

7-3-2 테이블의 구동기구

테이블의 구동기구는 플레이너의 성능을 좌우하는 것으로서 테이블과 가공물의 중량은 크지만 왕복운동은 원활, 신속 그리고 정밀히 작용해야 한다. 테이블의 속도 변화는 그림 7-26에 표시한 a에서 가속되어 일정한 속도로 절삭행정(cutting stroke)을 거쳐, 감속행정후에 역전하여, 귀환행정(return stroke)을 거쳐 a점에 돌아간다. 귀환행정에서는 절삭행정의 속도보다 몇 배 빠른 속도(2~3배)로 귀환하여, 귀환행정의 가속은 비교적 크다.

현재 널리 사용되는 구동 방법은 다음과 같다.

① 유도 전동기에서 역전용 전자클러치, 감속기어-랙-피니언 방식

② 워드 레오널드(ward Leonard) 구동장치에 의한 피니언-랙-방식

③ 유압 구동방식

④ 벨트구동에 의한 피니언-랙 방식(재래방식)

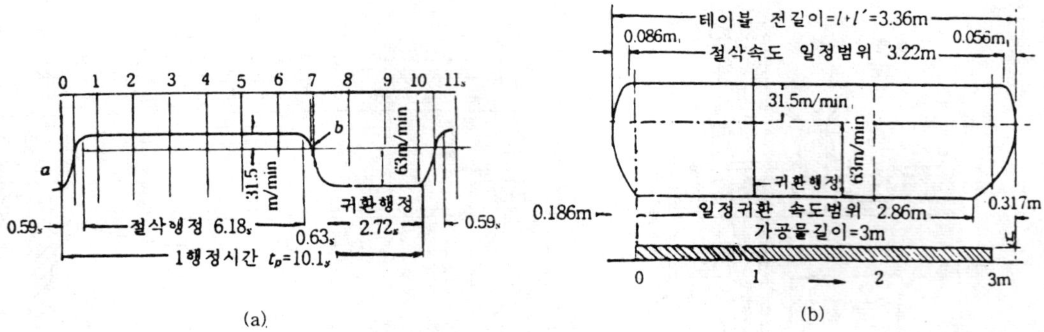

그림 7-26 플레이너 속도 선도(Suhwerd)

7-3-3 공작물의 고정구와 바이트

(1) 잭(jack)

그림 7-27과 같이 공작물의 수평을 맞추거나 절삭압력을 지지하기 위하여 사용되는 공구이다(e)와 (f)는 잭을 높이거나 그러한 형상의 받침을 요할 때 사용된다.

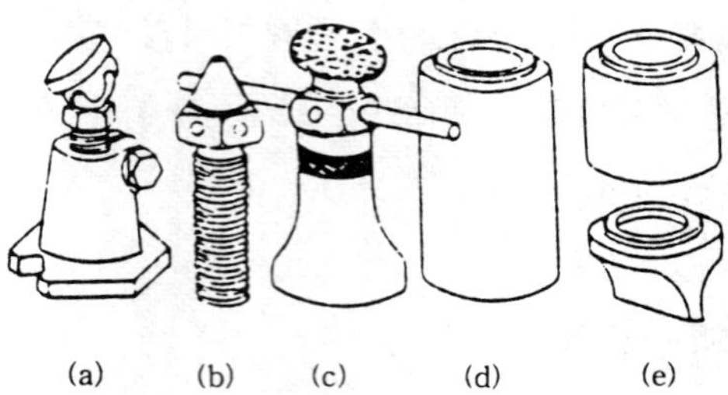

그림 7-27 플레이너 잭

(2) 정지구(stop)

정지구는 공작물이 테이블 위에서 미끄러지지 못하도록 하는 공구로서 그림 7-28과 같고, 그림 7-29는 공작물의 고정예이다.

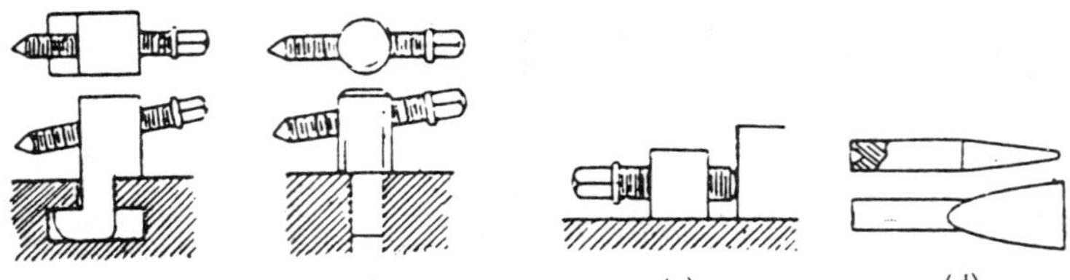

그림 7-28 정지구

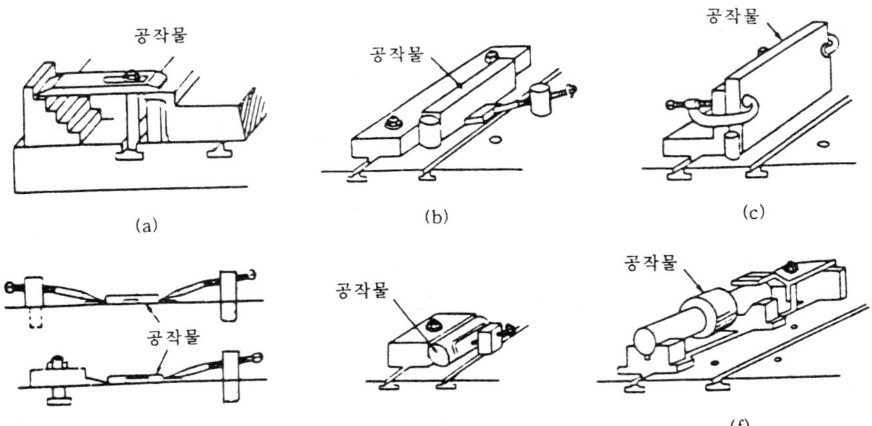

그림 7-29 공작물의 고정예

(3) 플레이너용 바이트

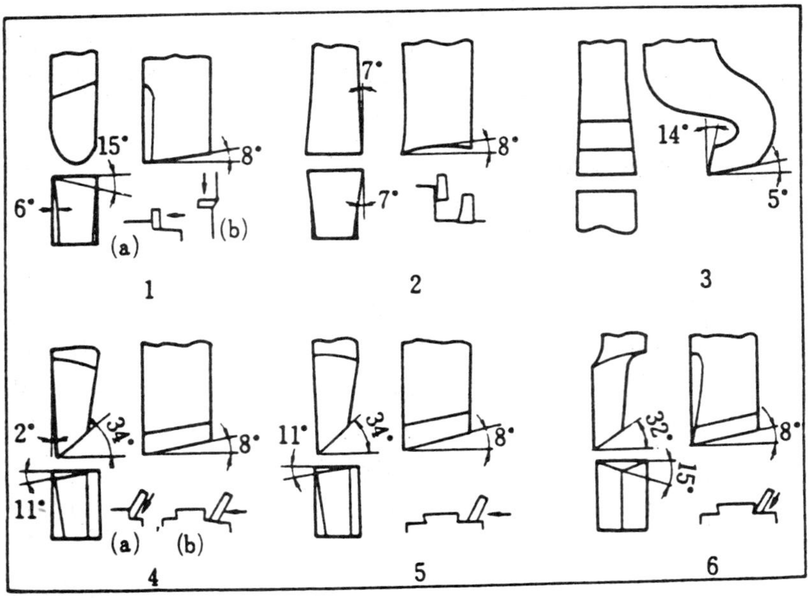

1. 거칠게 깎기 둥근 끝 바이트
2. 4각끝 홈파기 바이트
3. 거위목 바이트
4. 주먹맞춤 바이트
5. 주먹맞춤 수평다듬질 바이트
6. 주먹맞춤 옆面다듬질 바이트

그림 7-30 플레이너 바이트

7-4 평삭기의 절삭조건 및 작업

(1) 절삭속도, 이송 및 절삭깊이

플레이너에서의 절삭속도는 테이블의 속도와 동일하며, 플레이너 테이블의 행정에 대한 속도 관계는 그림 6-46에서 나타났다. 표 6-9는 플레이너 작업에서 절삭속도, 이송 및 절삭깊이의 예이다.

절삭속도가 너무 크면 절삭초기 바이트 충격을 주고 귀환행정으로의 방향 전환에 소비되는 에너지가 커지므로 벨트구동식에서 기계 효율이 20~30% 정도의 저율이다.

표 7-5 절삭속도(m/min)

절삭조건 \ 가공재질	고속도강공구				주조합금공구				초경질합금공구			
	절삭깊이(deep of cut)(mm)											
	3.2	6.4	12.8	25.4	3.2	6.4	12.8	25.4	3.2	6.4	12.8	25.4
	이송(feed)(mm/행정)											
	0.8	1.6	2.4	3.2	0.8	1.6	2.4	3.2	0.8	1.6	2.4	3.2
주철(軟)	29	23	18	15	48	41	33	29	90	73	59	50
주철(中)	21	17	14	11	38	32	27	23	73	59	48	40
주철(硬)	14	11	7.5	-	29	24	20	-	50	40	32	-
쾌석강	27	21	17	12	42	32	26	20	106	82	64	47
강(보통절삭성)	21	17	12	9	32	24	18	14	90	68	53	40
강(저절삭성)	12	9	7.5	-	30	15	12	-	65	48	38	-
청동	45	45	38	-	최대	최대	최대	최대	최대	최대	최대	최대
알루미늄	60	60	45	-	최대	최대	최대	최대	최대	최대	최대	최대

(2) 플레이너 작업 종류

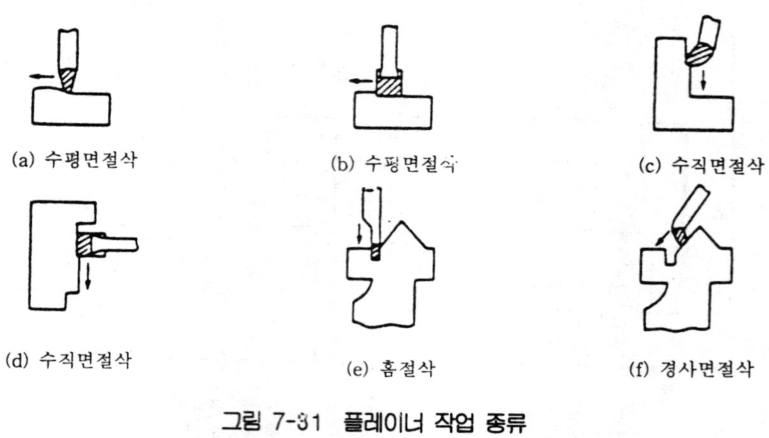

그림 7-31 플레이너 작업 종류

(3) 평삭기의 가공시간 및 절삭동력

절삭행정속도(cutting stroke speed)를 V_c, 귀환행정속도(retuming stroke speed)를 V_r, 테이블의 행정을 s, 행정말단에서 관성에 의하여 가속도가 0이 아닌 시간 c≒1.2~2sec라 하면 테이블 1왕복에 요하는 시간 T는

$$T=\frac{s}{V_c}+\frac{s}{V_r}+c$$

이다.

c=0라 할 때 평균 왕복속도 V_m은 대략 다음과 같다.

$$V_m=\frac{2s}{s/V_c+s/V_r}=\frac{2V_c}{1+\frac{V_c}{V_r}}$$

그런데 $\frac{Vc}{Vr}\fallingdotseq\frac{1}{3}\sim\frac{1}{4}$ 의 값이다. V_m이 구해지면 폭 b_w, 길이 l_m인 가공물 전체를 가공하는데 걸리는 시간을 다음과 같다.

$$T=\frac{2\cdot b_w\cdot l_w}{\eta\cdot f\cdot V_m}$$

단, f는 이송, η는 유효이송비로서 $\eta\cdot$f가 실제적인 이송이 된다.

① 절삭률

셰이퍼에서의 절삭률식 $Z_w=f\cdot a_p\cdot V_m$을 이용할 수 있다.

② 절삭저항 및 동력

절삭저항은 셰이퍼에서의 식(6-5)을 이용할 수 있으며, 플레이너 공작기계의 절삭행정 및 귀환행정에서의 동력은 다음과 같이 표시된다.

W : 테이블의 중량(kg), w : 공작물의 중량(kg), p : 바이트 1개의 주분력(kg) (배분력을 0으로 가정), μ : 베드와 테이블간의 마찰계수, V_c : 절삭속도(m/min), V_r : 귀환속도(m/min)라 하면

절삭행정의 동력 $$N_c\,(\mathrm{HP})=\frac{[\ (W+w)\mu+n\cdot p]\ \cdot V_c}{75\times60}$$

귀환행정의 동력 $$N_c\,(\mathrm{HP})=\frac{(W+\omega)\cdot\mu\cdot V_r}{75\times60}$$

이며, n은 동시에 가공하는 바이트의 수이다.

7-5 슬로터(slotter)의 구조와 작업

슬로터는 벨트 풀리의 키웨이(key way)를 절삭하기 위한 기계로서 발달된 것이라고 한다. 상당히 오랜 역사를 가지고 있고, 사용 방법에 따라서는 아주 편리하다. 구조는 셰이퍼(垂直式 形削機, vertical shaper)라고도 부른다.

이 기계의 특징은 절삭력과 동력의 방향이 일치되므로 강력하며, 작업을 주시(注視)하는데 편리하다. 가공물은 베드(bed) 위에서 지지되므로 중절삭(重切削)할 수가 있다. 많이 사용되는 종류에는 크랭크식 기어 전동형(齒車傳動型)이 있다.

일반적으로 슬러터로써 너무 큰 가공물을 작업할 수 없으므로 가공물의 치수가 큰 것 및 수직 위치에 고정하기 어려운 것을 보통 수평식 셰이퍼에서 가공한다.

슬로터로 할 수 있는 가공작업에는 홈부가공(溝部加工), 내부 및 외부 기어, 각종 표면 가공 및 그밖의 가공 등이 있다.

7-5-1 슬로터의 구조

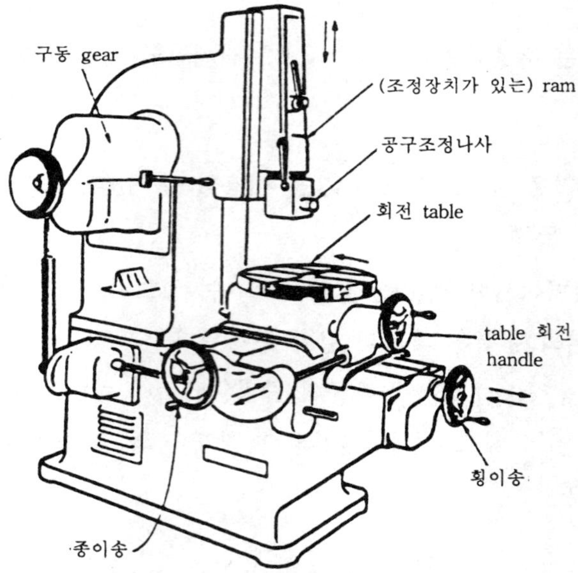

그림 7-32 슬로터의 구조

표 7-6 슬로터의 규격과 마력

스트로크(stroke)		마력(PS)
150~200(mm)	6~8(inch)	3~4
250~300(mm)	10~12(inch)	5
350(mm)	14(inch)	6
400~450(mm)	16~18(inch)	8~10
500~750(mm)	20~30(inch)	10~15

7-5-2 슬로터의 작업

슬로터용 바이트는 충분한 공간의 여유가 있으므로 강력한 바이트 홀더를 사용하는 것이 좋다. 그림 7-33은 바이트 고정구를 나타낸다.

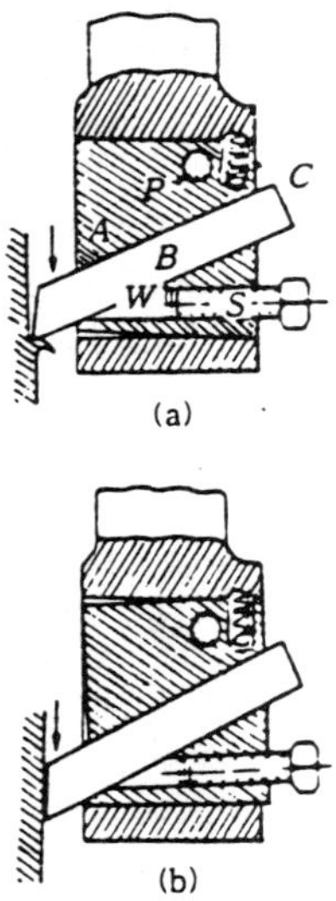

그림 7-33 슬로터 바이트의 고정구

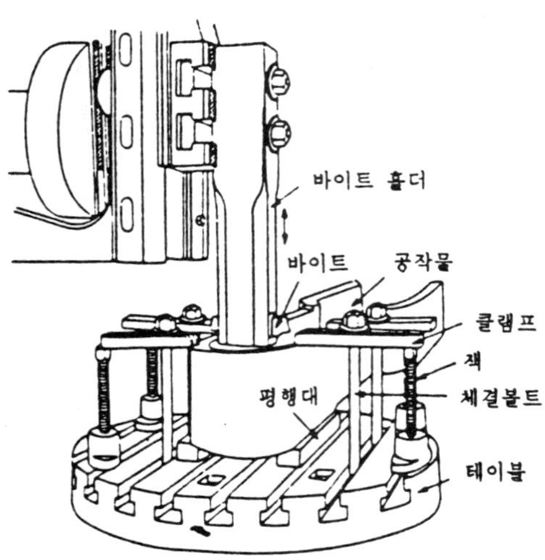

그림 7-34 슬로터 작업의 예

귀환행정 때 바이트와 공작물간의 마찰을 피하기 위하여 릴리이프 블록(felif block) A는 핀 P를 중심으로 회전할 수 있게 되어 있다. 바이트 B는 쐐기 W를 나사 S로 가압하여 고정한다. 그림 7-33 (a)는 절삭행정때 공작물과 바이트의 관계를 보이고, 그림 7-33(b)은 귀환행정때의 관계이다.

공작물의 고정은 테이블 위에 직접 고정하는 경우도 있고 그림 7-34와 같이 평행 블록 위에 놓고 고정하는 것도 있다.

공작물의 측면가공은 테이블에 이송을 주어 행하고 원통면을 가공할 때에는 공작물의 원호중심이 테이블의 회전중심과 일치하도록 고정하여 공작물에 회전이송을 주면 된다. 그림 7-35에 표시된 것은 슬로터를 가공할 수 있는 가공물의 예이다. 슬로터의 규격은 일반적으로 램의 최대 스토로크와 테이블의 최대지름으로 표시했다.

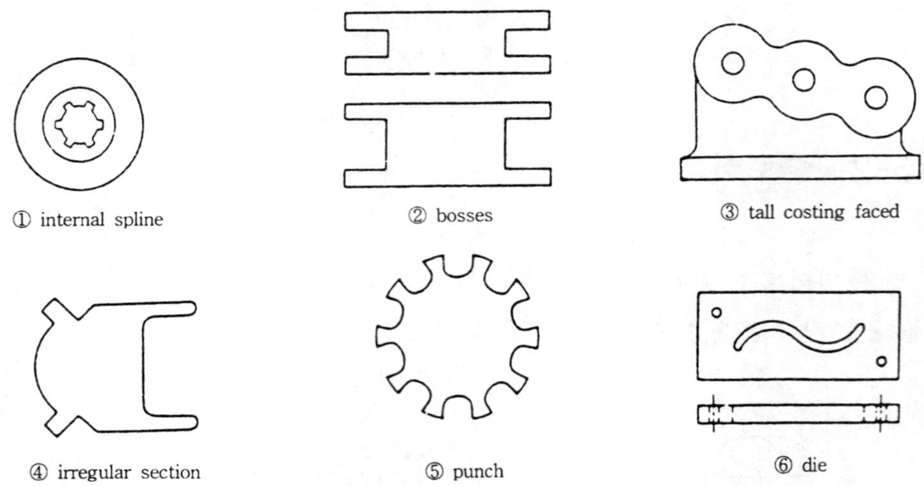

그림 7-35 슬로터로 가공되는 가공물

제8장 기어(Gear)가공

기어의 치형에는 인벌류트 곡선을 이용한 것과 사이클로이드 곡선을 사용하는 것 등이 있는데 일반적으로 인벌류트 치형이 여러 가지로 우수하기 때문에 이 곡선을 이용해서 호브엔드밀 피니언커터 등을 사용한 기어 절삭법을 창성 기어절삭 이라고 하고 기어의 곡선 또는 닮은 곡선으로 되어 있는 공구를 사용하여 기어절삭하는 방법을 성형 기어절삭이라고 한다.

8-1 기어 절삭법과 분류

8-1-1 형판에 의한 법(templete system)

그림8-1와 같이 거칠게 가공된 기어 소재와 치형과 똑같은 곡면을 가진 형판(型板)을 셰이퍼 테이블에 설치한다. 공구대와 이송나사와의 연결을 끊고 추(錐)를 걸어 안내봉을 형판으로 지지하고 테이블을 오른쪽으로 이송하면 안내봉과 바이트가 평행 이동을 하며 바이트는 정확한 관계 위치에 고정하여야 하며 소재에는 미리 치형을 거칠게 절삭하여 둔다. 치형은 1개씩 분할기로 분할하여 가공하나 정밀한 치형을 가공하기는 어렵다.

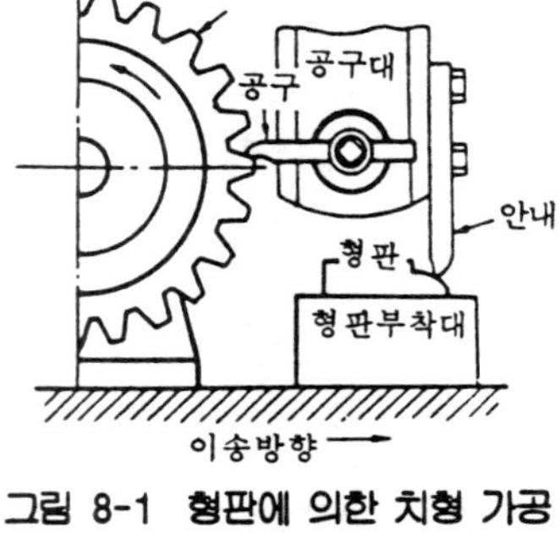

그림 8-1 형판에 의한 치형 가공

8-1-2 총형 공구에 의한 절삭법(formed tool system)

공구의 모양을 절삭하는 기어의 치형에 맞추어서 소재인 원판을 같은 간격으로 분할하고 소재를 회전시키면서 한 이씩 홈을 깎아 기어를 만드는 방법이다.

절삭 공구로써 총형 바이트를 써서 절삭하는 경우에는 셰이퍼, 플레이너, 슬로터가 사용된다. 총형 커터의 경우는 밀링머신이 사용되며, 보로치를 통과시켜 안쪽 기어를 만드는 경우에는 보로칭머신이 사용된다. 그림8-2는 이 원리를 나타낸 것이다.

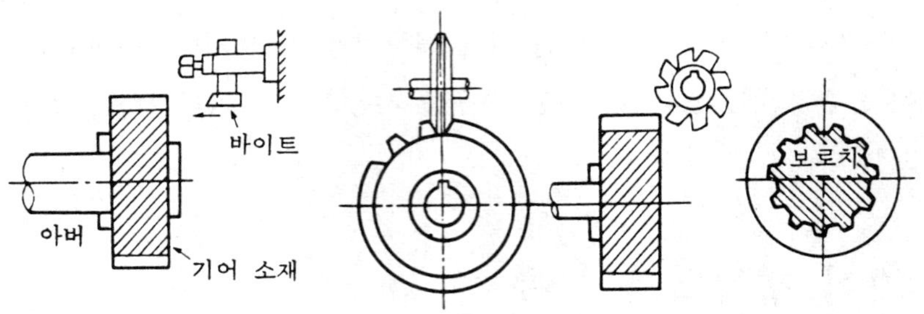

(a) 바이트에 의한 절삭 (b) 커터에 의한 절삭 (c) 보로치에 의한 절삭

그림 8-2 총형 공구에 의한 기어 절삭

8-1-3 창성에 의한 절삭법(generated system)

인벌류트 치형을 정확히 가공할 수 있는 방법으로서 그림8-3 (a)와 같이 공구를 정확히 기어모양으로 가공하고 이것과 물고 돌아가는 기어의 소재와 미끄럼 없이 구름 접촉에 의하여 운동을 전달할 때 이론적인 상대운동을 주면서 공구에 축 방향 왕복운동을 시켜 (b), (c)와 같이 래크커터(rack cutter) 또는 회전 커터인 호브(hob)를 사용하는 방법이 있다.

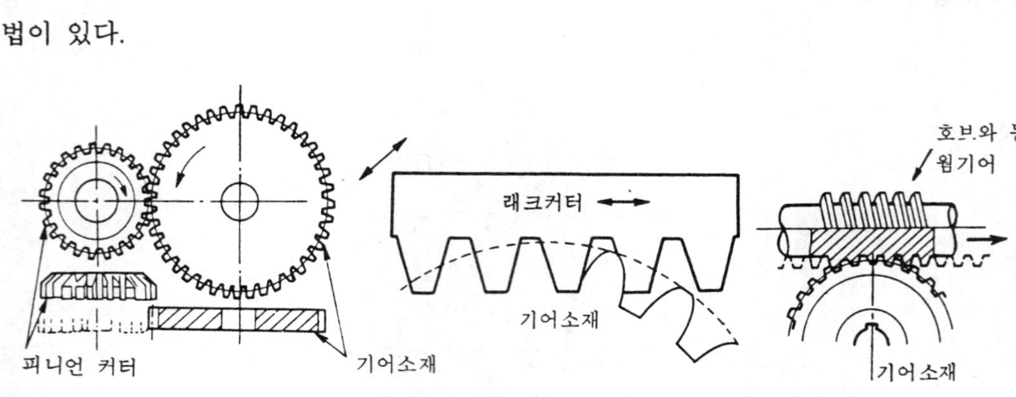

그림 8-3 창성법에 의한 치형 가공법

피니언 커터 또는 래크커터를 사용하는 방법을 기어셰이빙이라고 하며 호브를 사용하는 방법을 기어호빙이라고 한다.

8-2 기어 커팅 머신의 분류

8-2-1 원통형 기어 절삭기계

(1) 호브(hob)를 사용한 것(예 hobbing machine)

호브를 사용한 호빙 머신은 평기어, 헬리컬기어, 위엄기어 등을 깎을 수 있다.

(2) 피니언 커터(pinion cutter)를 사용한 것

(예 : fellow gear shaper 또는 sykes gear shaper)

피니언 커터를 사용한 기어 커터는 평기어, 헬리컬 기어, 내접기어 및 자동차의 3단 기어와 같은 단이 있는 기어를 깎을 수 있고, 또한 헤링보운 기어(또는 2중 헬리컬 기어라고도 한다)를 깎는 sykes 기어 셰이퍼와 같은 특별 기구를 갖는 것도 있다.

(3) 랙커터(rack cutter)를 사용한 것

(예 : Maag gear cutting machine 또는 sunderland gear planer)

랙커터를 사용한 것은 내접기어를 깎을 수 없으나 피니언 커터와 같은 장점이 있다. 연속 치형을 가진 헤링보운 기어를 깎는 sunderland gear shaper와 같은 특수 기구도 있다.

8-2-2 베벨 기어 절삭기계(bevel gear cutting machine)

(1) 직선 베벨 기어 절삭(straight bevel gear cutting)

이 방법에는 커터의 인신을 1개 사용한 것과 2개 사용한 것이 있다.

① 단인 커터 방법

1개의 커터로써 치형을 1개씩 깎아낸다. 이 방법에는 독일에서 제작된 Reinecker식 직선 베벨기어 절삭기가 있다.

② 2개 커터 방식

이 방식에는 Gleason식이 많이 사용되고 있다.

작은 기어
큰 기어
스퍼어 기어
헬리컬 기어
더블 헬리컬 기어
기준 래크
안 기어
직선 베벨 기어
축각
둔각 베벨 기어
스파이럴 베벨 기어
제로울 베벨 기어
크라운 기어
헬리컬 베벨 기어
스쿠루 기어
원통 웜
원통 웜 휘일
하이포이드 기어
페이스 기어
원통 웜 기어

그림 8-4 기어의 종류

8-2-3 기어 커팅 머신의 형식과 규격

표 8-1 기어 커팅 머신의 형식과 규격

기어절삭기의 종류	형 식	규격표시법
호빙 머신 (gear hobbing machine)	(a) 수평형(단축, 다축) (b) 수직형(단축, 다축)	• 가공할 수 있는 기어의 최대 • 기어 폭 및 피치
기어 셰이퍼 (gear shaping machine)	(a) 피니언 공구형(fello type) (b) 랙 공구형(maag type)	• 가공할 수 있는 기어의 최대 지름 • 기어 폭 피치
직선 베벨기어 플래이너 (straight beve gear cutting machine)	(a) 창성형(創成形) (b) 모형형(模型形)	• 가공할 기어의 피치 원추 각 꼭지점에서 배면까지의 거리 • 기어 폭 및 피치
스파이럴 베벨기어 커팅 머신	(a) 원판 공구형 (b) 테이퍼 공구형	• 가공할 기어의 피치 원추 각 꼭지점에서 베벨기어 배면까지의 거리 • 기어 폭과 거리
랙기어 커팅 머신	(a) 수직형 (b) 수평형	• 가공할 수 있는 랙 길이 • 기어 폭과 피치
웜 호빙 머신	(a) 수직형 (b) 수평형	• 가공할 수 있는 최대 지름 • 기어 폭과 피치
스퍼어 기어 연삭기 (spur gear grinding machine)	(a) 창성형 (b) 총형 공구형	• 가공할 수 있는 기어의 최대 지름 • 기어 폭과 피치
베벨 기어 연삭기	(a) 직선 베벨 기어형 (b) 스파이럴 베벨 기어형	• 가공할 수 있는 기어의 피치 원추 꼭지점에서 기어 배면까지의 거리 • 기어 폭 피치
기어 셰이빙 머신 (gear shaving machine)	(a) 피니언 공구형 (b) 랙 공구형	• 가공할 수 있는 최대 지름 • 기어 폭 및 피치
원통 기어 래핑 머신	(a)수직형 (b) 수평형	래핑할 수 있는 기어 최대 중심거리
베벨 기어 래핑 머신		• 래핑할 수 있는 기어의 최대 지름 • 기어 폭 및 피치

8-3 호빙 머신(Hobbing machine)

(1) 호빙 머신의 개요

호빙 머신은 그림 8-5와 같이 호브(hob)라고 부르는 공구를 사용하여 기어로 깎는다. 호브와 가공물의 상대운동은 호브를 웜(worm), 가공물 소재를 웜 기어(worm gear)라고 생각하면 상호 관계를 명백히 이해할 수가 있다. 웜의 단면은 랙을 형성하고 있고, 이것이 호전하면서 축방향에 이동하므로, 그 이동 속도에 해당하는 회전을 가공물에 주고, 또한 호브를 비틀림 각도만큼 경사시키는 것 이외는 웜 기어를 맞물려 회전하는 것과 동일 과정을 거쳐 호브를 절인(切刃)에 의하여 기어가 꺾인다.

보통 호빙 머신으로 깎을 수 있는 기어는 스퍼 기어, 헬리컬 기어 및 웜 기어 등이다. 호브의 종류를 적당히 선정하면 각종 작업이 가능하다. 호빙 머신에는 가공물을 고정하는 축이 수평식과 수직식의 2종이 있다. 그림8-5는 호빙 머신의 구조를 나타내며 그림8-6은 호빙 머신의 창성과정을 나타낸 것이다.

1개의 호브로 임의의 잇수를 가공할 수 있으나 잇수가 35개 이하이면 언더컷(undercut)이 생기므로 호브의 수정이 필요하다.

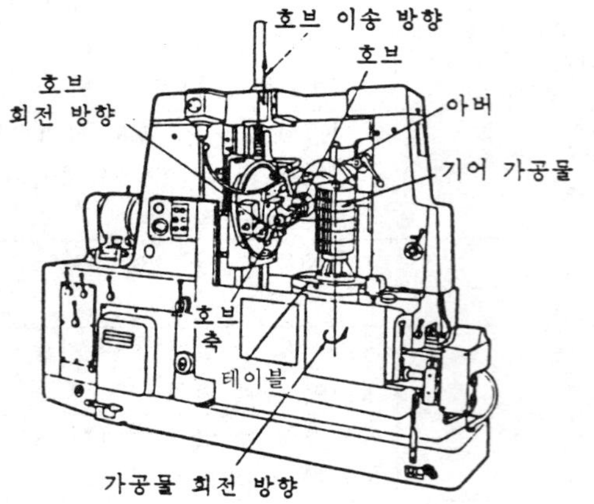

그림 8-5 기어 호빙 머신

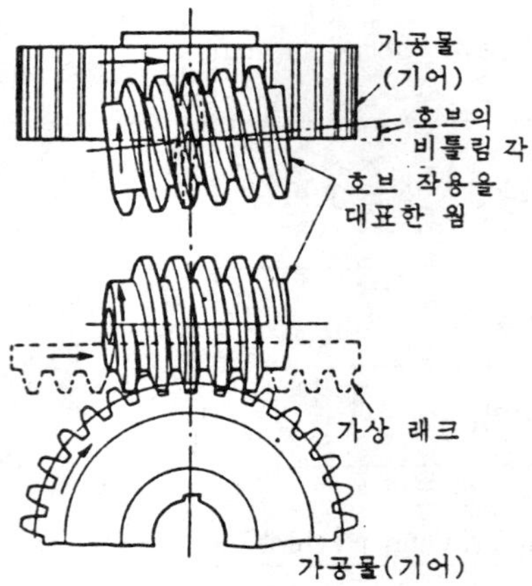

그림 8-6 호브에 의한 창성 과정

(2) 호빙 머신의 기본운동 및 호브 명칭

① 크기표시

ⓐ 가공할 수 있는 기어의 최대 피치원 지름

ⓑ 기어의 폭 및 피치원 또는 모듈(Module)

② 기본 운동

ⓐ 호브의 회전운동

ⓑ 기어 소재의 회전운동

ⓒ 기어 폭 만큼 호브 새들을 이송 시키는 운동

③ 호브의 각부 명칭

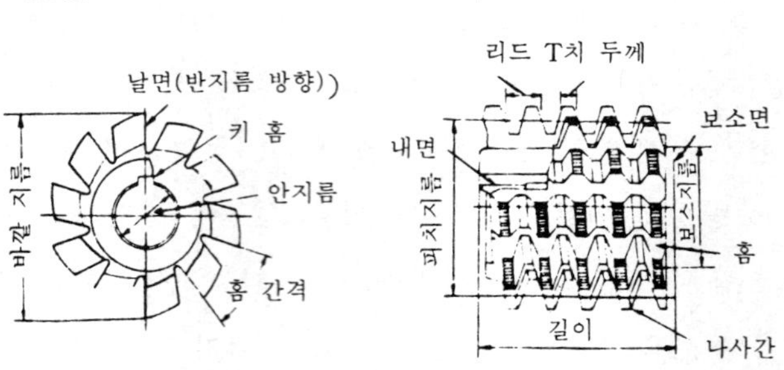

그림 8-7 기어 절삭 호브의 각부 명칭

(3) 호빙 머신의 기구(차동 장치가 인덱싱 기어 앞에 있는 경우)

보통 호빙 머신의 절삭 운동으로는 호브의 회전 운동, 테이블의 회전 운동, 호브의 이송 운동, 차동 장치의 운동이 있으며 그림8-8에서 각 기구의 계통을 다음과 같이 대별할 수 있다.

① 호브계(hob system)

ⓐ A_s, D_s : 모터 M에서 오는 회전 속도 변환 기어

ⓑ a_1, a_2 : 같은 잇수의 베벨 기어

ⓒ r_1, r_2 : 같은 잇수의 베벨 기어

ⓓ s와 t의 잇수의 비(i_h) : i_h=s/t=1/3

② 테이블계(table system)

ⓐ d_1, d_2, d_3, d_4 : 같은 잇수의 베벨 기어

ⓑ A, D :분할 변환 기어

ⓒ W, T의 잇수의 비(i_T), : $i_T = \frac{W}{T} = \frac{1}{72}$

③ 이송계(feed system)

ⓐ r_1, r_2는 잇수의 비(i_r), : i_r = r_1/r_2 = 1/3의 스파이럴 기어

ⓑ A_f, D_f : 이송 변환 기어

ⓒ k_1, k_2, 및 l_1, l_2 : 같은 잇수의 베벨 기어

ⓓ m, O는 잇수의 비(i_s) : i_s = m/O = 1/20

ⓔ 호브 헤드의 승강 나사의 피치(p) : p=1/4″

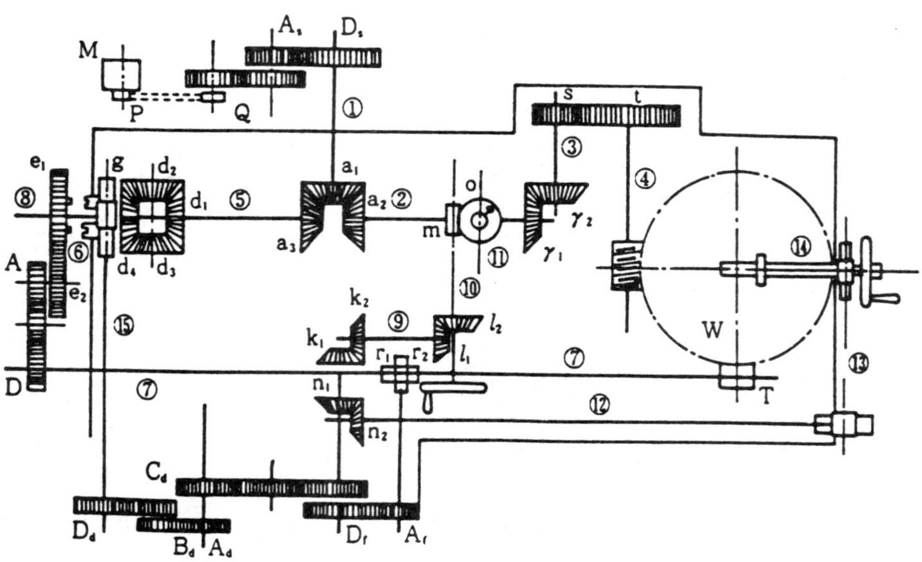

그림 8-8 호빙 머신의 기구

④ 차동 장치계(differential gear system)

ⓐ A_d, B_d, C_d, D_d : 차동 장치의 변환 기어

ⓑ f, g의 잇수의 비(i_g) : i_g = g/f = 1/20

(4) 호브계의 회전 기구

그림 8-8과 같은 호빙 머신에서 전동기 M에서 V풀리 P, Q를 거쳐 속도 변환용 변속기어 A_s, D_s를 거쳐 ①축 및 ②축의 기어 a_1, a_2에서 r_1→r_2(3축)→s→t(4축)→호브에 전달된다.

호브의 회전수 n_H와 1축의 회전수 n_o의 사이에는 다음 관계가 성립된다.

$$n_H = n_o \cdot \frac{a_1}{a_2} \cdot \frac{r_1}{r_2} \cdot \frac{s}{t} = n_o \cdot i_h = n_o \cdot \frac{1}{3}$$

기어 t의 잇수는 기어 s의 3배로 되어 있어, ①축의 1회전에 따라 호브는 1/3회전된다. 즉 ①축의 3회전에 대하여 호브는 1회전한다.

(5) 테이블계의 전동 장치

그림 8-8에서 ①축에 전달된 동력은 a_1, a_3를 거쳐 ⑤축에 전달된다. ⑤축에는 일군의 차동 장치 기어 d_1, d_2, d_3, d_4들이 있고, 이것을 거쳐 ⑥축 분할 변환 기어 A, D를 거쳐 ⑦축의 웜(worm) T와 테이블에 고정된 웜 기어(W)를 통하여 테이블이 회전된다.

테이블의 회전수 n_1와 ①축의 회전수 n_0 사이에는 e_1= e_2, 또 차동 장치를 사용하지 않은 경우 n_T는 다음과 같다.

$$n_T = n_o \cdot \frac{a_1}{a_2} \cdot i_d \left(\frac{d_1}{d_2} \cdot \frac{d_2}{d_4}\right) \cdot \frac{e_1}{e_2} \cdot \frac{A}{D} \cdot \frac{T}{W} = n_o \cdot \frac{A}{D} \cdot i_T$$

$$\therefore \ n_T = n_o \cdot \frac{A}{D} \cdot \frac{1}{72}$$

(6) 호빙 머신 상수 및 기어 분할 기구

$\frac{A}{D}\left(=\frac{a}{b} \cdot \frac{c}{d}\right)=1$일 경우, (여기서 $\frac{a}{b} \times \frac{c}{d}$는 2단 분할 기어의 경우) 테이블이 1회전할 때 호브의 회전수가 호빙 머신 상수(hobbing machine constant)이며 이 값은 다음과 같다.

(호브축 1/3 회전) / (테이블 1/72 회전) = 24

스퍼 기어를 깎을 경우 그림 8-8의 호빙 머신 상수는 24이다. 따라서 깎으려고 하는 기어의 잇수가 z이고 사용할 호브의 중수(重數)가 k일 때 호브의 1회전에 대하여 테이블은 k/z 해야 한다. 테이블을 1회전시키려면 ⑦축은 72회전이 필요하다.

그러므로

$$1 \cdot \text{rev} \cdot \text{hob} \frac{1}{i_h} \cdot i_d \cdot \frac{a}{b} \cdot \frac{c}{d} \cdot i_T = \frac{k}{z}$$

$$\therefore \frac{a}{b} \cdot \frac{c}{d} = \frac{k}{z}\left(\frac{i_h}{i_d \cdot i_T}\right)$$

여기서 a, b, c, d는 분할 변환 기어(indexing change gear)를 표시한다(그림 8-8의 A, D에 해당함).

① 스퍼 기어를 깎을 때 : i_d = 1이므로 분할 기어비는 다음과 같다.

$$\frac{a}{b} \cdot \frac{c}{d} = \frac{k}{z}\left(\frac{i_h}{i_d \cdot i_T}\right) = \frac{k}{z} A_s$$

② 헬리컬 기어를 깎을 때 : 차동 장치가 작동하므로 차동 장치의 비 id=1/2이며 분할 변환 기어비는 다음과 같다.

$$\frac{a}{b} \cdot \frac{c}{d} = \frac{k}{z}\left(\frac{2i_h}{i_T}\right) = \frac{k}{z} A_h$$

여기서 AsAh를 호빙 머신의 분할 기어 상수(constant of indexing)라고 한다.

그림 8-8의 경우 각각 표시된 기어의 잇수로부터 i_h=1/3, i_T=1/72이 주어지므로

$$A_s = \frac{i_h}{i_d \cdot i_T} = \frac{1/3}{1/72 \cdot 1} = 24$$

또한

$$A_h = \frac{2i_h}{i_d \cdot i_T} = \frac{2 \cdot 1/3}{1/72 \cdot 1} = 48$$

그러므로 이 기구의 분할 기어비에 대한 일반 공식은 다음과 같다.

① 스퍼 기어의 경우

$$\frac{a}{b} \cdot \frac{c}{d} = \frac{24}{z} k$$

② 헬리컬 기어의 경우

$$\frac{a}{b} \cdot \frac{c}{d} = \frac{48}{z} k$$

일반적으로 호브의 줄수가 1일 경우, 즉 k=1이 가장 많이 사용되고 있다.

그림 8-9의 ⑥축에는 기어 e_1이 있고 스퍼어 기어(spur gear)를 절삭할 경우는 차동 장치의 작동이 필요하지 않으므로 그림 8-9 철기(凸起)s를 ⑥축에 루우즈(loose)하게 끼워 베벨 기어 d_4와 그것에 고정되어 있는 f의 워엄 기어에 고정하고, 차동 장치를 사용하면 f를 고정하지 않는다.

[註] 차동 장치를 사용하지 않을 때 보스(boss) s의 1단의 흠부(溝部) r에 넣어 워엄 g와 워엄 기어(worm wheel) f의 치합(齒合)을 뗀다. ⑤축이 회전하면 d_2 d_3의 베벨기어는 쐐기(wedge)의 작용을 한다. 그리하여 4개의 베벨 기어는 일체(一體)가 되어 회전한다. 따라서 f의 워엄 기어의 보스 s에 고정될 Fig. 13-29의 기어 e_1, e_2를 거쳐 A. D를 회전한다.

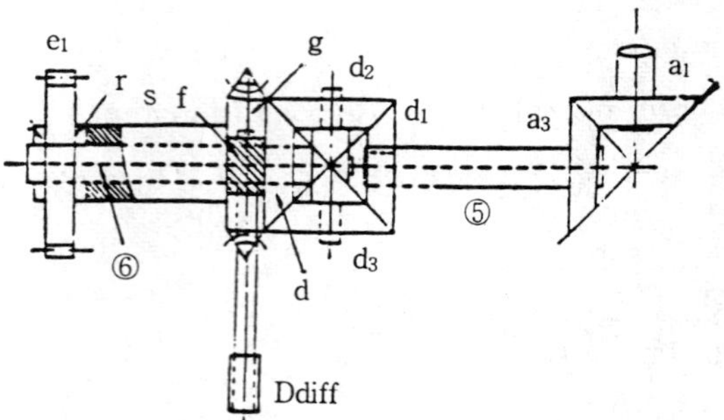

그림 8-9 차동 장치 사용할 때 기어 연결

8-4 기어 셰이퍼 및 연삭기

8-4-1 기어 셰이퍼(gear shaper)

(1) 펠로스 기어 셰이퍼(fellows gear shape)

기어절삭에 왕복운동을 사용한 것은 호빙머신보다 후에 사용했으며 초기에는 성형공구 또는 형판을 이용하여 기어를 깎았으나 최근에 와서는 피니언커터(pinion cutter)를 이용하여 상하 왕복운동과 회전운동을 하는 창성식 기어절삭을 할 수 있는 기계가 바로 그림8-10의 펠로스기어셰이퍼이다. 이 기계로 헬기컬기어는 어떤 각도든지 깎을 수 있는 것이 아니고 준비된 특수 장치를 사용하게 되므로 많이 제한되어 있다.

보통 사용되는 각도는 15° 및 23°이다.

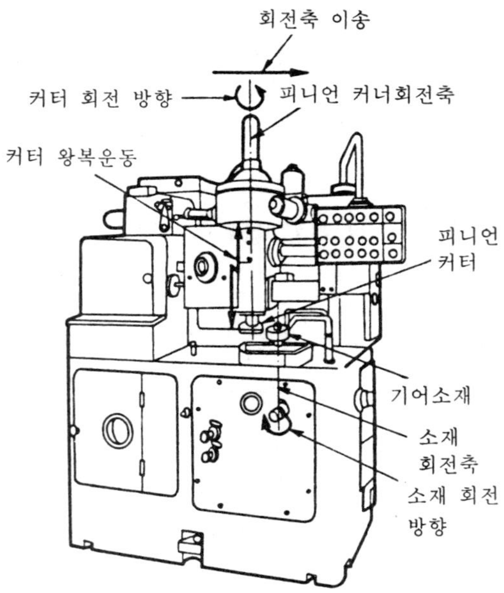

그림 8-10 펠로스기어셰이퍼

(2) 마아그기어셰이퍼(maag gear shape)

래크형 공구를 사용하여 절삭하는 것으로 필요한 관계 운동은 변환기어에 연결된 나사봉으로 조절한다. 램에는 공구대가 있고, 그 위에 래크형공구를 고정한다. 절삭행정에는 공구대가 밀착되어 정확한 위치에 안정되어 있으나, 귀환행정 때에는 자유로운 상태가 되면서 가공물에서 떨어진다. 한편 가공물은 절삭행정에서는 정지상태에 있고 귀환행정하는 사이에 피드 변위를 하게 된다. 램은 슬로터와 유사하나 급속 귀한 운동을 한다.

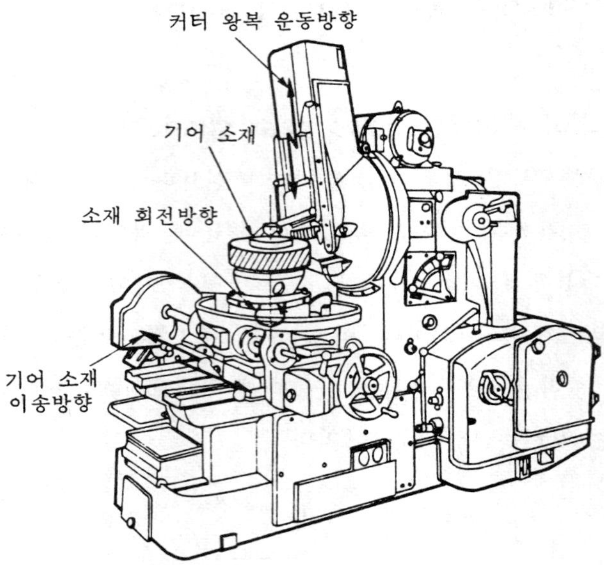

그림 8-11 마그기어셰이퍼

8-4-2 기어 연삭기(gear grinding machine)

기어를 연삭하는 것에는 점차 고속 운전이 요구되는데 이는 내구도의 증가와 기계의 성능을 향상시키기 위하여 대단히 중요하다.

중요한 부분에 사용되는 기어들은 고급 강철로 제작하고 담금질하여 사용한다.

기어 연삭은 열처리 변형을 제거하기 위해서도 대단히 중요하므로 그 기능은 정밀한 치형곡선을 만드는 동시에 정확한 피치로 제작하여야 한다.

(1) 기어연삭방법의 종류

표 8-2 기어연삭 방법의 종류

	연삭법	중요부분	연삭숫돌 운동	부가운동	제작회사
스퍼 기어	창성법	드럼 또는 강대(鋼臺)에 의한 것	고정(固定)	회전운동과 왕복운동	Maag
	창성법	마스터 랙과 마스터 기어를 사용하는 방식	치면(齒面)에 평행으로 왕복운동으로 또는 고정	회전운동	pratt and whitney

	연삭법	중요부분	연삭숫돌 운동	부가운동	제작회사
스퍼 기어	창성법	마스터 기어와 마스터 랙을 사용한다.	기어축에 평행으로 왕복운동	회전운동	(a) Niles (b) Reinecker (c) pratt & whitney
	창성법	드럼과 변화기어에 의한 방법	기어축에 평행으로 왕복운동	회전운동	(a) Reinecker (b) Churchill (c) Less wradner
	창성법	총형 연삭숫돌에 의한 것	기어축에 평행으로 왕복운동	회전운동	all cut
베벨 기어	창성법	드럼 또는 강대에 의한 방법	치형 표면에 평행으로 왕복운동	회전운동	Reinecker
	창성법	변환기어에 의한 방법	치형 표면에 평행으로 왕복운동	회전운동	Gleason

(2) 마아그 기어 치형 연삭기(Maag gear tooth grinder)

Maag 기어 연삭기는 2개의 접시형 연삭숫돌을 사용하여 가상된 랙을 형성하고, 이것과 맞물려 회전하는 기어는 가상 랙에 대하여 좌우에 회전운동을 한다. 기어는 창성운동을 하면서 연삭숫돌에 대하여 기어폭만큼 기어 홈 방향에 피이드되어 연삭이 끝나면 자동적 분할 작용이 진행된다.

그림8-12은 Maag 기어의 왕복운동기구의 설명도이다. 그림에서 P는 피치 블록(pitch block)(지름이 일정하다)으로, 피치 블록 지름 조정용 링크 ABC를 회전시킨다. 같은 축에 있는 가공할 기어 2가 전동한다. 레버 AC : CB=l1 : l2의 비율을 조정하여 각종 기어에 대한 피치 블록을 변경시키는 불편을 제거한다.

만약 기어 고정용대(steel band)가 S만큼 이동하면, 피치 블록 원판 P는 반대방향으로 $\left(\frac{l_2}{l_1}\right) \times S$만큼 이동한다. 그러므로 피치 블록 원판 및 기어의 피치 원의 반지름을 각각 R 및 r라고 하면(Maag gear연삭기 설명서에 따름)

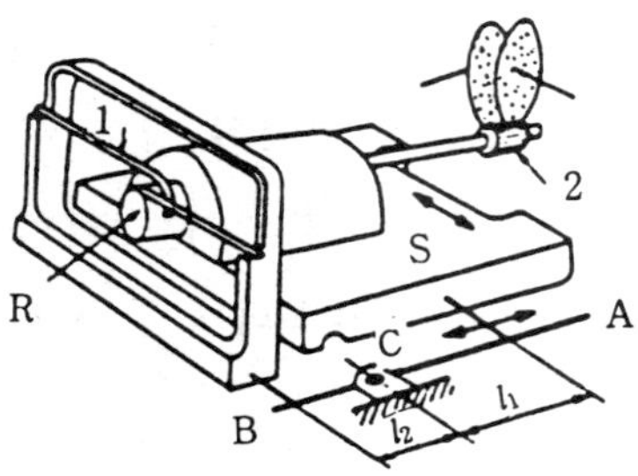

그림 8-12 마아그 기어의 연삭 원리

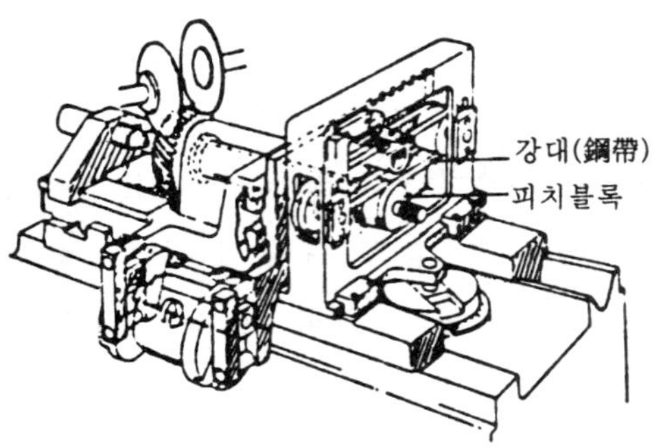

그림 8-13 마아그 기어 왕복 운동기구

$$\frac{S}{r} = \frac{\left(1 + \frac{l_2}{l_1}\right)S}{R}$$

여기서 r를 깎으려고 하는 기어 반지름, R를 피치 블록 P의 반지름이라고 하면, 기어와 피치 블록 P의 회전각이 같으므로 Maag gear 연삭기에서, $R = \frac{5}{4}r$로서 P의 바깥지름을 정한다. 15°의 압력각을 사용하면, $R \rightarrow D_R$, $r \rightarrow D_r \fallingdotseq D_{15}$라고 하면, $D = \frac{5}{4}D_r\ D_{15} = \cos\frac{\alpha}{\cos}15 \cdot D_\alpha$로 하고, 실제로 $l_2 = 100$mm로 일정하면 l_3만 변화시킨다. 따라서 l_1 및 l_2를 변환시켜 1개의 피치 블록 운판으로 각종 피치를 만들 수가 있다.

(3) Pratt & Whitney기어 연삭기

이 기계는 Maag식과는 그 기구가 다른 방식이다. 즉 그림 8-14 과 같이 마스터 래크와 마스터 기어를 사용한 창성 기구를 갖고 있다. Pratt & Whithney 회사의 기어 연삭기에는 연삭 숫돌 한 개를 사용한 것과 두 개를 사용한 것이 있으며 서로 다른 점은 숫돌 개수와 숫돌의 행정 운동이다.

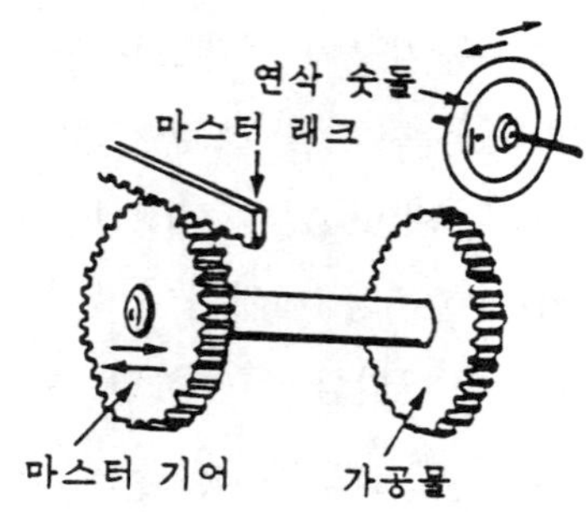

그림 8-14 Pratt & Whithney

(4) 나일스 기어 연삭기(Niles gear grinding machine)

변환기어를 이용한 기어 창성 방식의 연삭기로서 그림8-15는 독일이 나일스 기어 연삭기의 창성기구를 표시한다. 연삭 분할기어 1과 같은 축에 고정된 웜 기어 2는 웜 3에 의하여 회전되고, 한편 웜 축과 활동대의 피드 축 4와는 변환기어로 연결되어 있다. 그러므로 연삭 분할기어 1에는 호전운동(master rack)의 접촉되는 운동과 동일하게 된다.

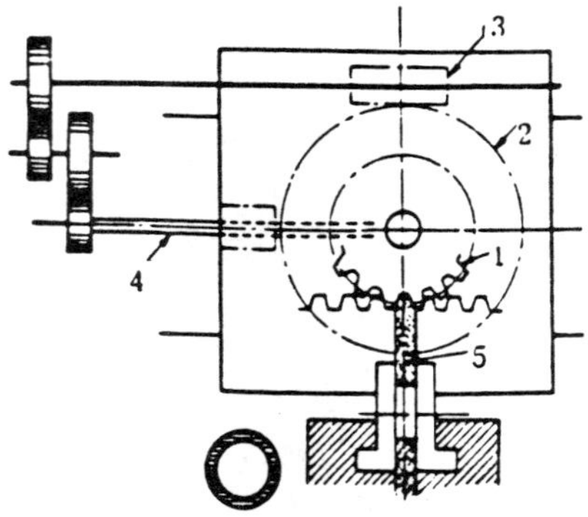

그림 8-15 Niles식 기어 연삭기의 구조

8-4-3 베벨 기어 커팅 머신(bevel gear cutting machine)

베벨 기어절삭에는 성형공구를 사용하는 방법, 템플레이트를 사용하는 방법 및 창성법에 의한 방법 등이 있으나, 그 중에서 창성법이 가장 널리 사용된다. 이 방식에는 다음과 같은 것이 있다.

① 왕복운동에 의한 가공방식

ⓐ 1개의 커터 방식(one tool generator) : Reinecker(서독)

ⓑ 2개의 커터 방식(two tool generator) : Gleason(미국)

② 회전운동에 의한 가공방식

ⓐ 회전 원판 커터 방식 : Gleason(美), Kingelnberg(獨), Oerlikon(西太), Fiat(伊) 등을 베벨 기어 커팅 머신

(1) 직선 베벨 기어 절삭기

① Bilgram 및 Reinecker 직선 베벨 기어 셰이퍼(straight bevel gear shaper)

그림8-16은 Hugo Bilgram, 그림8-17은 Reinecker Co. 직선 베벨 기어 절삭을 위해서 제작한 기계 구조이다. 그림 9-19에서 크라운 기어(crown gear)는 공간에 고정되어 있고 절삭할 베벨 기어는 가상(假想)된 크라운 기어에 해당되는 원의 주위를 회전 운동한다. 한편 커터 C는 원추의 중심 O에 향하여 왕복운동하면서 가공물 B에 이빨 형상을 창성한다.

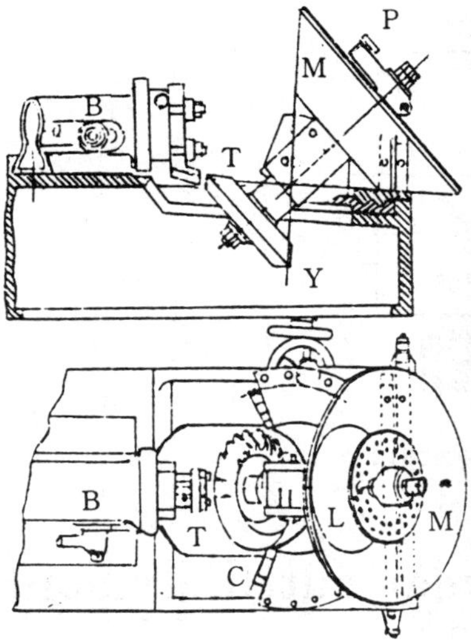

그림 8-16 Bilgram의 기어 셰이퍼의 구조

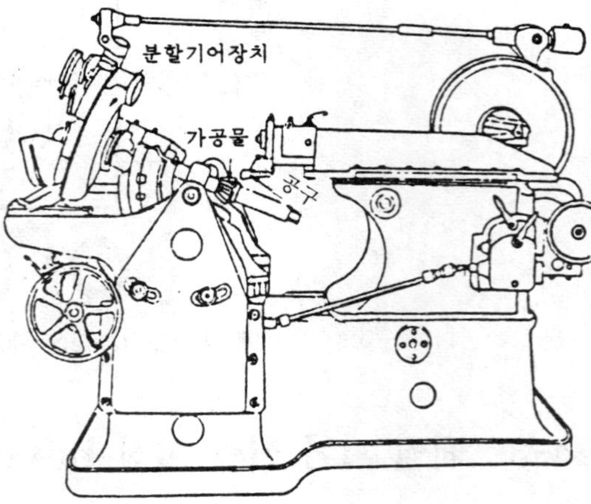

그림 8-17 Reinecker 직선 베벨 기어 셰이퍼

② Gleason 작선 베벨 기어절삭기

그림 8-18은 미국 Gleason Co.의 Two Tool Bevel Gear Generator이다.

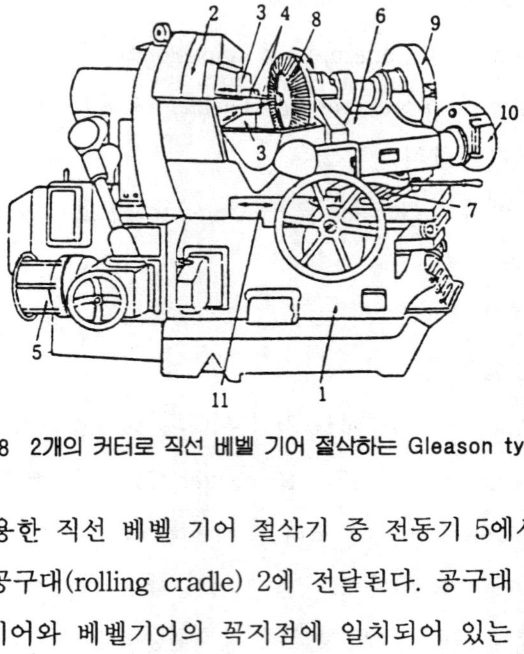

그림 8-18 2개의 커터로 직선 베벨 기어 절삭하는 Gleason type의 작동 원리

2개의 커터를 사용한 직선 베벨 기어 절삭기 중 전동기 5에서 전달된 동력은 가공물을 고정하는 롤링 공구대(rolling cradle) 2에 전달된다. 공구대 2의 위에는 슬라이딩 공구대 3이 있고, 평기어와 베벨기어의 꼭지점에 일치되어 있는 기계의 중심점을 향하여 왕복운동 한다. 왕복운동과 자기축의 주위에 대한 회전운동(→표 방향)으로 창성운동을 한다. 롤링대 6은 안내면 7위에 필요한 각도로 조정하여 고정한다.

공통 구동장치에서 기어 9를 거쳐 가공물 8의 창성운동에 필요한 회전운동은 레이쇼

롤 변환기어(change gear of ratio roll)에서 조정한다. 가공물은 1회의 절삭이 끝나면 커터 4에서 후퇴하였을때, 10의 기구에서 분할 조작을 한다. 가공물의 전진 및 후퇴 작동은 슬라이딩 안내면 11에서 한다.

베벨 기어 커팅 머신에는 가공물을 고정한 후 다음 순서로 작업한다.

ⓐ 기계를 작동시켜 공구대의 커터 4를 이동시킨다.

ⓑ 롤링에 6을 전진시켜 가공물에 대한 커터의 절삭깊이를 조절한다.

ⓒ 커터 4와 가공물 8에 창성운동을 주어 이빨을 깎는다.

ⓓ 가공물 8을 처음 위치로 후퇴시킨다.

ⓔ 가공물 8을 1개의 이빨만을 분할한다.

위의 가공사이클(working cycle)이 형성되어 그 사이에 1개의 이빨의 양쪽을 2개의 커터로써 완성된다. 최근 직선 베벨 기어 셰이퍼는 황삭용(荒削用)과 다듬질용으로 제거되고 있다.

(2) 스파이럴 베벨 기어(Spiral bevel gear)

헬리컬 또는 곡선치형의 베벨 기어를 총칭하여 스파이럴 베벨 기어라 한다

미국의 Gleason회사에서는 원호(圓弧), 이탈리아의 Fiat회사에서는 사이클로이드(cycloid)곡선, 독일의 KlingeInberg회사에서는 인벌류트(involute) 곡선을 각각 치형곡선으로 택하고 있다.

스파이럴 베벨 기어 절삭에는 다음과 같은 방식이 있다.

ⓐ 테이퍼 호브를 사용한 것 : Klingelnberg 곡선 베벨 기어 절삭기

ⓑ 링(ring) 배열의 원판형 커터를 사용한 것 : Gleason 곡선 베벨 기어 절삭기

ⓒ 스파이럴 배열의 원판형 커터를 사용한 것 : Perlikon 곡선 베벨 기어 절삭기

8-5 기어 단면 절삭기 및 치면손상

기어의 단면을 깎아내는 기계를 기어 단면 절삭기(齒車斷面切削機, gear tooth chamfering machine)라고 한다.

그림 8-20은 각종 기어 절삭기계에서 기어로 가공된 것을 실제 사용에 편리하도록 완성 가공하는 때에 사용하는 전문 기계이다. 각종 작업이 가능하나, 주로 단면 및 각부를 가공한다. 그림 8-21은 다음에 설명한 3종의 작업에 대한 것이다.

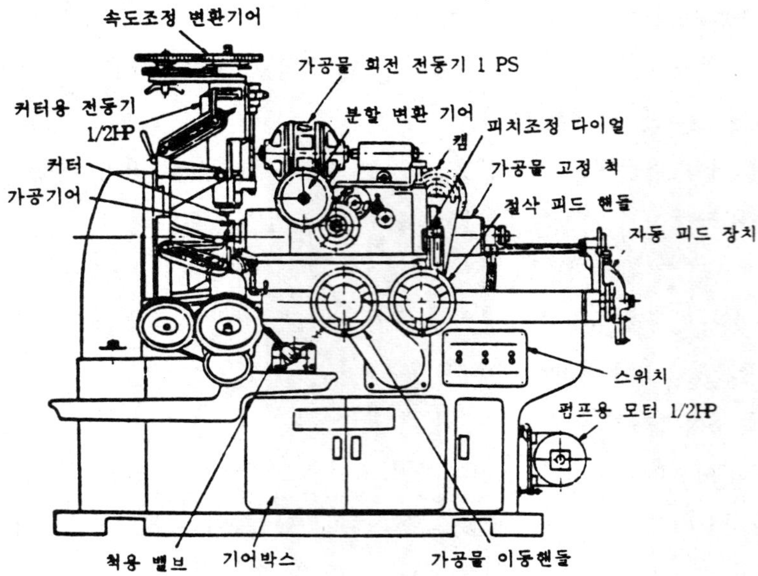

그림 8-20 기어 단면 절삭기

(1) 버어링(burring)

그림 8-21의 (a)와 같이 기어의 치형 단면(端面)을 둥글게 깎는 작업

(2) 라운딩(rounding)

그림 8-21의 (b)와 같이 치형 기부(基部)를 둥글게 깎아내는 작업

(3) 포인팅(pointing)

그림 8-21의 (c)와 같이 치형 기부를 각형(角形)으로 깎아내는 작업

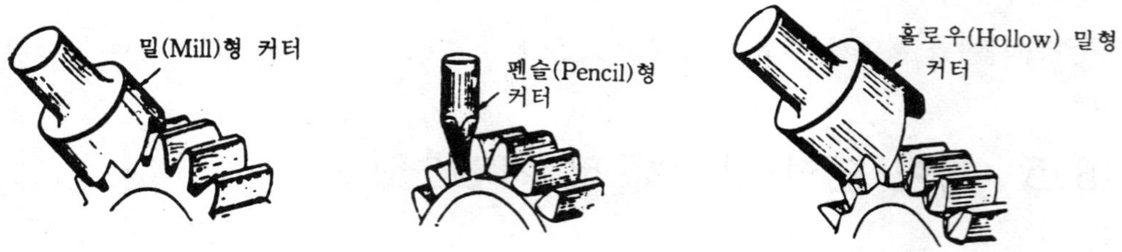

(a) 버어링 (b) 라운딩 (c) 포인팅

그림 8-21 기어 단면 작업

(4) 기어의 치면 손상

① 크로우잉(Crowning)

이의 양끝면을 조금씩 깎아 잇면의 중앙을 두껍게하여 중앙에서 물림이 이루어 지도록 한 것

② 피팅(Pitting) : 점 부식

반복적인 접촉 압력에 의하여 치면의 피치라인 부근에 국부적으로 피로가 발생하고 그 결과 금속 소입자(핀 홀, 조개껍질 모양)가 탈락 하게 되는 현상을 말함(그림8-22).

P형 : 주로 피치원부근에 발생

S형 : 주로 이끝원에 발생

B형 : 주로 이부리원 부근에 발생

Ps형 : 이끝 또는 피치원에 주로 발생

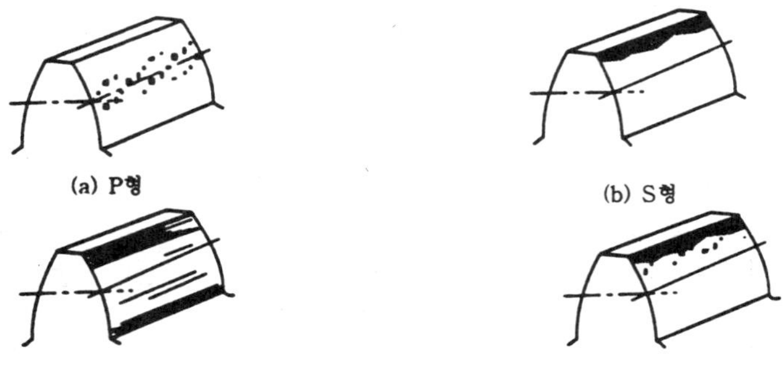

(a) P형 (b) S형 (c) B형 (d) PS형

그림 8-22 이의 피팅 현상

③ 스코오링(Scoring)

고속 하중의 경우 치면 압력이 높아져 잇면 사이의 유막이 파괴되어 금속끼리 접촉, 표면의 수간 온도가 상승하여 늘어 붙는 현상(유막이 파괴되어 눌러 붙는 현상).

8-6 기어 가공의 주요치수 계산

(1) 스퍼기어(supur Gear)

① 모듀율(Module) : m

잇수(Z)1개에 상당하는 피치원(D)의 치수를 mm로 표시($m=\frac{D}{Z}$)

② 원주피치(circular pitch) : P_c

피치원의 원둘레를 잇수로 나눈값($P_c=\frac{\pi D}{Z}=\pi m=\frac{D_o}{Z+2}$)

③ 지름피치(Diametal Pitch) : D_P

잇수(Z)을 피치원지름(D)인치로 나눈값($D_P=\frac{Z}{D}=\frac{25.4}{M}=\frac{Z+2}{D_o}$)

④ 법선피치(Normal)=기초원피치 : P_m

$$P_m=\frac{\pi D}{Z}\cos\beta$$

D_g(기초원지름) = $D\cos\beta$

표 8-3 스퍼 기어의 계산식

각부의 명칭	모 듈(m)	지름 피치(p_d)의 기준
기준피치원 지름 (D)	Zm	$\frac{P_d}{Z}$
이 끝 높 이 (a)	m	$\frac{1}{P_d}$
이뿌리높이 (d)	$1.25m$ 이상	$\frac{1.25}{P_d}$이상
총 이 높 이 (h)	$2.25m$ 이상	$\frac{2.25}{P_d}$ 이상
이 끝 틈 새 (c)	km(k는 0.25 이상)	$\frac{k}{P_d}$(k는 0.25 이상)
바 깥 지 름 (D_0)	$m(Z+2)$	$\frac{2+Z}{P_d}$
중 심 거 리 (A)	$\frac{m(Z_1+Z_2)}{2}$	$\frac{Z_1+Z_2}{2P_d}$
피 치 (p)	πm	$\frac{\pi}{P_d}$
이 두 께 (t)	$\frac{\pi m}{2}$	$\frac{\pi}{2P_d}$
이 두 께 (t')	$Zm+\sin\frac{90°}{Z}$	$\frac{Z}{P_d}\times\sin\frac{90°}{Z}$
캘리퍼이 높이 (a')	$\left(\frac{Zm}{2}1-\cos\frac{90°}{Z}\right)+a$	$\frac{Z}{2P_d}\left(1-\cos\frac{90°}{Z}\right)+a$

(2) 헬리칼기어(Helical Gear)

표 8-4 치지각 방식의 헬리컬 기어의 축에 직각인 단면에서의 치수

기 준 이 면		축 직 각	치 직 각
총 이 높 이		h≧2.157m	최근에는 h≧2.25m
공 구	모 듈	$m_s=\frac{m}{\cos\beta}$	m
공 구	압 력 각	α_s $\left(\tan\alpha_s=\frac{\tan\alpha}{\cos\beta}\right)$	α 치직각 압력각

기 준 이 면		축 직 각	치 직 각
피 치 원 지 름D 바 깥 지 름D_o		$D_s = zm_s$ $D_o = D_s + 2m = zm_s + 2m$	$D_s = \frac{zm}{\cos\beta}$ $D_o = \left(\frac{z}{\cos\beta} + 2\right)m$
중 심 거 리A		$A = \frac{D_{s1} + D_{s2}}{2} = \frac{(z_1 + z_2)m}{2}$	$A = \frac{(z_1 + z_2)m}{2}\cos\beta$
총 이 높 이h		h≧2.157m	최근에는 h≧2.25m
이높이 a	표 준	$a = m_s$	$a = m$
	전 위	$a = (1 + x_s)m_s$	$a = (1 + x)m$
정 면 원주이 두께 t	표 준	$t = \frac{\pi m_s}{2}$	$t = \frac{\pi m}{2\cos\beta}$
	전 위	$t = \left(\frac{\pi}{2} \times 2x, \tan a_s\right)m_s$	$t = \left(\frac{\pi}{2} \times 2x, \tan a_s\right) \times \frac{m}{\cos\beta}$

〔예제〕 피치원지름 180mm 잇수 30개일때 기어의 모듀율은?

풀 이 $m = \frac{D}{Z} = \frac{180}{30} = 6(mm)$

〔예제〕 기어의 외경 350mm 잇수 68개일때 기어의 모듀율은?

풀 이 $m = \frac{D_o}{Z+2} = \frac{350}{68+2} = 5(mm)$

〔예제〕 피치원지름 10인치 잇수 50개일때 기어의 원주피치는?

풀 이 $P_c = \frac{\pi D}{Z} = \frac{3.14 \times 10}{50} = 0.628$(인치)

〔예제〕 잇수 60개 압력각 20° 모듀율4인 스퍼기어의 피치원과 기초원의 지름 및 기어의 외경은 얼마인가?

풀 이 ① 피치원지름(D) $= mZ = 4 \times 60 = 240(mm)$

② 기초원지름(Dg) $= D\cos\beta = 240 \times \cos 20° = 225.5(mm)$

③ 기어외경(Do) $= (Z+2)m = (60+2)4 = 248(mm)$

④ 법선피치(Pm) $= \pi m\cos\beta = 3.14 \times 4 \times \cos 20° = 11.8(mm)$

〔예제〕 이 직각단면의 모듈5, 비틀림각(나선각)12° 잇수 $Z_1 = 20$ $Z_2 = 50$개 한쌍의 헬리칼

기어에서 중심거리와 외경 및 피치원지름은 얼마인가?

풀 이 ① 중심거리(D) $= mz = 4 \times 60 = 240(mm)$

② 외경(D_{o1}) $= (\frac{\cos\beta}{z_1} + 2)m = (\frac{20}{\cos 12^\circ} + 2) \times 5 \fallingdotseq 112.3(mm)$

외경(D_{o2}) $= (\frac{z_2}{\cos\beta} + 2)m = (\frac{50}{\cos 12^\circ} + 2) \times 5 \fallingdotseq 265.5(mm)$

③ 피치원지름(D_1) $= \frac{z_1 m}{\cos\beta} = \frac{20 \times 5}{\cos 12^\circ} \fallingdotseq 102.25(mm)$

피치원지름(D_2) $= \frac{z_2 m}{\cos\beta} = \frac{50 \times 5}{\cos 12^\circ} \fallingdotseq 255.6(mm)$

〔예제〕 한쌍의 스퍼기어 잇수($Z_1 = 16$ $Z_2 = 48$)이고 모듀울3일때 축간(중심)거리는?

풀 이 $A = \frac{(Z_1 + Z_2)}{2} m = \frac{(16 + 48)}{2} \times 4 = 128(mm)$

8-7 브로칭(Broaching)머신

8-7-1 브로칭 머신의 개요

브로칭머신(broaching machine)은 다수의 절삭날을 일직선상에 배치한 브로치라는 공구를 사용해서 공작물의 구멍의 내면이나 표면을 여러 가지 모양으로 절삭하는 공작 기계로서 전자를 내면 브로칭이라 한다. 이 가공에 사용되는 공작 기계를 브로칭머신이라고 한다.

브로치 가공법은 호환성을 필요로 하는 부품의 대량 생산에 매우 효과적이며, 특히 자동차나 전기 부품의 소형 기재의 정밀 가공에 적합하다. 또 브로치머신의 크기는 최대 인장응력과 행정으로서 표시한다. 종류로서는 브로치의 운동 방향에 따라 수직형과 수평형으로 나누고 가공 방식에 따라 내면용, 표면용, 그리고 브로치의 수, 구동 방식, 가공 방식에 따라 분류하고, 가공 방식으로는 인발식과 삽입식이 있다. 그림 8-23은 브로칭머신에서 내면 가공에 대한 작업예를 표신한 것이다.

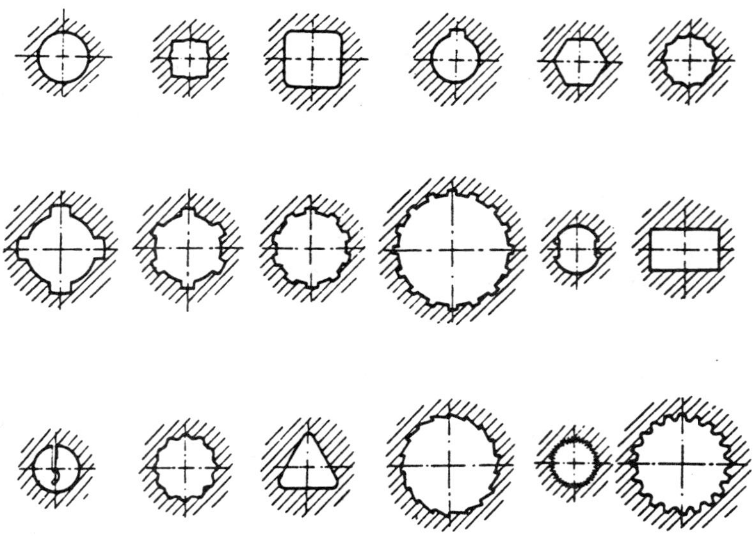

그림 8-22 내면 브로칭의 가공예

8-7-2 브로칭 머신의 구조 및 기구

그림 8-23은 스크루 방식으로 인발하는 수평브로칭머신이다. 그림에서 1은 공전되는 헛돌기 풀리이고 벨트를 1에서 2로 이동시키면 동축(動軸)에 있는 기어 3 또는 4에 회전이 전달된다. 기어 3은 큰 기어 5와 연결되고 또 기어 4는 1개의 중간 기어를 거쳐 9

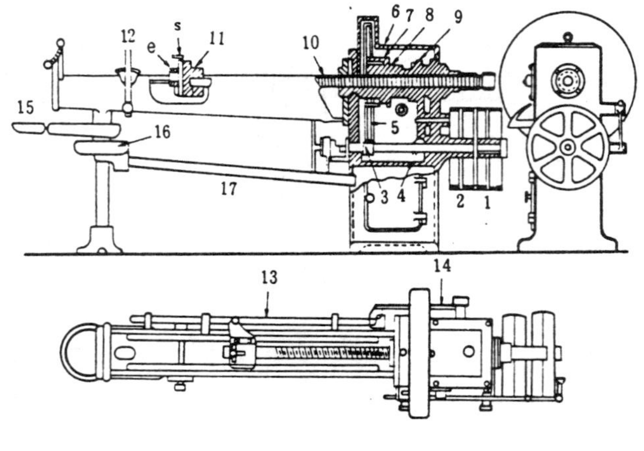

1, 2 : 풀리 3, 4, 5, 9 : 기어 6, 7 : 클러치 8 : 너트 10 : 스크루
11 : 브로치 고정대 13 : 행정조정장치

그림 8-23 스크루식 수평브로칭머신

와 연결된다. 5와 9는 반대 방향의 회전을 갖고 기어 9는 5의 1/3되는 이수로 되어 있다. 그러므로 3배의 호전 속도를 갖게 된다. 6, 7은 클러치이다.

레브를 좌측으로 보내면 3과 5가 연결되어 너트 8은 스크루 10을 우측으로 운동시킨다. 스크루 왼쪽에 보로치 고정대 11이 있다. 11은 기계의 안내에 따라 직선 운동을 하게 되며, 그 전면에 조정 밸브 e가 있어 나사 S로 상하를 조정한다.

브로치는 e에 고정하게 되므로 이형(異形) 브로치도 고정할 수 있다. 브로치 고정대 11이 우측단에 도달할 때 클러치를 풀고 기어 4와 9를 연결시키면, 너트 8이 역전하게 되어 스크루 축 10은 급속도로 본래 위치에 돌아 간다. 13에는 플레이너 또는 셰이퍼와 같이 행정 조정 장치가 있다. 래크 및 피니언에 의하여 운전되는 브로칭머신도 있으나 그 방식과 기구는 스크루식과 유사하다.

8-7-3 절삭 공구 및 절삭 조건

(1) 브로치(broach)

브로치의 구조는 일반적으로 자루부, 날부, 후단부의 3부분으로 구성되어 있다. 브로치는 그림 8-24와 같이 수많은 날 끝이 일·축선상에 연속적으로 배열되어 있는 긴 공구로서 가공물의 홈 또는 공부(孔部)를 각 절인이 조금씩 가공되어 막깎기 날부에서 필요한 치수와 형상으로 가깝게 만들어 지며, 다듬질 날부에 향할 수록 절삭량은 적고 다듭질 날부에서 완전한 치수와 형상으로 다듬질 되도록 꾸며져 있다.

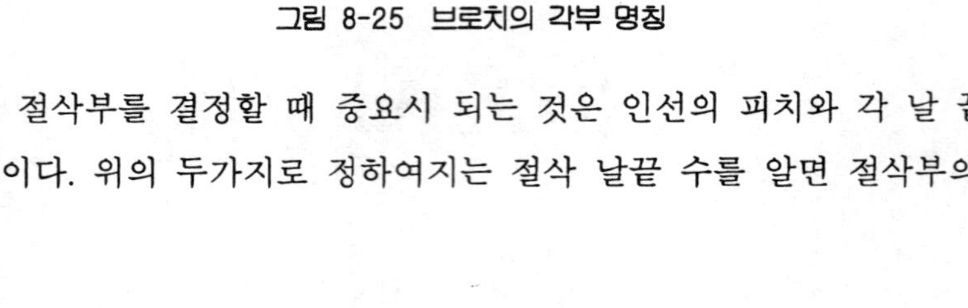

(a) (b)

그림 8-25 브로치의 각부 명칭

일반적으로 절삭부를 결정할 때 중요시 되는 것은 인선의 피치와 각 날 끝의 절삭량, 즉 피드(feed)이다. 위의 두가지로 정하여지는 절삭 날끝 수를 알면 절삭부의 길이가 결정된다.

$$P = C\sqrt{L}$$

여기서 P : 피치, L : 절삭부의 길이, C = 1.5~2(피삭재의 재질에 따르는 값)

(2) 절삭조건

브로치의 절삭속도는 공작물의 재질 및 가공 형상에 따라 다르지만 대개 구멍의 모양이 복잡할 수록 느린 속도로 가공하고, 절삭 깊이는 너무 얇으면 좋은 결과를 얻지 못하고 누르는 작용만 하게 된다. 이로 인하여 인선(刃先)의 마모가 증가하므로 적당한 크기의 절삭 깊이를 적용하는 것이 필요하다.

일반적으로 사용되는 각종 재질에 따른 절삭 속도 및 브로치의 종류별 절삭 깊이는 표 8-5와 표 8-6과 같다.

표 5-6 각종 재질에 따른 절삭속도

재 질	절삭속도(m/min)
중 탄 소 강	18
공 구 강	6~14
주 철	16~18
황 동	34
알 루 미 늄	110

표 8-6 브로치의 종류 및 절삭길이

브로치의 종류	절삭깊이(mm)
환공(丸孔) 보로치	0.05
키 및 홈가공 보로치	0.09
사각 보로치	0.75
스플라인 보로치	0.06

제9장 정밀입자 가공

9-1 래핑과 수퍼피니싱

9-1-1 래핑(lapping)

래핑(lapping) 가공은 마모 현상을 기계 가공에 응용한 것이며, 일반적으로 가공물과 랩 공구(lap tool) 사이에 미분말 상태의 랩제와 윤활제를 넣어 이들 사이에 상대 운동을 시켜 표면을 매끈하게 가공하는 방법이다.

연삭 가공으로 정밀하게 가공한 원총 외면, 평면, 기어 등의 면을 다시 매끈한 면으로 만들기 위하여 래핑 가공을 하며 적당한 재질 및 형상의 랩(가공물보다 연질의 주철, 황동 등)을 사용한다.

블록 게이지, 리밋 게이지, 플러그 게이지 등 게이지류는 물론 볼(ball), 롤러(roller), 내연기관용 연료 분사 펌프 등 정밀 기계 부품 및 렌즈, 프리즘 등 광학 기계용 유리 기구를 래핑의 장·단점은 다음과 같다.

(1) 래핑의 장·단점

① 장점

ⓐ 거울면(mirror finish)과 같은 다듬질면을 얻을 수 있다.

ⓑ 평면도, 진원도, 직선도 등 거의 이상적인 기하학적 형상을 얻을 수 있다.

ⓒ 다량 생산에 적합하다.

ⓓ 시설과 작업 방법이 간단하다.

ⓔ 다듬질면은 내마모성과 내식성이 좋다.

② 단점

ⓐ 작업자의 옷이 더렵혀진다.

ⓑ lap제가 비산하여 다른 기계나 제품에 부착하면 마멸의 원인이 된다.

ⓒ 고도의 정밀가공을 위해서는 숙련을 요한다.

(2) 랩핑의 사용방법

랩제를 사용하는 방식에 따라서 건식래핑(dry lapping)과 습식래핑(wet lapping)의 2종으로 나눌 수가 있다.

① 건식 래핑버버

랩을 랩제 중에 파묻었다가, 이것을 꺼내어 래프제를 걸레로 닦은 다음 주로 건조 상태에서 래핑작업을 한다. 이것은 주로 습식래핑한 후에 표면을 더욱 매끈하게 가공하기 위하여 사용된다. 이 방식은 블로 게이지(block gauge) 제작에 사용된다(그림9-1).

② 습식 래핑법

랩제와 기름을 혼합하여 가공물에 주입하면서 래핑작업하는 방법인데, 주로 거칠은 랩으로 비교적 고압력, 고속에서 가공하는 일이 많다. 수직래핑은 작은 공부(孔部), 스플라인 공부(spline hole), 초경질 합금(超硬質合金), 보석 및 유리 등의 특수가공에 널리 사용되고 있다(그림 9-1).

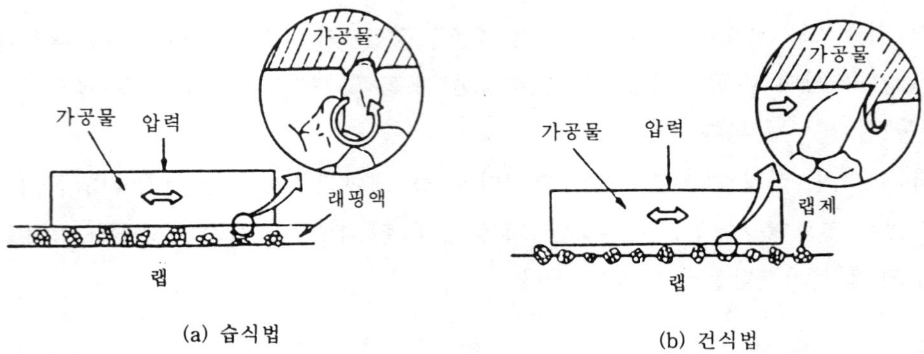

그림 9-1 래핑 방식

(3) 랩, 랩제 및 래핑유

① 랩(lap)

랩은 원칙적으로 가공물의 경도보다 재질이 연한 것을 사용한다. 그러므로 강철의 래핑에는 주철이 널리 사용된다. 주철은 경도가 낮고 조직이 미세하며 기공이 없는 것이 좋다. 주철 이외의 특수한 형상에는 구리 합금, 납, 연강 등이 사용된다.

② 랩제(lapping powder)

A계 및 C계의 입자, 탄화붕소, 산화크롬, 산화철 등의 인공 숫돌재 외에 약간이나마 다이아몬드, 차돌, 석영, 금강사 등의 천연 숫돌재가 사용된다. 비교적 연한 금속이나 유리, 수정등에 대해서는 C 입자나 산화철이 적합하고 강철에는 A · WA 입자, 산화크롬

등이 쓰인다. 입자의 입도는 No 200 정도보다 미세한 것이 래핑 공정에 따라 선정된다.

보통 래핑액을 비교적 다량으로 쓰는 습식 래핑에서는 No 200~400, 거친 래핑에는 No 400~800, 중간 래핑에는 No 1000 이상을 정밀 다듬 가공에 사용한다.

③ 랩유(lap-oil)

랩유는 래핑 입자와 섞어서 사용하는 것으로 입자를 지지하며 동시에 분리시키고 가공물에 윤활을 주어 긁히는 것을 방지한다. 주철랩으로 경화강을 래핑할 때는 랩유로 유류를 사용하고, 보통은 석유와 기계유를 혼합한 것이 많이 사용된다. 유리와 수정에는 물이 사용되며 올리브유, 경유, 벤졸 등이 사용되는 경우도 있다.

(4) 랩 작업 방식

랩 작업 방식에는 수동 작업에 의한 핸드 래핑과 기계 작업에 의한 기계 래핑이 있으며 가공물의 형상이나 부품의 종류에 따라 평면 래핑, 원통 래핑, 나사 래핑, 구면 래핑, 구(球) 래핑, 기어 래핑 등이 있다.

① 핸드 래핑

핸드 래핑에 사용도는 랩은 그 모양이 아주 간단하며 평면 래핑에는 평면 랩 위에 랩 입자를 놓고 가공물을 손으로 잡아 8자형으로 운동시키며 래핑한다(그림9-2).

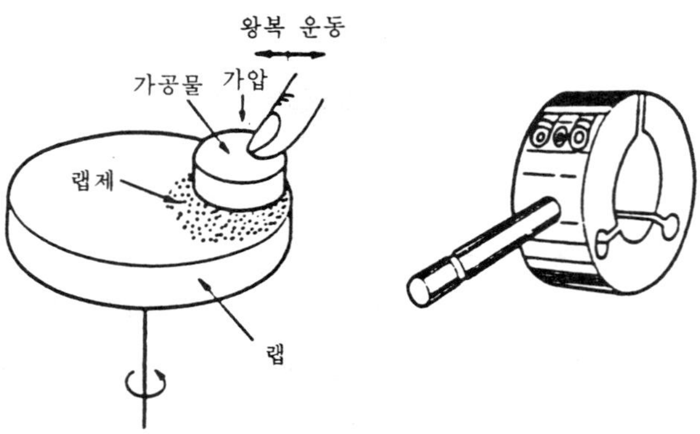

그림 9-2 래핑 작업

원통 래핑은 둥근 봉의 외경을 래핑하는 작업으로서 선반에 설치하고 회전 운동을 주며 가공물의 외경과 거의 같은 내경을 가진 랩을 가공물에 맞추고 죔나사로 정밀히 조절한 다음 손잡이를 잡고 축 방향으로 움직여 전체 길이를 래핑한다. 내면 래핑을 하는 데는 원통형 랩에 회전 운동을 주며

② 기계 래핑

평면 및 원통 외면의 래핑에 널리 사용되는 래핑 머신은 랩판의 중심선이 수직으로

된 수직형 래핑 머신이다. 그 구조는 그림 9-3과 같이 상랩판과 상대하여 회전하고 있는 하랩판이 있고, 가공물은 그들 랩판 사이에서 편심으로 회전하고 있는 홀더에 끼어 다듬 가공하게 된다. 이 때 상랩판은 회전하지 않고 브래킷으로 주축에 연결되어 있으며 그 상하 위치는 래크와 피니언으로 조절할 수 있게 되어 있다.

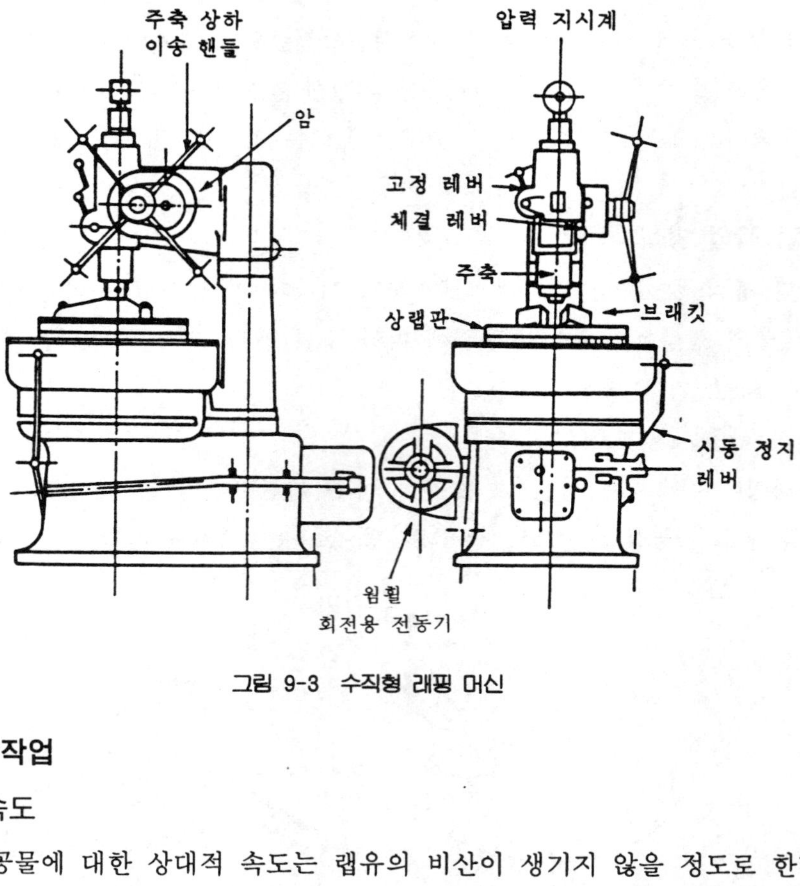

그림 9-3 수직형 래핑 머신

(5) 래핑 작업

① 래핑 속도

랩제의 가공물에 대한 상대적 속도는 랩유의 비산이 생기지 않을 정도로 한다. 래핑 속도가 너무 빠르면 가공물의 표면이 변질 및 변형이 생기고, 또한 마모 · 피로 현상이 생긴다. 속도는 보통 50~80[mm]가 많이 사용된다.

② 래핑 압력

습식 래핑에서 랩량에 가장 큰 영향을 주는 인자는 랩 압력으로서 압력이 증가하면 단위시간, 단위 면적당의 절삭량이 증가된다. 실제 작업의 습식에는 압력이 0.5[kgf/cm^2]이다. 너무 압력이 크면 랩제가 배제되므로 건식 래핑 상태가 되기 쉽다.

③ 랩 가공 시간과 내구성

일정한 조건으로 래핑하면 항상 새로운 랩제를 공급할 때 절삭량이 시간에 비례하면서 직선적으로 증가한다. 그러나 새로운 랩제가 충분히 공급되지 않는다면 절삭량이 감소된다.

랩제의 내구성은 강철에 대하여 알런덤 재질이 카보런덤보다 더욱 크다. 래핑 여유는 습식에서 0.01~0.02[mm]를 표준으로 작업한다.

④ 래핑 흠집

래핑 가공 표면은 전체적으로 매끈히 가공되어 있으나 군데군데 흠집이 남아 있는 것을 가끔 볼 수 있다. 그 원인은 다음과 같다.

ⓐ 랩제의 입자가 불균일할 때(특히 큰 입자가 섞여 있을 때에 잘 나타난다)

ⓑ 랩에 불순물이 있을 때

ⓒ 가공면에 요철이 심할 때

ⓓ 랩제와 래핑유가 적당하지 않을 때

ⓔ 래핑유의 점도가 너무 클 때

따라서 래핑 흠집을 방지하기 위해서는 래핑 조건을 잘 선택하여야 한다.

⑤ 래핑에서의 다듬률

래핑은 회전 운동과 미끄럼 운동으로 구성되나 실제 래핑 작용은 대단히 복잡한 운동으로 구성된다. 전체 다듬량을 100[%]로 할 경우 가공물의 지름 16[mm], 길이 40[mm]의 원통을 수직형 래핑 머신으로 공작할 때의 백분율을 표 9-1에 나타내었다.

표 9-1 원통의 래핑에서의 다듬률

전체 다듬량	회전 다듬량	미끄럼 다듬량			마찰량
		원주방향	축방향	편심운동	
100%	5%	15~25%	40~60%	15~25%	0~5%

(6) 다듬질면의 거칠기

그림 9-4는 다듬질시간에 대한 다듬질면의 조도를 나타낸 것이며, 시간의 경과에 따라 랩제가 분쇄되기 때문에 다듬질면이 곱게 되는 것을 알 수 있다.

그림 9-5는 랩제의 입자 크기에 대한 다듬질면의 조도를 표시한다.

그림 9-6에서 래핑 압력이 높을수록 다듬질 다듬질 조도는 작아져 좋으나, 무작정 너무 높게 할 수 없다.

그림 9-7 및 그림 9-8은 공작물의 경도와 습식 및 건식에 대한 조도를 표시한다.

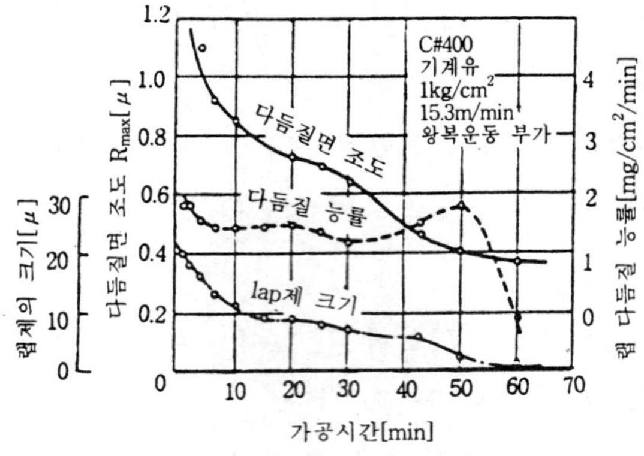

그림 9-4 가공시간과 다듬질면 조도

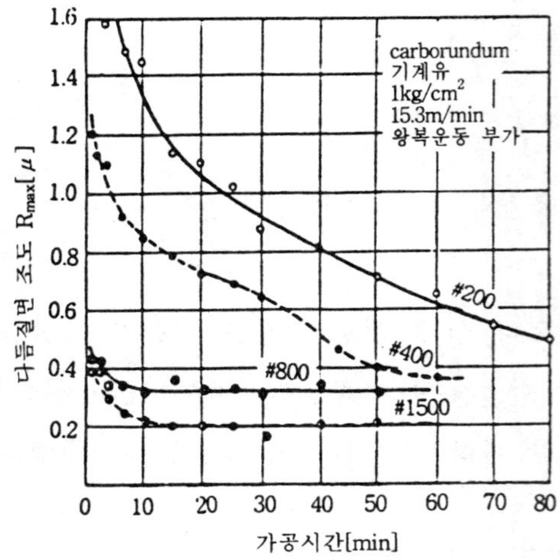

그림 9-5 랩제 입도와 다듬질면 조도

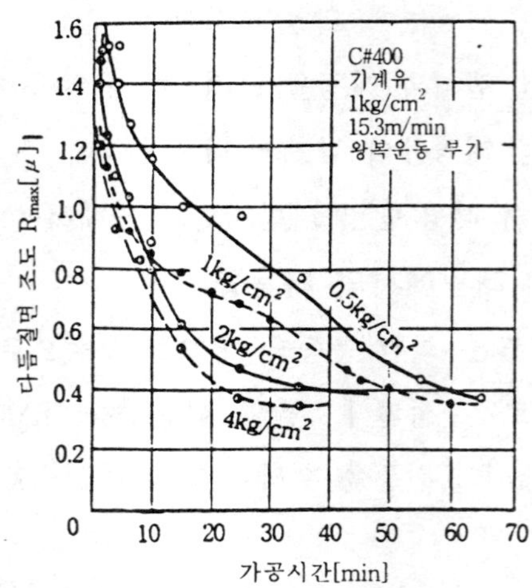

그림 9-6 압력과 다듬질면 조도

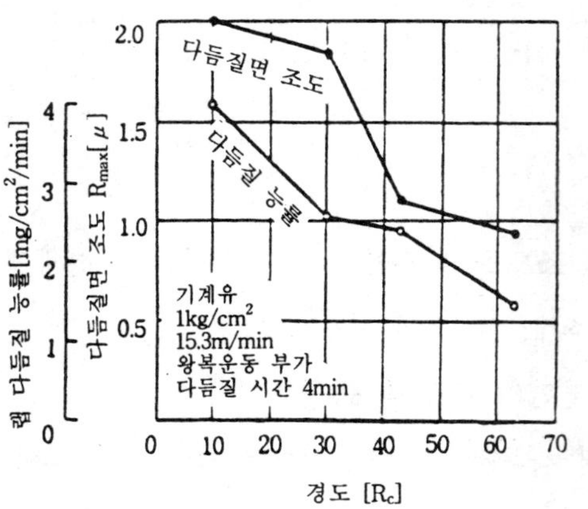

그림 9-7 공작물 경도의 영향

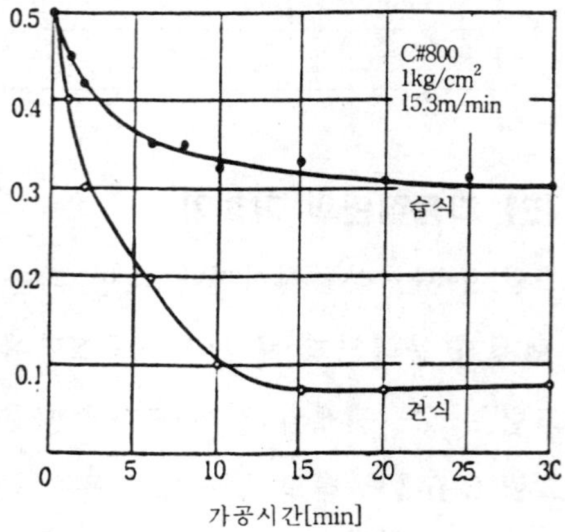

그림 9-8 건식법과 습식법과의 다듬질면의 비교

9-1-2 슈퍼피니싱 머신(superfinishing machine)

(1) 슈퍼피니싱 머신의 개요

슈퍼피니싱이라는 것은 입도가 적고, 연한 숫돌을 작은 압력으로 가공물의 표면에 가압하면서 가공물에 피드를 주고, 또 숫돌을 진동시키면서 가공물에 완성 가공을 하는 것이다(그림 9-9).

슈퍼피니싱에 의한 가공면에 매끈하고 방향성이 없고, 또한 가공에 의한 표면의 변질부(變質部)가 지극히 적다. 이것은 1935년 미국 Crysler Auto Co.에서 고안되어 급속히 각 방면에 보급된 새로운 표면가공법이다. 기본적인 작업으로 원통형의 외면, 내면, 평면 등을 가공하고, 특히 중요한 축의 베어링 접촉부, 각종 게이지, 각종 롤러, 초정밀가공 등에 실용화되고 있다.

그림 9-10은 평면 슈퍼피니싱에 대한 설명도이고, 그림 9-11은 내연기관의 피스턴 표면가공의 실례이다. 슈퍼피니싱에 사용되는 기계에는 보통 슈퍼피니싱 머신(普通超仕上機), 피스턴 슈퍼피니싱 머신, 크랭크축 슈퍼피니싱 머신 등이 있다.

그림 9-12은 원통면 가공 슈퍼피니싱 머신을 표시한다. 숫돌로 된 슈퍼피니싱 스톤(super finishing stone)을 진동시키면서 원통면을 다듬질할 수 있는 구조를 갖고 있다. 그림에서 가공물은 지지대(支持臺) 1과 2 사이에서 지지되고 선반과 같은 방법으로 회전시키고, 숫돌로 된 공구의 지지축 4에 공구를 장치하며, 이것이 가공면을 따라 축방향으로 왕복운동한다.

이 기계에서 가공물의 회전 속도는 2~20m/min, 숫돌의 길이 방향의 이송은 가공물의 1회전당 0.1~0.15mm의 변위에서 변화시킨다. 그리고 숫돌공구의 진동수는 500~1800cycle/min로 한다. 또한 가공여유는 0.005~0.02mm이며 1회의 가공에 12~35sec을 요한다.

표 9-2은 슈퍼피니싱의 특징과 효과를 표시한다.

표 9-2 슈퍼피니싱의 특징과 효과

<table>
<tr><th colspan="2">특 징</th><th>예</th><th>효 과</th></tr>
<tr><td rowspan="2">숫 돌</td><td>결합도</td><td>G~M</td><td rowspan="8">1. 다듬질시간이 짧다.
2. 다듬질면이 미끈하다.
3. 치수 정도가 높다.
4. 다듬질면의 내마모성이 좋다.
5. 다듬질면의 내식성이 좋다.
6. 다듬질면의 마찰 성능이 좋다.</td></tr>
<tr><td>입도</td><td>#100~1000</td></tr>
<tr><td rowspan="3">운 동</td><td>多방면</td><td></td></tr>
<tr><td>저속도</td><td>15~20m/min</td></tr>
<tr><td>微진동</td><td>진폭 진동수 1000~1~4mm, 2500cycle/min</td></tr>
<tr><td>압 력</td><td>小</td><td>0.4~2kg/cm^2</td></tr>
<tr><td>공작액</td><td>점도가 적당한 것 다량</td><td>석유 3+머신 유1</td></tr>
</table>

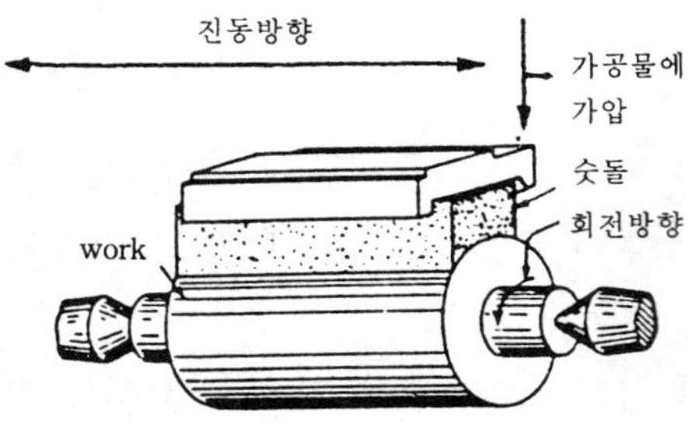

그림 9-9 원통표면의 슈퍼피니싱 설명도

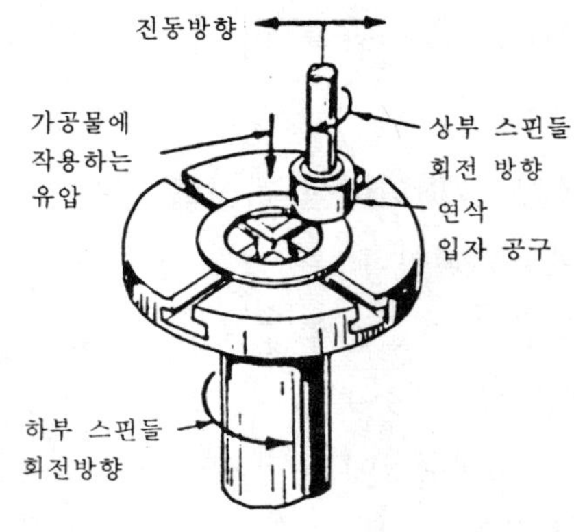

그림 9-10 평면의 슈퍼피니싱 설명도

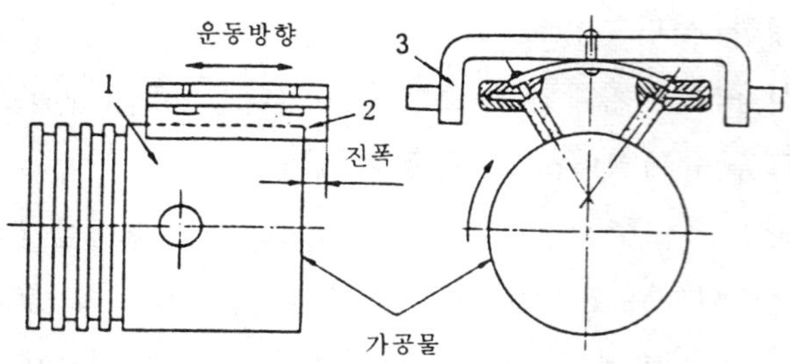

그림 9-11 피스턴 슈퍼피니싱

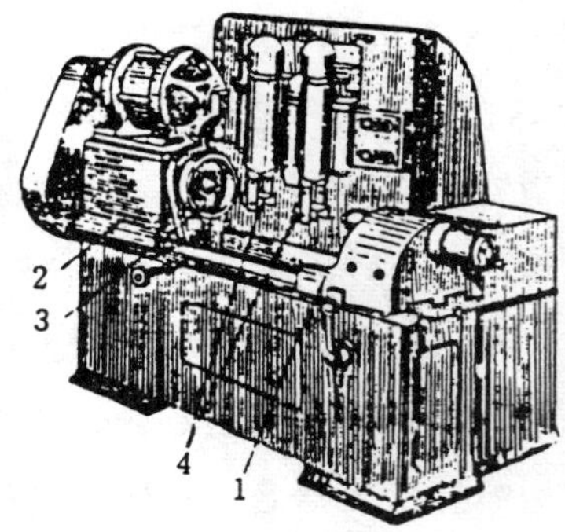

그림 9-12 슈퍼피니싱 머신

(2) 슈퍼피니싱용 숫돌

슈퍼피니싱은 숫돌에 의해 가장 큰 영향을 받는다. 따라서 숫돌의 선택에 있어서 기준이 되는 인자, 즉 숫돌 입자, 입도, 결합도, 결합제, 조직에 대하여 살펴본다.

① 숫돌 입자 및 입도

숫돌 재료로 Al_2O_3계와 SiC계가 사용되는 것은 연삭의 경우와 유사하며 가공물의 재질에 따라 용도가 다르다. 인장 강도가 작은 가공물에는 SiC계를 사용하고 인장 강도 및 경도가 큰 가공물에는 Al_2O_3계를 사용하며 가공물에 요구되는 표면 상태에 따라 보통 사용되는 입도는 No 180, 200, 240, 320, 400, 500, 600, 800 등이다.

② 숫돌의 결합도 및 조직

숫돌의 결합도는 연삭에 사용하는 것보다 연한 것을 선택하고 그 기준은 절삭 조건이나 가공물에 따라 다르다. 결합도가 높은 숫돌은 눈메움을 일으키는 경향이 많고 연한 숫돌에 대해서는 연삭 입자가 탈락되기 쉬우므로 절삭성이 우수한 반면에 다듬면은 거칠다. 숫돌의 조직은 숫돌 표면에 있는 연삭 입자의 대소에 따라 절삭 능률이 좌우되며 일반적으로 입자의 조직은 No 11~12가 적당하다.

(3) 슈퍼피니싱 작업

① 숫돌과 가공물의 상대 운동

숫돌의 운동은 초기 가공에는 작은 진폭에 진동수를 크게 하여 오아복 운동을 시키고 그 정도는 진폭 1.5[mm], 진동수 500[c/s], 그리고 후기 가공에는 진폭을 다소 크게 하고 진동수를 줄인다. 이 때는 진폭 5[mm], 진동수 100[c/s] 정도로 한다. 가공 속도가 크면 진동수도 크게하여 2500[c/s] 정도까지 사용할 수 있다.

가공물의 주속과 숫돌의 진동수는 입자의 궤적과 가공물의 원주 방향이 형성하는 최대 교차각 30°~60°를 기준으로 하고 숫돌 입자의 속도는 5~30[m/min]으로 한다.

ⓐ 초기 가공 : 억센 숫돌에 의한 거친 가공의 가공물일 때 속도는 5~10[m/min]

ⓑ 후기 가공 : 미세한 입자의 숫돌을 사용하는 매끈한 가공물일 때 속도는 15~30[m/min]

② 숫돌 압력

숫돌의 가공물에 대한 작용 압력은 실제 극히 작은 값으로 0.2~2[]kgf/mm^2]의 범위에 있다. 또한 숫돌 압력은 가공물의 경도, 숫돌 결합도, 운동 조건, 전가공의 거칠기, 가공 시간 등에 따라 적당히 선택한다.

숫돌 소모량에는 숫돌 압력에 대한 임계 현상이 있다. 즉 압력이 작을 때 숫돌의 소모는 숫돌 입자 날 선단부의 파쇄만으로 소모량이 적으나 일정 압력(1.5kgf/mm^2) 이상이 되면 숫돌입자는 파쇄 외에 탈락하기 시작한다.

ⓐ 제1단 가공(작업의 도중에서 작업 조건을 바꾸지 않고 일정 조건하에서 슈퍼피니싱을 하는 방법)일 때는 사용 숫돌의 임계 압력을 구하여 이것보다 다소 작은 압력으로 하면 좋다(보통 1.0~2.0kgf/mm^2 정도).

ⓑ 제2단 가공(거친 가공과 다듬 가공외 두 공정으로 나누어 각각의 작업 조건을 바꾸어 슈퍼피니싱하는 방법)일 때는 임계 압력보다 높은 압력, 또 다듬 가공일 때는 임계 압력보다 낮은 압력이 좋다(보통 거친 가공에서는 2.0~5.0kgf/cm^2, 다듬 가공에서 0.5~1.5kgf/cm^2 정도).

③ 가공액

슈퍼피니싱에 있어서는 숫돌 압력이 낮고 절삭 속도가 느리므로 발열은 적다. 따라서 가공액은 보통의 연삭 작업고 같은 냉각 작용을 시킬 필요가 없다.

슈퍼피니싱할 때의 가공액의 역할을 보면 다음과 같다.

ⓐ 탈락 숫돌 입자가 칩을 흘러 내리게 한다.

ⓑ 숫돌 입자 선단은 잘 윤활시켜 그 절삭 작용을 돕는다.

ⓒ 다듬 공정에서는 절삭 작용을 제어하여 숫돌을 적당히 눈메움시킨다.

이러한 목적을 위하여 보통의 경우에 스핀들유, 머신유, 터빈유 등을 10~30[%] 혼입한 레드우드(redwood)를 사용하며 점도(상온)는 35~45S 정도의 것이 좋다.

대개 혼합률 20[%]의 경우가 가장 좋은 결과를 준다. 연삭에 쓰이는 유화유 계통의 것은 숫돌이 심한 기공 막힘을 일으켜 절삭성이 나빠져 절삭 능률이 낮으므로 부적당하다. 또한 가공액의 공급량은 탈락 숫돌 입자나 칩을 씻어내는 정도가 필요하고 숫돌과 가공물의 접촉면적 1[cm^2]에 대해 0.5[l/min] 이상이 바람직하다.

9-2 호닝머신과 액체호우닝

9-2-1 호닝(Honing)머신의 개요 및 구조

호닝머신은 정밀보링 머신, 연삭기 등으로 가공한 공형 내면(孔形內面), 외형 표면 및 평면 등의 가공 표면을 향상시킨다. 호운(hone)이라고 하는 각봉상(角捧狀)의 세립자(細粒子)로 된 공구를 가볍게 접촉시키면서 표면을 더욱 매끈하고 또한 정밀하게 가공하는 기계이다. (그림9-13).

자동차 공업의 발달과 더불어 자동차 실린더 내면의 정밀가공의 중요한 기계로 등장되었다.

호닝머신은 가공물에 따라 대형 및 소형, 수직식 및 수평식, 단축형, 내면용 및 외형용 등으로 구별할 수가 있다.

그림 9-14는 대형 수직식의 단축형 호닝 머신의 일례이다. 호운(hone)의 회전운동은 전동기에서 변속기어 연결을 거쳐 운동되고, 왕복운동은 유압장치로써 속도를 무단 변속(無段變速)시키는 방식이 사용되고 있다.

그림 9-14에서 호운(hone) A는 주축단에 고정되어 가공물의 내면을 왕복 이동한다. 변속기어 D는 모터 C에 직결되어 있고, 호운의 회전 주속(回轉周速)은 30~70m/min 정도이다. 동일기계로 가공한 지름이 최소, 최대의 비는 1 : 4 범위까지 사용되며, 변속비는 약 1 : 10의 범위로 되어 있다. 왕복 이동 부분의 중량의 평형 작용에 2개의 공기실

린더 K가 사용된다. 이것들은 상승 및 하강의 속도변화를 조절하기 위하여 장치되어 있다. 대형 기계에서는 공기 용량이 충분하도록 공기탱크가 큰 것이 필요하다. 왕복운동은 유압펌프 R에서 배관(配管)된 유압실린더 E가 사용된다. 가공물에 따라 왕복운동의 거리를 조절하기 위하여 스트로크(stroke), S의 조정 장치 M을 설치하고, 원판상의 핸들을 조절한다.

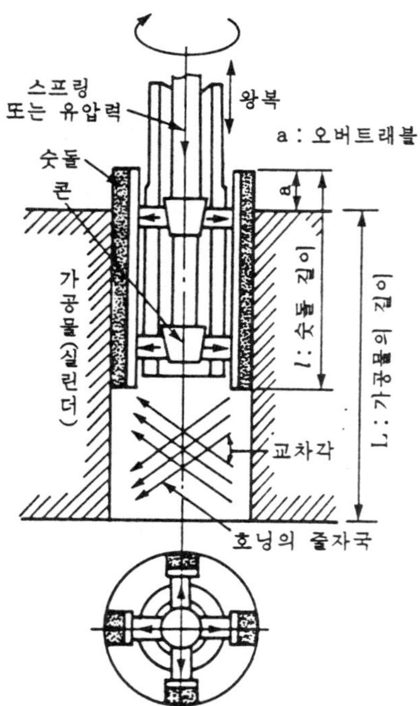

그림 9-13 호닝의 개념도

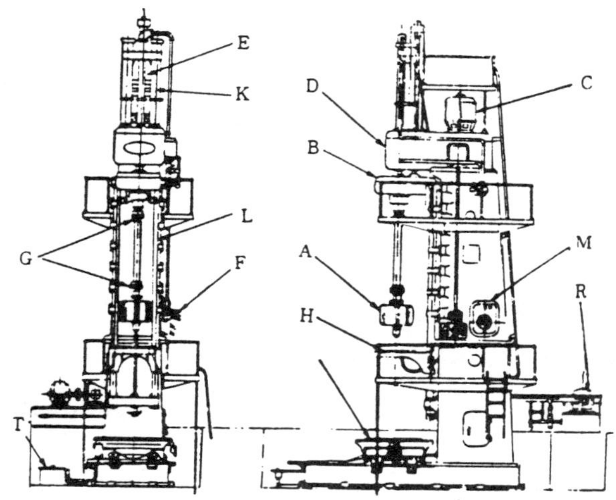

A. 호운(hone) B. 이동기어 상자 C. 전동기
D. 변속기어 상자 E. 유압실린더

그림 9-14 대형 수직식 호닝머신

9-2-2 호운(hone)

(1) 호닝 숫돌(abrasive sticks)

호닝 숫돌(honing stick)은 연삭작업에 사용되는 숫돌과 재질은 같으나, 다만 형상이 각봉상(角棒狀)을 하고 있는 점이 다르다. 지립(지粒)으로서는 산화 알루미늄(Al_2O_3) 및 탄화규소(SiC)가 주로 사용되나 초경합금이나 자기(磁器) 등에는 다이아몬드가 사용된다. 결합제로서는 비트리파이드나 레지노이드결합제가 주로 사용된다.

(2) 입도

가공물의 표면정밀도에 따라 다르며 거친 다듬질에는 No. 120~180, 중간 다듬질에는

No. 320~400, 정밀 다듬질에는 No. 600이 사용된다.

그림 9-15는 호닝 숫돌의 입도와 가공면의 조도(粗度)와의 관계를 보여준다.

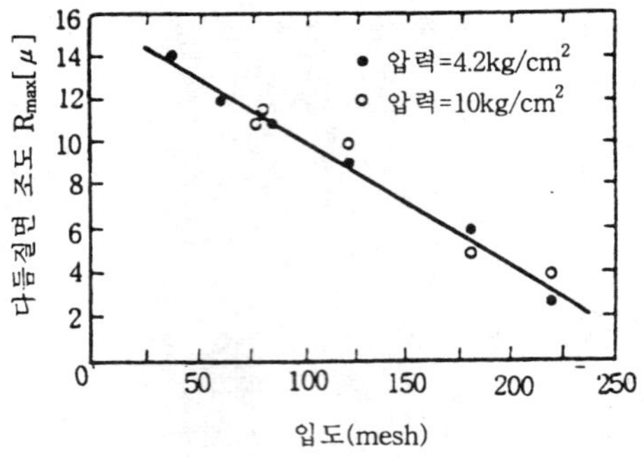

그림 9-15 숫돌입도와 다듬질면 조도

(3) 경도

가공물의 표면 전체에 균일하게 접촉하고, 새로운 절삭인이 출현될 수 있도록 비교적 경도가 작은 숫돌을 사용한다.

열처리 경호강에는 J~M, 연강에는 K~N, 주철 및 황동에는 J~N 범위의 것을 사용한다.

(4) 호닝 숫돌의 크기

숫돌 작용 면적은 구멍 크기에 대하여 어떤 비의 값을 가져야 한다. 즉, l : 숫돌의 길이, D : 구멍의 지름이라 할 때 숫돌 표면적의 접촉비는 ϕ는

$$\varphi = \frac{A}{l \cdot \pi D} = \frac{A}{\pi D^2} = \frac{l \cdot b}{\pi D^2} = \frac{l}{D} \cdot \frac{b}{D\pi} = \lambda \cdot \rho$$

단, b : 숫돌의 총폭(總幅), A : 숫돌의 작용 면적

보통 호닝에서는 $\lambda = \dfrac{l}{D} = 1 \sim 2$, $\rho = \dfrac{b}{\pi D} = 0.6 \sim 0.8$이다. 숫돌의 길이는 구멍 길이의 1/2보다 크면 안된다. 1/2보다 크게 되면 공작물에 접촉하지 않는 곳이 있어 숫돌의 마멸이 불균형일하며 따라서 가공 구멍의 치수가 불량하게 된다. 그림 9-16은 구멍 지름과 숫돌 표면접촉비의 관계이다.

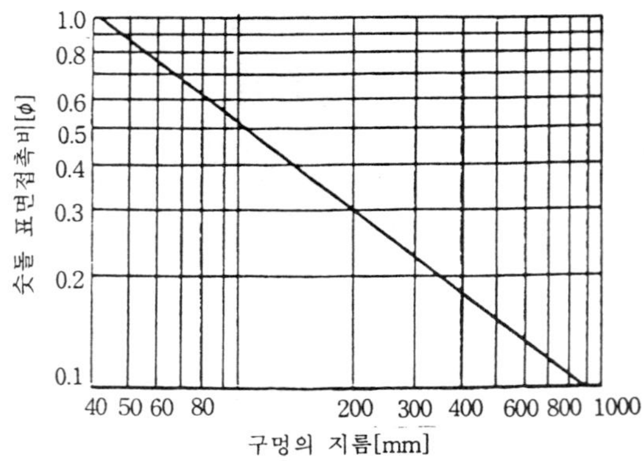

그림 9-16 구멍 지름과 숫돌 표면적의 접촉비

9-2-3 호닝 작업

(1) 호닝의결함과 대책

표 9-3 호닝의 결함과 대책

결 합	요 인	대 책
가공면이 너무 거칠다.	• 숫돌 입자가 너무 거칠다. • 숫돌 결합도가 너무 약하다. • 회전 속도가 너무 느리다.	• 숫돌 입자로 고운 것을 사용한다. • 결합도를 올린다. • 가공면이 고울 때까지 속도를 올린다.
호닝 숫돌의 수명이 짧다.	• 숫돌 결합도가 낮다. • 호닝유 점도가 낮다.	• 숫돌의 결합도를 올린다. • 호닝유의 점도를 올린다.
호닝 숫돌의 눈메움 현상(loading)	• 숫돌의 결합도가 높다. • 숫돌의 입도가 곱다. • 호닝유의 점도가 너무 높다. • 호닝 숫돌의 왕복 속도가 너무 늦다. • 호닝 숫돌의 회전 속도가 너무 빠르다.	• 숫돌의 입자를 거칠게 한다. • 결합도를 낮춘다. • 호닝유의 점도를 낮춘다. • 호닝 숫돌의 왕복 속도를 올린다. • 호닝 숫돌의 회전 속도를 낮춘다.
숫돌의 사용면에 광택이 나면 뭉그러지는 현상(glazing)	• 숫돌의 결합도가 너무 높다. • 호닝 입력이 너무 낮다. • 왕복 속도가 너무 느리다. • 호닝유의 정도가 너무 높다. • 호닝 숫돌의 회전 속도가 너무 빠르다.	• 호닝 숫돌의 결합도를 낮춘다. • 호닝 압력을 올린다. • 왕복 속도를 높인다. • 호닝유의 점도를 낮춘다. • 호닝 숫돌의 회전 속도를 낮춘다.

숫돌을 장치한 호닝 공구는 가공물의 구멍에서 회전 운동함과 동시에 축방향을 왕복 운동을 하면서 구멍의 내면 전체에 어떤 압력으로 접촉하여 가공 표면을 매끈하게 한

다. 그러므로 호닝 입자의 가공물에 대한 운동 궤적은 회전 속도와 왕복 속도의 결합으로 결정되어 사인 곡선(sine curve)을 그리게 된다. 회전 운동과 상하 운동 방향의 각도는 40°~60°가 되도록 속도를 결정하는 것이 좋으나 표면 상태에 따라 다르다. 표 9-3은 호닝 결함과 대책을 나타낸 것이다.

(2) 호닝의 압력

호닝 숫돌의 압력은 가공 표면 상태와 밀접한 관계가 있으며 숫돌의 접촉이 전면 접촉이 되도록 하기 위하여 스프링 혹은 유압을 사용하여 거치른 가공과 매끈한 가공에 대한 압력을 조정한다. 압력의 크기는 2~6[kgf/cm^2] 정도이다.

(3) 절삭제

절삭제의 점성 및 사용량이 가공 능률과 표면 거칠기에 영향을 준다. 또한 보통 경유가 많이 사용되고 점도 조정에는 머신유를 혼합한다. 한편 혼합용으로서는 S를 첨가한 광유 또는 돼지 기름이 추천되고 있으나 혼합용 절삭제를 너무 많이 사용하면 호닝 숫돌의 가공으로 탈락된 입자가 유출되어 절삭 효과가 적어지고 호닝 숫돌의 소모가 크게 된다.

(4) 호닝 여유(honing allowance)

호닝 숫돌의 가공 압력 크기에 따라 가공 표면의 거칠기가 다르며 안지름이 크면 깎아 내는 양도 크게 되나 보통 <표 9-4>의 기준에 따라 다르다.

표 9-4 가공물에 대한 호닝 여유

가공물 지름(mm)	호닝 여유(mm)	
	주철	강
25~125	0.018~0.1	0.008~0.04
150~275	0.08~0.15	0.028~0.05
300~500	0.13~0.2	0.038~0.065

9-2-4 액체 호우닝(liquid honing)

가공물 표면에 공작액과 미세연삭입자(微細研削粒子)의 혼합물을 고속으로 분사하여 매끈한 다듬질면을 얻는 방법을 액체 호우닝이라 한다.

입자와 타격(hammering) 효과로 인하여 가공물 표면은 스트레인 경화(strain 硬化)가 되고 피로강도(疲勞强度, fatigue strengh)와 내마모성이 증가한다. 그림 9-17에서와 같이 공작물의 凹 부분은 공작액이 채워져 있으므로 자연히 凸 부분에 지립이 충돌하여 매끈한 가공면을 형성한다. 그림 9-18은 액체 호우닝용 노즐(nozzle)의 단면이며, 액체 호우닝의 장단점은 다음과 같다.

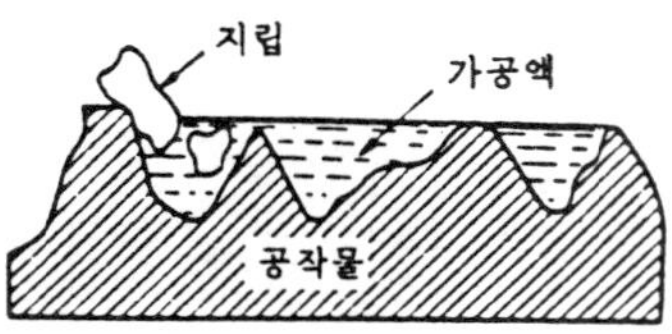

그림 9-17 액체 호우닝에서의 지립의 작용

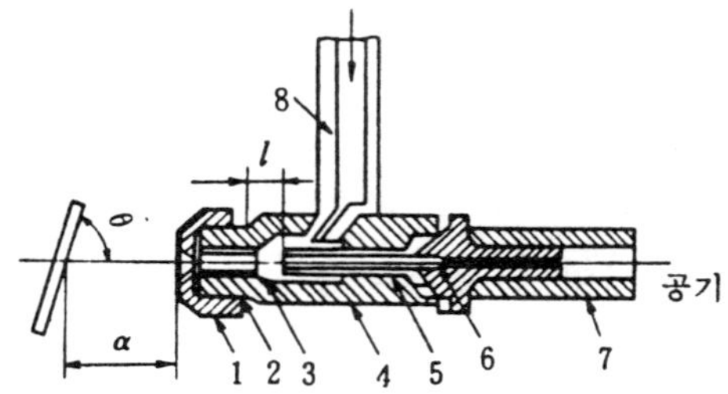

1. 분사노즐고정구 2. 분사노즐 3. 노즐라이너
4. 모체 5. 공기노즐 6. 조인트 7. 공기 파이프
8. 용액도 입구

그림 9-18 액체 호닝의 구조

① 장점

ⓐ 가공시간이 짧다.

ⓑ 공작물의 피로강도를 10% 정도 향상시킬 수 있다.

ⓒ 형상이 복잡한 것도 쉽게 가공할 수 있다.

ⓓ 공작물 표면의 산화막이나 burr를 제거하기에 용이하다.

② 단점

ⓐ 지립이 凹 부에 묻어 내마모성을 해칠 수 있다.

ⓑ 다듬질면의 정도(진직도, 지원도 등)가 그다지 좋지 않다.

지립으로는 카브로런덤(carborundum), 알런덤(alundum), SiO_2를 입도 No. 600~No. 500으로 하고, 물과 지립의 비를 1 : 1로 한다. 노즐과 공작물 표면과의 거리는 6~8cm로 하고 분사각은 45°를 기준으로 한다.

9-3 배럴과 로울러 다듬질

9-3-1 배럴(barrel)다듬질

회전하는 상자에 공작물과 숫돌 입자, 공작액, 콤파운드 등을 함께 넣어 공작물이 입자와 충돌하는 동안에 그 표면의 요철을 제거하며, 매끈한 가공면을 얻는 방법이 배럴(barrel)다듬질이다. 이때 공작물을 넣고 회전하는 상자를 배럴이라고 한다.

배럴가공을 하는 재로로서는 주철, 강, 동, 동합금, 알루미늄, 경합금 등의 금속 재료는 물론 베이클라이트, 파이버, 비닐수지 등의 비금속 재료에도 널리 사용된다.

또한 배럴가공은 배럴이 회전하는 회전형과 진동형으로 구분할 수 있다.

(1) 회전형 배럴

회전형은 축의 위치에 따라 수평형과 경사형 2종류가 있고, 배럴 형상은 일반적으로 6~8각이며 대형 공작물용에는 10~12각형이 사용된다. 그림 9-19는 매분 100~200 회전하는 터릿 위에 배럴을 설치하고 터릿의 회전에 의한 원심력과 터릿내에서 자전하는 배럴에 의해 가공하는 개념도를 나타낸 것이다.

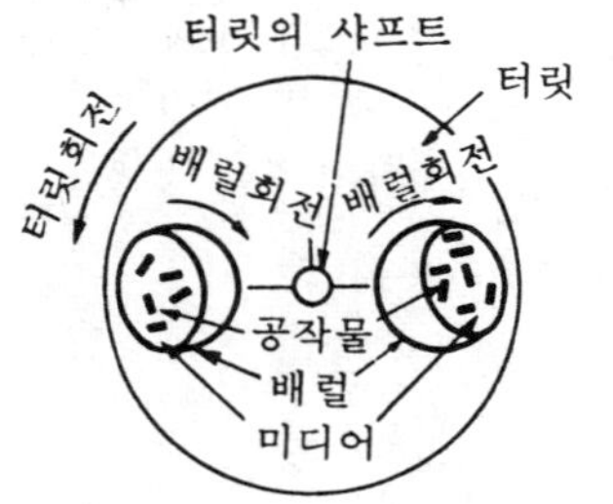

그림 9-19 원심배럴의 개념도

(2) 진동형 배럴

공작물과 연삭 입자 사이의 상대운동을, 배럴을 진동시킴으로써 다듬질 가공하는 것이 진동형 배럴이다. 그림9-20은 U형 단면의 용기 그 저부(底部)에 고정된 편심회전체에 의해 상하, 좌우로 진동하는 것을 나타낸 것이다.

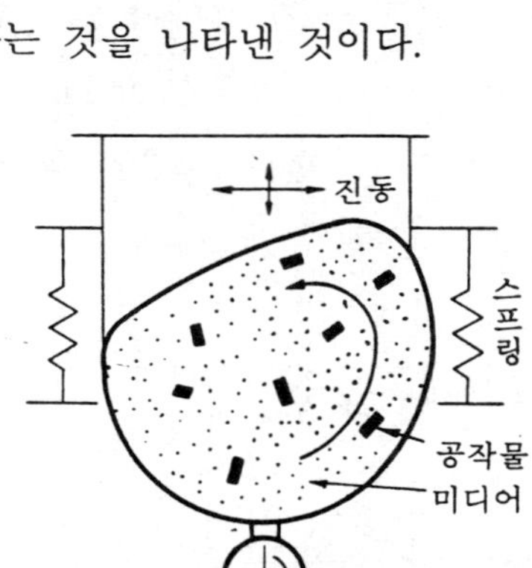

그림 9-20 진동배럴의 개념도

이와 같은 진동식 배럴은 회전형에 비해 가공능률은 10배라고 하며, 트리밍, 원형화 등의 거친 다듬질에 효과를 발휘한다. 진동 조거으로서는 진폭 3~9mm, 진동수 20~60 사이클이 일반적이다.

(3) 미디어(media)

배럴가공중 공작물 사이에 끼워 가공 작용을 하는 미디어이다. 미디어로 사용되는 것은 숫돌입자, 천연 및 인조 석괴, 석영, 모래, 금속, 나무, 가죽 등이 사용된다. 거칠은 다듬질에는 숫돌 입자, 석괴, 석영, 모래 등이 사용되며, 광택내기에는 나무, 가죽 등이 이용된다.

또한 미디어의 가공 작용에는 다음과 같다.

① 펀칭된 물품이나 절삭 부품의 귀를 딴다(귀따기).

② 상당한 량을 절삭하여 공작물의 치수 정밀도를 높인다(연삭).

③ 녹이나 스케일을 제거한다.

④ 다듬질 면을 평활하게 함을 목적으로 하고 다듬질량은 적다(폴리싱 : polishing).

⑤ 다듬질량은 전혀 없다고 할 정도이며, 표면의 광택을 낸다(버니싱 : burnishing).

(4) 바렐 다듬질 조건

① 물의 경도

물의 경도가 크면 공작물에 핀 홀(pin hole)상의 부식이 생기므로 경도가 작은 연수(軟水)를 사용한다.

② 공작액의 양

공작액이 바렐내에서 공작물과 미디어의 완충작용을 하므로 다듬질량을 크게 하기 위해서는 공작물을 적게 하고, 공택내기가 주목적일 때에는 공작액을 많게 한다.

우선 공작물과 미디어의 호합물이 높이까지 공작액을 채우고 가공 정도를 관찰하면서 서서히 첨가하는 것이 보통이다. 또 연한 공작물에는 공작액을 많게 하여 쿠션(cushion) 작용을 돕는다.

③ 공작물과 미디어의 혼합비

공작물에 대한 미디어의 용적혼합비율은 (1 : 6)~(1 : 2)가 일반적이다. 미디어의 양을 많게 하면 공작물간의 충돌을 방지함과 동시에 다듬질량이 증가되나, 1 : 1 이상에서는 오히려 다듬질량이 감소한다.

④ 바렐의 속도

바렐의 회전속도가 크면 다듬질량이 커지나 어느 이상이 되면 오히려 다듬질량이 감소한다. 그림12-4에서 보는 바와 같이 회전수가 크면 원심력에 의하여 미끄럼층의 상잔이 상승하고, 어떤 점에서 하락하게 되어 바렐 필요한 미끄럼운동이 없어지고, 또 공작물끼리 충격을 주어 파손되기가 쉽다. 바렐의 회전속도는 공작물의 형상, 크기, 중량에 따라 다르나 보통 6~30rpm이고 공작물이 작을 때에는 35회전까지도 가능하다. 공작물이 강과 같이 경도가 큰 것은 경도가 작은 구리, 알루미늄보다 고속으로 한다.

9-3-2 롤러(Roller) 다듬질

(1) 롤러 다듬질 방법

그림 9-21과 같이 소입 경화한 롤러를 회전하는 공작물에 압착하고 롤러에 이송운동을 부여 하여 공작물 표면을 탄성한도를 초과해서 소성역으로까지 변형시켜 다듬질 면을 압연하여 그 요철을 감소시켜 양호한 다듬질 면을 얻는 것이다. 기계로서는 일반적으로 선반이 사용되며, 롤러는 가압 장치을 지진 홀더에 넣어져서 공구대에 장착되어 가압 스프링에 의해서 일정한 압력으로 공작물에 압착된다.

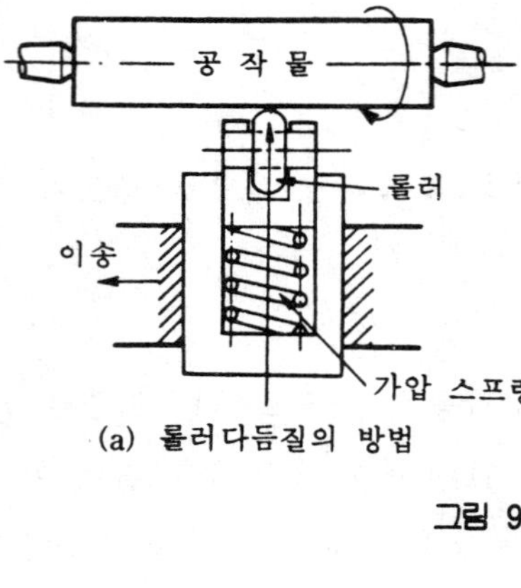

(a) 롤러다듬질의 방법

(b) 롤러다듬질공구

그림 9-21 롤러 다듬질

① 롤러의 직경 및 둥글기 반경

롤러의 직경 및 둥글기 반경은 롤러 다듬질 면의 조도에 큰 관계를 갖는다. 즉 그 값이 클 때는 일정한 압력으로 롤러 다듬질할 경우 표면과의 접촉 면적이 커지며, 충분히 소성변형 하기 힘들고 또 너무 작을 때는 표면의 변형이 너무 커져서 롤러 이송에 의한 요철이 다듬질면에 남는다.

② 압 력

압력이 작을 때에는 충분한 소성변형이 생기지 않고, 밑바탕의 흠이나 다듬질면의 요철이 남고 또 압력이 너무 크면 변형의 정도가 너무 커져서 오히려 다듬질면이 나빠진다.

9-4 폴리싱과 버핑 및 버니싱

9-4-1 폴리싱과 버핑(polishing and buffing)

폴리싱이라 함은 목재, 피혁, 캔버스, 직물 등 탄성이 있는 재료로 된 바퀴 표면에 부착시킨 미세한 연삭입자로서 연삭 작용을 하게 하여 공작물 표면을 버핑하기 전에 다듬는 방법이다.

버핑이라 함은 모(毛), 직물 등으로 원반을 만들고 이것들을 여러장 붙이거나 재봉으로 누비거나 또는 나사못으로 겹쳐서 폴리싱 또는 버핑 바퀴를 만들고 이것에 윤활제를 섞은 미세한 연삭 입자의 연삭 작용으로 공작물의 표면을 매끈하게, 또 광택을 내는 작업이다. 보통 바퀴의 지름은 25~600mm 정도로 한다.

그림9-22은 버프에 봉상으 컴파운드를 부착시키는 방법과 버핑 방법을 보여 준다.

버핑은 다듬질량이 극히 적기 때문에 정밀도를 요하는 가공보다는 외관을 좋게 하기 위한 광내기(coloring)에 주로 이용된다.

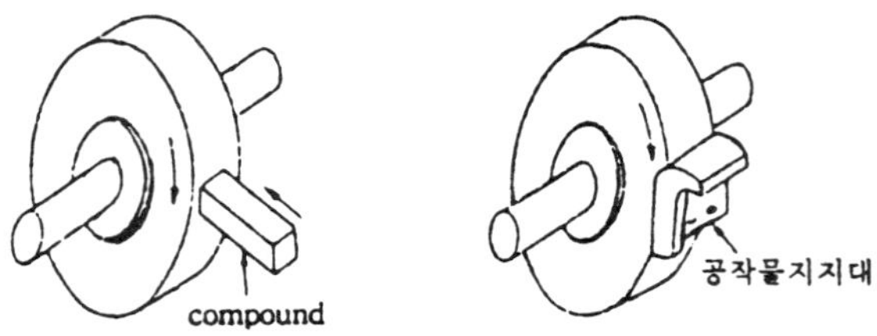

(a) 지립을 칠함 (b) 버프

그림 9-22 컴파운드 부착과 파핑 방법

(1) 버프((buff)

버프는 고속회전을 하는 원반으로 되어 있으며, 그 원주면에 지료를 부착시켜 여기에 공작물을 대고 닦음다듬질을 행하게 하는 것이다.

버프는 공작물의 단면형에 따라 적당히 변형하는 것이어야 한다. 그러나 너무 용이하게 변형하는 것은 여기에 공작물을 대었을 때 저항이 적고, 따라서 연삭능률이 높아 대충다듬질용의 버프로서 적합하다. 반대로 강성이 약한 것은 마지막 광내기작업에 흔히 사용된다. 또 강성과 같이 중요한 성질은 중량이다. 중량이 큰 버프는 여기에 작용하는 원심력이 크기 때문에 강성이 강해진다. 그 외에 버프가 갖추어야 할 성질로서는 지료가 부착하기 쉽고 내구력을 지닐 것 등이 필요하다.

현재 사용되고 있는 버프로는 그림 9-23와 같은 것이 있다. No. 2000 정도의 에머리 등을 사용한다. 광내기용에는 경도가 낮은 Cr_2O_3, 규조토 등이 사용된다.

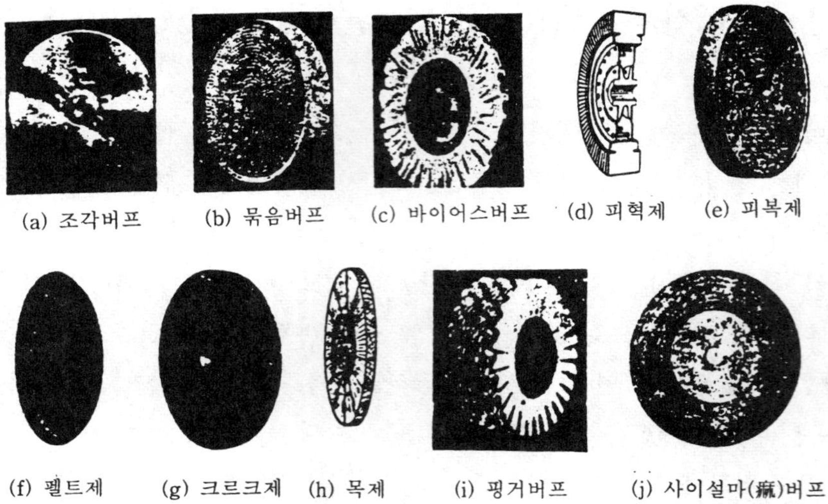

그림 9-23 버프

(2) 컴파운드

거친 버핑에는 버프의 외주에 지료를 아교로 접착시켜 사용하나, 기타에서는 지료를 유지로 굳혀 봉상으로 만들고 이것을 컴파운드라 한다.

컴파운드의 작용에는 연삭작용, 버니싱(burnishing)작용, 화학작용 등이 있다. 즉, 연삭작용은 다듬질량을 크게 하고, 버니싱 작용은 공작물이 압력을 받아 고속도로 마찰을 할 때 표면이 국부적으로 고온으로 되어 표층의 유동을 초래하여 평활한 면을 얻는 것으로서 특히 아연합금, 알루미늄, 구리 같은 것에 중요한 역할을 한다. 화학작용은 버핑에 의한 고열로 인하여 유지 중의 지방산이 금속과 반응하여 금속비누를 발생시키고 가공면을 경면(鏡面)으로 되게 한다.

(3) 버프 속도와 압력

버프의 속도가 너무 낮으면 강성이 떨어지고, 너무 속도가 크면 가공물과의 사이에 마찰력이 커져서 버프의 소모가 많아지고 또는 버프가 타는 경우도 있다. 표 9-5는 미국의 수기 가공에서의 버프의 원주속도이다.

버프에 대한 압력은 버프의 종류, 공작물의 재질, 다듬질 정도 등에 따라 다르나, 일반적으로 거친 다듬질에는 큰 압력을 주고, 버프의 강성이 클 때에는 압력을 작게 한다.

표 9-5 수가공 버핑의 표준속도(ft/min)

가공정도 \ 재 질	탄소강	stainless강	황동	Ni강	Cr강	연한 금속
보통 완성가공	9000	10,000	4000~9000	5000~9000	-	4600~8000
광택있는 완성가공	4600~8000	7000~9000	7000~9000	6000~8000	7000~8000	1000~7000

그림 9-24 (a)와 같은 버프의 회전 방향과 공작물의 이송 방향에서는 같은 방향일 때보다 매끄러운 면이 얻어진다.

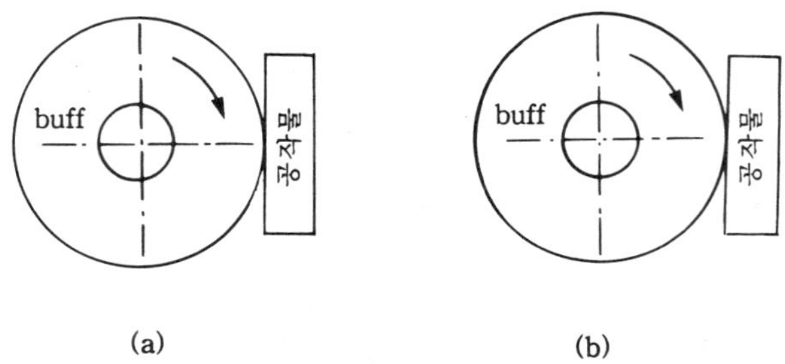

그림 9-24 공작물과 버프의 운동 방향

9-4-2 버니싱(burnishing)

그림 9-25와 같이 원통의 내면을 다듬질하기 위하여 원통의 안지름보다 약간 지름이 큰 강구(鋼球)를 압입(壓入)하여 다듬질면을 압궤(壓潰)함으로써 매끈하게 하는 방법을 버니싱, 볼 다듬질 또는 프레스 다듬질이라 한다.

드릴 또는 리이머 가공한 구멍의 치수 정도를 높이고 다듬질면을 매끄럽게 하는데 시간이 적게 걸리는 것이 장점이다.

공작물이 강재로 되어 있으면 강구가 쉽게 마모되기 때문에 주로 구리, 알루미늄과 같은 경도가 낮은 비철금속에 이용된다. 공작물의 두께가 얇으며 변형은 거의 탄성적으로 이루어지고 소성 변형은 극히 적어 버니싱 효과가 적어지며, 두께가 증가하면 버니싱 효과는 증대된다. 그림 9-26은 강구와 구멍의 치수차에 대한 구멍이 확대를 도시한 것이다.

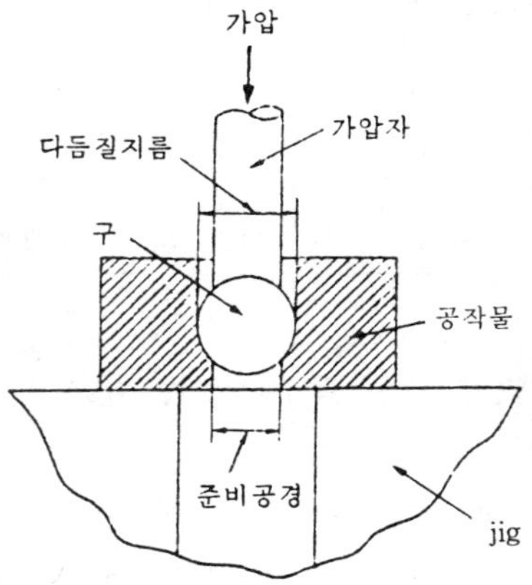

그림 9-25 버니싱

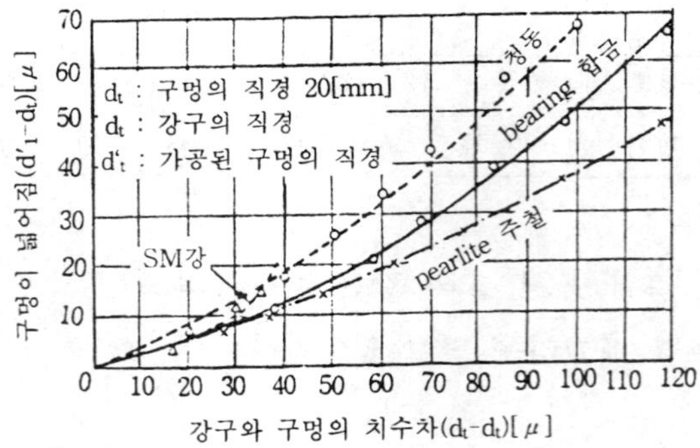

그림 9-26 강구치수와 구멍직경

9-5 쇼트피닝과 그릿블라스팅

9-5-1 쇼트 피이닝(shot peening)

쇼트 피이닝은 샌드 블라스팅의 모래 또는 그릿 블라스팅의 그릿 대신에 경화된 소강구(小鋼球, steel ball)를 공작물 표면에 분사하여 공작물을 다듬질하고 피로강도와 기타 성질을 향상시키는 방법이며, 이때 사용되는 소강구를 쇼트라 한다.

(1) 쇼트 피이싱 방법

쇼트 피이닝기의 주요부는 쇼트 분사기와 공작물 고정장치이다. 쇼트 분사기는 그릿 블라스팅에서와 마찬가지로 압축 공기를 이용하는 분사방식과 원심력에 의한 원심식이 있다. 분사방식은 샌드블라스팅 머신을 그대로 사용하면 원심식에서는 공작물을 자동이 송시키며 그림 9-27은 코일 스프링 및 판스프링의 쇼트 피이닝가공의 예이다.

(2) 쇼트

쇼트에는 칠드주철 쇼트, 칠드주철 쇼트, 가단주철 쇼트, 주강 쇼트, 컷 와이어 쇼트과 드물게 사용되는 구리 또는 유리 쇼트가 있다.

① 칠드 주철 쇼트

용탕(溶湯)을 수중(水中)에 산포하여 급냉경화(急冷硬化)한 것으로서, 그 성분은 3% C, 1.4% Si, 0.3% Mn인 것이 보통이다. 경도는 크고 Hv=800~900으로서 작업능률은 좋지만 파괴되기 쉬워 열처리를 해서 경도를 낮추는 경우도 있다.

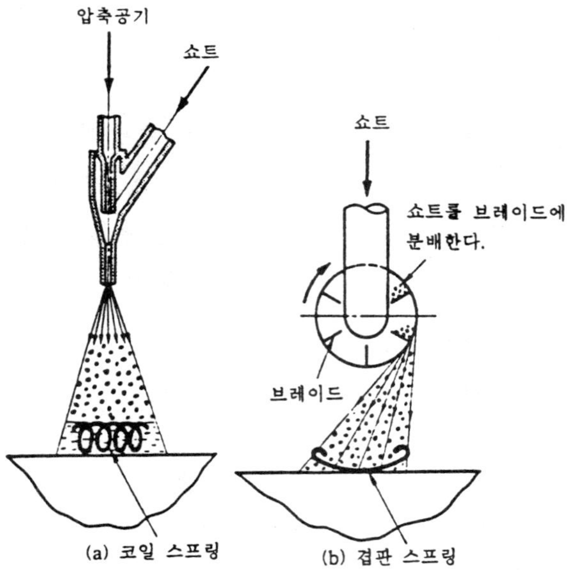

그림 9-27 코일 스프링 및 판스프링 쇼트 피이닝

① 호퍼, ② 숏, ③ 투사판 받침, ④ 축판,
⑤ 투사판, ⑥ 회전 공간, ⑦ 숏입구

그림 9-28 무기 분사식 숏 피닝기

② 컷 와이어 쇼트

강선을 절단하여 만들며, 인성(靭性)이 크기 때문에 칠드주철 쇼트보다 수명이 훨씬 길다.

(3) 가공조건

쇼트 피이닝에서는 중요한 것은 분사속도, 분사각도 및 분사면적이다. 분사속도가 크면 피이닝 효과도 크게 되지만 속도에도 한계가 있어 공기분사식에서 공기압력을 4kg/cm^{2}이내로 한다. 압력이나 속도가 너무 크게 되면 가공물 표면의 조직이 파괴된다. 분사각도가 90°일 때에 효과가 가장 크고, 가공층의 두께가 가장 크고 분사각이 더 커지면 단위면적의 피이닝 효과가 떨어지며, 또 분사면적의 각 위치에서의 분사각이 서로 다르기 때문에 피이닝 효과가 위치에 따라 다르다.

쇼트 피이닝은 최초에는 판 스프링에 주로 이용되었으나, 최근에는 자동차 및 항공기의 부품인 코일 스프링, 연결봉, 와셔(washer), 핀(pin)류, 차축, 기어 등에 사용된다.

표 9-6은 기계 부품에 쇼트 피이닝을 실시하였을 때의 피로한도의 증가율을 보여준다.

표 9-6 쇼트 피이닝에 의한 피로한도 증대

기계부품	피로한도의 증가(%)
크랭크 축	900
판 스프링	600
연결봉	1000

기계부품	피로한도의 강도(%)
coil spring	1370
gear	1500
rocker arm	1400

9-5-2 그릿 블라스팅(grit blasting)

주물 표면을 청정(淸淨)하기 위하여 개방된 샌드 블라스팅(san blasting)에서는 사립(砂粒)이 파괴되어 입자의 크기가 일정하지 않으면 또 먼지에 의해 작업자의 건강을 해지기 때문에 부적합하다. 최근에는 사립 대신에 쇼트(shot, 작은 鋼球)나 그릿(grit, shot를 파쇄한 것)을 사용하여 가공물 표면을 다듬질하는데 전자를 쇼트 피이닝(shotpeening)이라 하고, 후자를 그릿 블라스팅(grit blasting)이라고 한다.

그릿 블라스팅(grit blasting machine)에는 압축공기식과 원심식이 있다.

(1) 그릿의 크기

입자가 크면 다듬질량은 많으나 가공면은 거칠고, 압자가 적으면 다듬질량이 적고 가공면은 매끄러우므로 공작물의 재질과 요하는 가공면의 정도에 따라 그릿을 선정한다.

일반적으로 경한 재질에는 굵은 그릿을, 연한 재료에는 미세한 그릿을 사용한다.

표 9-7은 공작물의 재질에 대한 그릿의 입도와 공기압력을 표시한다.

표 9-7 공작물에 대한 입도와 공기압력

공 작 물	그릿 입도	공기압력(lb/in^2)
비철금속 주물과 연금속	#40~#60	18~20
주철	#24~#30	25~35
가단주철	#24	40~45
주강	#10~#12	60~80
강판, 단조품	#16~#24	45~60

실린더라이너(cylinder liner), 크랭크 샤프트(crank shaft), 선반 베드와 같은 물품에는 #20 또는 #15 정도가 적당하며 두께가 아주 얇은 작은 물품에는 #60 정도를 사용한다.

(2) 공기압력과 공기량

공작물의 경도가 작을 때에는 공기압력을 낮게 하고, 경도가 클 때에는 공기압력을 크게 한다. 표 9-8에 공기량이 표시되어 있다.

(3) 분사(噴射)거리와 각도

분사거리를 멀리 하면 가공면적은 넓어진나 다듬질량이 감소한다. 따라서 경한 가공물에는 분사거리를 짧게 하고 연한 가공물에 대해서는 멀리 하여 가공면을 넓게 하는 것이 좋다.

표 9-8 공기량

nozzle 지름(in)	공기유량(ft^3/min)							적당한 hose의 지름(in)	유량(lb/hr)	
	압력40(lb/in^2)	50	60	70	80	90	100		모래	grit
2/16	27.50	32.80	37.50	43.00	47.50	52.50	57.88	3/4~1	500	1250
1/4	49.10	58.20	67.00	76.00	85.00	94.00	103.00	1~11/4	900	2250
5/16	76.70	90.70	105.00	119.00	133.00	146.00	161.00	11/4~11/2	1200	3250
3/5	110.00	130.00	151.00	171.00	191.00	211.00	232.00	11/4~11/2	1700	4250
7/16	150.00	178.00	206.00	233.00	260.00	315.00	315.00	11/2~13/4	2200	5500

그림 9-29 및 그림 9-30은 분사거리와 분사각도의 영향을 각각 표시한 것이다.

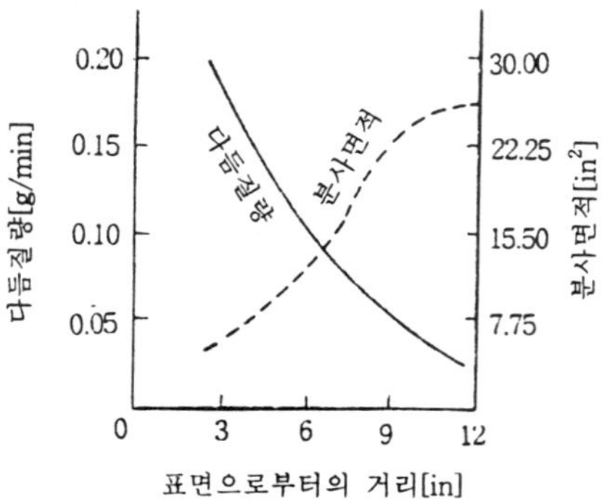

그림 9-29 분사거리의 영향

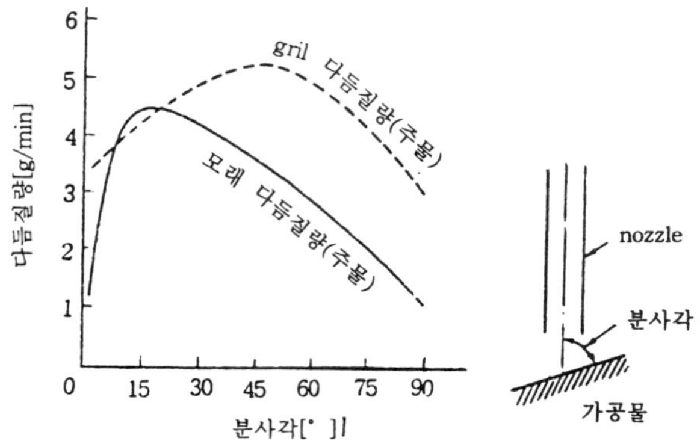

그림 9-30 분사각도의 영향

제10장 특수가공법

10-1 특수 가공의 개요 및 분류

10-1-1 특수 가공법

기계적 에너지 및 열적 에너지를 원동력으로 절삭 공구나 연삭 숫돌 등 실체의 공구를 사용하는 가공법을 관용 가공법(conventional machining process)이라 하면 전기, 전자, 빛, 열 등의 물리 현상이나 부식 등의 화학 또는 전기 화학 현상을 이용하는 '실체가 없는 공구'에 의한 가공법을 특수 가공법(unconvemtiontional, non-traditional machininh processes)이라 한다.

관용 가공법은 가공물과 공구를 상대 운동시켜 가공하는 것으로 가공물의 경도 또는 강도는 공구보다 낮아야 하며 형상도 비교적 단순하다. 그러나 기계 가공 기술의 발달에도 불구하고 고경도, 고강도, 고인성을 갖는 신재료나 미세, 이형 등의 특수 형상의 가공은 관용 가공법으로는 매우 비능률적이거나 가공이 불가능한 경우도 있다. 이와 같은 배경에서 발전된 것이 특수 가공법이다.

특수 가공의 발달이 촉진된 요인은 가공 형상의 복잡화 · 미소화 · 고밀도화와 난삭 재료에 대한 가공 능력의 증대 요구로 정리할 수 있다. 특수 가공의 대부분은 공구에 의한 기계적 파괴에 의하지 않는 가공법이므로 가공물의 기계적 성질에 관계없이 고경도 · 고강도 재료의 가공이 가능하다.

10-1-2 특수 가공의 분류

보통 특수 가공법의 분류는 표 10-1과 같다.

표 10-1 특수 가공의 분류

분류	공급 에너지	제거가공	부착가공	변형가공
물리적 가공	전 기	방전 가공 전자 빔 가공 이온 가공 플라스마 제트 가공 플라스마 에칭	방전 소결 전자 빔 용접 전자 빔 증착 플라스마 용접 이온 플레이팅 스퍼터 증착	방전 성형
	광	레이저 가공	레이저 용접	-
	음 향	초음파 가공	초음파 용접	-
화학적 가공	화 학	포토 에칭 케미컬 밀링 화학 연삭 화학 연마	화학 증착 무전해 도금 침지 도금	폭발 성형
	전 기 화 학	전해 연마 전해 연삭 전해 가공	전기 도금 전기 주조	-

10-2 방전가공(electro discharge machining, EDM)

방전가공은 불꽃방전(spark discharge)에 의하여 재료를 미량씩 용해하여 제거하는 방법이며 구멍뚫기, 조각, 절단 등을 한다. 그림 10-1은 방전가공기를 도시한 것이며, 그림 10-2은 방전에 의한 크레이터(crater)를 보여 준다.

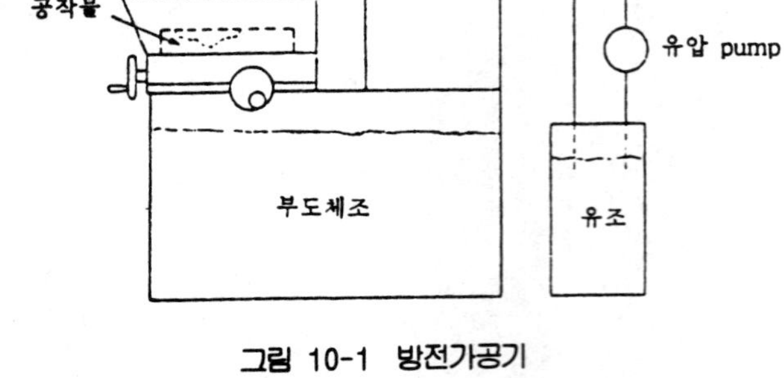

그림 10-1 방전가공기

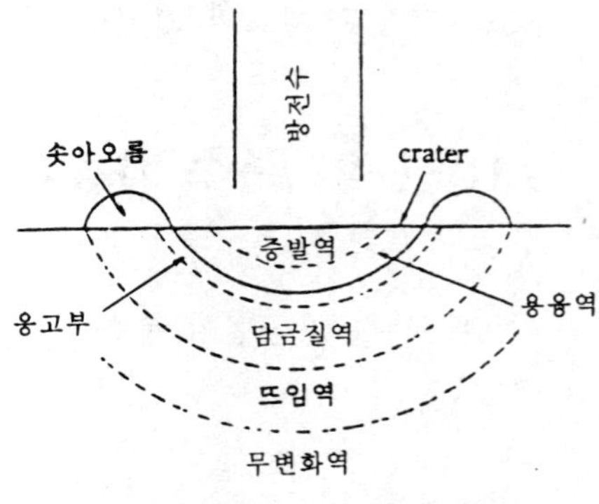

그림 10-2 방전에 의한 크레이터

공작물을 등유(燈油)와 같은 액에 담그고, 공구인 (-)전극과 공작물인 (+)전극의 간격을 0.04~0.05mm로 하며 100V 정도의 전압을 준다. 방전에서는 (+)극이 (-)극보다 많이 소모되므로 공작물을 양극으로 한다. 가공액을 사용하고 전극, 전류를 사용하는 점에서는 전해가공과 비슷하다, 가공액이 절연물이고 전류는 펄스상 전류가 주체가 되는 점이 다르다.

10-2-1 전극 재료

(1) 전극 재료가 갖추어야 할 조건

① 가공성이 높을 것(성형의 용이성)

② 방전에 의한 소모가 적을 것

③ 값이 싸고 안전할 것

(2) 전극 저소모 방전 가공

실제 방전 가공에서 가장 불리한 점은 전극 공구의 소모였으나, 구리나 흑연과 같은 값싼 재료를 전극으로 사용하게 되고 방전 회로를 개선함으로써 전극 소모비가 10[%] 이하의 전극 저소모 가공이 실현되었다. 전극 저소모 방전 가공이 되기 위해서는 다음 조건을 갖추어야 한다.

① 스파크 방전 및 그에 잇달은 과도 아크 방전을 단극성으로 하여 펄스 방전을 반복한다.

② 방전 계속 시간을 비교적 길게 하여 충격 계수를 크게 한다.

③ 전극을 양극(+), 가공물을 음극(-)에 역극성 접속을 한다.

10-2-2 가공액

방전 가공의 가공액은 전극과 가공물의 간격이 매우 좁으므로 절연성이 높은 전해액이 사용되며 점도가 높은 것은 적당하지 않다.

석유 등 저점도의 기름과 물 또는 탈이온수가 사용되며 방전 가공에 대한 가공액의 역할은 다음과 같다.

① 방전주에 대해 냉각 작용을 하여 방전주가 작아지고 방전점의 전류 밀도가 높아진다.

② 가공칩을 냉각시킨다. 방전 후의 방전점에서 비산된 가공칩을 냉각시켜 재빨리 고체화함으로써 전극에 부착되는 것을 방지하고 가공칩의 이동을 쉽게 하여 방전의 반복을 촉진시키는 작용을 한다.

③ 전극의 소모 방지 작용을 한다. 가공액의 분해로 피로그래파이트(pyrographite)를 발생시켜 전극 소모를 방지하는 작용을 한다.

④ 가공칩의 제거 작용을 한다. 주로 방전 정지 시간에 가공액은 분해 가스, 가공칩, 타르등을 방전 간극에서 배출시켜 방전의 반복을 지속시킨다.

가공액은 절연유계와 절연유+물의 에멀션으로 나누어지며 와이어 컷 방전 가공일 경우는 순수한 물과 비저항이 수~30[kΩcm] 정도인 것이 사용된다. 절연유로는 석유, 스핀들유, 머신유, 실리콘 오일 등이 사용된다. 화재 발생상 인화점 · 발화점이 높은 실리콘 오일, 에멀션 가공액, 물이 좋으며, 또한 작업자의 피부와 작업복을 손상시키지 않고 열분해로 발생하는 가스가 무해하여야 한다.

10-2-3 펄스성 방전 발생 방식

(1) R-C 회로

그림 10-3은 콘덴서 방전 방식에 의한 회로이고 콘덴서 C는 충전 저항 R을 통하여 충전된 양 끝의 전합이 시간과 더불어 상승하며 방전 간격을 채운다. 절연액이 절연 파괴를 일으키면 방전이 발생하고 콘덴서의 전하는 소실되어 저압이 강하된다. 전압이 강하되면 방전은 끝나고 양극 사이의 절연이 회복되므로 콘덴서는 다시 전원측에서 충전을 받아 전압이 다시 상승한다. 방전 간격의 조정이 적절하면 이러한 현상이 되풀이된다.

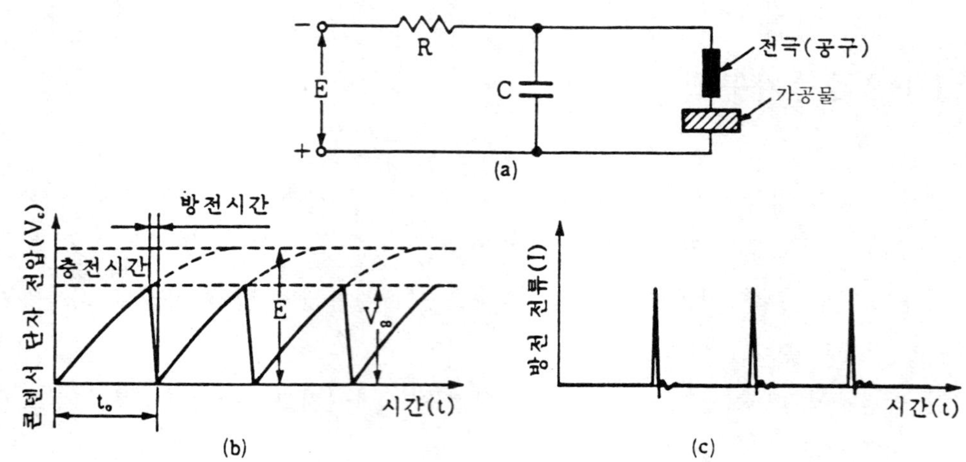

그림 10-3 R-C 회로와 충 · 방전 특성

(2) R-L-C 회로

그림 10-4는 충전 회로에 인덕턴스 L을 포함하는 콘덴서 방전 회로로 R-C 회로에 비하여 충전 저항을 감소시킬 수 있다. 그림 (b)와 같이 R, L, C의 크기에 따라 충전 전압은 세 가지로 변화한다. ①은 $R_2>4L/C$의 경우로서 비진동적이고, ②는 $R_2=4L/C$로서 임계 상태이며, ③은 R@<4L/C로 진동적인 경우이다. 펄스성 방전에 있어서 방전 주기 T와 방전 시간

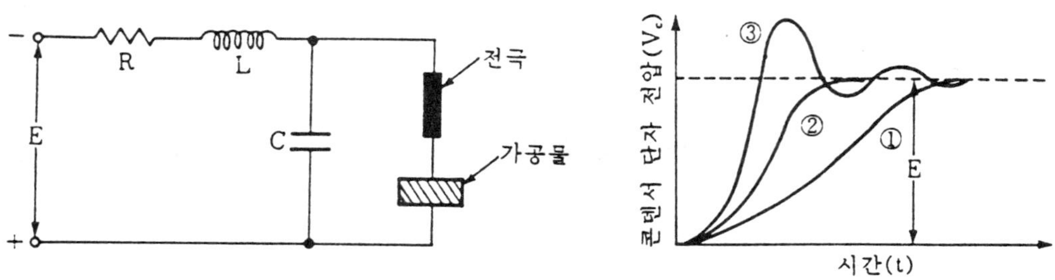

(a) (b)

그림 10-4 R-L-C 회로와 충전 전압 특성

(펄스폭)의 비를 나타내는 충격 계수 D(duty factor)는 다음 식으로 나타낼 수 있다.

방전 주기=방전 시간+방전 정지 시간(s)

$$\text{충격 계수} = \frac{\text{방전시간}}{\text{방전주기}}$$

(3) 트랜지스터 방전 회로

직류 전원을 스위치용의 트랜지스터와 전류 제한용의 저항을 통하여 전극 간극에 연결시키는 방식으로 그림 10-5의 (a)와 같다. 트랜지스터의 베이스 전류는 펄스 발생기의 신호에 따라 제어되고 그것에 대응하여 전원 회로가 ON/OFF된다. 펄스 발생기고는 보통 멀티바이브레이터가 사용되며 이것에 의해 펄스의 ON/OFF 주기는 방전 간극의 상태와 관계없이 조정할 수 있다. 스위치 회로가 있으므로 강제적으로 전류를 차단할 수 있어 콘덴서 방전 회로와는 달리 방전이 소멸된 후 전원으로부터의 에너지 유입이 없고 간극의 절연 회복이 쉽다. 따라서 방전과 방전의 간격을 짧게, 펄스폭을 길게, 방전 정지 시간을 짧게 할 수 있다. 따라서 충격 계수가 50~90[%]로 효율 높은 가공을 실시할 수 있다.

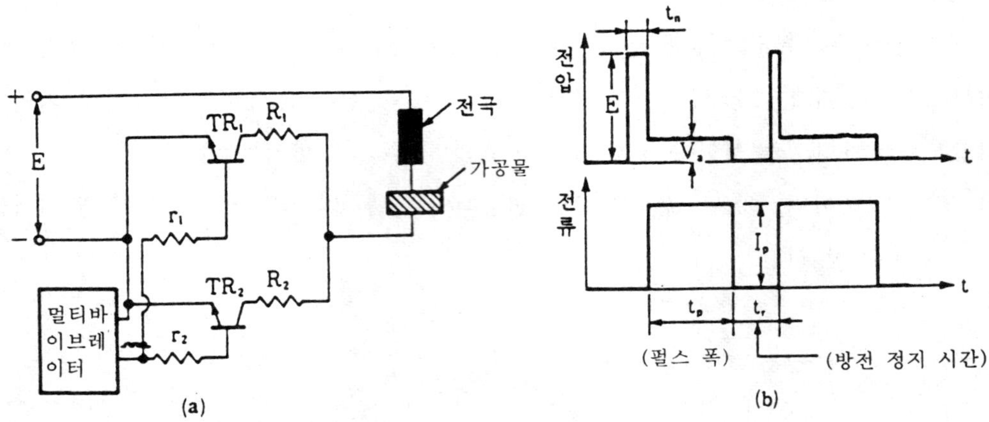

그림 10-5 트랜지스터 방전 가공 회로와 전압 및 전류의 시간적 변화

방전 주기 T, 충격 계수 D, 방전 반복수 f의 관계는 다음과 같다.

$$D = \frac{t_p}{t_p + t_n + t_r}$$

$$T = \frac{1}{f} = t_p + t_n + t_r(s)$$

(4) 트랜지스터 제어 콘덴서 방전 회로

콘덴서 방전 회로의 충전 회로 부분에 트랜지스터 스위치를 삽입한 것으로 그림 10-6과 같다. 기본적인 구성은 콘덴서 방전 회로와 같지만 전원과 극 간극이 스위치 회로에 의하여 차단될 수 있기 때문에 방전 후에 정지 시간을 두고 전원으로 부터의 에너지 유입을 없게 하여 절연 회복을 쉽게 할 수 있다. 따라서 스위칭 소자가 없는 콘덴서

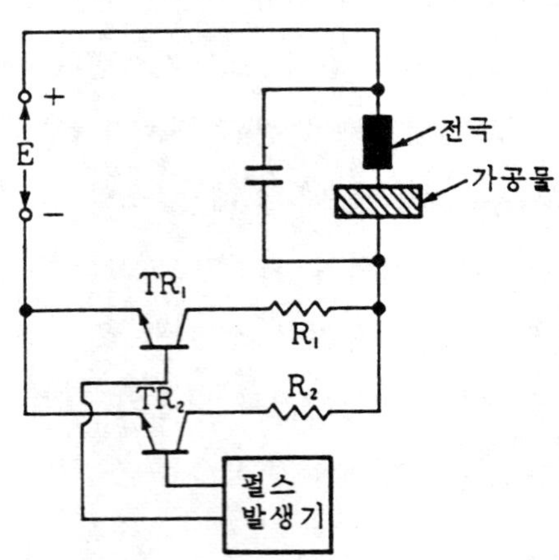

그림 10-6 트랜지스터 제어 콘덴서 방전 회로

방전 회로보다 충격 계수를 크게 할 수 있고 충전 저항을 작게 하여 반복 횟수를 증대시킬 수 있다. 따라서 트랜지스터 방전 회로에서는 얻기 어려운 피크값이 높고 상승이 빠르며 펄스폭이 좁은 방전 전류가 얻어진다.

10-2-4 방전 가공의 특성

방전 가공의 특성을 나타내는 기준으로는 가공 속도(g/min), 다듬면 거칠기(μm), 클리어런스(μm), 전극 소모비(%)의 네 가지를 들 수 있다. 이들 가공 특성은 가공 조건 중 주로 전기 조건에 의해 지배되고, 그 중에서도 방전 전류 최대값(I_p)과 펄스폭(t_p)에 의해 경정된다. 동일한 가공 특성에서는 방전 정지 시간(t_r)의 장단에 따라 가공 능률이 달라진다. 그림 3-13은 전기 조건이 가공 특성에 미치는 영향을 나타낸다.

현재의 방전 가공에서는 전압 약 100[V], 반복 주파수 250[Hz]~250[kHz]의 전압 펄스가 극 간극에 주어진다. 펄스폭은 2[μs]~2[ms], 각 펄스의 에너지는 2[mJ]~20[J] (400A 전원의 경우)이다. 이러한 범위내에서 펄스폭과 펄스 에너지를 조합시킴으로써, 가공 속도나 다듬면의 거칠기, 클리어런스, 전극 소모, 표면 조직 등을 변화시킬 수 있다.

높은 반복 주파수로 펄스폭이 짧은 펄스 파워가 극 간극에 가해지면 각 펄스의 금속 제거량은 매우 적기 때문에 좋은 표면 거칠기를 얻을 수 있지만 가공 속도는 낮아진다. 동일한 파워가 낮은 반복 주파수로 장시간 계속하여 가해지면 가공 속도는 커지나 거친 가공면이 발생한다.

스파크 방전의 펄스폭이 길어지면 아크 방전이 발생하지만, 아크 방전은 스파크 방전에 비해서 방전의 단면적이 증대하고 전류 밀도가 감소한다.

따라서 방전점의 온도는 낮아지며 낮은 온도에서는 에너지의 낭비가 적고 그에 비례하여 전극의 소모도 적어진다. 방전 가공의 특성이 방전 전류 최대값(I_p)이나 펄스폭(t_p), 충격 계수(D)의 관계를 살펴보면 다음과 같다.

① 가공 속도 v는 I_p, t_p가 클수록 크고 D가 100[%]에 가까울수록 커진다.

② 다듬면의 거칠기는 I_p, t_p가 커지면 거칠어진다. 따라서 가공 속도가 크면 거칠어진다.

③ 클리어런스는 가공 정밀도를 지배하는 인자이지만 다듬면 거칠기와 같은 변화의 경향을 갖는다.

④ 전극 소모는 전극 재료와 가공물의 재질에 관계없이 t_p가 큰 것이 작게 된다.

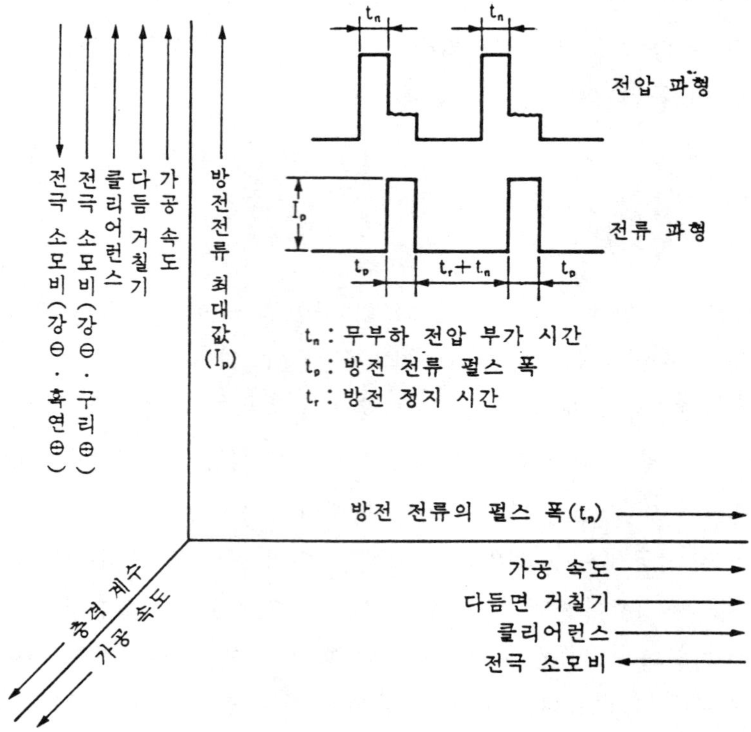

그림 10-7 방전 가공 특성의 전기 조건

10-2-5 방전 가공의 응용

(1) 와이어 컷 방전 가공(WEDM)

방전 가공에는 가공 방식에 따라 특정한 형상으로 만들어진 전극 공구를 사용하여 그 형상을 반전 투영하는 형조 방전 가공과 와이어 전극을 감으면서 실톱식으로 2차원 윤곽을 가공하는 와이어 컷 방전 가공의 두 가지가 있다. 와이어 컷 방전 가공은 형조 방전 가공과 구성이 매우 다를 뿐 아니라, 가공 특성과 응용 분야도 독특하다.

① 와이어 컷 방전 가공기의 구성

그림 10-8는 NC 와이어 컷 방전 가공기의 구성 원리로 가는 와이어(φ 0.05~0.24 mm)를 전극으로 하여 와이어에 장력(tension)을 준 상태로 감으면서 와이어와 가공물 사이에 방전을 일으키고 이 방전 에너지에 의해 가공물을 가공하는 것으로 가공물과 전극인 와이어에 상대 운동을 주어 가공한다. 상대 운동을 주기 위해서는 수치 제어된 X, Y의 두 축에 의해 가공 테이블을 이송시킴으로써 가능하다.

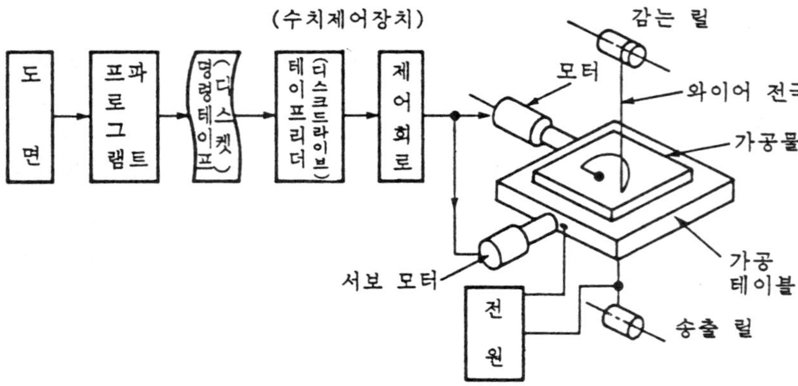

그림 10-8 NC 와이어 컷 방전 가공의 원리

이 테이블 구동에 사용되는 제어계로서 간단한 것에는 오픈 루프 방식이 사용되지만 정밀도가 높은 것에는 세미크로즈드 루프 방식이 사용되는 경우가 많다, 이 방식은 구동계의 회전각 등의 증감량을 검출하여 간접적으로 테이블의 위치를 검출하고 명령값과 비교하면서 양자가 항상 일치하도곡 한다. 수치 제어 장치(NC)는 제어 회로에 의하여 구성되는 NC방식과 미니컴퓨터를 내장하여 컴퓨터의 프로그램에 NC 기능을 갖추게 한 CNC 방식의 두 가지 종류가 있다. NC 방식은 기능이 고정되기 때문에 전용적인 방법으로 사용되지만 CNC 방식은 하드웨어의 구성을 변경없이 소프트웨어로 사양을 변경할 수 있다. 오이어 컷 방전 가공기에는 트랜지스터 제어 콘덴서 방전 회로가 사용되는 경우가 많으며, 와이어 전극은 1회 가공용이므로 다듬면이 좋고 가공 속도가 빠른 가공 조건에서 사용한다. 그림 10-9는 CNC 와이어 컷 방전 가공기의 시스템을 나타낸다.

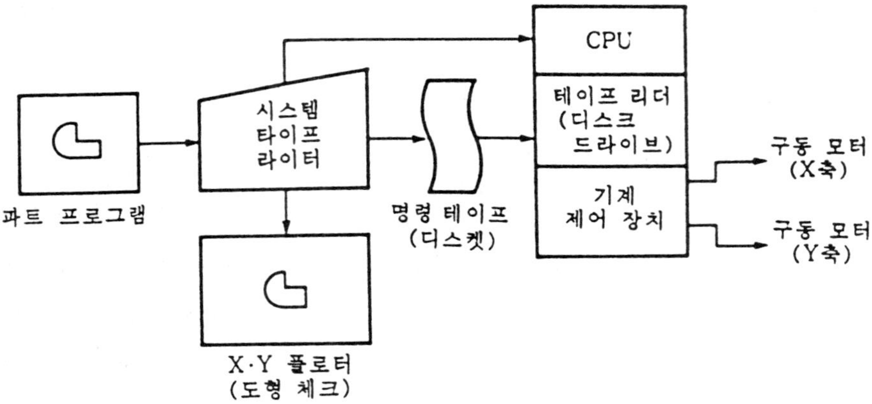

그림 10-9 CNC 와이어 컷 방전 가공기 시스템

② 와이어 컷 방전 가공의 특성

와이어 컷 방전 가공에서 와이어의 전극 소모는 고려하지 않아도 되므로 가공 속도 및 다듬면의 거칠기가 중요해진다. 와이어 컷 방전 가공은 형조 방전 가공과 같이 콘덴서의 용량을 크게 하면 가공 속도가 빨라지나 다듬면이 거칠어져 가공 속도가 극 간극에 흐르는 가공 전류에 비례한다. 와이어 컷 방전 가공에서는 이 밖에도 가공 속도에 영향을 미치는 여러 요인이 있다. 와이어 컷 방전 가공기의 가공 속도는 단위 시간당 가공 단면적으로 이것은 면적 가공 속도라고도 한다. 가공물이 두께가 일정한 경우, 이 양은 전극 이송 속도에 비례한다.

$$\text{가공 속도}(mm^2/min) = \text{전극 이송 속도}(mm/min) \times \text{가공물 두께}(mm)$$

와이어 컷 방전 가공은 와이어 전극의 장력과 가공 속도에 영향을 받는다. 와이어의 장력이 크면 와이어의 진동폭이 작아져 가공홈의 폭이 작아지고 그만큼 전진 방향의 가공이 많아지기 때문에 가공 속도가 커진다. 그러나 장력이 너무 그켠 단선이 일어나기 쉽다. 와이어 전극 재료로는 경제성을 고려하여 구리와 황동이 사용되고, 이 중 홍동은 방전의 단락이 적고 가공이 안정되며 와이어의 잘력을 높일 수 있어 가공 속도를 증대시킬 수 있다.

와이어 컷 방전 가공에는 가공액으로 순수한 물(이온 교환 수지를 통함으로써 적당한 비저항을 유지)을 사용한다. 이것은 적당한 비저항값을 가진 순수한 물이 절연유보다 가공 속도가 빠르며 화재 발생의 염려없이 철야 운전이 가능하기 때문이다.

와이어 컷 방전 가공에 의한 가공면은 탈이온수를 가공액으로 사용하는 관계로 형조 방전 가공의 유중 방전에 의한 것과는 상당히 다르다. 유중 방전 가공의 경우가공면 가까이의 기름이 분해되어 표면층에 침투하는데 반해 와이어 컷 방전 가공에서는 이러한 형상이 전혀 없다는 것과 극히 소량이지만 물의 전해 작용이 있어 표면층을 용해하는데 그 이유가 있다.

③ 와이어 컷 방전 가공과 형조 방전 가공

방전 가공에 있어서 면적 효과란 가공 면적이 너무 작을 때 가공 속도가 저하되는 것을 말한다. 방전이 안정되려면 방전을 유발하기 위한 미소 돌기가 가공면 전면에 분포되어 있을 필요가 있지만 면적이 작아질수록 분포의 정도가 작아져 방전이 1개소에 집중하여 일어나기 쉽고 그 때문에 충격 계수를 작게 잡아 가공해야 한다. 면적 효과가 발생하는 것은 이 때문이며 와이어 컷 방전 가공은 미세한 와이어 전극에 대항하는 미소면이 가공면으로 되기 때문에 항상 면적 효과를 받기 쉽다. 따라서 가공물의 두께가 두꺼울수록 와이어의 진행 방향에 가공 면적이 커지므로 면적 가공 속도가 향상된다. 표 10-2는 와이어 컷 방전 가공과 형조방전 가공의 비교를 나타낸 것이다.

표 10-2 와이어 컷 방전 가공과 형조 가공의 비교

구 분	와이어컷방전가공	형조방전가공
전극 제작	특정 형상의 전극이 필요없음	특정 형상의 전극이 필요
전극 소모	릴에 의하여 와이어를 감아들이면서 가공하므로 전극 소모가 있어도 무방	가공 조건의 설정에 따라 조정 가능
가공 형상	NC에 의한 가공 테이블의 X, Y 구동이 합성되어 가공 형상을 생성	전극 형상이 반전 투영되므로 전극과 현물을 맞추어 가공
클리어런스	와이어 전극에 오프셋량을 줌으로써 조절 가능	다듬면의 거칠기에 따라 결정되며 조절 곤란
잔류 응력	잔류 응력에 의한 변형 발생이 쉬움	잔류 응력에 의한 변형이 적음
가공 면적	소면적 가공으로 면적 효과를 얻기 쉬움	매우 작은 것에서부터 큰 것까지 다양
가공액	탈이온수(증류수에 가깝다)	절연유(주로 백등유)
가공 변질층	침탄 작용은 없고 물의 전해 작용으로 연화층 발생	침탄에 의하여 경화층이 생성
안전성	수중 가공이므로 발화의 위험성이 없고 무인 운전 가능	유중 방전이므로 발화의 위험성이 있음

10-3 레이저(Laser)가공

10-3-1 레이저 가공

1960년 미국 휴즈 연구소의 Maiman이 루비 레이저의 작동에 성공한 이래 CO_2 레이저, He-Ne 레이저, 반도체 레이저 등 여러 종류의 레이저가 개발되면서 레이저는 기초 가학뿐만 아니라 산업용, 의료용, 군사용 등 여러 분야에 응용되고 있다. 레이저는 가시 광선이나 적외선 영역의 파장을 가진 전자파를 공명하여 빛을 발하는 물질을 말하며 Light Amplification by the Stimulated Emission of Radiation의 머리 글자로 '유도체에 의한 빛의 증폭'이라는 뜻으로 다음과 같은 특성이 있다.

① 단위 면적당 출력이 매우 강하여 수[mW]에서 수[GW]까지 생산한다.

② 직진성(directionality)이 매우 좋다.

③ 질이 매우 좋은 단색광(monchromaticity)이다.

④ 공간적 · 시간적으로 간접성(coherence)을 가지고 있다.

⑤ 집속된 광속(focused light beam)으로 렌즈를 사용하여 집속하면 점광원으로 만들 수 있다.

⑥ 파형의 특성이 좋아 시간의 변화에 따른 변화가 거의 없다.

이러한 레이저의 특성을 이용하여 표준 스펙트럼 광원, 레이저 간섭계, 레이저 홀로그래피, 레이저 통신, 레이저 표면 처리 등에 이용하고 있다. 레이저 가공도 이러한 레이저 응용의 한 분야이며 레이저가 가진 에너지를 열 에너지로 변환하여 이용하는 가공법이다. 레이저의 출력이 크지 않더라도 집속하면 파워 밀도를 극히 크게 할 수 있고 어떤 물질이라도 용융시키거나 증발시킬 수 있게 된다. 레이저 가공은 이렇게 재료를 국부적으로 가열하여 대기중에서 비접촉 가공하는 것으로서 각종 재료의 마이크로 가공에 적합하다.

(1) 레이저 가공의 종류

레이저 가공의 종류를 가공 방법에 따라 분류하면 다음과 같다.

- 레이저 가공
  - 제거 가공
    - 절단 가공 : 금속 · 비금속의 절단 가공
    - 마이크로가공 : 트리밍, IC 기판의 스크라이빙
    - 구멍 뚫기 : 금속 · 비금속의 구멍 가공
    - 클리닝 : 재료 표면의 세척
    - 레이저 포밍 : 레이저 빔의 집속 형상을 제어하여 세라믹의 나사 절삭
  - 부착 가공
    - 용접 : 이종 금속, 세라믹 등의 접합
  - 표면 처리
    - 크레이징 : 표면을 용융후 급냉시켜 비결정화로 내부식성 향상
    - 담금질 : 가공물 표면 일부의 담금질
    - 풀림 : 가공물 표면 일부의 연화
    - 코팅 : 세라믹 등 단열 재료의 증착

(2) 레이저 발진의 원리

모든 물질은 원자로 구성되며 원자는 핵과 그 주위를 도는 전자로 구성되어 있다. 전자가 도는 궤도는 정해져 있고 각각의 궤도에 대응하는 에너지가 정해져 있다. 그림 10-10은 레이저의 발생에 관계되는 빛의 흡수·방출 및 원자 에너지의 상태 변화를 나타내고 있다.

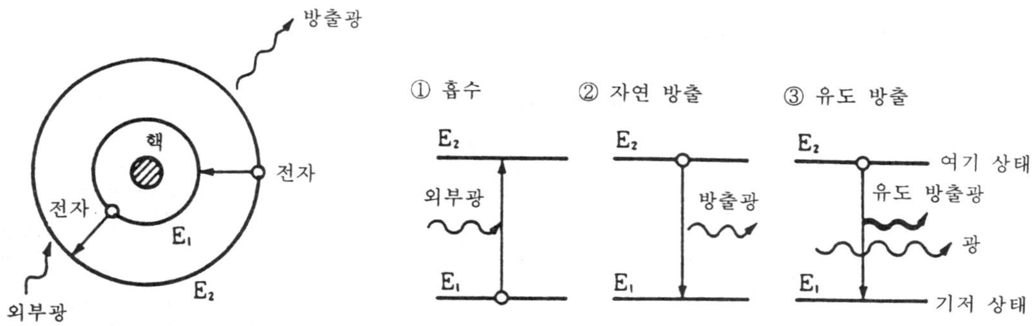

(a) 원자의 여기와 빛의 방출 (b) 원자 에너지 상태의 변화

그림 10-10 레이저의 발진과 에너지의 상태 변화

전자가 원자핵에 가장 가까운 위치에 있을 때의 상태를 기저 상태라 하는데 이는 원자 에너지가 최저이고 가장 안전한 상태이다. 이 원자가 빛을 흡수하거나 다른 원자와 충돌하여 에너지를 받으면 그림 (b)의 ①과 같이 에너지가 높은 상태로 이동한다. 이 상태를 여기 상태라 하며 안정 상태가 아니므로 자연히 에너지를 방출하여 그림 (b)의 ②와 같이 기저 상태로 돌아간다. 이 방출은 에너지가 열이 아닌 빛의 형태로 되며 빛의 자연 방출이라 말한다. 그 때 여기상태의 에너지를 E_2, 기저 상태의 에너지를 E1이라 하면 빛의 주파수 ν는 다음 식과 같이 된다.

$$\nu = \frac{E_2 - E_1}{h}$$

여기서 h는 플랭크 상수 6.626×10^{-34}[Js]이다.

그러므로 E_1, E_2가 일정하면 ν도 일정하고 방출된 빛의 파장도 일정하게 된다. 자연 방출이 생기기 전에 같은 파장의 빛이 입사되면 입사광과 완전히 같은 성질의 빛을 방출한다. 이것을 유도 방출이라 하며 그림 (b)의 ③과 같다. 그러나 여기 상태에 있는 입자(원자, 분자) 수가 많으면 먼저 자연 방출에 의해 빛이 발생하고 그것이 차차로 유도 방출을 반복하여 같은 성질을 가진 다량의 빛이 방출된다. 그러나 외부에서 특별한 에너지가 주어지지 않은 자연의 상태, 즉 열적으로 평형 상태에 있는 물질계에서는 낮은 에너지 상태에 있는 입자 수가 많고 유도 방출은 일어나지 않는다.

따라서 반전 분포 상태를 만들기 위해서는 외부에서 에너지를 주고 기저 상태의 입자를 여기 상태로 만들어야 하는데 이 조작을 펌핑(pumping)이라 하며 펌핑을 위해서는 빛이나 방전 에너지가 사용된다.

(3) 가공에 사용되는 레이저

표 10-3 가공에 사용되는 레이저의 종류와 특성 비교

종류		모체	파장(μm)	펌핑방식	연속출력	펄스출력	비고
고체레이저	루 비	Al_2O_3	0.69	광조사	~ 1W	~100	Q 스위치 최대 출력 100MW
	YAG	$Y_3Al_5O_{12}$	1.06	광조사	~400W	-	Q 스위치 최대 출력 100MW
	$CaWO_4$	$CaWO_4$	1.06	광조사	~ 1W	-	-
	유 리	유리	1.06	광조사	-	~4kW	Q 스위치 최대 출력 100MW
기체레이저	CO_2	CO_2-He-N_2	10.63	기체방전	10W~5kW	-	-
	He-Ne	He-Ne	0.63	기체방전	1 ~5W	5~100W	-
	Ar	Ar	0.49	기체방전	~1W	5~100W	-

레이저는 발진 재료의 종류에 따라 고체 레이저, 기체 레이저와 번도체 레이저가 있으나 레이저 가공에 주로 사용되는 것은 고체 레이저와 기체 레이저로 각각의 특징은 표10-3과 같다.

① 고체 레이저

레이저로서 최초의 발진에 성공한 루비는 고체 레이저로서 광펌핑에 의해 동작한다. 루비는 알루미나(Al_2O_3)의 결정에 이루고 있는 Al^{+3} 이온의 일부가 Cr^{+3} 이온이 활성 입자가 되며 발진 파장은 0.6943[μm]이다. 고체 레이저에는 이 밖에도 활성 입자로 Nd^{+3}를 포함한 $Y_3Al_5O_{12}$(YAG ; yttrium aluminium garnet), 유리, $CaWO_4$등이 사용된다. 고체 레이저는 일반적으로 공진기 속에 있는 활성 입자의 밀도가 높고 비교적 큰 단결정 재료로 제작할 수 있기 때문에 다른 레이저에 비해 큰 출력을 얻기가 쉽다. 그러나 고체 레이저의 스펙트럼 폭은 가스 레이저보다 넓고, 또 광학적으로 균일한 양질의 모체 재료를 얻기가 상당히 어렵기 때문에 단색성이나 지향성은 기체 레이저에 못 미친다.

② 기체 레이저

기체 레이저의 광펌핑법은 고주파 무전극 방전이나 직류 방전과 같은 기체 방전을

사용하는 경우가 많고 기체 레이저는 희가스 레이저, 분자 기체 레이저, 이온 레이저 등으로 나뉘어 진다. 이 중에서 실용화되고 있는 것은 He-Ne 레이저, CO_2 레이저, Ar 레이저 등이 있다. 가스 레이저로 가공에 가장 널리 쓰이는 CO_2 레이저는 가장 큰 연속 출력을 얻을 수 있는 것으로 발진 파장은 10.6[μm]이다. 가스 레이저를 가공에 사용하는 이점은 펄스의 반복을 빠르게 할 수 있으며 출력 레이저 빔의 지향성이 좋고 확산이 좋다는 것이다. 그러나 펄스 에너지는 일반적으로 고체 레이저보다 작다.

③ 반도체 레이저

반도체도 일종의 고체이나 동작의 대부분이 직접적으로 전류를 주입시켜 행해지기 때문에 고체 레이저와 구별한다. 전류 주입식 반도체 레이저는 전기 에너지를 직접 광파 에너지로 변환할 수 있기 때문에 변환 효율이 다른 에너지에 비해 상당히 좋고 주입하는 전류에 따라 여러 가지 변조나 제어를 용이하게 할 수 있으며 다른 레이저에 비해 소형이다. 그러나 간섭성 · 지향성 출력의 크기는 기체나 고체 레이저에 못 미친다.

(4) 레이저 가공기

레이저 장치 전체 생산액의 22[%]가 재료 가공용 레이저로 그 중 55[%]가 CO_2 레이저 가공기, 45[%]가 YAG 레이저 가공기이고 나머지 대부분은 엑시머 레이저 가공기이다. 또한 이외에도 루비 레이저, 알렉산드라이트 레이저, Ar 이온 레이저 가공기가 일부 사용된다.

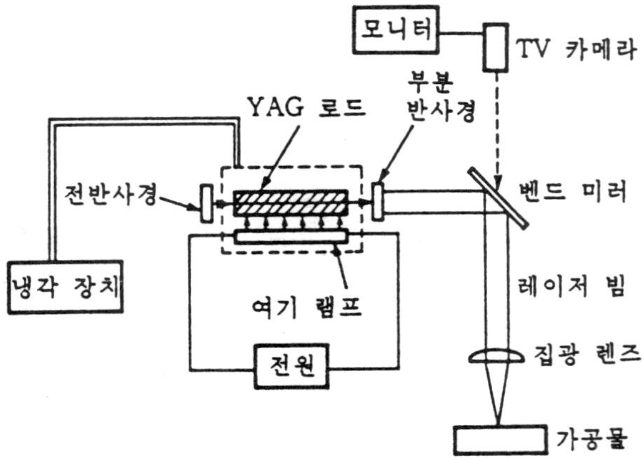

그림 10-11 YAG 레이저 가공기

① YAG 레이저 가공기

그림 10-11는 YAG 레이저 가공기의 구성도이다. 레이저의 여기에는 크세논 플래시

램프(Xe flash lamp)나 아크 램프가 사용되며 CO_2 레이저 가공기에 비하면 소형이다. 여기를 위해서 입력된 에너지로부터 레이저 에너지의 변환 효율은 1[%] 정도로 대단히 낮고 대부분의 에너지를 열로 소모한다. YAG 레이저에서는 높은 출력의 발진이 쉽고 가시광의 광학 재료를 사용하는 경우가 많다.

빔의 반송에는 값싼 파이버(fiber)를 사용할 수 있어 다양한 가공 시스템을 구축할 수 있다.

② CO_2 레이저 가공기

CO_2 레이저 가공기는 레이저 가스(CO_2, N_2, He의 혼합 가스)의 흐름 방향, 여기를 위한 방전 방향(전극의 배치), 레이저 광의 방출 방향에 따라 동축형과 직교형이 있다. 그림 10-12는 동축형 CO_2 레이저 가공기로 세 가지의 방향이 모두 같아 우수한 빔 모드를 얻을 수 있다. 그림의 부분 반사경에서 출력된 빔은 45°로 기울어진 반투과경(半透過鏡)인 빔 스프레더(beam spreader)에 의해 둘로 나눠져 하나는 아래에, 다른 하나는 직진하여 전반사경에 도달하여 아래로 꺾여지며 각각 집광 렌즈에 의해 집광되므로 동시에 두 곳을 가공할 수 있다. 직교형은 세 가지 방향 중 두 가지가 직교하는 2축 직교형과 세 방향이 직교하는 3축 직교형이 있다.

CO_2 레이저 가공기는 빔을 반송할 수 있는 파이버가 없으므로 빔의 반송은 반사경을 사용하여야 하므로 반사경의 위치와 각도가 정확하여야 한다. 그림 10-12에서 전반사경의 각도 α의 설정 위치와 각도가 조금만 달라져도 빔의 스폿은 크게 벗어나게 된다. 따라서 CO_2 레이저 가공기는 YAG 레이저 가공기에 비해 가공 시스템의 유연성은 떨어진다.

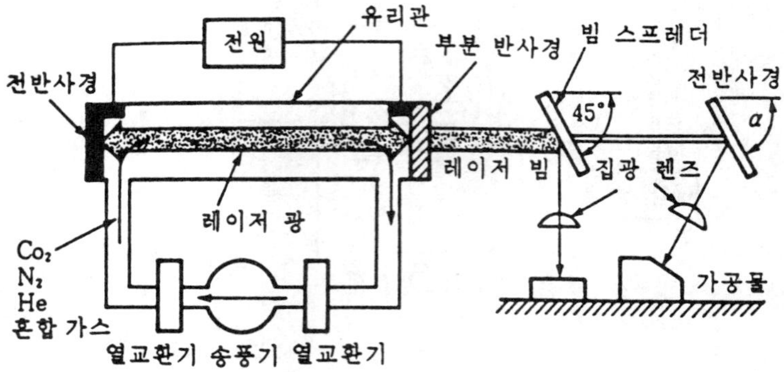

그림 10-12 동축형 CO_2 레이저 가공기

③ 엑시머 레이저 가공기

엑시머 레이저(eximer laser) 가공기에는 ArF, KrF, XeCl의 세 종류가 있으며 그림

10-13은 엑시머 레이저 가공기이다. 일반적으로 불활성 가스가 다른 원자와 결합한 불안정한 상태의 분자인 엑시머는 1~5 기압의 높은 압력에서 생긴다. 따라서 이와 같은 고압력하에서 방전은 곤란하므로 안정된 방전이 쉽게 일어나도록 레이저 가스(할로겐, 헬륨, 네온의 불활성 혼합가스)를 전리시켜 놓는다. 이 예비 전리는 자외선, 고주파, X선 등에서도 행해지며 예비 방전에서 발생한 자외선 광으로 전리하고 전리 직후에 엑시머 분자 생성을 위한 주방전을 행한다. 그러나 높은 압력하에서 안정된 방전을 연속적으로 행하는 것이 어려우므로 엑시머 레이저의 발진으로는 펄스 발진만이 사용된다.

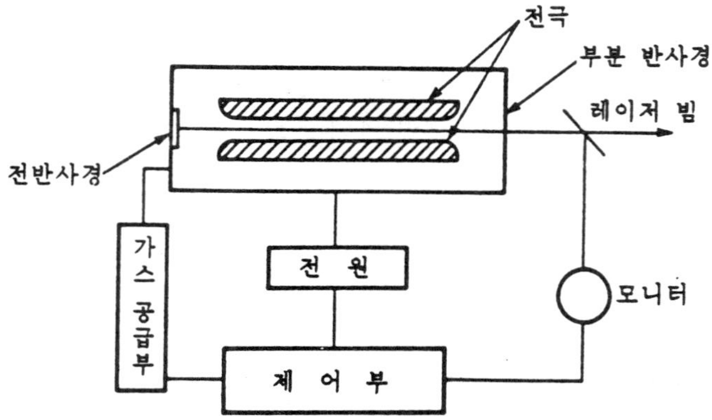

그림 10-13 엑시머 레이저 가공기

(5) 가공 조건의 결정

레이저 가공 조건은 가공의 종류에 따라 다르나 공통적인 영향 인자를 그림 10-14에 나타내었으며 가공 조건의 결정은 다음과 같다.

① 가공 재료와 가공 종류에 따라 사용하는 레이저의 종류와 발진 형태를 경정한다(레이저 가공을 위해서는 빔이 재료에 흡수되어야 하므로 가공 재료에 대하여 흡수율이 높은 레이저를 선택하여야 한다).

② 어떤 형태의 광학계를 사용할 것인가를 결정한다(보통의 레이저 발진기에서 출력된 빔은 파워 밀도가 낮으므로 집광 렌즈를 사용하여 빔을 집공하여야 한다).

③ 가공 분위기를 결정한다(레이저 가공에서는 가공 분위기가 중요한 역할을 하며 가공 분위기의 상태는 정지 분위기와 가스류 분위기가 있다. 구멍뚫기, 절단, 용접에서는 가공을 촉진시키기 위해 가스를 불어 넣으며 가공하는 가스류 분위기가 많고 레이저 조사로 생긴 증발물을 분위기 가스와 반응시켜 새로운 물질을 제조할 경우에는 정지 분위기 쪽이 강하다).

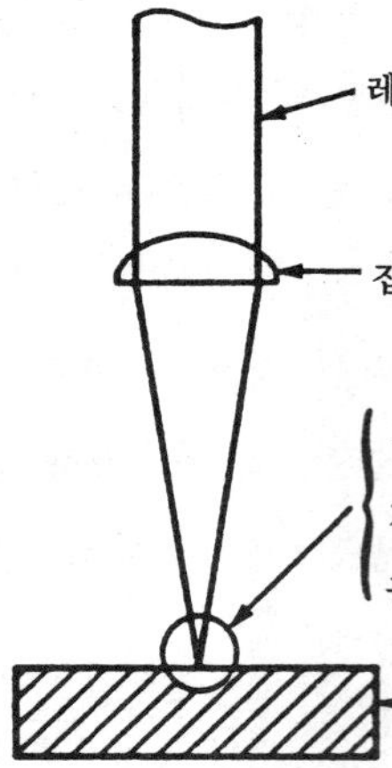

그림 10-14 레이저 빔 가공의 영향 인자

(6) 레이저 가공의 특성

① 레이저 가공의 장 · 단점

ⓐ 레이저 어너지는 평행광이며 단색성이므로 광학 렌즈에 의해 쉽게 집속시킬 수 있기 때문에 매우 미세한 가공을 할 수 있다. 집속된 스폿의 크기는 0.05~0.1[mm] 정도가 보통이지만 에너지를 작게 하면 수[μm]의 스폿도 얻을 수 있다.

ⓑ 전자 빔 가공과 같이 파워 밀도를 10^7[W/cm^2] 이상으로 매우 크게 할 수 있으며 가공시의 열변형이 적고 재료의 변질도 적다.

ⓒ 가공물과의 물리적인 접촉이 없으므로 공구의 접촉에 의한 변형이 없다.

ⓓ 투명체를 통해서도 에너지 전달이 되므로 투명 밀봉 용기 속에서의 가공이 가능하다.

ⓔ 진공 또는 특수한 분위기를 필요로 하지 않기 때문에 장치가 간단하고 취급이 용이하다.

ⓕ 에너지 효율(레이저 헤드의 입력 에너지에 대한 레이저 빔의 출력비)이 낮다 (CO_2 레이저의 경우 10% 정도이나 다른 레이저는 1~2%이다).

ⓖ 초점 거리가 짧은 렌즈는 렌즈 자체가 레이저 광이나 재료의 비산으로 손상될 수 있다.

10-4 초음파가공(ultrasonic machining)

초음파가공은 그림 10-15과 같이 초음파진동을 하는 방향으로 공구와 공작물 사이에 지립(지粒)과 공작액을 넣고 지립의 공작물에 대한 충돌에 의하여 다듬질하는 방법이다. 이 방법은 전기적 에너지를 기계적 에너지로 변환하여 금속 및 비금속 등 재료에 제한없이 정밀가공을 하는데 광범위하게 이용된다.

그림 10-16은 초음파장치의 원리로서 고주파 발생장치로 진동자에 20~30kHz/sec의 진동을 발생시켜 이것을 익스포넨셜 호운(호운 증폭장치, exponential hone)으로 진폭을 확대하여 공구에 진동을 전달한다.

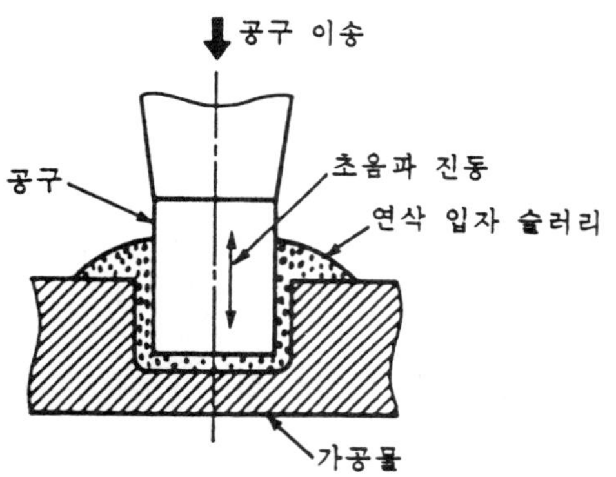

그림 10-15 초음파가공의 원리

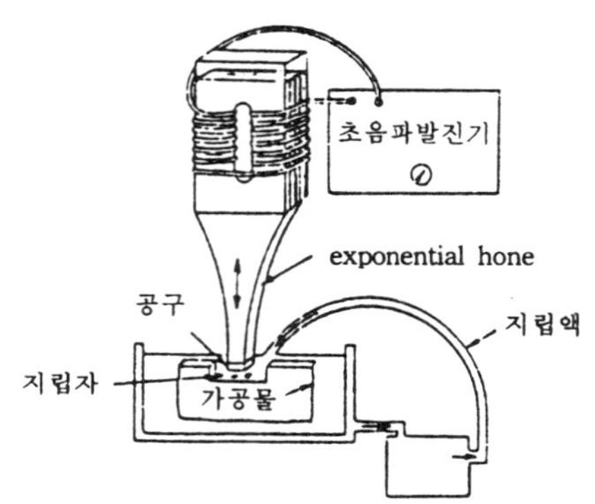

그림 10-16 초음파 가공장치

공작액 중에서 공구에 이송을 주면 공구단면형의 구멍이 뚫어지거나 홈이 가공된다. 지립으로서는 Al_2O_3, SiC, 탄화붕소, 다이아몬드분말을 #200~#600으로 하고 물, 기름, 석유와 혼합하여 사용한다.

전동자의 원리는 Ni봉을 자장(磁場)에 넣으면 수축 현상이 생기고, 이것에 코일을 감아서 고주파 전류를 통하면 Ni봉에 교류자계가 생겨 진동수 20~30kHz/sec의 진동을 한다. 공구재료에는 스프링강, 스테인레스강, 텅스텐강, 피아노선재 및 모넬 메탈 등이 사용된다. 공작물과 공구간의 압력은 200~300g/mm^2 정도이고, 가공면의 정도는 2.5μ 정도이다.

약 16[kHz] 이상의 음파를 초음파라 하며 매우 광범위하게 응용되나 크게 통신적 응용과 동력적 응용으로 나눌 수 있다.

① 통신적 응용

매질 속에서 초음파라는 파동의 전파를 이용하여 주로 정보를 얻기 위한 응용(금속 탐상기, 초음파 진단기, 어군 탐지기 등)

② 동력적 응용

초음파를 에너지원으로 하여 물질이나 물체에 변화를 주기 위한 응용(초음파 가공,

초음파 세척, 초음파 트리밍, 초음파 분산 등)

따라서, 초음파 가공은 초음파의 동력적 응용으로 공작물과 공구 사이에 유리 연삭 입자를 두고 공구에 초음파 주파수의 진동을 주어 미소 가공 작용으로 가공물을 정밀하게 가공하는 방법이다.

그림 10-17는 지립의 크기와 가공속도, 그림 10-18은 지립의 크기와 가공면의 조도를 각각 표시한다. 그림 10-19는 초음파를 이용한 각종 가공법을 도시한 것이다.

이외에도 특수가공에 속하는 것이 전자빔(電子 beam)가공, 레이저 가공 및 플라스마 가공 등이 있다.

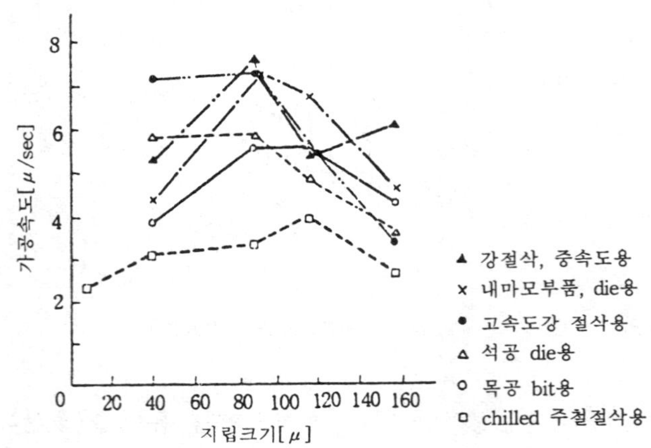

그림 10-17 지립의 크기와 가공속도

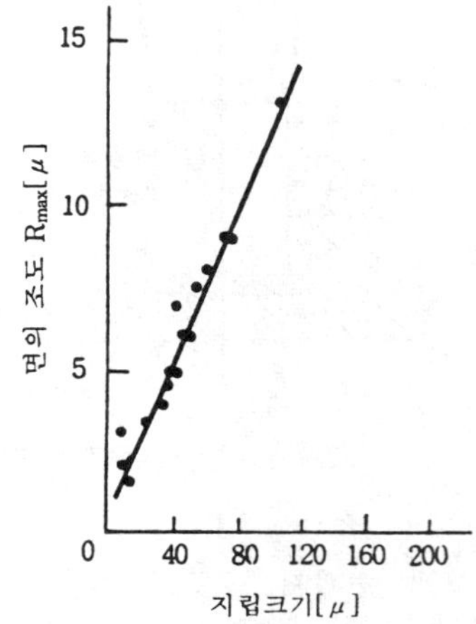

그림 10-18 지립의 크기와 다듬질면 조도

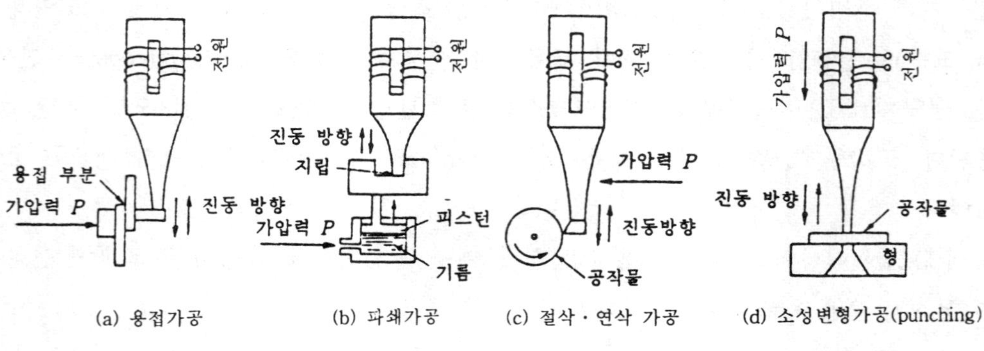

그림 10-19 초음파를 이용한 각종 가공

10-4-1 초음파 가공 기구

초음파 가공 기구는 다음의 네 가지가 있다.

① 초음파 진동을 하는 공구가 연삭 입자에 충격을 주어 가공물 속으로 밀어 넣는 작용에 의한 가공
② 공구의 초음파 진동으로 가공액중에 있는 연삭 입자가 가속되어 가공면의 충격에 의한 가공
③ 공구의 초음파 진동에 의하여 생기는 공동 현상(cavitation)에 의한 침식에 의한 가공
④ 화학적인 침식(chemical erasion)에 의한 가공

10-4-2 초음파 가공의 장 · 단점

초음파 가공은 연삭 입자에 의한 미세 절삭 가공이므로 양도체는 물론 부도체도 가공할 수 있는 것이 최대의 특징이다.

따라서 실리콘이나 게르마늄 등의 반도체 가공에도 적용할 수 있으며 취성 재료 또는 경질 재료의 정밀 가공에 가장 적합한 방법이다.

초음파 가공의 공구는 회전하지 않아도 되기 때문에 공구나 가공 조건을 조합하면 구멍뚫기(이형 구멍, 굽은 구멍), 홈파기, 형조각, 절단은 물론 이송과 회전을 동시에 줄 경우 나사 절삭 가공도 할 수 있다.

가공액으로는 주로 물이 사용되기 때문에 값이 싸고 취급이 용이한 반면, 다음과 같은 단점도 있다.

① 가공 속도가 작고 공구 마모가 크다(담금질 경화강의 가공 속도는 방전 가공보다 매우 작고 초경 합금은 비슷하지만 유리나 세라믹스의 가공 속도에 비하면 20~50배나 늦고 공구 마모는 50~200배나 크다).
② 가공 면적이 작다(넓은 면의 가공은 가공액중의 연삭 입자의 농도를 균일하게 하기 어렵다).
③ 가공 깊이에 제한이 있다(가공 깊이가 증대하면 클리어런스가 커지고 새연삭 입자의 공급이나 칩의 배출이 어려워진다).

10-4-3 초음차 가공의 응용

초음파 가공은 재료의 종류에 따라 가공 성능을 다음과 같이 나눌 수 있다.

① 유리, 세라믹스, 다이아몬드, 수정, 천연 및 인조 보석류, 페라이트, 실리콘, 게르마

늄, 마이카 나이트, 카본 등이 포함된다. 이들 재료는 소성 변형없이 파괴되는 것이며 가장 효과적으로 초음파 가공을 할 수 있는 재료이다.

② 내열강, 경화강, 침탄강, 초경 합금 등을 초음파 가공하면 연삭 입자의 충돌에 의해 탄성 변형과 함께 마이크로 소성 변형을 일으킨다. 소성 변형의 비율이 클수록 초음파 가공의 성능은 나빠진다.

③ 납, 구리, 연강 등과 같이 연삭 입자의 에너지는 모두 재료 표면의 마이크로 소성 변형에 소비되고 재료는 거의 파괴되지 않는다.

따라서 실제의 초음파 가공의 응용은 ①과 ②의 초경 합금에 한정된다.

10-5 전해 가공 및 전해 연삭

10-5-1 전해 가공(electrolytic machining)

전해 가공은 전기 화학 가공(ECM ; electro chemical machining)이라고도 하며 전기 화학적 용해 작용을 재료의 필요 부분에 집중하거나 제한함으로써 필요로 하는 형상이나 치수, 표면상태 등을 얻는 가공법이다. 전해 가공은 기계 가공을 하기 어려운 재료나 형상이 복잡한 것을 가공하는 방법으로 실용화되어 방전 가공과 경합하면서 방전하고 있다. 전해 가공은 필요한 형상으로 만들어진 공구를 가공물의 근접한 위치에 놓고 전해액중에서 통전함으로써 전해용출을 공구에 근접한 부분에만 집중한다. 일반적으로 전해 가공이라 하면 전극과 가공물이 접촉하지 않는 방식의 가공을 말하며 숫돌 입자가 가공물과 접촉하는 전해 연삭과 구별된다. 전해 가공은 공구의 형상이나 공구와 가공물의 상대 이송 방식에 따라 트리패닝(trpanning), 펀칭, 절단, 구멍 가공, 트리밍 등 다양하게 응용된다.

(1) 전해 가공의 구성

전해 가공의 일반적인 구성은 그림 10-20과 같이 전원, 공구 및 이송대, 전해액 순환계, 가공조 등으로 되어 있다. 여기에는 가공의 전기적 상태를 관찰하면서 가공 조건에 맞도록 제어하는 적응 제어 장치와 사고 방지 장치를 장착한 것도 있다. 전원은 최대 출력 18~180[kW], 최대 출력 전류 1,500~10,000[A], 공구 이송 속도 0.3~10[mm/min], 전해액 공급량 100~400[l/min], 공급압력 10~20[kgf/cm^2]의 범위에서 사용되고 있다. 가공과 전극(보통 구리나 황동)의 간극을 0.02~0.7[mm] 정도로 하고 전해액을 매개로 가공물을 (+), 공구 전극을 (-)가 되게 한다. 전압은 보통 5~20[V], 전류 밀도는 30~200[A/cm^2]가 사용된다. 이 전류 밀도는 전해 연마나 전기 도금에 사용되는 것보다 현저히 크다.

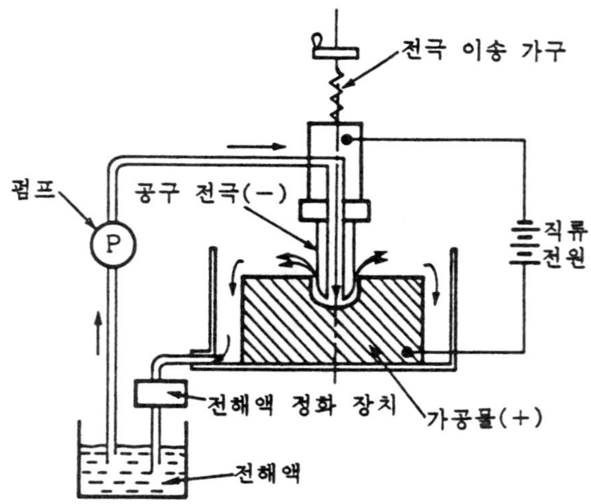

그림 10-20 전해 가공 장치의 구성

(2) 전해 가공에 사용되는 전해액

① 전해액의 기능

전해 가고에 사용되는 전해액은 다음의 세 가지 역할을 하여야 한다.

ⓐ 공구와 가공물 사이에 전해 전류가 흘러서 공구에 전착을 일으키지 않고 가공물을 높은 전류 효율로 용출시켜야 한다.

ⓑ 가공 간극의 전해 생성물을 제거하여야 한다.

ⓒ 가공중 발행하는 열을 제거하여야 한다.

② 전해액의 특성

ⓐ 가공물의 표면을 부동태화하는 불용해 생성물을 생성하지 않는다. 이 부동태화의 난이는 전해액중의 음이온의 종류에 따라 다르며 다음의 순서대로 부동태화가 어렵다.

$$OH^- < ClO_3^- CrO_3^- < NO_3^- < CH_3COo^- < SO_4^{-2} < Cl^-$$

ⓑ 양이온이 공구면상에 전착하지 않는다. 음극인 공구면상에 양이온이 전착하면 공구의 형상이 변화하기 때문에 가공 형상도 변하게 된다.

ⓒ 전도도가 높고 점도는 낮아야 한다. 전해 가공의 전류 밀도는 매우 크므로 저력

손실을 작게 하기 위해서는 전해액이 높은 전도도를 가져야 한다. 그러나 전해액의 전도도는 금속보다 낮으므로 높은 전류 밀도를 흘리기 위해서는 열의 발생이 불가피하다. 이 발생열이나 전해 생성물을 빨리 가공 간극에서 제거하려면 전해액을 급속히 유통시켜야 하고, 따라서 점도는 가능한 한 낮아야 한다.

ⓓ 부식성이 적고 유독성이 없어야 하며 구하기 쉽고 가격이 저렴하여야 한다.

(3) 전해액의 종류

전해액은 가공 목적과 사용 재료의 종류에 따라 여러 종류가 있으나 일반적으로 중성멈 용액, 산 용액, 알칼리 용액의 세 가지 종류로 나눈다. 중성염 용액이 주로 쓰이며 산 용액과 알칼리 용액은 특별한 경우에만 사용된다.

① 중성염 용액

중성염의 수용액으로서 전해 가공이 개발된 초기부터 널리 쓰인 것이 NaCl 수용액이다. 이것은 음이온이 Cl^-로서 양이온의 부동태를 생성하지 않으며 양이온은 Na^+로서 음극면에 전착을 일으키지 않고 값은 저렴하나 약간의 부식성이 있어 가공 정밀도를 얻기 어렵다. 이러한 결점을 막기 위해 $NaNO_3$ 수용액이 많이 쓰인다.

② 산 용액

전해 가공의 개발 초기에는 HCl이 많이 사용되었으나 사용상 불편이 많아 거의 쓰이지 않는다. 그러나 산 용액 중에서는 중성염 용액과 같이 전해 생성물의 침전물이 생성되지 않고 침전물에 의해 가공 간격을 작게 하는 것이 방해되지 않으므로 중성염 용액보다 가공 간격을 작게 할 수 있으므로 가공 정밀도를 향상시킬 수 있다. 티탄 재료와 같이 표면에 금속의 용출을 방해하는 밀착상 산화 피막으로 전해 가공이 어려운 재료는 농도 10[%] 정도의 HF, HCl, HNO_3를 기본으로 한 전해액을 사용하면 쉽게 가공할 수 있다.

③ 알칼리 용액

대부분의 금속에 알칼리 용액은 사용되지 않는다. 그것은 용해되지 않는 양극 생성물이 가공면에 밀착하여 용출을 방해하기 때문이다. 그러나 W, Mo 등을 전해 용출시키려면 이들을 산화시켜야 하는데 이것은 NaOH 등에 의해 텅스텐산 또는 몰리브덴산으로 용출시킨다.

(4) 전해 가공의 특징

① 장점

ⓐ 재료의 경도나 인성에 관계없이 일정 속도로 가공할 수 있다.

ⓑ 공구 전극의 소모가 없다.

ⓒ 복잡한 형상의 가공도 한 번의 공정으로 끝낼 수 있다.

ⓓ 가공 속도가 빠르다.

ⓔ 열작용 및 기계력이 가해지지 않았으므로 가공 변질층, 응력이 생기지 않는다.

② 단점

ⓐ 전해액에 부식성이 있으므로 대책이 필요하다.

ⓑ 전해 생성물인 슬러지의 처리 대책이 필요하다.

ⓒ 전극의 제작에 경험과 수고가 않다.

ⓓ 가공 정밀도가 별로 좋지 않다.

③ 전해 가공과 방전 가공의 비교

표 10-4는 전해 가공과 방전 가공의 차이를 나타낸 것이다.

표 10-4 전해 가공과 방전 가공의 비교

구분	전해가공(ECM)	방전가공(EDM)
가공재료	탄소 함유량이 높은 금속은 가공 곤란	금속이면 재질·경도에 관계없이 가공
전극소모	공구 전극의 소모가 없음	공구 전극 소모
전극재질	금속이면 가능하며, 도전성이면 가공 조건의 거의 영향이 없음	전극의 재질에 따라 소모차가 있으며 가공 조건이 변화
가공속도	방전 가공보다 속도를 빠르게 할 수 있으며 전류 밀도에 따라 가공 속도의 증대 가능하다.	가공 속도를 크게 하려면 펄스 전류를 크게 하거나 펄스 반복수를 증대시켜야 한다.
가공정밀도	± 0.03～0..3mm	±0.005～0.05mm
가공변질층	없음	가공시 급열·급냉으로 가공 변질층 생성
가공액	전해액은 부식성이 있어 방청에 어려움	절연유(등유) 또는 순수한 물로 취급이 용이

10-5-2 전해 연삭

(1) 전해 연삭(ECG ; electro chemical grinding)의 원리

일반적으로 금속 재료를 전해 용출시키는 경우 용출의 진행을 방해하는 양극 생성물이 생기므로 전해 연삭에는 이 양극 생성물을 제거하고 전해 용출을 효과적으로 하기 위해 특별한 숫돌을 사용한다. 그림 10-21은 전해 연삭에 사용되는 숫돌과 가공물의 관계를 나타낸 것이다.

그림과 같이 전해 연삭용 숫돌은 절연성의 숫돌 입자와 도전성의 결합제로 구성되며 전해적 제거 작용과 기계적 연삭 작용이 알맞게 조합될 수 있는 구조로 되어 있다. 절연성의 숫돌 입자는 도전성 결합제에서 0.02~0.05[mm]만큼 돌출되어 금속 재료의 표면에서 불용성의 양극 생성물을 제거함과 동시에 가공간극을 결정하는 작용을 한다. 이와 같이 연속적으로 노출되는 금속면과 도전성 결합제 사이에서 전해 작용이 일어나며 금속 재료가 전해 용출된다.

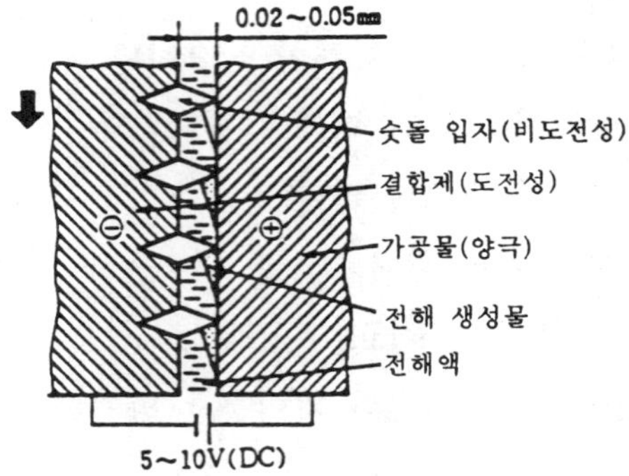

그림 10-21 전해 연삭의 원리

원래 이 가공법은 초경 합금의 연삭에 고가의 다이아몬드 숫돌을 절약할 목적으로 개발된 것이며 도전성 결합제에서 돌출한 다이아몬드가 전해 가공의 간극이 되는 동시에 양극 생성물을 긁어내는 작용을 한다. 따라서 가공 능률과 숫돌 수명이 좋고 연삭열이나 기계적 부하가 수반되지 않으므로 초경 합금뿐만 아니라 일반의 난연삭 재료에도 이용되고 있다.

(2) 전해 연삭기의 구성

전해 연삭기의 일반적 구성은 그림 10-22와 같다. 가공액으로 전해액을 사용하고 도전성 연삭 숫돌을 사용하여 직류 전원에 의해 숫돌과 가공물 사이에 통전하는 점 등을

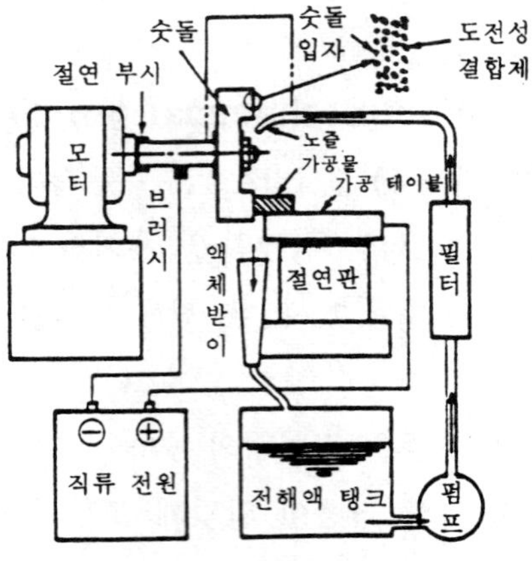

그림 10-22 전해 연삭 장치의 구성

제외하면 일반적인 기계 연삭과 거의 같다. 전류는 전원의 (+)→가공 테이블→가공물→전해액(가공 간극)→전극 숫돌→브러시→(-)의 통로로 흐른다.

(3) 전해 연삭용 전해액

전해 연삭용 전해액은 주로 무기염을 함유한 도전성 수용액으로 전해 가공용 전해액과 유사하다. 그러나 전해 가공에서는 가공물에 부동태 피막을 생성하지 않는 전해액을 사용해야 하나 전해 연삭에서는 그것이 필요없다. 따라서 전해 연삭의 전해액은 높은 전도도는 KNO_3, $NaNO_3$, KNO_2, $NaOH_2$ 등의 혼합에 의해 얻어진다. 부식 방지제로는 $NaNO_2$, KNO_2, $NaNO_3$, Na_2CO_3, Na_2PO_3, $Na_2B_4O_7$ 등과 같이 pH가 높은 염류가 사용된다. 이러한 점에서 일반철강 재료는 초산염과 아초산염(Na 및 K염) 및 그 혼합액이 주성분으로 사용되나 화학적 침식에 대해 강한 저항력을 가진 금속 재료(텅스텐, 스텔라이트)는 염화물을 혼합할 필요가 없다. 초경 합금에 대해서 WC 및 TiC는 우선 양극산화에 의해 WO_3 및 TiO_2를 생성하기 때문에 이들 생성물을 용해하는 것으로서 로셀염, 탄산염 등을 가할 필요가 있다.

(4) 전해 연삭용 숫돌

전해 연삭에 사용되는 다음의 세 가지가 있다.

① 흑연 숫돌

숫돌 입자를 함유하지 않은 흑연 바퀴를 회전시켜 숫돌대신 사용하는 것이다. 숫돌과 가공물은 비접촉이므로 전해 가공의 변형으로 생각되나 가공 형태의 목적이 전해 연삭의 하나로 취급된다. 원리적으로는 금속 바퀴를 사용할 수 있으나 성형이 쉽고 단락에 대한 저항성으로 대부분 흑연을 사용한다.

② 다이아몬드 숫돌

다이아몬드를 숫돌 입자로 하고 금속의 결합제와 함께 소결하거나 금속 바퀴의 표면에 다이아몬드 숫돌 입자를 전착하여 만든다. 다이아몬드 숫돌 입자의 기계 연삭 작용에 전해 작용이 가해지기 때문에 가공 능률이 높고, 특히 초경 합금의 총형 연삭에 효과적이다. 초경 합금에는 No. 100~150, 입도 3[ct/cm^3] 정도의 브론즈 본드 다이아몬드 숫돌이 많이 상용되나 이 숫돌은 고가이며 성형성이 나쁘다. 특히 재성형이 불가능하므로 다량 생산에 알맞다.

③ 숫돌 입자가 들어 있는 도전성 숫돌

Al_2O_3나 SiC와 같은 보통 숫돌 입자를 흑연이나 금속 입자로 소결한 것이다.

(5) 전해 연삭의 장 · 단점

① 장점

ⓐ 연삭 능률이 일반적인 기계 연삭보다 크다.

ⓑ 숫돌의 가압력과 연삭 저항이 작다. 따라서 박판도 변형이나 휨이 없이 연삭할 수 있다.

ⓒ 연삭열의 발생이 적으므로 소손, 균열, 잔류 응력이 작다.

ⓓ 연삭 능률은 재료의 경도 및 열처리에 관계없고 되말림도 발생하지 않는다.

ⓔ 숫돌의 소모가 적고 수명을 연장시킬 수 있다.

② 단점

ⓐ 가공 정밀도가 일반 기계 연삭보다 못하며 곡률 반지름이 작은 가공 형상은 정밀한 연삭이 어렵다.

ⓑ 설비비가 비싸다. 전원 장치와 전해액 공급 장치가 필요하며 전해 연삭용 숫돌은 고가이다.

ⓒ 다듬면으로 기계 연삭과 같은 가공면을 얻을 수 없다.

10-5-3 전해 연마

(1) 가공 원리

전해 연마(electrolytic polishing)는 그림 10-23와 같이 연마하려는 가공물을 양극으로 하여 전해액 속에 매달아 두고 1[A/cm^2] 정도로 직류 전류를 통전하여 전기 화학적으로 가공물의 미소 돌기를 용출하게 하여 광택면을 얻는 가공법이다. 전기 도금은 음극면의 석출을 이용한 것이다. 가공 원리는 전해 가공과 같으나 전해 가공에 비해 전류 밀도가 낮고 양극 생성 피막을 이용하여 다듬면을 평활하게 한다는 점에서 다르다.

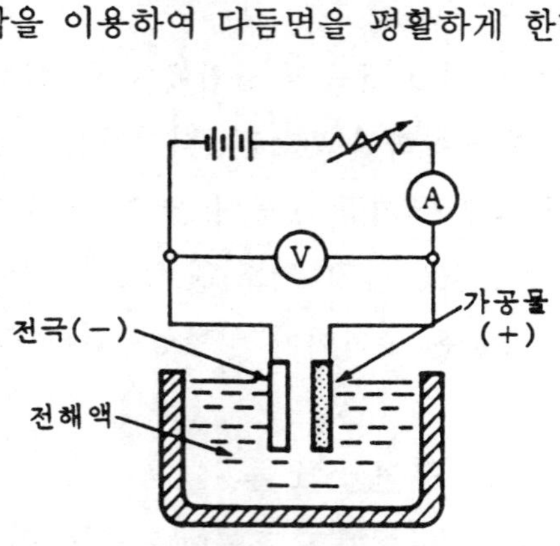

그림 10-23 전해 연마의 원리

전해 연마의 목적은 광택성, 평활성, 내식성 등이 우수한 면을 얻는 것으로 치수 정밀도의 향상은 기대하기 어렵다. 기계적 부하가 없는 가공법이므로 얇은 물품의 다듬작업, 기계 연마를 할 수 없는 형상의 가공, 동시 다량 가공에 적합하다. 많이 사용되는 것은 스테인리스강, 알루미늄과 그 합금류이다. 전해 연마액인 알칼리 용액은 알루미늄·텅스텐·아연, CN 용액은 금·은·아연·카드뮴, 산성 용액은 알루미늄·구리·니켈·탄소강·스테인리스강에 사용된다. 철강용 전해 연마액으로는 과염소산·황산·인산염이 주성분으로 사용된다.

(2) 전해 연마의 특징

① 장점

ⓐ 기계적 가공에 나타나는 힘과 열에 의한 변형이 없으며 조직의 변화가 없다. 즉, 가공 변질층이 없는 평활한 면을 가공할 수 있다.

ⓑ 연질 금속, 알루미늄, 구리, 황동, 청동, 코발트, 몰리브덴, 스테인리스강, 니켈, 주석, 아연을 용이하게 연마할 수 있다.

ⓒ 복잡한 형상의 가공물, 박판의 연마도 가능하다.

ⓓ 가공면에 방향성이 없다.

ⓔ 내마멸성·내부식성이 향상된다.

ⓕ 면이 깨끗하고 도금이 잘 된다. 따라서 녹의 제거, 가공층의 제거, 공구 날끝의 연마, 공구 절삭 자리 제거, 표면 처리 등에 적합하다.

② 단점

ⓐ 연마량이 작으므로 깊은 홈이 제거되지 않는다.

ⓑ 모서리가 둥글게 된다.

ⓒ 주물과 같이 불순물이 많은 것은 광택있는 가공면을 얻을 수 없다.

10-6 전자 빔과 플라스마 가공

10-6-1 전자 빔 가공(electron beam machining)

전자 빔 가공은 고속으로 가속된 전자가 가진 에너지를 이용한 가공법으로 전자가 물질에 충돌했을 때 그 운동 에너지가 열 에너지로 변환되는 것을 이용한 열가공과 이때 일어나는 화학 반응을 이용하는 비열 가공으로 분류할 수 있다. 전자 빔 가공은 전자 빔이 가진 운동 에너지를 새로운 열원으로 이용한 응용 기술의 하나로서 가공 기술에 독특한 수단을 제공하고 있다.

(1) 가공 원리

전자를 10~1[mPa]의 진공중에서 50~150[kV]의 전압으로 가속하고 전자 렌즈에 의해 가공물 위에 집중 조사하면 전자는 표면층에 침입하고 그 운동 에너지는 열로 변환되어 국부적인 고열을 얻을 수 있다. 이 때 일반적으로 10^8[W/cm^2] 이상의 파워 밀도를 얻게 되며 이 고열에 의한 재료의 용해 분출, 증발 현상을 이용한 가공법을 전자 빔 가공이라 한다. 그림 10-24은 전자가 물질 속에 침입하여 움직인 궤적을 시뮬레이션한 것이다.

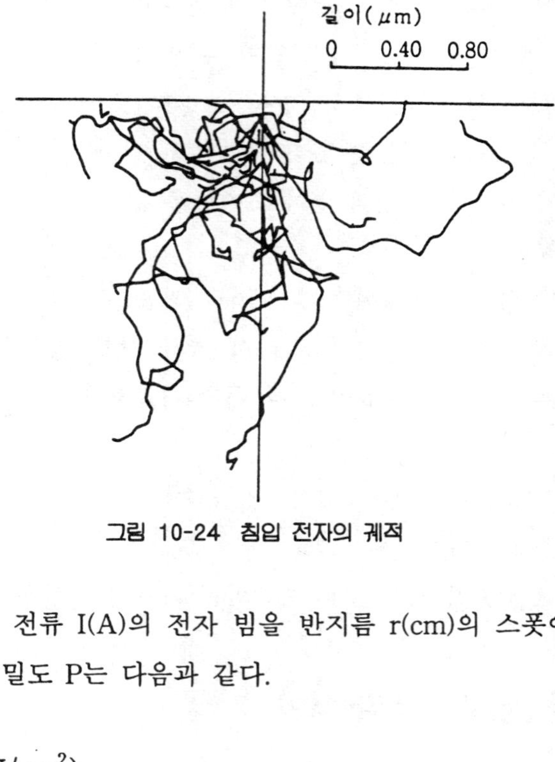

그림 10-24 침입 전자의 궤적

전압 E(V)로 가속된 전류 I(A)의 전자 빔을 반지름 r(cm)의 스폿에 집속하여 재료의 표면에 조사하면 파워 밀도 P는 다음과 같다.

$$P = \frac{EI}{\pi r^2}\,(\mathrm{W/cm^2})$$

대부분의 재료는 비열이 0.2[cal/g℃]이므로 조사 부분은 순식간에 용점 또는 비등점 이상이 되어 재료 제거 작용이 일어난다. 재료 표면에 반지름 r의 원형의 전자 빔이 조사되어 열이 발생된다면 표면의 수평 방향의 온도 분포는 그림 10-25와 같이 단순화할 수 있다.

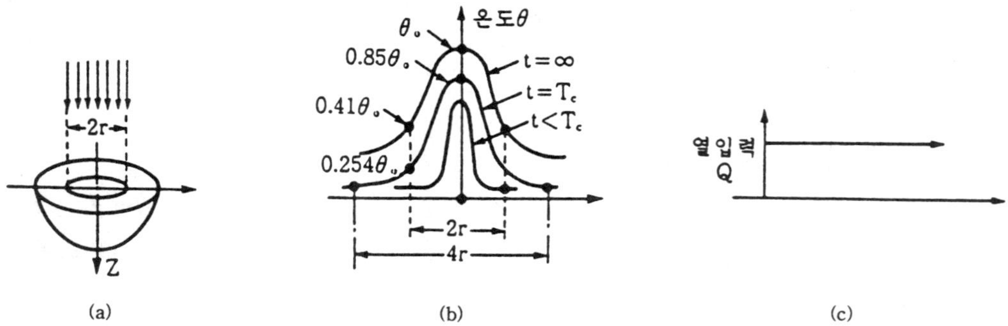

그림 10-25 전자 빔 조사에 의한 표면 온도의 변화

전자 빔의 국부 조사에 의하여 조사점은 순간적으로 고온으로 가열되고 재료는 용융 또는 증발에 의해 제거되지만 용융 제거와 증발 제거의 비율은 전자 빔의 파워 밀도에 따라 다르며 파워 밀도가 클수록 증발 제거의 비율이 커진다. 이 상황을 깊이 방향의 가공 과정에 대하여 나타내면 그림 10-26과 같다. 그림 (a)는 빔 중심부의 포화 온도가 재료의 용융 온도 정도의 저파워 밀도 빔을 조사한 경우이며 증발은 적고 용융 부분이 점차 확대되고 있다. 그림 (b)는 중심부의 증발이 상당히 우세해지는 중간 정도의 파워 밀도인 경우로 증발에 의한 증기때문에 공동이 발생하여 그 압력에 의하여 용융층의 일부가 제거된다. 그림 (c)는 재료의 증발 온도를 넘어서는 고파워 밀도를 조사한 경우로 공동의 압력은 용융층의 표면 장력보다 크게 되고 재료 제거가 깊이 방향으로 진행되는 이상적인 가공 상태이다. 초기의 비산 용융체는 오나전히 가열점에서 제거되지만 구멍이 깊어지면 주변에 잔류 용융층이 커진다. 이 용융체는 표면 장력에 의해 응축하려고 하며 그림 (c)의 ③과 같이 공동이 형성된다. 그러면 빔은 구멍 바닥까지 도달하지 못하고 그 곳에서 흡수되어 그 위치에서 다시 비산을 일으키게 되고 일부는 구멍 외부로 비산된다. 그러나 비산되는 비율은 점차 작아져 최종적으로는 단순히 용융층의 형성에 그

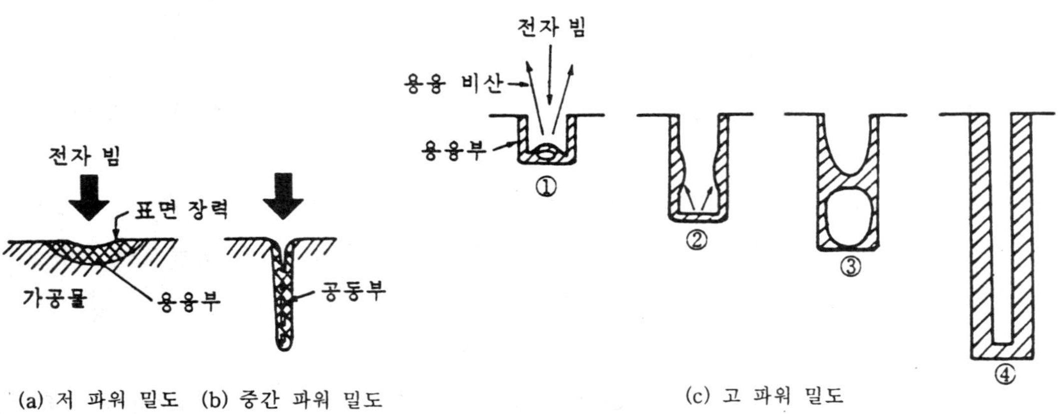

그림 10-26 파워 밀도에 따른 가공 과정의 차이

치게 되어 ④와 같은 상태가 된다. 일반 금속 재료에서는 파워 밀도가 106~109[W/cm^2]에서 이 상태가 실현된다.

(2) 전자 빔 가공 장치의 구성

전자 빔 장치는 그 기능에 관계없이 전자 총, 전자 렌즈계, 광학 감시계, 가공식 및 가공물 취급 기구, 진공 펌프계, 고전압 공급 전원, 전기 제어계 등의 기본적인 요소로 구성되며 가공 장치의 기본 구성은 그림 10-27과 같다.

전자 총(electron gun)에는 여러 형식의 것이 있지만 전자 빔 가공에서는 그림 10-28와 같이 열전자를 사용한다. 텅스텐 필라멘트를 헤어핀 모양으로 한 음극을 2500~2800[K]로 가열하여 열전자를 방출하고 방출된 전자는 양극에 가해진 직류의 고전압에 의하여 공속의 1/2~2/3 정도까지 가속된다. 바이어스 전극에는 (-)의 전압이 주어지고 이것을 변화시켜 방출 전자를 제어한다. 전자 에너지가 변화하면 전자 렌즈의 초점 거리가 달라지기 때문에 가속용 직류 고전압의 안정도는 엄격히 유지된다.

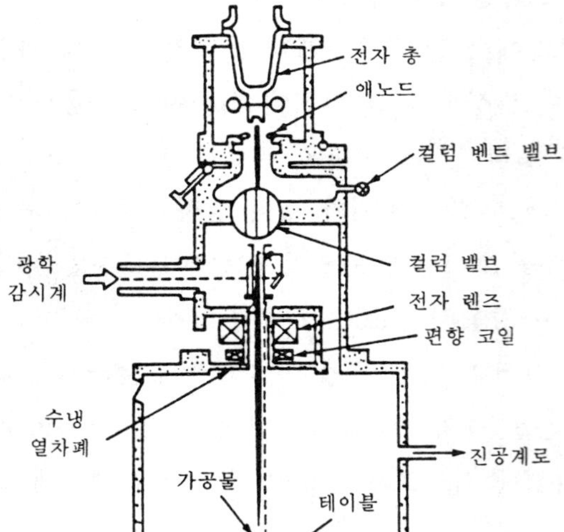

그림 10-27 전자 빔 가공 장치의 구성

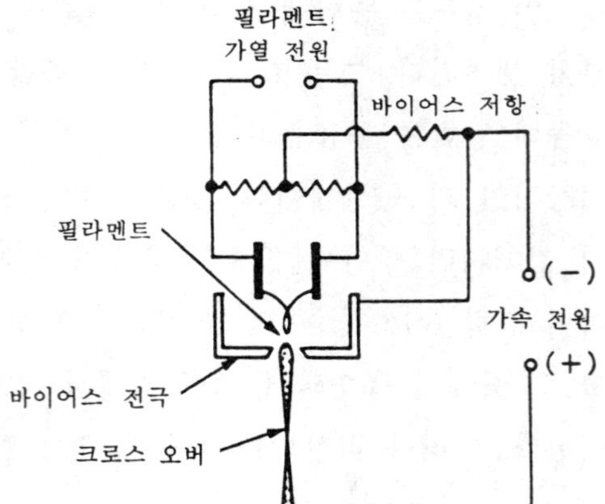

그림 10-28 텅스텐 필라멘트 전자 총의 구성

그림에서의 세 전극은 정전 렌즈에 형성 전자 빔을 집속하는 작용을 하고 그 집속된 점을 크로스 오버라 하며 이는 실질적ㅇ 니 전자원이 된다. 바이어스 전극에는 전류값을 제어하는 전압과 펄스 빔을 위한 ON/OFF 회로에서 보내지는 신호 전압이 중첩되어 펄스 빔의 조사 시간과 정지 시간 및 전류 최대값이 조절된다.

가속된 전자는 길고 가는 빔을 형성하지만 그것을 다시 전자 렌즈에 의하여 작은 스폿으로 조여 가공물의 표면에 초점을 맺게 한다. 초점 거리는 전자 렌즈의 코일에 흐르는 전류에 의해 조절된다. 얻어지는 스폿의 최소 지름은 수십[μm] 정도지만 빔 전류를 작게 하면 지름 1[μm] 이하의 전자 빔도 만들 수 있다. 가속 전압은 80~150[kV], 가공을 위한 빔 전류는 평균적으로 1[mA], 순간적으로는 15[mA]로서 보통 수~수십[μs]의 펄스상으로 조사할 수 있다. 가공은 전자 빔의 스폿에서 이루어지므로 미세 펀칭을 할 수 있지만 홈파기, 용접 등의 선상 가공은 공작물을 이송시키며 가공해야 한다.

(3) 전자 빔의 가공 특성

전자 빔을 가공 에너지의 공급 공구로 생각하면 전자 그 자체의 물성에 기인하는 다음과 같은 특징이 있다.

① 미소 빔 지름 집속 : 전자 빔은 전자적 혹은 정전적으로 그 지름을 매우 가늘게 쥘 수 있다. 상당히 큰 전류의 전자 빔도 φ10[μm] 정도까지 쥘 수 있고 작은 전류인 경우에는 1[μm] 이하로 할 수 있다.

② 국부 고온 가열 : 전자 빔은 매우 작은 스폿으로 쥘 수 있고 전자는 진공 중에서 매우 고속으로 가속할 수 있기 때문에 대단히 높은 파워 밀도로 가공 에너지를 가공물의 미소 부분에 줄 수 있다. 그림 10-29은 전자 빔의 파워 밀도에 따른 가공의 종류를 나타낸다.

③ 침입성 : 전자가 물질에 조사되면 X선, 2차 전자, 반사 전자, 인광, 형광의 발생이 있으며 그것에 의해 약간의 에너지가 밖으로 방출된다.

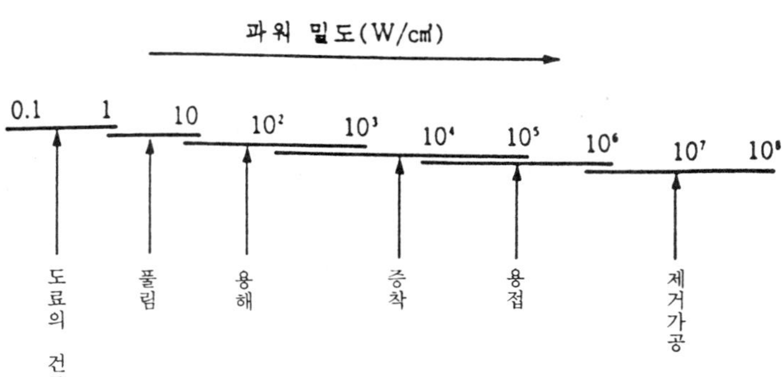

그림 10-29 전자 빔의 파워 밀도에 따른 각종 가공

그러나 이 양은 미소한 것이며 대부분의 전자 운동 에너지는 열 에너지로 물질을 가공하는 데 이용된다. 철의 경우 100[keV]의 전자가 조사될 경우 X선으로 상실되는 에너지는 약 0.3[%]에 불과하다. 열의 발생은 물질의 표면이 아니라 물질의 재질과 전자

에너지에 의해 결정되는 어떤 깊이에 범위내에서 일어난다. 즉, 전자가 에너지를 상실(열을 발생)하면서 물질 속으로 침입하기 때문이다. 전자가 가공물 속에 침입하는 깊이 d는 각속 전압 5~100[kV]의 범위에서 다음 식에 의해 구해진다.

$$d = \frac{2.1 \times 10^{-12} E^2}{\rho} (cm)$$

여기서 E : 가속 전압(V), ρ : 재료 밀도(g/cm^3)이다.

④ 고속 제어성 : 전자는 질량이 작고 전하량이 크기 때문에 전기적 혹은 자기적으로 고속 제어가 용이하다. 즉 비교적 작은 정전력이나 전자력으로 전자 빔을 고속도로 편향시킨다든가, 매우 짧은 펄스로 만들 수 있다. 전자 빔의 이 고속 제어성은 실제 사용상 가장 유리한 점의 하나로서, 고속 편향과 펄스화를 조합시켜 가공물을 연속적으로 이동시키면서 여러 부분을 순간적으로 가공할 수 있다.

⑤ 전자의 발생은 진공중에서 행한다. 그러나 가공은 경우(용접, 화학 가공)에 따라 대기중에서 할 수도 있다.

⑥ 에너지의 흡수는 재료의 표면 상태와 관계없다.

⑦ X선이 발생하며 절연체의 가공이 곤란한 경우도 있다.

(4) 전자 빔 가공의 응용

① 전자 빔 구멍 가공

ⓐ 비금속 재료의 구멍 가공 : 비금속 재료의 구멍 가공은 재료를 증발시키는 데 필요한 전자 빔의 파워 밀도가 금속에 비하여 매우 작다. 또 금속에 비하여 (구멍의 깊이/구멍의 지름)의 비를 크게 할 수 있다. 석영 유리, 루비, 사파이어 등의 비금속 재료의 가공뿐만 아니라, 다이아몬드 와이어 드로잉 다이의 구멍 가공에도 이용된다.

ⓑ 고속 미소 구멍 가공 : 박판의 구멍을 초당 10,000~100,000개의 고밀도로 가공하려면 [μs] 단위의 펄스 빔을 사용하여 가공물을 고속으로 이동시키면서 각 구멍은 단일 펄스의 전자 빔으로 구멍이 가공되도록 제어할 수 있어야 한다.

ⓒ 깊은 구멍 가공 : 깊은 구멍은 보통 펄스를 몇 회 동일 장소에 반복 조사하여 뚫는다. 따라서 정도 좋은 깊은 구멍을 가공하기 위해서는 각 펄스마다 완전한 원형으로 제어된 스폿을 얻을 수 있어야 한다.

ⓓ 고밀도 구멍 가공 : 비교적 두꺼운 재료에 고밀도로 다수의 구멍을 가공하는 데는 전자 빔이 유효하게 이용된다. 가스 터빈 엔진의 입구 덕트 냉각 구멍은 가공

테이블을 X, Y의 구동 제어에 의하여 구멍의 위치를 정확하게 제어하는 동시에 덕트의 표면이 이동함에 따라 전자 빔의 초점이 자동 조절되도록 컴퓨터가 제어할 수 있어야 한다.

10-6-2 프라스마(plasma) 가공

일반적으로 물질의 상태는 온도를 높여가면 고체에서 액체·기체로 변해가지만 온도를 계속 높이면 기체는 전리되어 자유 전자와 정 이온으로 분리된 플라스마(plasma)가 된다. 이런 의미에서 플라스마는 제4의 상태라 일컬어지며 아크, 불꽃, 오로라, 전리층, 태양 등에서 볼 수 있다. 플라스마는 전기 전도성이 있으므로 내부의 전위차는 거의 없다. 따라서 공간 전하는 0이고 (+) 전하와 (-) 전하가 균형을 이루어 전기적으로는 중성이 된다.

플라스마의 전리도에는 여러 단계가 있으며 전리도가 1에 가까운 강전리 플라스마는 핵융합 등에 사용되고 플라스마 가공에서는 약전리 플라스마를 사용한다. 약전리 플라스마에도 아크 방전 플라스마는 방전의 전류 밀도가 높으므로 전리도가 높고 온도도 높다. 플라스마 가공 중 플라스마 증착 등에는 아크 방전에 비하여 압력, 전류 밀도, 전리도, 기체 온도가 낮은 글로 방전(glow discharge) 플라스마를 사용한다.

(1) 플라스마 제트 가공(plasma jet machining)

① 플라스마 제트 발생의 원리

플라스마 제트 가공은 아크 방전의 플라스마를 대기중에 제트 모양으로 분출시켜 그 때 발생하는 고온·고속의 에너지를 사용하여 재료의 절삭이나 절단 등을 하는 가공법이다. 플라스마 제트의 발생 원리는 그림 10-30과 같다. 우선 텅스텐 막대형 전극(-)과 중심에 작은 구멍이 있는 구리 노즐 전극(+) 사이에 전압을 가하여 아크 방전을 일으킨다. 이 때 가스를 아크의 주위에 통과시켜 노즐 전극의 작은 구멍에서 유축되도록 하면 아크의 주위가 가스로 인해 냉각되기 때문에 그 부분의 전기 저항이 증가된 결과, 방전 전류는 아크 중심 부근의 고온 부분에 집중되어 흐른다. 즉 가스의 냉각 효과에 의하여 아크의 단면적이 현저히 작아진다. (열핀치 효과) 이렇게 하여 아크가 가늘어지면 아크의 전류 밀도가 증가하여 온도가 높아지고 압력도 상승하여 가스의 분출 작용과 함께 플라스마는 노즐 전극의 작은 구멍에서 고속 제트로 되어 외부로 분출한다. 이 열핀치 효과를 크게 하기 위해서 그림 10-31과 같이 텅스텐 막해형 전극의 주위에 가스를 선회시키면서 흘리는 방법이 사용되기도 한다.

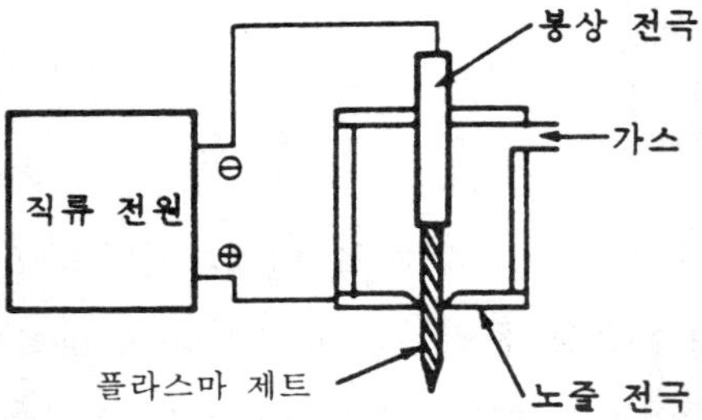

그림 10-30 플라스마 제트의 발생 원리

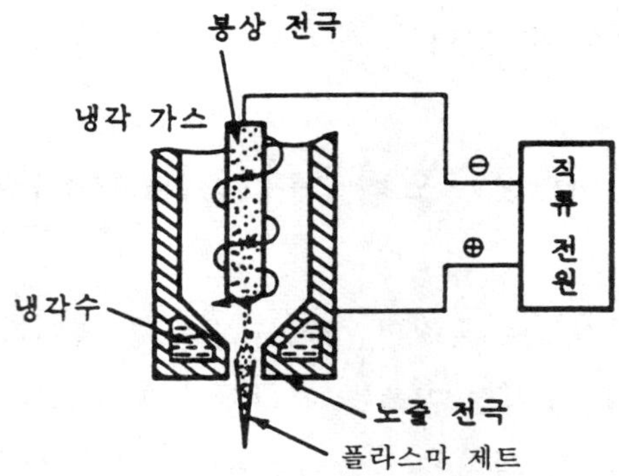

그림 10-31 선회 가스 흐름을 이용한 플라스마 제트

가스는 전극의 침식을 방지하기 위하여 불활성 가스나 수소·질소가 많이 사용된다.

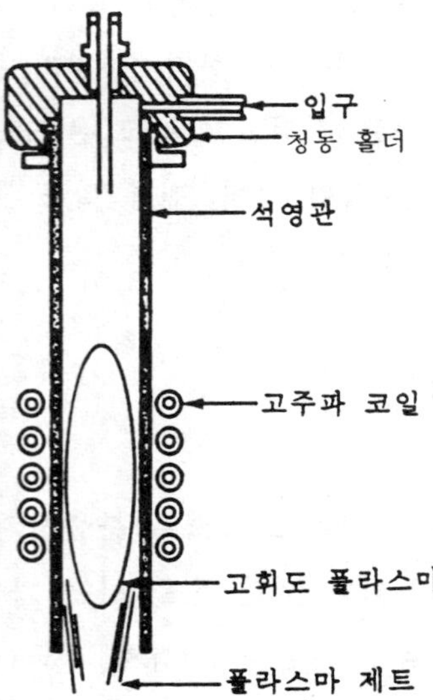

그림 10-32 유도 결합 플라스마 건

플라스마 제트의 발생원이 되는 플라스마 건(plasma gun)은 건에 에너지를 주기 위한 2개의 전극과 거기에 결합된 직류 전원을 필요로 하지만 플라스마 건에는 고주파 코일에 의해 유도 결합된 방식도 있다. 이 방식은 그림 10-32과 같이 한쪽 끝은 개방되고 반대편에서는 가스가 공급되는 석영관이다. 관의 주위에 몇 바퀴의 고주파 코일이 감겨져 있으며 이 코일에 의하여 플라스마 에너지가 공급되고 기동시킬 동안에는 코일 속에 삽입된 탄소 막대를 유도 가열하여 주위의 가스에 방전을 이동시킨다. 이 방식에서는 전극을 사요하지 않기 때문에 전극이 가스에 의하여 침식될 위험성은 없다.

② 플라스마 제트 가공의 형식

플라스마 제트 가공 형식에는 그림 10-33과 같이 이행식과 비이행식이 있다. 이행식에서는 가공물을 양극으로 사용하기 때문에 아크는 텅스텐 전극(-)에서 가공물로 이행하며 전도성 가공물에만 사용한다. 비이행식에서는 플라스마층의 노즐 자체를 양극으로 사용하며 아크는 가스 흐름에 의하여 노즐의 작은 구멍에 쏠려 들어가 가스의 흐름과 함께 노즐 밖으로 분출한다. 이 경우 가공물은 아크 회로에 전기적으로 절연되어 있으므로 비전도성이라도 무방하다.

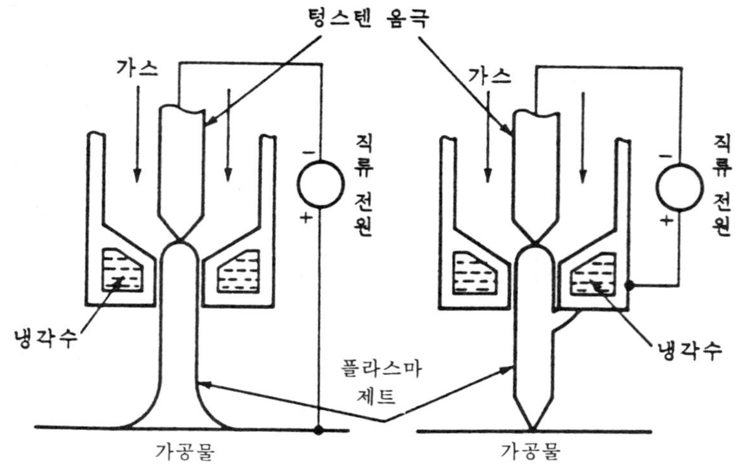

(a) 이행식 (b) 비이행식

그림 10-33 플라스마 제트 가공의 형식

(2) 플라스마 제트 가공의 응용

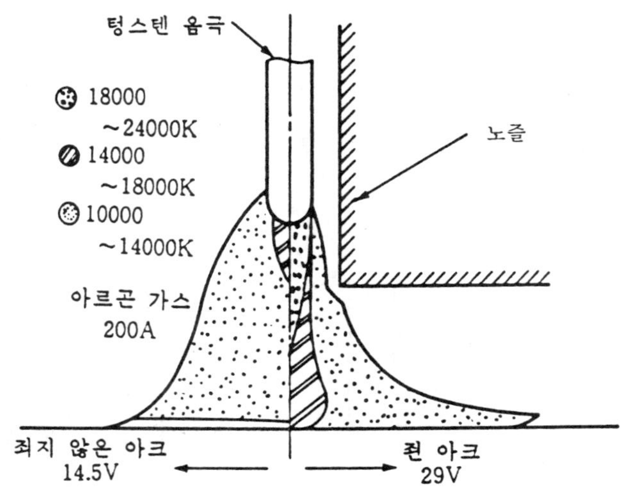

그림 10-34 아크의 조임에 따른 온도 분포

프라스마 제트는 가스의 열핀치 효과에 의하여 아크를 조이므로 대전류 아크 용접과 비교할 때 아크 전압이 매우 높다. 따라서 동일 전류에 대하여 플라스마 제트의 파워가 크며 온도 분포도 급격하다. 아크의 조임 정도에 따른 온도 분포는 그림 10-34와 같으며 플라스마 제트의 높은 온도는 절단 등의 가공에 유효한 특성이다.

① 플라스마 제트 절단 가공

플라스마 제트의 가공에 대한 응용은 절단 가공이 가장 널리 사용된다. 플라스마 제트 절단 가공은 가스 절단의 특징이 있는 동시에 산소-아세틸렌 가스 절단에 비하여 특정한 화학반응에 의한 것이 아니라, 순수한 물리적 절단법이므로 스테인리스강이나 알루민늄, 콘크리트, 내화 벽돌 등의 고속 절단이 가능하다. 플라스마 제트 절단은 더욱 매끄러운 절단면을 얻을 수 있을 뿐만 아니라, 열영향 영역이 작다. 절단 가공에서 이행식과 비이행식을 비교하면 다음과 같은 특징이 있다.

ⓐ 절단 가능한 재료 두께는 이행식이 비이행식보다 크다.

ⓑ 비이행식은 제트의 선단 부근에서 열량이 저하되므로 두께가 커지면 절단 속도가 다소 저하된다.

ⓒ 비이행식은 절단면이 균일하다.

ⓓ 비이행식은 한쪽의 전극이 노즐에 있어 아크가 안정되어 비숙련자에게 유리하다.

보통, 이행식은 비교적 두꺼운 금속의 고속 절단, 비이행식은 얇은 재료의 균일 절단에 알맞다. 플라스마 제트 절단의 절단면의 형성은 일반적으로 V자형이 되는 경향이 있다. 이 경향은 절단 속도를 높일수록 커지지만 전압을 높이면 작아진다. 어떤 경우에서나 수직 단면을 얻기 어려운 것이 플라스마 절단으로, 이는 가스 절단에 비해 뒤지는 부분이다. 이 결점을 보완하기 위해 다공 노즐 전극을 사용한다. 이 방법은 그림 10-35의 (a)의 단공 노즐 전극에 비해 플라스마 제트를 죄어 절단 속도를 낮게 억제함으로써 절단 정밀도를 높이려는 것이다.

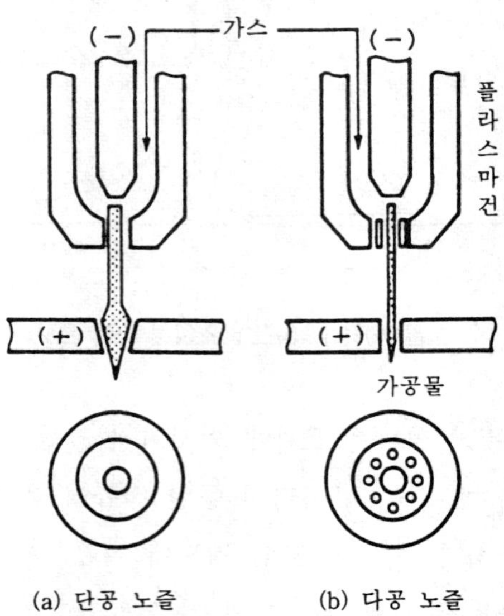

그림 10-35 단공과 다공 노즐식 플라스마 건

② 수중 플라스마 제트 절단

플라스마 제트 절단은 공기중 뿐만 아니라 수중에서도 할 수 있으며, 이 경우 플라스마 건은 전극을 내부에서 냉각시킬 물은 필요로 하지 않으나 물이 총의 내부에 스며드는 것을 방지하기 위해 플라스마 가스를 흘리는 상태에서 수중에 담그고, 그 상태로 아크를 고주파 전류만으로 점화하도록 한다. 수중 절단에서는 절단 작업중 물이 교란되며, 이것에 의해 가스나 용융 금속, 산화물 등이 씻겨 공기중에 잔류 방사성 물질의 비산이 방지된다. 또 물의 냉각 작용으로 열의 영향을 받는 영역의 두께도 줄어 든다.

③ 플라스마 제트 절삭

플라스마 건을 선반의 바이트와 같이 설치하면 그림 10-36와 같이 절삭 가공도 할 수 있다. 플라스마 제트 절삭은 바이트에 의한 절삭과 달리 비접촉식 절삭이며 플라스마 제트의 하단부가 가공물의 표면에 일치시키면 가장 효율적이지만 절삭 깊이는 가공물에 대한 플라스마 건의 경사각에 따라 변화시킬 수 있다. 이 방법은 절삭성이 좋은 재료에 대해서는 별 효과가 없지만 인코넬, 하스텔로이와 같이 절삭성이 나쁜 고니켈 내열 합금 재료에 대해서는 현저한 효과가 있고 보통 공구에 의한 절삭보다 10배 정도의 가공 속도가 얻어진다.

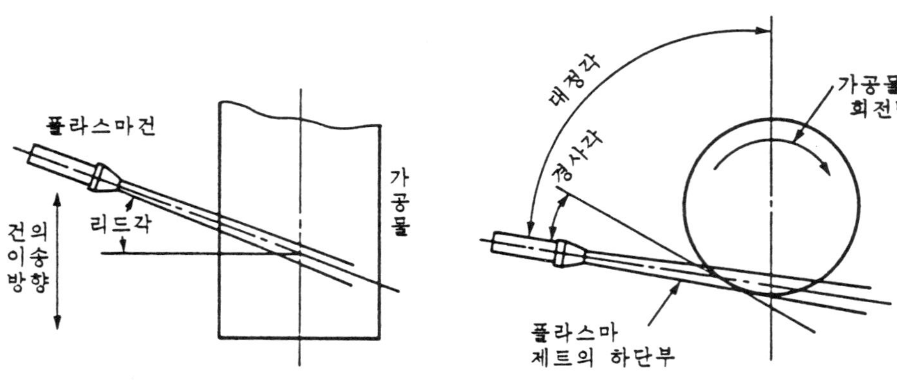

그림 10-36 플라스마 제트 절삭

제11장 CNC 공작기계

제1절 CNC PROGRAM 개요

11-1 PROGRAMMING이란?

CNC Program이란 사람이 이해하기 쉽도록 되어 있는 도면을 CNC가 이해할 수 있는 언어로 바꾸어 주는 작업을 의미한다.

CNC 공작기계를 운영하려면 자동적으로 조작되기 때문에 특정한 언어에 의한 동작 지령을 하지 않으면 안 된다. 따라서 CNC 공작기계를 조작하려면 부품도면을 CNC 언어로 바꾸어야 하는 작업이 필요하게 된다. 따라서 이 언어를 CNC PROGRAM이라 하고 이 작업을 PART PROGRAMMING이라 부른다.

11-2 PROGRAM 작성 순서

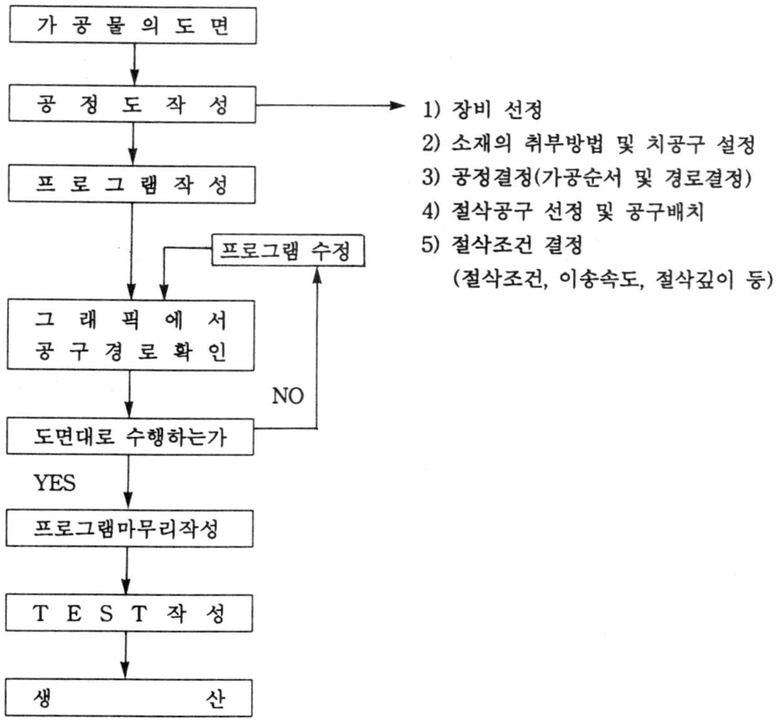

11-3 가공 PROGRAM 구성

가공 PROGRAM은 작성시 구성과 운영시 구성 2가지로 구성된다.

11-3-1 작성시 구성

PROGRAM을 작성할 때는 일반적으로 3가지 PART로 구분한다.

① PROGRAM 조건설정 : 프로그램의 처음부분은 가공에 필요한 조건 등을 설정한다.
예) 좌표계 설정, 공구설정, 주축속도, 보조기능, 절삭유 등

↓

② 가 공 실 행 : 위의 조건을 가지고 CNC의 일반기능인 위치결정보간, 직선보간, 원호보간 등 기타 CNC 기능 등을 사용 가공을 실행하는 부분

↓

③ 조 건 취 소 : 모든 가공이 끝난 후 마지막에는 항상 전에 사용했던 조건들을 취소해야 한다.

11-3-2 운영시 구성

이렇게 작성된 프로그램을 때에 따라서 효율적으로 사용할 수 있도록 구성하는 방법이다.

◉ MAIN PROGRAM(주 프로그램)과 SUB PROGRAM(보조프로그램)으로 구분된다.

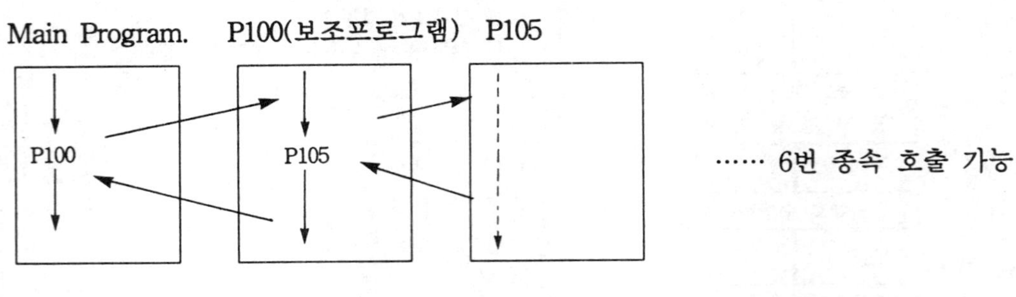

보조프로그램 호출은 프로그램 중 P△△△으로 지정을 하고 프로그램 수행중 M02나 M30을 만나면 자동적으로 MAIN 프로그램으로 복귀를 한다.

11-3-3 PROGRAM 블록의 구성

한 개의 프로그램 블록은 다음과 같이 구성된다.

N	G	X	Z	F	S	T	M	#
↓	↓	↓	↓	↓	↓	↓	↓	↓
구분 번호	준비 기능	좌표지정		이송 속도	주축 속도	공구 기능	보조 기능	블록 END (EOB)

※ SYSTEM 100에서는 1블록에 2개 이상의 G Code는 사용하지 못한다.
M Code는 사용가능

(1) 프로그램 블록구성의 의미

기 능	예	의 미
구 분 번 호	N	프로그램 블록 구분 및 전개시 사용
준 비 기 능	G	CNC의 이동방법을 정의(직선, 원호)
좌 표 지 정	X, Z	각축의 이동위치를 명령(절대방식)
	x z	각축의 이동거리와 방향명령(증분방식)
	I K	원호 중심좌표 지정
	R	원호의 반경지정
이 송 기 능	F	이송속도, 나사리드 지정
보 조 기 능	M	기계의 보조적인 동작을 지정
주 축 기 능	S	주축속도 지정 또는 주축회전수 지정
공 구 기 능	T	공구번호 및 공구보정번호 지정
휴 지 시 간	D	휴지시간(Dwell) 지정
프로그램번호지정	P	보조프로그램 호출
반 복 횟 수	L	프로그램 반복횟수 지정

11-3-4 프로그램 등록 방법

(1) 프로그램 번호지정

CNC상에서 프로그램을 1~250번까지 등록시킬 수 있다.

◉ 프로그램 개수는 최대 138개의 프로그램을 기록할 수 있다.

◦ 번호입력순서 : [주메뉴페이지] → [프로그램편집] → [1] [2] [0] → [입 력]

번호를 입력한다.(예 120번)

(2) 프로그램 이름 지정

각각의 프로그램에 대하여 리스트 맨처음 블록에(;)을 사용하여 프로그램 이름을 지정할 수 있으며 최대 12자까지 입력 가능하다.

(생략가능하다.)

(프로그램 리스트 페이지)

(보기)

```
; EX-1 PROGRAM #
  G99 #
  G4501 #
    ⋮
  M02
```

(3) Block 전개번호 지정

Block의 처음에 address N에 이어서 4자리 이내의 수치 1~9999로서 지정할 수 있다. Block 전개번호 순서는 임의로 할 수 있으며 모든 Block에 지정할 수 있고 필요한 블록에 지정할 수 있다.

◦ 프로그램 이름 입력순서

: [주메뉴페이지] → [프로그램편집] → (번호TYPE) → [입력] → [리스트] →

([변환] + [;] 를 누른다.)→프로그램 이름 입력

11-4 좌표계

PROGRAM 작성시 좌표계는 아래 방법에 의해 기준을 설정합니다.

• 길이방향 : 주축에서 심압대쪽으로 멀어지는 방향이 (+) Z방향

• 가로방향 : 주축 중심선에서 멀어지는 방향이 (+) X방향

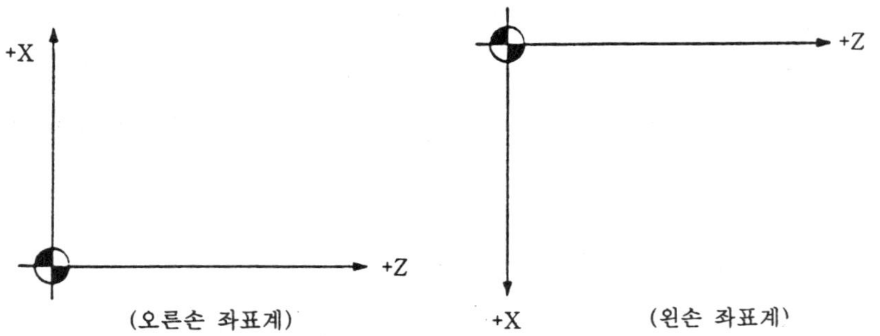

11-4-1 기계좌표와 Program 좌표

Program을 하기 위해서는 반드시 Program 원점을 설정하여야 한다.

SYSTEM 100L에서는 기계고유의 기계절대좌표계와 Program 좌표계가 있다. 프로그램 좌표는 일반적으로 X축 원점은 주축 중심에 Z축의 원점은 공작물의 오른쪽 단면이나 왼쪽 단면으로 한다.

* 기계절대좌표 : CNC상에서의 기계원점의 좌표를 기준으로 형성되는 좌표로서 기계원점의 좌표는 파라메타상에서 지정한다.
* 프로그램좌표 : 기계절대좌표계 내에서 공작물의 한 점을 기준으로 한 좌표 일반적으로 X축 원점은 주축중심에 Z축의 원점은 공작물의 오른쪽 단면이나 왼쪽 단면에 기준으로 한다.

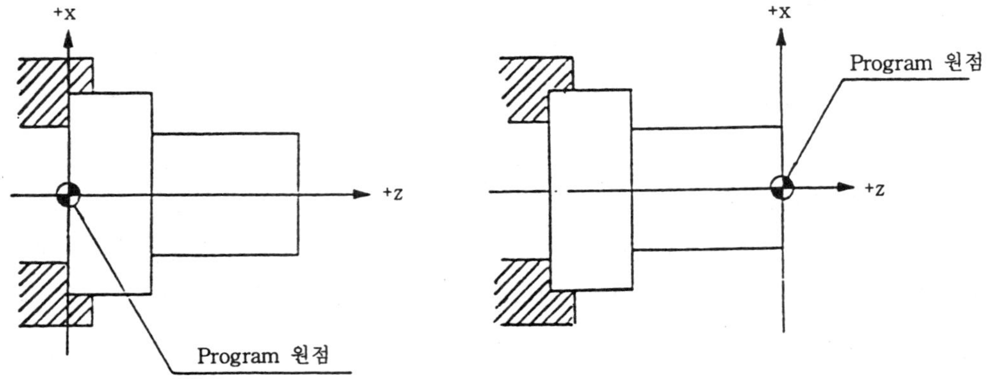

11-4-2 좌표계와 시작점

어떤 공작물을 가공하기 위해서는 프로그램시 사용한 좌표계의 기준점을 먼저 NC 장치에 입력시켜야 한다.

원점복귀 후부터는 공구는 기계원점을 기준으로 하여 움직이므로 공구를 이동시키기 전에 기계원점에서부터 프로그래 원점의 좌표를 CNC에 알려 주어야 한다.

SYSTEM 100에서는 "공구옵셋"과 "척 옵셋"을 통하여 프로그램 원점을 설정한다.

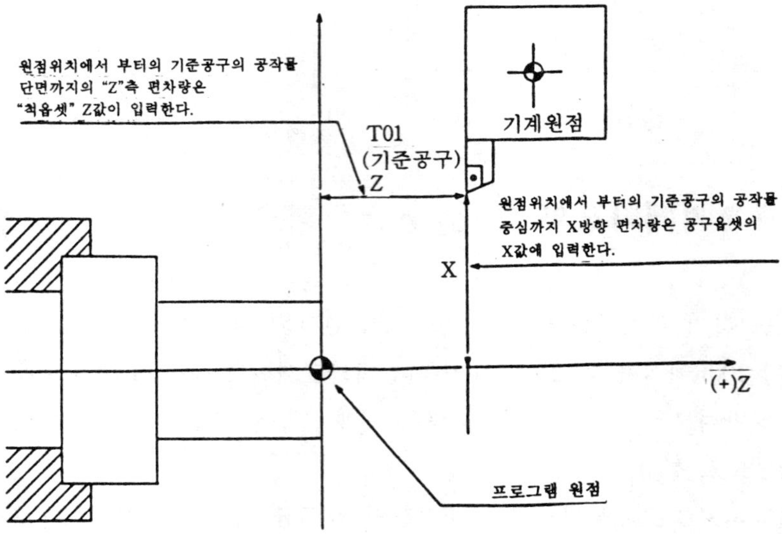

11-4-3 반경지정(G21)과 직경지정(G20)

(1) 반경지정(G21)

공구경로를 프로그램시 X축 좌표치를 공작물의 반경치수로 지정하는 프로그램 방식이며 이때에는 공구 이동량의 2배로 공작물의 직경에 영향을 준다.

(2) 직경지정(G20)

선반가공이란 회전체를 가공하기 때문에 실제 공구 이동량의 2배로 X축 좌표를 지정하는 방식으로 일반적으로 공작물 직경값을 그대로 지정하는 방식이다.

※ Q 및 R 값은 항상 반경으로 지정한다.

11-4-4 절대지령방식(G90)과 증분지령방식(G91)

(1) Program 작성시 1 Block 내에서 절대치와 증분치를 혼용 사용할 수 있다.

예) G1 × 100. ⓩ50.

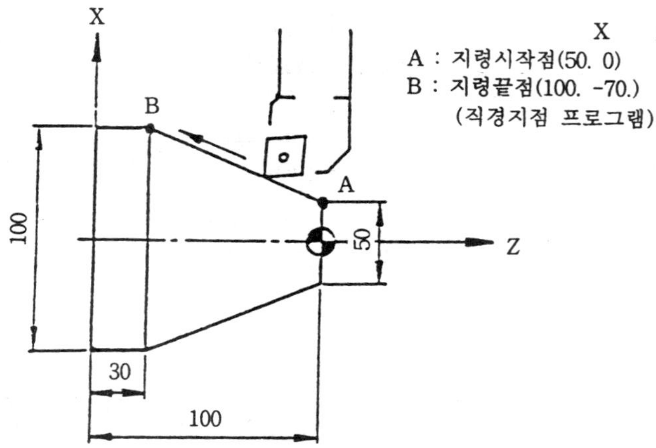

지 령 방 법		사 용 주 소	A→B 이동
절대지령 G90	프로그램 원점에서 ±방향인가를 결정하고 이동하고자 하는 위치의 좌표지정	X(X축 좌표) Z(Z축 좌표)	X100. Z-70.
증분지령 G91	공구가 있는 현재의 위치가 x0 z0이므로 도달점 방향이 ±인가를 결정하고 도달위치까지의 거리 입력 ※ (소문자 사용)	X(X축 거리) Z(Z축 거리)	대문자 사용 X50. Z-70.
증 분 지 령 Ⓧ, Ⓩ 소문자		Ⓧ(x축 거리) Ⓩ(z축 거리)	Ⓧ50. Ⓩ-70.

(2) 증분방식 프로그램시 소문자 X, Z는 대문자와 구분이 용이하지 않으므로 교재에서는 Ⓧ, Ⓩ로 표기한다.

예) Ⓧ100, Z50.# 또는 X100, Ⓩ70.#

11-5 이송기능(F Function)

11-5-1 급속이송(Rapid Traverse)

급속이송은 각축이 독립적으로 결정된 급속이송속도로 움직인다.
이 급속이송 속도는 기계에 따라 결정되며 기계 제작자가 속도를 결정한다.

11-5-2 절삭이송(Feed Rate)

공구를 어느 정도 속도로 이송시킬 것인가를 F 다음에 수치로 지정한다.
이송속도는 분당 이송속도와 회전당 이송속도로 구분된다.

	G95(회전당 이송)	G94(분당 이송)
기 능	주축 1회전당 공구이동거리	매 분당 공구이동거리
지정어드레스	F	F
지 정 범 위	0.01～99.99mm/Rev	1～32767mm/min

※ 이송속도는 조작반 상의 이송속도 S/W(Override Switch)에 의하여 백분율로 가감속 할 수 있다.

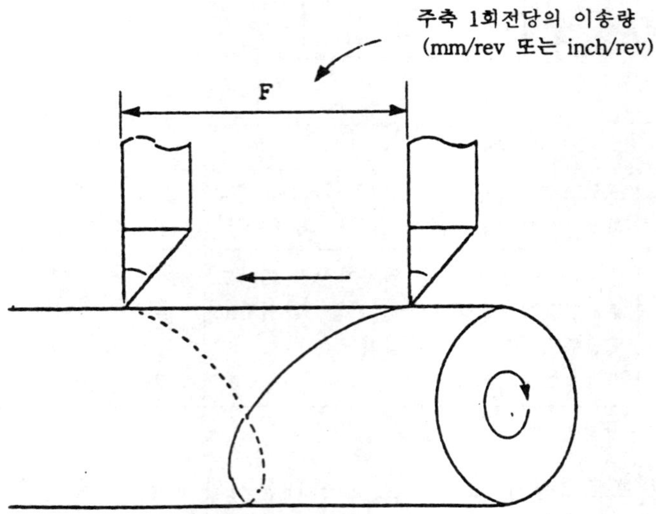

11-6 주축기능(S Function)

: 주축에 대한 회전수를 제어하는 기능으로 G92, G96, G97이 있다.

11-6-1 G92(좌표계 설정 및 최고 회전수 지정)

주속일정 제어(G96)(CSS)기능 중 공작물 직경변화량이 0가 되었을 때의 최고 회전수를 지정하는 기능이다.

G CODE	지령형식	단위
G92	G92 S____ #	RPM

예)

```
G92 S400.# → 최대한계 400rpm 지정
T0101 #
G96 S100. M03 #
G00 X120. Z5. M08 # →265 rpm
X90. #             → 353 rpm
X70. #             → 400 rpm → 고정
```

※ 참고 $N = \dfrac{1000V}{\pi D}$

V : G96 블록의 S값
D : X축 좌표값
N : 회전수

따라서 위의 예에서 X70.일 때 RPM은 454RPM이다.

그러나 Max RPM이 400으로 한정되어 있기 때문에 400rpm 이상은 돌지 않는다. 따라서 최고 RPM은 가공 정도의 영향을 주지 않는 범위 내에서 설정한다.

11-6-2 G96(주속 일정제어 모드)

주속 일정제어는 주속을 지령하는 기능으로 공구직경에서의 직경변화량에 따른 지정된 주속이 되도록 제어하는 기능으로 직경변화량에 따른 전압제어를 통하여 정확한 주속을 제어하는 기능이다.

여기에서 주속이란 공구와 공작물의 상대속도를 말한다.

G Code	지 령 형 식	입 력 단 위
G96	G96 S #	m/min

11-6-3 G97(RPM MODE)

회전속도를 RPM 속도로 제어하는 기능 및 주속 일정제어 취소

G Code	지 령 형 식	단 위
G97	G97 S #	rpm

예) G96 S100.# → 절삭 속도가 100m/min

G96 S180. M03 #
G01 Z-100. F0.2#
→ 절삭 속도가 180m/min이고 1회전당 0.2mm 이동

G97 S500. M03 #
G01 Z-100. F0.2 #
→ 1분당 500회전

1분당 이송거리=RPM×Feed

11-7 보조기능(M Function)

일반적으로 M Code라 칭하고 이 M Code 는 기계의 보조기능, 즉 공구교환, 주축제어, 절삭유 등을 제어시 사용된다.(M Code는 기계에 따라 다르다.)

M Code	의 미
M 00	Program Stop : M 00가 지령된 Block을 다 수행한 후에 자동운전을 정지한다. MODAL 정보는 계속 유효하며 Cycle Start Button을 누름으로써 자동운전이 다시 시작된다.
M 01	Optional Stop : M 00와 동일하며 기계 조작반에 있는 작업설정 페이지상에 선택 선택정지 Soft key로 선택한다.
M02	End of Program Program 종료를 나타낸다.
M 30	End of Program M 02와 동일하다.
M 03	주축 정회전 이 지령에 앞서 Gear 변속단, 주축회전수 지령이 있어야 한다.
M 04	주축 역회전
M 05	주축정지 : 주축정지는 M 05 외에 M 00, M 01, M 02, M 30 또는 비상정지 Button으로도 가능하다.
M 08	Coolant ON
M 09	Coolant OFF
M 19	Spindle Orientation

M Code	의 미
M 40	Gear 중립
M 41	Gear 1단(L)
M 42	Gear 2단(M)
M 43	Gear 3단(H)
M 68	유압척 Clamp
M 69	유압척 Unclamp
M 78	심압축 전진(Advance)
M 79	심압축 후진(Retract)

11-8 준비기능(G Function)

G Code는 준비기능으로서 CNC 기능의 여러 가지 프로그램 동작을 명령하는 기능입니다.

G 코 드	군(GROUP)	기 능
G 00	1	위치 결정(급속이송)
△ G 01		직선 보간(절삭이송)
G 02	0	원호 보간 CW(시계방향)
G 03		원호 보간 CCW(반시계방향)
G 04		휴지 시간(이송 일시정지)
G 05	1	원호 접점 자동계산(복합원호접점)
G 07	0	기계 원점 자동복귀
G 08		제2원점 복귀
G 09		원점으로부터 복귀
G 10	2	공구수명시간 삭제
G 11		공구수명시간 측정
G 12	0	그래픽 제어
△ G 20	3	직경지정 프로그램
G 21		반경지정 프로그램
G 29	0	바로 전에 취소한 자동사이클 호출
△ G 30	4	미러 이미지 기능취소
G 31		미러 이미지 기능설정

G 코 드	군(GROUP)	기 능
G 33	1	나사가공
G 34		증가 가변리드 나사가공
G 35		감소 가변리드 나사가공
G 37	0	나사 가공 사이클
△ G 40	5	공구인선반경 보정취소
G 41		공구인선반경 왼쪽보정
G 42	5	공구인선반경 오른쪽 보정
G 45	11	척 옵셋(프로그램 원점 위치선택)
G 66	0	내·외경 복합 반복주기 사이클
G 67		단면 복합사이클
G 68		유형 복합사이클
G 70	6	인치 지령모드
△ G 71		미터 지령모드
G 73	1	인포지션 확인
G 77	0	단순 내·외경 황삭 사이클
G 78		단순 단면 황삭 사이클
△ G 80	7	자동 사이클 취소
G 81	0	드릴 사이클
G 82		카운터 보링 사이클
G 83		팩 드릴 사이클
G 84		태핑 드릴 사이클
△ G 90	8	절대 지령방식
G 91		증분 지령방식
G 92	0	프로그램 좌표계 설정, 주축 최고 회전수 설정
G 94	10	분당 이송속도 mm/min
△ G 95		회전당 이송속도 mm/Rev
G 96	9	주속 일정제어 m/min
△ G 97		주축 회전수 지정 rev/min
G 99	0	초기 조건 설정모드

(주) △ 표시 지령은 초기 POWER ON시 유효한 초기 상태의 모달 지령이다.

11-8-1 G Code

G Code는 G 다음에 00에서부터 99까지에 두자리 숫자로 지정한다.
G Code는 다음의 2종류가 있다.

종 류	의 미	Group
One shot G Code	명령된 블록에 한하여 해당 G Code가 수행	0
Modal G Code	한 번 명령된 기능은 다른 G Code가 나올 때까지 설정된 기능이 유효	0을 제외한 전부

※ 한 블록 내에서 G Code는 하나만 사용할 수 있으며 복수 G Code는 사용 불가

11-8-2 G00 (급속위치결정)

위치결정 기능으로 좌표상의 현재의 좌표 위치에서 이동할 다음 지점까지 공구가 직선보간으로 급속 이동하는 기능

G 00 X(ⓧ) ____ Z (ⓩ) ____ #

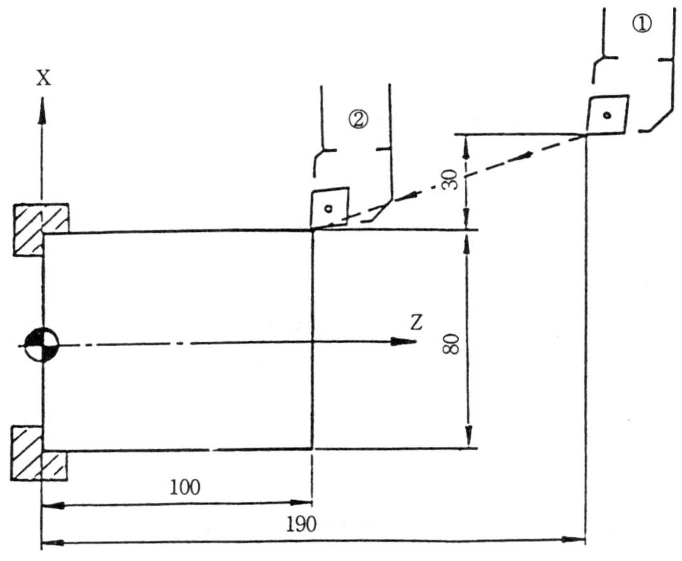

예1) G00 X80.0 Z100.0 # 또는 G00 X80.0 ⓩ-90.0 #
예2) G00 ⓧ-60 ⓩ-90.0 # 또는 G00 ⓧ-60.0 Z 100.0 #

11-8-3 G01(직선보간) G73(정위치 직선보간)

직선보간 기능으로 현재의 위치에서 다음 지점까지 F로 지정된 이송속도 직선을 따라 이동하는 기능

G 01 X(ⓧ)____ Z (ⓩ)____ F____ #

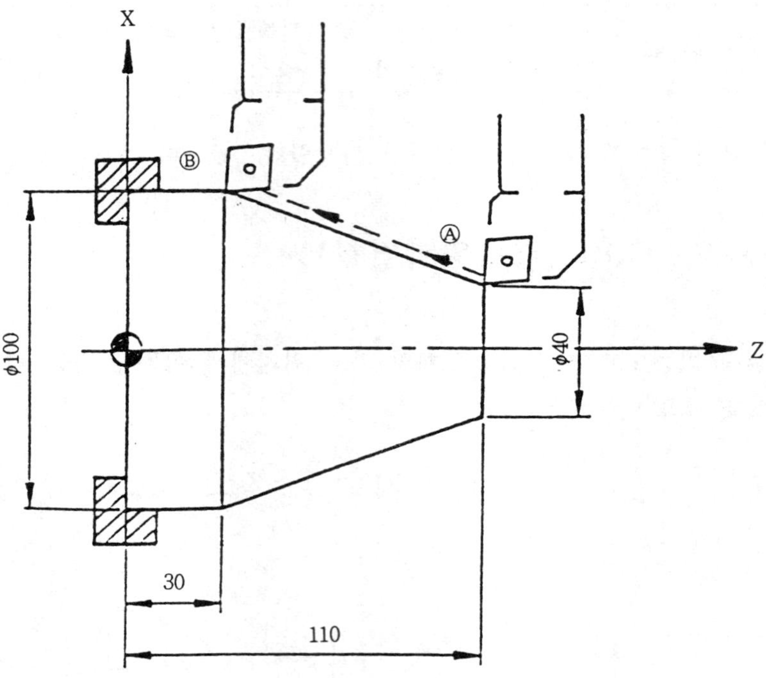

X : 종점의 X좌표
ⓧ : 종점의 X좌표(증분치)
Z : 종점의 Z좌표
ⓩ : 종점의 Z좌표(증분치)
F : 이송속도 지정

① G 01 X 100. Z 30. F 0.2 #
또는
② G 01 ⓧ60.0 ⓩ-80. F 0.2 #
또는
③ G 01 X 100. ⓩ-80 F 0.2 #

(1) G01에서의 "Q" 라파메타 사용법

G01 블록에서 "Q"를 사용하여 원호가공이나 면취를 쉽게 할 수 있는 기능으로 직선과 직선 사이의 원호나 면취를 쉽게 할 수 있는 기능이다.

G 01 X_____ Z_____ Q_____ F_____ #

- X : 원호나 면취가 만나는 접점의 X자표값(절대치)
- ⓧ : 원호나 면취가 만나는 접점의 x자표값(증분치)
- Z : 원호나 면취가 만나는 접점의 Z자표값(절대치)
- ⓩ : 원호나 면취가 만나는 접점의 Z자표값(증분치)
- Q : 원호나 면취의 반경값 지정

< (+) → 원호 >
< (−) → 면취 >

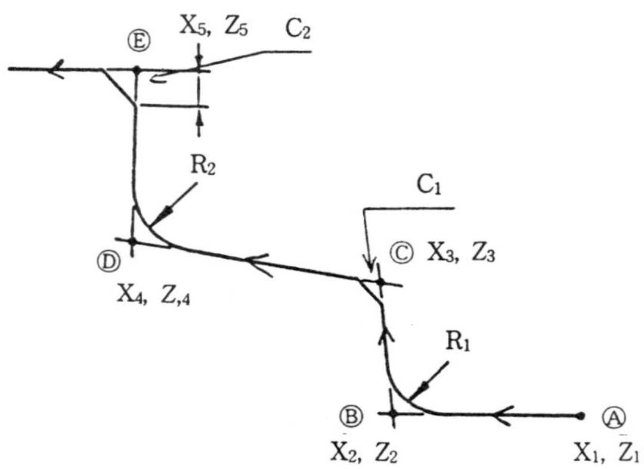

<프로그램 형식>

G 01 X 1 Z 1 F # → Ⓐ
X 2 Z 2 Q+R1 # → Ⓑ
X 3 Z 3 Q−C1 # → Ⓒ
X 4 Z 4 Q+R2 # → Ⓓ
X 5 Z 5 Q−C2 # → Ⓔ

〔예제〕 다음을 "Q"값을 사용하여 프로그램 하시오.

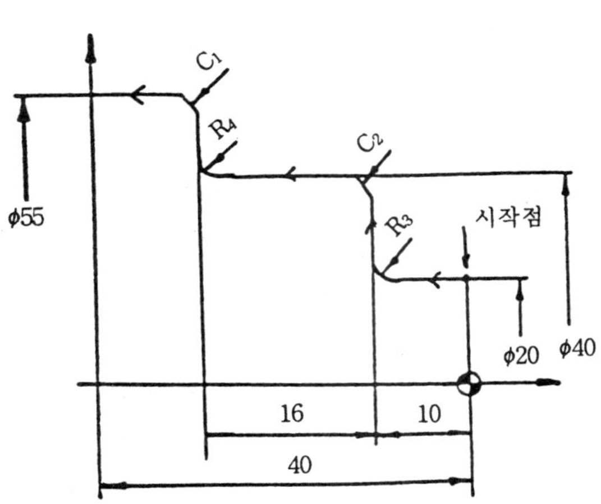

풀이)

G 99 #
G 00 X 0 Z 0 #
G 01 X 20. #
Z-10. Q 3. F 0.2 #
X 40. Q-2. #
Z-16. Q 4. #
X 55. Q-1. #
Z-40. #
M 02 #

11-8-4 G02, G03(원호보간)

한 좌표상에서 원호보간을 수행시는 아래의 4가지 조건이 좌표상에서 지정되어야 하며 그 중 프로그램 블록에서는 3가지가 지정되어야 한다.

① S.P(원호의 시작점) : 원호가 시작되는 지점의 좌표
② E.P(원호의 끝점) : 원호가 끝나는 점의 좌표
③ C.P(원호의 중심점) : 원호의 중심점의 좌표
④ R(원호의 반경) : 원호의 반경값 지정

(1) 다음 지령에 의해 공구가 원호보간을 수행한다.

지 령 방 식		지 령	의 미	
			오 른 손 좌 표 계	왼 손 좌 표 계
1	회 전 방 향	G 02	시계방향(CW)	반시계방향(CCW)
		G 03	반시계방향(CCW)	시계방향(CW)
2	절 대 지 령(G90)	X. Z	원호의 종점좌표 입력(프로그램 원점기준)	
3	증 분 지 령(G91)	X. Z	원호의 시작점에서 원호의 종점까지의 거리와 방향입력	
4	소문자 증분지령ⓧⓩ	ⓧ. ⓩ		
5	증 분 지 령	ⓘ. ⓚ	원호의 시작점에서 바라본 각 방향 원호의 중심까지의 거리와 방향입력(직경값)	
6	절 대 지 령	I. K	프로그램 원점에서의 원호의 중심좌표 입력	
7	원 호 지 령	R	원호의 반경값 지정	

(2) G02, G03 방향지정

오 른 손 좌 표 계		왼 손 좌 표 계	
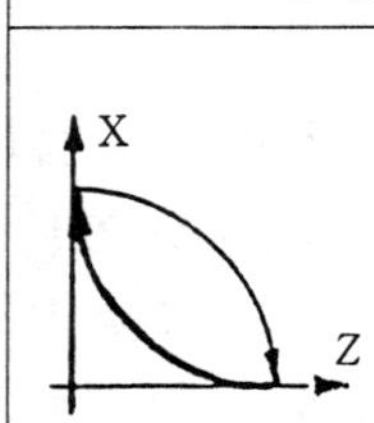 	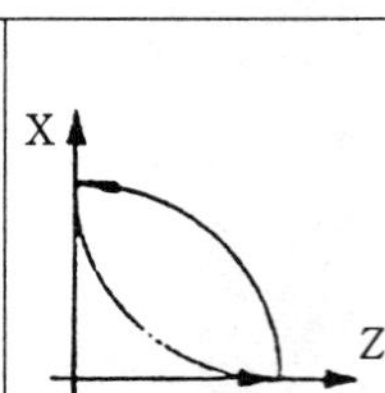 	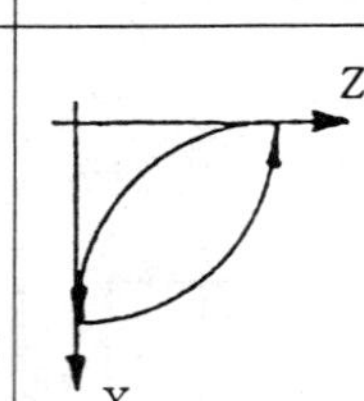 	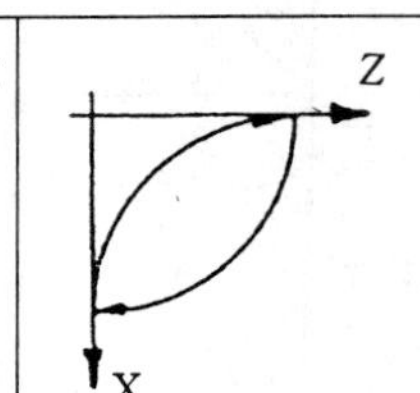
G 02	G 03	G 02	G 03

〔예제〕

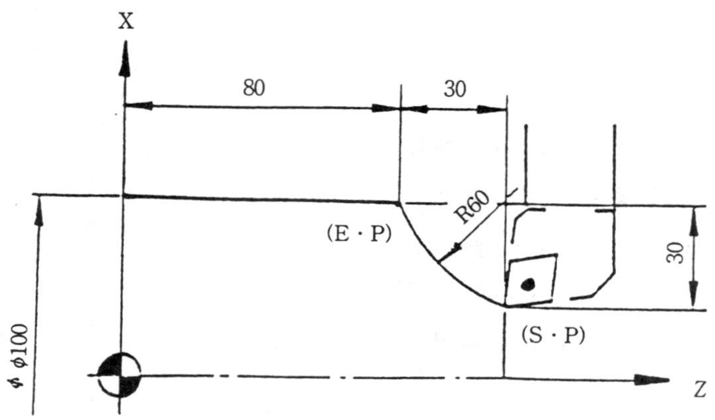

* G 02 X 100. Z 80. R 60. F 0.3 #
또는 G 02 ⓧ60. ⓩ30. R 60. F 0.3 #

〔예제〕

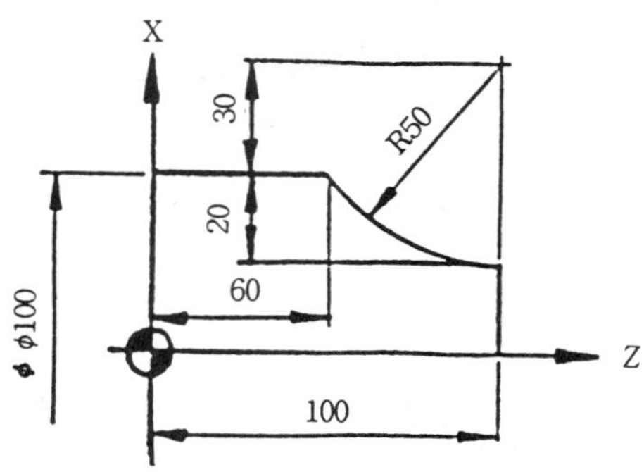

* G 02 X 100. Z 60. I 160. K 100. F 0.2 #
또는 G 02 X 100. Z 60. R 50. #
또는 G 02 ⓧ40. ⓩ-40. R 50. #

11-8-5 G02, G03에서의 "Q" 파라메타 사용법

* Q 파라메타 기능 *

① 직선과 원호 사이의 원호 및 면취가공

② 원호와 원호 사이의 원호나 면취가공 등을 수행한다.

G 02
프로그램) X____ Z____ I____K____ Q_____#
G 03

; X - 원호나 면취 종점(E.P)의 X좌표

Z - 원호나 면취 종점(E.P)의 Z좌표

I - 원호의 중심점의 X좌표(증분치 지령시는 소문자)

K - 원호 중심점의 Z좌표(증분치 지령시는 소문자)

Q - 끝점에 삽입된 원호나 면취의 (+) → 원호
반경값 지정 (−) → 면취

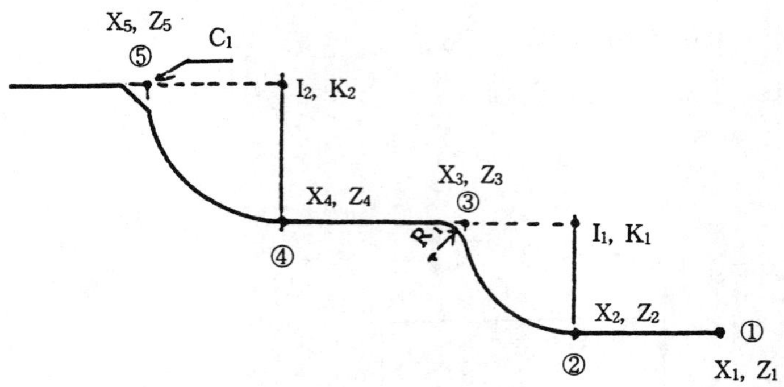

① G 01 X1____Z1____# → 시작점

② X2____Z2____#

③ G 02 X3____Z3____I1____K1____Q(+)_____# → R1 원호

④ G 01 X4____Z4____#

⑤ G 02 X5____Z5____I2____K2____Q(−)_____# → C1 면취

〔예제〕

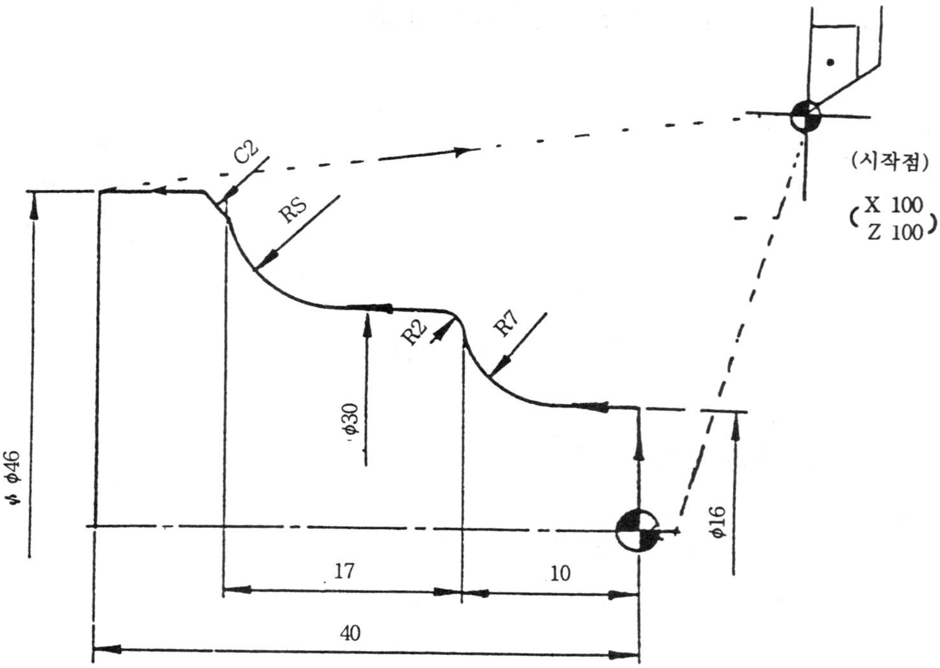

G 99 # → Program Reset

G 45 01 # → 척 옵셋 1번 호출

T 0101 # → 공구옵셋 1번 공구 및 1번 옵셋 호출(프로그램 원점 설정 완료)

G 96 S 150. M 03 # → 주축 주속 일정제어 호출

G 00 X 50. Z 10. M 08 # → 초기 위치 도달

G 92 X 50. Z 10. S 2500. # → 프로그램 좌표설정 및 주축 최고 한계속도 지정

GXZ # → 프로그램 원점 위치도달

G 1 X 16. F 0.3 #

Z -3. #

G 2 X 30. Z -10. ⓘ14. Q 2. # → 첫 번 원호(반경 "R7" 끝점에 삽입)

G 1 ⓩ-9. #

G 2 ⓧ16. ⓩ-8. ⓘ16. Q -2. # → 두 번째 원호(면취 "C2" 끝점에 삽입)

G 1 ⓩ-13. #

G 00 X 100. Z 100. M 09 # → 초기위치 도피 및 절삭유 정지

G 45 O 00 M 05 # → 척 옵셋 취소 및 주축정지

T 00 # → 공구취소

M 02 # → 프로그램 끝

11-8-6 G 05(원호접점 자동계산 기능)

한 좌표상에 정의된 원호와 원호 사이의 접점들을 각각의 원호들의 중심좌표와 방향만을 설정해 주면 원호와 원호 사이의 접점들을 NC가 자동계산하여 프로그램하는 방법이다.

G 05 X(x)______Z(z)______Q±_______#

- X : X방향 원호의 중심좌표 (절대치 대문자 / 증분치 소문자)
- Z : Z방향 원호 중심좌표
- Q : 원호의 반경값 지정
  - (+) : 원호의 방향(반시계방향)
  - (−) : 원호의 방향(시계방향)

〔예제〕

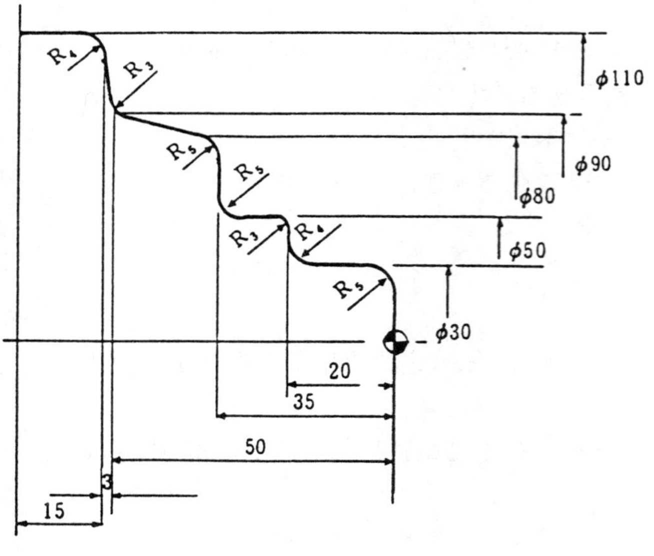


```
G 99 #
T 0101 #
G 4501 #
G 96 S 200. #
G 00 X 120. Z 0 #
G 92 X 120. Z 0 S 2000. #
G 01 X -1. F 0.2 #
G 00 Z 1. #
     X 20. #
     Z 0 #
G 05 X 20. Z -5. Q 5. #
     X 38. Z -16. Q -4. #
     X 44. Z -23. Q 3. #
     X 60. Z -30. Q -5. #
     X 70. Z -40. Q 5. #
     X 96. Z -47. Q -5. #
     X 102. Z -57. Q 4. #
G 01 X 110. Z -68. #
G 00 X 120. #
     X 150. Z 100. M 05 #
G 45 #
     T 00
M 02
```

11-8-7 G 04(휴지시간 설정)

프로그램 수행중 일정지점에서 Dwell time 설정시 사용한다.

G 04 F_____# (단위 : sec)

① 지령형식 F=4.1(최대 3276.7) Sec
② G 04는 일회 유효지령 코드이나 F(초)는 Modal이다.

〔예제〕 G 04 F1. # → 1초간 정지
⋮
G 04 # → 1초간 정지
⋮
G 04 F2. # → 2초간 정지
⋮
G 04 # → 2초간 정지

11-9 공구기능(T Function)

11-9-1 공구지령

T Code 이후에 4자리 숫자로서 공구의 선택을 지령한다.
또 그 수치의 일부는 Offset 보정량을 지정하는 번호에 사용한다.

구분 예) T ○ ○ △ △
- △ △ → 공구 Offset 번호(최대 48번 호출)
- ○ ○ → 공구번호(48개)(최대 48번까지 호출)

〔예제〕
```
G 92   S 2300 #
G 45   O 1 #
G 96   S 180.  M 03 #
T 0101 # (1번 공구가 1번 Offset 사용)
G 00   X 150. Z 100. #
T 0100 # (1번 공구의 1번 Offset 취소)
```

* Tool Offset 번호

1) 공구 Offset 번호를 지정하면 그 해당번호에 해당하는 Offset 값을 지정한다는 의미와 Offset을 시작한다는 의미가 있다.
2) 공구옵셋 번호가 00이라는 것은 Offset량이 0으로서 Offset을 취소한다는 의미가 있다.
3) Offset량은 Offset 페이지에서 해당되는 번호에 미리 수동으로 Offset Memory에 입력시킨다.
4) 공구옵셋 번호에 해당하는 보정량에는 3가지 보정량이 있다.
5) X, Z의 보정량에 의한 Offset을 "공구위치 옵셋"이라 하고, R 보정량에 의한 보정을 "인선 R 보정"이라고 한다.

* 공구옵셋 페이지

Offset 번 호	X (X축 Offset량)	Z (Z축 Offset량)	인 선 반 경	공 구 방 향
1번 옵셋 → 01	0.040	0.020	0.4	3
02	0.060	0.560	0.8	2
03	0	0	0.2	3
⋮	⋮	⋮	⋮	⋮
48				

공구위치 옵셋은 T Code로 지정되는 Offset 번호가 00이 아닐 때 유효하며 00일 때는 취소된다.

예) t 01 ϕ ϕ → 1번 공구 옵셋취소

11-9-2 옵셋 지정

프로그램 경로에 대하여 X, Z의 Offset량만 Offset 된다.

즉, T Code로 지정된 번호에 해당하는 Offset량 만큼 프로그램된 Block의 끝점 위치에 인선반경 만큼의 보정이 된다.

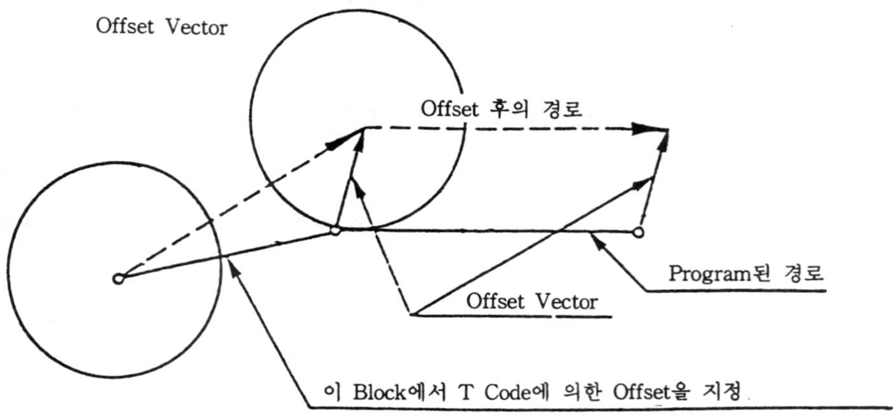

윗 그림과 같이 X, Z의 Offset량을 성분으로 하는 Vector를 Offset Vector라 한다.

11-9-3 척 옵셋 지령

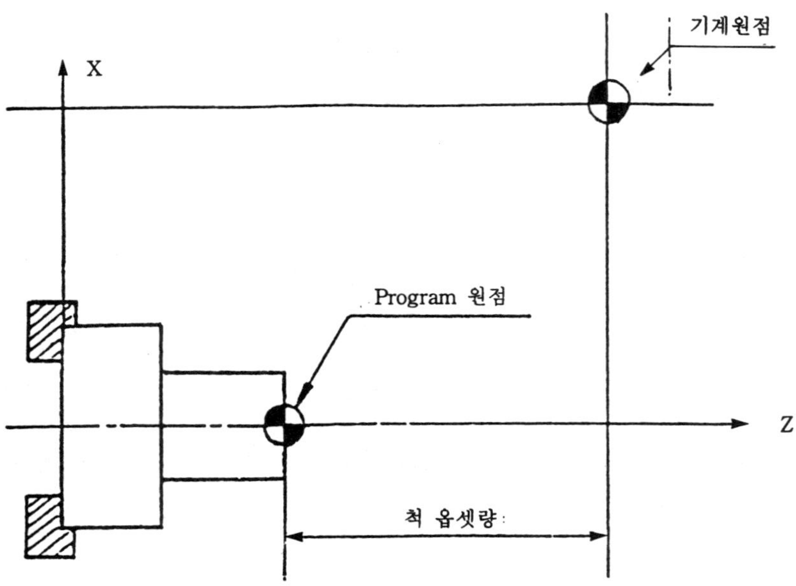

공작물을 가공하기 위해서는 프로그램원점 좌표계를 설정해야 하며 기계원점에서부터의 공작물 단면까지의 Z방향 거리값을 척 옵셋 값으로 지정한다.

예) G 45 ○ △ △ #

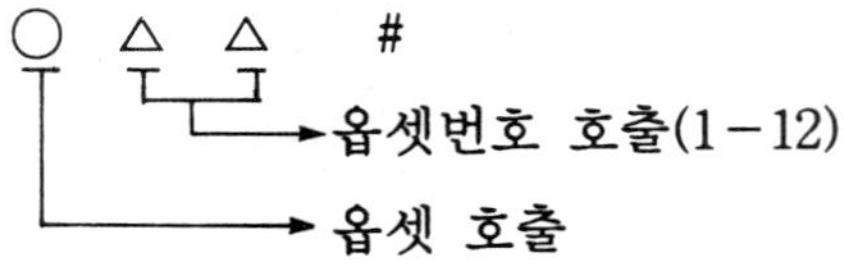

11-9-4 공구 및 척 옵셋 설정방법

(1) 옵셋을 측정하는 방법에는 상대적 측정방법과 절대측정 방법이 있다.

① 상대측정 방법

어떤 기준공구를 기준으로 하여 각 공구가 얼마만큼 떨어져 있는가를 측정하는 방법

② 절대측정 방법

좌표상의 고정되어 있는 점(선반의 터릿측정위치나 머시닝 센타의 주축 단면) 등을 기준으로 측정하는 방법이다.

(2) 옵셋 페이지 화면설정

Offset 번호	X (X축 Offset량)	Z (Z축 Offset량)	인선반경	공구방향
01	0.040	0.020	0.4	3
02	0.060	1.560	0.8	2
03	0	0	0.2	3
⋮	⋮	⋮	⋮	⋮
48				

(3) X, Z : 공구보정량 지정

① 절대 측정일 경우

그림에서 터릿의 기준점을 기준으로 하여 각 공구 선단까지의 X축 방향 Z축 방향의 거리를 설정한다.(그림 참조)

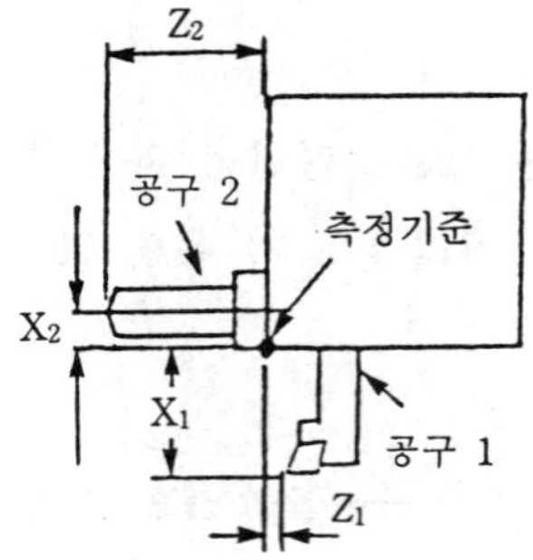

② 상대 측정일 경우

아래 그림에서 기준공구 ①을 기준으로 하여 다른 공구 선단까지의 X방향 및 Z방향 거리값을 지정한다.

이 경우 기준공구 ①의 X 및 Z 보정량은 0이 된다.

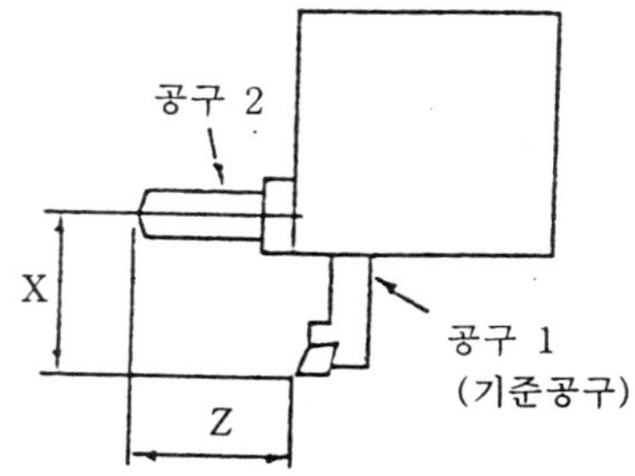

(4) 인선반경 : 공구 끝의 인선반경값 지정

공구 끝의 인선은 완전히 각이 진 상태가 아니고 둥글게 되어 있다.

이 차이를 보정하기 위해서 인선 R 보정기능이 있고 인선반경 크기를 지정한다.

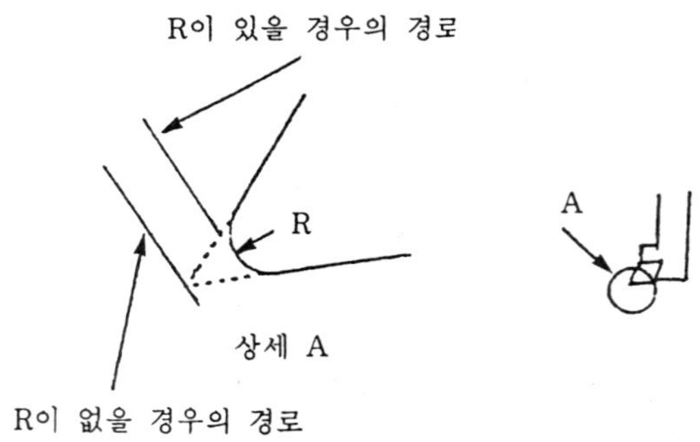

(5) 공구방향 : 공구 가상인선의 방향

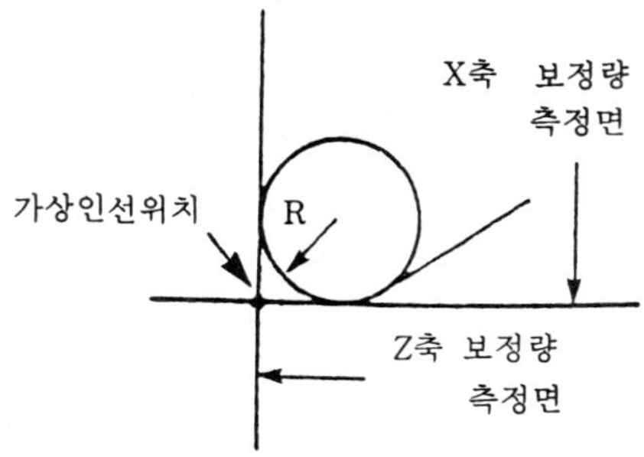

(6) 옵셋설정 방법

* G 45(CHUCK Offset)

① 사용방법

G 45 O_____ #

O : 척 옵셋 호출(1~12번까지 사용)

ex) G 45 O 3 # → CHUCK Offset 번호 3번 호출

② 입력방법

ⓐ [수동운전] 선택

ⓑ [기계원점복귀] 선택

ⓒ 기계 조작반 하단에 있는 Mode Select S/W를 "AUTO"로 선택

Mode Select

ⓓ [CYCLE START] 스위치를 누르면 X, Z축 순으로 기계원점복귀를 한다.

ⓔ [EXIT] → [EXIT] 상태 화면을 선택

ⓕ Mode Select S/W "Manual"로 선택

ⓖ [작업설정] → [척 옵셋] → [지정한계]

[1] [2] [ENTER] 를 하면 12가 입력된다.(척 옵셋 사용범위 설정)

※ 12를 입력하는 것은 가공프로그램상에서 12개 중 어느 것이나 사용할 수 있다.

(주) 지정한계 범위를 0으로 설정하면 프로그램에서 척 옵셋값을 호출하여도 옵셋값을 사용할 수 없다.

ⓗ TOOL NO 선택(외경 황삭공구를 기준공구로 선택한다.)

ⓘ [조그] → { [핸들] / [조그] } 둘 중 하나의 Key를 선택하여 공작물의 단면을 가공할 수 있는 위치까지 X, Z축을 이동시킨다.

ⓙ SPINDLE [START]

ⓚ 만약 [조그] Key를 선택하여 X, Z축을 이동한다면 [EXIT] → [핸들] 누르고 [X+] 선택하여 핸들을 이용하여 단면을 가공하고 +X 방향으로 후퇴시킨 후 주축을 정지시킨다.

ⓛ [EXIT] → [EXIT] 하면 척 옵셋 화면이 나온다.

※ C.R.T 하단의 척 기준 원점의 좌표 0으로 되어 있지 않으면 커서를 ([↑] [←] [→] [↓] 이용하여) 척기준 원점 위치에 갖다 놓는다.

0을 치고 [ENTER] 한다.

ⓜ 프로그램한 척 옵셋 번호에 커서를 갖다 놓는다.

ⓝ [위치입력] Key를 누르면 C.R.T 하단의 프로그램 좌표값이 입력된다.

ⓞ [EXIT] → [공구옵셋] 하면 C.R.T가 선택된다.

(주) X, Z축을 이동시키면 안 된다.(기준공구 Z축 Offset를 넣기 위한 것임.)

⑦ 공구옵셋 설정방법

ⓐ C.R.T 하단의 Z값 접촉기준 원점으로 커서를 이동시키고 Z축 프로그램 좌표값에 80.5가 있다면 [−][8][0][•][5] [ENTER] 하면 −80.5가 입력된다.

ⓑ 커서를 이용하여 기준공구의 Offset 번호에 갖다 놓는다.

ⓒ 주축을 회전시키고 [핸들] 선택 후 핸들을 이용하여 외경을 가공할 수 있는 위치로 X축을 이동시킨다.

ⓓ 커서를 이용하여 Z축을 선택하고 [핸들] 을 누른다. 핸들을 이용하여 외경을 가공한 후 Z축을 그대로 후퇴시킨다.

ⓔ 주축 정지 후 가공한 외경 측정

ⓕ 커서를 C.R.T 하단의 접촉기준 원점 X축 값에 갖다 놓는다.

※ 공작물 직경을 측정 후 값으로 입력한다.

ⓖ 사용할 번호 X축으로 커서를 이동시킨 후 [위치입력] 을 누르면 Offset량이 입력된다.

(기준 공구의 Z값은 입력하지 않는다.)

ⓗ 기준공구 외의 다른 외경공구 X축 보정은 기준공구로 가공한 외경에 접촉시키고 ⑦을 수행한다.

ⓘ 내경공구 X축 보정은 ⑥, ⑦을 수행한다.

ⓙ 기준공구 외의 내, 외경 공구 Z축 보정은 기준공구로 가공한 단면에 접촉시키고 각 공구에 해당하는 Offset 번호에 커서를 이동시킨 다음 [위치입력] 을 누르면 Offset량이 입력된다.(상대입력방법)

(주) 주축 중심에서 가공하는 공구(드릴 등)는 X축 보정은 하지 않는다.

ⓚ Offset량 증분보정방법

먼저 조정해야 할 Offset 값 위치에 커서를 [↑] [←] [→] [↓] 를 이용 위치시킨다.

[증분단위] 를 누른다. 이때 커서가 위치한 부분에 화면이 역상으로 표시된다.

보정할 Offset량을 증분단위 위에 있는 데이터에 입력한 후 [ENTER] 를 치면 Offset량이 자동적으로 계산되어 입력된다.

① 다음 공구 Offset Page 이동방법

공구 Offset 페이지 화면 이동은 [SHIFT] + [↑] [↓] 를 누르면 자동적으로 다음 페이지로 이동이 된다.

11-9-5 공구인선반경 보정기능(Tool Tip Radius Compersation)

절삭공구 인선반경에 의한 가공경로 오차량을 자동보정하는 기능으로 임의의 인선반경을 가지는 특정공구의 가공경로 및 방향에 따라 보정한다.

(1) 가상인선

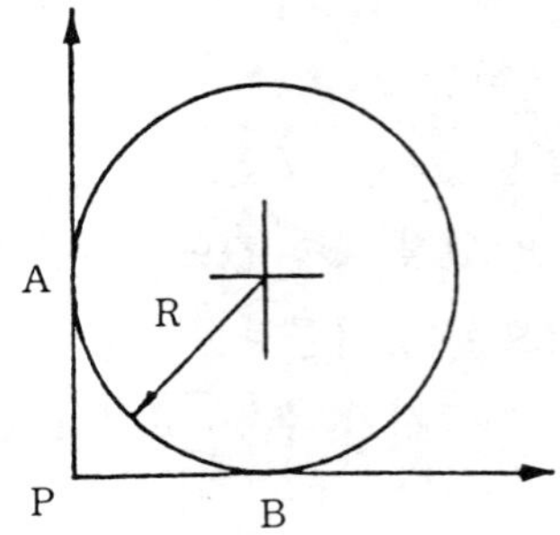

프로그램에 의해 이동되는 공구의 끝점은 가상인선이라고 하는 P점이다.

위 그림과 같이 공구의 끝은 공구인선 반경이라는 반경 R을 갖는 원이기 때문에 Taper 절삭시나 원호 절삭시에 공구옵셋만으로는 보정되지 않는다.

이 보정되지 않은 부분을 자동적으로 보정하는 것이 인선반경 보정기능이며 일반적으로 쓰이는 공구인선 반경은 0.4~0.8mm이다.

(2) 가상인선에 의한 Program 공구경로

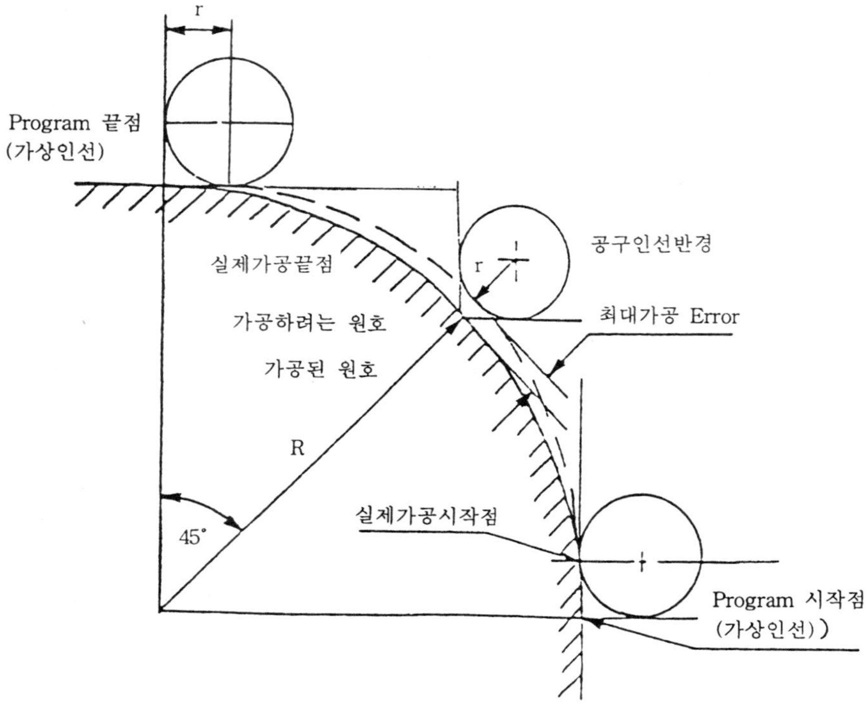

(3) 인선반경 보정량의 설정

T ○ ○ △ △

└── Offset 번호

Offset 번호	X	Z	인 선 반 경	공 구 방 향
0 1	0.75	−0.93	0.4	3
0 2	−1.234	10.987	0.8	2
·	·	·	·	·
·	·	·	·	·
1 6	·	·	·	·

Offset량 지령범위 : 0− ±999.999mm

(4) 가공위치와 이동지령(오른손 좌표계)

Program을 할 때에 Programmer는 인선반경 보정을 하기 위해서, Program 경로의 어느 쪽에서 공구가 이동되는가를 정해야 하며 이것은 G Code의 G 41과 G 42로 결정된다.

G Code	공 구 경 로	소 재 측
G 40	공구 인선반경 보정취소	프로그램 경로이동
G 41	Program 경로의 왼쪽	가공경로의 오른쪽
G 42	Program 경로의 오른쪽	가공경로의 왼쪽

* 일반적으로 G 42는 외경 가공시에 G 41은 내경 가공시에 사용된다.

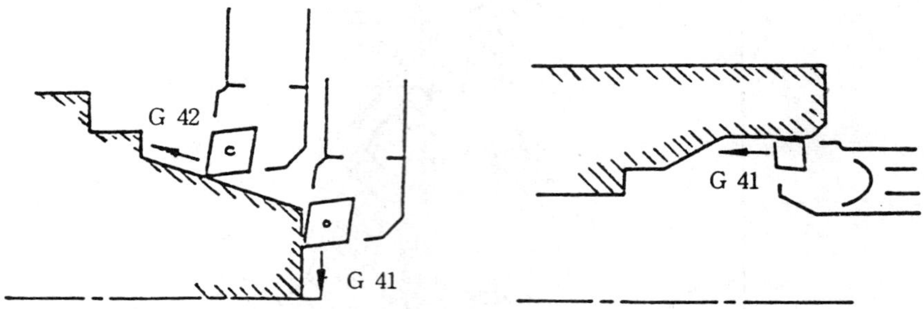

※ • 인선반경 보정치보다 작은 외접 원호는 가공할 수 있고 내접 원호는 가공할 수 없다.

• 왼손 좌표계의 경우는 반대가 된다.

ex) 보정치 0.8R 사용시

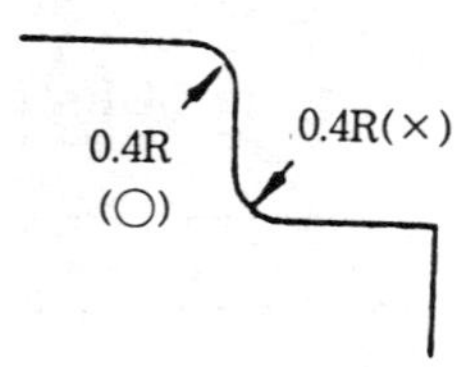

11-10 자동루틴(AUTO ROUTINE) 기능

복잡한 공구의 이동경로를 하나의 데이터 블록으로 프로그램하는 기능이며 복합 사이클이라고도 한다.

G Code	명 칭	기 능
G 77	단순 내, 외경 사이클	단순 경로의 외경 가공 사이클 기능
G 78	단순 단면 사이클	단순 경로의 단면 가공 사이클 기능
G 66	내, 외경 황정삭 사이클	복합 경로의 외경 가공 사이클 기능
G 67	단면 황, 정삭 사이클	복합 경로의 단면 가공 사이클 기능
G 68	유형 반복 사이클	단조나 구조품의 형상 반복 사이클

11-10-1 G 77 단순 내·외경 황삭 사이클

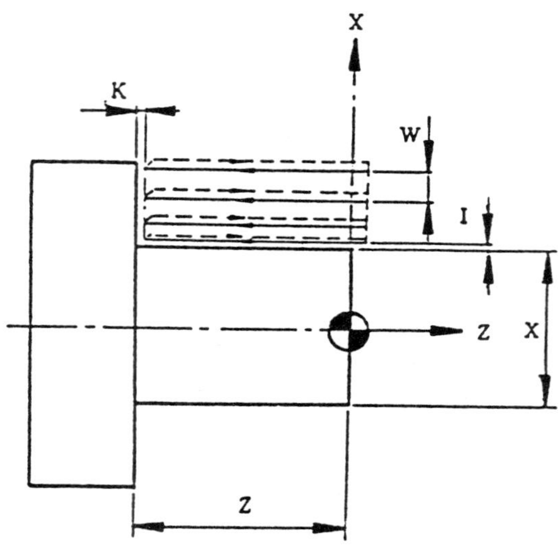

G 77 X____Z____I____K____V____W____F____#

X : 소재 X축 최종 직경치(X축 가공 끝점)

Z : Z축 가공 끝점

I : 직경에 대한 정삭 여유량(I<도피량)

K : Z축 정삭 여유량(K<도피량)

W : 1회 절삭깊이(반경치 지정)

F : 이송속도 지령

V : 도피량 지정(생략시는 1mm)

〔예제〕 다음을 프로그램 하시오.

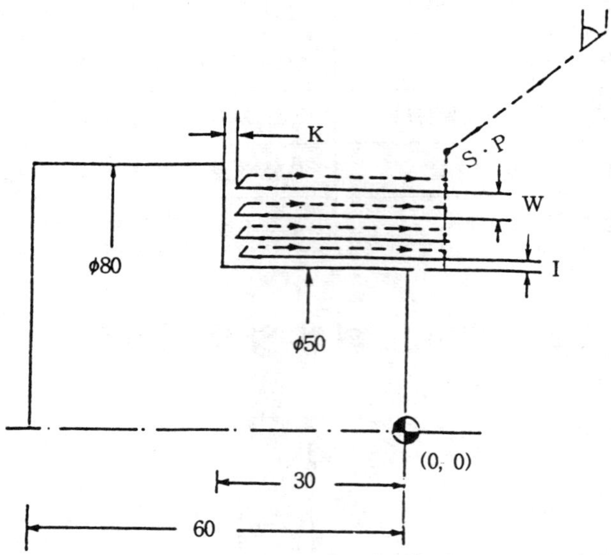

G 99 #

G 45 O 1 # → 척 옵셋 1번 호출

T 0101 # → 공구 1번 및 옵셋 호출

G 96 S 180. M 03 # → 주축속도 지령

G 92 S 1500. # → CSS 한계속도 지정

GX 85. Z 3. # → 가공시작점 지정

G 77 X 50. Z -30. I 0.4 K 0.3

W 2.0 F 0.2 #

G 00 X 100. Z 80. M 05 # → 가공 후 원점도피지점 및 주축정지

T 00 # → 공구옵셋 취소

G 45 O 00 # → 척 옵셋 취소

M 02 #

11-10-2 G 78 단순 단면 황삭 사이클

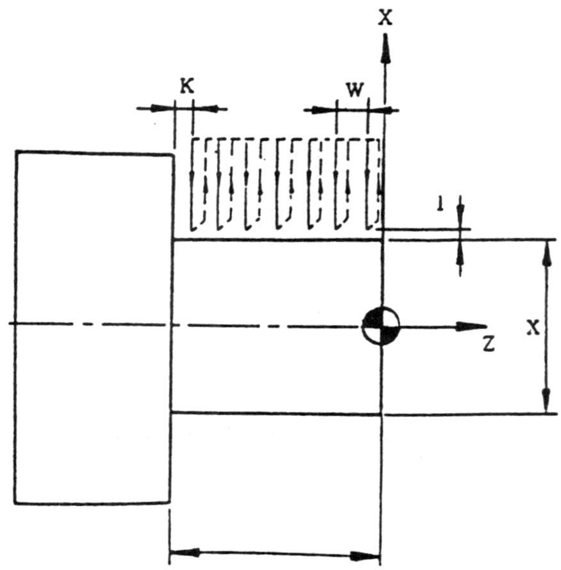

G 78 X____Z____I____K____V____W____F____#

X : 소재 X축 최종 직경치(X축 가공 끝점)

Z : Z축 가공 끝점

I : 직경에 대한 정삭 여유량(I<도피량)

K : Z축 정삭 여유량(K<도피량)

W : 1회 절삭깊이(반경치 지정)

F : 이송속도 지령

V : 도피량 지정(생략시는 1mm)

다음 프로그램을 하시오.

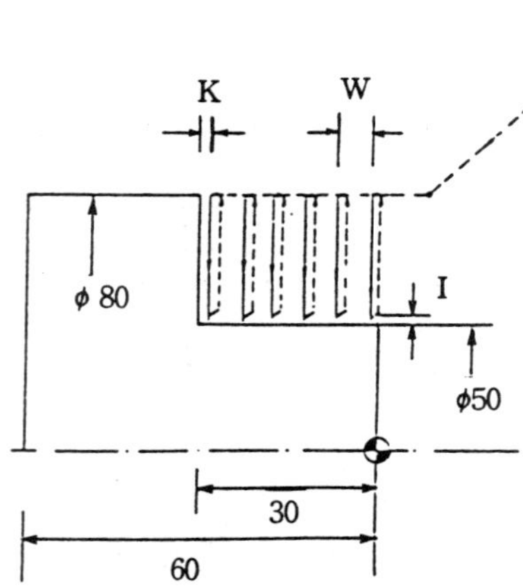

```
G 99 #
G 45 O 1 # → 척 옵셋 1번 호출
T 0101 # → 공구 1번 옵셋 호출
G 96 S 180. M 03 # → 주축속도 지령
G 00 X 85. Z 3. M 8 # → 가공시작점 위치
G 78 X 50. Z -30. I 0.2 K 0.2. W 3.0 F 0.25 #
G 00 X 100. Z 100. M 05 #
T 00 #
G 45 #
M 02
```

11-10-3 G 66 내 · 외경 황 · 정삭 사이클

: 복합 경로의 외경가공 사이클 기능

G 66 X　Z　I　K　U　V　W　P　#

X : 가공 시작점의 X좌표(X≧X+2V)

Z : 가공 시작점의 Z좌표(Z≧Z+2V)

I : X방향 정삭 여유량(최대 1mm) 반경값 지정

K : Z방향 정삭 여유량(최대 1mm)

U : 최종 절삭경로 사용여부 결정(정삭 여유량 제외)

U=0 또는 생략시 → 경로 수행하지 않음.

U=1 → 경로 수행함.

V : 도피량 지정 45° 기준(생략시는 1mm)

W : 1회 절삭깊이 지정(반경값으로 지정)

P : 보조프로그램 번호 입력(실제 가공 Profile 프로그램 번호)

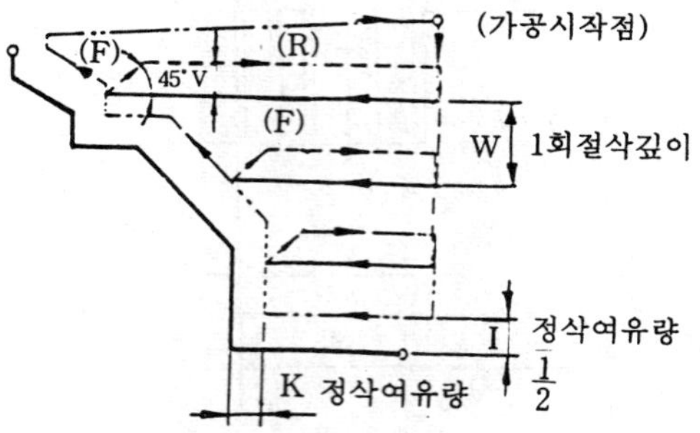

〔예제〕

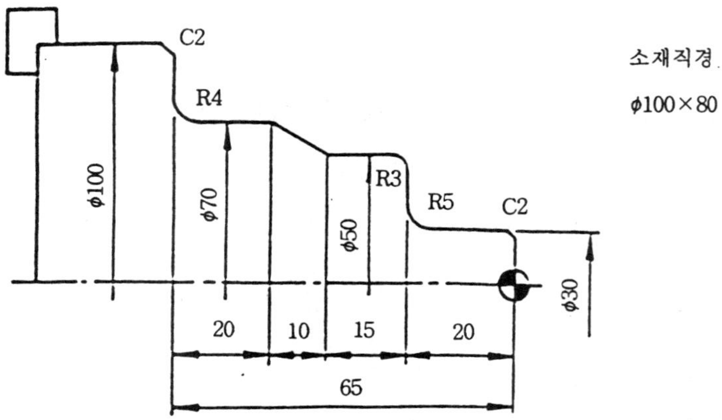


```
; MAIN P/G
G 99 #
G 45 O 1 # → 척 옵셋 호출
T 0303 # → 황삭공구 호출
G 92 S 2500. #
G 96 S 200. M 03 #→ 주속일정 제어호출
GX 105. Z 0 M 8 # → 단면 가공위치
G 1 X -1.6 F 0.2 #
GX 110. Z 3. # → 가공시작점
G 66 X 110. Z 3. I 0.1 K 0.1 W 3. U 1 V 0.5
P 111 #
GX 150. Z 100. #
T 0505 # → 정삭공구 호출
GX 26. Z 1. # → 정삭가공위치 지정
P 111 # → 정삭 프로그램
GX 150. Z 100. M 05 #
G 45 O 00 #
T 00 #
M 2 #
```

```
; Sub P/G(P 111)
G 42 # → TTRC
G 1 X 26. Z 0 F 0.08 #
X 30. Z -2. #
Z -15. #
G 2 X 40. Z -20. R 5. #
G 1 X 44. #
G 3 X 40. Z -23. R 3. #
G 1 Z -35. #
X 70. Z -45. #
Z -61. #
G 2 X 78. Z -65. R 4. #
G 1 X 96. #
X 102. Z -68. #
G 40 # → TTRC 취소
M 02 #
```

* 자동루틴 프로그램 작성시 주의사항 *

1. 사이클 시작점(가공시작점)은 직경의 정삭가공 최종점(X축 최대직경)+(도피량×2)보다 커야 한다. 작은 경우는 에러발생
2. "I"값 및 "K"값(정삭 여유량)은 도피량(V값)보다 작아야 하며 클 경우는 "정삭 여유량 과다" 에러 메시지가 발생된다.

3. 자동루틴 프로그램의 Sub 프로그램에는 M, S, T 코드 및 증분좌표를 사용할 수 없다.(M02, M30은 제외)

11-10-4 G 67 단면 황 · 정삭 사이클

: 복합 경로의 단면방향 사이클 기능

G 67 X____ Z____I____ K____U____V____W____P____#

- X : 가공시작점의 X좌표(X≧X+2V)
- Z : 가공시작점의 Z좌표(Z≧Z+2V)
- X방향 정삭 여유량(최대 1mm) 반경값 지정
- K : Z방향 방향 정삭 여유량(최대 1mm)
- U : 최종 절삭경로 결정(정삭 여유량 제외)

  U=0 또는 생략시 → 경로 수행하지 않음.
  U=1 → 경로 수행함.

- V : 도피량 지정 45° 기준(생략시는 1mm)
- W : 1회 절삭깊이 지정(반경값으로 지정)
- P : 보조프로그램 번호입력(실제 가공 Profile 프로그램 번호)

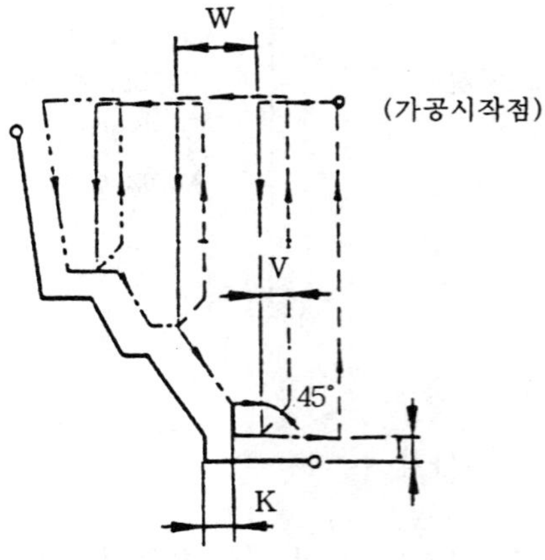

U1 사용시 경로

11-10-5 G 33, G 34, G 35, G 37(나사절삭 사이클)

> *** 나사 절삭시 이송속도**
>
> : Pitch×주축속도×주축속도 오버라이드 설정값(1/10)
> (100%=1.0 80%=0.8 120%=1.2)
>
> 예) • 주축속도 : 800rpm
> • 피　치 : 2mm
> • OVERD S/W : 100%
> =800×2×1.0=1600(mmpm)

(1) G 33(단일 나사절삭 사이클)

: 단일 경로의 나사 사이클 기능

G 33 X____ Z____ I____ K____ A____ #

- X : 테이퍼 나사시의 첫 번 절입 가공경(나사 가공 끝의 직경)
- Z : 나사 길이지정
- I : 면나사 가공시 X방향 리드값(1회전당 X방향 이동거리)
- K : 피치값 지정(Z축 방향 리드량 지정)
- A : 다줄나사 가공시의 시작각도 지정

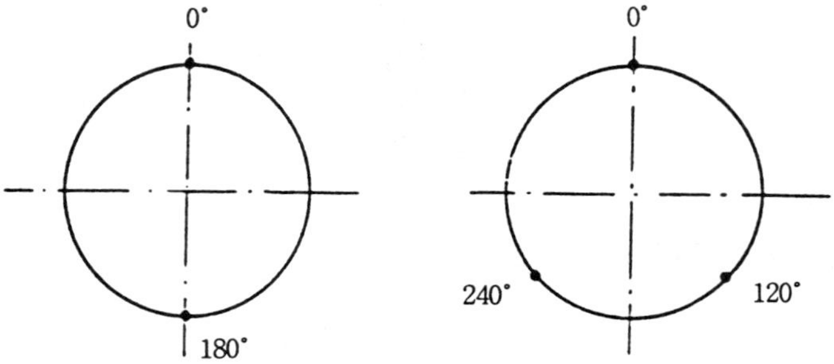

(2줄나사) (3줄나사)

〔예제〕

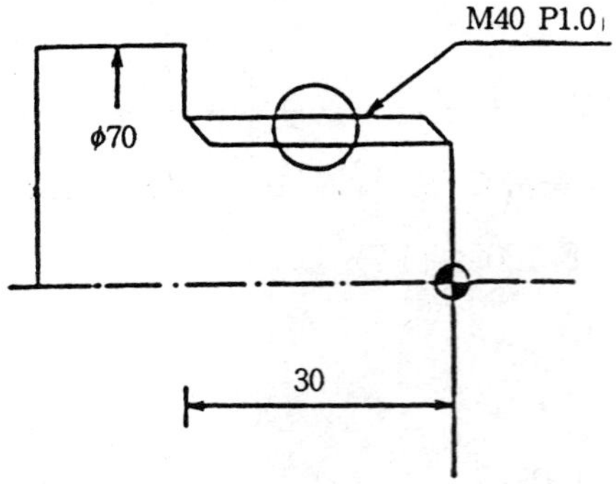


```
; SINGLE THREAD
G 99 #
T 0101 #
G 45 O 1 #
G 97 S 1000. M 03 #
G 00 X 45. Z 5.0 M 08 #
X 39.4 #
G 33 Z -28. K 1.0 #
G 00 X 45.0 #
Z 5.0 #
X 39.0 #
G 33 Z -28.0 K 1.0 #
G 00 X 45.0 #
Z 5.0 #
X 38.0 #
G 33 Z -28.0 K 1.0 #
G 00 X 60. #
X 120. Z 100. M 04 #
T 00 #
M 03 #
```

```
; 면나사 가공
G 99 #
T 0101 #
G 45 O 1 #
G 97 S 1000. M 03 #
G 00 X 80. Z 5.0 #
Z -0.3 #
G 33 X 20. Z 1.5 #
G 00 Z 5.0 #
X 80.0 #
Z -0.5 #
G 33 X 20. I 1.5 #
G 00 Z 50. #
X 80. #
Z -0.7. #
G 33 X 20. I 1.5 #
G 00 X 5.0 #
X 100. Z 100. M 05
T 00 #
M 30 #
```

〔예제〕 다음 나사 사이클을 프로그램 하시오.

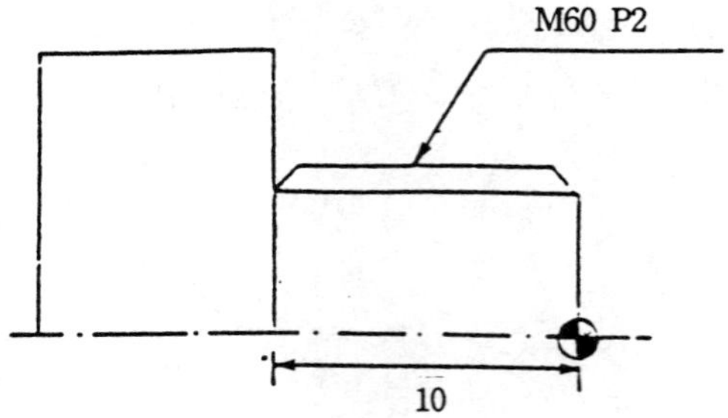

```
: G 37 EXE
  G 99 #
  T 0101 #
  G 45 O 1 #
  G 00 X 70. Z 5. #
  G 92 X 70. Z 5 #
  G 37 X 57.6 Z -48. K 2. D 0.8 E 10. U 0.4 #
  G 00 X 150. Z 5 #
  G 45 O 0 #
  T 00 #
  M 2 #
```

11-11 자동사이클(Auto Cycle) 기능

자동사이클 기능은 급속이송 후에 자동적으로 발생하는 동작을 프로그램 하는 것으로 한 번 프로그램 하면 항상 취소를 해야 한다.

G 코드	명 칭	기 능
G 79	사용자가 정의한 자동사이클	사용자가 정한 일정 모양을 자동사이클 기능으로 사용할 수 있는 기능이다.
G 80	자동사이클 취소	사용이 끝난 자동사이클을 취소한다.
G 89	취소사이클 재저장	G 80으로 취소된 자동사이클 재저장 기능
G 29	취소사이클 재수행	G 80으로 취소된 자동사이클 재수행
G 81	드릴링 사이클	단순한 드릴링 동작을 프로그램 한다.
G 82	카운터 보링 사이클	카운터 보링 동작을 수행한다.
G 83	펙드릴링 자동사이클	칩 제거를 위한 휴지시간 및 재이탈 거리를 갖는 기능
G 84	태핑 사이클	암나사 가공 사이클로 오른나사 사이클 가공

11-11-1 G 79 사용자 정의 자동사이클

사용자 정의의 자동사이클은 사용자가 정한 일정 Profile의 모형을 자동사이클로 사용할 수 있는 기능이다.

G 79____P____H____E____#

- P : 자동사이클로 지정할 프로그램 번호(1~250번 이내)
- H : 서브루틴 내의 루틴시작 N번호 호출
- E : 서브루틴 내의 마지막 루틴 N번호 지정

11-11-2 G 81 드릴링 사이클

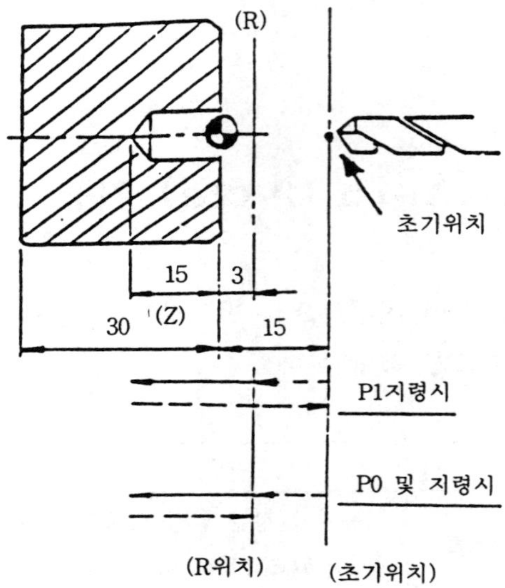

G 81___Z____D____R____F____V____P____#

- Z : −Z 방향 가공깊이 지정 ┌절대치 : 프로그램 원점기준
  └증분치 : R평면에서 기준
- D : 휴지시간 지정(0~3276.7초)
- R : 급속이송 구간 설정 ┌절대치 : R평면 절대위치를 지정
  └증분치 : X나 Z 초기 위치로부터 R평면까지 거리

  R값 미설정시는 마지막 위치로 R점을 인식

  모든 자동사이클은 초기공구 위치에서부터 R평면까지 급속이송 가공 후 재이탈시도 R평면으로 복귀
- F : 가공이송 속도지정(생략시는 마지막 지정된 F값 인식)

• V : 가공 후의 재이탈 속도지정(생략시는 급속이송)

• P : 가공 후 재이탈 위치지정

　　－0이나 미설정시 → R평면 이탈

　　－(1~99) → 초기위치로 공구가 재이탈

〔예제〕 G 81 드릴링 사이클

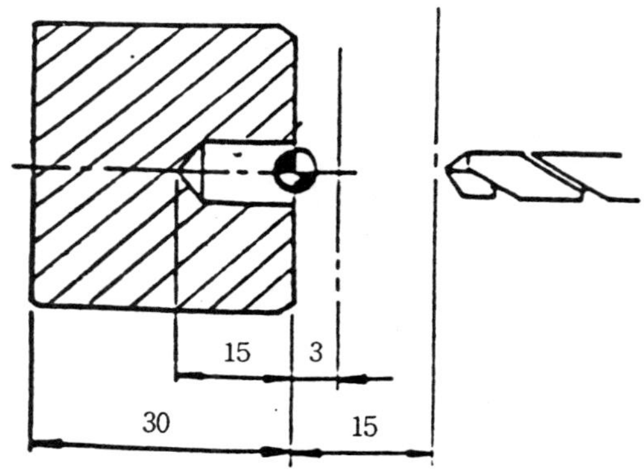


```
; G 81 - EXE
G 99 #
G 45 O 2 #
T 0505 #
G 97 S 700. M 03 #
G 81 Z -15. R 3. F 0.2 P 0 # → 드릴링 사이클 호출
G 00 X 0 Z 15. # → G 00 이후 드릴링 기능 수행
G 80 # → 드릴링 취소
G 45 O 00 #
T 00 #
M 02 #
```

11-11-3 G 83 펙 드릴링 사이클

칩 제거를 위한 휴지시간 및 재이탈 기능이 수행이 되고 펙 드릴링을 한 후 칩 제거를 위한 이탈거리를 프로그램 하는 기능

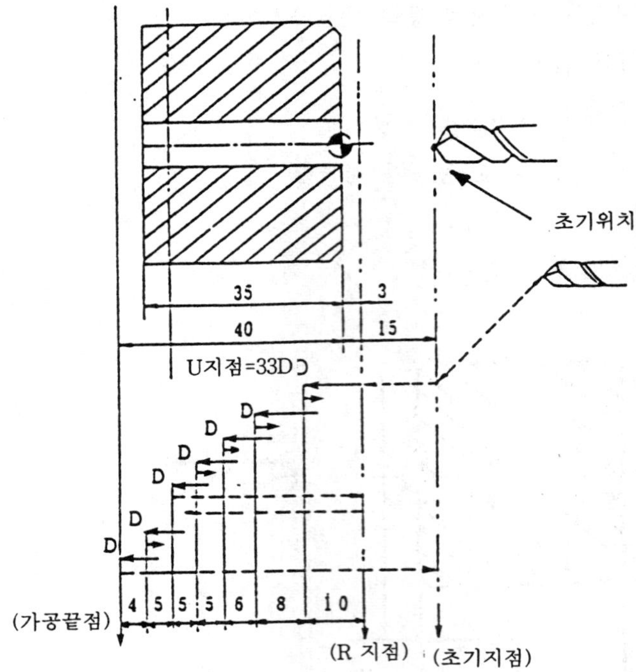

G 83___Z___R___F___I___U___W___D___P___#

- Z : −Z방향 가공깊이 지정
  - 절대치 : 프로그램 원점기준
  - 증분치 : R평면에서 기준
- R : 급속이송 구간 설정
  - 절대치 : 프로그램 원점에서의 절대위치를 지정
  - 증분치 : 초기위치를 기준으로 지정
- F : 절삭속도 지정
- I : 첫번 절삭시의 절삭깊이 지정(부호 생략)
- U : 구멍가공중 중간에서 R점으로 복귀하는 깊이 지정
- W : 1회 절삭 후 후퇴량 지정(급속이송), 생략시는 1mm로 가정
- D : 구멍바닥에서의 휴지시간 지정(단위 sec)
- P : 가공 후 재이탈 위치지정
  - P= ϕ 이나 미설정시 → R평면 이탈
  - (1~99) → 초기위치로 공구 재이탈

G 83 예제

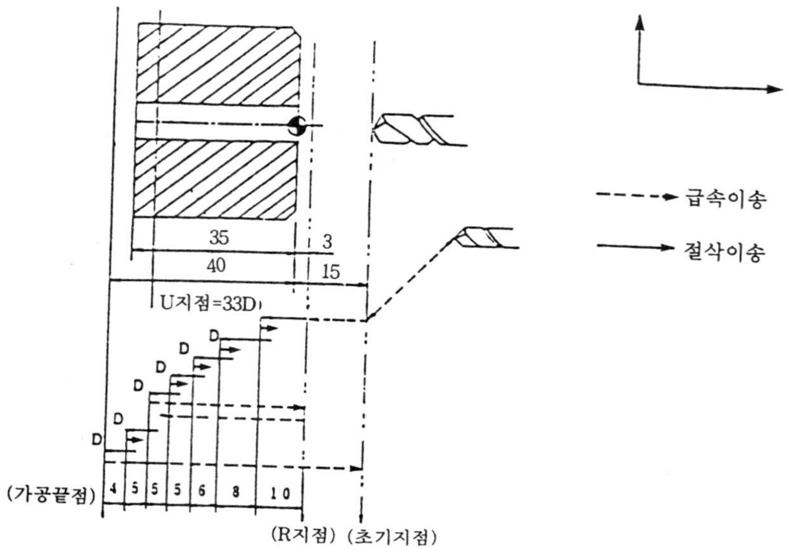


```
G 99 #
G 45 O 2 #
T 0404 #
G 97 S 800 M 03 #
G 00 X 100. Z 50. M 08 # → 초기위치 및 절삭유 ON
G 83 Z -40. R 3. F 0.2 I 10. U 33. 2 2. D 1.5 P 0 #
G 00 X 0 Z 15. #          → 펙 드릴 사이클 수행(실제 가공위치)
G 80 #                    → 펙 드릴 사이클 취소
G 00 X 100. Z 50. M 05 #
G 45 O 00 #               → 척 옵셋 취소
T 00      #               → 공구 옵셋 취소
M 02      #
```

11-11-4 G 84 태핑 사이클

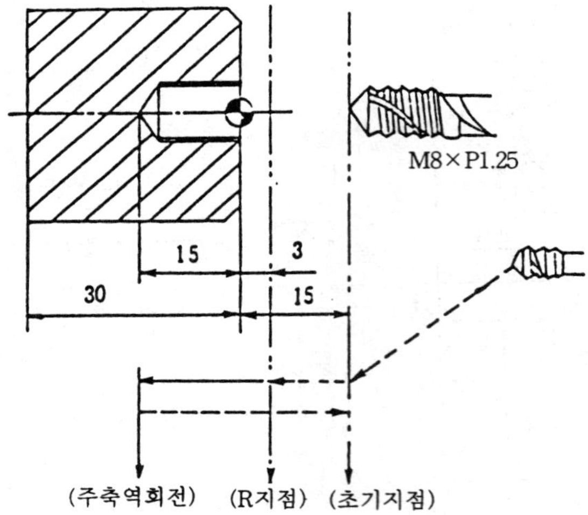

G 84 Z____D____R____F____P

- Z : −Z방향 가공깊이 지정
  - 절대치 : 프로그램 원점기준
  - 증분치 : R평면 기준
- D : 주축회전이 바뀌기 전의 구멍바닥에서의 휴지시간 지정(단위 : 초)
- R : 급속이송 구간설정
  - 절대치 : 프로그램 원점에서의 절대위치 지정
  - 증분치 : 초기위치를 기준으로 지정
- F : 가공이송속도 및 재이탈 속도지정

F=RPM×암나사 리드

- P : 공구의 재이탈 위치지정
  - P=0이나 미설정시 → R평면 이탈
  - P=(1~99) → 초기위치로 공구 재이탈

〔예제〕 G 84 태핑 사이클

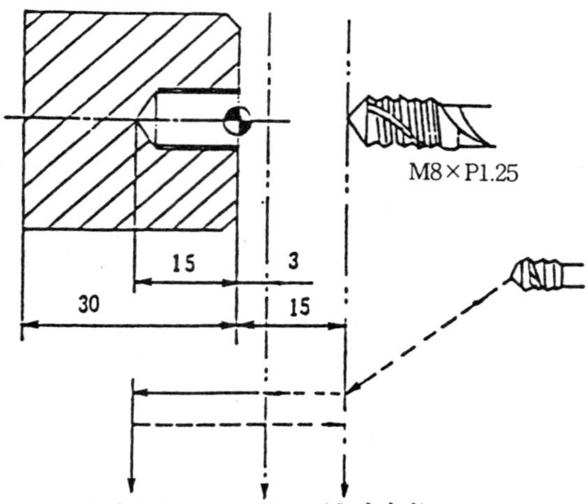

G 99 #

G 45 0 1 # → 척 옵셋 호출

T 0606 # → 공구 교환

G 97 S 450. M 03 #

G 00 X 100. Z 50. M 08 #

G 83 Z -15. D 0.5 R 3. F 562.5 P 0 #

G 00 X 0 Z 15. # → 태핑 사이클 수행 블록

G 80 # → 태핑 사이클 취소

GX 100. Z 100. M 05 # → 주축정지

G 45 O 00 # → 척 옵셋 취소

T 00 # → 공구 옵셋 취소

M 02

11-12 종합 연습문제

(1)

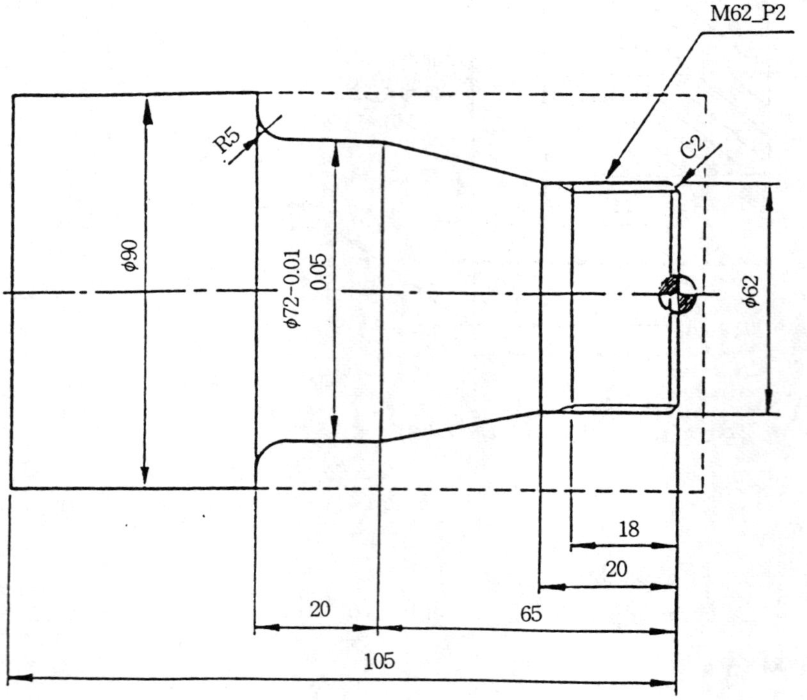


```
; TEST EXE
G 99 #
G 45 O 2 #
T 0303 # → 황삭 Tool 선정
G 92 S 2500. #
G 96 S 200. M 03 #
G 00 X 93. Z 0.5 M 08 #
G 01 X -1.6 F 0.25 M 08 #
GX 93. Z 3. #
G 66 X 93. Z 3. I 0.1 K 0.1 U 1. V 0.5 W 3. P 200 #
G 00 X 65. Z 0 #
G 01 X -1.6 F 0.15 #
G 00 X 100. Z 100. # → 공구교환위치
T 0505 # → 정삭공구교환
G 00 X 54. Z 3. #
G 42 #
P 200 #
G 40 #
GX 150. Z 100. #
T 0707 # → 나사공구 선정
G 00 X 72. Z 3. #
G 37 X 59.62 Z -19.5 K 2.0 D 0.8 U 0.05 E 10. L 2 #
G 00 X 150. Z 100. M 05 #
M 08 #
T 0300 #
G 45 O 00 #
M 02 #
```

```
; P 200
G 01 X 54. Z 2. #
X 62. Z -2. F 0.08 #
Z -20. #
X 71.975 Z -65. #
Z -80. #
G 02 X 81.975 Z -85. I 81.975 K -80. #
G 01 X 91. #
M 02 #
```

(2)

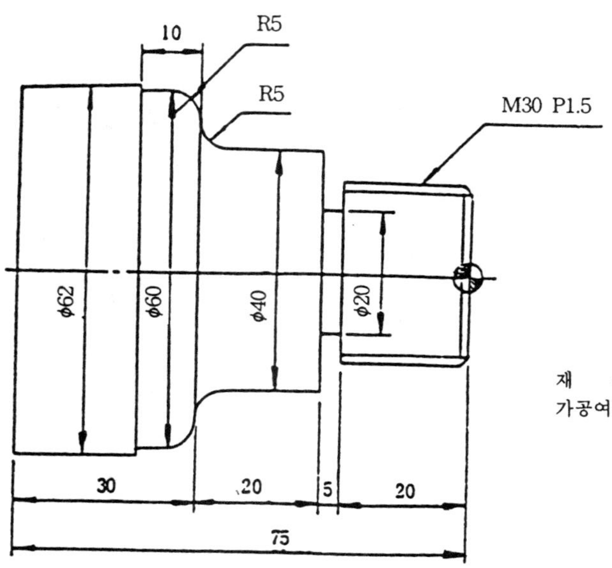

재 질 : SCM4
가공여유 : X방향 φ 5mm
Z방향 2mm

```
; MAIN-PRO
G 99 #
G 45 O 1 #
T 0101 #
G 96 S 180. M 03 #
G 92 S 2800. #
GX 38. Z 0.5 M 08 #
G 01 X -1.6 F 0.25 #
G 00 X 24. Z 1. #
G 42 #
G 40
G 00 Z 0 #
G 01 X -1.6 #
G 00 X 100. Z 100. # → 공구교환위치
T 0303 # → Grooving 공구교환
G 96 S 100. M 03 #
GX 45. Z -25. M 08 #
G 1 X 20. F 0.1 #
G 04 F 0.5 #
```

```
G 01 X 30. Z -1.5 #
Z -25. #
X 40. #
G 05 X 50. Z -40 Q -5.0 #
G 01 X 60. Z -45 Q 5.0 #
Z -55. #
X 65. #
```

```
G 01 X 45. F 0.5 #
GX 100. Z 100. #
T 0505 # → 나사공구교환
G 97 S 800. M 03 #
G 00 X 35. Z 3. M 08 # → 초기위치 진입
G 37 X 28.22 Z -23. K 1.5 U 0.02 D 0.6 E 5 L 2 #
G 00 X 100. Z 100. M 05 #
T 00 #
G 45 O 00 #
M 02 #
```

* Grooving 바이트 설정위치 *

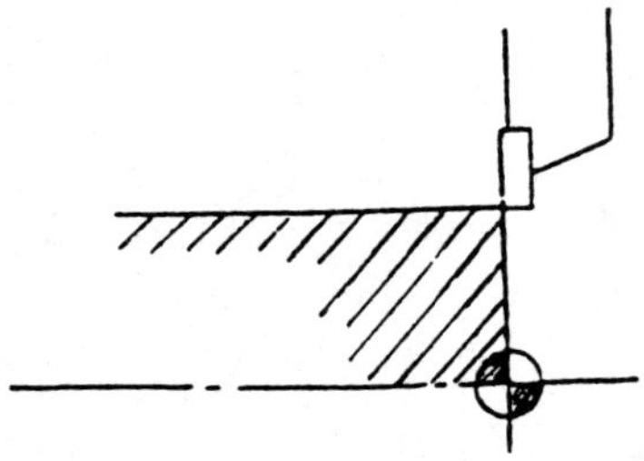

①

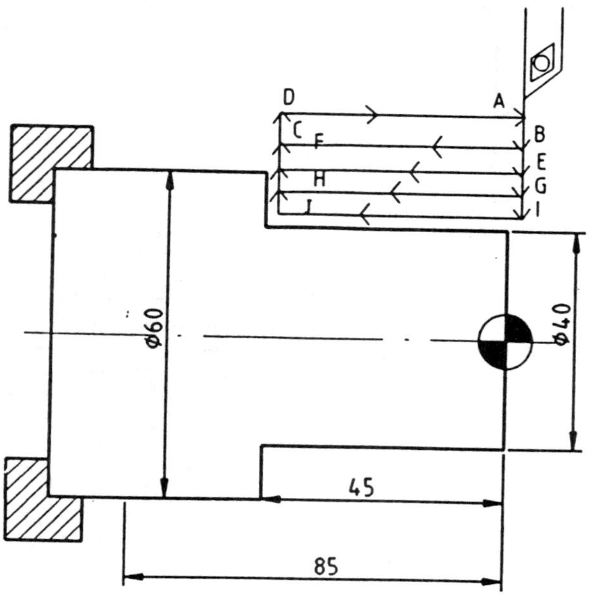

P002
J(sample 1)

Tool No	NAME
T01	PCLNR2525-M12
T03	PQJNR2525-M15

```
G99
N1
G45O6
T0101
G92S1500.
G96S130.M03
G00X65.0Z50.0
Z0.1
G01X-1.6F0.15
Z1.0
G00X55.
G01Z-39.0F0.15
x1.0z0.5
G00Z1.0
X50.0
G01Z-44.9F0.15
x1.0z0.5
G00Z1.0
X45.0
G01Z-44.9F0.15
x1.0z0.5
G00Z1.0
X41.0
G01Z-44.95F0.15
X61.0
G00Z50.0
X200.0Z150.0M05
M01
N2
G45O6
T0303
G92S1500.
G96S150.M03
G00X45.0Z50.0
Z0.
G01X-1.6F0.1
Z1.0
G00X38.
G01Z0.F0.25
X40.Z-1.F0.05
Z-45.F0.1
X58.
X60.Z-46.F0.05
z-1.0
x1.0
G00Z50.
X200.Z150.M05
M02
```

②

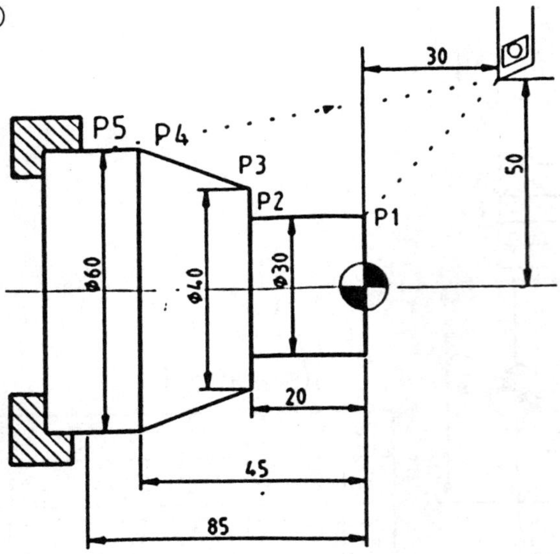

P002
J(sample 2)

Tool No	Name
T01	PCLNR2525-M12
T03	PQJNR2525-M15

```
G99
G45O6
T0101
G92S1500.0
G96S130.0M03
G00X65.0Z50.0
Z0.1
G01X-1.6F0.15
Z1.0
G00X55.0
G01Z-20.F0.15
X61.
G00Z1.
X50.
G01Z-20.F0.15
X55.
X61.0Z-45.0
G00Z1.
X45.
G01Z-20.F0.15
X61.0Z-45.
x1.
G00Z1.
G00X40.
G01Z-20.F0.15
X40.5
X61.0Z-45.
G00Z1.
X35.
G01Z-19.9F0.15
X41.
G00Z1.
X30.5
G01Z-19.95F0.15
X40.5
X61.0Z-45.
G00Z50.
X200.Z150.M05
M01
N2
G45O6
T0303
G92S1500.
G96S150.M03
G00X35.Z50.
Z0.
G01X-1.6F0.1
Z1.
G00X28.
G01Z0.F0.25
X30.Z-1.F0.05
Z-20.F0.1
X40
X60.0Z-45.0
z-2.0F0.05
x1.0
G00Z50.
X200.Z50.M05
M02
```

③

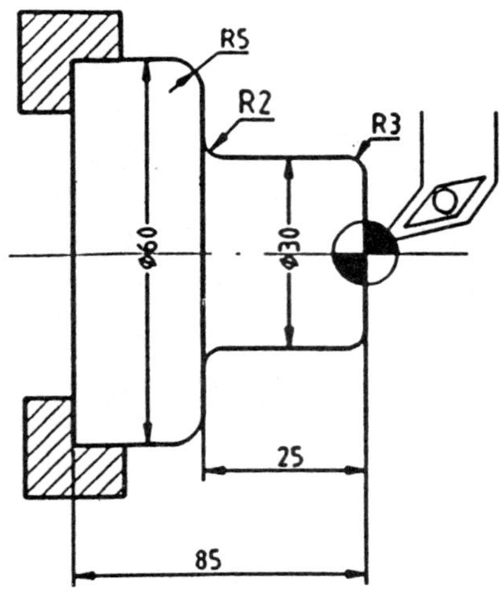

P003

J(sample 3)

Tool NO	NAME
T1	PCLNR2525-M12
T3	PQJNR2525-M15

```
G99
N1
G45O6
T0101
G92S1500.
G96S130.M03
G00X65.Z50.
Z0.1
G01X-1.6F0.15
Z1.
G00X55.
G01Z-24.9F0.15
x1.z0.5
G00Z1.
X50.
G01Z-24.9F0.15
X60.5
Z-46.0
X62.0
G00Z1.
X40.
G01Z-24.9F0.15
x1.z0.5
G00Z1.
X35.
G01Z-24.9F0.15
x1.z0.5
G00Z1.
X24.5
G01Z1.
X24.5
G01Z0.1F0.25
G03X30.5Z-2.9R3.F0.15
G01Z-22.0
G02X34.5Z-24.9R2.
G01X50.
G03X60.Z-30.R5.
G01X61.
G00Z50.
X200.Z140.M05
M01
N2
G45O6
T0303
G92S1500.
G96S150.M03
G00X35.Z50.
Z0.
G01X-1.6F0.1
Z1.
G42
G00X24.
G01Z0.F0.25
G03X30.Z-3.R3.F0.1
G01Z-23.
G02X34.Z-24.R2.
G01X50.
G03X60.Z-30.R5.
G01Z-46.5
G01X61.
G40
G00Z50.
X200.Z150.M05
M02
```

④

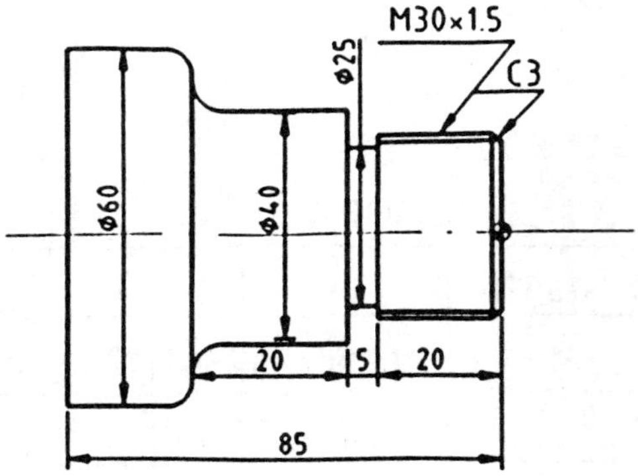

P004
J(sample 4)

Tool NO	NAME
T1	PCLNR2525-M12
T3	PAJNR2525-M15
T5	GVGX2525-PE
T7	THCER2525-M22

```
G99
N1
G45O6
T0101
G92S1500.
G96S130.M03
G00X65.Z50.
Z0.1
G01X-1.6F0.15
Z1.
G00X55.
G01Z-44.9F0.15
X61.
G00Z1.
X50.
G01Z-44.9F0.15
X53.0
G03X61.0Z-48.9R4.
G01X61.
G00Z1.
X45.
G01Z-40.F0.15
G02X50.5Z-44.9R5.
0
G01X51.
G00Z1.
X40.5
G01Z-39.9F0.15
G02X50.5Z-44.9R5.
G01X51.
G00Z1.
X35.
G01Z-24.9F0.15
X41.
G00Z1.
X30.5
G01Z-24.9F0.15
X41.
G00Z50.
X200.Z150.M05
M01
N2
G45O6
T0303
G92S1500.
G96S150.M03
G00X35.Z50.
G00Z0.
G01X-1.6F0.1
Z1.
G42
G00X26.
G01Z0.F0.25
X30.Z-2.F0.1
Z-25.
X38.
X40.Z-26.
Z-40.
G02X52.Z-45.R5.
G03X60.Z-49.R4
G01z-1.0
X61.
G40
G00Z50.
X200.Z150.
M01
N3
G45O6
T0505
G92S1500.
G96S100.M03
G00X45.Z-25.
G01X40.5F0.5
X27.F0.05
G04F1.
G01X31.F0.5
z1.5
X28.z-1.5F0.05
G00X100.
Z50.
X200.Z150.M05
M01
N4
G45O6
T0707
G92S1000.
G97S500.M03
G00X35.Z50.
G00Z5.
G37X28.2Z-22.K1.5D0.7E5.W1U0.03
G00Z50.
G00X200.Z150.
M02
```

⑤

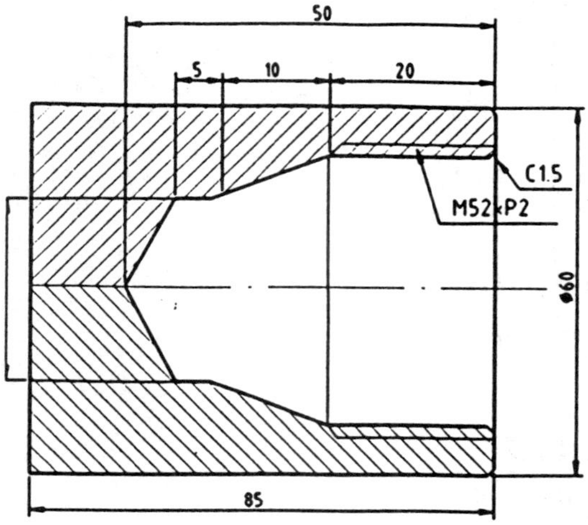

P005 J(sample 5)

TOOL NO	NAME
T1	PCLNR2525-M12
T2	S25T-PCLNR12
T10	S20T-THCER16

```
G99
N1
G45O6
T0101
G92S1500.
G96S130.M03
G00X65.Z50.
Z-1.5
G01X60.F0.15
X57.Z0.0F0.1
X35.
Z1.0
G00X60.0
G01Z-47.0F0.15
X61.0
G00Z50.
X200.Z150.
M01
N2
G45O6
T0202
G92S1500.
G96S120.M03
G00X37.0Z50.
Z1.
G01Z-35.0F0.15
x01.
G00Z1.
G00X45.
G01Z-20.F0.15
X40.Z-30.
G00Z1.
X49.1
G01Z-20.F0.15
X40.Z-30.
G00Z1.
X52.6
G01Z0.F0.25
X49.6Z-1.5F0.05
Z-20.F0.1
X40.Z-30.
X38.0Z-31.0
Z-35.0
X29.0
X25.0z-2.0
G00Z50.
X200.Z150.
M01
N3
G45O6
T1010
G92S1000.
G97S500.M03
G00X40.Z50.
Z5.
G37X52.0Z-18.0D0.8K2.0E9.6U0.05W1
G00Z50.
X200.Z150.M05
M02
```

①

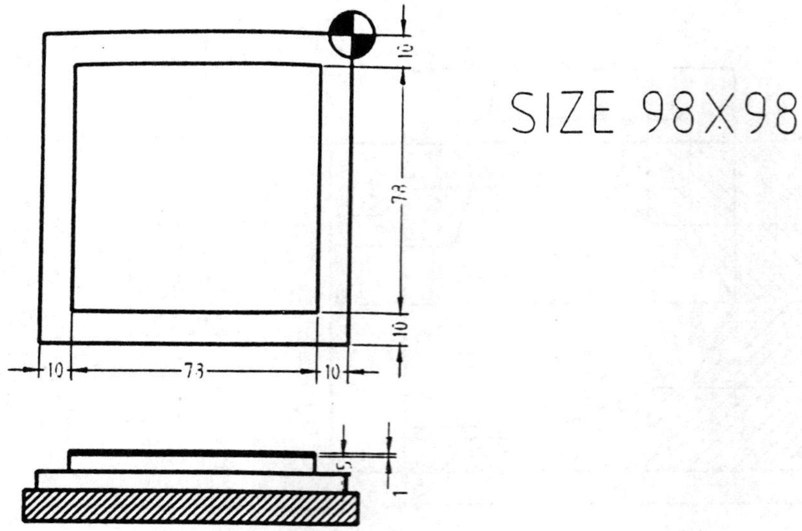


```
P012
; <SAM-2>
N1
G99
G45O7
O6
G90
G00X10.Y0.S1200.M03
Z20.
G01Z1.F500
Z-5.F200
X-94.F50
Y-94
X-4.
Y5.
X10.F500
G42
G01X1.Y-10.F200
X-88.F40
Y-88.
X-10.
Y5.
G40
G01X5.F200
G00Z50.
M05
M02
G03X5.Y81.R12.
G01Y17.
G03X17.Y5.R12.
G01Y-5.F200
G40
G00Z20.
X49.Y21.5
Z1.
G01Z-5.F50
G03X49.Y21.5J49.
G01Y18.
G03X49.Y18.J49.
G01Y25.
G03X49.Y25.J49.
G01Y21.5F100
G00Z50.
M05
M02
```

②

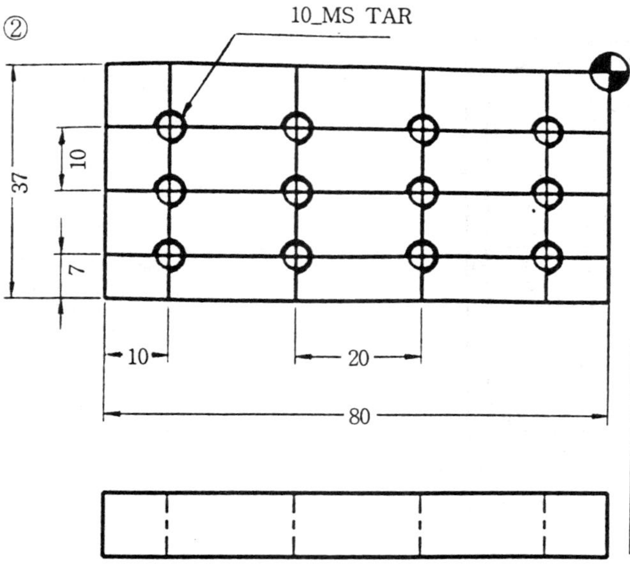

SIZE 80×37 SIZE

Tool No	Tool Name
T2	φ8.0 Drill(center)
T4	φ4.2 Drill
T5	φM5 TAP

```
G59B999P249
G59B90P249
T2P250
G99
N1
G45O6
O6
G90
G00X8.5Y-10.S1000.M03
Z50.
G82Z-1.5R3.D0.5P1F100
X8.5Y-10.
Y-30.
Y-50.
Y-70.
X18.5Y-70.
Y-50.
Y-30.
Y-10.
X28.5Y-10.
Y-30.
Y-50.
Y-70.
G00Z50.
M05
M01
T4P250
N2
G45O6
O7
G90
G00X8.5Y-10.S1000.M03
G82Z-25.R3.D0.5P1F80
X8.5Y-10.
Y-30.
Y-50.
Y-70.
X18.5Y-70.
Y-50.
Y-30.
Y-10.
X28.5Y-10.
Y-30.
Y-50.
Y-70.
G80
G00Z50.
M05
M01
T5P250
N3
G45O6
T5P350
N ;
G45O6
O8
G90
M95
G00X8.5Y-10.S1000.M03
G84Z-20.R15.P1F400
X8.5Y-10.
Y-30.
Y-50.
Y-70.
X18.5Y-70
Y-50.
Y-30.
Y-10.
X28.5Y-10.
Y-30.
Y-50.
Y-70.
G80
M96
G00Z50.
M05
T0P250
G59B0P249
M02
```

③

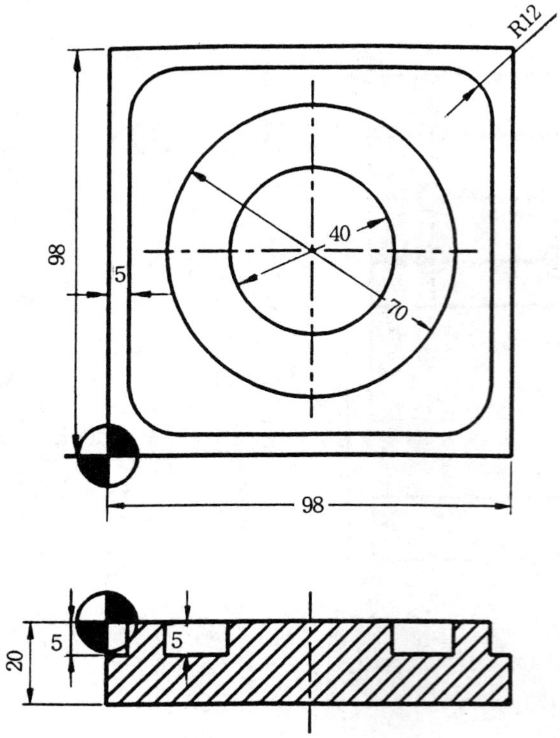


```
G99
N1G45O8
O6
G90
G00X-6.Y0.S1200.M03
Z20.
G01Z-5.F500
X98.F60
Y98.
X0.
Y-5.
G42
G01X-1.0Y5.0
G01X81.0F50
G03X93.Y17.R12
G01Y81.
G03X81.Y93.R12
G01X17.
G03X5.Y81.R12.
G01Y17.
G03X17.Y5.R12.
G01X21.0F100
G01Y-5.0F200
G40
G01X-5.0F200
G00Z20.
X49.Y21.5
Z1.
G01Z-5.F50
G03X49.Y21.5J49.0
G01Y18.
G03X49.Y18.J49.0
G01Y21.0F100
G00Z50.0
M05
M02
```

④

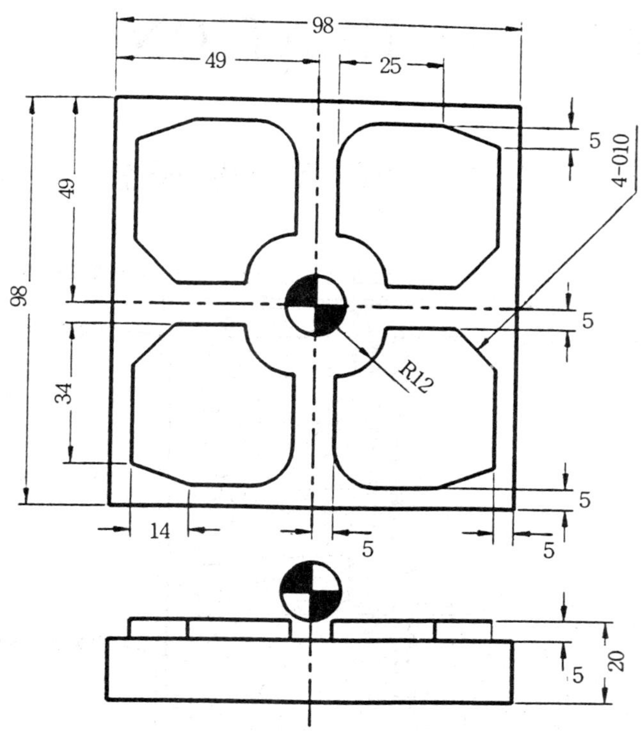


```
99
N1G45O9
O6
G90
G00X-56.Y0.S1200.M03
Z20.
G01Z0.F500
Z-6.F200
X49.F40
Y49
X-49.
Y-49.
X49.
Y0.
G01Z5.F500
X0.Y56.
Z-5.F200
Y-50.F50
Z5.F500
X0.Y0.
Z-5.F50
P200
P100
G31X0.
P100
G31X0.Y0.
P100]
G30
G00Z50.
M05
M02
```

5-SUB1

```
G42
G01Y5.F50
X40.
X44.Y9.
Y39.
X30.Y44.
X15.
G03X50.Y34.115.J34.
G01Y17.
G02X17.Y5.15.J5.
G01Y0.F200
G40
G01X0.Y0.
M02
```

5-SUB2

```
G41
G01X1.Y-5.F50
X40.
X44.Y-9.
Y-39.
X30.Y-44.
X15.
G02X5.Y-34.R10.
G01Y-17.
G03X17.Y-5.R12.
G01Y0.F200
G40
G01X0.Y0.
M02
```

제2절 OPERATION

11-13 SYSTEM 100 CNC 조작반 구성

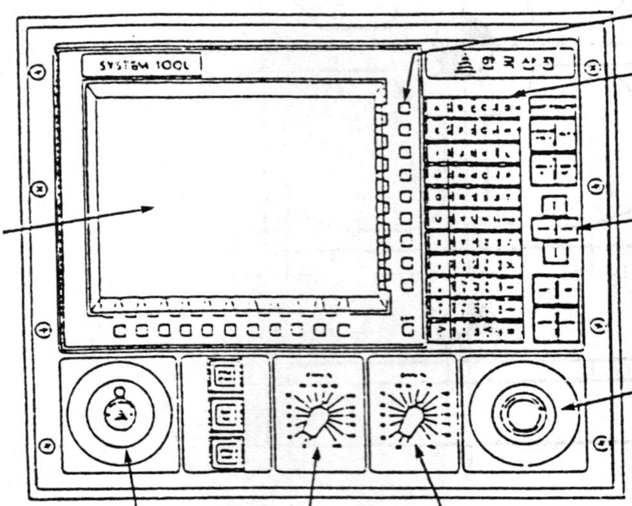

11-13-1 조작반 명칭

조 작 반 명 칭	기 능
CRT 화면	CNC의 모든 정보 및 기능을 시각적으로 확인하는 기능입니다.
소프트 키(Function 키)	각종 정보의 내용을 화면에 표시하는 기능키
알파벳 및 숫자 키	데이터 입력 및 각종 프로그램 작성시에 사용합니다.
[삽입] 및 [삭제] 키	프로그램 편집중 글자나 데이터를 삽입 또는 삭제시에 사용합니다.
[좌표계 표시] 키	복합 좌표계 표시키
[윈도우확대] & [윈도우축소] 키	도형 화면의 윈도우 축소 및 확대시 사용합니다.
커서 이동 키	화면상에서 커서를 상하, 좌우로 이동시킬 때 사용합니다.
[변환] 키	[SHIFT] 키와 다른 키를 사용하여 여러 가지 기능을 수행합니다.
[블록 끝] 키	가공 프로그램의 블록의 끝을 나타낼 때 사용합니다.

조작반명칭	기능
[입력] 키	프로그램한 데이터를 CNC에 입력시킬 때 사용합니다.
〔EXIT〕 키	현재의 화면으로부터 전단계의 화면으로 복귀할 때 사용합니다.
비상정지 버튼	CNC의 이상 상태나 비상정지 상황시 사용하며 버튼을 누르면 기계의 모든 동작이 정지되고 버튼을 원상태로 복귀하면 동작을 할 수 있습니다.
주축속도 오버라이드 스위치	이미 프로그램된 주축의 속도를 50~125% 범위 내에서 증감시킬 수 있습니다.
이송속도 오버라이드 스위치	프로그램된 이송축의 속도를 0~150% 범위 내에서 증감시킬 수 있습니다. 단, G 84 수행 도중에는 동작이 되지 않습니다.
[CYCLE START] 버튼	CNC의 작동이나 프로그램을 연속적으로 수행할 경우에 사용합니다.
[BLK/BLK] 버튼	CNC의 작동이나 프로그램을 블록 단위로 수행할 경우에 사용합니다.
[CYCLE STOP] 버튼	프로그램 수행을 일시적으로 중지할 경우에 사용합니다. 단, G 84(태핑 사이클) 수행시에는 [CYCLE STOP] 버튼이 작동되지 않으며 주축속도 및 이송속도 변경도 불가능합니다.
조그핸들	수동조작에 의해 축을 원하는 방향으로 이송할 경우에 사용하며 이송속도 오버라이드 스위치로 설정한 이동량에 따라 조그에 의한 증분이송도 사용할 수 있습니다.

11-13-2 변환 키에 의한 각 키의 기능 변환

조작반명칭	기능
[변환] + [영문 알파벳]	소문자 입력시 사용합니다.
[변환] + [숫자키]	해당 키의 상단문자를 입력할 경우에 사용합니다.
[변환] + [CYCLE STOP]	현재 수행중인 기능을 중지시키고 수행 조건을 초기 상태로 재설정할 경우에 사용합니다.
[변환] + [CYCLE START]	조그 후 복귀기능을 사용하지 않고 시작할 경우에 사용합니다.
[변환] + 〔EXIT〕	어느 페이지에서든 곧바로 주메뉴 페이지 화면으로 신속히 돌아갈 때 사용합니다.
[변환] + [ENTER]	축위치 모드 기능 변경시 사용합니다.
[변환] + [INSERT]	데이터 블록 사이에 새로운 데이터 블록 삽입시 사용합니다.

조 작 반 명 칭	기 능
변환 + DELETE	커서가 위치한 블블의 삭제시 사용합니다.
변환 + ↑ ↓ ← →	각종 데이터나 도형 화면 및 가공 프로그램을 각 방향에 따라 표시합니다.

11-14 CNC 기능 운용방법

11-14-1 시스템 가동순서

메인전원 S/W ON → CRT 화면 (대기상태) → EXIT 키 → 사용자 번호 입력 ○○○○ → ENTER → 주메뉴 페이지 → 비상정지 S/W ON → MACHINE READY 키

11-14-2 수동운전 수행법

수동운전	조그 : 핸들	*
<사용자 메시지>	연속	*
	중분	*
		–
	MD I	*
		–
	터릿 B 원점복귀	*
		–
<에러 메시지>	기계원점복귀	*

(1) 한축이송 방법

주메뉴 페이지 → 수동운전 → 조그핸들 → 동시동작 → X 나 나 Z 축 → 핸들운전
(선택)

(2) 2축 동시운전

[주메뉴 페이지] → [수동운전] → [조그핸들] → [동시동작] → [X축]

→ [동시동작] → [Z축] → 핸들운전

(3) 2축 동시 역운전

[주메뉴 페이지] → [수동운전] → [조그핸들] → [동시동작] → [X축]

→ [동시동작] → [역방향] → [Z축] → 핸들운전

(4) 연속조그 운전

: 조그 키에 의한 축의 연속운전에 사용

[수동운전] → [연속] → [X축] 이나 [Z축] 키에 의한 연속 축이송

(5) 증분조그 운전

: 증분량에 의한 축의 증분이동을 지정하며 이때 이동량은 화면에 직접 입력

(6) MDI(MANUAL DATA INPUT)

: 수동 데이터 입력기능으로서 단순프로그램에 의한 CNC 동작을 수행

프로그램입력	[수동운전] → [MDI] → [편집] → [리스트] → 수행프로그램입력
수 행	[리스트] → [EXIT] → [EXIT] → [상태표시] → (CYCLE START)
도 형 표 시	프로그램입력 후 → [EXIT.] → [EXIT] → [도형표시] → [CYCLE START]
지 정 삭 제	다른 프로그램을 MDI에 입력시에 이때 들어있는 프로그램을 지울 때 사용. [수동운전] → [MDI] → [지정삭제] → [예]

(7) 기계 원점복귀

[수동운전] → [기계원점복귀] → [CYCLE START] 버튼

11-15 프로그램 입력 및 편집 방법

프로그램 편집	표시	*
<사용자 메시지>	편집	*
	교시	*
<프로그램 이름>	새프로그램	*
프로그램 153	다음프로그램	*
플래그	번호변경	*
크기 22	지정삭제	*
사용가능 143918	전부삭제	*
<에러 메시지>	프로그램명부	*

11-15-1 CNC상에서 직접 편집하는 방법(프롬프트 기능)

[주메뉴 페이지] → [프로그램 편집] → (프로그램 번호입력) → [입력] →
이때 프로그램 번호는
1번~250번 이내 지정

[편집] → (프롬프트란에 해당 프로그램 블록을 입력 후 [입력] 을 누르면) →
리스트에 자동 입력된다.

[리스트]

```
                          ②
프로그램편집 153 SA        ↓  E  PROG                    도형표시    *
① — 00002                 /N120—③                       리스트      *
  AUTO THREAD ········ G37    —④
  X END POINT ········ X1.85                            G-코드      *
  Z END POINT ········ Z7.5
  LEAD IN X ·········· I                                M-코드      *
  LEAD IN Z ·········· K.125
  START ANGLE ········ A
  INFEED ANGLE ······· B60.                             블럭탐색    *
  ROUGH DEPTH ········ D.01                             삽입기능    *
  BAR STK DIST ······· E.2
  CLEAN DEPTH ········ U — ⑦                            삽입기능    –
  PULLOUT ANGLE-W
  SPRING PASSES-L
       ↑        ↑      : FIRST  PIN  THREAD                         –
       ⑤        ⑥                ↑
<사용자 메세지>                   ⑧                      프로그램명부 *
<에러 메세지>
```

(프롬프트 페이지)

11-15-2 리스트상에서 직접 편집하는 방법(리스트 편집기능)

[주메뉴 페이지] → [편집] → (프로그램 번호입력) → [입력] →
↳ 이때 프로그램 번호는
1~250번 이내로 지정

[편집] → [리스트] → (리스트상에 프로그램을 입력)

11-15-3 프로그램 수정방법

① 문자삽입 : 프로그램상에서의 문자를 삽입시
(프로그램상에 삽입하고자 하는 위치로 커서이동) → [삽입] →
입력할 문자를 삽입한다. → 기능수행
② 블록삽입 : 프로그램상에서 문자를 삭제시
(삽입하고자 하는 라인 처음 위치로 커서를 이동)

[블록끝] → 입력블록을 Type
[변 환] + [삽 입] → 블록 Type

③ 문자삭제
(리스트상에 삭제하고자 하는 위치로 커서이동) → [삭 제] 를 누른다. 이때 누를 때마다 문자가 하나씩 삭제된다.
④ 블록삭제
(삭제하고자 하는 블록 맨 앞에 커서를 위치) → [변환] + [삭제] 를 누르면 블록 전체가 삭제된다.

11-15-4 도형표시 기능(그래픽 기능 수행방법)

: 도형표시 기능은 어느 모드상에서나 동일하며 수행동작도 동일하다.
① 프로그램 편집모드상에서의 경우

◎ 수행경로 : [주메뉴 페이지] → [프로그램 편집] → (프로그램 번호입력)
→ [편집] → [리스트] → [도형표시]

② 경로확인시의 도형표시

◎ 수행경로 : [주메뉴 페이지] → [경로확인] ─ [신속확인] / [이송확인] → [도형표시] / [드라이런]

③ 자동운전시 도형표시 기능

◎ 수행경로 : [주메뉴 페이지] → [자동운전] → [도형표시] → [상태표시]

※ 도형표시 사용방법(그래픽 기능)

CNC상에서는 프로그램한 내용을 실제 공작기계에서 확인하지 않아도 된다. 즉, 프로그램한 내용을 그래픽 기능으로 화면상에 나타낼 수 있다. 그리고 공구경로 및 절삭이송 경로와 급속이송 경로 및 크기도 그래픽 기능상에서 측정이 된다.

또한 각 프로그램 부분별로 확대 및 축소를 할 수 있다.

그래픽 기능의 화면조작 방법에 대하여 설명하겠다.

(1) 도형화면의 선택

① 상기 경로를 통하여 [도형표시] 키를 선택한다.

이때 아래 그림과 같은 도형표시 화면이 나온다.

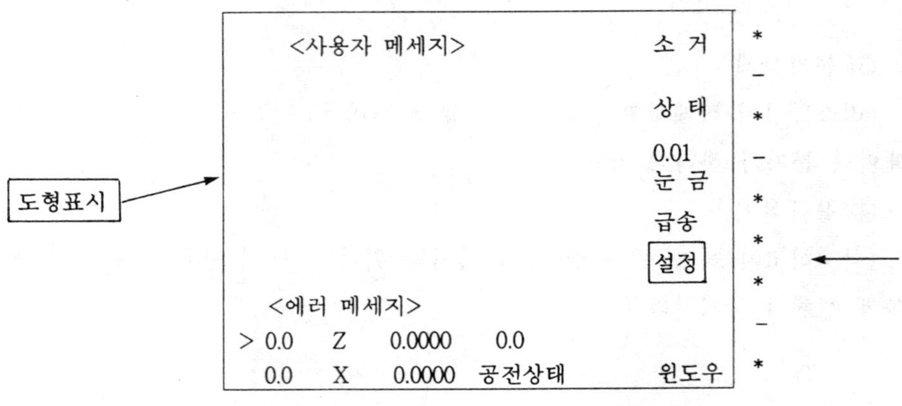

(2) 도형표시 시작 및 정지

① 자동 스케일 동작결정

가공프로그램을 작성 후 처음에 도형표시를 시작할 때는 화면의 척도를 결정해야 한다. CNC에서는 스케일 결정을 자동적으로 실행한다.

만일 한 번 스케일로 크기를 완전히 설정한 경우에는 다시 스케일을 조정할 필요가 없다.

ⓐ 처음 화면에서 우측 하단의 설정 키를 누른다.
설정을 선택하면 두 번째 화면이 나온다.

```
      <사용자 메세지>                      소 거   *
                                                   -
                                           상 태   *
                                           0.01    -
                                           눈 금   *
                                           급송    *
                                           설정    *
   <에러 메세지>
 > 0.0    Z    0.0000    0.0                 1     -
   0.0    X    0.0000   공전상태           윈도우   *
```

ⓑ 오른쪽의 바뀐 화면에서 한계 키를 누른다.
" 한계 " 키를 누르면 최대 스케일이 설정된다.

```
      <사용자 메세지>                      소 거   *
                                           자 동   *
                                           범 위   *
                                           한 계   *
                                                   -
                                           축 소   -
   <에러 메세지>                           확 대   *
 > 0.0    Z    0.0000    0.0                 1     *
   0.0    X    0.0000   공전상태           윈도우   *
```

ⓒ 범위 키를 누른다.
" 범위 " 키를 누르면 입력된 프로그램 크기를 설정하는 명령이다.

ⓓ 조작반의 CYCLE START 버튼을 누른다.
" START " 버튼을 누르면 CNC가 자동적으로 프로그램 크기를 스케일 한다.

ⓔ EXIT 를 누른다.(처음 화면으로 복귀한다.)

ⓕ 소거 를 누른다.

ⓖ CYCLE START 버튼을 누른다.

이때 최종적으로 스케일된 그래픽 도형이 화면에 표시된다.

※ 이때 표시되는 공구경로 그래픽은 프로그램에서 지령된 이송속도 등을 무시하고 CNC 내부처리 속도로 빠르게 표시된다.

* 그래픽 수행중 "에러"가 발생되면 CNC는 발생부분에서 멈추고 에러 메시지를 표시한다.

ⓗ 에러 발생시 수정방법

도형진행중 에러가 발생하면 먼저 " [EXIT] " 키를 누른 후 다시 " [EXIT] " 키를 누르면 바로 전 "프로그램 리스트" 화면으로 복귀한다.

이때 CNC가 에러가 발견된 블록을 지정해 준다. 따라서 프로그램을 수정 후 [도형표시] 를 선택하여 [소거] 후 [CYCLE START] 를 누른다.

(3) 도형의 확대 · 축소 기능 수행방법

표시된 공구경로를 도형축소 및 확대기능을 사용하여 상세히 검토할 때 사용한다.

① 확대기능

ⓐ 도형표시 화면에서 [설정] 키를 누른다. 이때 설정화면이 나온다.

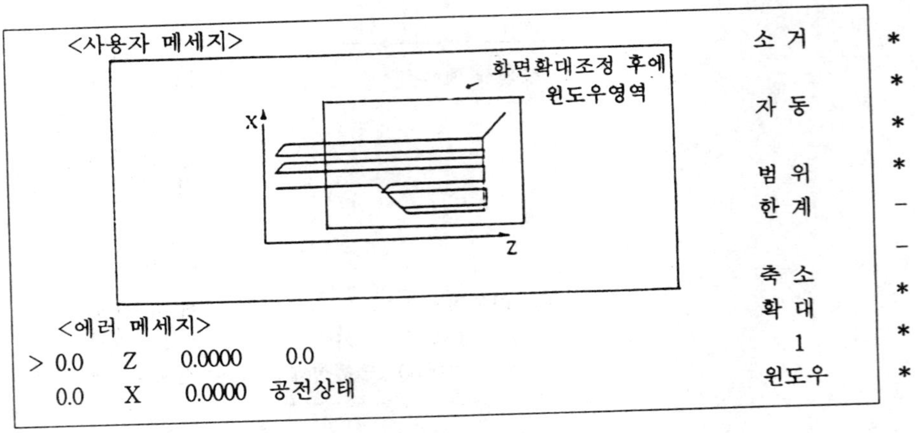

ⓑ 확대크기 설정

: 도형의 확대는 화면 우측 하단의 확대 키를 누르면 점차 윈도우가 작아지면서 확대영역이 설정된다. 이때 적당한 크기로 설정한 윈도우를 원하는 위치로 이동시킨다.

ⓒ 윈도우의 이동

크기를 설정한 윈도우의 이동은 [변환] + ↑ ↓ ← →를 이용하여 윈도우를 이동시킨다. 이때 [변환] 을 누른 상태에서 위의 화살표를 누르면 그때마다 화면이 움직이고 계속 누르고 있는 경우는 연속하여 윈도우가 움직인다. 이때 윈도우를 확대 부위에 위치시킨다.

ⓓ [EXIT] 키를 누른다. → 첫 번 화면 복귀

ⓔ [CYCLE START] 키를 누른다. → 확대된 도형 표시

* 화면 축소의 경우도 [화면축소] 키를 사용하여 위와 같은 방법을 사용한다.
* 화면의 축소 및 확대 키

[축소] 키 → 윈도우 축소(화면은 확대가 된다.)

[확대] 키 → 윈도우 확대(화면 축소가 됨.)

※ 어떤 위치에서든지 처음 크기로 전환시킬 경우는 위에서 지정한 자동스케일 동작을 다시 반복하면 된다.

(4) 그래픽 소거기능

표시된 도형을 지울 경우에 사용되며 화면의 우측 상단의 [소거] 키를 누르면 현재 표시된 도형이 소거가 되고 다시 [CYCLE START] 를 누르면 도형이 재표시된다.

(5) 눈금기능

눈금기능은 화면에 표시된 도형의 크기를 비례적으로 알아볼 수 있는 기능이다. [눈금] 을 누르면 화면에 눈금이 표시가 되고 표시된 눈금의 단위는 화면의 우측 [눈금] 소프트 키 위에 자동적으로 표시가 된다. 눈금의 소거는 [눈금] 키를 다시 누른 후 [소거] 키를 누른다.

(6) 급속이송 표시

급속이송 표시 기능은 공구의 가공경로 중에 가공경로가 아닌 급속으로 이송되는 경로를 표시하는 기능으로서 가공중의 공구가 급속으로 이송되는 경로를 그래픽상에서 적색으로 표시가 되므로 쉽게 경로를 확인할 수가 있다.(G00 코드로 프로그램된 부분)

11-15-5 프로그램 블록 탐색기능(블록 서치 사용방법)

프로그램 리스트에서 특정한 프로그램 블록을 찾거나 문자를 찾는 경우 사용하며 화면에서 찾고자 하는 블록의 첫문자나 블록의 한 부분을 입력하고 명령하면 CNC가 자동적으로 특정 블록을 찾는 기능이다.

* 수행방법 *

[주메뉴 페이지] → [프로그램 편 집] → [탐색프로그램 번호입력] → [편 집] →

블록탐색 → (탐색문자나 블록 또는 라인번호를 입력한다.) → [입 력] → [탐색수행] (블록문자 찾을시) / [라인번호] (라인번호 찾을시)

11-15-6 프로그램 삽입기능(프로그램 복사기능)

프로그램 편집시 현재 프로그램상에서 다른 번호의 프로그램을 전부 또는 원하는 부분의 일부를 복사할 수 있는 기능이다.

* 수행방법 *

① 프로그램 전체를 삽입시

[주메뉴 페이지] → [프로그램 편 집] → 인용할 프로그램 번호를 입력 예) 105 [입 력] → [편 집] →

[리스트] → (이때 리스트상에서 인용 프로그램을 삽입할 위치로 "커서" 이동 이때 위치한 커서 위치에 따라 윗부분으로 프로그램이 삽입된다.) →

[EXIT] → [삽입기능] → 인용할 프로그램 번호를 입력 예) 105 [입 력] → [ENTER] →

(시작과 끝 위치를 설정한다.)

(이 경우는 전체 블록을 삽입하므로) [처음블록] 을 누르고 [끝블록] 을 누른 후 [삽입수행] 을 누르면 프로그램 전체가 삽입이 된다. [리스트] 를 눌러서 확인을 할 수가 있다.

② 인용 프로그램 중 일부 블록만을 삽입할 경우

(위의 기능에서 [삽입기능] 까지의 과정은 동일하다.)

[삽입기능] → 인용할 프로그램 번호를 입력 예) 105 [입 력] → [시작위치 라인번호] →

(인용 프로그램 중 입력할 첫 번 라인번호 입력 후 [입력]) →

[끝위치 라인번호] → (인용 프로그램의 삽입할 마지막 부분 라인번호를 입력 후 [입력]) → [삽입수행] 을 누르면 수행된다.

이때 [EXIT] 하여 [리스트] 를 누르면 확인할 수 있다.

11-15-7 등록된 프로그램 번호 변경

이미 들어있는 프로그램 번호를 변경할 수 있는 기능이다.1

＊ 수행방법 ＊

[주메뉴 페이지] → [프로그램 편집] → (변경할 프로그램 번호입력)
→ ([번호변경] 을 누르고 변경번호 입력 후) → [입력]

11-15-8 프로그램 지정삭제 방법(지정 프로그램만을 삭제시)

＊ 수행경로 ＊

[주메뉴 페이지] → [프로그램 편집] → (삭제할 번호입력) → [지정번호]
→ [예] → 삭제
— [아니오] → 취소

11-15-9 프로그램 전부삭제(메모리에 들어있는 프로그램을 전부 삭제시)

＊ 수행경로 ＊

[주메뉴 페이지] → [프로그램 편집] → (삭제할 번호입력) →
[전부삭제] → [예] → 삭제
[아니오] → 취소

11-15-10 프로그램 보호방법

[주메뉴 페이지] → [지원기능] → [프로그램 보호] →
→ [제한기능] : 편집, 저장, 변경, 삭제 불가
→ [보호기능] : 화면표시 가능, 편집, 삭제 불가

11-16 작업설정 기능

작업에 필요한 공구 옵셋 및 척 옵셋 기능을 설정할 수 있으며 프로그램의 수행조건 및 환경을 CNC에 설정하는 기능이다.

11-16-1 인치/미터(단위계 변환기능)

프로그램의 단위를 (인치/미터) 변경하는 기능으로 누를 때마다 현재의 단위를 변경할 수 있다. 작업자가 단위를 변경시마다 자동적으로 이송속도 및 축위치 좌표가 변경되며 공구 및 척 옵셋은 변경되지 않는다.

* 수행방법 *

[주메뉴 페이지] → [작업설정] → [인치] / [미터]

11-16-2 블록삭제 〔/〕

블록삭제 기능 설정시 수행프로그램 블록을 임의로 수행하지 않고 Skip 할 수 있는 기능이며 프로그램 중간에 〔/〕 가 설정시는 CNC는 〔/〕 이후 블록은 수행하지 않고 다음 블록으로 넘어간다.

N 100 “ / ” G 01×150, Z 40, M 05 #

|←——무시가 되는 범위——→|

* 이때 “ / ”가 블록의 중간에 설정시에는 “ / ” 뒷부분만 무시된다.

11-16-3 선택정지 〔Mol〕

M 01 코드를 프로그램중에 사용할 경우 [선택정지] 기능의 설정 유무를 선택정지 키에 의하여 지정된다.

11-16-4 척 옵셋 입력

* 수행방법 *

주메뉴 페이지 → 수동운전 → 기계원점복귀 → EXIT → EXIT

→ 작업설정 → 척 옵셋

; 척 옵셋 입력방법은 프로그램 G 45 기능에서 설명 참조

11-16-5 공구 옵셋

주메뉴 페이지 → 수동운전 → 기계원점복귀 → EXIT → EXIT

→ 작업설정 → 공구 옵셋

; 공구 옵셋 입력방법은 프로그램 T Code 기능에서 설명 참조

11-17 로드/세이브 기능(CNC 입출력 기능)

CNC와 주변기기와의 프로그램 및 기타 데이터들을 송수신하는 기능이며 CNC에는 2개의 RS-232C 통신 포트 및 1개의 RS-422 통신 포트가 내장되어 여러 종류의 주변기기를 사용할 수 있습니다.

로드/세이브	COMPUTER 세이브	*
<사용자 메시지>	확 인	*
	CASSETTE II 로 드	*
SAMPLE PROG		-
프로그램 2		-
		-
		-
	세이브 장치선택	*
<에러 메시지>	로 드 장치선택	*

11-17-1 로드 및 세이브 관계 설명

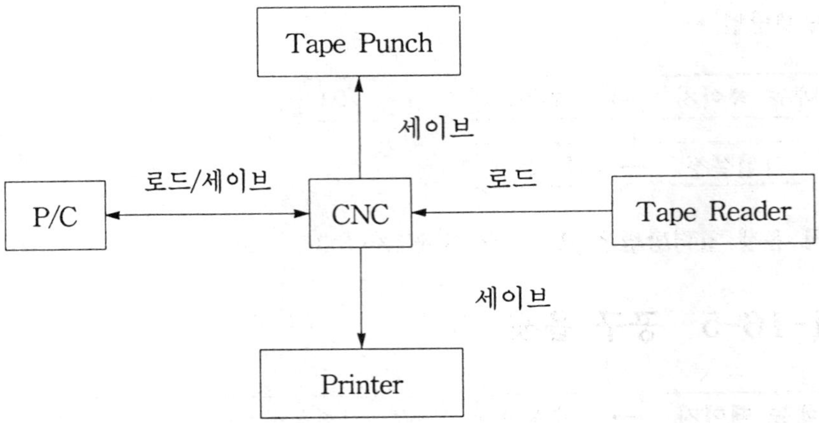

11-17-2 로드 및 세이브 관계 설명

• [세이브] : CNC에서 [세이브] 키 좌측에 설정된 장비와의 데이터 세이브를 하기 위한 페이지로 전환하는 기능입니다.

• [로드] : CNC에서 데이터 로드를 하기 위해 [로드] 키 좌측에 설정된 장비와 데이터를 로드하기 위한 페이지로 전환하는 기능입니다.

• [세이브 장치선택] : 작업자가 세이브를 하기 위한 장비를 선택하는 키로서 [세이브 장치선택] 키를 누를 때마다 [세이브] 키 왼쪽에 장비명이 표시가 됩니다.

• [로드 장치선택] : 로드를 하기 위한 장비를 선택하는 키로서 [로드 장치선택] 키를 누를 때마다 [로드] 키 왼쪽에 장비명이 표시가 됩니다.

* 선택되는 외부장치들은 [지원기능] 페이지에서 [입출력기능] 페이지서 설정하며 기타 4개의 외부장치를 사용할 수 있습니다.

11-17-3 CNC와 주변기기와의 입출력 설정

(1) TAPE PUNCH와의 데이터 세이브

• 먼저 CNC와 TAPE PUNCH간의 통신 CABLE을 연결한다.

[주메뉴 페이지] → [지원기능] → [입출력구성] (장비의 입출력 파라메타 설정) → [EXIT] → [EXIT] → [로드/세이브] → [세이브 장치선택] (입출

력 구성에서 설정한 장비가 나올 때까지 반복하여 누른다) → [TAPE PUNCH] → [(프로그램 번호입력)] → [ENTER] → [복수프로그램] (이때 1개의 프로그램만 출력시는 [단일프로그램] 2개 이상의 프로그램 출력시는 [복수프로그램] 키를 선택한다) → [프로그램 선택]

(이때 필요한 번호를 입력 후 각 프로그램마다 [프로그램 선택] 키를 눌러 세이브할 프로그램을 설정한다. 선택된 프로그램에는 "S" 플래그가 표시) → [입출력 시작] 키를 누른다.

(2) TAPE READER와의 데이터 로드

[주메뉴 페이지] → [지원기능] → [입출력구성] (장비의 입출력 파라메타 설정) → [EXIT] → [EXIT] → [로드/세이브] → [로드 장치선택] (이때 I/O 파라메타에서 설정한 장비명이 나올 때까지 반복하여 누른다) → [TAPE READER] → [(프로그램 번호입력)] → [ENTER] → [복수프로그램] (이때 1개의 프로그램만 입력시는 [단일프로그램], 2개 이상의 프로그램을 한 번에 입력시는 [복수프로그램] 을 선택한다)

[프로그램 선택] (이때 로드할 프로그램들을 각각 [프로그램 선택] 키를 눌러 로드할 프로그램을 설정한다. 선택된 프로그램에는 "L" 플래그가 화면에 표시된다.) → [입출력 시작] 키를 누른다.

저자와 협의
인지 생략

절삭기계

2009년　2월 25일 제1판제1인쇄
2009년　3월　2일 제1판제1발행

공저자 조정기 · 김종주
발행인 나　영　찬

발행처 **기전연구사**

서울특별시 동대문구 신설동 104의 29
전 화 : 2235-0791/2238-7744/2234-9703
FAX : 2252-4559
등 록 : 1974. 5. 13. 제5-12호

정가 20,000원

ISBN 978-89-336-0794-7
www.gijeon.co.kr